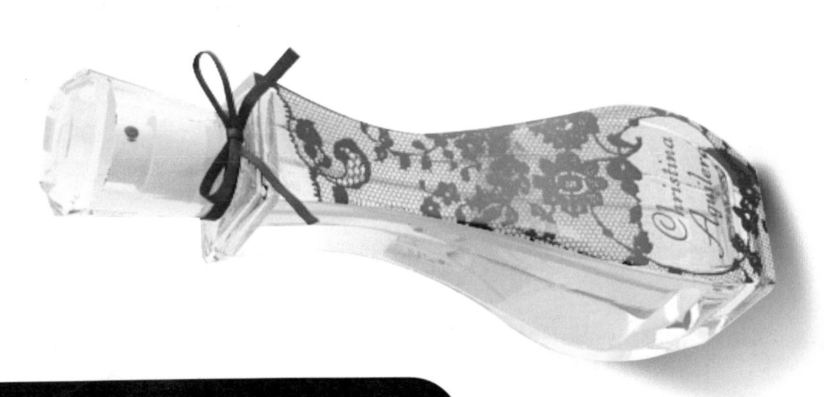

完全学习手册

Cinema 4D 完全实战技术手册

刘洋　张帆　陈英杰 / 编著

清华大学出版社
北京

内 容 简 介

本书为Cinema 4D软件的完全学习手册。全书共分13章，内容包括Cinema 4D基本操作、建模技术、材质技术详解、灯光技术详解、动画与摄像机技术详解、渲染输出、刚体和柔体、动力学技术详解、运动图形等，最后通过3个综合案例使读者巩固所学知识与技能。

本书内容丰富，结构清晰，非常适合喜爱用Cinema 4D制作模型或动画的初中级读者作为自学参考书，也可以作为CG设计人员、影视动画制作者的辅助工具书，还可以供各类院校相关专业及培训机构作为教材使用。

图书在版编目（CIP）数据

Cinema 4D完全实战技术手册 / 刘洋，张帆，陈英杰编著. -- 北京 : 清华大学出版社，2019（2024.8重印）

（完全学习手册）

ISBN 978-7-302-53100-5

Ⅰ. ①C… Ⅱ. ①刘… ②张… ③陈… Ⅲ. ①三维动画软件－技术手册 Ⅳ. ①TP391.414-62

中国版本图书馆CIP数据核字(2019)第101112号

责任编辑：陈绿春
封面设计：潘国文
责任校对：胡伟民
责任印制：丛怀宇

出版发行：清华大学出版社
网址：https://www.tup.com.cn, https://www.wqxuetang.com
地址：北京清华大学学研大厦A座　**邮编：**100084
社总机：010-83470000　**邮购：**010-62786544
投稿与读者服务：010-62776969, c-service@tup.tsinghua.edu.cn
质量反馈：010-62772015, zhiliang@tup.tsinghua.edu.cn
课件下载：https://www.tup.com.cn, 010-62795954

印 装 者：三河市龙大印装有限公司
经　　销：全国新华书店
开　　本：188mm×260mm　**印　　张：**16.5　**字　　数：**535千字
版　　次：2019年9月第1版　**印　　次：**2024年8月第2次印刷
定　　价：79.00 元

产品编号：061902-01

前言

Cinema 4D软件简介

Cinema 4D软件是德国MAXON公司的代表作。该软件是集建模、渲染、动画等多种功能于一身的综合性高级三维设计软件。在众多的三维设计软件中，Cinema 4D以其高速图形计算能力著称，并有着令人惊奇的渲染器和粒子系统。正如它的名字所体现的含义（Cinema 4D的字面含义可理解为四维电影院），Cinema 4D在众多CG行业中发挥着至关重要的作用。

本书内容安排

本书为Cinema 4D软件的完全学习手册，以通俗易懂的语言文字，循序渐进的内容讲解，全面细致的知识结构和经典实用的实战案例，帮助读者轻松掌握软件的使用技巧和具体应用方法。全书共分13章，内容结构编排如下。

章 节	内 容 安 排
第1章~第3章	介绍Cinema 4D软件的特点、应用领域、模型的基本操作和编辑技巧等基本功能。让读者可以掌握基本的建模技术，完成一些简单模型的创建
第4章~第7章	在入门的基础之上深入介绍Cinema 4D的其他功能，如材质、灯光、动画、摄像机、渲染等，让读者能够系统地掌握Cinema 4D的设计方法。读者通过学习可以应对较复杂的Cinema 4D应用场合，如海报设计、动画制作等
第8章~第10章	讲解Cinema 4D中的动力学部分，包括刚体、柔体、动力学以及运动图形等内容，培养读者全面的设计能力
第11章~第13章	讲解使用Cinema 4D进行电商海报、宣传动画、低面体模型设计的方法，帮助读者了解和熟悉相关专业的基础知识，积累实际的案例设计经验，以快速适应工作需要

本书写作特色

总体来讲，本书具有以下特色。

零点快速起步 建模技术全面掌握	本书从Cinema 4D的基本操作界面讲起，结合软件功能和各设计行业的特点，安排了大量实例，让读者在学习过程中能轻松掌握Cinema 4D的操作技巧和技术要领
案例贴近实战 技巧原理细心解说	本书实例精彩，每个实例都包含相应工具和功能的使用方法与技巧。在一些重点处，还添加了大量的提示和技巧讲解，帮助读者理解和加深认识，从而达到真正掌握、举一反三、灵活运用的目的
三大应用领域 行业应用全面接触	本书实例涉及的行业应用领域包括：电商海报的平面设计、宣传视频的动画设计、低面体风格的模型设计等，使广大读者在学习Cinema 4D的同时，可以从中积累相关经验，了解和熟悉不同行业领域的设计风格和相关知识

本书配套素材和下载

本书的配套素材和视频教学文件请扫描右侧的二维码进行下载。如果在配套资源的下载过程中碰到问题，请联系陈老师，联系邮箱chenlch@tup.tsinghua.edu.cn。

资源下载

作者信息和技术支持

本书由沈阳化工大学刘洋、张帆、陈英杰编写。其中第1~6章由刘洋编写，第7~10章由张帆编写，第11~13章由陈英杰编写。在编写本书的过程中，我们以科学、严谨的态度，力求精益求精，但疏漏之处在所难免，如果有任何技术上的问题，请扫描右侧的二维码，联系相关的技术人员进行解决。

技术支持

编者

2019年5月

目录

第 1 章　走进 Cinema 4D

第 2 章　Cinema 4D 基本操作

第 8 章 刚体和柔体

第 1 章

走进 Cinema 4D

Cinema 4D 是目前比较流行的设计软件，无论是在影视制作后期领域，还是工业设计、平面设计领域，Cinema 4D都得到了广泛的应用。本章将详细介绍 Cinema 4D 的基础知识，让读者对该软件有一个初步的认识。

1.1 Cinema 4D 概述

不同于 Photoshop、AutoCAD、3ds Max 这些大众熟知的软件，Cinema 4D 在很长时间并不为人所知。然而，就出现时间来讲，Cinema 4D 并不逊色，这款软件诞生于 1989 年。

Cinema 4D 软件是德国 MAXON 公司的代表作，它是集建模、渲染、动画等多种功能于一身的综合型高级三维设计软件。在众多的三维软件中，Cinema 4D 以其高速图形计算能力著称，并有着令人惊奇的渲染器和粒子系统。Cinema 4D 在参与的各类电影中都有着很强的表现力。它的渲染器在不影响速度的前提下可以大幅提高图像品质，在影视行业中发挥着至关重要的作用，如图 1-1 所示。

图 1-1

与其他 3D 软件类似（如 Maya、Softimage XSI、3ds Max 等），Cinema 4D 具备高端 3D 动画软件的各种功能。不同的是，在研发过程中，Cinema 4D 的工程师更加注重工作流程的流畅性、舒适性、合理性、易用性和高效性。现在，无论用户是拍摄电影、电视包装、游戏开发、医学成像、工业和建筑设计、视频设计或印刷设计，Cinema 4D 都将以其丰富的工具包，为广大用户带来比其他 3D 软件更多的帮助和更高的效率。因此，使用 Cinema 4D 会让设计师在创作设计时感到非常轻松，在使用过程中更加得心应手，从而有更多的精力置于创作之中，即使是新用户，也会觉得 Cinema 4D 软件非常容易上手。

1.2 Cinema 4D 的主要功能

Cinema 4D 是一款综合性高级三维设计软件，因此具备了多种复合功能，无论是建模、渲染、动画设计，还是后期合成，都可以独当一面。

1.2.1 建模功能

在 Cinema 4D 中，有通过参数调节的基本几何形体，这些参数化几何形体可以转换为多边形，以此来创建复杂的对象。而立方体、球体、圆锥、圆柱、多边形、平面、圆盘、管道、地形等原始几何体的创建也非常方便，因为这些原始几何体都是系统预先定义好的模型，用户只需单击相应的创建工具或命令，即可创建这些预定义的模型。大量的变形工具和其他生成器都可以与模型对象联合使用。使用 Cinema 4D 创建的复杂模型如图 1-2 所示。

图 1-2

Cinema 4D 中的样条曲线工具可以用来执行调整、挤压、放样和扫描等操作，而所有的这些操作都有单独的参数可以调节，有的甚至可以自动生成动画。Cinema 4D 软件在未来将会支持导入和导出更多的文件格式，以此来适应各种不同的工作环节。

1.2.2 材质贴图功能

现在几乎绝大多数的三维设计软件都会带有添加材质功能，并提供大量的材质供用户选择，Cinema 4D 也不例外。从渲染原理上看，这些软件创建材质的途径都是通过控制颜色通道来为模型进行贴图或者指定颜色进行调节的。因此，就渲染技术层面来讲，Cinema 4D 与其他软件相比并无太大差异。

目前国内外开始流行的扁平化设计风格开始在各个设计领域广泛运用，包括平面设计、工业设计、建筑设计、室内设计、动画设计等。其独特的未来感和浪漫气息，恰好可以通过 Cinema 4D 的渲染库和渲染效果来表现。Cinema 4D 的渲染球类型非常多，可以满足各种材料的渲染需求。总体来讲，Cinema 4D 的材质贴图功能有以下 5 种实现方法。

1. 基本材质

无论用户要创建的对象是人工制造的还是天然的，Cinema 4D 都提供了丰富的预设材质库，此外还有大量参数供用户修正对象的表面属性。Cinema 4D 甚至还提供了一个堪称业界标准的 3D 绘制工具，从而实现更高级的纹理绘制，如图 1-3 所示为 Cinema 4D 创建的纹理效果。

图 1-3

此外，Cinema 4D 中各种高级的 2D 和 3D 体积着色器，允许用户快速模拟一些复杂材质，诸如车漆、玻璃、金属、木料以及草地，如图 1-4 所示。借助滤镜和图层着色器，用户可以将图像、着色器以及某些滤镜效果结合起来，以得到更出色的结果。

图 1-4

2. 材质通道

Cinema 4D 的材质系统提供了 14 种不同的通道，用户甚至可以自定义通道来满足某些特殊需求，例如游戏引擎。Cinema 4D 支持绝大多数流行的图片格式，包括带有图层的 PSD 文件，用户甚至可以使用图片或视频来作为贴图使用。也可以使用一些高级着色器，例如次表面散射或者背光。

高级的材质通道，如反射通道，允许用户使用多个图层来定义材质的粗糙度、反射、高光、凹凸和颜色等属性。几乎每个属性都可以添加纹理遮罩，这样就可以模拟出高度真实、复杂的表面。基于真实导体计算而来的菲尼尔和各向异性参数，可以创建出华丽的金属表面效果或金属车漆效果，而使用 Irawan 这个独特的反射类型，可以很好地模拟布料表面，如图 1-5 所示。

图 1-5

用户还可以将每个反射层渲染为单独的多通道图层，以在后期软件中实现对于反射的完全控制。

3. 贴图管理器

在 Cinema 4D 中，用户可以根据名称、材质、通道以及图层，对大量贴图进行显示和管理。只需要选中包含贴图的单个文件夹，即可轻松将数百个贴图重新链接。通过对贴图路径进行查找替换，用户可以在低分辨率贴图和高分辨率贴图之间进行切换。无论场景多么复杂，用户都可以轻松管理贴图并修复断开的贴图链接，如图 1-6 所示。

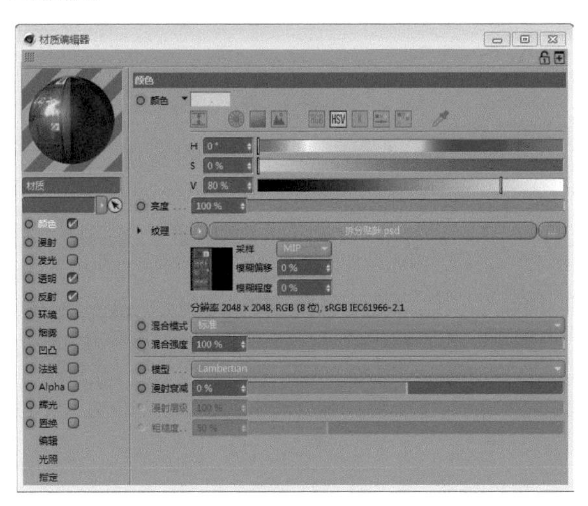

图 1-6

4. 数字绘景（Projection Man）

无论是创建数字遮罩，还是给很多对象绘制贴图，数字绘景（Projection Man）都大幅简化了工作流程，更容易进行初始绘制，甚至在必要时也更容易对遮罩进行修正。数字绘景根据对象和摄影机在三维场景中的位置，计算出一个基础信息。接着用户就可以使用 Cinema 4D 内置的绘制工具或者 Photoshop 绘制纹理贴图了，然后在 Cinema 4D 相对应的材质通道载入。数字绘景可以将图片实时投射到对象上，示意图如图 1-7 所示。

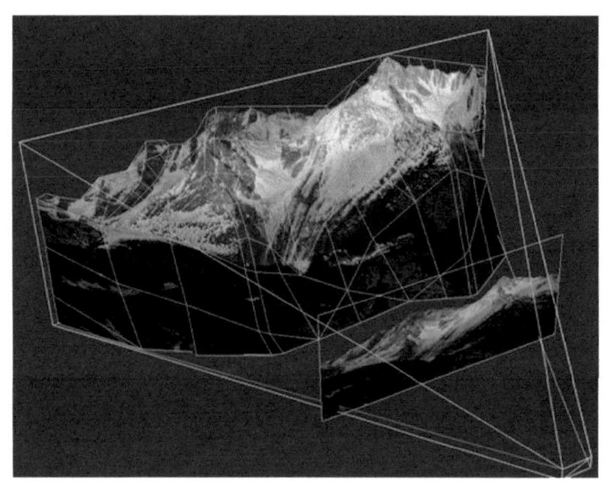

图 1-7

5.UV 贴图

UV 坐标对于实现高质量的贴图绘制来说非常重要，无论用户是要调整游戏低模的 UV，或是进行高分辨率的 Matte Painting，Cinema 4D 都提供了丰富的 UV 编辑解决方案，从而确保贴图可以被正确投射到模型之上，如图 1-8 所示为 Cinema 4D 的渲染模型。

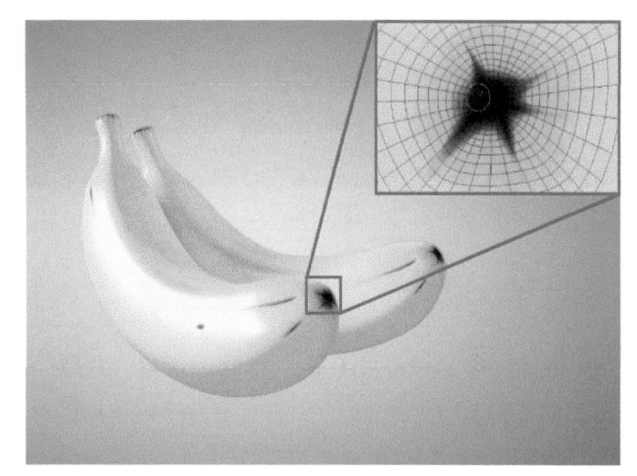

图 1-8

1.2.3　灯光功能

Cinema 4D 提供了诸多灯光和阴影类型，足以应对复杂的渲染场景。Cinema 4D 的照明系统提供了很多选项来控制灯光的颜色、亮度、衰减以及其他属性，还可以调整每个阴影的密度和颜色。用户可以调整很多灯光设置，例如对比度、镜头反射、可见光或者体积光、噪波，用户甚至可以使用 Lumen 或者 Candela 来控制亮度值，这些都可以提供非常真实的照明结果，如图 1-9 所示。

图 1-9

此外，Cinema 4D 提供的物理天空功能允许用户轻松创建自然户外环境，该功能提供了很多预设选项，包括云、雾、大气和其他天气状况，从而帮助用户创建合适的环境，如图 1-10 所示。

图 1-10

1.2.4 动画制作

Cinema 4D 是一款出色的动画制作软件，贴图功能和运算功能都是该软件的优点，它有着高速的运算引擎，能够在众多专业的 3D 动画软件中引领风骚。Cinema 4D 中有着易学易用的建模工具、专业的灯光材质预设、流畅的动态设定以及高速的绘图能力，能让动画师在短时间内制作出绚丽的 3D 动画。Cinema 4D 中包含了 PyroCluster、Thinking Particles、Hair、MoGraph 等模块，通过使用这些模块可以创作出相当出色的效果，如烟雾、火焰、灰尘或云朵等，如图 1-11 所示。

在角色动画方面，Cinema 4D 拥有全新的基于关节系统的骨骼系统、全新的 IK 算法（反向骨骼关节运动）和自动蒙皮权重等完整独立的角色模块，它不仅吸取了目前 XSI 与 Maya 两大角色动画软件的骨骼系统的优点，而且还简化了搭建骨骼的流程，再配合功能强大的约束系统，Cinema 4D 完全可以在不用编写任何表达式、脚本的基础上，就能搭建出非常高级且复杂的角色运动动画，而 Maya 和 XSI 等软件在某些情况下就必须借助于 MEL、插件或其他的脚本工具了。

图 1-11

1.2.5 内容浏览器

内容浏览器中提供了大量已经创建好的预设项目，包括模型、材质、场景和灯光等。打开 Cinema 4D 的内容浏览器，借助这些优秀的模型、材质或动画等预设，用户可以快速开始几乎任何一个项目。只需要从内容浏览器中将预设拖至场景，就可以马上得到非常惊艳的结果，如图 1-12 所示。

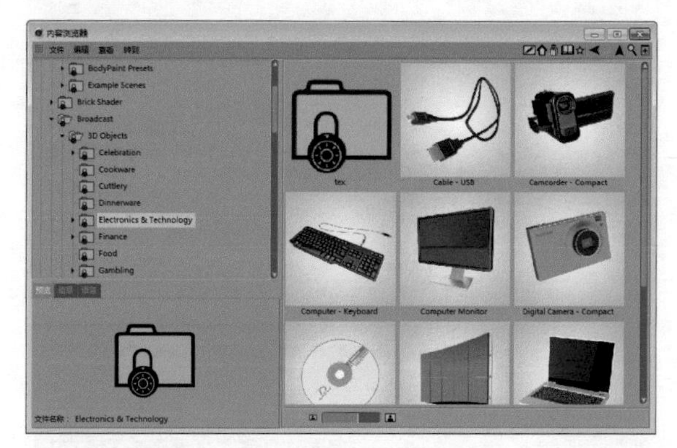

图 1-12

预设包括各种从抽象到写实、从 2D 到 3D 的模型，同时还包括各种办公家具（桌子、椅子、书架、货柜、讲台等）、客厅家具（桌子、沙发、台灯、椅子等）以及浴室装备（浴缸、水盆、马桶、镜子等）。另外，还有一系列实用的室外模型（交通路灯、长椅、巴士站等）。对于产品可视化，Cinema 4D 提供了一些完美的摄影棚照明预设。只需要将用户的模型拖进来，调整一下灯光设置，就可以得到非常漂亮的效果，如图 1-13 所示中所有的模型、材质和场景都经过了优化，直接调用即可。Cinema 4D 的高端材质可以轻松实现完美的渲染结果，在不影响质量的前提下，模型也经过优化使内存使用量最小化。

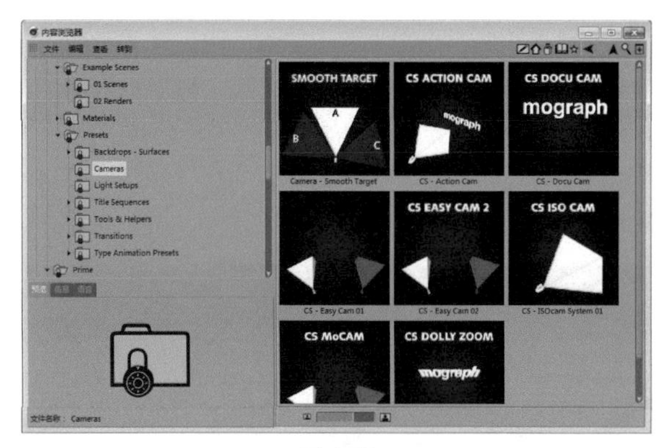

图 1-13

1.3　Cinema 4D 的特点

Cinema 4D 对于创作者来说非常友好，尤其是在界面上就可以完成很多操作，简化了很多烦琐的步骤。Cinema 4D 把很多需要后台运行的程序都进行了图形化和参数化设计，这无疑让用户体验倍感舒适。

1.3.1　简单明了的操作界面

在 Cinema 4D 中，各个功能界面的设置都很合理，几乎每个工具和菜单命令都有相对应的图标，用户可以很直观地了解到每个图标的功能，这样，用户操作起来就会更加得心应手。此外，Cinema 4D 软件中几乎所有命令都得到了汉化处理，并将中文界面内置到了软件设置中，而且软件内核本身也支持中文的文件路径，极大方便了中国用户的学习和使用。

1.3.2　高效的渲染速度

Cinema 4D 在其更新研发的过程中不断吸取了 3ds Max、Maya、Photoshop 等各类软件的优秀设计经验，使有其他三维软件使用经验的用户，在操作时更加快捷和便利。Cinema 4D 拥有目前业界最快的算图引擎，在其他传统的三维软件中需要两三倍渲染时间才能渲染出来的画面效果，在 Cinema 4D 中只需很短的时间就能渲染完成，而且渲染出来的效果非常真实，如图 1-14 所示。

图 1-14

1.3.3　强大的兼容性

现在国际上主流的三维软件工程文件都可以在 Cinema 4D 中打开，Cinema 4D 更有 V-Ray、FinalRende 等多种高级渲染器可供选择，它还支持多种多样的插件，其自带的 After Effect、Combustion 等接口能够使 Cinema 4D 与后期软件更加全面地结合起来。通过 After Effect 接口可以导出包含 Cinema 4D 摄像机动画和三维物体运动信息的 After Effect 文件，大大方便了在 After Effect 中进行三维合成的操作，如图 1-15 所示。

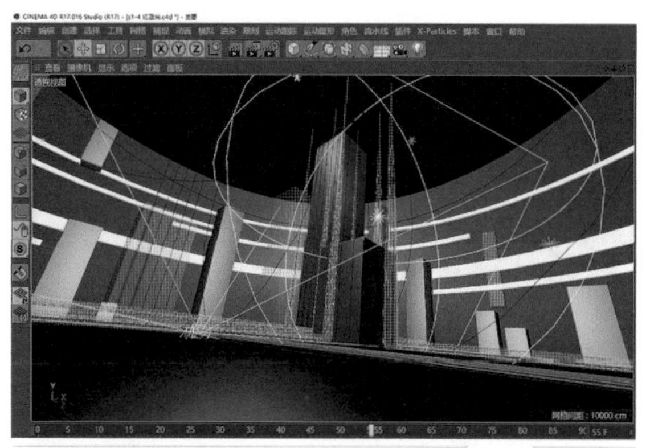

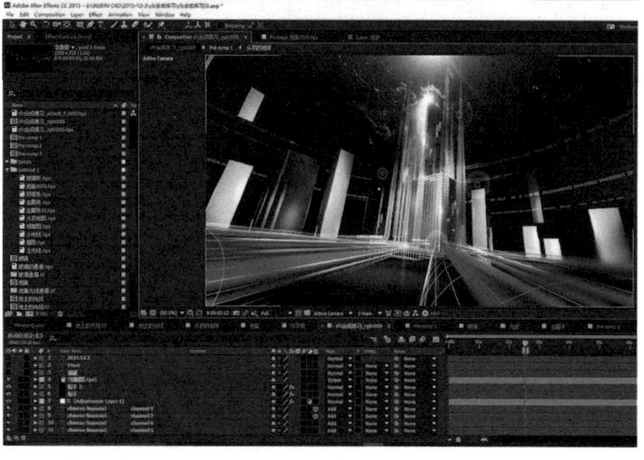

图 1-15

1.3.4　人性化的操作模块

Cinema 4D 在菜单的操作上进行了优化，尽量简化了用户的操作。在其他三维软件中需要很多步骤才能实现的效果，在 Cinema 4D 中可能只需简单的几步便可以实现。而且 Cinema 4D 软件的设置自由度很高，软件的界面、快捷键等都可以自由定义，快捷键支持组合设定，用户甚至可以把 Cinema 4D 的快捷键设定为 Photoshop 的快捷键。

1.3.5　与其他建模软件的区别

Cinema 4D 在国内起步比较晚，但 Cinema 4D 的开发年代和 Maya、3ds Max 相差无几。在欧美一些国家，Cinema 4D 流行已久，用户非常多。以前在国内很少有设计师关注 Cinema 4D，可如今 Cinema 4D 已经成为众多设计师广泛学习使用的优秀软件。

3ds Max 和 Maya 都是综合性软件，功能很全面，3ds Max 的插件非常多，可以实现很多复杂的视觉效果，目前在国内，3ds Max 主要定位在游戏和建筑行业，此外在电视栏目包装中也有应用。相比之下 Maya 也有侧重点，其侧重点在动画和特效方面。

1.4 Cinema 4D 的应用领域

Cinema 4D 软件的功能强大，可以使工作的流程效率得以提高，并能让展现出来的效果更加逼真，目前 Cinema 4D 的应用范围越来越广，逐渐涉及各行各业，包括栏目包装、影视制作、建筑设计、产品设计等。

1.4.1 电视栏目包装与广告制作

Cinema 4D 软件应用在数字电视内容创作流程中，是制作动态图像的重要解决方案，可以以最低成本得到最高效益。Cinema 4D 在全球被很多广播产业公司公认为最佳应用于三维设计的软件，包括 The Weather Channel、ESPN、BBC 等。

当今广告设计师需要可靠、快速且灵活的软件工具，使他们在长期紧迫的工作压力下，仍然可以制作出优质的视频内容，如图 1-16 所示。Cinema 4D 软件拥有很强的结合能力、品质与稳定性，被公认为业界最适用的软件之一。

图 1-16

1.4.2 影视后期特效制作

Cinema 4D 从最初的工业建模与渲染应用到后来涉及影视特效的制作，如今已经在很多影片的特效中得到了充分的体现。例如，在荣获“第 80 届奥斯卡金像奖最佳视觉效果奖”的电影《黄金罗盘》中，就大量应用了 Cinema 4D 软件，该电影中的装甲熊、动作特效等均是使用 Cinema 4D 和其他强大的后期软件一起制作完成的。类似的还有电影《普罗米修斯》中的宇宙飞船、外星生物等，如图 1-17 所示。

图 1-17

1.4.3 建筑设计

Cinema 4D 有着专业的 3D 绘图能力，其针对建筑和室内设计所推出的 Cinema 4D Architecture Bundle 更迎合了使用者的需求，提供了专用的材质库和家具库。完整的功能搭配和极具亲和力的操作界面，让设计师使用得更加得心应手。无论是平面、动画还是虚拟的建筑场景，都可以直接输出，如图 1-18 所示。

图 1-18

1.4.4 产品设计

Cinema 4D 强大的建模功能备受设计师们喜爱，设计师们可以使用 Cinema 4D 创作出多种多样的产品模型，其制作出来的产品效果、精细程度和流畅感往往令人叹服。这得益于 Cinema 4D 中强大的材质和灯光效果，它们可以使产品的质感更为真实。利用 Cinema 4D 制作的产品类型成千上万，小到珠宝首饰、家居用品，大到汽车、轮船等大型机械，均可以使用 Cinema 4D 来制作产品的效果图，如图 1-19 所示。

图 1-19

Cinema 4D 基本操作

在深入学习 Cinema 4D 之前，本章首先介绍 Cinema 4D 的启动与退出、操作界面、视图的控制和工作空间等基本知识，使读者对 Cinema 4D 及其操作方式有一个全面的了解和认识，为熟练掌握该软件打下坚实的基础。

2.1　Cinema 4D 的启动与退出

要使用 Cinema 4D 进行工作，首先必须启动该软件。而在完成建模之后，应保存文件并退出该软件，以节省系统资源。

2.1.1　启动 Cinema 4D

安装并运行 Cinema 4D 后，首先出现的是软件的启动界面，其中显示当前 Cinema 4D 的版本号与加载进程，如图 2-1 所示。

图 2-1

> **提示**
>
> 一般来说，Cinema 4D 的启动时间应该在 1 分钟之内，如果启动时间过长，则是内存不足或后台程序太多，会极大地影响 Cinema 4D 软件的操作，因此，建议读者在使用 Cinema 4D 时尽量使用配置较高的计算机，并减少其他程序的运行，已达到最佳的操作环境。本书所使用的软件版本为 Cinema 4D R18，读者可根据自己计算机的配置自行选择版本。

启动 Cinema 4D 的方法有以下几种。

✦ “开始”菜单：单击“开始”按钮，在菜单中选择“所有程序”|MAXON|CINEMA 4D 命令，如图 2-2 所示。

✦ 直接双击与 Cinema 4D 相关联的格式文件：双击打开扩展名为 .c4d 的文件，如图 2-3 所示。

✦ 快捷方式：双击桌面上的快捷启动图标，如图 2-4 所示。

图 2-2

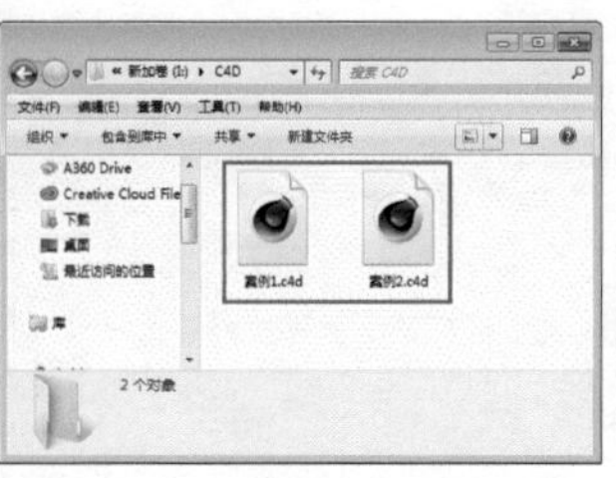

图 2-3

图 2-4

> **相关链接**
> Cinema 4D 启动后即可进入最初的操作界面，将在本书的 2.2 节进行详细介绍。

2.1.2　退出 Cinema 4D

在完成模型的创建和编辑后，退出 Cinema 4D 的方法有以下几种。

✦ 菜单栏：选择“文件”|“退出”命令，如图 2-5 所示。

✦ 标题栏：单击标题栏右上角的“关闭”按钮 ✕，如图 2-6 所示。

✦ 快捷键：按快捷键 Alt+F4。

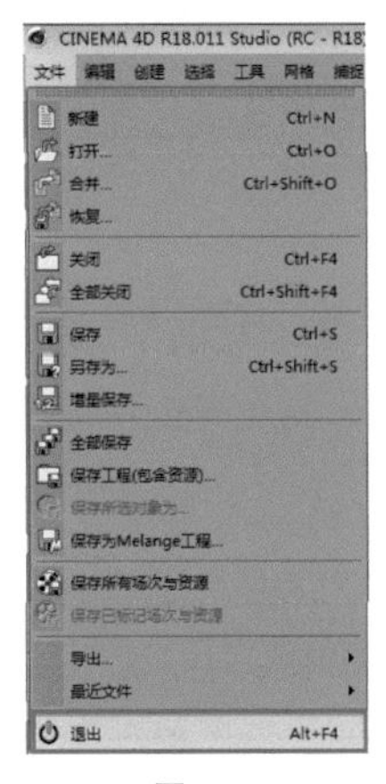

图 2-5

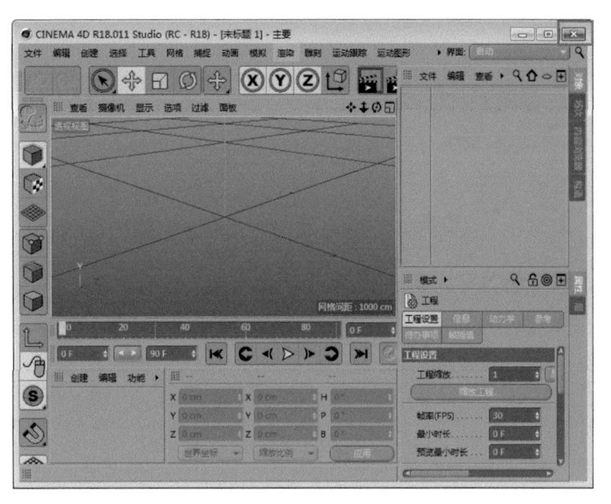

图 2-6

若在退出 Cinema 4D 之前未保存文件，系统会弹出如图 2-7 所示的提示对话框。提示使用者在退出软件之前是否保存当前绘图文件。单击“是”按钮，可以保存文件；单击“否”按钮，将不对之前的操作进行保存并退出；单击“取消”按钮，将返回操作界面，不执行退出软件的操作。

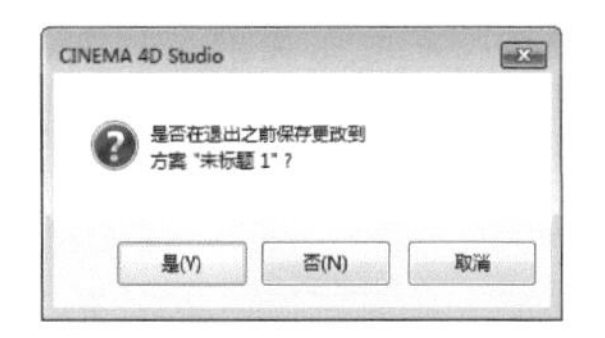

图 2-7

2.2　Cinema 4D 的操作界面与布局

Cinema 4D 的操作界面由标题栏、菜单栏、工具栏、编辑模式工具栏、视图窗口、动画编辑窗口、材质窗口、坐标窗口、对象 / 场次 / 内容浏览器 / 构造窗口、属性 / 层窗口和提示栏 11 个区域组成，如图 2-8 所示。

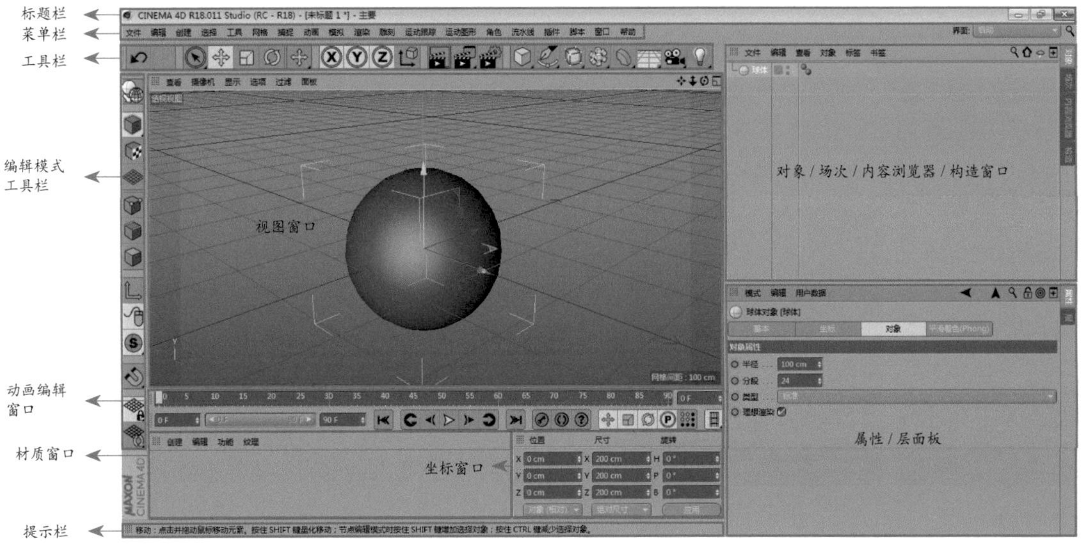

图 2-8

2.2.1 标题栏

标题栏位于 Cinema 4D 窗口的最上方，如图 2-9 所示，标题栏显示了当前新建或打开的文件名称、软件版本信息等内容。标题栏最右侧提供了“最小化”按钮、“最大化”按钮、“恢复窗口大小”按钮和“关闭”按钮。

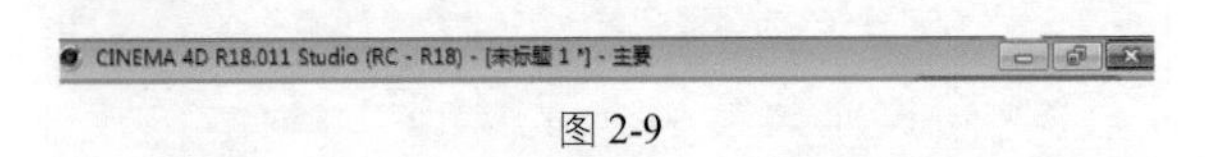

图 2-9

2.2.2 菜单栏

菜单栏位于标题栏的下方，包括“文件”“编辑”“创建”“选择”“工具”“网格”“捕捉”“动画”“模拟”“渲染”“雕刻”“运动跟踪”“运动图形”“角色”“流水线”“插件”“脚本”“窗口”和“帮助”19 个菜单，几乎囊括了所有的工具和命令，如图 2-10 所示。

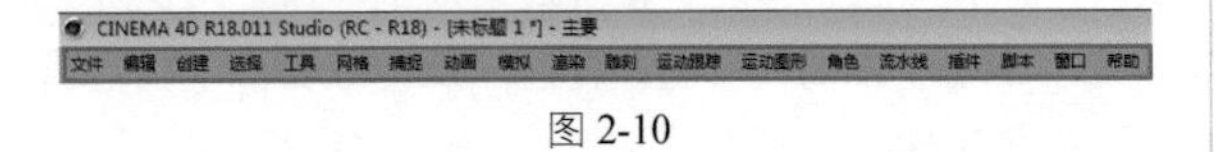

图 2-10

Cinema 4D 的菜单除了类型不同外，还具有很多特性，这些可以在以后的深入学习中慢慢体会。

1. 子菜单

在 Cinema 4D 的菜单中，如果工具后面带有黑色小箭头符号，则表示该工具拥有子菜单，如图 2-11 所示。

2. 隐藏的菜单

如果用户的显示器比较小，不足以显示管理器中的所有菜单，那么系统会自动把剩余的菜单隐藏在一个三角形按钮下，单击该按钮即可展开菜单，如图 2-12 所示。

图 2-11

图 2-12

3. 具有可选项的菜单命令

有些菜单命令具有可选项，这些可选项的前面如果带有复选标记（√）则表示被选中，如图 2-13 所示。

4. 可移动的菜单

有些菜单组的顶部有双线，单击双线该菜单组即可脱离菜单成为独立面板，如图 2-14 所示。

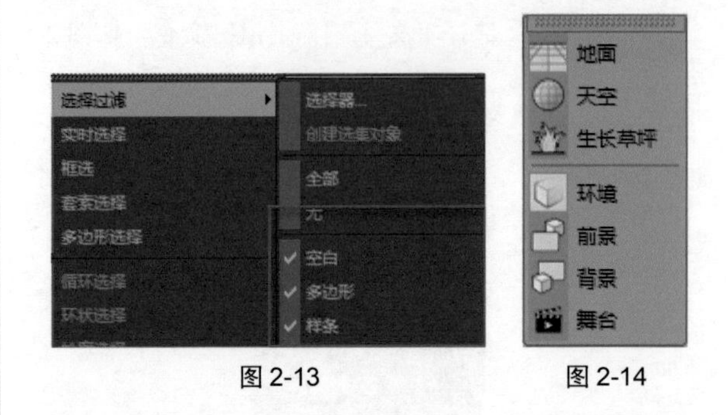

图 2-13　　图 2-14

2.2.3 工具栏

工具栏位于主菜单的下方，其中包含了 Cinema 4D 预设的一些常用工具，使用这些工具可以创建和编辑模型，如图 2-15 所示。

图 2-15

如果用户的显示器比较小，那么界面上显示的工具栏就会不完整，一些工具图标将会被隐藏；如果想显示这些隐藏的图标，只需在工具栏的空白处单击，待鼠标光标变为抓手形状后，左右拖动即可显示。

工具栏中的工具按照特点可以分为两类，一类是单独的工具，这类工具的图标右下角没有小黑三角形，如、等；另一类则是图标工具组，图标工具组按照类型将功能相似的工具集合在一个图标下，如基本体工具，单击并按住该种图标即可显示相应的工具组。图标工具组的显著特征就是在图标的右下角有一个小黑三角形，如图 2-16 所示。

图 2-16

工具栏中的图标是 Cinema 4D 操作中应用频率最高的组件，因此上面的图标需要在此做一个比较详细的介绍。

✦ “撤销上一次操作”工具：单击该按钮可以

返回上一步的操作状态，是常用的工具之一，用于撤销错误的操作，快捷键为 Ctrl+Z。

✦ “重复”工具：单击该按钮可以重新执行被撤销的操作，快捷键为 Ctrl+Y。

✦ “选择”工具组：“选择“工具组中包含了 4 个工具，分别为“实时选择”工具、“框选”工具、“套索选择”工具、和“多边形选择”工具，如图 2-17 所示。

图 2-17

✦ “实时选择”工具：将场景中的对象转换为可编辑对象后，激活该工具并单击拖曳即可对相应的元素（点、线、面）进行选择。单击后在鼠标光标处将出现一个小圆，即使元素只有一小部分位于圆内也可以被选中，如图 2-18 所示中将鼠标放置在模型的单个面上，即可选中该单个面。

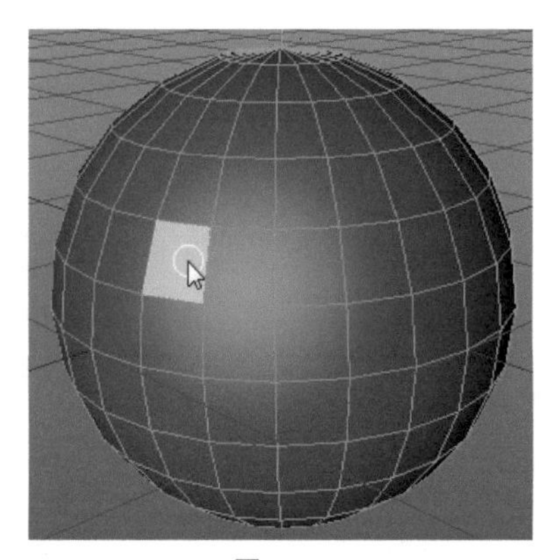

图 2-18

✦ “框选”工具：将场景中的对象转换为可编辑对象后，激活该工具栏并拖曳出一个矩形框，对相应的元素（点、线、面）进行选择，只有完全位于矩形框内的元素才能被选中。如图 2-19 所示中框选中心区域的 9 个点，即可选中这些点对象（被选中的对象会高亮显示）。

✦ “套索选择”工具：将场景中的对象变为可编辑对象后，激活该工具并绘制一个不规则的区域，对相应的元素（点、线、面）进行选择，只有完全位于绘制区域内的元素才能被选中，如图 2-20 所示。在使用“套索选择”工具进行绘制选区操作时，选区不一定要形成封闭的区域。

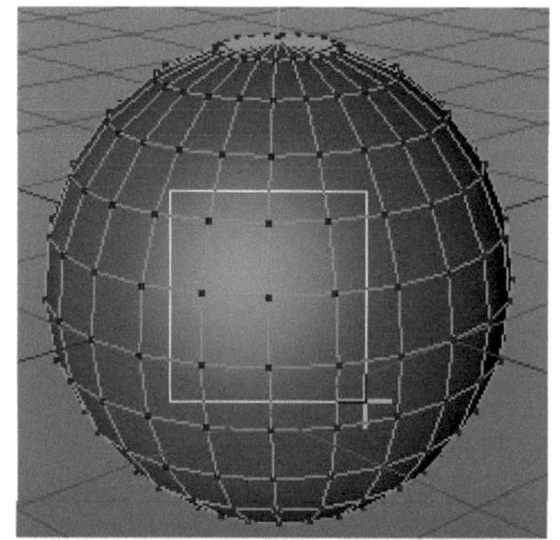

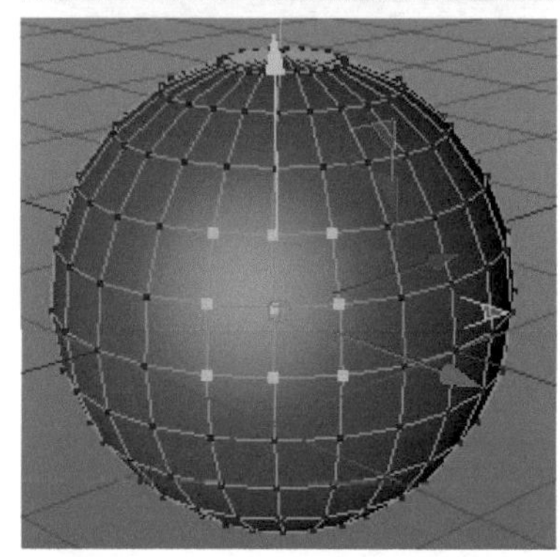

图 2-19

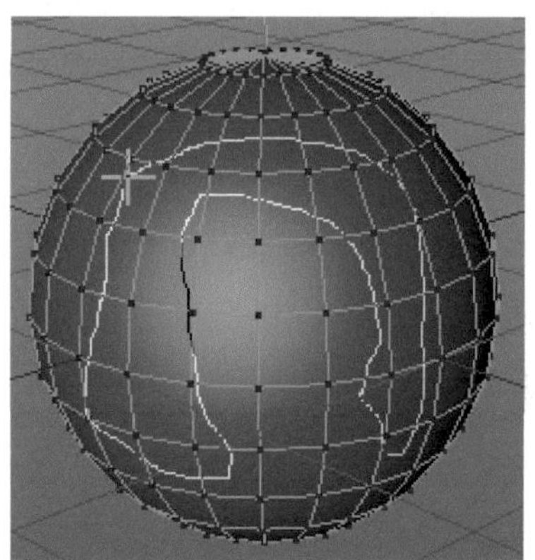

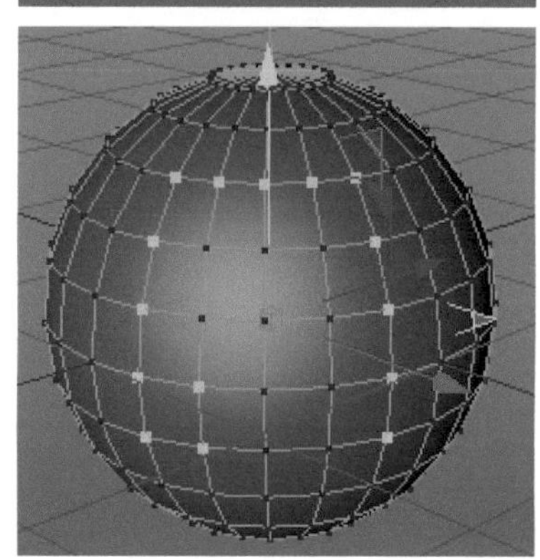

图 2-20

✦ “多边形选择”工具：将场景中的对象转换为可编辑对象后，激活该工具并绘制一个多边形，对相应的元素（点、线、面）进行选择，只有完全位于多边形内的元素才能被选中，如图 2-21 所示。

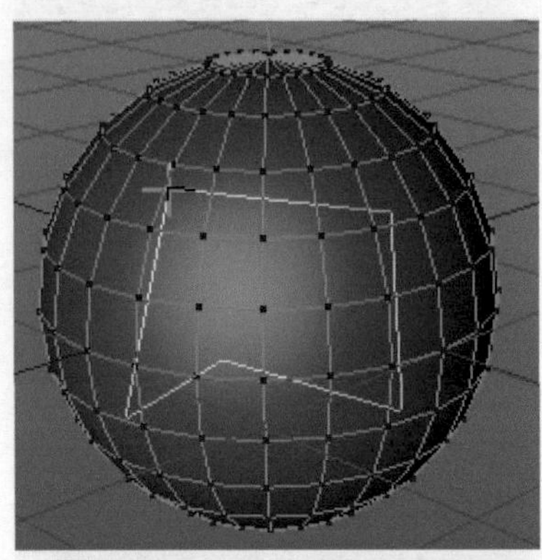

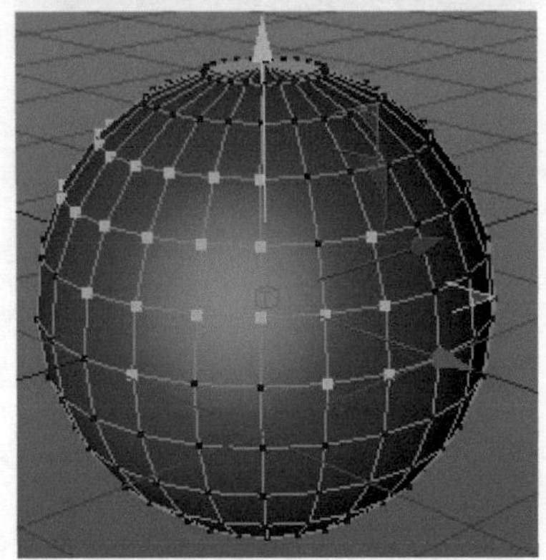

图 2-21

✦ 移动工具 ：激活该工具后，视图中被选中的模型上将出现一个三维坐标轴，其中红色代表 *X* 轴，绿色代表 *Y* 轴，蓝色代表 *Z* 轴。如果用户在绘图区的空白处单击拖曳，可以将模型移动到三维空间的任何位置；如果将鼠标光标指向某个轴向，则该轴将会变为黄色，同时模型也被锁定为沿着该轴进行移动，工具栏中的工具被激活后会呈高亮显示，如图 2-22 所示。

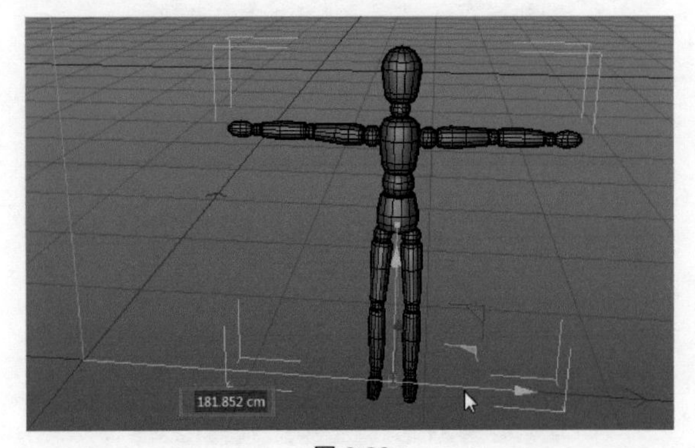

图 2-22

当激活移动工具、缩放工具或者旋转工具时，在模型的 3 个轴向上会出现 3 个黄点，拖动某个轴向上的黄点可以使模型沿着该轴向进行缩放，如图 2-23 所示。

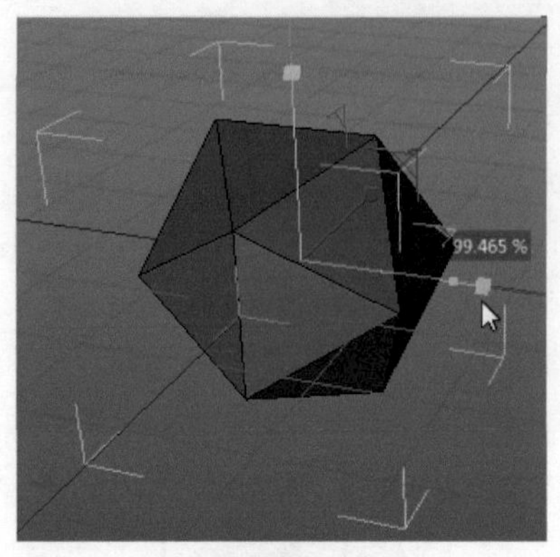

图 2-23

✦ 缩放工具 ：激活该工具后，单击任意轴向上的小方块进行拖动，可以对模型进行等比缩放，用户也可以在绘制区的任意位置单击拖曳，对模型进行等比缩放。

✦ 旋转工具 ：该工具用于控制模型的旋转。激活该工具后，在模型上将会出现一个球形的旋转控制器，旋转控制器上的 3 个圆环分别控制模型的 *X*、*Y*、*Z* 轴，如图 2-24 所示。

✦ 最近使用工具工具组：该工具组中包含了最近使用的几个工具，当前使用的工具会位于顶端，如图 2-25 所示。

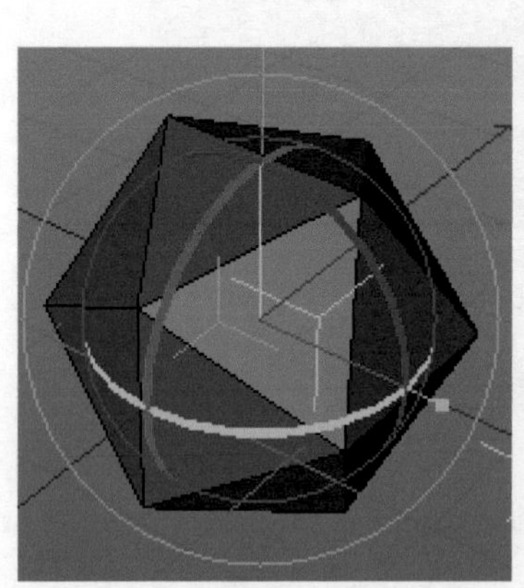

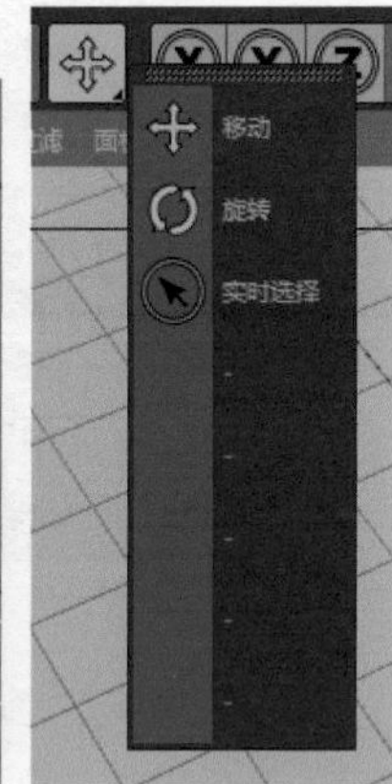

图 2-24　　图 2-25

✦ *X* 轴 /*Y* 轴 /*Z* 轴工具 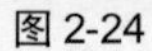：这三个工具默认为激活状态，用于控制轴向的锁定。例如，对模型进行移动时，如果关闭 *X* 轴和 *Y* 轴，那么模型将只能在 *Z* 轴方向上移动（此操作只针对在绘图区的空白区域单击拖曳，如果直接拖曳的是 *X* 轴或者 *Y* 轴，那么模型还是能够在这两个方向上进行移动的）。

✦ “坐标系统”工具 ：该工具用于切换坐标系统，默认为对象坐标系统，单击后将切换为世界坐标系统。

✦ 参数几何体工具组：该工具组中的工具用于创建一些基本几何体，用户也可以对这些几何体进行变形，从而得到更复杂的形体，如图 2-26 所示。

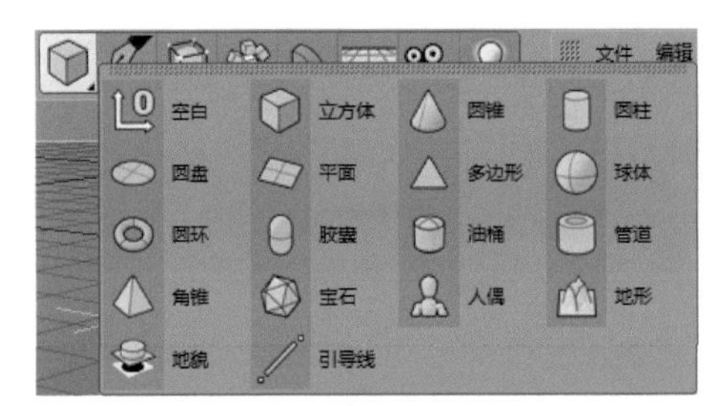

图 2-26

✦ 曲线工具组：使用该工具组中的工具可以绘制基本的样条线，也可以绘制任意形状的样条线，如图 2-27 所示。

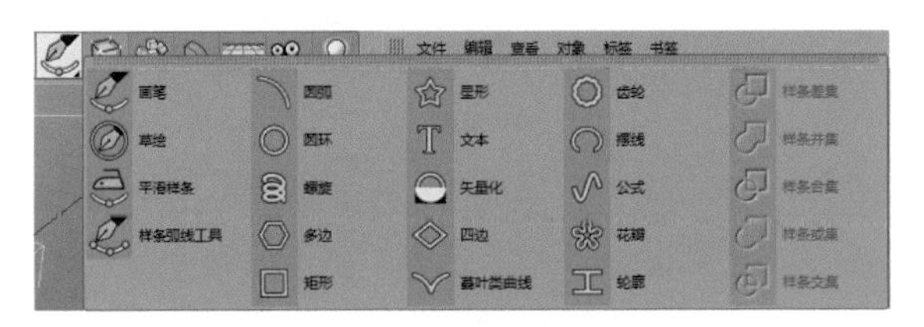

图 2-27

✦ NURBS 曲面工具组：该工具组（如图 2-28 所示）可以用来创建各种形态的曲面。

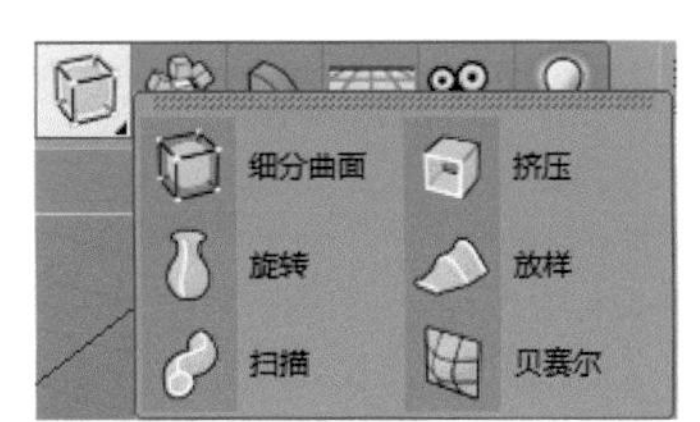

图 2-28

✦ 造型工具组：该工具组中包含了诸如阵列、布尔运算等编辑命令在内的实体、曲面类工具，如图 2-29 所示。

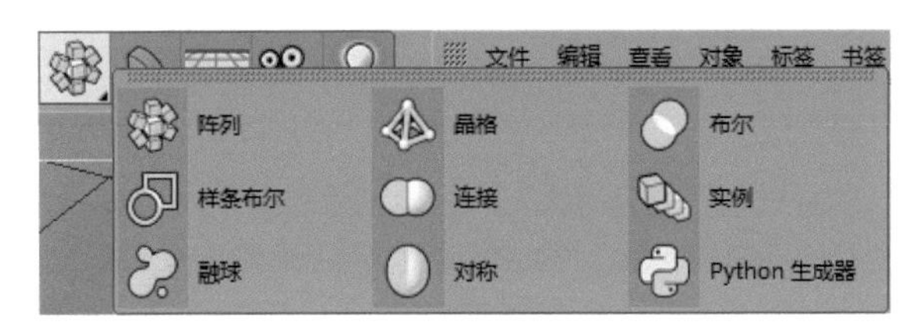

图 2-29

✦ 变形器工具组：该工具组中的工具用于对场景中的对象进行变形操作，如图 2-30 所示。

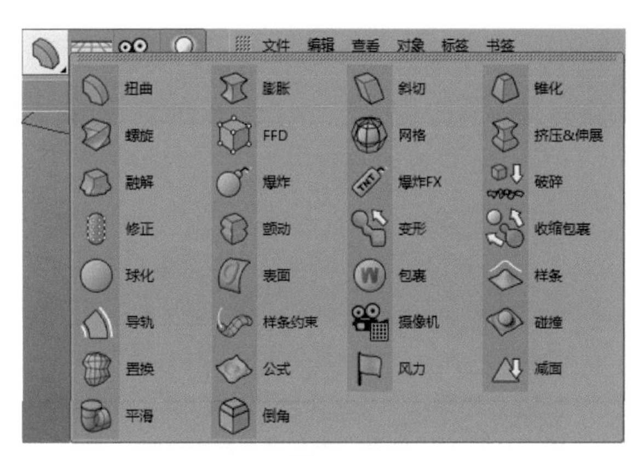

图 2-30

✦ 场景工具组：该工具组中的工具用于创建场景中的地面、天空、背景对象，如图 2-31 所示。

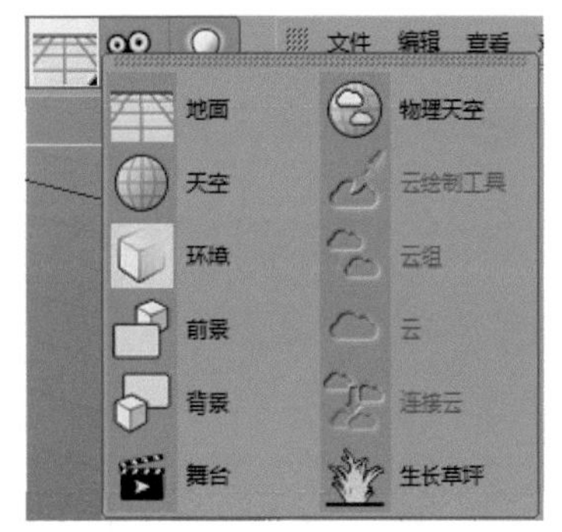

图 2-31

2.2.4　编辑模式工具栏

编辑模式工具栏位于界面的最左侧，可以在这里切换不同的编辑模式，如图 2-32 所示。

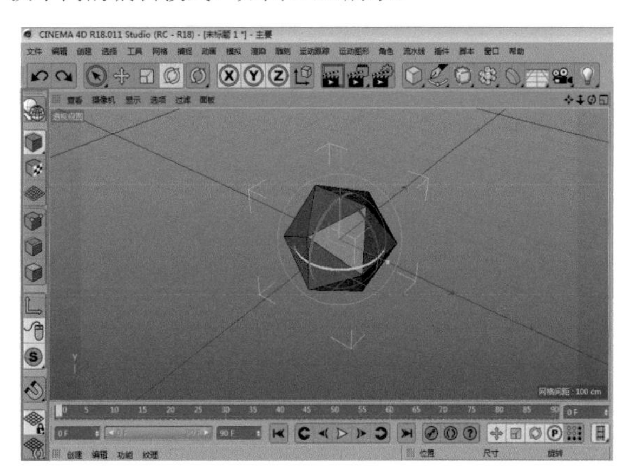

图 2-32

✦ 转为可编辑对象工具：单击该工具可以将选择的实体模型或者 NURBS 物体快速转换为可编辑对象，在很多的三维软件中都有类似的功能。实体模型无法进行点、线、面元素的操作，如图 2-33 所示；只有转换为可编辑对象后，才能对模型的点、线、面元素进行操作，如图 2-34 所示。

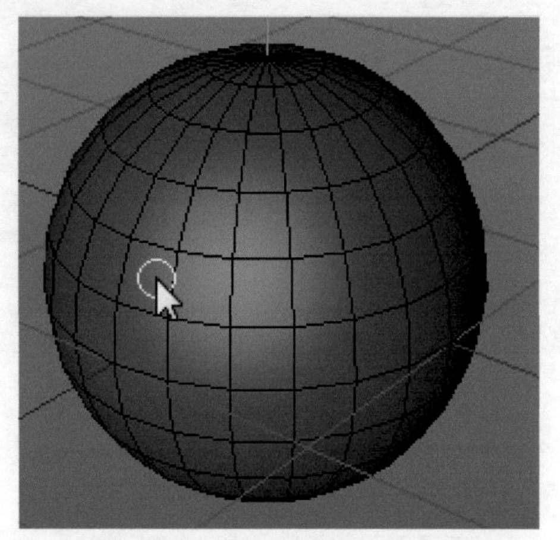

图 2-33

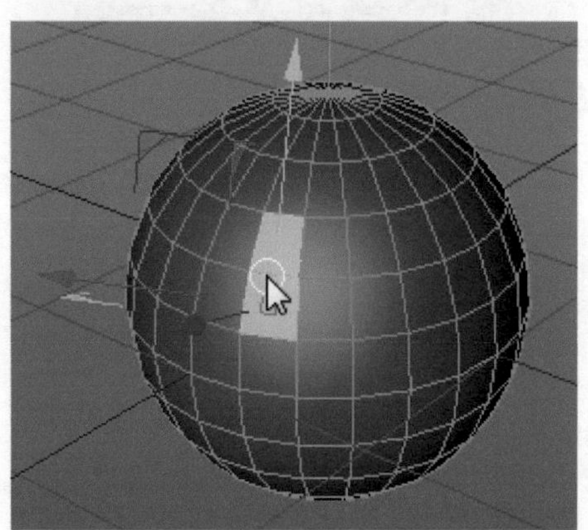

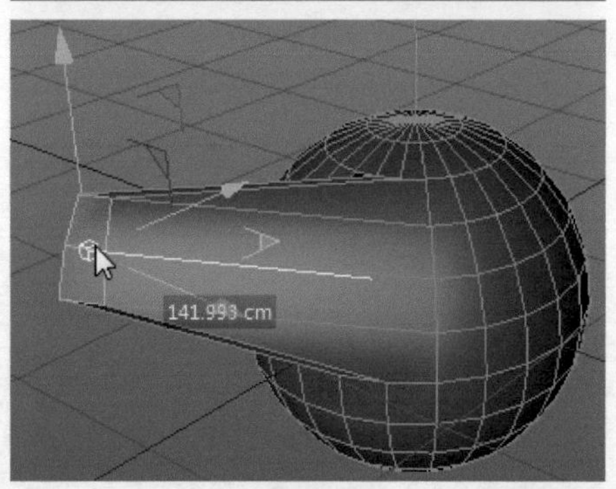

图 2-34

> **提示**
>
> 当场景中不存在任何对象时，该工具不能被激活。

✦ “模型”工具：单击该工具将进入模型编辑模式，通常在建模时使用。

✦ “纹理”工具：单击该工具进入纹理编辑模式，用于编辑当前被激活的纹理，如图 2-35 所示。

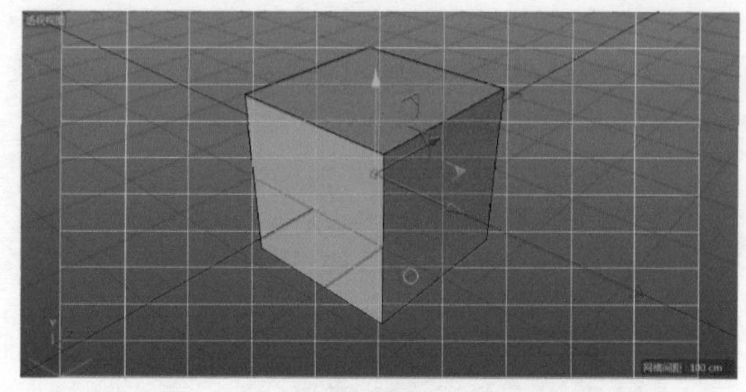

图 2-35

✦ “工作平面”工具：单击该工具可以控制模型外围工作平面的显示状态，即橘黄色的最大外围框，如图 2-36 所示。

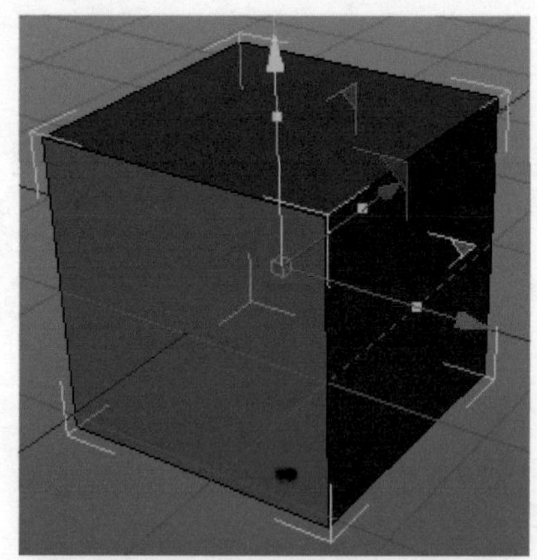

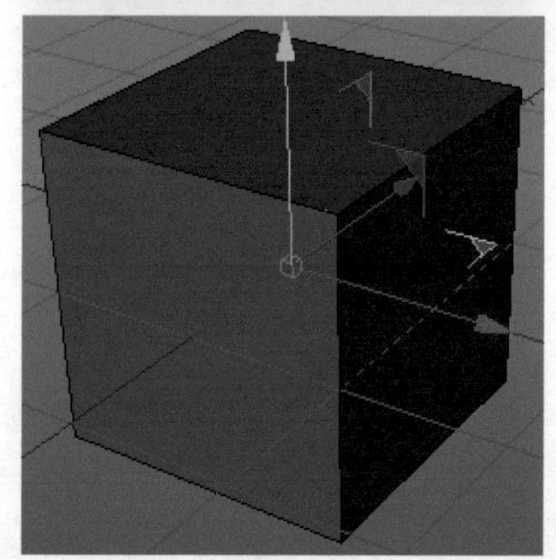

图 2-36

✦ “点”工具：单击该工具进入点编辑模式，用于对可编辑对象上的点元素进行编辑，被选择的点将会呈高亮显示，如图 2-37 所示。

✦ “边”工具：单击该工具进入边编辑模式，用于对可编辑对象上的边元素进行编辑，被选中的边将会呈高亮显示，如图 2-38 所示。

✦ “面”工具：单击该工具进入面编辑模式，用于对可编辑对象上的面元素进行编辑，被选择的面将会呈高亮显示，如图 2-39 所示。

图 2-37

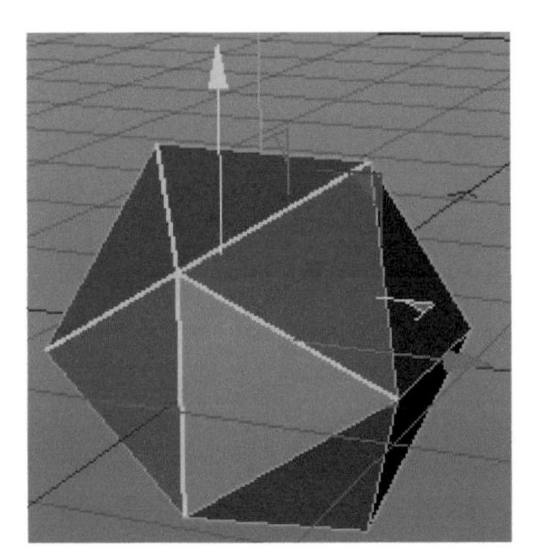

图 2-38

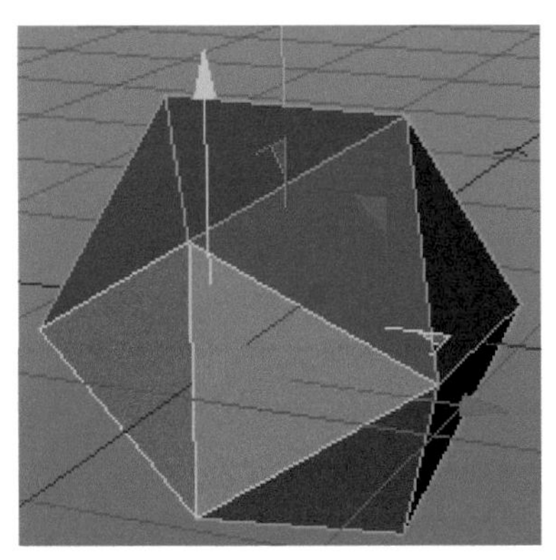

图 2-39

> **提示**
> 在点、线、面模式编辑对象时，需要模型已经被转换为可编辑对象。

2.2.5 视图窗口

视图窗口是 Cinema 4D 主要的工作显示区，模型的创建和各种动画的制作都会在这里进行显示。在初学时要注意的是，经常会由于误操作按中鼠标中键导致视图分成了 4 个区域，如图 2-40 所示。

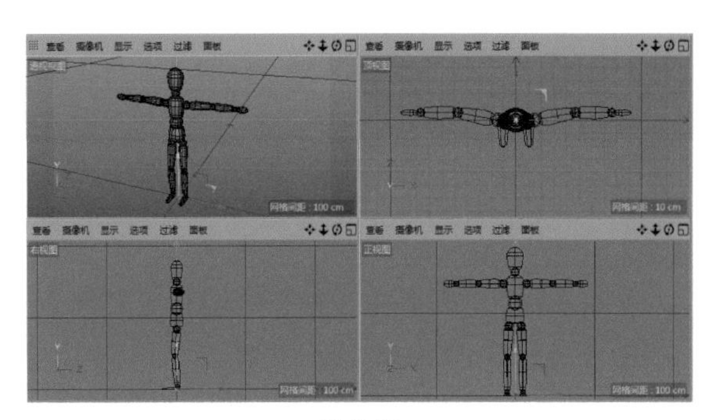

图 2-40

此时可以将鼠标中键放置在需要退回的视图上，然后单击即可进入对应的视图。如果要回到默认的视图区域，即移动鼠标至左上角的轴测图再单击中键即可，如图 2-41 所示。

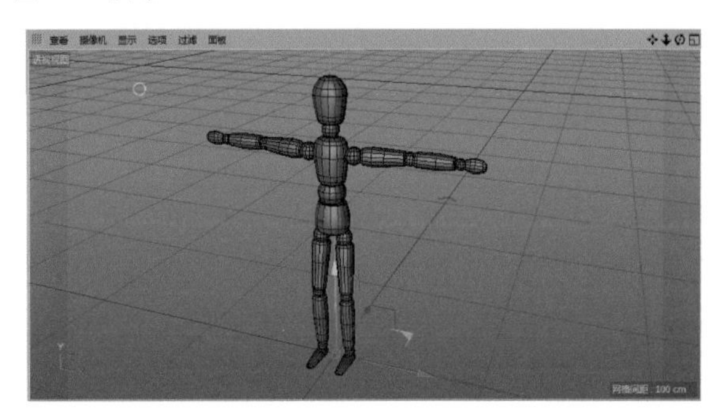

图 2-41

2.2.6 对象 / 场次 / 内容浏览器 / 构造窗口

对象 / 场次 / 内容浏览器 / 构造窗口位于软件界面的右上方，使用该窗口可以非常快速地对场景中的对象进行选择、编辑、赋予材质、调整坐标位置等操作。每个窗口都拥有属于自己的面板，它们之间既可单独存在，也可共同存在，如图 2-42 所示。

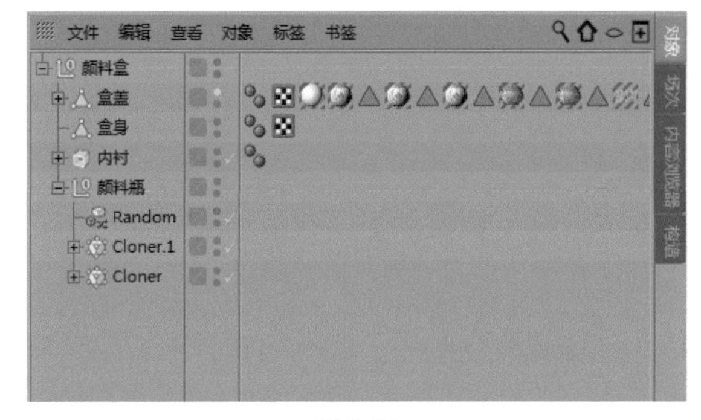

图 2-42

材质窗口总体来说可以分为 4 个子窗口，其标签分别是对象、场次、内容浏览器、构造，收纳于软件的最右侧，其具体含义介绍如下。

1. 对象

对象窗口用于管理场景中的对象，大致可以划分为4个区域：分别是菜单栏、对象列表区、隐藏/显示区和标签区，如图2-43所示。

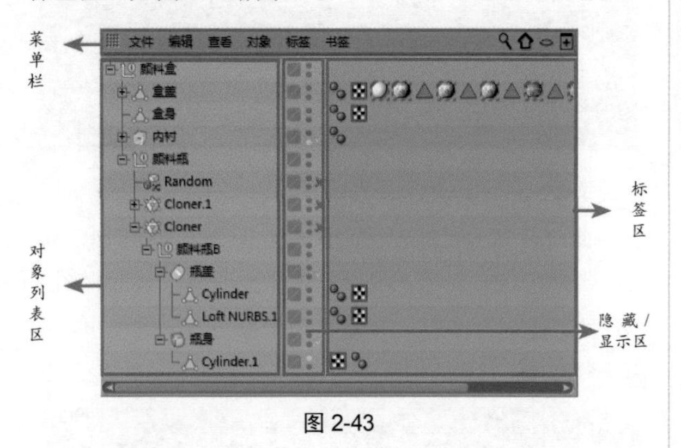

图2-43

菜单栏

菜单栏中的命令用于管理列表区中的对象，例如合并对象、设置对象层级、复制对象、隐藏或显示对象、为对象添加标签以及为对象命名等。

对象列表区

对象列表区显示了场景中所有存在的对象，包括几何体、灯光、摄像机、骨骼、变形器、样条线和粒子等，这些对象通过结构线组成树形结构图，即所谓的“父子关系”。如果要编辑某个对象，可以在场景中直接选择该对象，也可以在该区域中进行选择，选中的对象其名称将呈高亮显示。如果选择的是子对象，那么与其相关联的父级对象也将高亮显示，但颜色会稍暗一些，如图2-44所示中的克隆对象为亮显，而最上方的颜料盒与颜料瓶对象也会亮显，但程度明显不如克隆。

此外，每个对象都有自己的名称，如果用户在创建的时候没有为对象命名，那么系统将自动以递增序列号的方式为对象命名，排列方式由下至上，如图2-45所示。

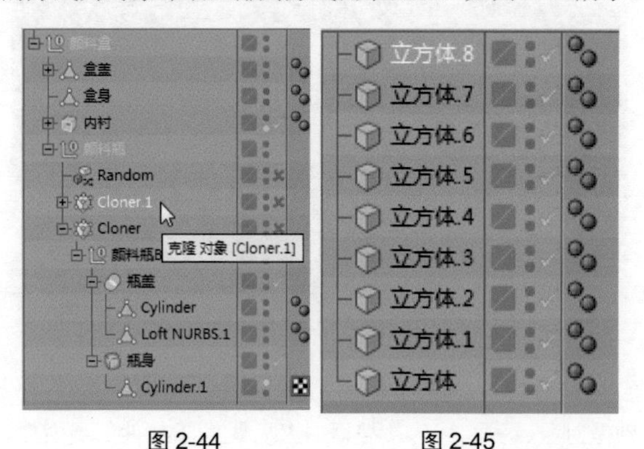

图2-44　　图2-45

> **提示**
>
> 对象的层级关系可以根据用户的意愿进行调整，如果想要让一个对象成为另一个对象的子对象，只需将该对象拖至另一个对象上，释放鼠标可建立这种层级关系；同理，如果想要解除层级关系，只需将子对象拖至空白区域即可。另外，如果只想调整对象之间的顺序，将需要调整顺序的对象拖至另一个对象下方即可。

隐藏/显示区

隐藏/显示区用于控制对象在视图中或渲染时的隐藏和显示，每个对象后面都有一个方块、两个圆点和一个绿色的钩，如图2-46所示，各含义说明如下。

✦ 层的操作按钮：单击隐藏/显示区中的方块图形会弹出一个包含了两个选项的菜单，其中“加入新层“选项用于创建一个新的图层并使选中的对象自动加入该层，如图2-47所示；而“层管理器”选项用于打开“层浏览器”，在“层浏览器”中可以查看并编辑图层。

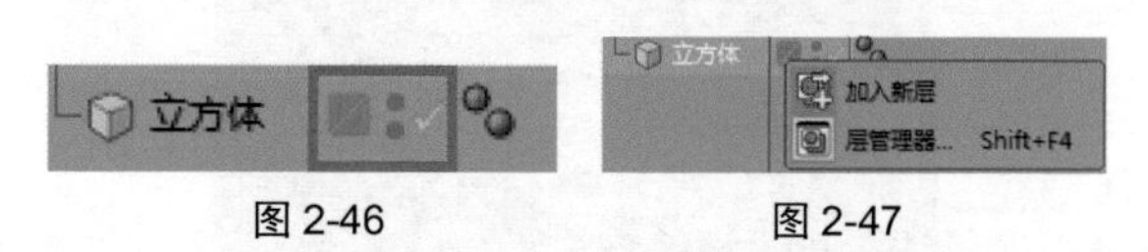

图2-46　　图2-47

✦ 图形的显示与隐藏按钮：方块图形后面的两个小圆点呈上下排列状态，上面的圆点控制对象在视图中的隐藏或者显示，下面的圆点控制对象在渲染时的隐藏或者显示。圆点有3种状态，分别以灰色、绿色和红色显示，单击圆点即可在3种显示状态之间切换。其中灰色是默认的显示状态，表示对象正常显示，如图2-48所示；绿色代表强制显示状态，通常情况下父级对象被隐藏时，子级对象也会跟着被隐藏，而当对象显示按钮为绿色时，则无论父级对象是否被隐藏，其子级对象均会显示，如图2-49所示；红色代表对象被隐藏，如图2-50所示。

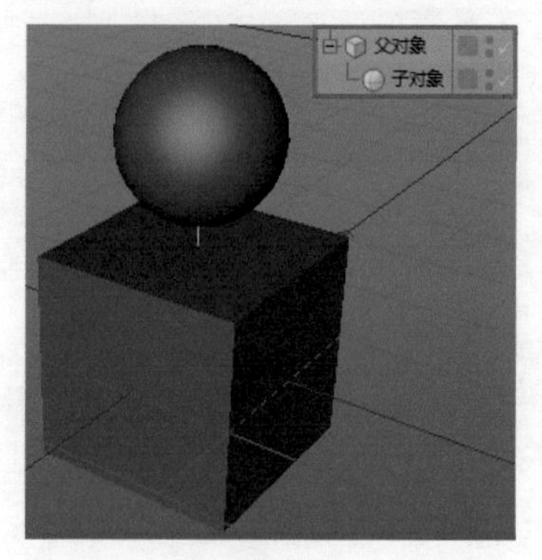

图2-48

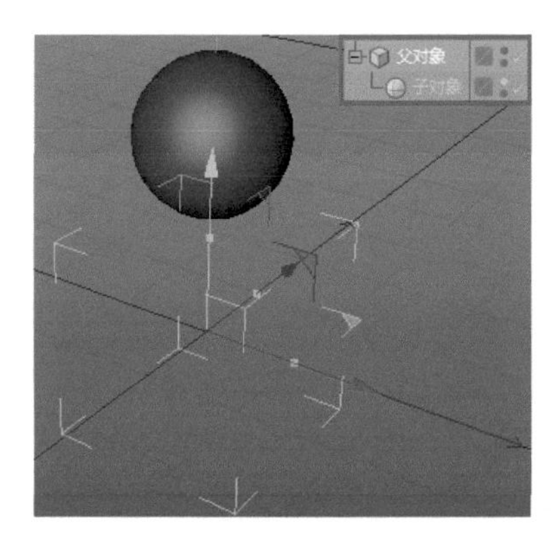

图 2-49

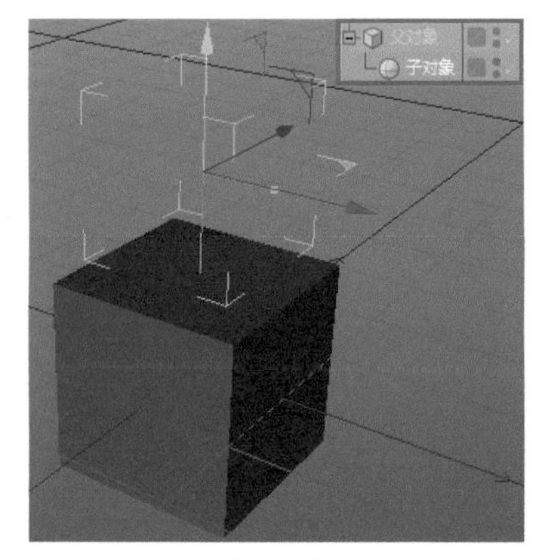

图 2-50

✦ 对象的关闭与启用按钮 ：如果单击这个绿色的钩，则会变成红色的叉 ，表示该对象已经被关闭，此后文件中的任何操作均不会影响该对象，同时外观上此对象被隐藏。当场景中的对象没有添加任何变形器或生产器时，绿色的钩代表显示，红色的叉代表关闭，这种显示和关闭包括渲染状态。

标签区

在标签区中可以为对象添加或者删除标签，标签可以被复制，也可以被移动。Cinema 4D 为用户提供的标签种类很多，使用标签可以为对象添加各种属性，例如将材质球赋予模型后，材质球会作为标签的形式显示在对象标签中，如图 2-51 所示。

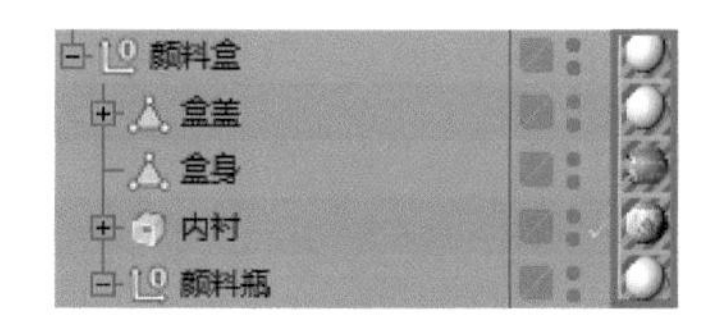

图 2-51

此外，一个对象可以拥有多个标签，标签的顺序不同，产生的效果也会不同。为对象添加标签的方法有两种，一种是选择要添加标签的对象，然后右击，在弹出的菜单中选择相应的标签进行添加即可，如图 2-52 所示；还有一种是选择要添加标签的对象，然后单击“对象”窗口中的“标签”选项卡，同样可以打开如图 2-52 所示的菜单添加标签。

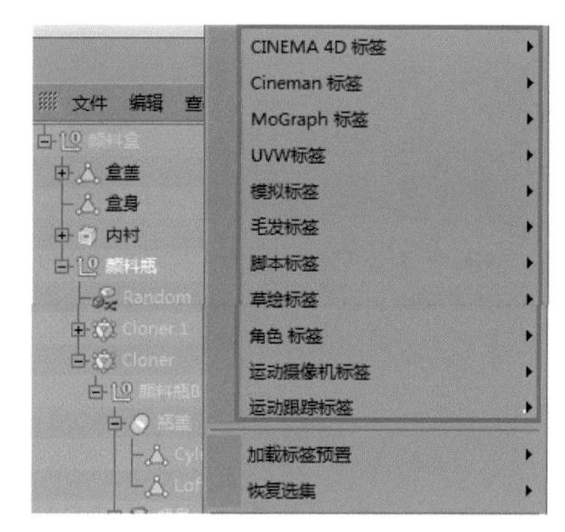

图 2-52

2. 场次

场次系统是 Cinema 4D R17 版本的一个新增功能。该窗口可以有效提高设计师的效率，它允许设计师在同一个工程文件中进行切换视角、材质、渲染设置等各种编辑修改操作，如图 2-53 所示。场次呈现层级结构，如果想激活当前场次，需要选中场次名称前面的方框并激活。

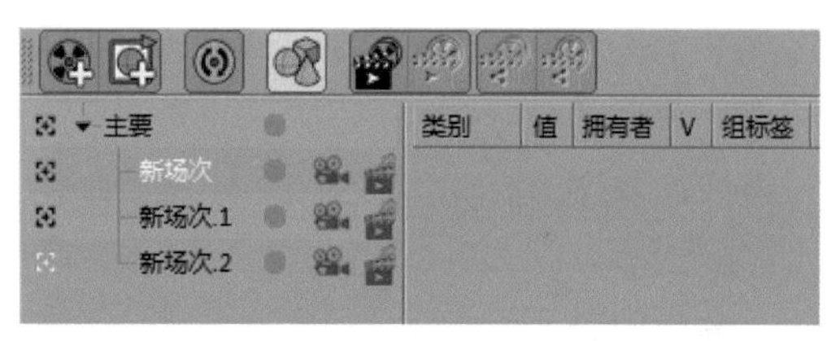

图 2-53

3. 内容浏览器

该窗口用于管理场景、图像、材质、程序着色器和预置档案等，也可以添加和编辑各类文件，在预置中可以加载有关模型、材质等文件。定位到文件所在位置后，可以直接将文件拖入到场景中使用，如图 2-54 所示。

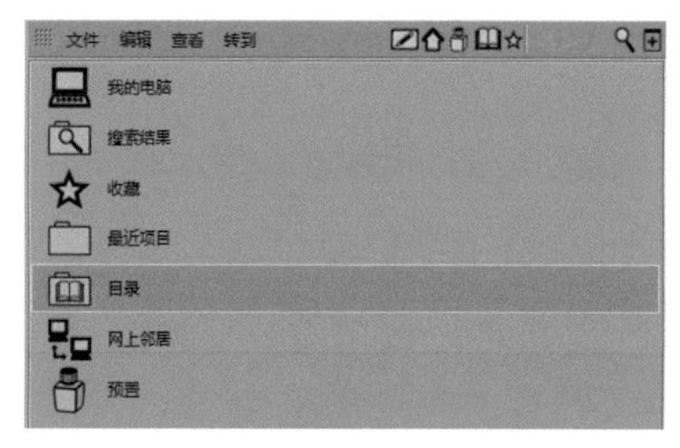

图 2-54

4. 构造

构造窗口用于设置对象由点构造而成的参数，如图 2-55 所示。

文件　编辑　视图　模式

点	X	Y	Z	<- X
0	-206.718 cm	136.634 cm	-64.414 cm	-239.89 cm
1	-180.167 cm	-11.556 cm	-140.524 cm	0 cm
2	24.862 cm	-61.835 cm	-21.579 cm	0 cm
3	131.245 cm	55.923 cm	133.05 cm	0 cm
4	85.352 cm	165.743 cm	170.091 cm	0 cm

图 2-55

2.2.7　属性 / 层窗口

属性 / 层窗口是 Cinema 4D 软件中非常重要的一个区域，在这里将会根据当前所选工具、对象、材质或者灯光来显示相关的属性，也就是说如果选择的是工具，那么显示的就是工具的属性；如果选择的是材质，那显示的则是材质的属性；如果没有任何选择或者选择的内容没有任何属性，那么将显示为空白面板。

属性 / 层窗口中包含了所选对象的所有参数，这些参数按照类型以选项卡的形式进行区分，单击选项卡即可将选项卡的内容显示在“属性”窗口中，如果想在面板中同时显示几个选项卡的内容，只需按住 Shift 键的同时单击相应的选项卡即可，显示的选项卡将会呈高亮显示，如图 2-56 所示。

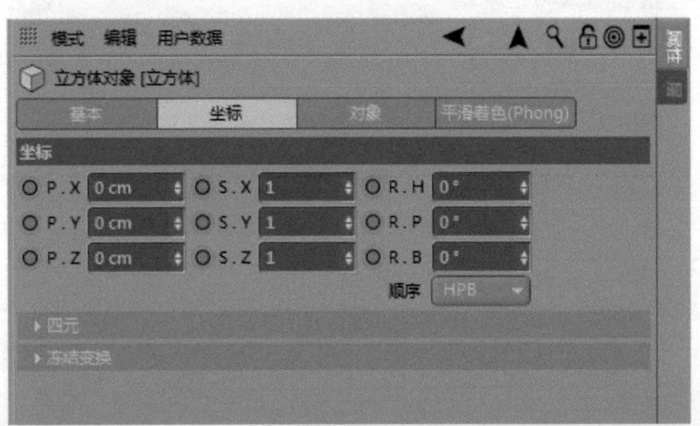

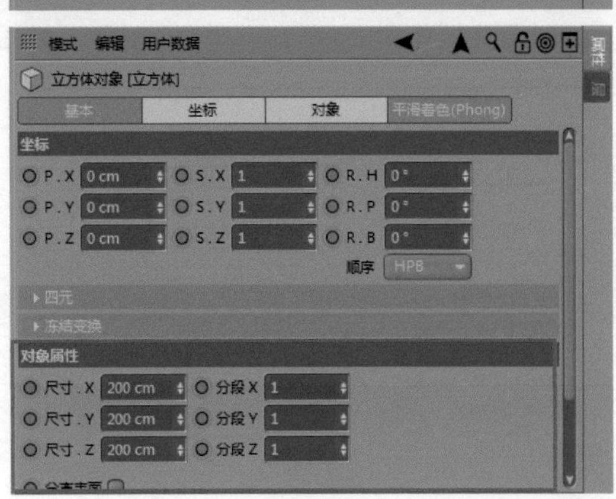

图 2-56

2.2.8　动画编辑窗口

Cinema 4D 的动画编辑窗口位于视图窗口的下方，其中包含时间线和动画编辑工具，如图 2-57 所示。在使用 Cinema 4D 进行动画制作的时候将用到上面的命令。

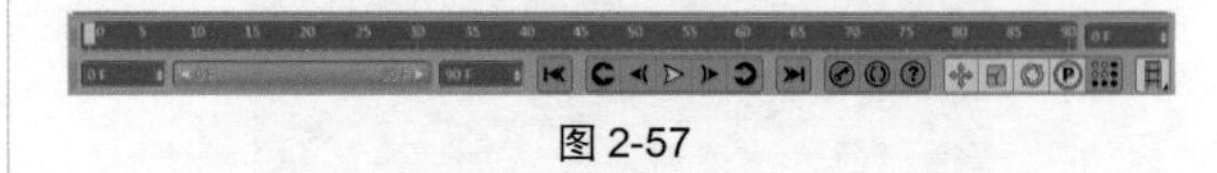

图 2-57

2.2.9　材质窗口

材质窗口用于管理材质，包括材质的新建、导入、应用等，如图 2-58 所示。

图 2-58

在“材质管理器”中，一个材质球代表一种材质。Cinema 4D 中的材质主要以自带的材质预设为主，其中包含了金属、塑料、自然环境、木料、石材、液体、冰雪等 15 大类材质。

> **提示**
> 在“材质管理器”的空白区域双击，或者按快捷键 Ctrl+N 便可以快速新建一个普通材质，如图 2-59 和图 2-60 所示。

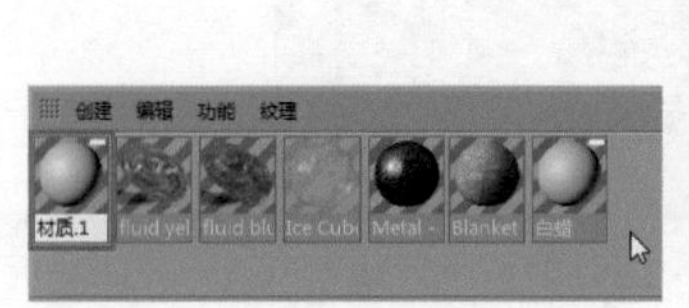

图 2-59

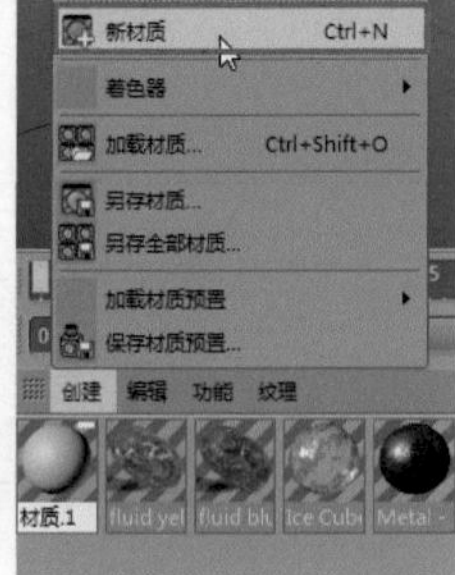

图 2-60

2.2.10　坐标窗口

坐标窗口位于材质窗口的右侧，是 Cinema 4D 独具特色的窗口之一，常用于控制模型的精确位置和尺寸，如图 2-61 所示。其中“位置”栏中的 X、Y、Z 参数即指对象的坐标，而“尺寸”栏中的 X、Y、Z 参数表示对象本身的大小，其测量基准均为中心对称测量法。

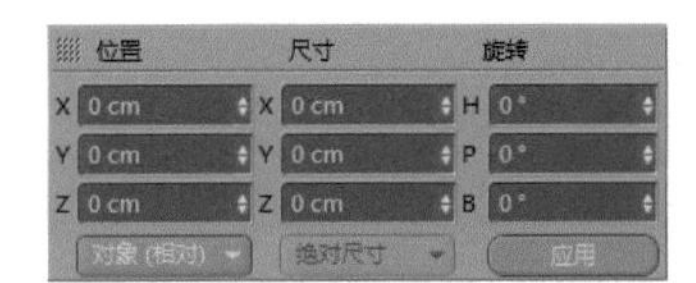

图 2-61

> **提示**
>
> 中心对称测量法，即表示模型的位置测量点始终位于模型的几何中心，而模型的外围尺寸相对于该点为中心对称。如图 2-62 所示中的矩形，其在 X 和 Y 轴方向上的边长为 2，因此可以在“尺寸”栏下的 X 和 Y 文本框中各输入 2，而“位置”栏中应该输入几何中心所在的坐标位置，因此在“位置”栏下的 X 和 Y 文本框中分别输入 4 和 3。

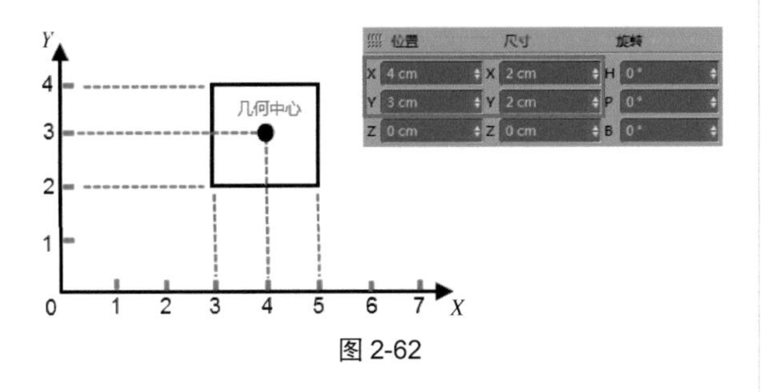

图 2-62

2.2.11　提示栏

提示栏位于 Cinema 4D 软件的最下方，对于刚刚接触软件的初学者来说，这是一个很有用的区域。该区域除了会显示错误和警告的信息外，还会显示相关工具的提示信息，告知用户接下来所要进行操作的步骤，如图 2-63 所示。因此在刚刚接触 Cinema 4D 的时候，一定要养成经常查看提示栏的好习惯，这样能有效减少盲目探索的时间。

00:00:38　移动：点击并拖动鼠标移动元素。按住 SHIFT 键量化移动；节点编辑模式时按住 SHIFT 键增加选择对象；按住 CTRL 键减少选择对象。

图 2-63

2.2.12　实战——创建 APP 图标模型

在前面的学习中，已经介绍了 Cinema 4D 中基本的命令调用方法，本小节便根据所介绍的方法，指导读者创建一个简单的三维 APP 图标模型。该三维模型在后续章节的学习中还会碰到，读者可以通过该案例大致了解 Cinema 4D 的整个工作流程。

素材文件路径：　素材 \ 第 2 章 \2.2.12

效果文件路径：　效果 \ 第 2 章 \2.2.12. APP 图标模型 .JPG

视频文件路径：　视频 \ 第 2 章 \2.2.12. 创建 APP 图标模型 .MP4

01 启动 Cinema 4D，新建一个空白文件，然后单击工具栏中的“立方体”按钮，创建一个立方体，如图 2-64 所示。

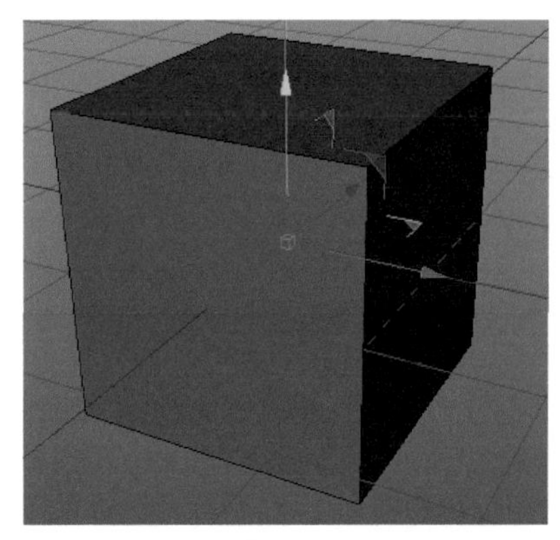

图 2-64

02 在软件窗口左下角的属性面板中调整其厚度为 80，如图 2-65 所示。

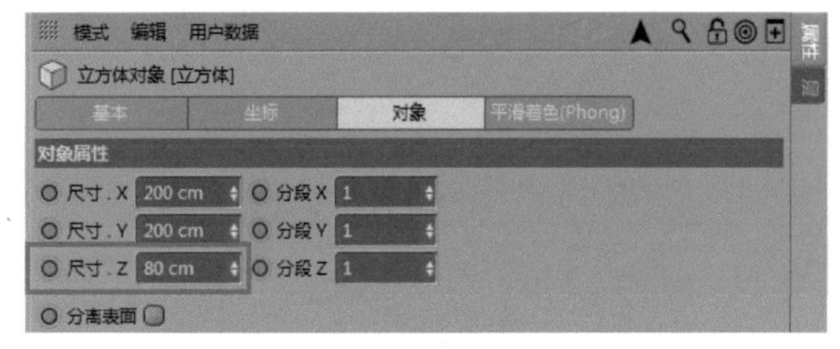

图 2-65

> **提示**
>
> 一般情况下，Cinema 4D 的操作并没有精准的数值，讲究的是“随意拿捏”的效果，在面板中输入尺寸进行调整的方法并不值得提倡。但是此处为了方便学习仍提供了详细尺寸，而在以后的章节中将逐步减少，建模只需达到大致要表现的效果即可，不必过分苛求“画多长、画多宽”的问题。

03 选中所创建的长方体，然后单击编辑工具栏中的“转为可编辑对象工具”图标，或按 C 键，将长方体模型转变为可编辑的对象，此时模型的点、线、面等元素是可选的，如图 2-66 所示。

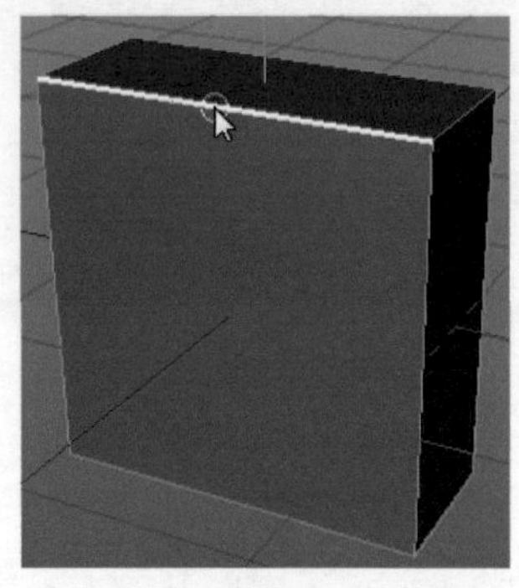

图 2-66

04 在“选择”菜单栏中选择“环状选择”命令，然后将鼠标移动至长方体的对角边处，等到 4 条边高亮显示时即可单击，这样便能一次性选中 4 条边，如图 2-67 所示。

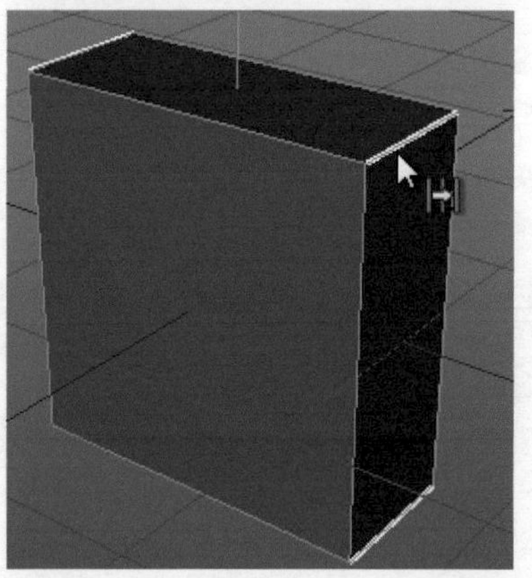

图 2-67

> **提示**
>
> Cinema 4D 中提供了大量的选择工具，如果能灵活掌握这些选择工具，将会减少用于选择对象上的时间。

05 选中 4 条边后右击，选择弹出菜单中的“倒角”命令，如图 2-68 所示。

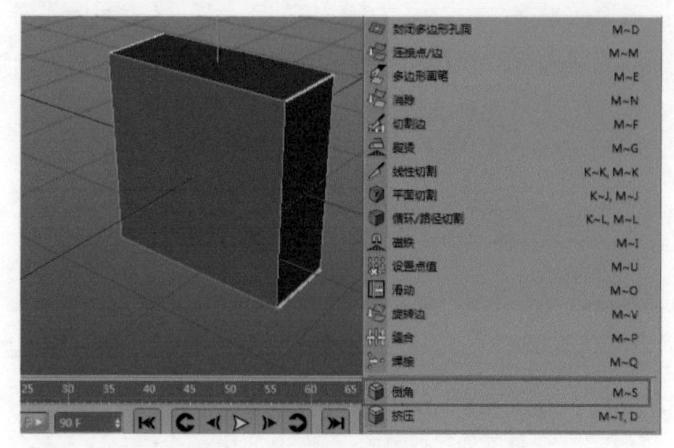

图 2-68

06 右下角的“属性”面板中便出现了倒角相关的参数，在其中的“偏移”和“细分”文本框中分别输入 60 和 5，即可创建一个带有圆角特征的方形，如图 2-69 所示。

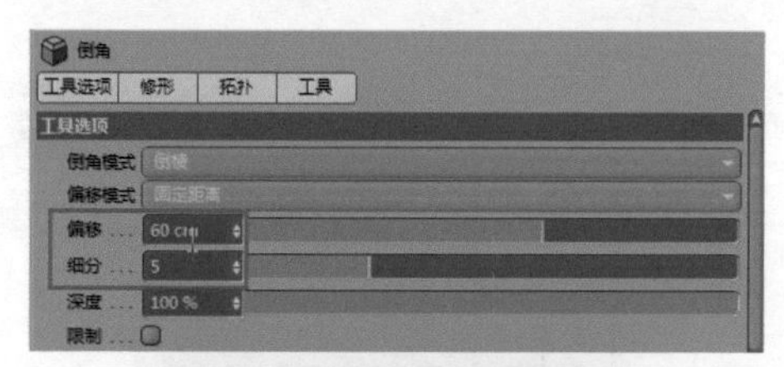

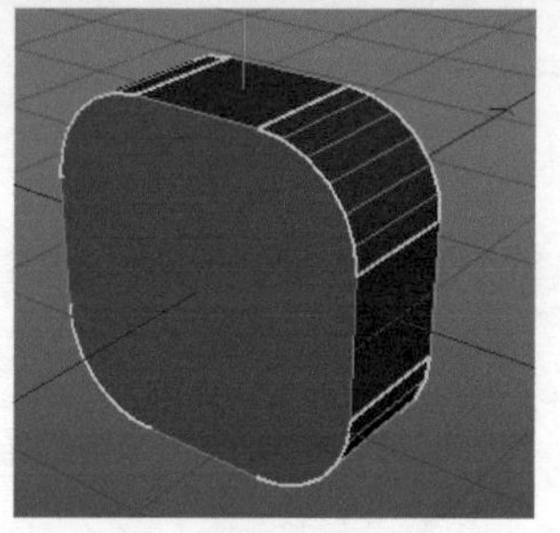

图 2-69

07 使用相同的方法，选择模型的前、后面，创建一个“偏移”与“细分”均为 2 的圆角，如图 2-70 所示。

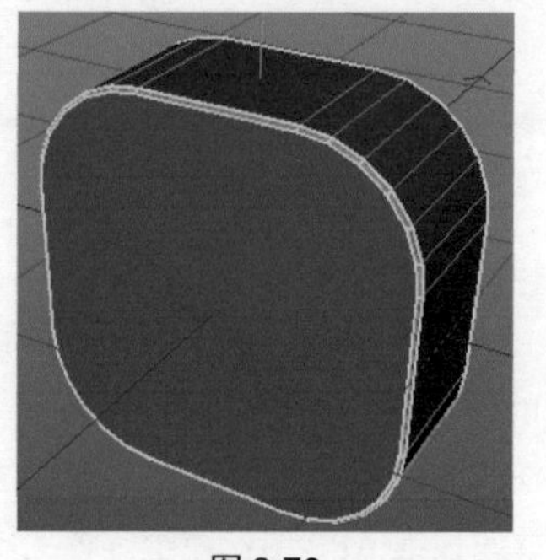

图 2-70

08 单击参数几何体工具组中的“管道”按钮，在长方体上创建一个管道模型，修改“对象”参数如图 2-71 所示。

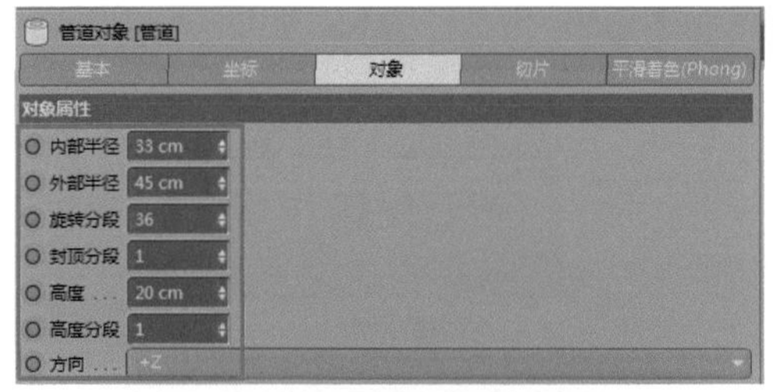

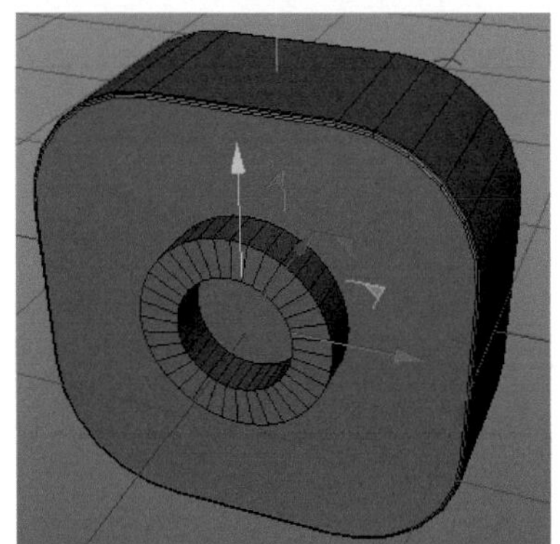

图 2-71

09 单击工具栏中的移动工具，将管道移至长方体的左上角区域，效果如图 2-72 所示。

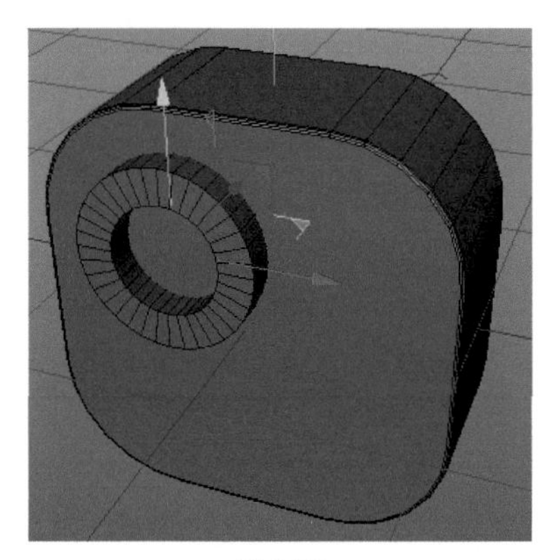

图 2-72

提示

如果要追求移动精度，可以通过输入坐标的方式来达到该效果。单击“对象”面板左侧的“坐标”选项卡即可，参考坐标值如图 2-73 所示。

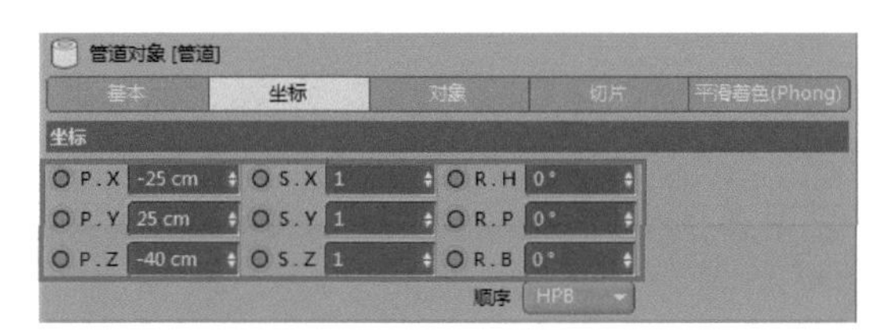

图 2-73

10 单击参数几何体工具组中的“立方体”按钮，修改“对象”参数如图 2-74 所示。

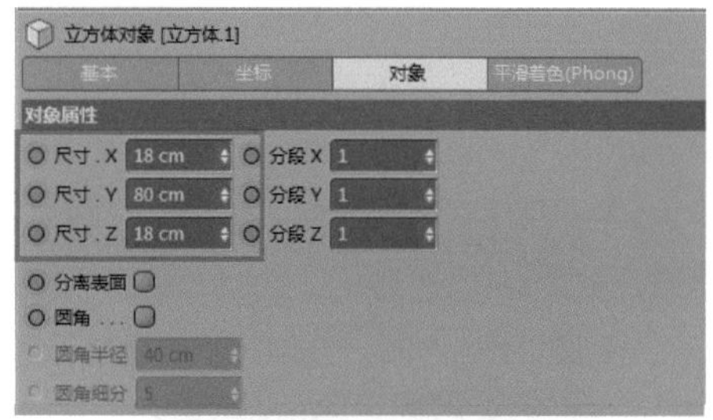

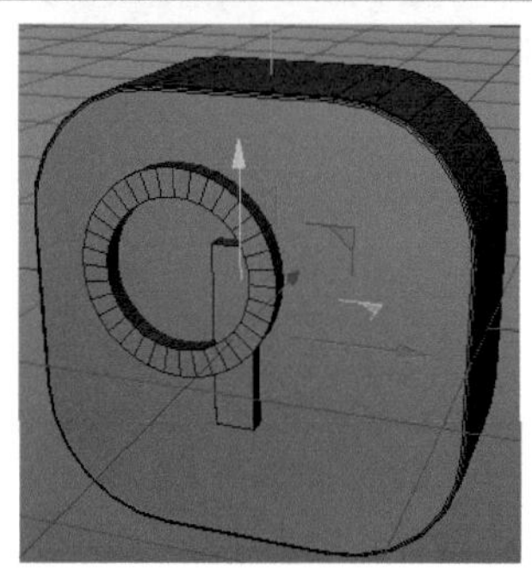

图 2-74

11 单击工具栏中的旋转工具，将新建的长方体旋转 45°，再单击移动工具，移动长方体至右下角区域，效果如图 2-75 所示。

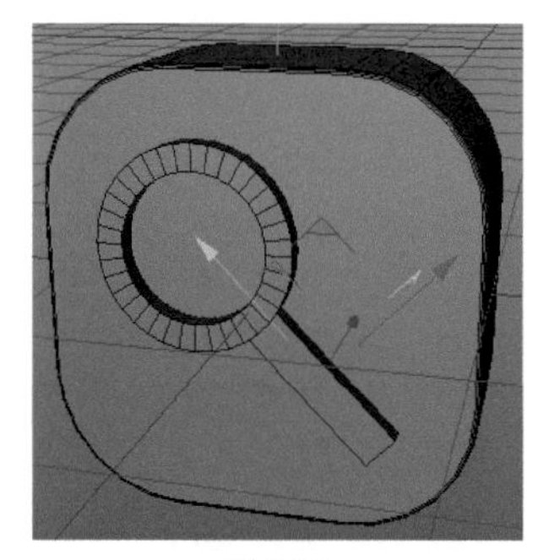

图 2-75

提示

小长方体的参考坐标值如图 2-76 所示。

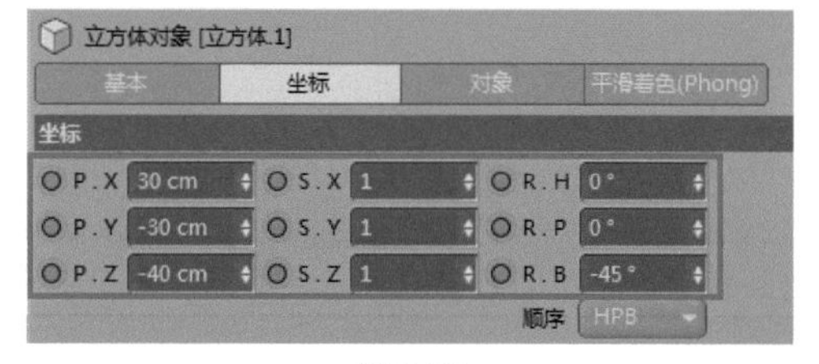

图 2-76

12 至此模型的主体部分已经绘制完成，再进行优化、赋予材质、渲染即可得到 APP 的图标效果，如图 2-77 所示。这些内容将在本书的后面章节中依次介绍。

图 2-77

2.3 工程文件的操作及管理

Cinema 4D 的主要文件操作命令均集中于“文件”菜单中，如图 2-78 所示，下面将对其中较为常用的几种操作进行介绍。

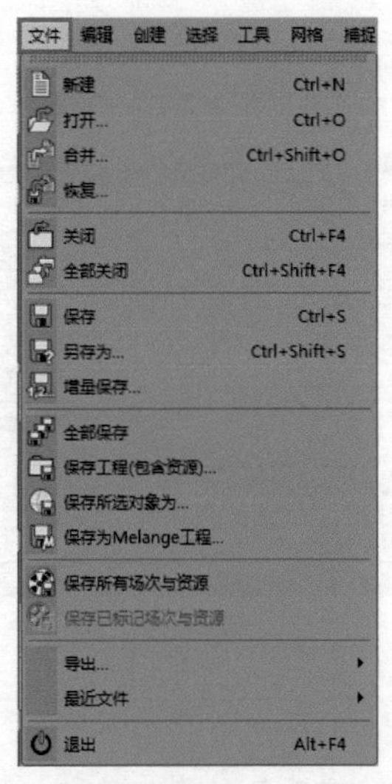

图 2-78

2.3.1 新建文件

文件的新建与打开是最基本的操作。选择“文件”|“新建”命令即可创建一个文件，如图 2-79 所示，此外还可以使用快捷键 Ctrl+N 来完成，新建的文件默认文件名为“未标题 -1”。

2.3.2 打开文件

选择“文件”|“打开”命令，会自动弹出“打开文件”对话框，如图 2-80 所示，在其中选择要打开的文件，然后单击右下角的“打开”按钮，即可打开相应的文件。

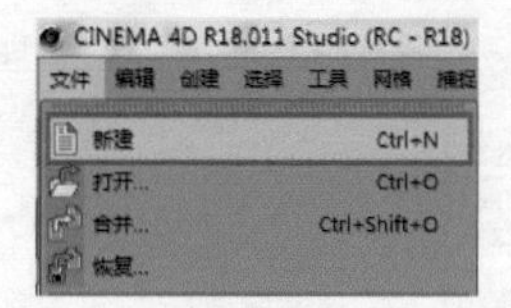

图 2-79

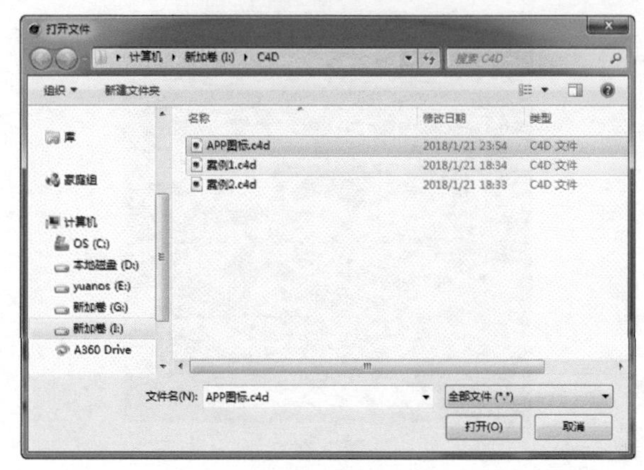

图 2-80

2.3.3 合并文件

当打开两个或更多的文件后，软件界面仍然只会显示单个文件，其余的需要在“窗口”菜单的底端进行切换，如图 2-81 所示。

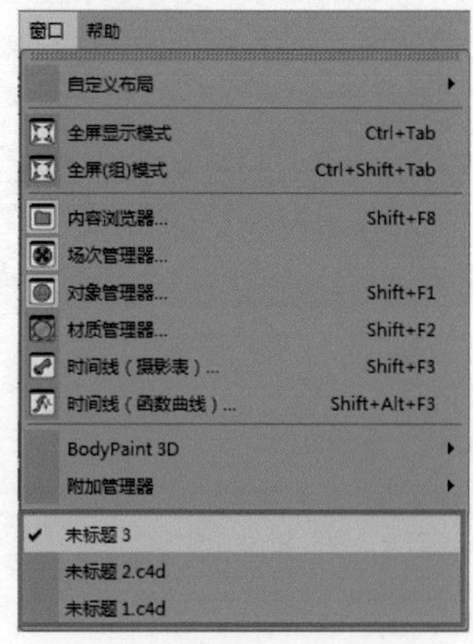

图 2-81

此时如果执行“文件”|“合并”命令，便会弹出“打开文件”对话框，在其中选择要合并的文件，单击“打开”按钮，即可将所选文件合并到当前的场景中，效果如图 2-82 所示。

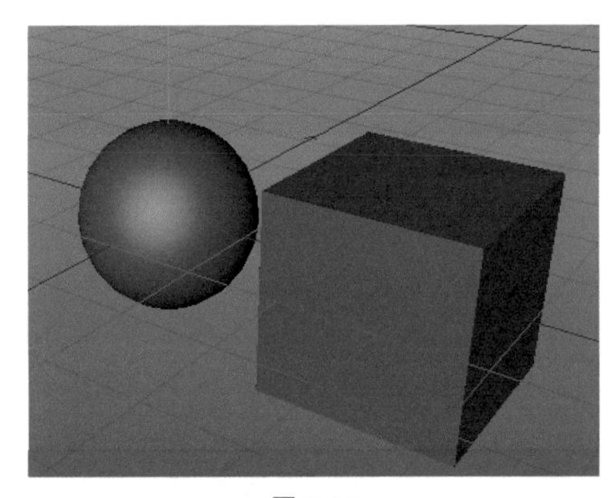

图 2-82

2.3.4 保存文件

执行“文件”菜单中的“保存”或者“另存为”命令都可以将当前打开的单个文件保存为 C4D 格式文件，执行“文件”|“全部保存”命令，可以将所有打开的文件一次性保存为 C4D 格式文件，如图 2-83 所示。在保存文件时将会弹出“保存文件”对话框，如图 2-84 所示，让用户指定文件的名称和保存路径。

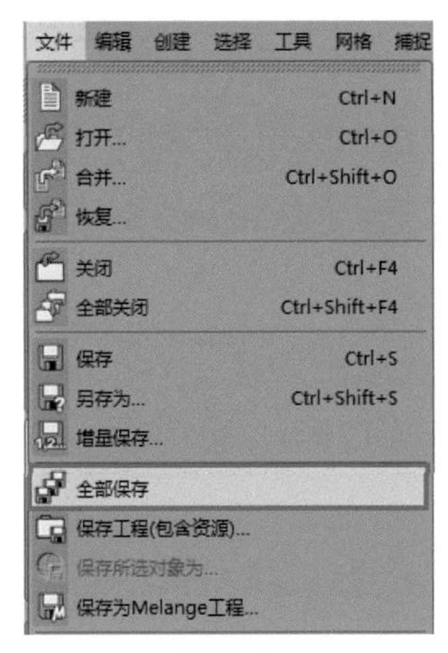

图 2-83

图 2-84

除此之外，还可以执行“文件”|“增量保存”命令，将文件保存为“三维格式”“图片格式”“参数设置”或“参数”格式文件，如图 2-85 所示。

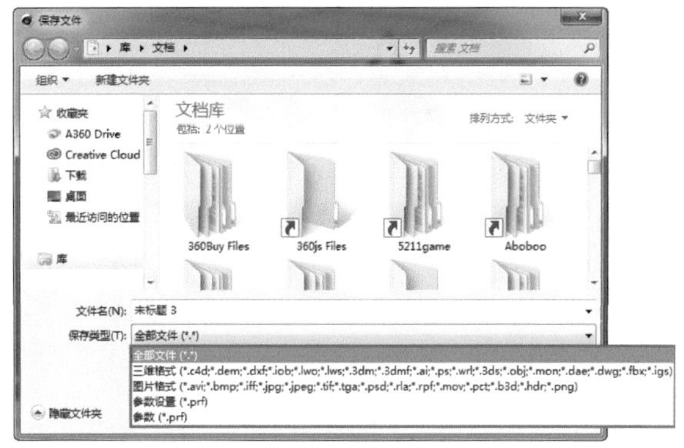

图 2-85

2.3.5 保存工程

选择“文件”|“保存工程（包含资源）”命令，可以将当前编辑的文件保存为一个工程文件，文件中用到的资源素材也将保存到工程文件中，如图 2-86 所示。

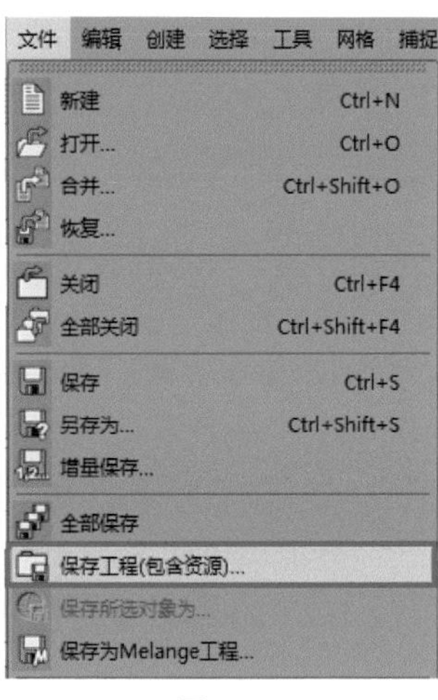

图 2-86

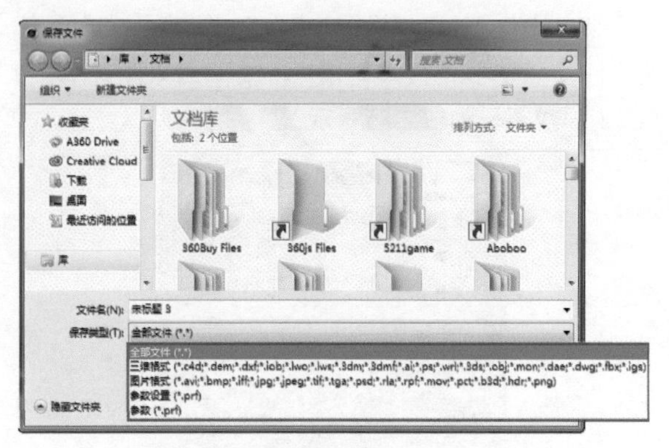

图 2-86（续）

提示

保存工程文件也就是工作中经常提到的“将工程打包”。一般的场景文件在创作完毕后，如果没有同时将相关的材质、贴图等资源文件一起打包发给别的用户，那其他用户很可能打不开该文件，打开后也会出现各种信息丢失的情况。因此场景文件制作完毕后，建议进行保存工程文件的操作，避免日后资源丢失，也方便交接给其他的用户或客户。

2.3.6 导出文件

Cinema 4D 和其他软件一样，可以与其他软件结合使用，只通过导出相应格式文件即可实现。执行“文件”|“导出”命令，可以将文件导出为 3ds、xml、dxf、obj 等格式，可以在对应的软件中进行编辑，如图 2-87 所示。

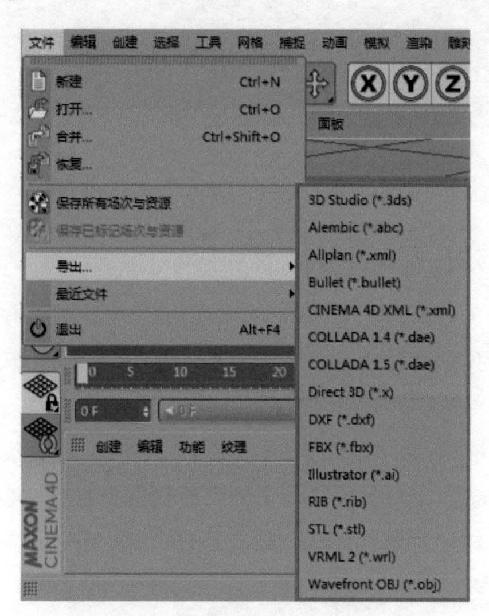

图 2-87

3.1 制作模型的基本流程

使用 Cinema 4D 创建模型的流程与其他三维软件大致相同，都要事先确立一个明确目标，在脑海中描绘出最终模型的一个大概轮廓。总体来说，可以分为以下 3 个阶段。

1. 前期准备

前期先分析模型的大致组成部分，将模型分解为若干个组成部分，然后去构思如何完成这些部分。在开始前可以找找相关素材，考虑怎么做才能以最少的面数呈现出最好的效果。

如果想要创建一些截面比较奇特的模型，那就不能通过直接建立参数化对象来完成，而必须通过 Cinema 4D 中的样条曲线工具来绘制草图，然后进行挤压操作得到实体，如图 3-1 所示。

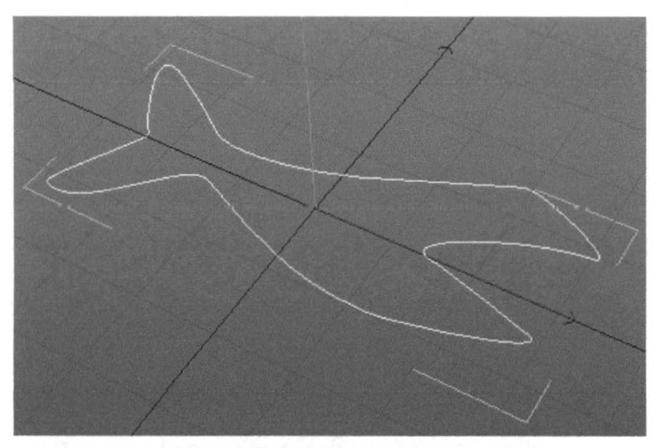

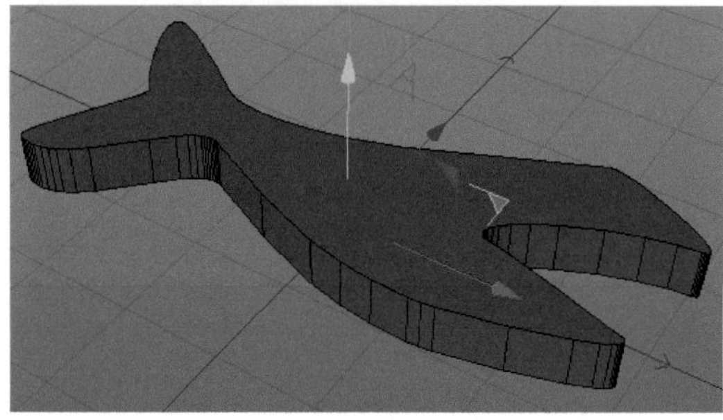

图 3-1

2. 生成实体

如果要创建的模型部分并没有过于奇特的地方，可以直接使用 Cinema 4D 中自带的基本建模工具来创建，如立方体、圆柱体等。通过使用这些基本建模工具，再配合 Cinema 4D 中的造型工具组，便可创建出绝大多数的模型。

此外，一定要在建完一个模型后及时为其赋上材质，同时每个材质在材质球上最好都标上名称。将来如果需要进一步调整，就可以选择材质球，将使用同一材质的物体同时选中。

3. 渲染

在完成建模后就可以对物体追加光照和摄像机了。光照能让模型看起

第 3 章

Cinema 4D 建模技术

虽然所有三维建模软件看上去都大同小异，但是 Cinema 4D 却有着其独有的特点，那就是操作便捷、上手快速，稍加培训便可以做出相对惊人的效果，因此在视觉经济竞争白热化的今天，越来越多的人开始使用 Cinema 4D 在视觉设计领域进行工作。无论是酷炫的动画，还是精致的平面广告，其根本都来自于 Cinema 4D 强大的建模功能。本章将介绍 Cinema 4D 中的主要建模命令，包括参数化对象、NURBS 曲面建模以及其他编辑工具。

来更加逼真，同时展现出更多的细节，而摄像机则可以从最佳的角度来进行观察。两者调整无误后，再调整渲染设置中的参数，根据需要添加全局光照或环境吸收之类的选项，最后执行渲染即可得到最终所需的效果。

3.2 对象

Cinema 4D 为用户提供了极为强大的特征建模和编辑功能，使用这些功能可以高效地构建复杂的产品模型。例如，利用挤压、旋转、扫描等工具，可以将二维截面的轮廓曲线通过相应的方式产生实体特征，这些实体特征具有参数化设计的特点，当修改“属性”窗口中的参数时，相应的实体特征也会自动更新。而转变为非参数化对象后，虽然不能再通过“属性”窗口进行设置，但却可以选择对象上的点、线、面来进行操作。两种方法相辅相成，使用得当即可创建出精美的模型。

3.2.1 参数化对象

创建参数几何体有以下两种方法。

✦ 长按按钮不放，展开创建参数几何体工具栏，选择相应的几何体按钮，如图 3-2 所示。

✦ 在“创建”|“对象”命令的下拉菜单中选择相应的几何体，如图 3-3 所示。

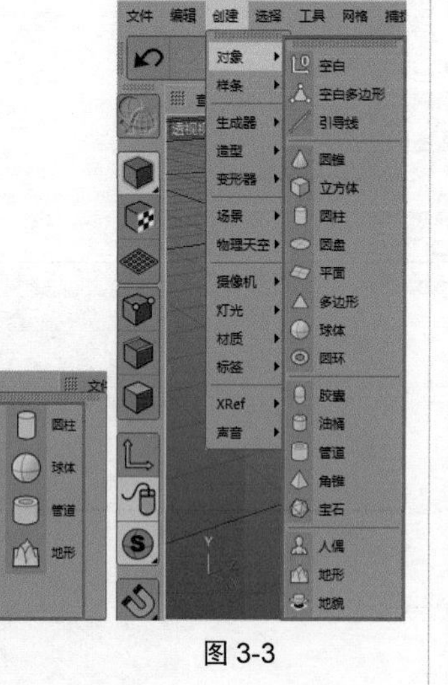

图 3-2　　图 3-3

下面对常用的几种命令进行介绍。

1. 立方体

现实生活中由立方体构建的物体有很多，因此立方体是建模中常用的几何体之一。在 Cinema 4D 工具栏中单击“立方体”按钮即可创建一个立方体对象，如图 3-4 所示，在软件界面的右下方“对象属性”面板中可以看到立方体对象的一些基本参数。

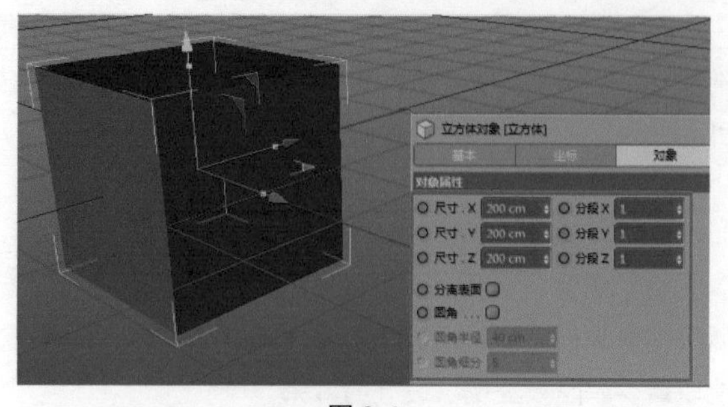

图 3-4

“对象属性”面板中主要参数的具体含义介绍如下。

✦ 尺寸 .X/ 尺寸 .Y/ 尺寸 .Z：新创建的立方体其边长均默认为 200cm，如需修改，可以在这 3 个参数文本框中输入新的数值来进行调整，如图 3-5 所示。

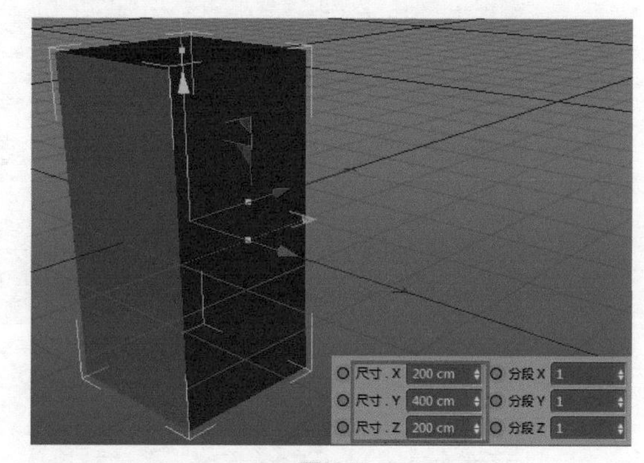

图 3-5

✦ 分段 X/ 分段 Y/ 分段 Z：用于增加立方体的分段数，当显示效果切换为含“线条”模式时可见，如图 3-6 所示。

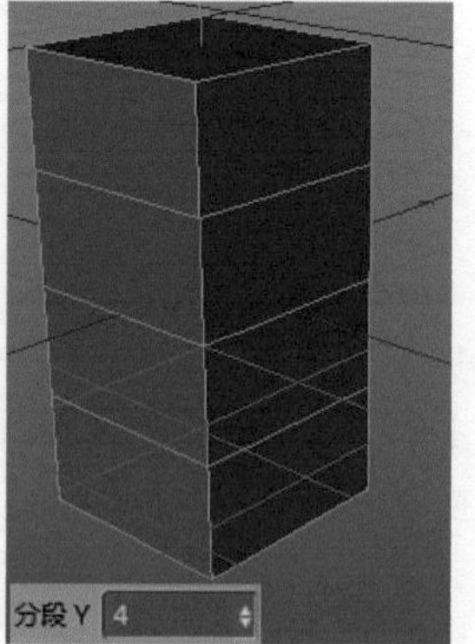

图 3-6

✦ 分离表面：选中“分离表面”复选框后，按 C 键，即可将该立方体模型由参数对象转换为多边形对象，此时立方体被分解为 6 个平面，如图 3-7 所示。

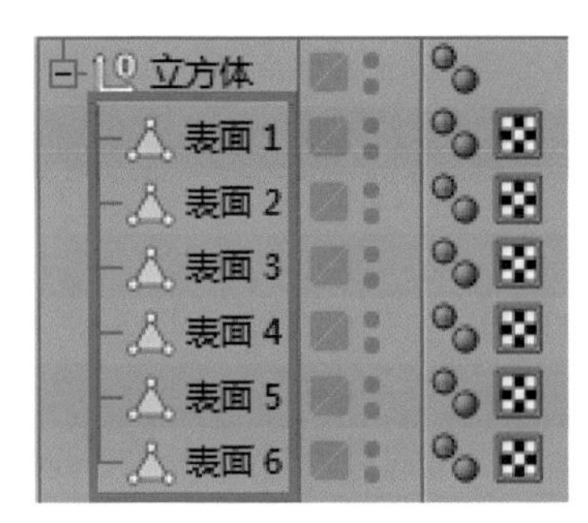

图 3-7

✦ 圆角：选中该复选框后，其下的“圆角半径”和“圆角细分”文本框被激活，可以通过这两个文本框设置立方体的倒圆半径和圆滑程度，如图 3-8 所示。

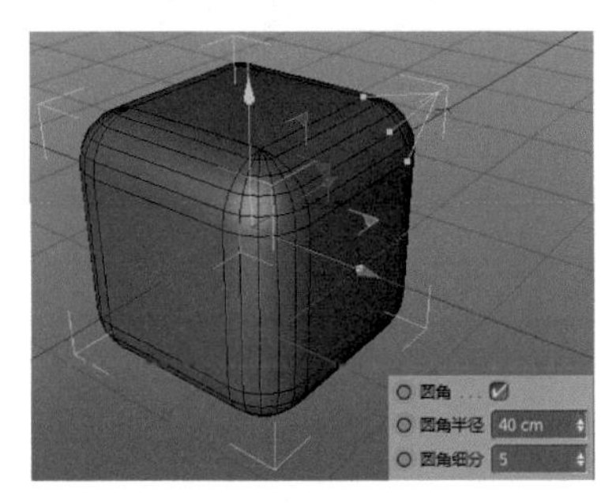

图 3-8

2. 圆锥

圆锥是以一条直线为中心轴线，另一条与其成一定角度的线段为母线，然后使母线围绕轴线旋转 360° 形成的实体。

在 Cinema 4D 工具栏中单击“圆锥”按钮即可创建一个圆锥体对象，如图 3-9 所示，在“属性”窗口中可以看到该对象的一些基本参数。

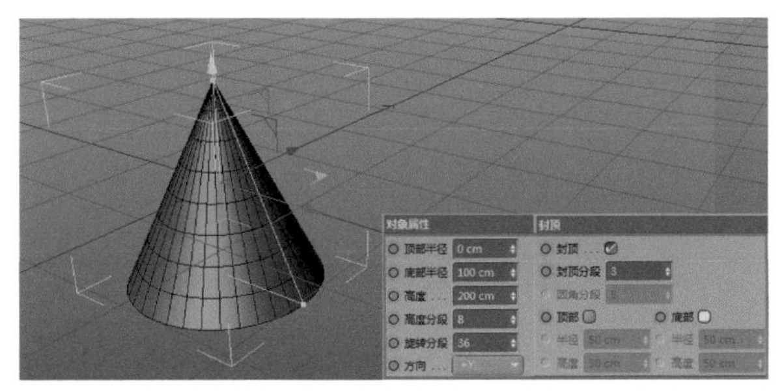

图 3-9

“对象属性”面板中主要参数的具体含义介绍如下。

“对象属性”面板

✦ 顶部半径：设置圆锥体顶部的半径，默认为 0，如果设置为非 0 的数值，便会得到一个圆柱体，如图 3-10 所示。

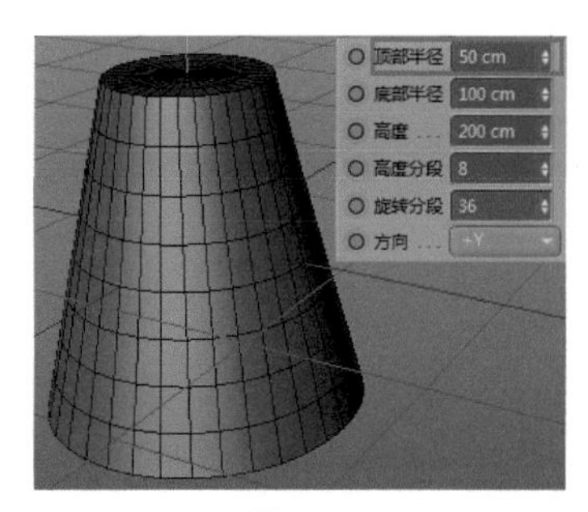

图 3-10

✦ 底部半径：设置圆锥体底部的半径，默认为 100，如果该数值和顶部半径相同，则会得到一个圆柱体，如图 3-11 所示。

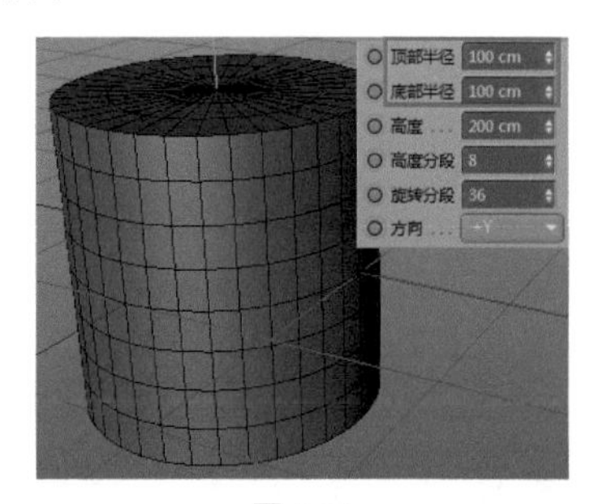

图 3-11

✦ 高度：设置圆锥的高度，默认尺寸为 200cm。

✦ 高度分段 / 旋转分段：设置圆锥在高度和纬度上的分段数，如图 3-12 所示。

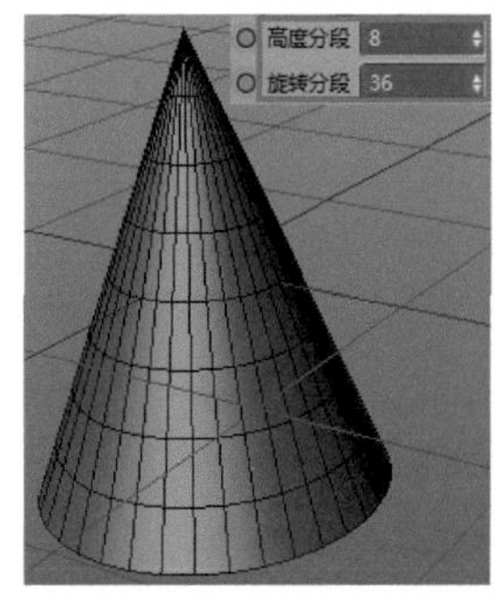

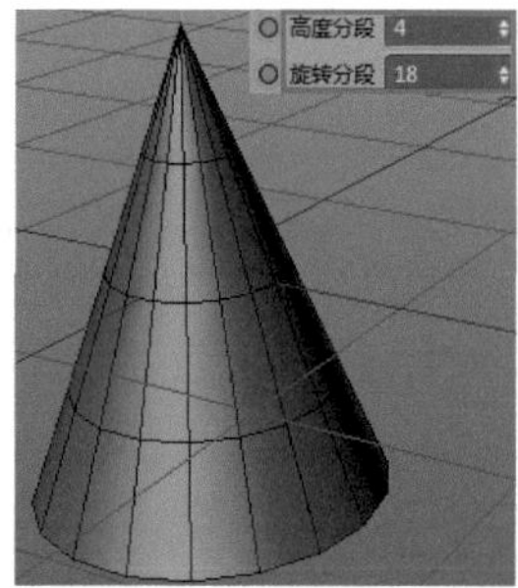

图 3-12

✦ 方向：设置圆锥体的创建方向，即底部平面的法向（法线的方向）指向顶面平面的方向，只有 +X、+Y、+Z 和 -X、-Y、-Z 这 6 个方向可选，如图 3-13 所示。

“封顶”面板

✦ 封顶：选中该复选框后，可以将圆锥封顶。

✦ 封顶分段：该参数可以调节封顶后的顶面分段数。

✦ 圆角分段：设置封顶后圆角的分段数。

✦ 顶部：选中该复选框后，可以在下面的“半径”和“高度”文本框中设置顶部的圆角大小，如图 3-14 所示。

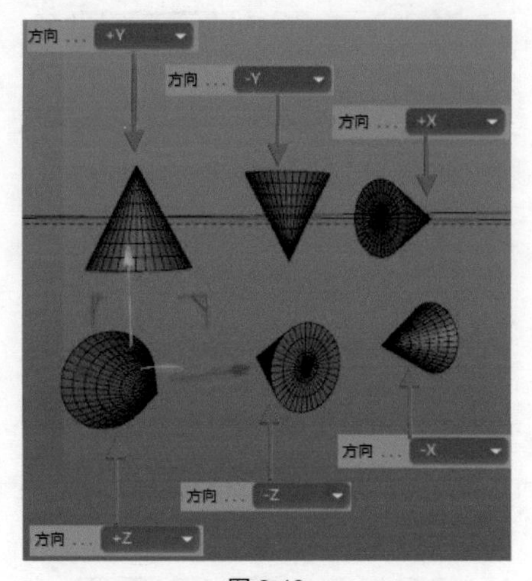

图 3-13

✦ 底部：选中该复选框后，可以在下面的“半径”和“高度”文本框中设置底部的圆角大小，如图 3-15 所示。

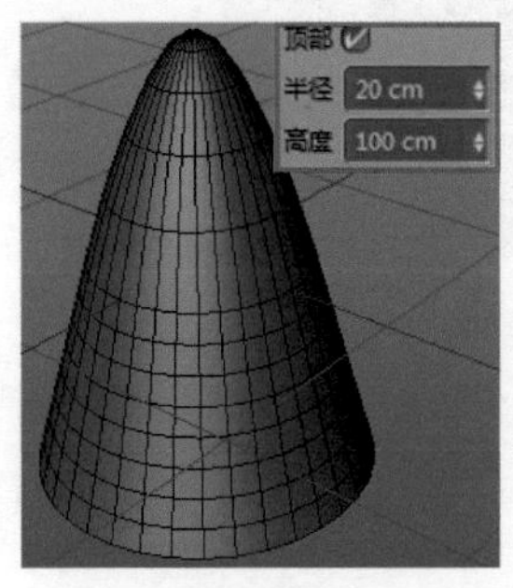

图 3-14

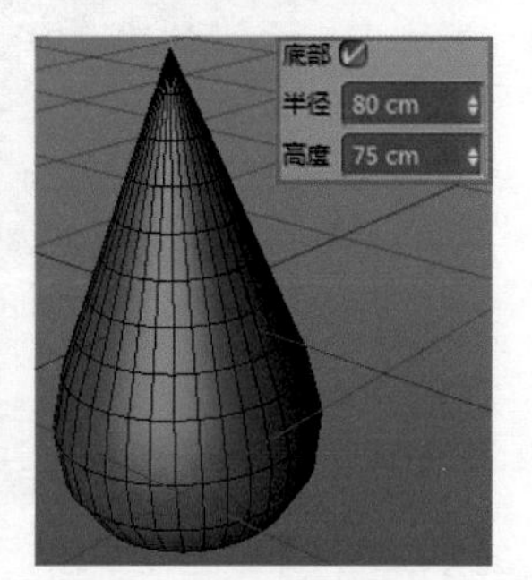

图 3-15

3. 圆柱

圆柱体可以看作以长方形的一条边为旋转中心线，并绕其旋转 360° 所形成的实体。此类实体特征比较常见，如柱子、长杆等。在工具栏中单击“圆柱”按钮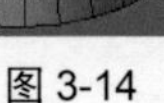即可创建一个圆柱体，如图 3-16 所示，在“属性”窗口中可以看到关于对象的一些基本参数。

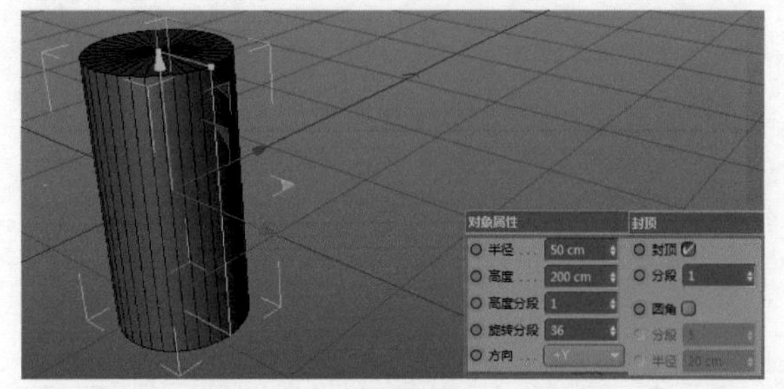

图 3-16

“对象属性”面板中主要参数的具体含义介绍如下。

“对象属性”面板

✦ 半径：设置圆柱体的半径，默认尺寸为 50cm。

✦ 高度：设置圆锥的高度，默认尺寸为 200cm。

✦ 高度分段 / 旋转分段：设置圆锥在高度和纬度上的分段数，效果同圆锥体，这里不再重复介绍。

✦ 方向：从 +X、+Y、+Z 和 -X、-Y、-Z 这 6 个方向中选择圆柱的朝向，效果同圆锥体。

“封顶”面板

✦ 封顶：该复选框默认为选中状态，如果取消选中，则圆柱体的上下两顶面将被删除，仅得到一个圆柱体的面，如图 3-17 所示。

图 3-17

✦ 分段：该参数可以调节圆柱体的顶面径向分段，如图 3-18 所示。

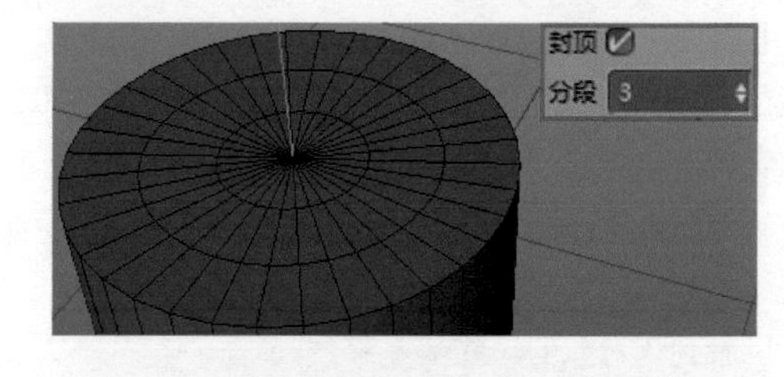

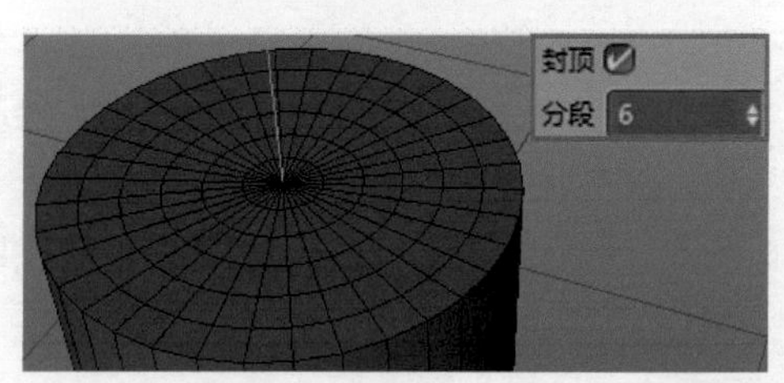

图 3-18

✦ 圆角：选中该复选框后，其下的“分段”和“半径”文本框被激活，可以通过这两个文本框设置圆柱体的倒圆半径和圆滑程度，如图 3-19 所示。

4. 平面

平面是 Cinema 4D 建模工作中常用的辅助对象，有时也用作地面或者反光板。在工具栏中单击“平面”按钮即可创建一个平面对象，如图 3-20 所示。在“对象属性”面板中可以看到平面对象的一些基本参数。

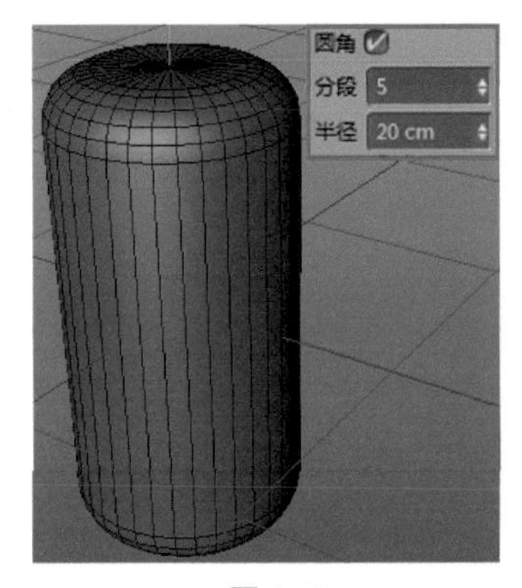

图 3-19

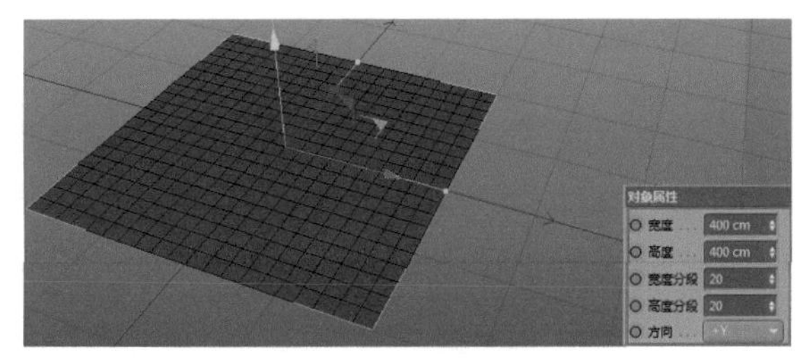

图 3-20

“对象属性”面板中主要参数的具体含义介绍如下。

- 宽度：设置平面的宽度，即 X 轴方向上的长度，默认尺寸为 400cm。
- 高度：设置平面的高度，即 Z 轴方向上的长度，默认尺寸为 400cm。
- 宽度分段 / 高度分段：设置平面在宽度和高度上的分段数。
- 方向：从 +X、+Y、+Z 和 -X、-Y、-Z 这 6 个方向中选择平面的法线方向，如图 3-21 所示。

+X

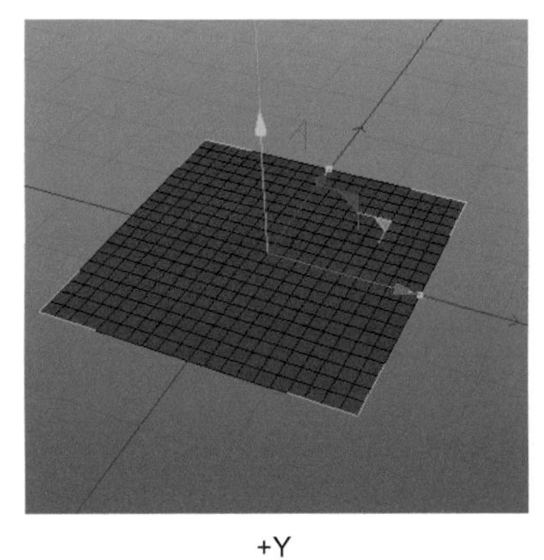

+Y

+Z

图 3-21

5. 多边形

多边形是建模中常用的构造面，通常用来配合非参数化模型的编辑。在工具栏中单击“多边形”按钮即可创建一个多边形对象，如图 3-22 所示。

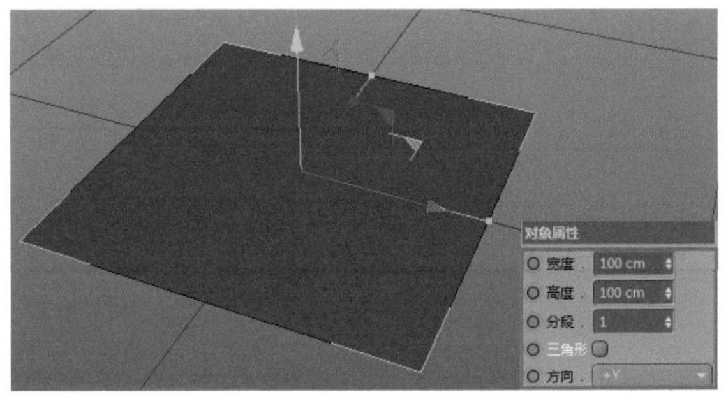

图 3-22

多边形的“对象属性”面板中各参数的含义与前文介绍的平面一致，但多出了一个“三角形”复选框，选中该复选框后多边形将变为三角形的平面，如图 3-23 所示。

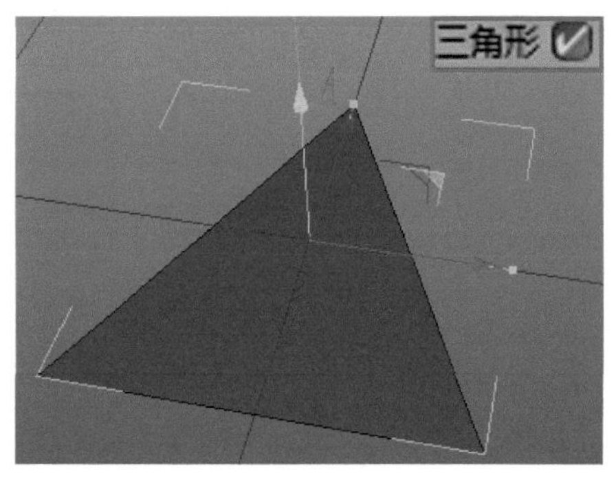

图 3-23

6. 球体

在创建类似星球和一些曲面模型时，需要利用到球体命令，这也是 Cinema 4D 中使用频率较高的一个命令。在工具栏中单击“球体”按钮即可创建一个球体对象，如图 3-24 所示，在“对象属性”面板中可以看到关于球体对象的一些基本参数。

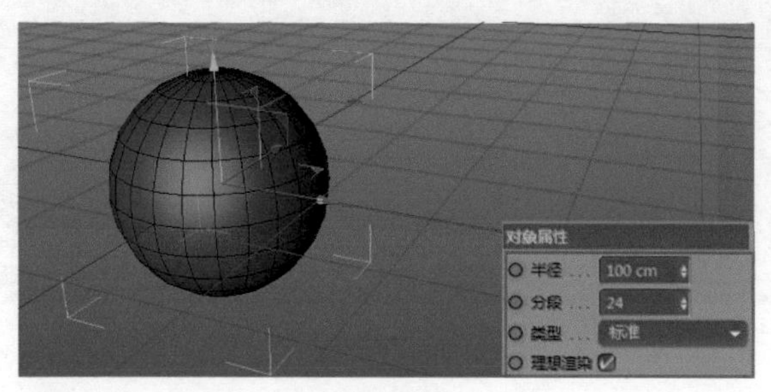

图 3-24

“对象属性”面板中主要参数的具体含义介绍如下。

✦ 半径：设置球体的半径，默认为 100cm。

✦ 分段：设置球体的分段数，控制球体的光滑程度，默认为 24。分段数越多，球体就越光滑，反之越粗糙，如图 3-25 所示。

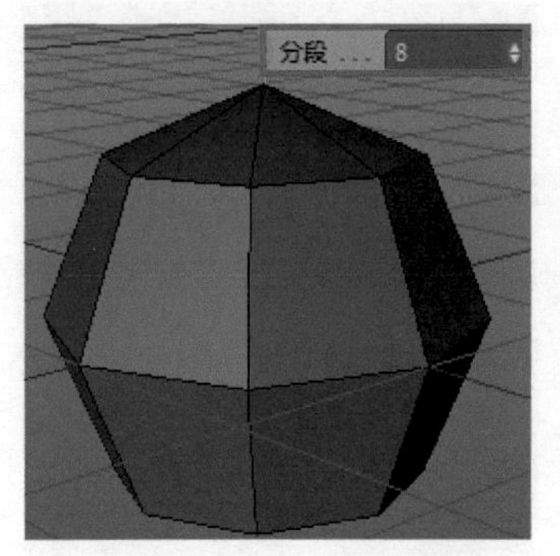

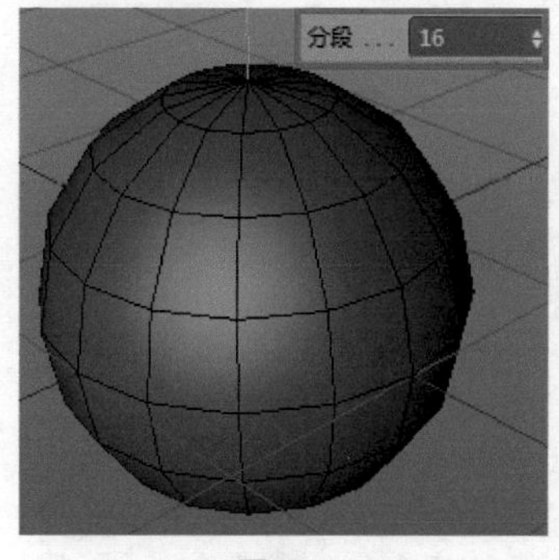

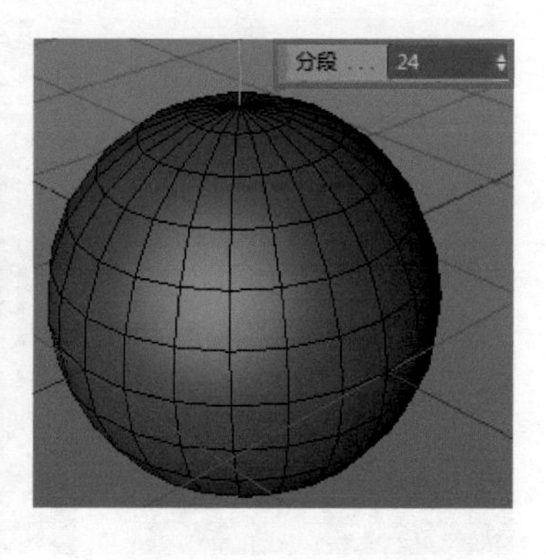

图 3-25

✦ 类型：球体包含 6 种类型，分别为“标准”“四面体”“六面体”“八面体”“二十面体”和“半球体”，如图 3-26 所示。

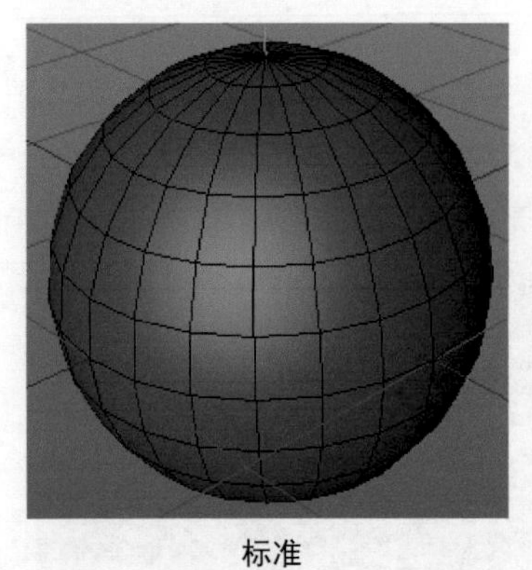

标准

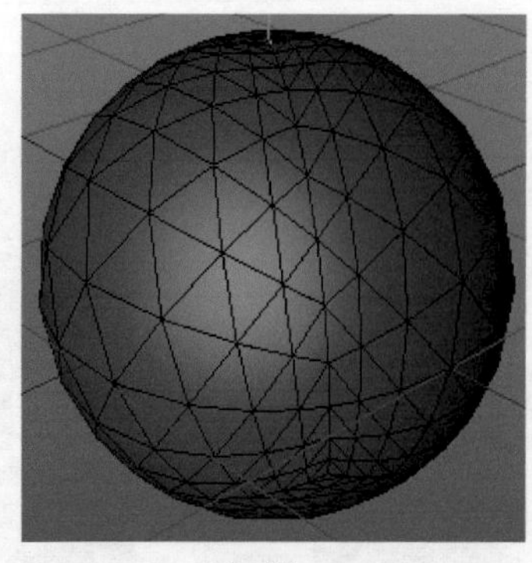

四面体

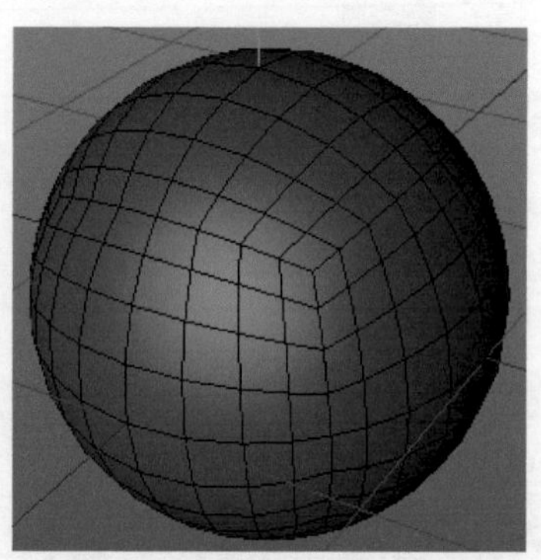

六面体

图 3-26

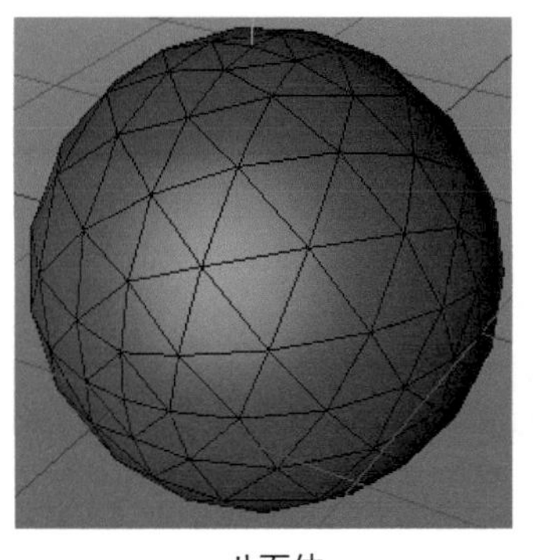
八面体

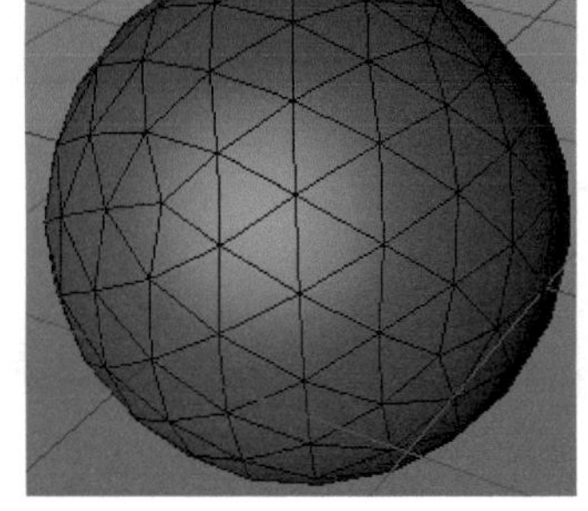
二十面体

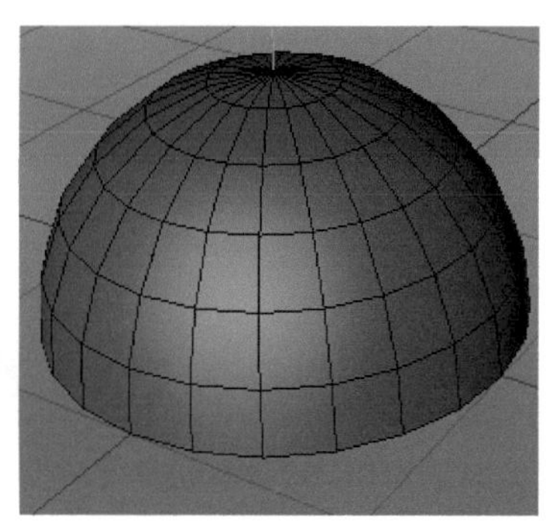
半球体

图 3-26 （续）

✦ 理想渲染：选中该复选框可以启用“理想渲染”功能，该功能是 Cinema 4D 中很人性化的一个功能，无论视图场景中的模型显示效果如何，选中该选项后渲染出来的效果都是非常完美的，并且可以节省内存，如图 3-27 所示。

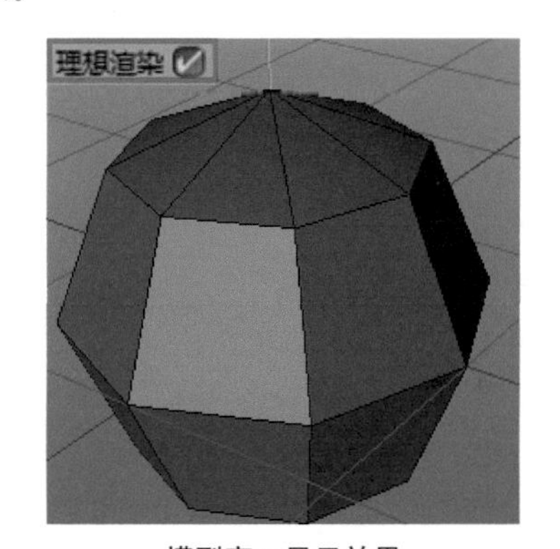

模型窗口显示效果

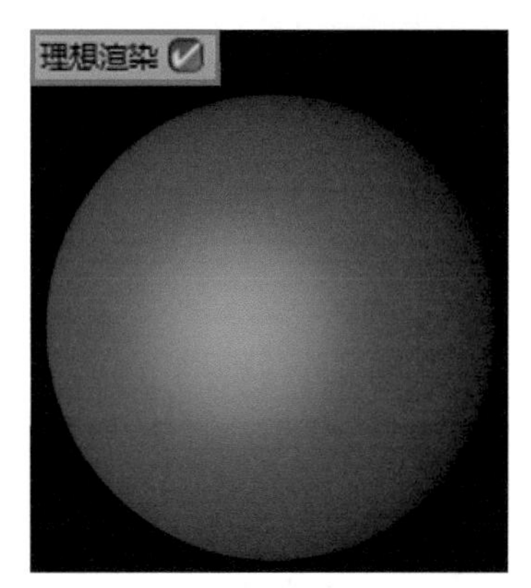

渲染效果

图 3-27

7. 圆环

圆环工具可以用于制作一些装饰性的模型，有时也会用于动画中的一些扩散效果。在工具栏中单击“圆环”按钮即可创建一个圆环对象，如图 3-28 所示，在“属性”窗口中可以看到关于圆环对象的一些基本参数。

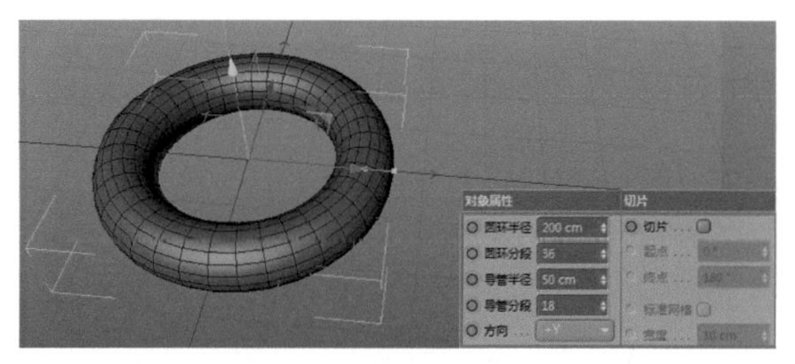
图 3-28

“对象属性”面板中主要参数的具体含义介绍如下。

“对象属性”面板

✦ 圆环半径 / 圆环分段：圆环是由圆环和导管两条圆形曲线组成的，“圆环半径”控制圆环曲线的半径，“导管半径”控制圆环的粗细，如图 3-29 所示，而圆环分段控制圆环的分段数。

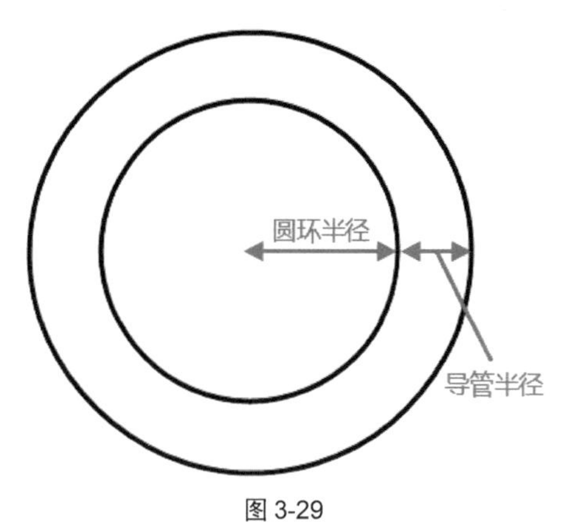

图 3-29

✦ 导管半径 / 导管分段：设置导管曲线的半径和分段数。如果“导管半径”为 0，则会在视图中会显示导管曲线，如图 3-30 所示。

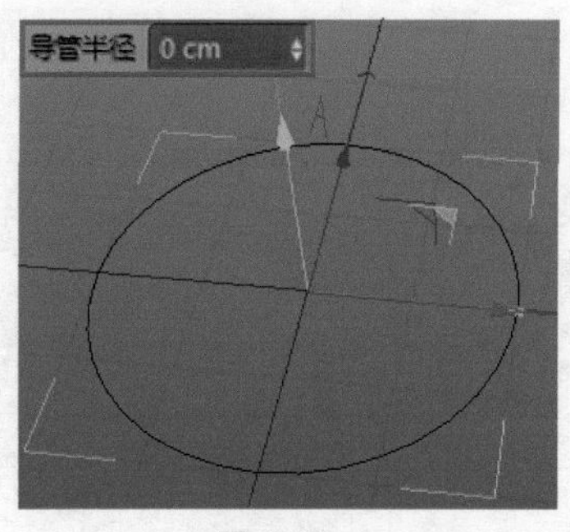

图 3-30

“切片”面板

✦ 切片：选中该复选框后，可以对圆环模型进行切片，即根据用户输入的角度对圆环进行切割，如图 3-31 所示。

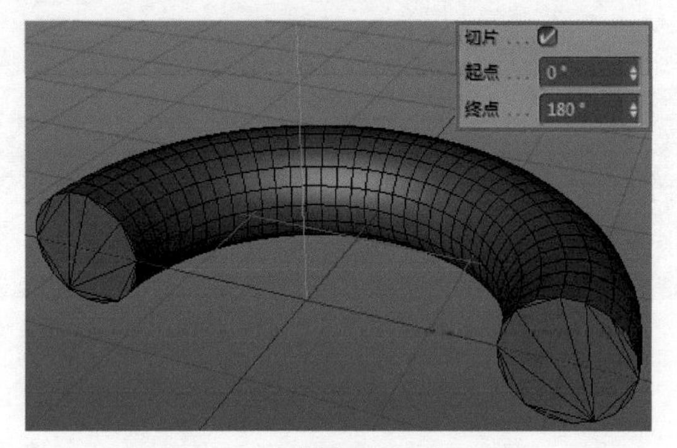

图 3-31

✦ 起点 / 终点：输入要分割圆环部分的起始角度与最终角度。

✦ 标准网格：选中该复选框后，分割后的圆环截面被规范化为标准的三角面，如图 3-32 所示，可以根据下方的“宽度”数值来改变三角面的密度。

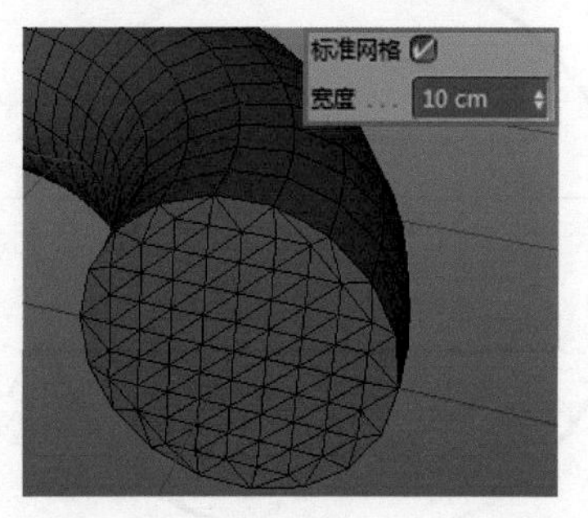

图 3-32

8. 管道

使用管道工具可以快速创建一些中空圆柱体的模型。在工具栏中单击“管道”按钮即可创建一个管道对象，如图 3-33 所示。在“对象属性”面板中可以看到关于管道对象的一些基本参数。

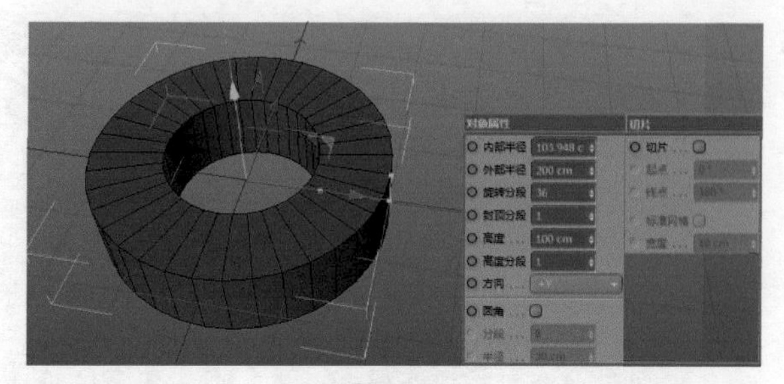

图 3-33

“对象属性”面板中主要参数的具体含义介绍如下。

“对象属性”面板

✦ 内部半径 / 外部半径：设置管道的内径与外径大小。

✦ 旋转分段：控制管道的旋转分段数。

✦ 封顶分段：控制管道顶面的径向分段，如图 3-34 所示。

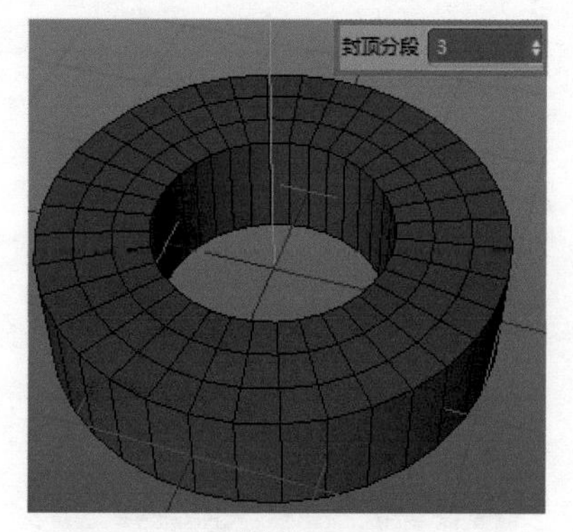

图 3-34

✦ 高度：设置管道的高度，默认尺寸为 100cm。

✦ 高度分段：设置管道在高度上的分段。

✦ 方向：从 +X、+Y、+Z 和 -X、-Y、-Z 这 6 个方向中选择圆柱的朝向，效果同圆锥体。

✦ 圆角：选中该复选框后，其下的“分段”和“半径”文本框被激活，可以通过这两个文本框设置管道的倒圆半径和圆滑程度，如图 3-35 所示。

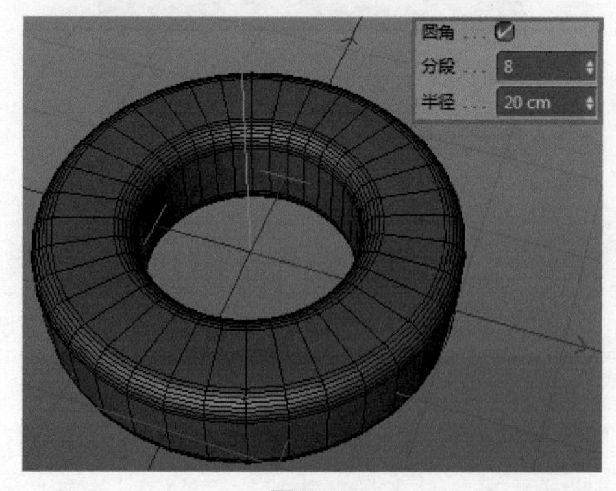

图 3-35

> 提示
> 包括圆环、立方体、圆柱等所有体素模型在内的建模命令，它们的圆角参数均是针对所有边进行设置的，如果要修改某条特定的边，则需要将其转换为非参数化的模型，然后进行手动调整。

"切片"面板

该选项卡下的各参数含义与圆环工具相同，这里不再重复介绍。

9. 角锥

角锥是由 4 个平面封闭而成的简单几何体，通常用于低面体（Low-Poly）场景模型中的装饰。在工具栏中单击"角锥"按钮即可创建一个角锥对象，如图 3-36 所示，在"对象属性"面板中可以看到关于角锥对象的一些基本参数。

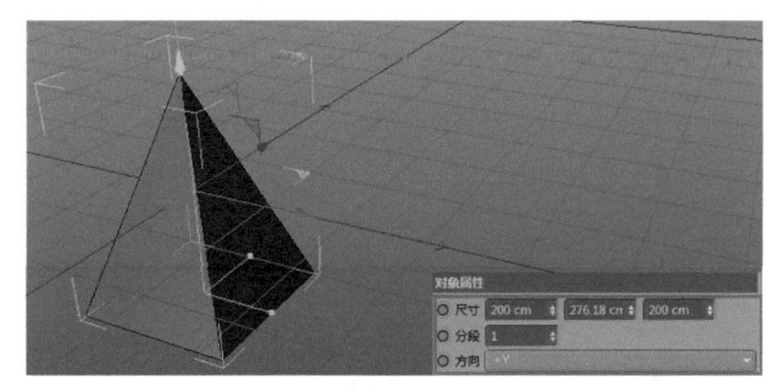

图 3-36

"对象属性"面板中主要参数的具体含义介绍如下。

✦ 尺寸：通过右侧的 3 个文本框来设置角锥在 X、Y、Z 轴向上的长度。

✦ 分段：用于增加角锥的分段数。

✦ 方向：设置角锥的尖端部分朝向，效果同圆锥体，这里不再重复介绍。

10. 宝石

宝石工具可以快速创建一些精美的修饰对象。在工具栏中单击"宝石"按钮即可创建一个宝石对象，如图 3-37 所示，在"对象属性"面板中可以看到关于宝石对象的一些基本参数。

"对象属性"面板中主要参数的具体含义介绍如下。

✦ 半径：宝石工具本质上是一种正多面体模型的集合，因此各顶点可以看成分布在一个共同的球面上，此处可以设置该球面的半径值，半径越大，宝石的尺寸就会越大。

✦ 分段：用于增加宝石的分段数。

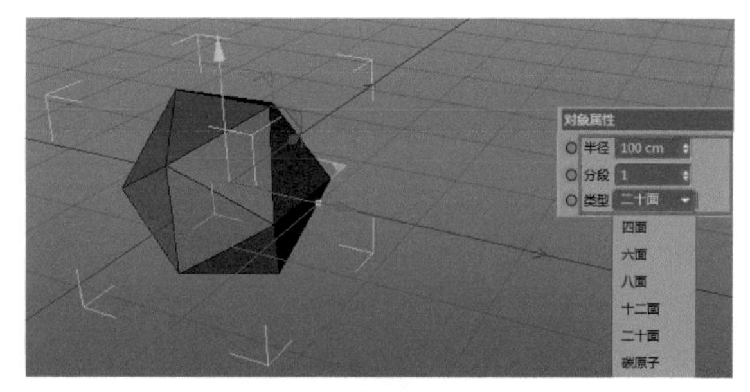

图 3-37

✦ 类型：提供"四面""六面""八面""十二面""二十面""碳原子"6 个选项供用户选择，效果如图 3-38 所示。

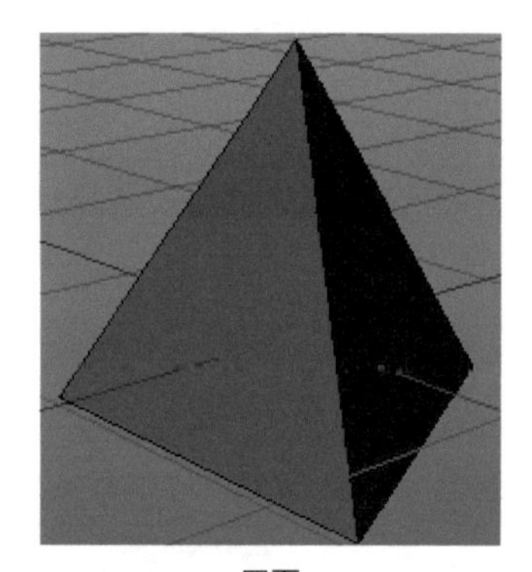

四面

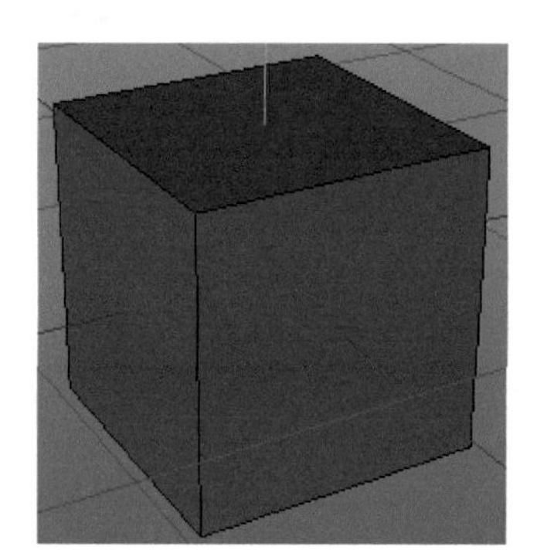

六面

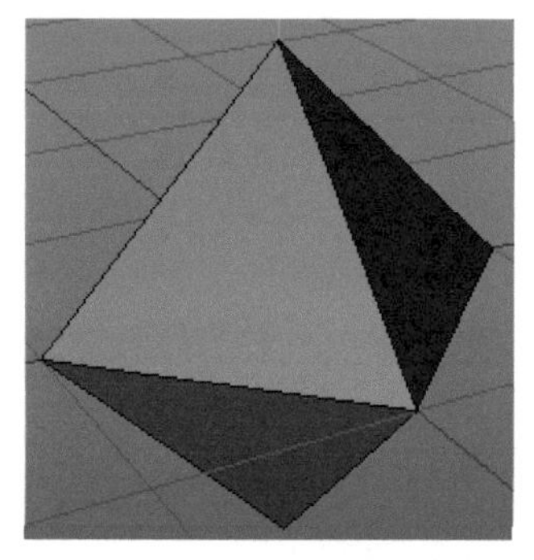

八面

图 3-38

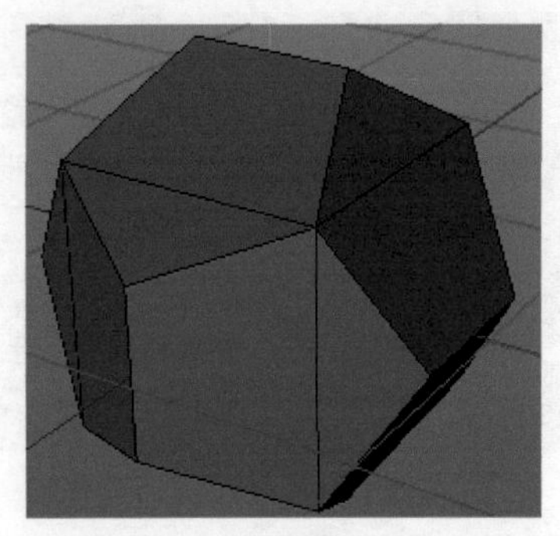

十二面

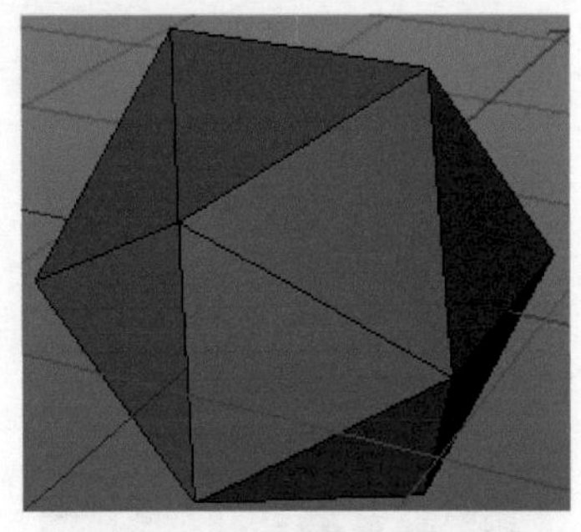

二十面

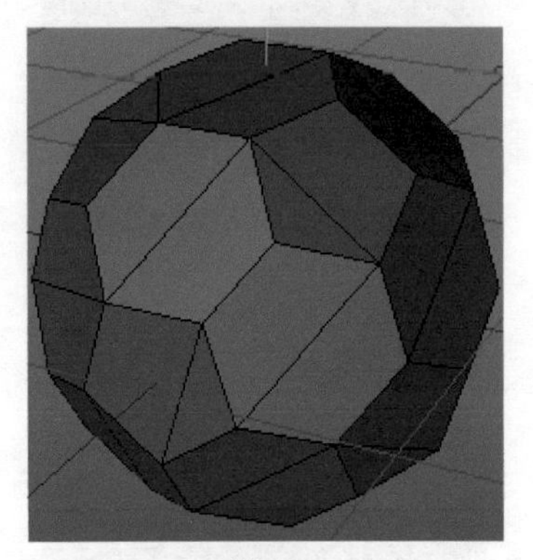

碳原子

图 3-38 （续）

11. 地形

地形工具可以用来创建复杂的地貌效果，从而快速制作出渲染用的场景。在工具栏中单击“地形”按钮即可创建一个地形对象，如图 3-39 所示，在“对象属性”面板中可以看到关于地形对象的一些基本参数。

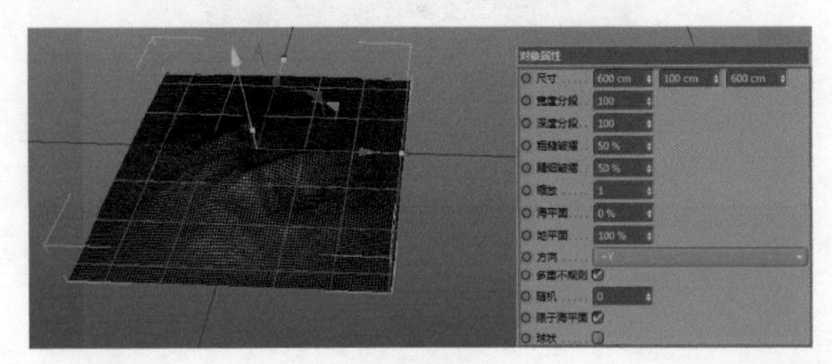

图 3-39

“对象属性”面板中主要参数的具体含义介绍如下。

✦ 尺寸：通过右侧的 3 个文本框来设置地形对象在 X、Y、Z 轴向上的长度。

✦ 宽度分段 / 深度分段：设置地形的宽度与深度的分段数，值越高，网格越密集，模型也越精细，如图 3-40 所示。

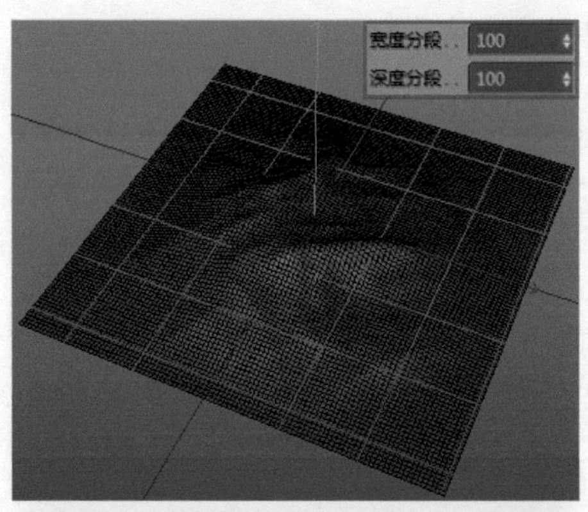

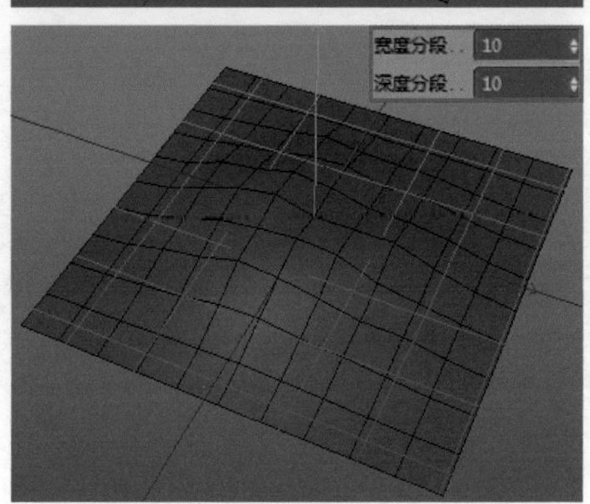

图 3-40

✦ 粗糙褶皱 / 精细褶皱：设置地形褶皱的粗糙和精细程度，值越高，褶皱变化越复杂，如图 3-41 所示。

✦ 缩放：设置地形褶皱的缩放比例，值越高，则褶皱的数量越多，如图 3-42 所示。

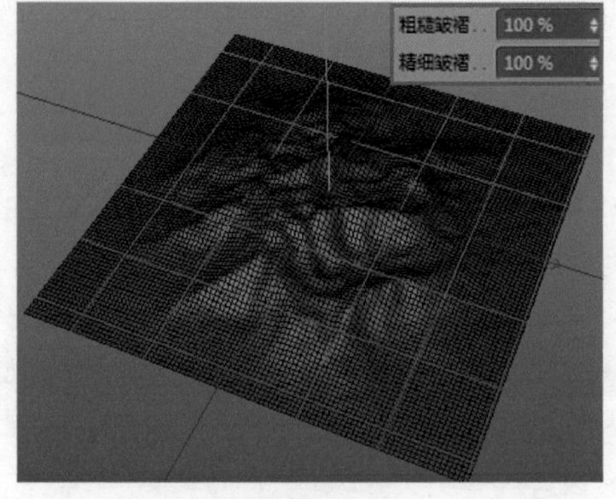

图 3-41

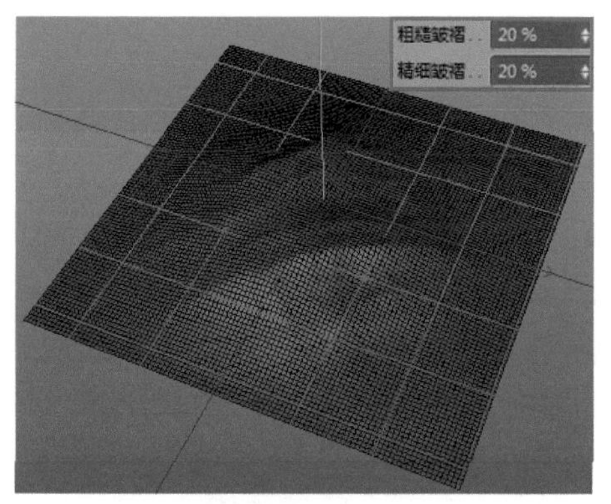

图 3-41（续）

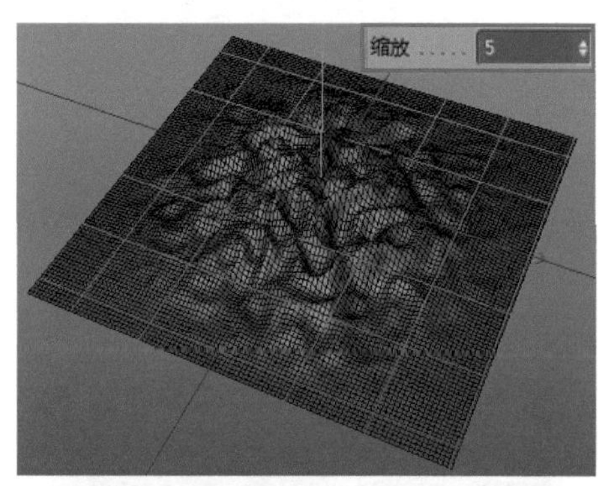

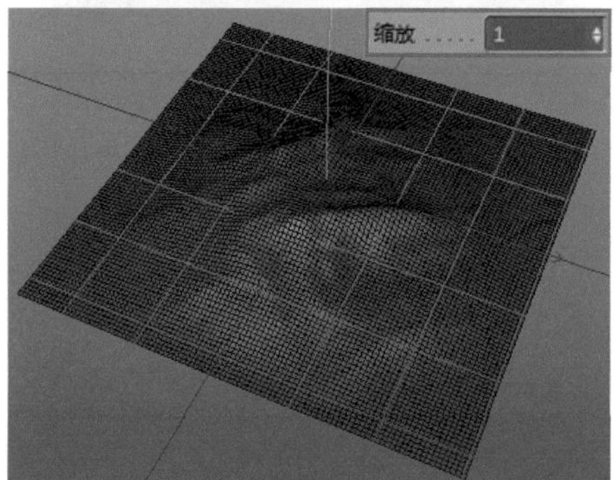

图 3-42

✦ 海平面：用于设置海平面的高度，值越高，海平面就越高，显示在海平面上的褶皱便越少，类似于孤岛效果，如图 3-43 所示。

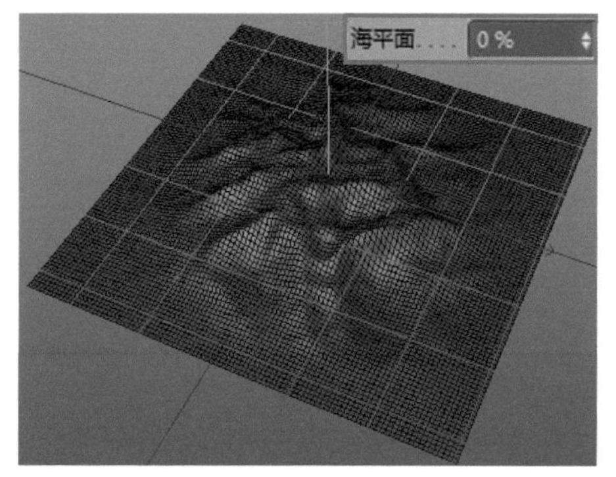

图 3-43

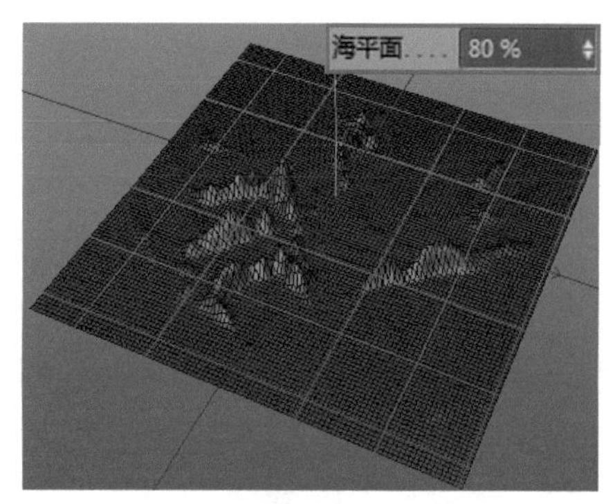

图 3-43（续）

✦ 地平面：设置地平面的高度，值越低，地形越高，顶部也会越平坦，如图 3-44 所示。

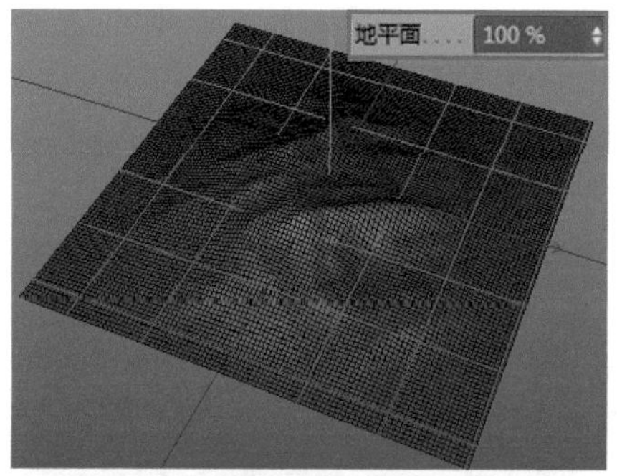

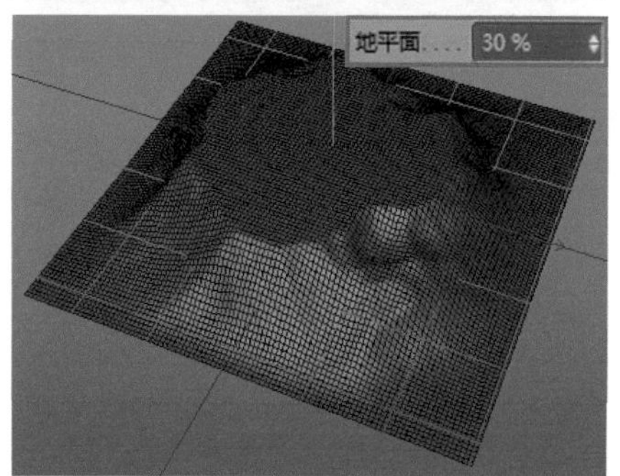

图 3-44

✦ 多重不规则：该复选框默认为选中状态，可以让褶皱产生不同的形态，如果取消选中，则褶皱效果将趋于相似，如图 3-45 所示。

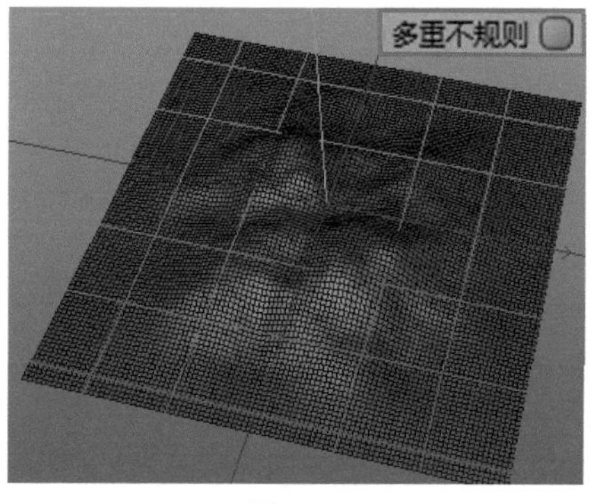

图 3-45

✦ 随机：设置不同的数值将产生不同的褶皱形态，该数值本身并无特定含义，如图3-46所示。

图 3-46

✦ 限于海平面：默认为选中状态，如果取消选中，则会取消地平面的显示，仅显示褶皱效果，如图3-47所示。

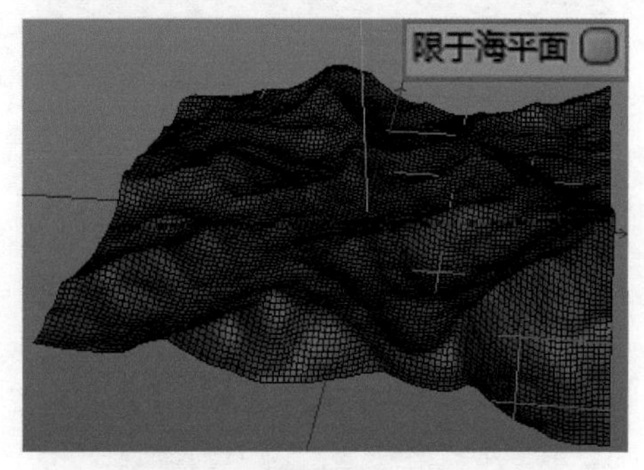

图 3-47

✦ 球状：默认为非选中状态，如果选中则可以形成一个球形的地形结构，如图3-48所示。

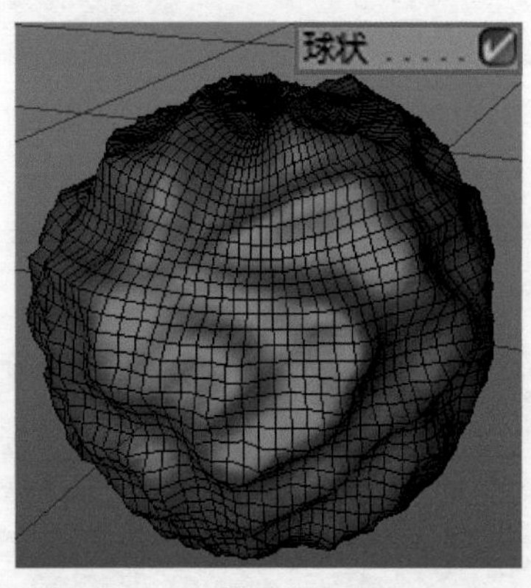

图 3-48

3.2.2 非参数化对象

上一小节所介绍的参数对象可以在“对象属性”面板中进行修改，调整它的大小或者其他特征。但是对象包含3种元素，分别为点、边和面。对象的操作是建立在这3种元素的基础上的，想要对这些元素进行编辑，需要先将模型转换为非参数化对象，切换到相应的编辑模式下，按Enter键可以在编辑模式之间进行切换。

当把参数对象转换成多边形对象后，用鼠标右键选择命令菜单可对多边形对象进行编辑，以下分别为多边形对象点模式选择命令菜单的状态、边模式选择命令菜单的状态和面模式选择命令菜单的状态，如图3-49所示。

点模式

线模式

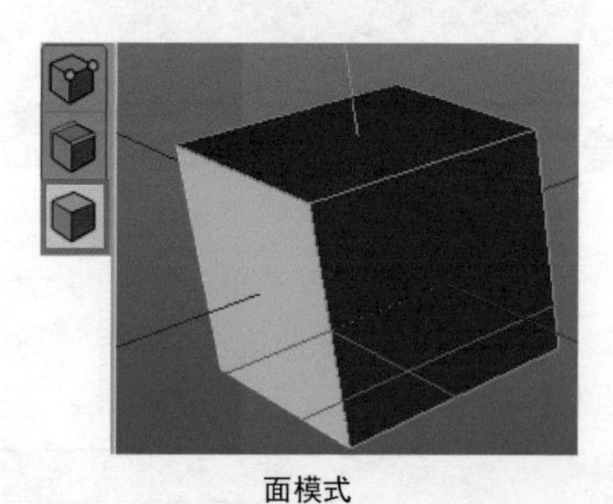

面模式

图 3-49

1. 桥接

桥接命令存在于点、边、面模式中，需要在同一多边形对象下执行，如果是两个对象则需要先右击，然后在弹出的快捷菜单中选择“连接对象”命令。在点模式下执行该命令时，需依次选择3～4个点生成一个新的面，如图3-50所示。

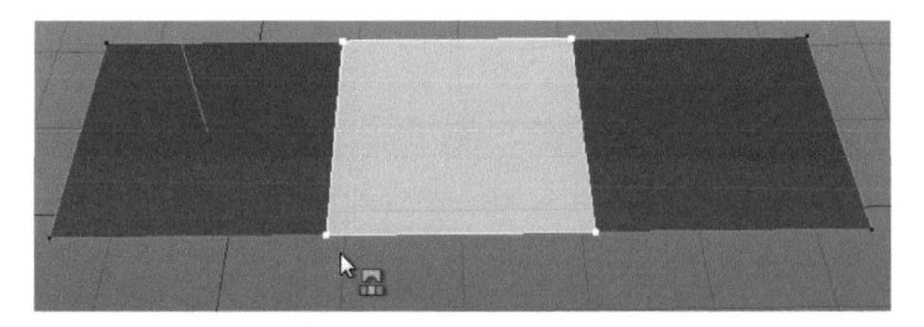

图 3-50

在边模式下，执行该命令，需要依次选择两条边生成一个新的面，如图 3-51 所示。

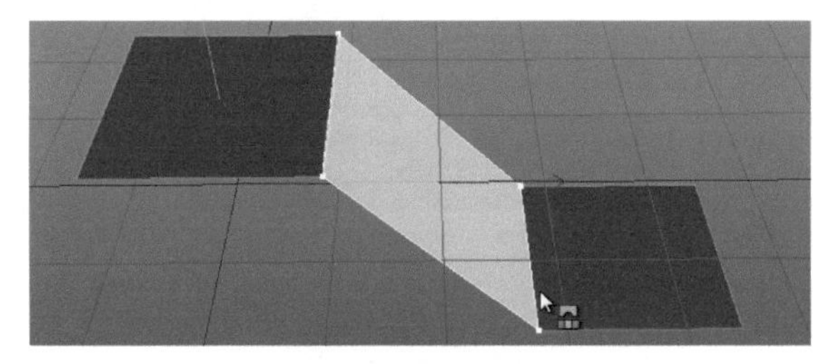

图 3-51

在面模式下，先选择两个面，执行该命令，再在空白区域单击，出现一条与面垂直的白线，释放鼠标，则可以使两个选择的面桥接起来，如图 3-52 所示。

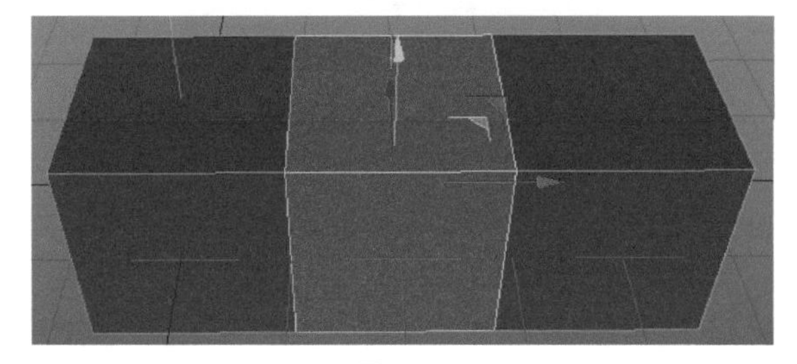

图 3-52

2. 封闭多边形孔洞

“封闭多边形孔洞”命令存在于点、边、面模式中，当多边形有开口边界时，可以执行该命令，把开口的边界闭合，如图 3-53 所示。

图 3-53

3. 连接点 / 边

“连接点 / 边”命令存在于点、边模式中。在点模式下，选择两个不在同一条线上但相邻的点，执行该命令，两点之间将出现一条新的边，如图 3-54 所示。

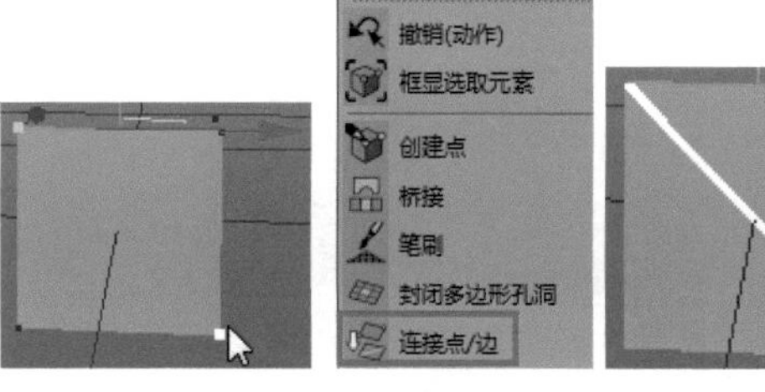

图 3-54

在边模式下，选择相邻边，执行该命令，经过选择边的中点出现新的边；选择不相邻的边，执行该命令，所选边在中点位置细分一次，如图 3-55 所示。

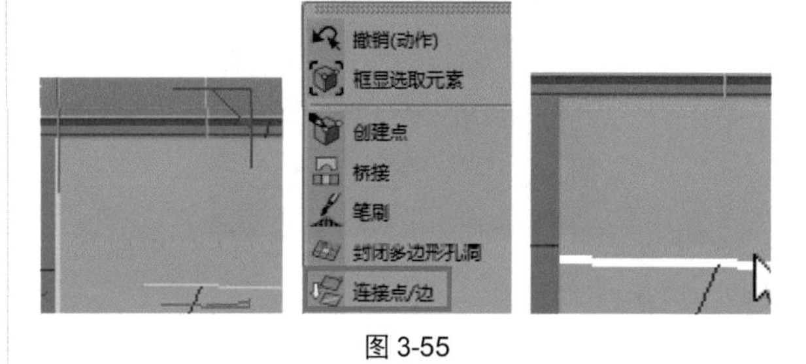

图 3-55

4. 边分割

“边分割”命令只存在于边模式中，选择要分割的边，执行该命令，可以在所选择的边之间插入环形边。这点与“连接点 / 边”命令类似，不同的是，该命令可以插入多条环形边，并可以用“属性”窗口中“选项”面板下的参数进行调节，如图 3-56 所示。

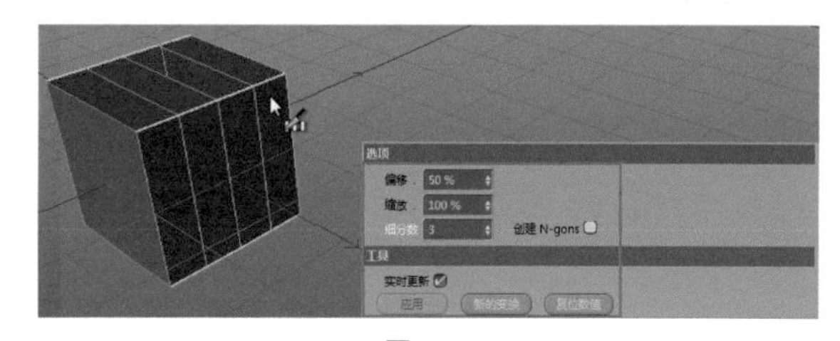

图 3-56

主要参数的具体含义介绍如下。

✦ 偏移：可控制新创建边的添加位置。

✦ 缩放：可控制新创建边的间距。

✦ 细分数：可控制新创建边的数量。

✦ 创建 N-gons：默认为非选中状态，选中后将不会显示分割形成的边，即图上平面颜色较淡的线。

5. 切刀

“切刀”命令存在于点、边、面模式中，这是非常重要的一个命令，可以自由切割多边形。按住鼠标左键拖曳出一条直线，直线或直线的视图映射与多边形对象的交叉处出现新的点，并且出现新的连接边，如图 3-57 所示。

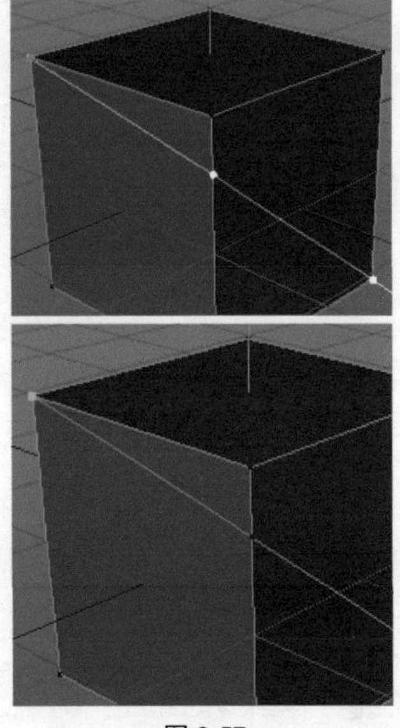

图 3-57

6. 镜像

“镜像”命令存在于点、面模式中。想要精确复制对象，需要在“属性”窗口的“镜像”面板中设置好镜像“坐标系统”和“镜像平面”等参数。在点模式下执行该命令，可以对点进行镜像，如图 3-58 所示。

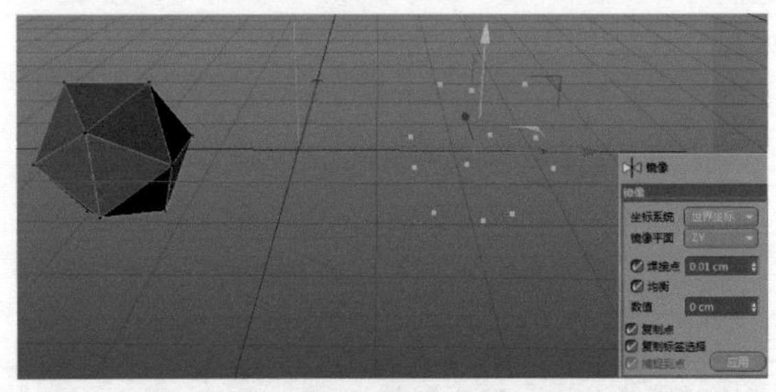

图 3-58

在面模式下执行该命令，可以对面进行镜像，如图 3-59 所示。

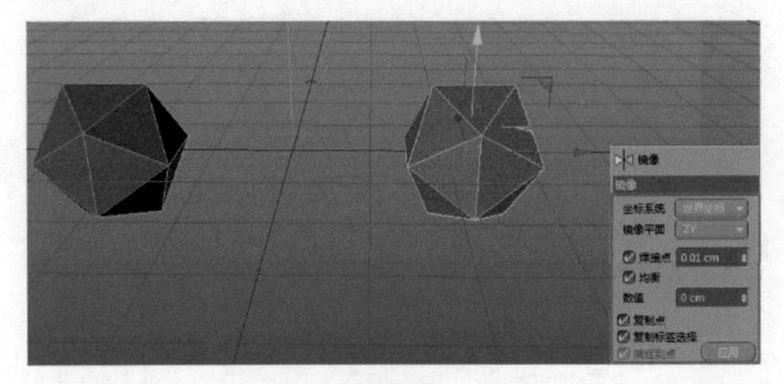

图 3-59

7. 焊接

“焊接”命令存在于点、边、面模式中，执行该命令，将会使所选择的点、边、面合并在指定的一个点上，如图 3-60 所示。

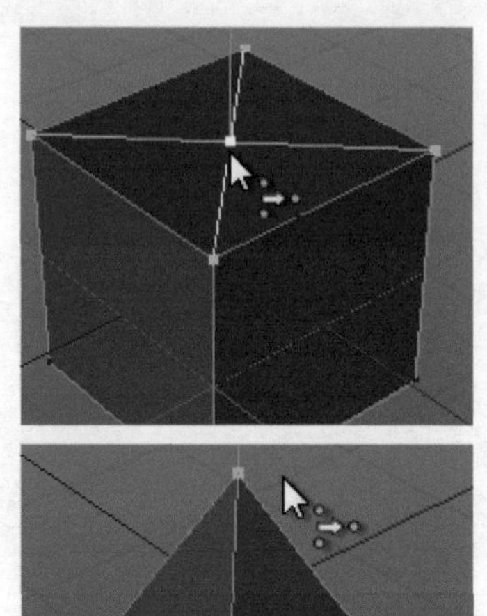

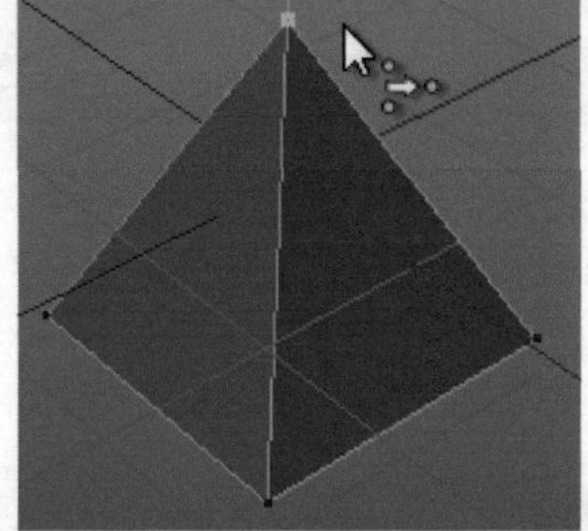

图 3-60

8. 倒角

“倒角”命令存在于点、边、面模式中，执行该命令后，所选择的元素会形成倒角。选择一个点，执行该命令，所选择的点会形成倒角，如图 3-61 所示。

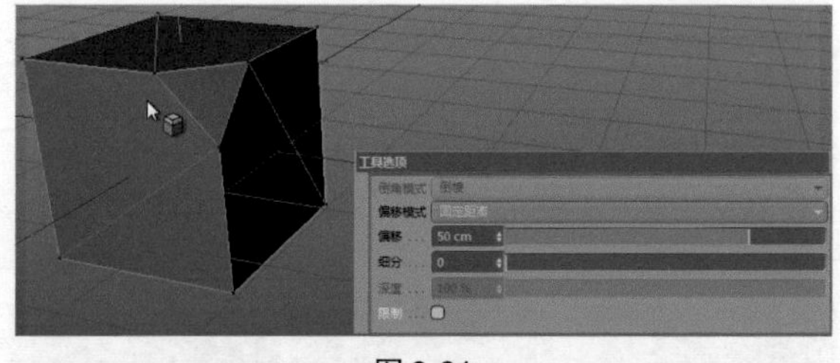

图 3-61

选择边模式执行该命令时，将在选定边处创建倒角，如图 3-62 所示。

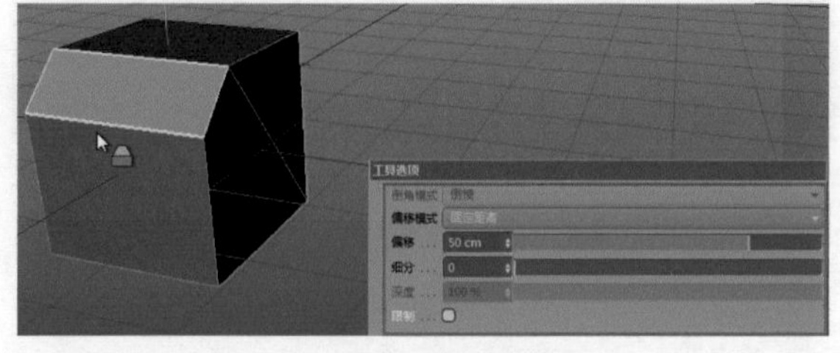

图 3-62

选择面模式执行该命令时，将对所选面的边创建倒角，如图 3-63 所示。

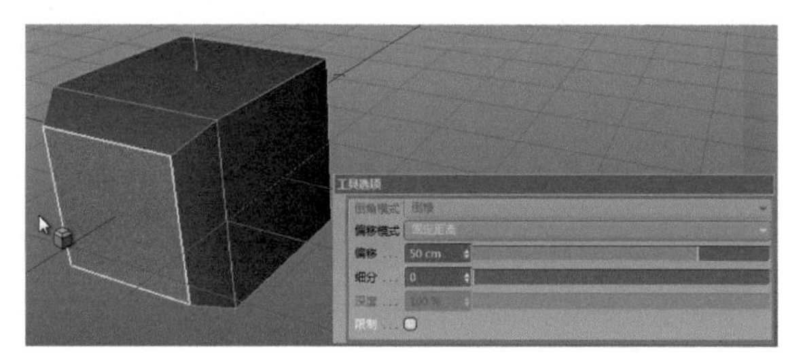

图 3-63

主要参数的具体含义介绍如下。

✦ 倒角模式：该下拉列表提供了“实体”和“倒棱”两种方式，用户可以根据自己的需要判断对所选多边形执行何种方式的倒角。如果使用“倒棱”方式，物体的边会形成斜面；如果使用“实体”方式，一般都是为了在多边形模型使用细分曲面工具时，突出边缘的轮廓结构，如图 3-64 和图 3-65 所示。

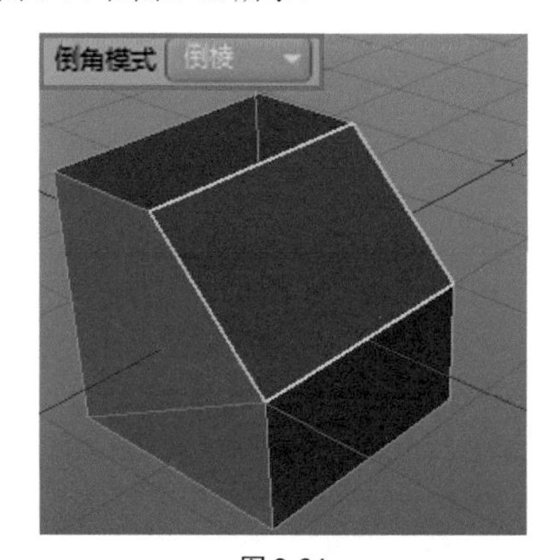

图 3-64

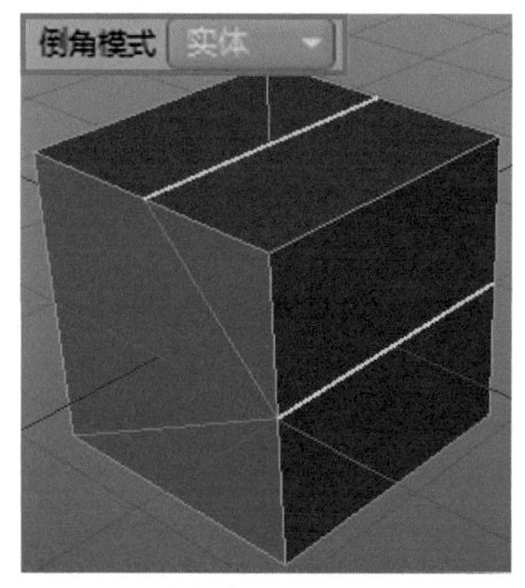

图 3-65

✦ 偏移：调整该数值可以控制倒角的大小。

✦ 细分：该数值控制倒角边的分段数，分段越细密，倒角的外形越接近于圆形。如果用户需要创建单边的圆角，可以输入分段数为 5，效果如图 3-66 所示。

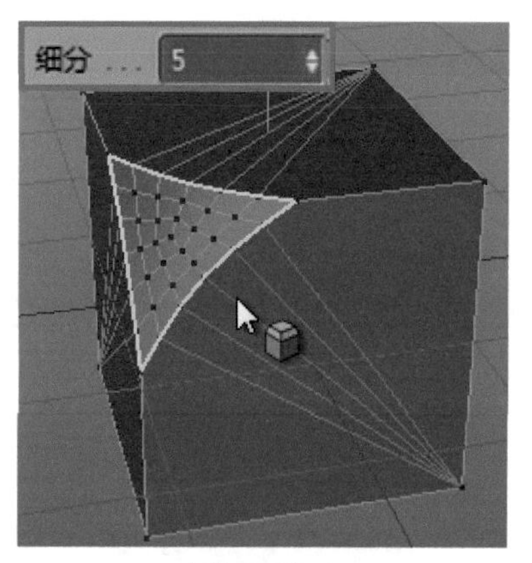

点状态下细分

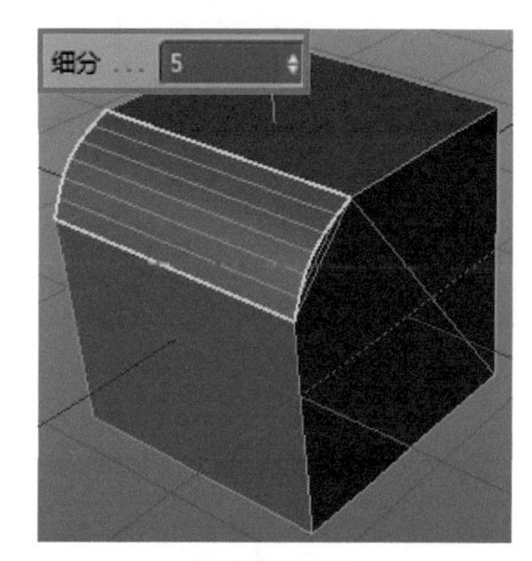

边状态下细分

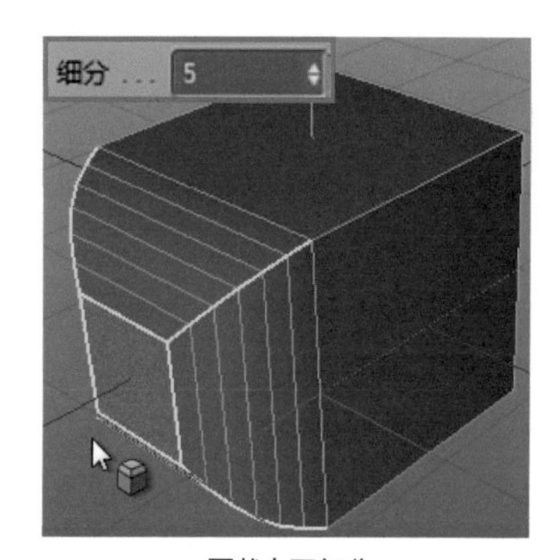

面状态下细分

图 3-66

3.2.3　样条曲线

样条曲线是指通过绘制的点生成曲线，然后通过这些点来控制曲线。样条曲线结合其他命令可以生成三维模型，是一种基本的建模方法。

创建样条曲线有以下两种方法。

✦ 长按按钮，打开创建样条曲线工具栏菜单，选择相应的样条曲线，如图 3-67 所示。

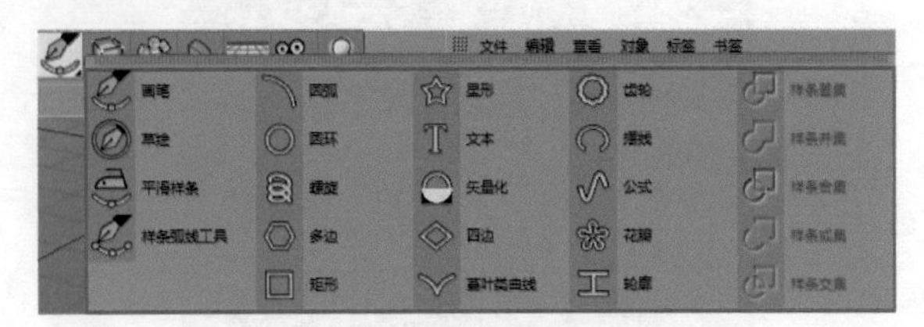

图 3-67

✦ 执行“创建”|“样条”命令，在展开的菜单中选择相应的命令，如图 3-68 所示。

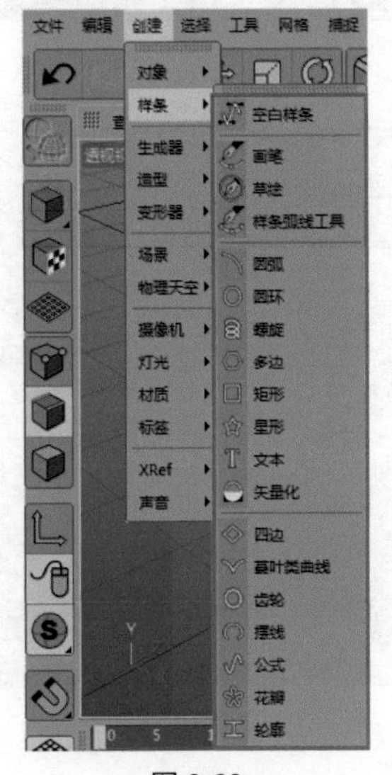

图 3-68

下面对常用的一些命令进行介绍。

1. 圆弧

圆弧是常用的曲线对象之一，通常用来连接不同的样条线，使其平缓过渡。在工具栏中单击“圆弧”按钮即可创建一个圆弧曲线，如图3-69 所示，在“对象属性”面板中可以看到圆弧对象的一些基本参数。

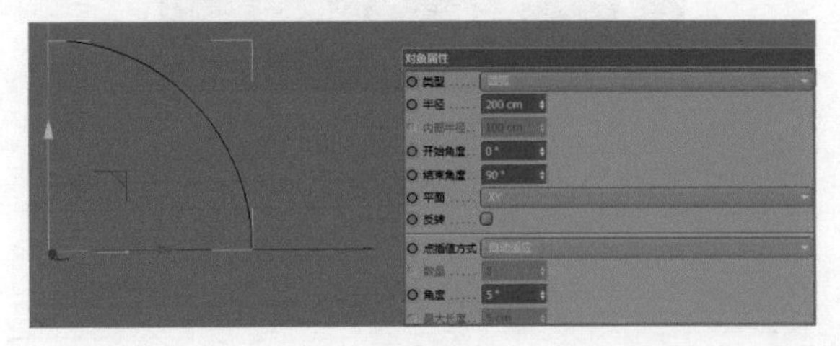

图 3-69

主要参数的具体含义介绍如下。

✦ 类型：圆弧对象包含 4 种类型，分别为“圆弧”“扇区”“分段”“环状”，效果如图 3-70 所示。

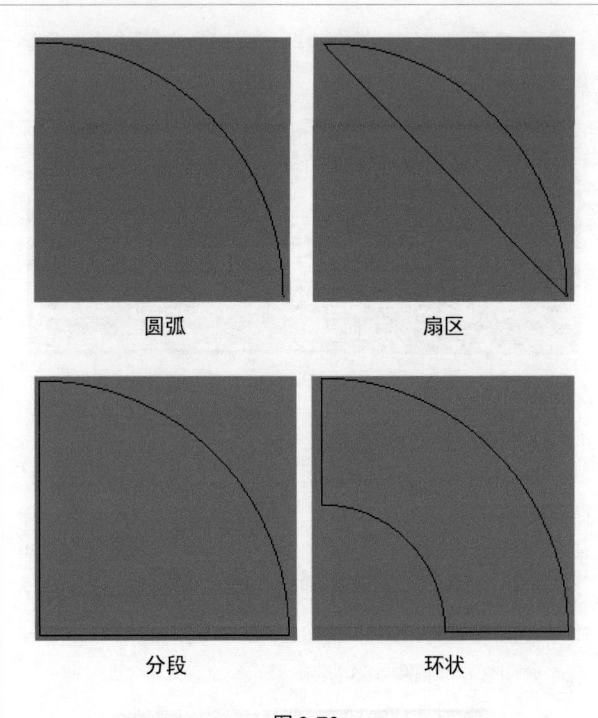

图 3-70

✦ 半径：设置圆弧的半径。

✦ 开始角度 / 结束角度：设置圆弧的起始位置与结束位置，通过这两个参数可以控制圆弧的范围，如果开始角度为 0°，结束角度为 360°，则为一个整圆，如图 3-71 所示。

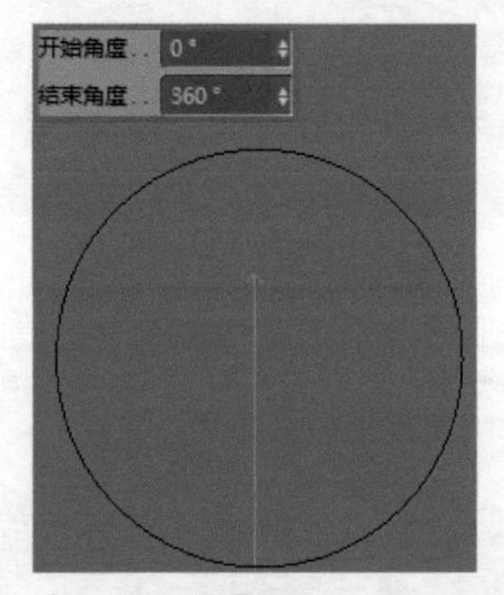

图 3-71

✦ 平面：以任意两个轴形成的面，为圆弧放置的平面，如图 3-72 所示。

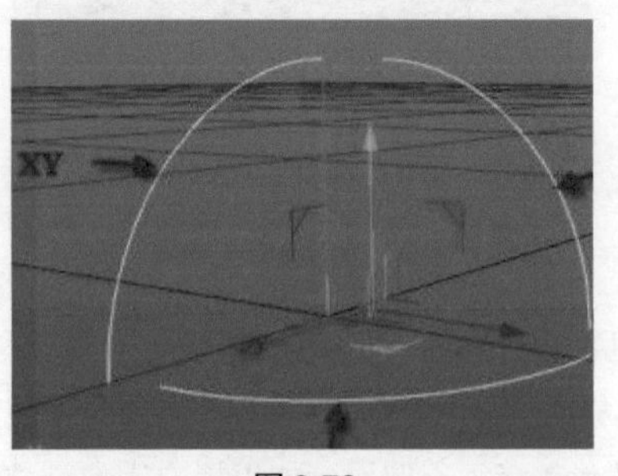

图 3-72

✦ 反转：反转圆弧的起始方向。

2. 星形

星形是一种常用的曲线，通常用来绘制某些特殊结构的草图轮廓。在工具栏中单击“星形”按钮☆即可创建一个星形曲线，如图 3-73 所示。在“对象属性”面板中可以看到星形对象的一些基本参数。

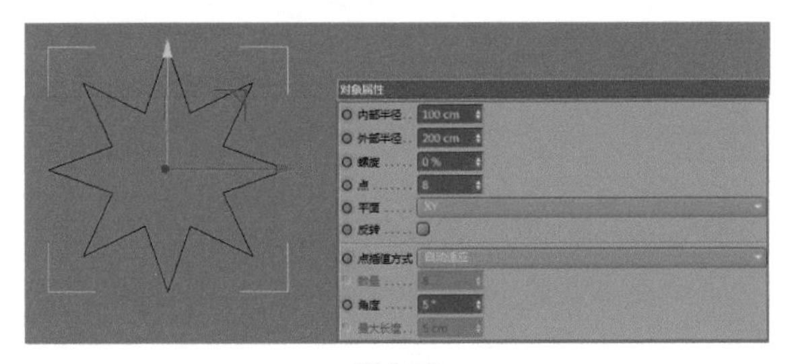

图 3-73

“对象属性”面板中主要参数的具体含义介绍如下。

✦ 内部半径 / 外部半径：这两项分别用来设置星形内部顶点和外部顶点的半径大小，如图 3-74 所示。

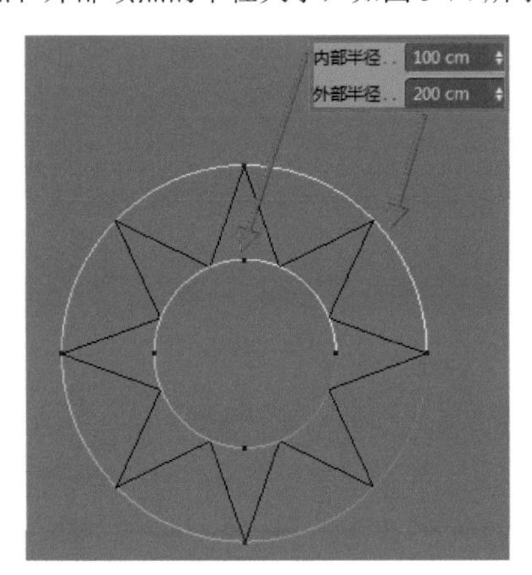

图 3-74

✦ 螺旋：用于设置星形内部控制点的旋转程度，默认为 0%，数值越大越扭曲，如图 3-75 所示。

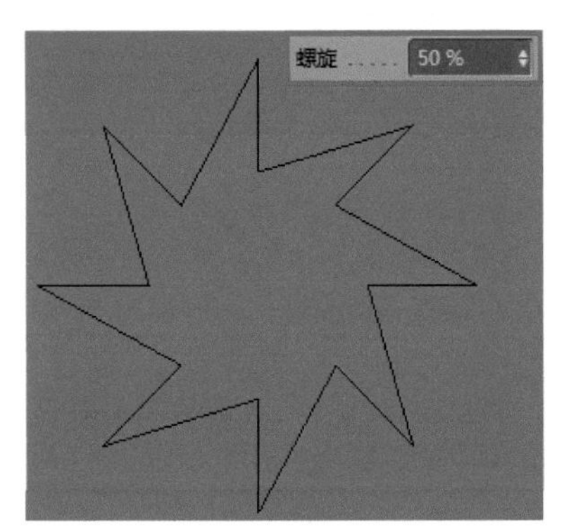

图 3-75

✦ 点：用于设置星形的角点数量。

3. 圆环

圆环可以简单看成一个封闭的圆弧，因此很多时候都使用圆弧来代替圆环。在工具栏中单击“圆环”按钮 即可创建一个圆环曲线，如图 3-76 所示，在“对象属性”面板中可以看到创建圆环对象的一些基本参数。

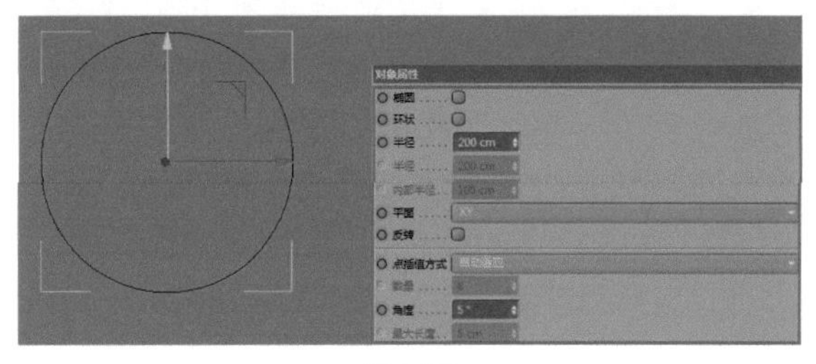

图 3-76

“对象属性”面板中主要参数的具体含义介绍如下。

✦ 椭圆：该复选框默认为不选中状态，选中后圆环将变成椭圆形，同时在“半径”下方增加另一个“半径”文本框，如图 3-77 所示。

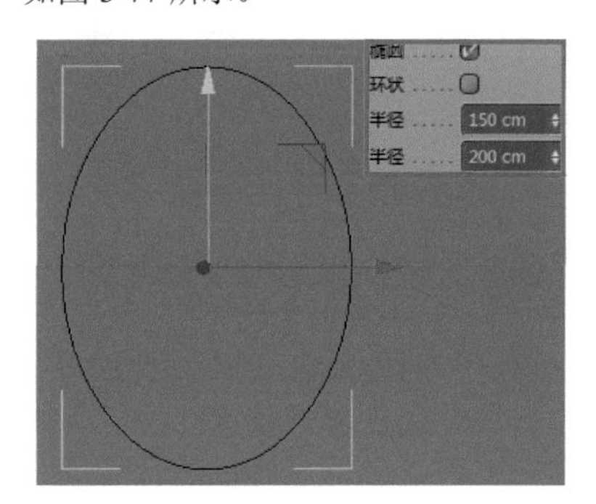

图 3-77

✦ 环状：该复选框默认为不选中状态，选中后圆环将变成一对同心圆，同时在“半径”下方增加一个“内部半径”文本框，如图 3-78 所示。

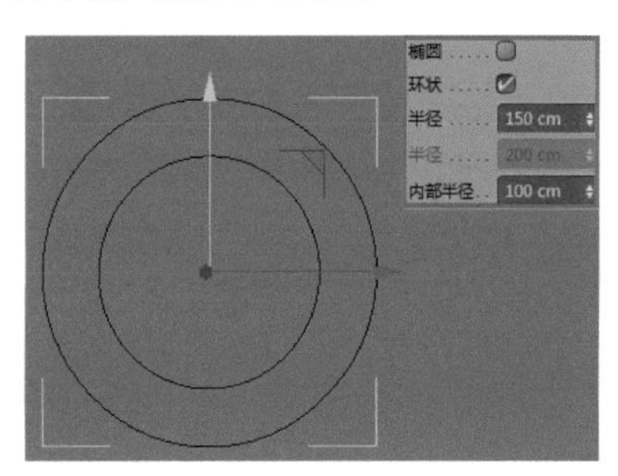

图 3-78

> **提示**
>
> 如果同时选中“椭圆”和“环状”复选框，则会创建椭圆形环效果，如图 3-79 所示。

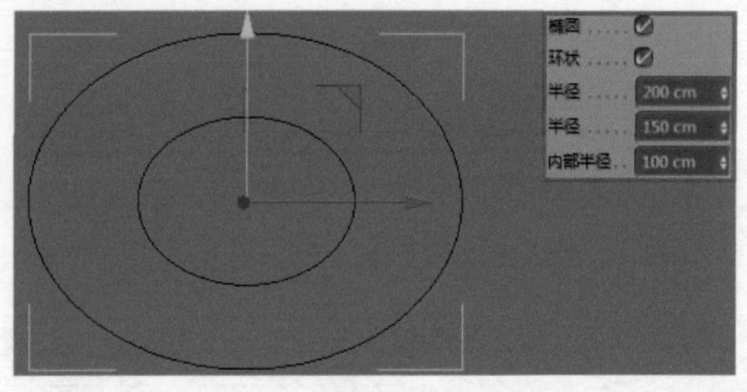

图 3-79

4. 文本

文本是常用的曲线命令之一，可以使用该命令创建所需的文本或者产品 Logo。在工具栏中单击“文本”按钮即可创建一个文本曲线，如图 3-80 所示，在“对象属性”面板中可以看到创建文本对象的一些基本参数。

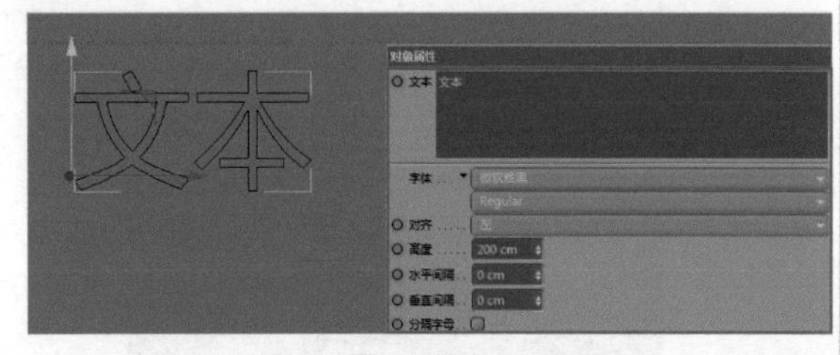

图 3-80

“对象属性”面板中主要参数的具体含义介绍如下。

✦ 文本：在该文本框输入需要创建的文字。

✦ 字体：在系统已安装的字体列表中选择所需的字体。

✦ 对齐：用于设置文字的对齐方式，包括“左”“中对齐”和“右”3 种对齐方式。

✦ 高度：设置文字的高度。

✦ 水平间隔 / 垂直间隔：设置横排 / 竖排文字的间隔距离。

✦ 分隔字母：选中该选项后，当转化为多边形对象时，文字会被分离为各自独立的对象，如图 3-81 所示。

图 3-81

图 3-81（续）

5. 摆线

一个动圆沿着一条固定的直线或者固定的圈缓慢滚动时，动圆上一个固定点所经过的轨迹就称为“摆线”，摆线是数学中非常迷人的曲线之一。在工具栏中单击“摆线”按钮即可创建一个摆线对象，如图 3-82 所示，在“对象属性”面板中可以看到创建摆线对象的一些基本参数。

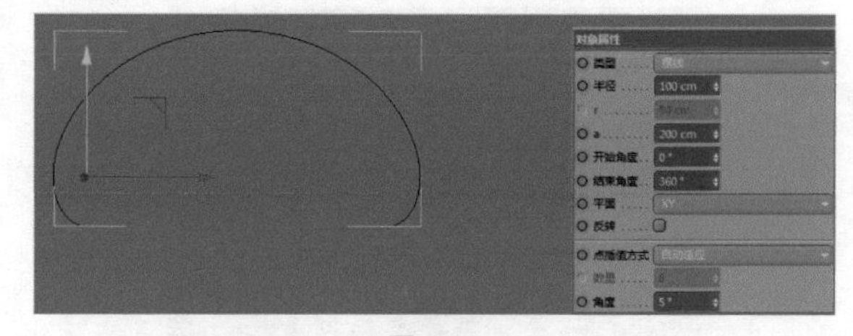

图 3-82

“对象属性”面板中主要参数的具体含义介绍如下。

✦ 类型：摆线的类型分为“摆线”“外摆线”和“内摆线”3 种选择不同的选项，创建不同的摆线，如图 3-83 所示。

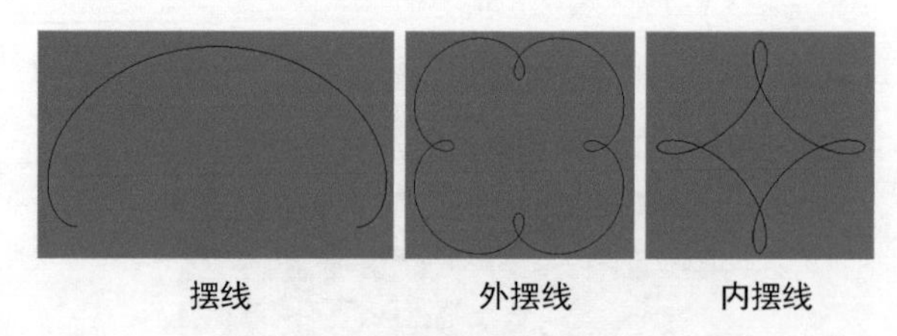

摆线　外摆线　内摆线

图 3-83

✦ 半径 /r/a：绘制摆线时，“半径”代表动圆的半径，a 代表固定点与动圆半径的距离，当摆线类型为“外摆线”和“内摆线”时，r 文本框才能被激活，此时“半径”代表固定圈的半径，r 参数代表动圆的半径，a 参数代表固定圈与动圆半径的距离。

✦ 开始角度 / 结束角度：设置摆线轨迹的起始点和结束点。

6. 螺旋

螺旋通常用来制作某些特殊对象的扫描路径曲线，如电话线、弹簧等。在工具栏中单击“螺旋”按钮即可创建一个螺旋曲线，如图 3-84 所示，在“对象属性”面板中可以看到创建螺旋对象的一些基本参数。

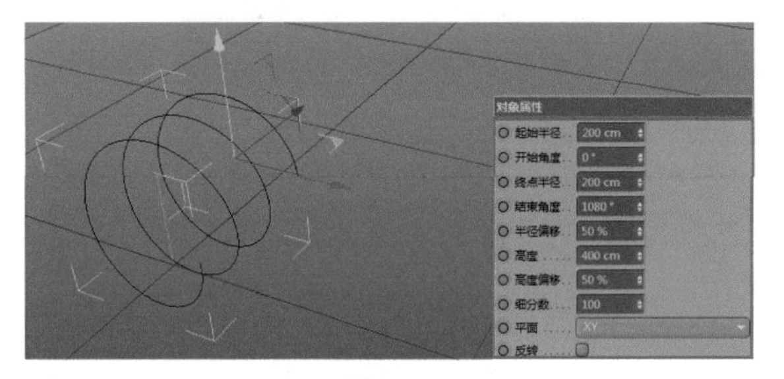

图 3-84

“对象属性”面板中主要参数的具体含义介绍如下。

✦ 起始半径：设置螺旋线的起始端半径，如果起始半径与终点半径不同，便会得到漩涡般的螺旋线，如图 3-85 所示。

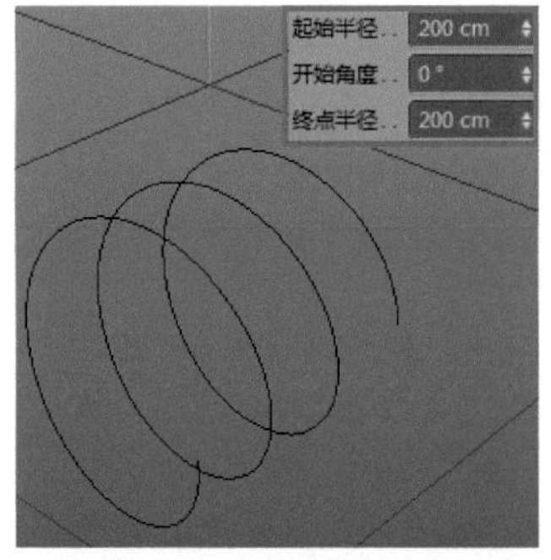

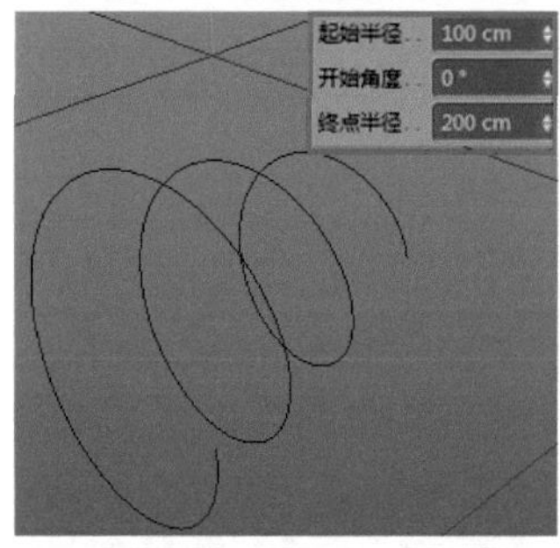

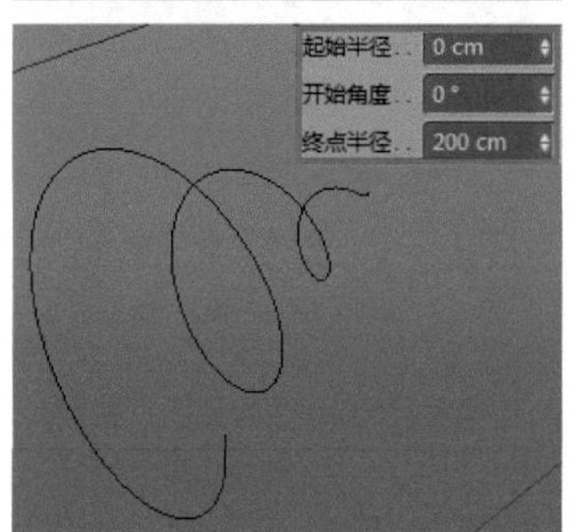

图 3-85

✦ 开始角度：根据输入的角度值设置螺旋的起点位置。

✦ 终点半径：设置螺旋线的末端半径。

✦ 结束角度：根据输入的角度值设置螺旋的终点位置。

✦ 半径偏移：设置螺旋半径的偏移程度，只有起始半径和终点半径不同时才能看到效果，如图 3-86 所示。

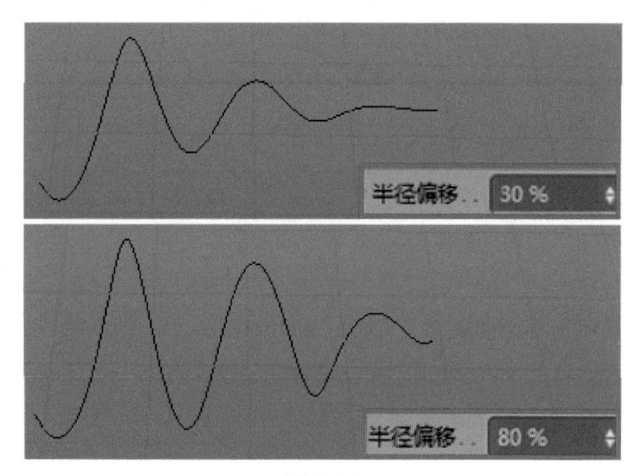

图 3-86

✦ 高度：设置螺旋的高度。

✦ 高度偏移：设置螺旋高度的偏移程度，如图 3-87 所示。

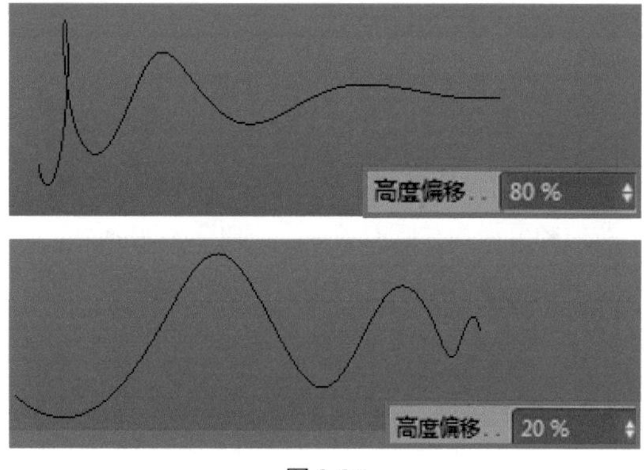

图 3-87

✦ 细分数：设置螺旋线的细分程度，值越高越圆滑。

7. 公式

公式可以用来创建用户所需的数学函数曲线，如正弦曲线、抛物线、渐开线等。在工具栏中单击“公式”按钮即可创建一个公式曲线，如图 3-88 所示，在“对象属性”面板中可以看到创建公式对象的一些基本参数。

“对象属性”面板中主要参数的具体含义介绍如下。

✦ X(t)/Y(t)/Z(t)：在这 3 个文本框中输入数学函数公式后，系统将根据公式生成曲线。

✦ Tmin/Tmax：用于设置公式中 t 参数的最小值和

最大值。

✦ 采样：用于设置曲线的采样精度。

✦ 立方插值：选中该选项后，曲线将变得更平滑。

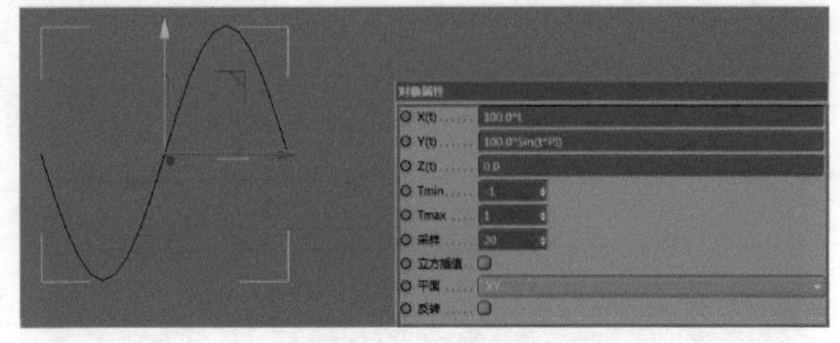

图 3-88

8. 多边

多边可以创建规则的正多边形曲线，通常用来绘制某些模型的外观轮廓。在工具栏中单击“多边”按钮 即可创建一个多边形曲线，如图 3-89 所示，在“对象属性”面板中可以看到创建多边对象的一些基本参数。

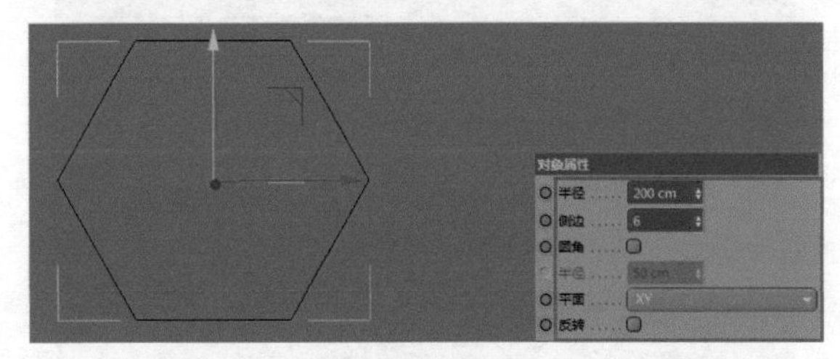

图 3-89

“对象属性”面板中主要参数的具体含义介绍如下。

✦ 侧边：设置多边形的边数，默认为六边形，输入其他数值则变形为对应的多边形，如图 3-90 所示。

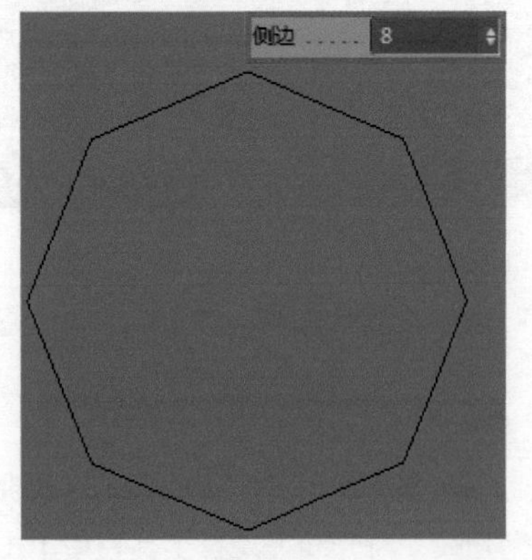

图 3-90

✦ 圆角 / 半径：选中该复选框后，多边形曲线变为圆角多边形曲线，其下的“半径”文本框控制圆角的大小，如图 3-91 所示。

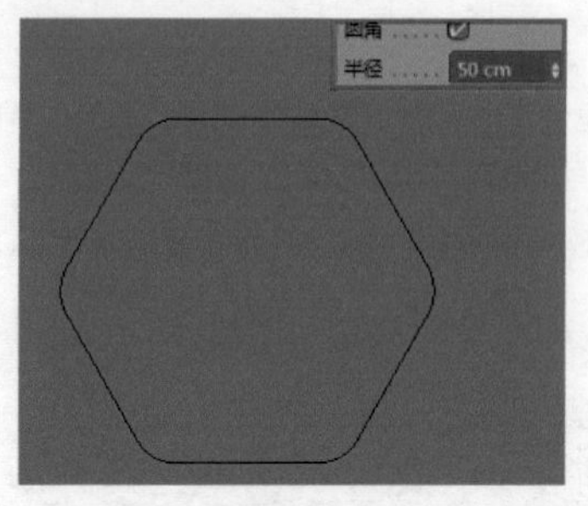

图 3-91

3.2.4 实战——创建低面体的树模

在前面的章节中已经介绍了许多与建模相关的命令，这些命令总体来说比较简单，使用起来也不难。本节将介绍如何灵活搭配使用这些基本命令，从而创建低面体模型效果。

素材文件路径：	素材 \ 第 3 章 \3.2.4
效果文件路径：	效果 \ 第 3 章 \3.2.4. 低面体的树模 .JPG
视频文件路径：	视频 \ 第 3 章 \3.2.4. 创建低面体的树模 .MP4

01 启动 Cinema 4D，新建一个空白文件，然后单击工具栏中的“立方体”按钮，创建一个立方体，如图 3-92 所示。

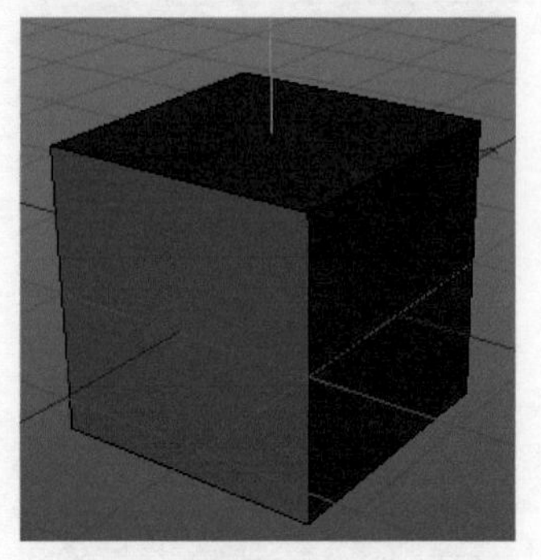

图 3-92

02 在“对象属性”面板中调整其尺寸为 50mm×300mm×50mm，并设置位置参数，如图 3-93 所示。

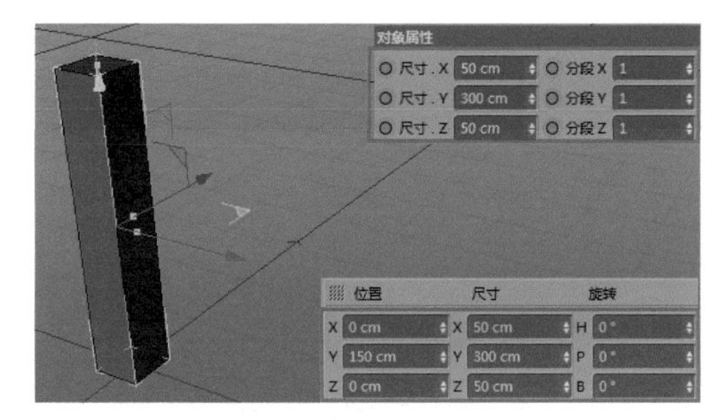

图 3-93

03 在工具栏中单击“角锥”按钮，创建一个角锥模型，如图 3-94 所示。

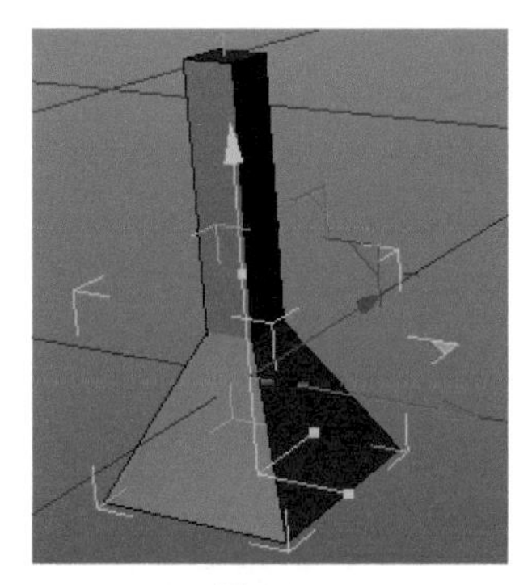

图 3-94

04 在“对象属性”面板中调整其尺寸为 300cm×350cm×300cm，并设置位置参数，如图 3-95 所示。

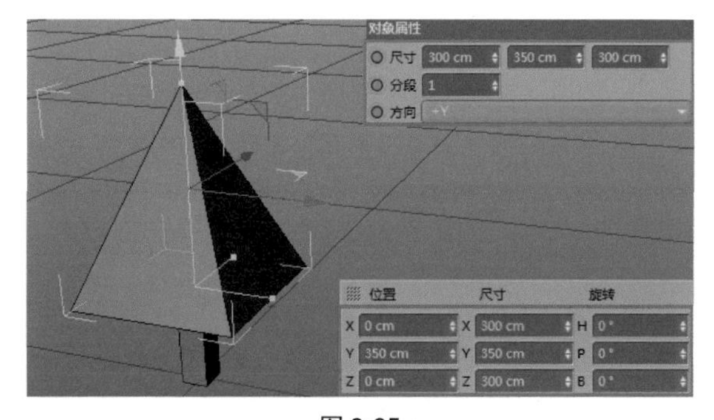

图 3-95

05 使用相同的方法，创建树模上的第 2 个角锥，如图 3-96 所示。

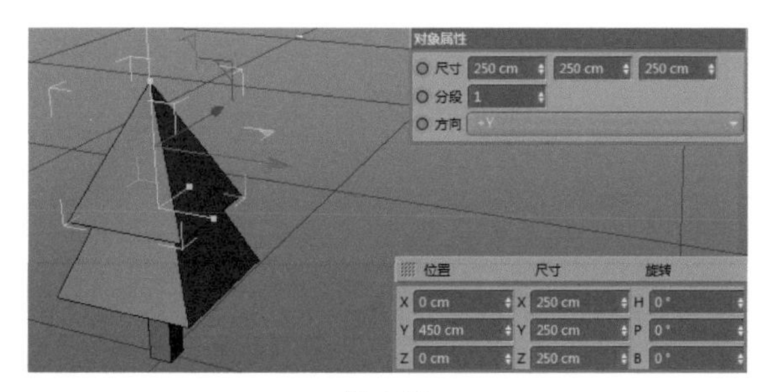

图 3-96

06 创建树模上的第 3 个角锥，如图 3-97 所示。

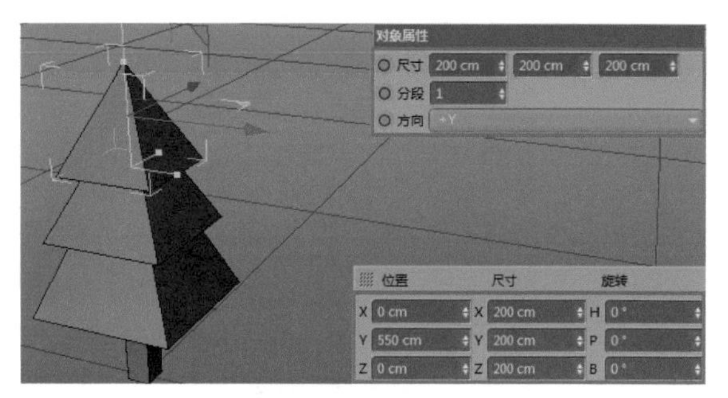

图 3-97

07 此时低面体的树模已经创建完毕，渲染效果如图 3-98 所示。

图 3-98

3.3 NURBS

NURBS 是大部分三维软件都支持的一种优秀的建模方式，它能够很好地控制物体表面的曲线度，从而创建出更逼真、生动的造型。NURBS 是非均匀有理样条曲线（Non-Uniform Rational B-Splines）的英文缩写。Cinema 4D 提供的 NURBS 建模方式分为细分曲面、挤压、旋转、放样、扫描和贝塞尔 6 种。

创建 NURBS 对象有以下两种方法。

✦ 长按按钮不放，打开 NURBS 工具栏菜单，选择相应的命令，如图 3-99 所示。

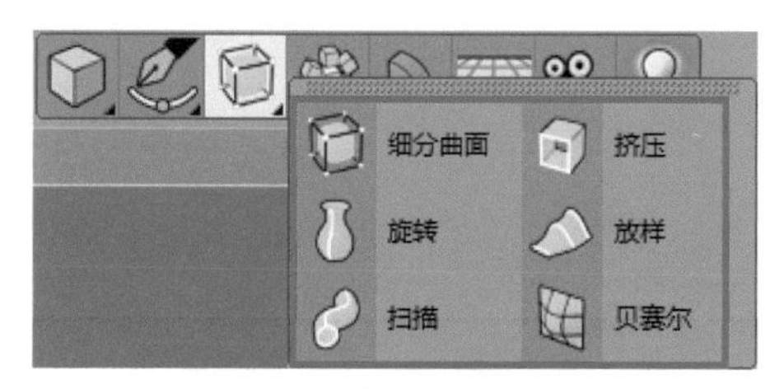

图 3-99

✦ 执行“创建”|“生成器”命令，在展开的菜单

中选择相应的命令，如图 3-100 所示。

图 3-100

3.3.1 细分曲面

细分曲面是非常强大的三维设计雕刻工具之一，通过为细分曲面对象上的点、边添加权重，以及对表面进行细分，来制作精细的模型。

在工具栏中单击“细分曲面”按钮，即可创建一个细分曲面特征，但在模型窗口中不可见，仅在“对象”窗口中可以观察到其特征。此时再创建一个立方体对象，可见两者之间是互不影响的，它们之间没有建立任何联系，如图 3-101 所示。

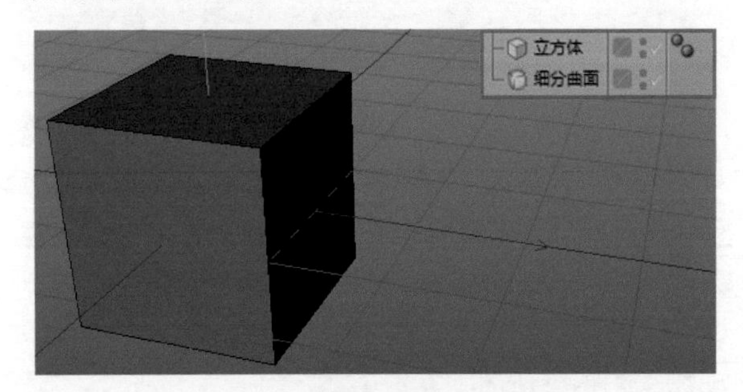

图 3-101

如果想让细分曲面命令对立方体对象产生作用，就必须让立方体对象成为细分曲面对象的子对象。在“对象”窗口中选中立方体特征，接着按住鼠标左键，将其移至细分曲面特征的下方，待鼠标光标变为符号时释放，立方体特征即可成为细分曲面的子对象，如图 3-102 所示。同时立方体有了细分曲面，外表变得圆滑，并且其表面会被细分，如图 3-103 所示。

图 3-102

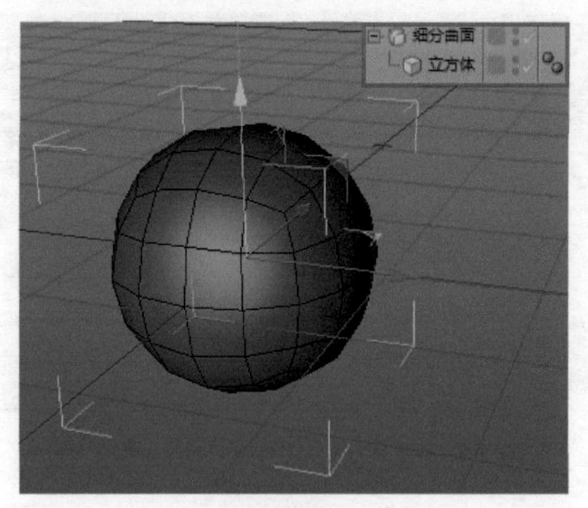

图 3-103

> **提示**
>
> 在 Cinema 4D 中，无论是 NURBS 工具、造型工具还是变形器工具，它们都不会直接作用在模型上，而是以对象的形式显示在场景中，如果想为模型对象施加这些工具，就必须使这些模型对象和工具对象形成父子特征。

在“对象属性”面板中可以看到细分曲面特征的一些基本参数，如图 3-104 所示，主要参数含义如下。

图 3-104

✦ 编辑器细分：该参数控制视图中编辑模型对象的细分程度，也就是只影响显示的细分数，如图 3-105 所示。

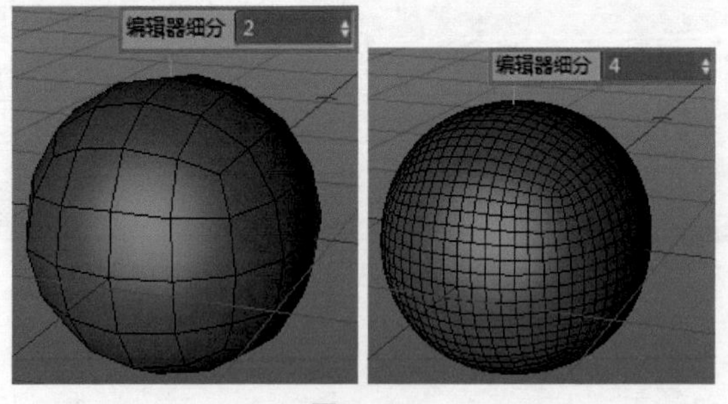

图 3-105

✦ 渲染器细分：该参数控制渲染时显示出的细分程度，也就是只影响渲染结果的细分数，如图 3-106 所示。

> **提示**
>
> 修改渲染器细分参数后，必须在图片查看器中才能观察到渲染后的真实效果，不能用渲染当前视图的方法查看。

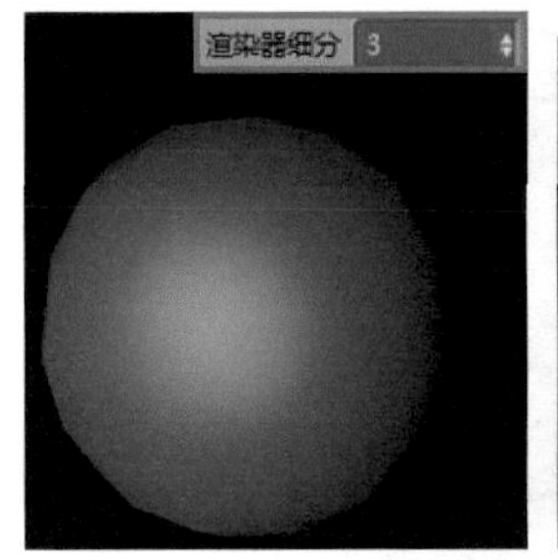

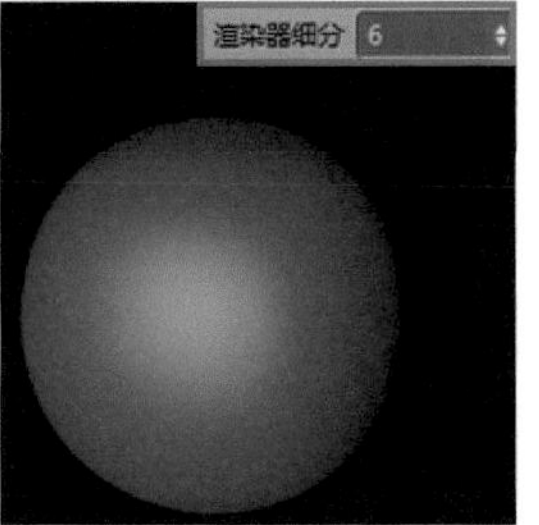

图 3-106

3.3.2　挤压

挤压是针对样条线建模的工具，可以将二维曲线挤压成为三维模型。在场景中创建一个挤压对象，再创建一个星形样条对象，让星形样条对象成为挤压对象的子对象，即可创建三维的星形模型，如图 3-107 所示。

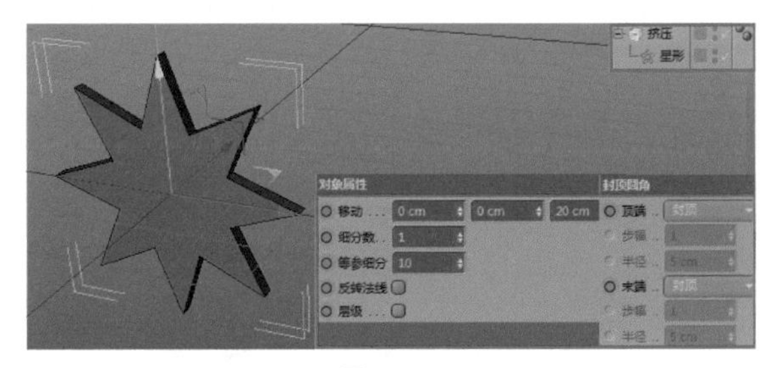

图 3-107

“对象属性”面板中主要参数的具体含义介绍如下。

✦ 移动：该参数包含 3 个文本框，从左至右依次代表在 X 轴上的挤出距离、在 Y 轴上的挤出距离和在 Z 轴上的挤出距离。

✦ 细分数：控制挤压对象在挤压轴上的细分数量。

✦ 等参细分：执行“视图”|“显示”|“等参线”命令，可以控制等参线的细分数量。

✦ 反转法线：该选项用于反转法线的方向。

✦ 层级：选中该选项后，如果将挤压过的对象转换为可编辑多边形对象，那么，该对象将按照层级进行划分。

✦ 顶端 / 末端：这两个参数都包含了“无”“封顶”“圆角”和“圆角封顶”4 个选项，如图 3-108 所示。

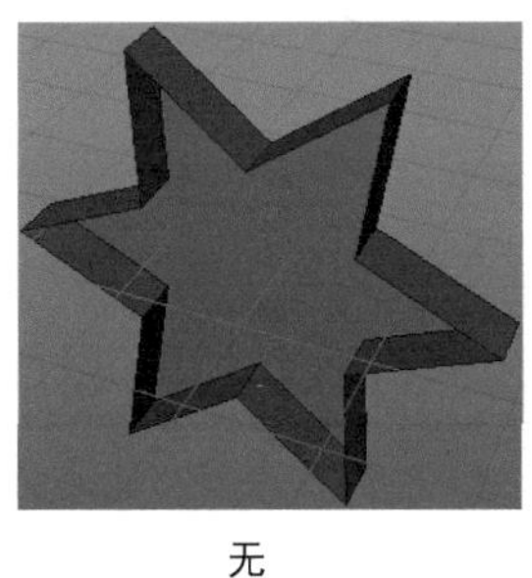

无

封顶

图 3-108

圆角

圆角封顶

图 3-108（续）

✦ 步幅 / 半径：这两个参数分别控制圆角处的分段数和圆角半径，如果“步幅”为 1，则显示为倒斜角效果，数值越大越趋近于圆角，如图 3-109 所示。

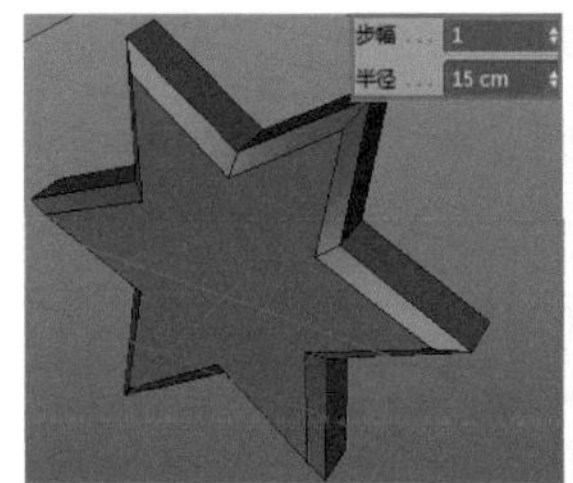

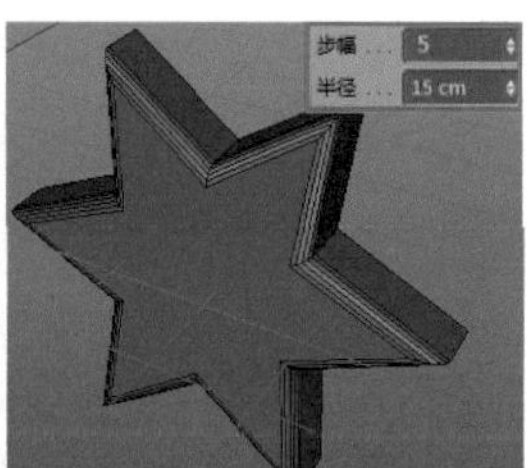

图 3-109

3.3.3　旋转

✦ 旋转工具可将二维曲线围绕 Y 轴旋转，生成三维模型。在场景中创建一个旋转对象，再创建一个样条曲线对象，让样条对象成为旋转对象的子对象，即可创建出三维旋转模型，如图 3-110 所示。

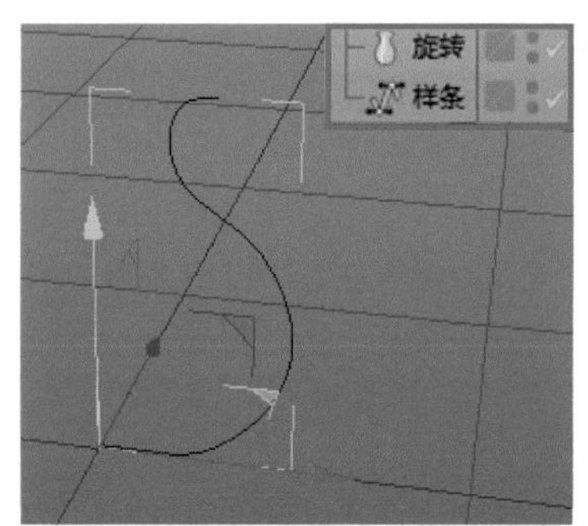

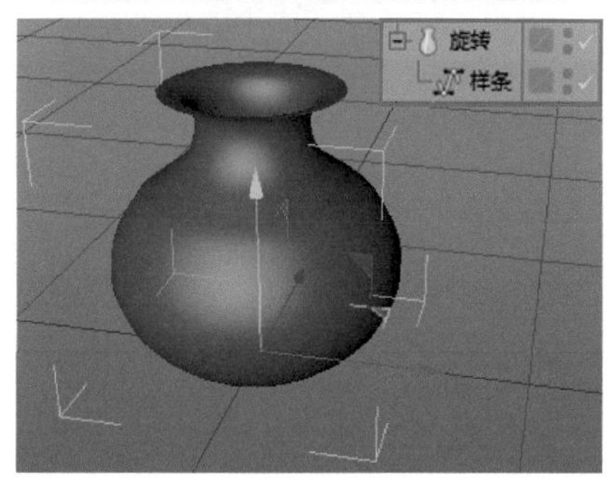

图 3-110

> **提示**
> 创建样条对象时最好在二维视图中创建，这要能更好地把握模型的精度。

在“对象属性”面板中可以看到旋转对象的一些基本参数，如图 3-111 所示。

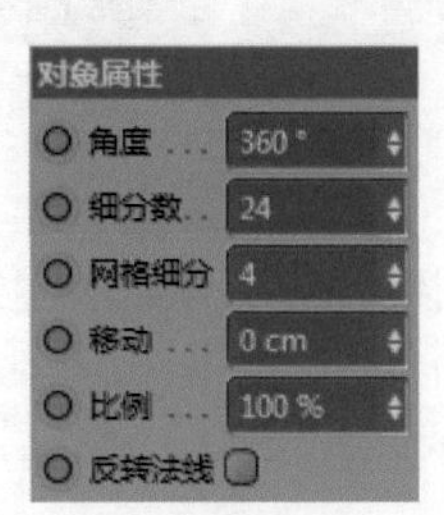

图 3-111

✦ 角度：该参数控制对象绕 Y 轴旋转的角度，如图 3-112 所示。

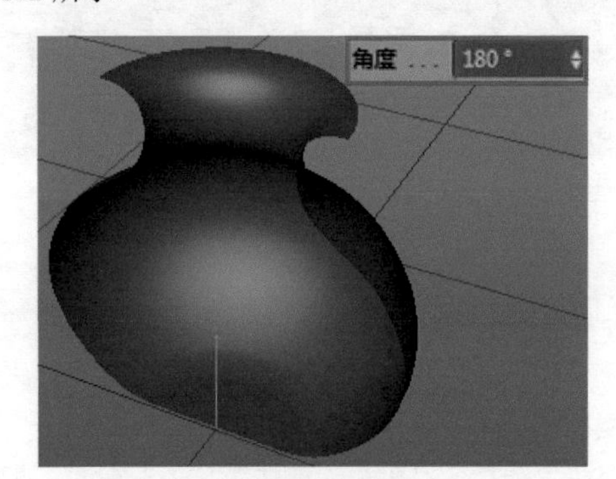

图 3-112

✦ 细分数：该参数定义旋转对象的细分数量。

✦ 网格细分：用于设置等参线的细分数量。

✦ 移动：该参数用于设置旋转对象旋转时纵向移动的距离，如图 3-113 所示，默认参数为 0，且为正常状态。

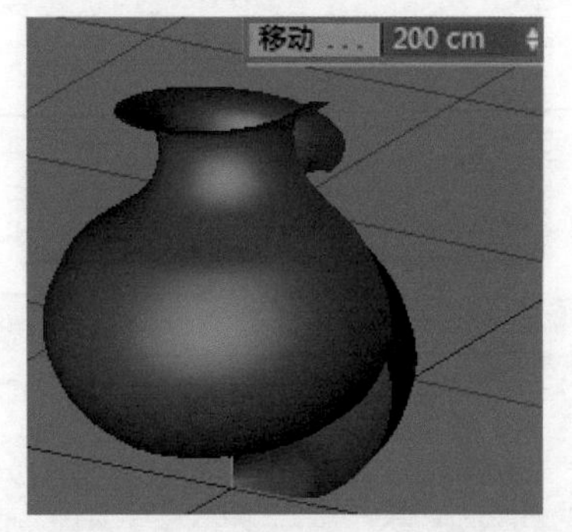

图 3-113

✦ 比例：该参数用于设置旋转对象绕 Y 轴旋转时移动的比例，如图 3-114 所示，默认参数为 100%，且为正常状态。

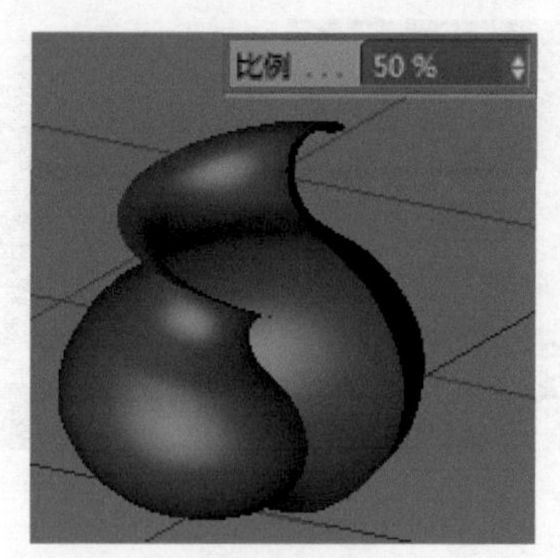

图 3-114

3.3.4 放样

放样工具可根据多条二维曲线的外边界搭建曲面，从而形成复杂的三维模型。在工具栏中单击“放样”按钮，便会在建模窗口中创建一个放样 NURBS 对象。再创建多个样条曲线，并让样条曲线成为放样 NURBS 对象的子对象，即可用这些样条线生成复杂的三维模型，如图 3-115 所示。

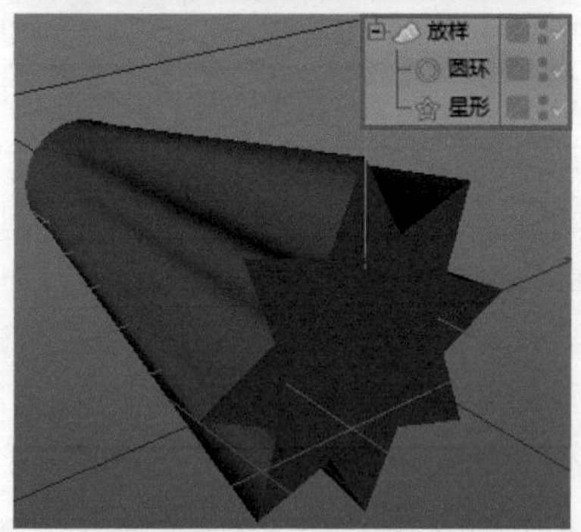

图 3-115

在“对象属性”面板中可以看到放样对象的一些基本参数，如图 3-116 所示。

✦ 网孔细分 U/ 网孔细分 V：这两个参数分别设置网孔在 U 方向（沿圆周的截面方向）和 V 方向（纵向）上的细分数量，如图 3-117 所示。

✦ 网格细分 U：用于设置等参线的细分数量，如图 3-118 所示。

图 3-116

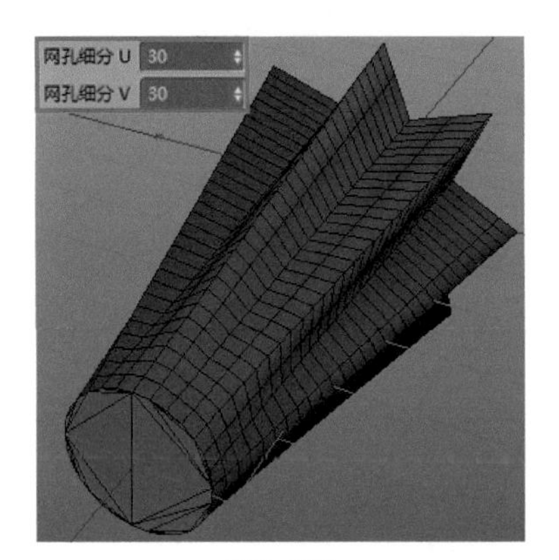

图 3-117

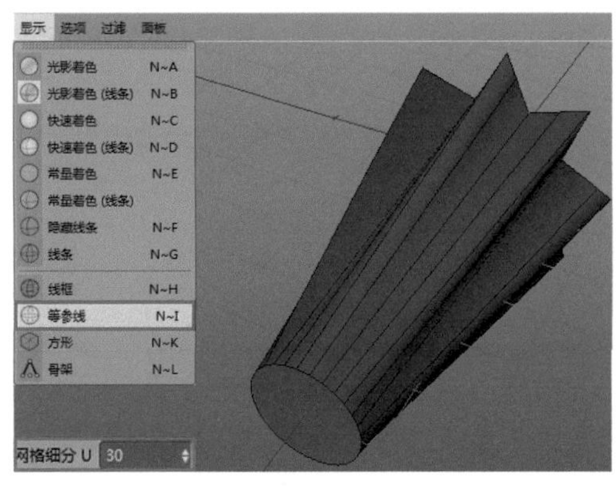

图 3-118

✦ 有机表格：未选中状态下，放样时通过样条上的各对应点来构建模型；如果选中该选项，放样时即可自由地构建模型形态，如图 3-119 所示。

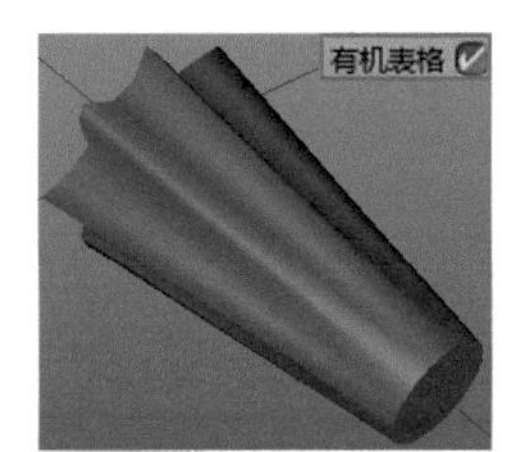

图 3-119

✦ 每段细分：选中该选项后，V 方向（纵向）上的网格细分就会根据设置的“网孔细分 V”参数均匀分布。

✦ 循环：默认为不选中状态，选中该选项后，两条样条轮廓将保持原样，因此放样体将变成开放的放样面，如图 3-120 所示。

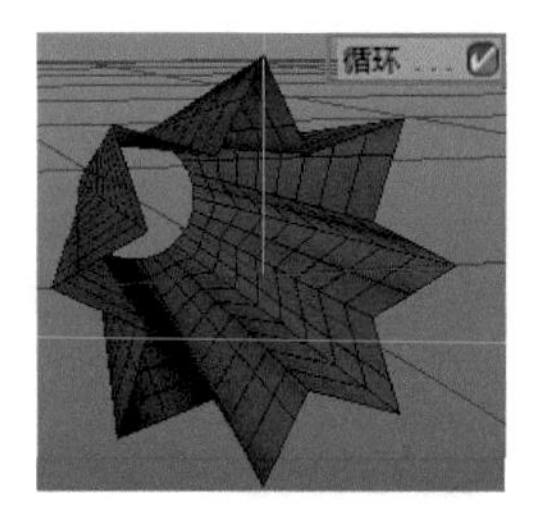

图 3-120

3.3.5 扫描

扫描工具可以将一个二维图形的截面，沿着某条样条路径移动，并形成三维模型。在工具栏中单击“扫描”按钮，就会在场景中创建一个扫描 NURBS 对象。再创建两条样条曲线，一条充当截面，一条充当路径，让这两个样条对象成为扫描 NURBS 对象的子对象，即可扫描生成一个三维模型，如图 3-121 所示。

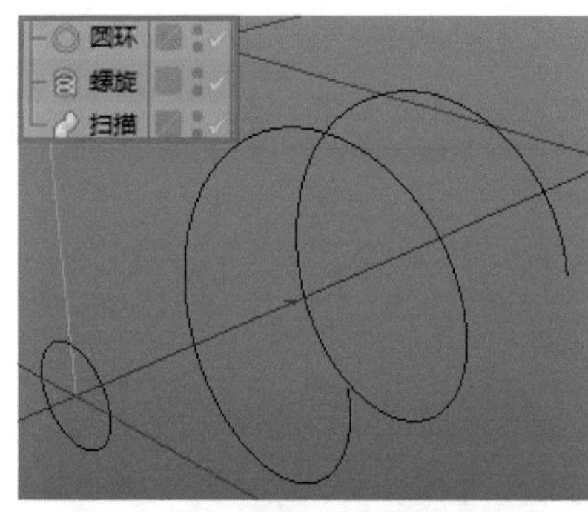

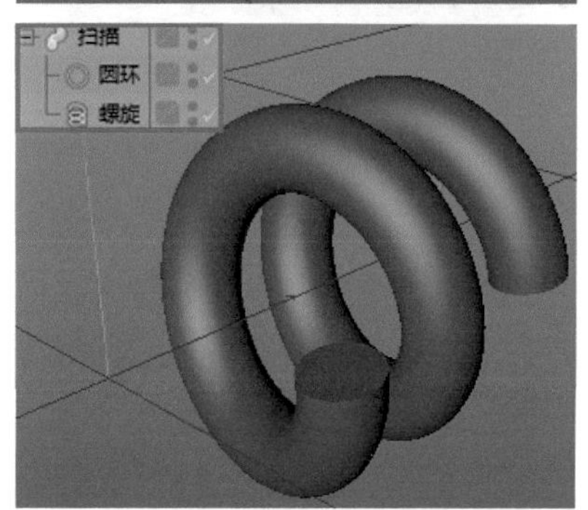

图 3-121

> **提示**
> 两个样条成为扫描 NURBS 对象的子对象时，代表截面的样条线在上，代表路径的样条线在下。

在“对象属性”面板中可以看到扫描对象的一些基本参数，如图 3-122 所示。

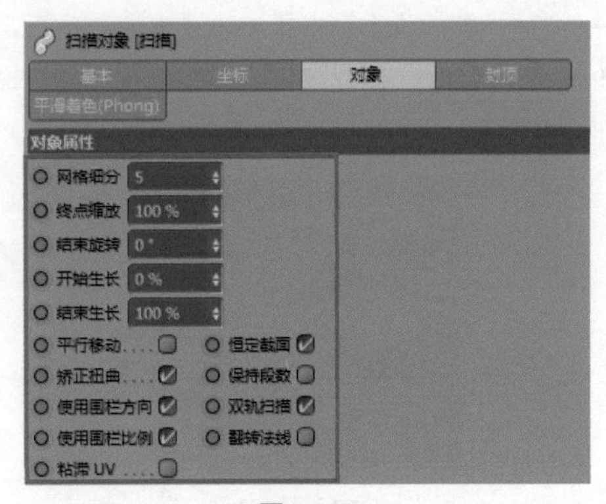

图 3-122

✦ 网格细分：设置等参线的细分数量。

✦ 终点缩放：设置扫描对象在路径终点的缩放比例，若为0时，扫描终点将缩小成一个点，如图3-123所示。

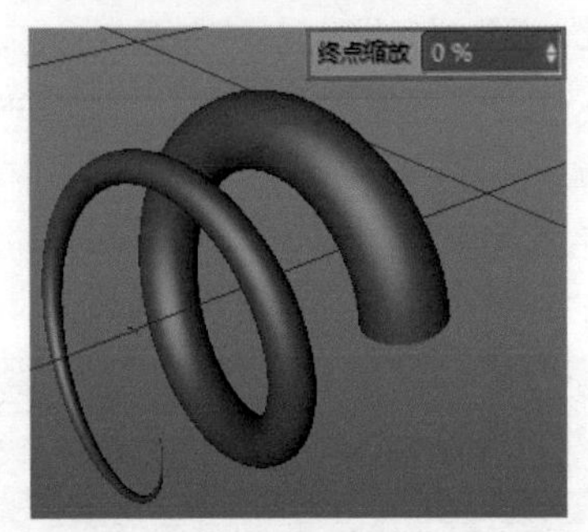

图 3-123

✦ 结束旋转：设置对象到达路径终点时的旋转角度，如图3-124所示。

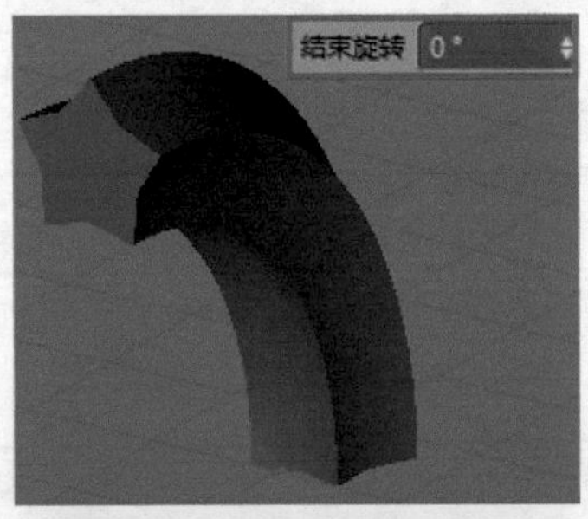

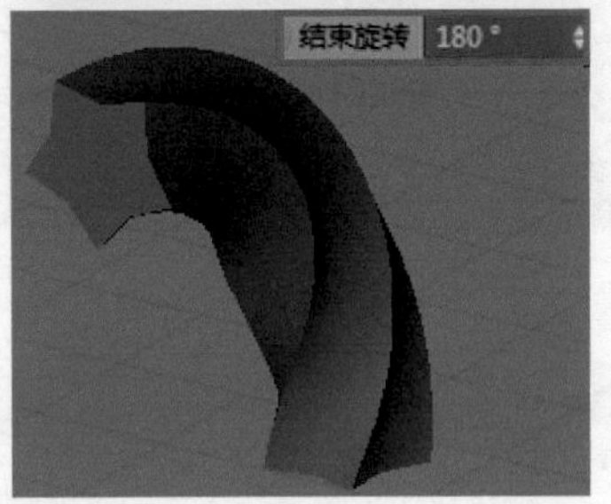

图 3-124

✦ 开始生长 / 结束生长：这两个参数分别设置扫描对象沿路径移动形成三维模型的起点和终点，可以用来调整扫描对象的长度，如图3-125所示。

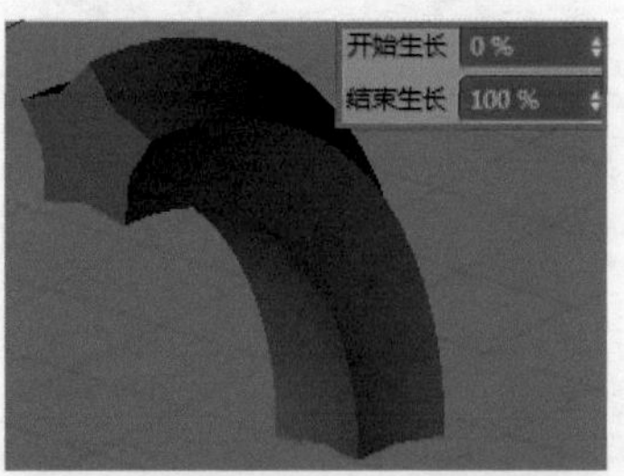

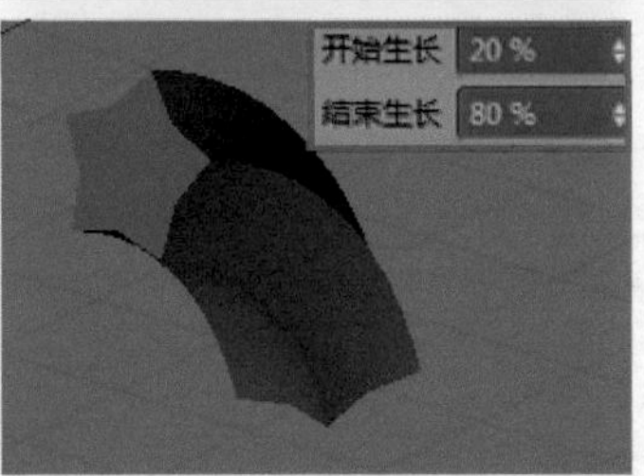

图 3-125

3.3.6 贝塞尔

贝塞尔工具与其他 NURBS 命令不同，它不需要任何子对象就能创建三维模型。在工具栏中单击“贝塞尔”按钮，便会在场景中创建一个贝塞尔 NURBS 对象，它在视图中显示的是一个曲面，随后对曲面进行编辑和调整，从而形成想要的三维模型，如图3-126所示。

图 3-126

要对贝塞尔曲面进行编辑，需要先选中面上的控制点（即曲面上蓝色控制线的交点），然后单击拖曳，如图3-127所示。

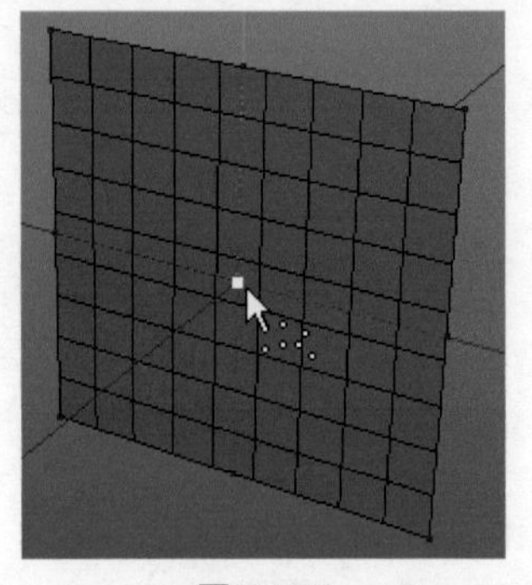

图 3-127

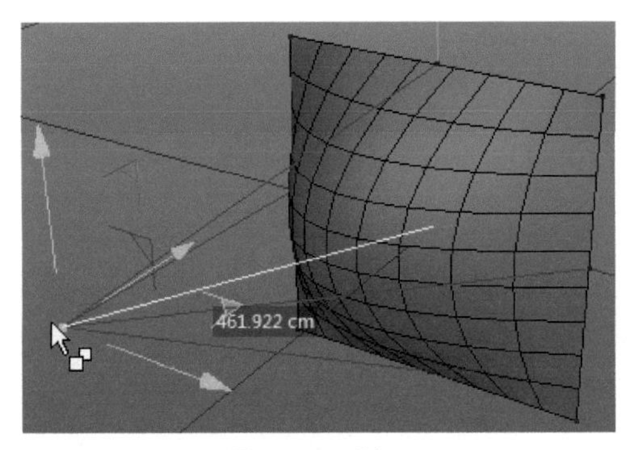

图 3-127 （续）

如果蓝色控制线不明显，可以将显示状态切换为“参考线”，这样参考线的交点就是贝塞尔曲面的控制点，如图 3-128 所示。

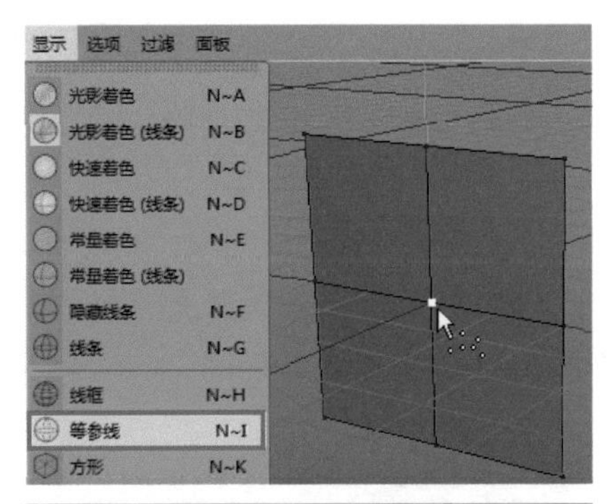

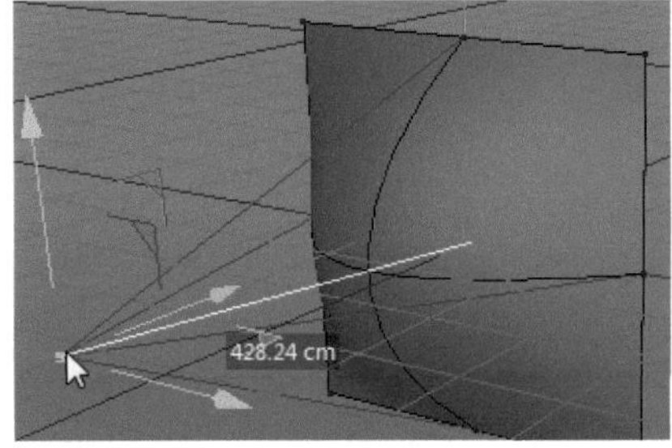

图 3-128

“对象属性”面板中主要参数的具体含义介绍如下。

✦ 水平细分 / 垂直细分：这两个参数分别设置在曲面的 X 轴方向和 Y 轴方向上的网格细分数量，如图 3-129 所示。

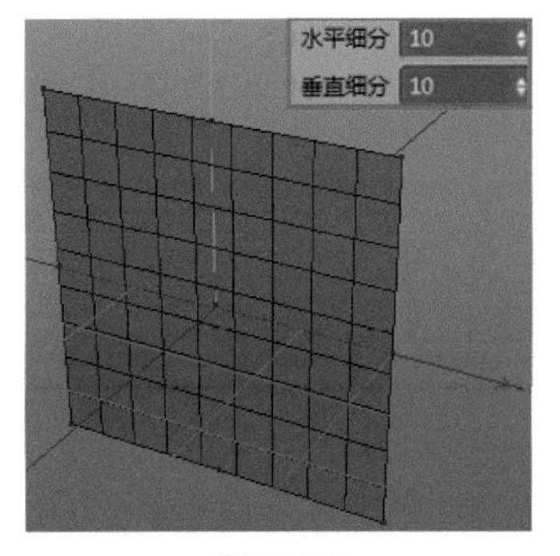

图 3-129

✦ 水平网点 / 垂直网点：分别设置在曲面的 X 轴方向和 Y 轴方向上的控制点数量，即蓝色控制线的交点，如图 3-130 所示。

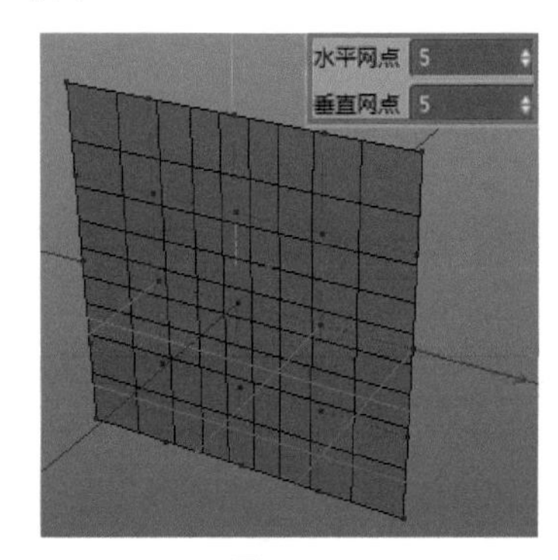

图 3-130

✦ 水平封闭 / 垂直封闭：这两个选项分别用于在 X 轴方向和 Y 轴方向上的封闭曲面，常用于制作管状物体，如图 3-131 所示。

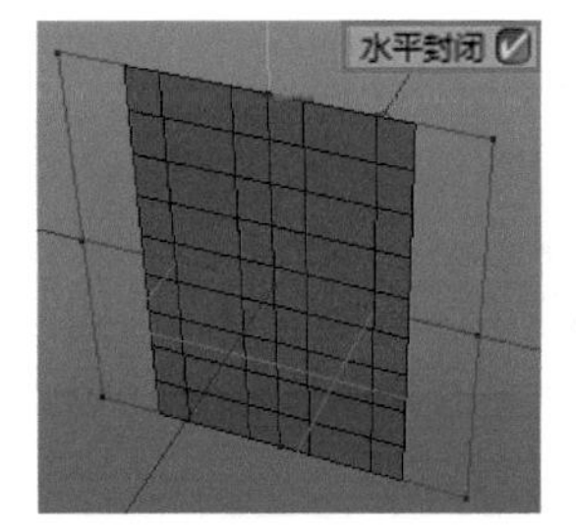

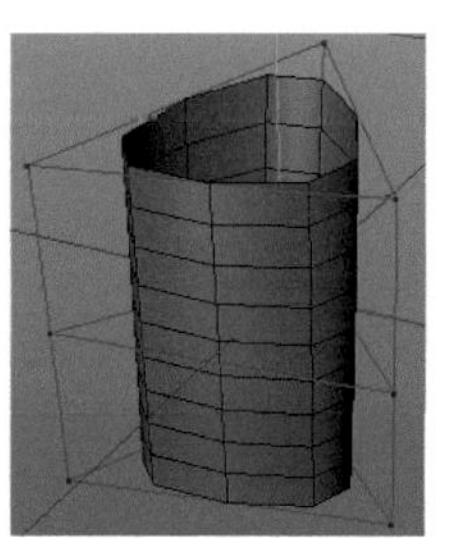

图 3-131

> **提示**
>
> “水平网点”和“垂直网点”是贝塞尔 NURBS 对象比较重要的参数，通过移动这些控制点，可以对曲面的形态做出调整，它与对象转化为可编辑多边形对象之后的点元素不同。

3.3.7 实战 —— 创建香水瓶模型

该例所创建的香水瓶模型由较多曲面构成，因此在建模时可以排除使用基本体建模的方法，应该优先考虑扫描、放样等 NURBS 操作。在进行这些命令的操作时，尤其应该注意各个截面部分的图形是否准确。

素材文件路径：	素材 \ 第 3 章 \3.3.7
效果文件路径：	效果 \ 第 3 章 \3.3.7. 香水瓶模型 .JPG
视频文件路径：	视频 \ 第 3 章 \3.3.7. 创建香水瓶模型 .MP4

01 启动 Cinema 4D，新建一个空白文件。单击样条曲线工具栏中的“矩形”按钮，创建一个 180mm×180mm 的矩形样条曲线，参照图 3-132 设置其尺寸与位置。

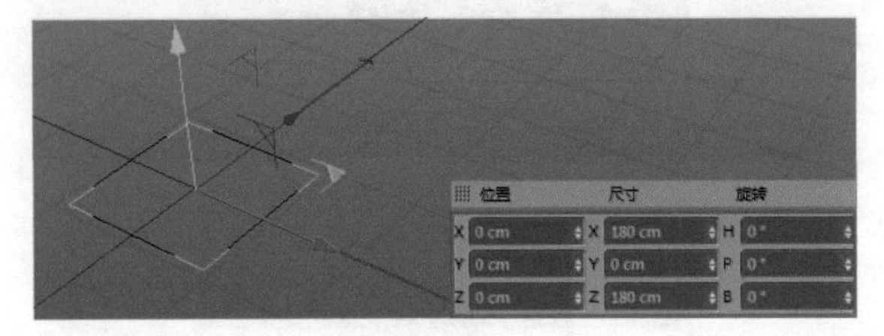

图 3-132

02 创建第 2 条矩形样条曲线。使用相同方法，或者按 Ctrl 键选择上一步骤创建的矩形，将其向上拖曳，得到第 2 条矩形样条曲线，修改其尺寸为 250mm×250mm，并设置位置，如图 3-133 所示。

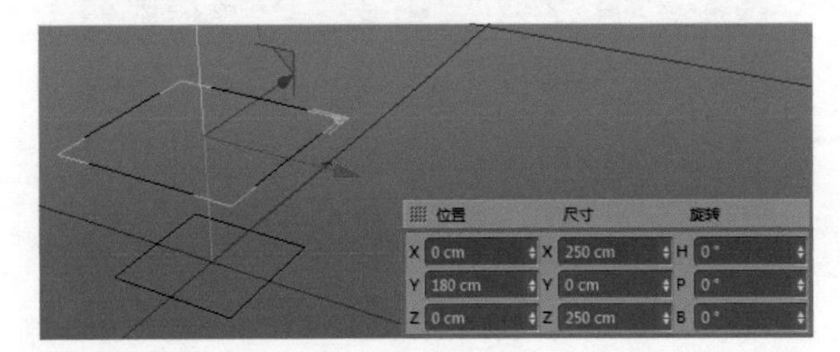

图 3-133

03 使用相同方法，创建第 3 条矩形样条曲线，修改其尺寸为 120mm×120mm，并设置位置，如图 3-134 所示。

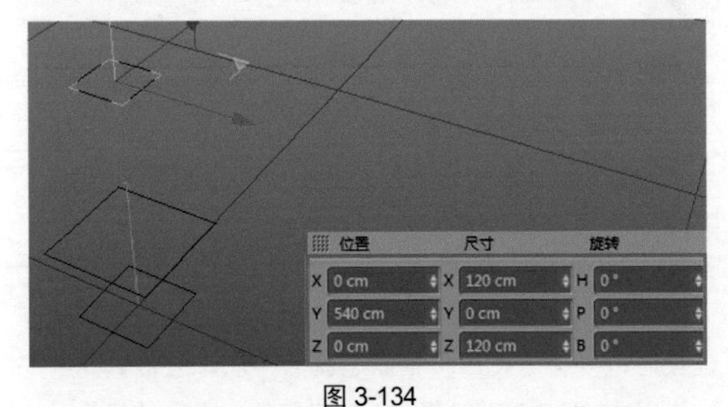

图 3-134

04 创建第 4 条矩形样条曲线，修改其尺寸为 180mm×180mm，并设置位置，如图 3-135 所示。

05 创建第 5 条矩形样条曲线，尺寸仍保持为 180mm×180mm，并设置位置，如图 3-136 所示。

06 添加放样特征。在工具栏中单击“放样”按钮，然后选中前面创建的 5 个矩形样条特征，接着将其移动至放样特征的下方，待鼠标指针变为符号时释放，即可创建这 5 个矩形的放样特征，如图 3-137 所示。

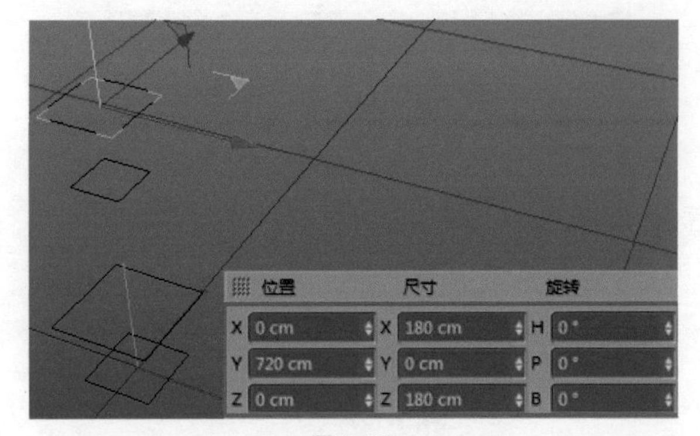

图 3-135

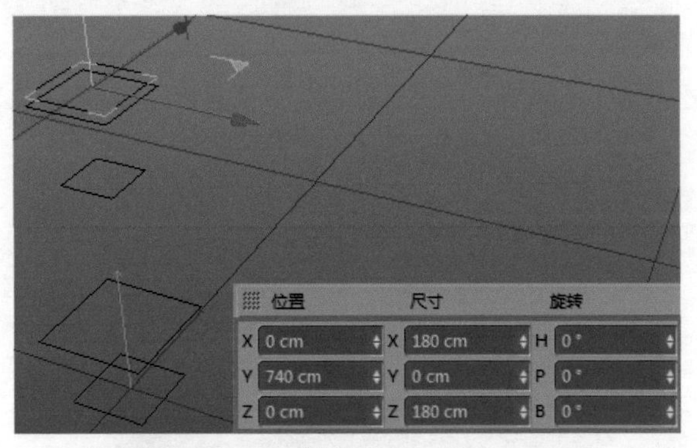

图 3-136

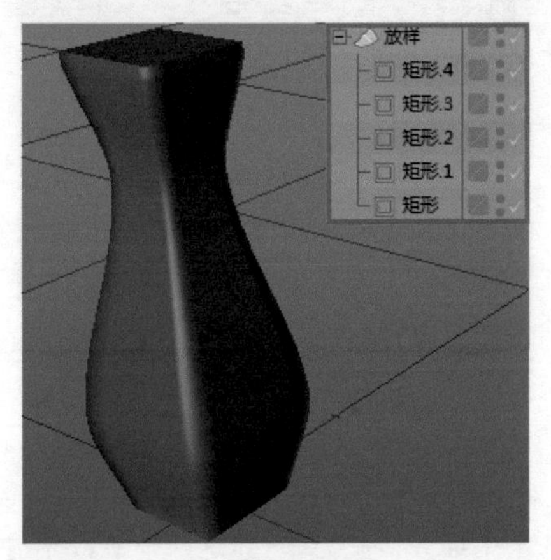

图 3-137

07 使用相同的方法创建 5 个圆形样条曲线，如图 3-138 所示。

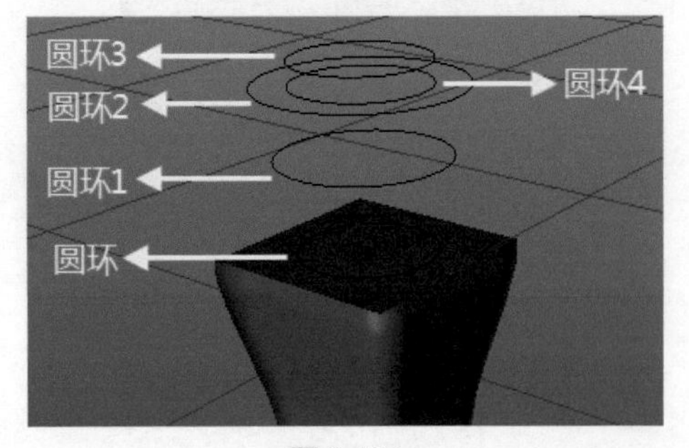

图 3-138

> **提示**
> 各圆环的尺寸与坐标值请参考下表。

对象	半径 /cm	坐标值（X，Y，Z）
圆环	60	0，740，0
圆环 1	75	0，820，0
圆环 2	90	0，880，0
圆环 3	60	0，900，0
圆环 4	60	0，880，0

08 添加放样特征。在工具栏中单击“放样”按钮，参考前面的步骤，创建这 5 个圆环的放样特征，效果如图 3-139 所示。

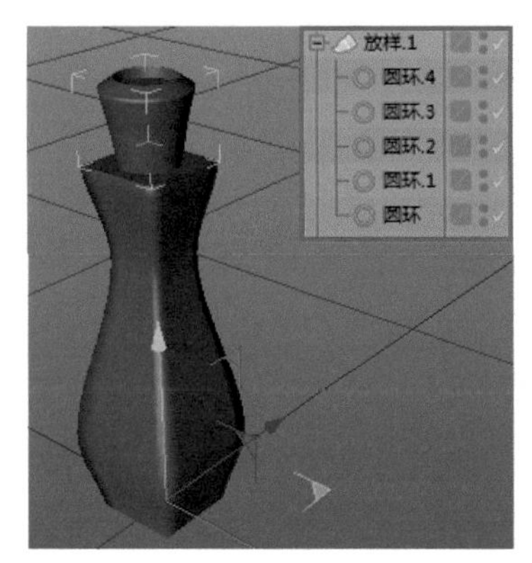

图 3-139

09 香水瓶模型创建完毕，最后的渲染效果如图 3-140 所示。

图 3-140

3.4 其他工具

除了之前介绍的对象和 NURBS 工具外，Cinema 4D 中还有两类修改工具，即造型工具和变形器工具，这两种工具都可以对现有的模型进行编辑和修改。

3.4.1 造型工具组

Cinema 4D 中的造型工具非常强大，可以自由组合出各种不同的效果，它的可操控性和灵活性是其他三维软件无法比拟的。使用造型工具有以下两种方法。

✦ 长按按钮，展开造型工具栏，选择相应的造型工具，如图 3-141 所示。

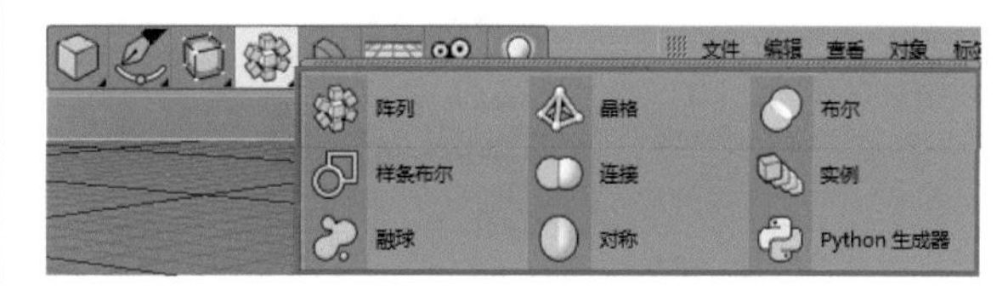

图 3-141

✦ 选择“创建”|“对象”子菜单中相应的造型命令，如图 3-142 所示。

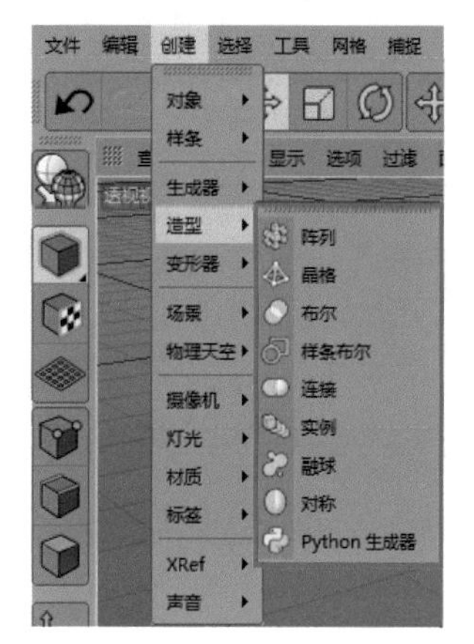

图 3-142

> **提示**
> 造型工具必须与几何体同时使用，单独使用无效。

下面对其较常用的几个基本功能做一个初步讲解。

1. 阵列

“阵列”是一个功能强大的多重复制命令，它可以一次将选择的对象复制多个，并按指定的规律进行排列。在工具栏中单击“阵列”按钮，即可在“对象”窗口中创建一个阵列特征，然后将要阵列的对象移动至阵列特征的下方，成为其子特征，即可得到阵列效果，如图 3-143 所示。在“对象属性”面板中可以看到阵列对象的一些基本参数。

“对象属性”面板中主要参数的具体含义介绍如下。

✦ 半径：设置阵列范围的半径大小，如图 3-144 所示。

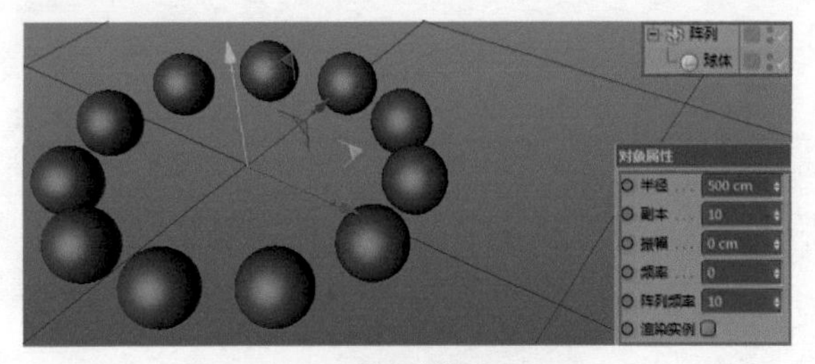

图 3-143

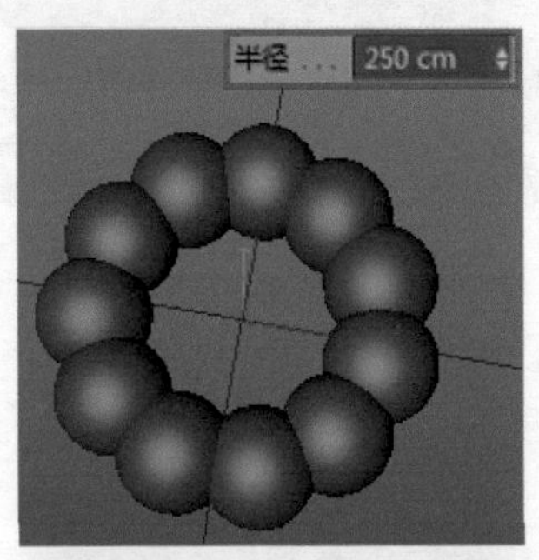

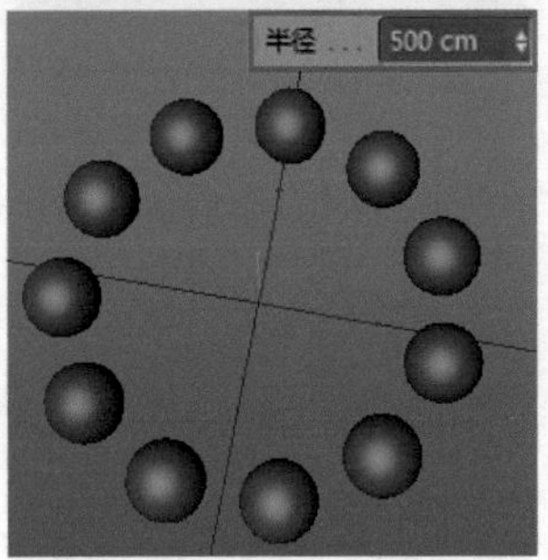

图 3-144

✦ 副本：设置阵列中物体的数量，如图 3-145 所示。

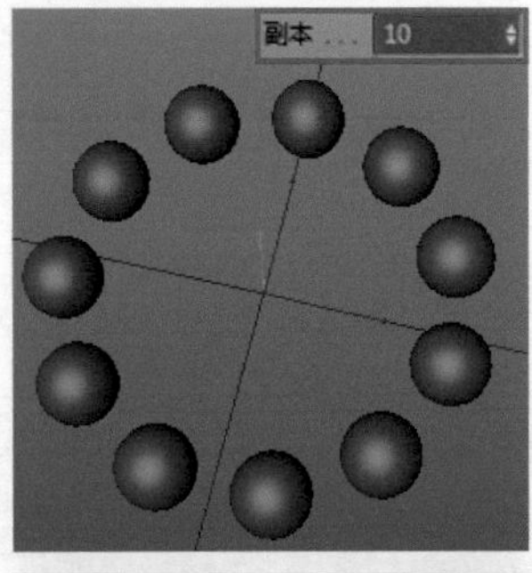

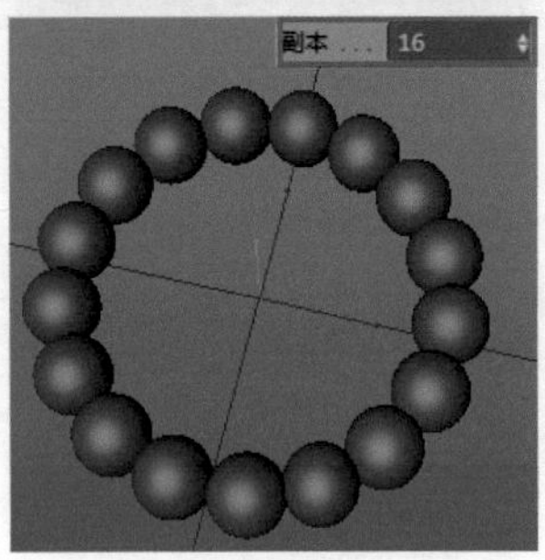

图 3-145

✦ 振幅：表示阵列对象的波动范围，在播放动画时才能观察到该参数的效果。默认值为 0，运动时没有波动幅度，值越高，其波动幅度越大，如图 3-146 所示。

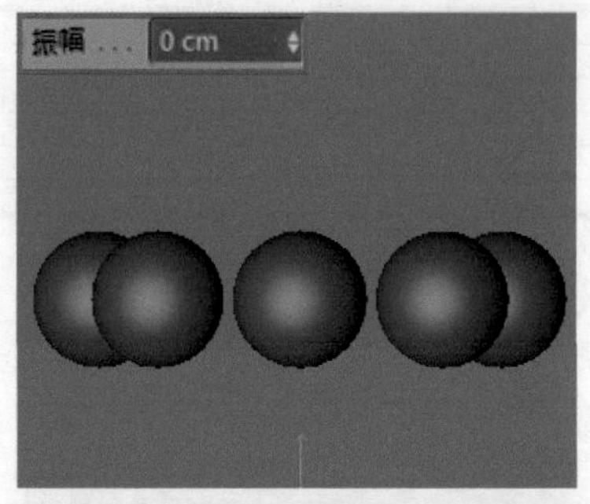

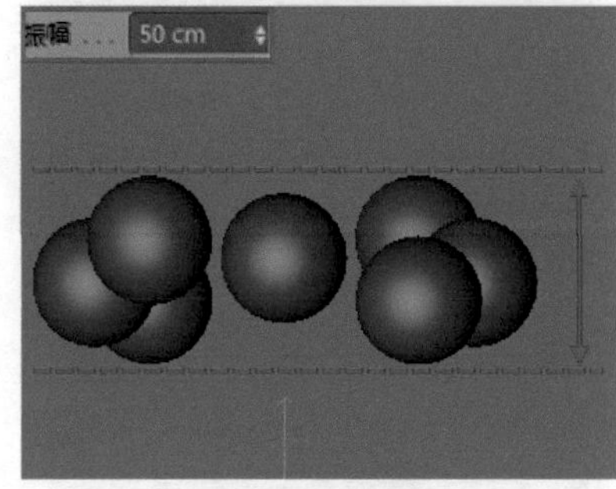

图 3-146

✦ 频率：表示阵列对象的振动频率，同样只有在播放动画时才能观察到效果。默认值为 0，此时不显示振动的变化，值越高，振动的变化速度越快。

✦ 阵列频率：阵列中每个物体波动的范围，需要与“振幅”和“频率”参数结合使用。

2. 晶格

“晶格”工具可以将对象转变为类似晶体的造型，对象执行“晶格”命令后，将从内部转换为晶体结构。在工具栏中单击“晶格”按钮，即可在“对象”窗口中创建一个晶格特征，然后将要晶格化的对象移动至晶格特征的下方，成为其子特征，即可得到晶格效果，如图 3-147 所示。在“对象属性”面板中可以看到晶格对象的一些基本参数。

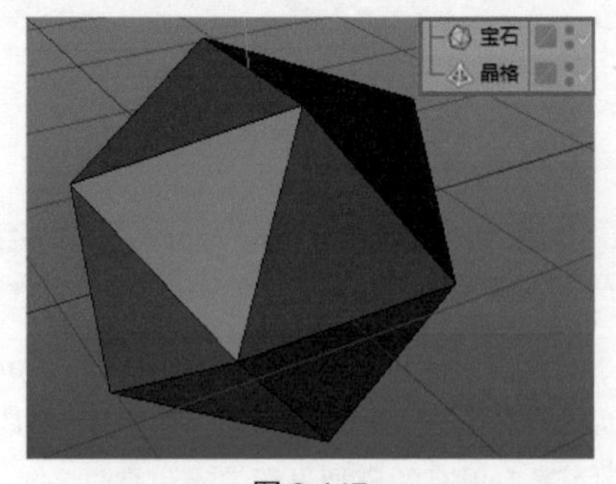

图 3-147

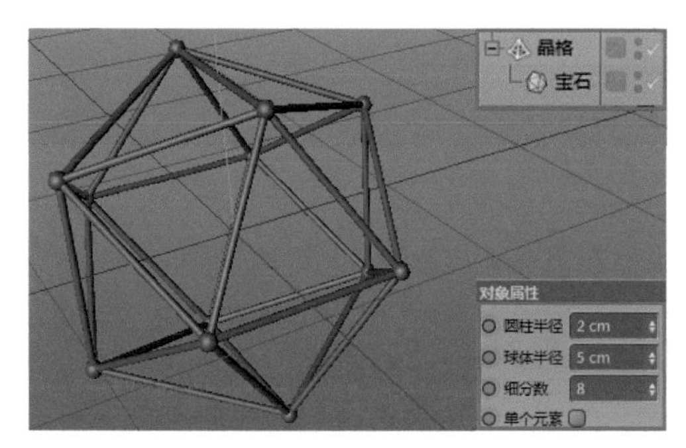

图 3-147 （续）

“对象属性”面板中主要参数的具体含义介绍如下。

✦ 圆柱半径：几何体上的样条变为圆柱，并控制圆柱的半径，如图 3-148 所示。

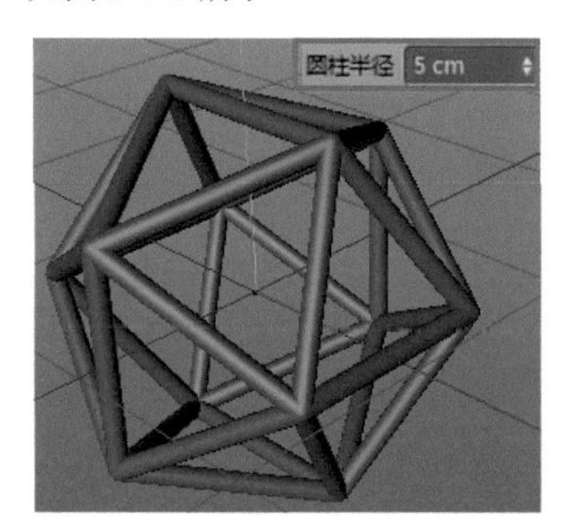

图 3-148

✦ 球体半径：几何体上的点变为球体，并控制球体的半径，如图 3-149 所示。

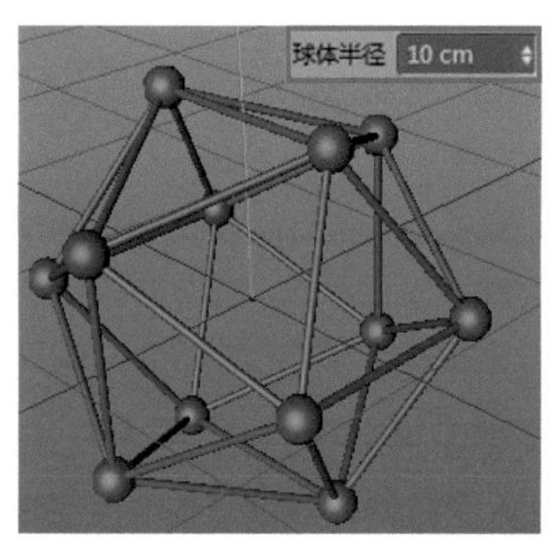

图 3-149

✦ 细分数：控制圆柱和球体的细分程度。

✦ 单个元素：选中该选项后，当晶格对象转化为多边形对象时，晶格会被分离成各自独立的对象。

3. 布尔

模型通常由多个实体组成，但在建模过程中，每次只能创建单个的实体，因此需要将多个实体或特征组合成一个整体，从而得到最后的模型，这个操作过程称为“布尔运算”（或布尔操作）。

在工具栏中单击“布尔”按钮，即可在“对象”窗口中创建一个布尔特征，然后将要布尔的对象全部移动至布尔特征的下方，成为其子特征，即可得到布尔效果，如图 3-150 所示。

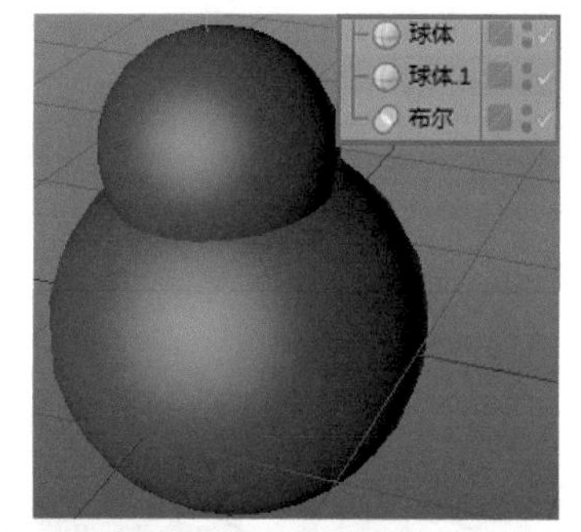

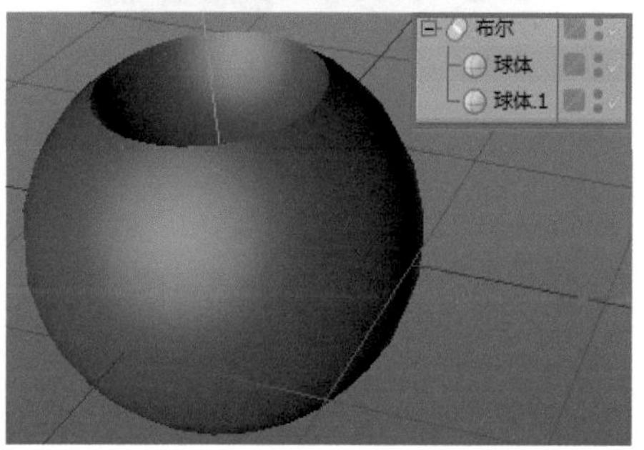

图 3-150

在“对象属性”面板中可以看到立方体对象的一些基本参数，如图 3-151 所示。“对象属性”面板中主要参数的具体含义介绍如下。

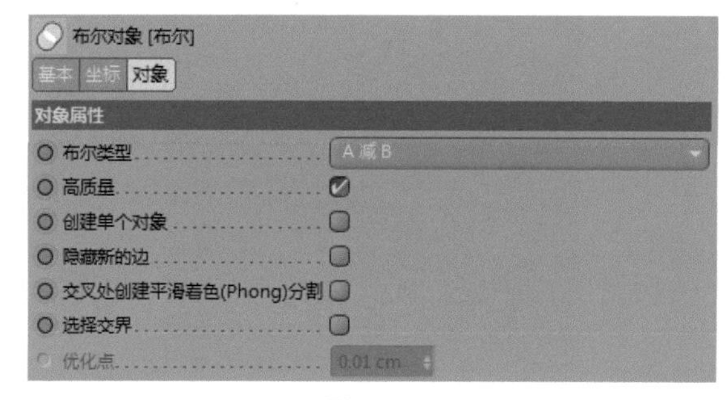

图 3-151

✦ 布尔类型：该下拉列表提供了 4 种类型，分别通过“A 减 B”“A 加 B”“AB 交集”和“AB 补集”对物体之间进行运算，从而得到新的物体，如图 3-152 所示。

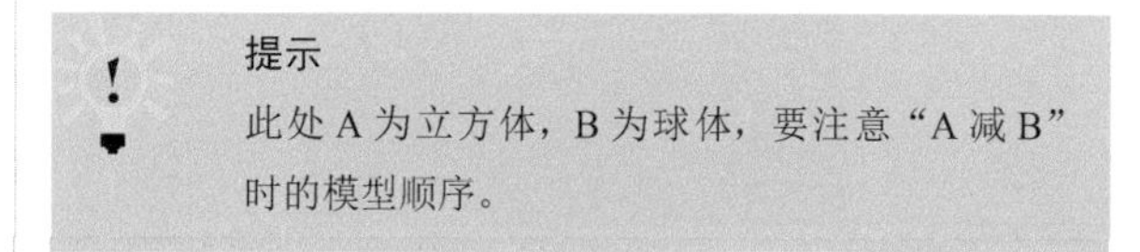

提示

此处 A 为立方体，B 为球体，要注意“A 减 B”时的模型顺序。

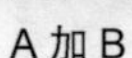
A 加 B

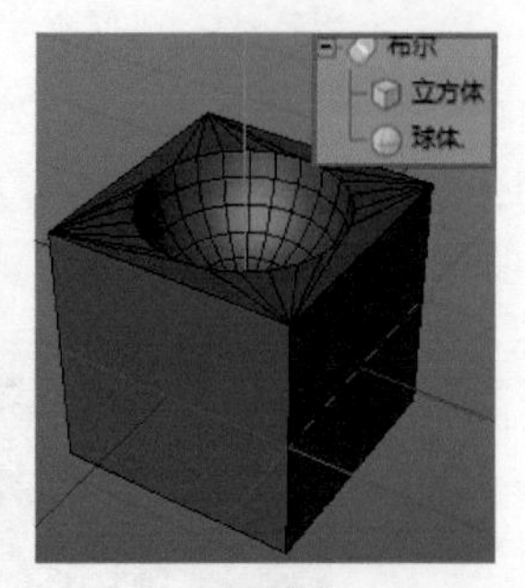

A 减 B

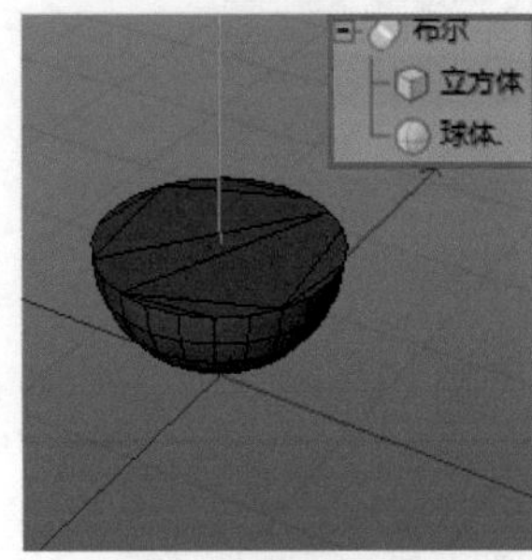

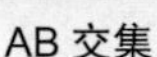
AB 交集

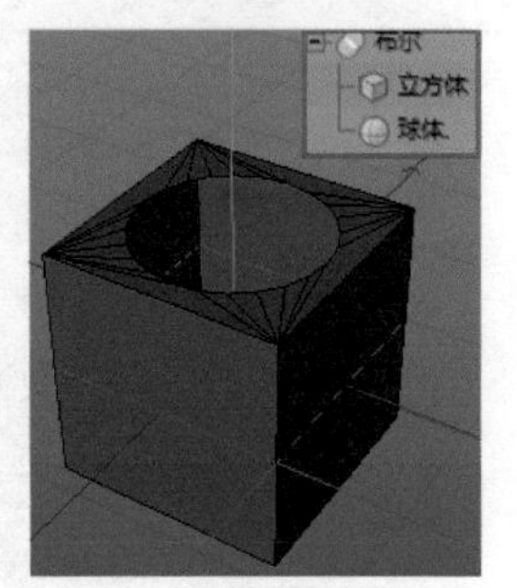

AB 补集

图 3-152

✦ 创建单个对象：选中该选项后，当布尔对象转化为多边形对象时，物体被合并为一个整体。

✦ 隐藏新的边：布尔运算后，线的分布很可能出现不均匀的现象，而选中该选项后可以隐藏不规则的线，如图 3-153 所示。

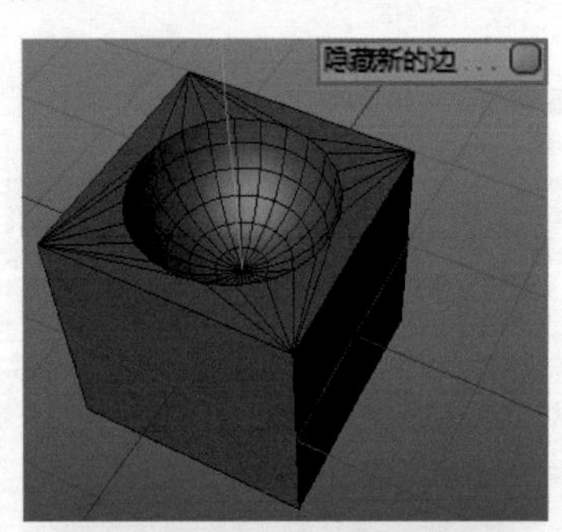

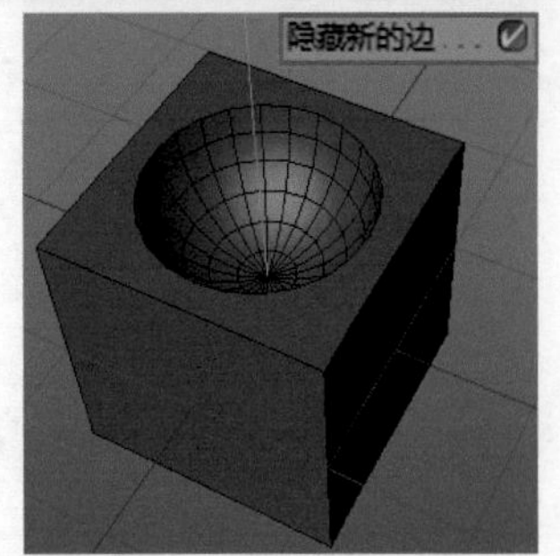

图 3-153

✦ 交叉处创建平滑着色（Phong）分割：对交叉的边缘进行圆滑处理，在遇到较复杂的边缘结构时才有效果。

✦ 优化点：当选中“创建单个对象”选项时，该项才能被激活，对布尔运算后物体对象中的点元素进行优化处理，删除无用的点。

4. 对称

“对称”工具可以以基准平面为镜像平面，镜像所选的实体或曲面模型。其镜像后的对象和原实体或曲面相关联，但其本身没有可编辑的特征参数。

在工具栏中单击“对称”按钮，即可在“对象”窗口中创建一个对称特征，然后将要对称的对象移动至对称特征的下方，成为其子特征，即可得到对称效果，如图 3-154 所示。在“对象属性”面板中可以看到对称对象的一些基本参数。

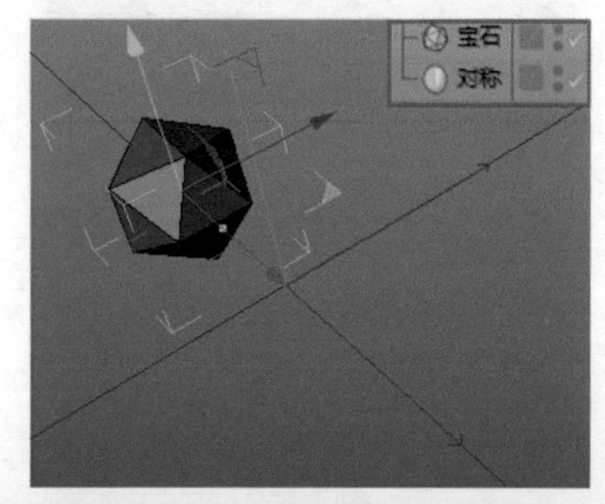

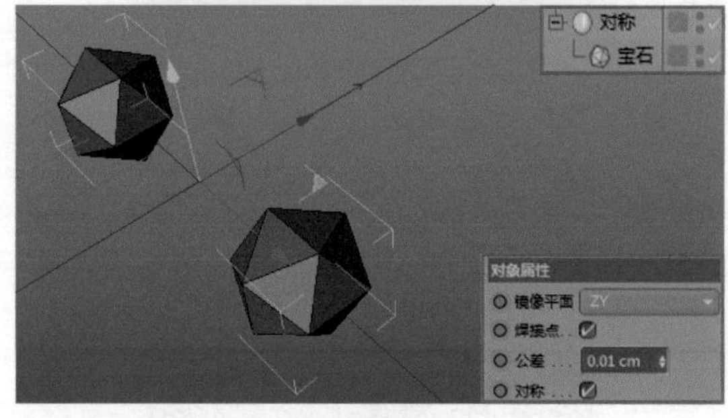

图 3-154

“对象属性”面板中主要参数的具体含义介绍如下。

✦ 镜像平面：只能选择“XY”“ZY”和“XZ”这 3 种基准平面。

✦ 焊接点 / 公差：选中“焊接点”选项后，“公差”文本框被激活，调节该数值，两个物体会连接到一起。

3.4.2 变形工具组

变形器工具组中的工具通过给几何体添加各式各样的变形效果，从而达到合适的几何形态。Cinema 4D 的变形工具和其他三维软件的工具相比，出错率更小，灵活性更大，速度也更快，是使用 Cinema 4D 建模时必不可少的一组基本工具。

创建造型工具有以下两种方法。

✦ 长按按钮，展开变形工具栏，选择相应的变形工具，如图 3-155 所示。

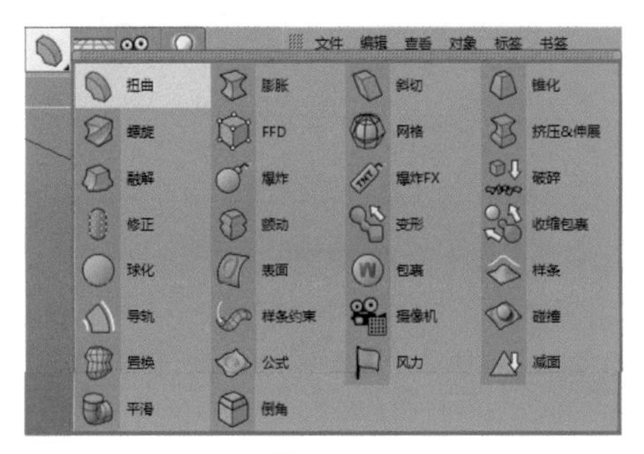

图 3-155

✦ 选择“创建”|“变形器”下拉菜单中的命令，如图 3-156 所示。

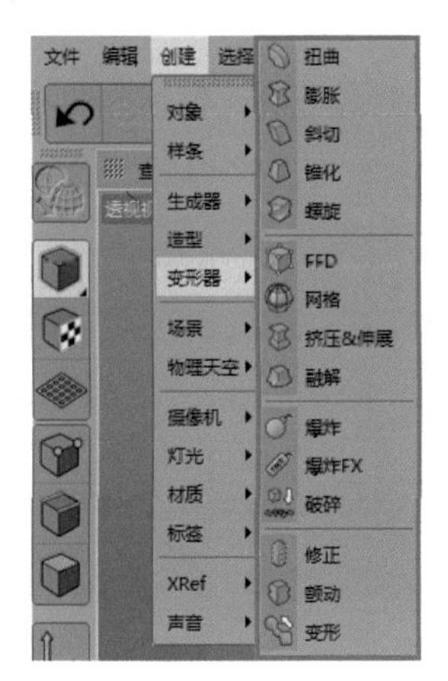

图 3-156

下面对较常用的一些工具做一个初步讲解。

1. 扭曲

“扭曲”工具用于对场景中的对象进行扭曲变形的操作。在工具栏中单击“扭曲”按钮，即可在“对象”窗口中创建一个扭曲特征，然后将扭曲特征移至要扭曲的对象下方，成为其子特征，即可得到扭曲效果，如图 3-157 所示。在“对象属性”面板中可以看到扭曲对象的一些基本参数。

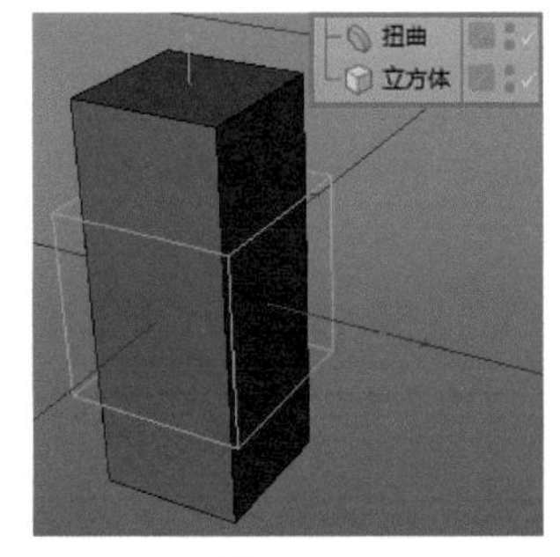

图 3-157

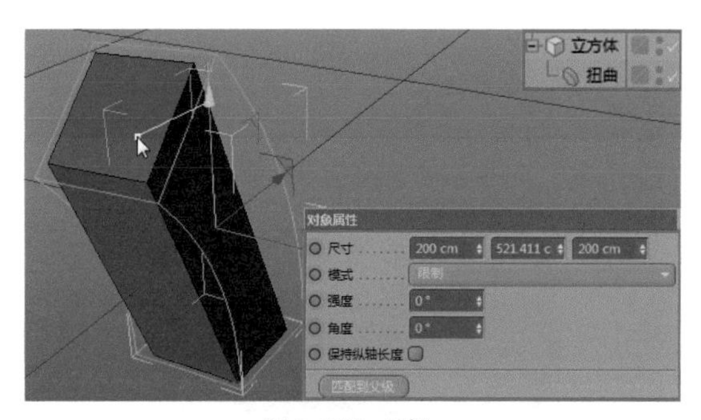

图 3-157 （续）

> **提示**
> 被扭曲的模型对象要有足够的细分段数，否则执行“扭曲”命令的效果就不会很理想。

“对象属性”面板中主要参数的具体含义介绍如下。

✦ 尺寸：该参数包含 3 个文本框，从左到右依次代表 X、Y、Z 轴上扭曲的尺寸，如图 3-158 所示。

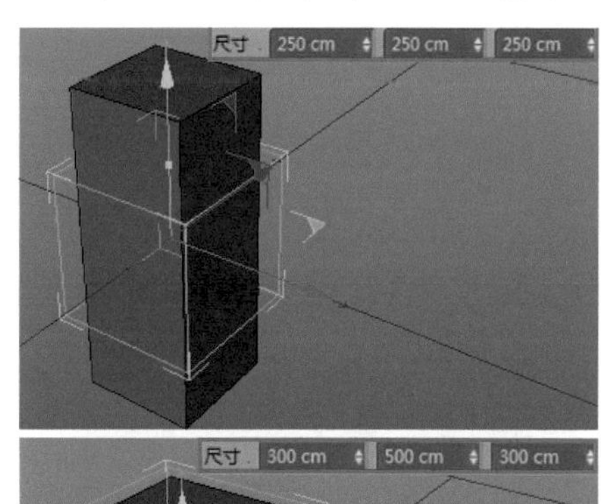

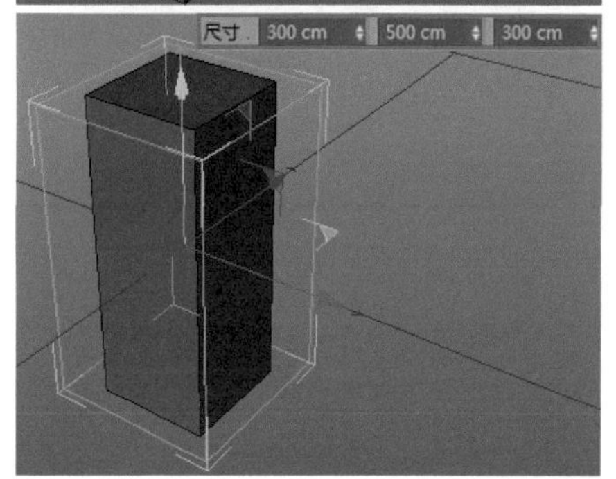

图 3-158

✦ 模式：设置模型对象的扭曲模式，分别有“限制”“框内”和“无限”3 种选项。“限制”是指模型对象在扭曲框的范围内产生扭曲的效果；“框内”是指模型对象在扭曲框内才能产生扭曲的效果；“无限”是指模型对象不受扭曲框的限制，如图 3-159 所示。

✦ 强度：控制扭曲的强度。

✦ 角度：控制扭曲的角度变化。

✦ 保持纵轴长度：选中该选项后，将始终保持模型对象原有的纵轴长度不变，如图 3-160 所示。

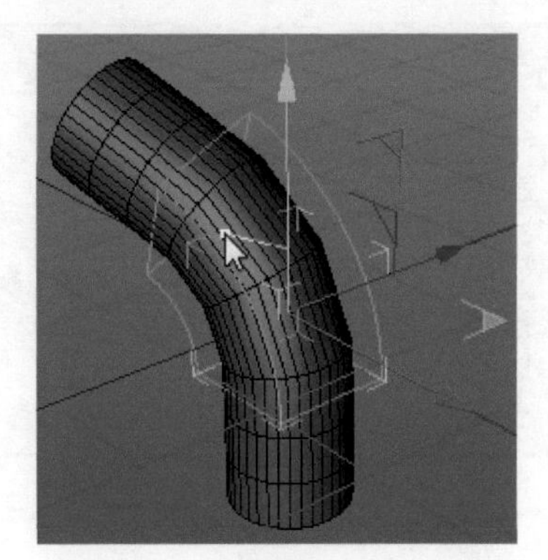

限制

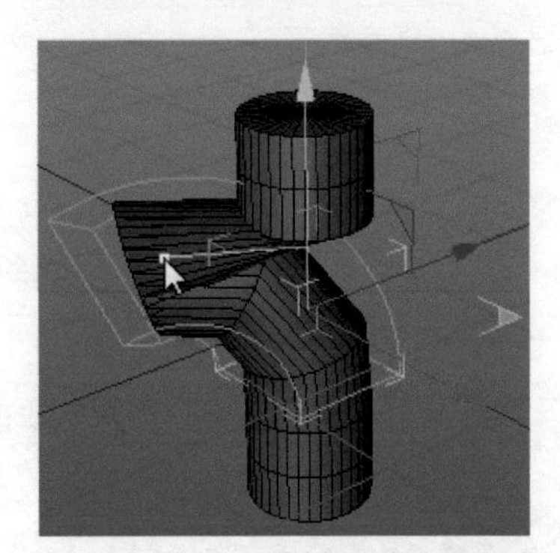

框内

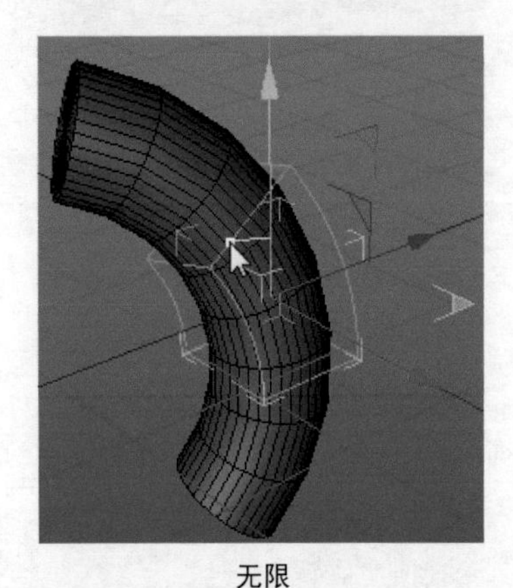

无限

图 3-159

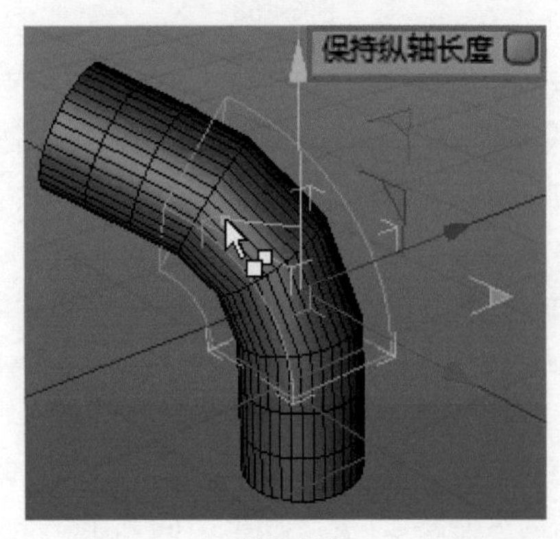

图 3-160

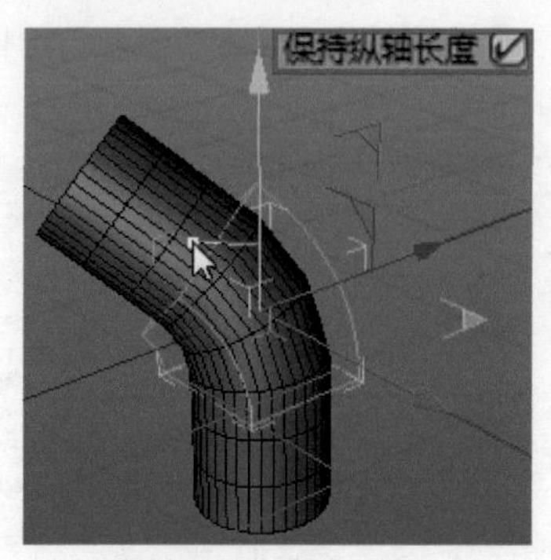

图 3-160（续）

✦ 匹配到父级：当变形器作为物体的子层级时，选中“匹配到父级”复选框，可自动与父级的大小和位置进行匹配，如图 3-161 所示，可见匹配后表示“扭曲”特征大小的蓝色边框已经与立方体的轮廓重合了。

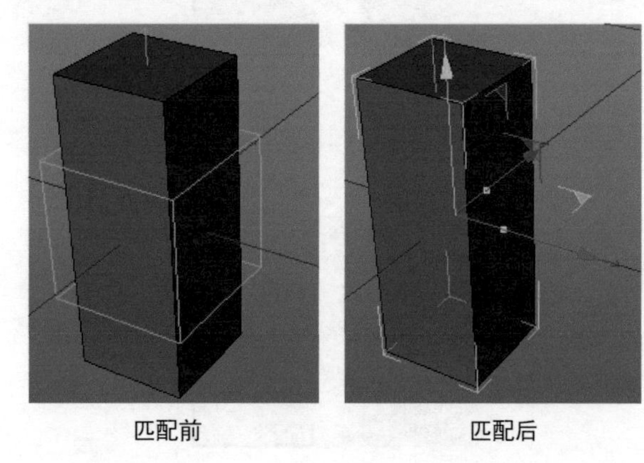

匹配前　　匹配后

图 3-161

2. 锥化

“锥化”工具能够流畅地缩放模型的某个面，使其扩大或者缩小，如果对象是球体，“锥化”能够创建逼真的水滴效果。在工具栏中单击“锥化”按钮，即可在“对象”窗口中创建一个锥化特征，然后将锥化特征移至要锥化的对象下方，成为其子特征，即可得到锥化效果，如图 3-162 所示。在“对象属性”面板中可以看到锥化对象的一些基本参数。

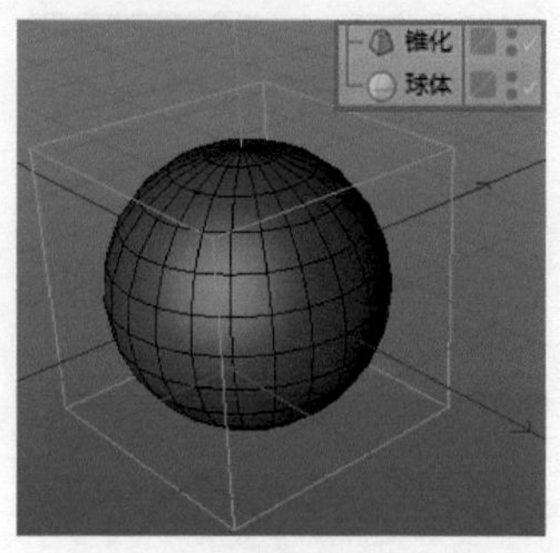

图 3-162

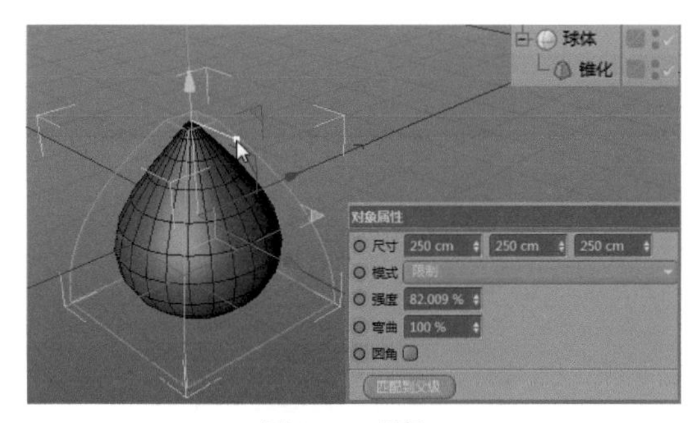

图 3-162（续）

“对象属性”面板中主要参数的具体含义介绍如下。

✦ 尺寸：该参数包含 3 个文本框，从左到右依次代表 X、Y、Z 轴上扭曲的尺寸。

✦ 模式：设置模型对象的扭曲模式，分别有“限制”“框内”和“无限”3 种选项。“限制”是指模型对象在扭曲框的范围内产生扭曲的效果；“框内”是指模型对象在扭曲框内才能产生扭曲的效果；“无限”是指模型对象不受扭曲框的限制。

✦ 强度：控制扭曲的强度。

✦ 弯曲：控制扭曲的角度变化。

✦ 圆角：选中该复选框后，变化效果变为流线型，如图 3-163 所示。

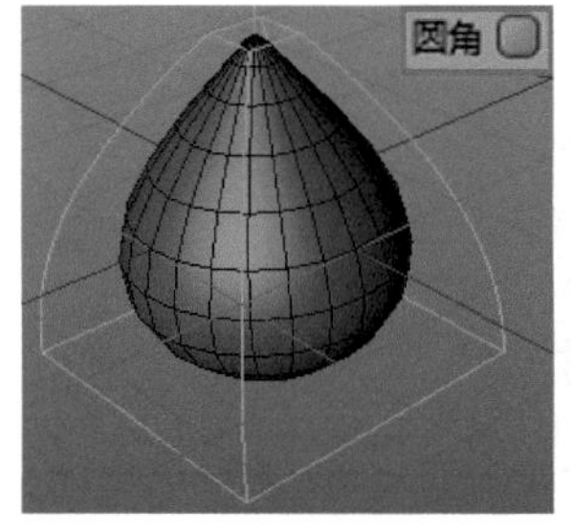

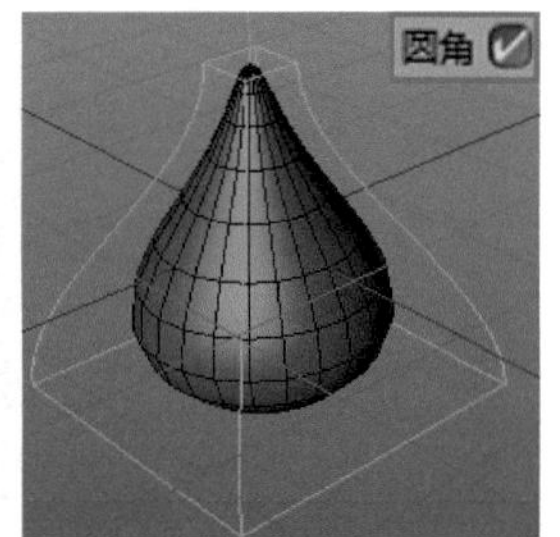

图 3-163

3. 爆炸

“爆炸”工具可以使场景中的对象产生爆炸效果。在工具栏中单击“爆炸”按钮，即可在“对象”窗口中创建一个爆炸特征，然后将爆炸特征移至要爆炸的对象下方，成为其子特征，即可得到爆炸效果，如图 3-164 所示。在“对象属性”面板中可以看到爆炸对象的一些基本参数。

“对象属性”面板中主要参数的具体含义介绍如下。

✦ 强度：设置爆炸的程度，值为 0 时不爆炸，值为 100 时爆炸完成。

✦ 速度：设置碎片到爆炸中心的距离，值越大碎片到爆炸中心的距离越远，反之越近。

✦ 角速度：设置碎片的旋转角度。

✦ 终点尺寸：设置碎片爆炸完成后的大小。

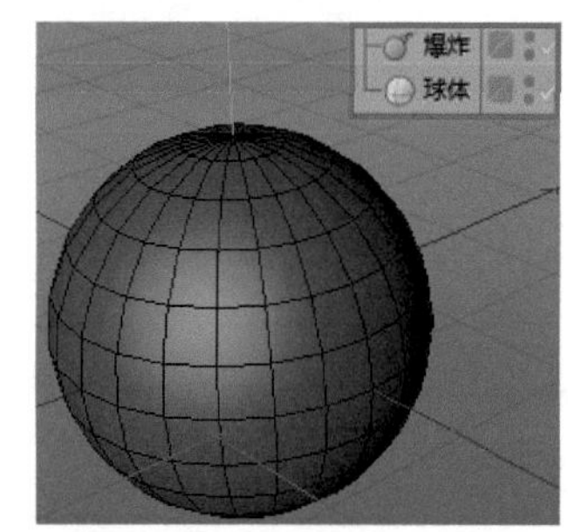

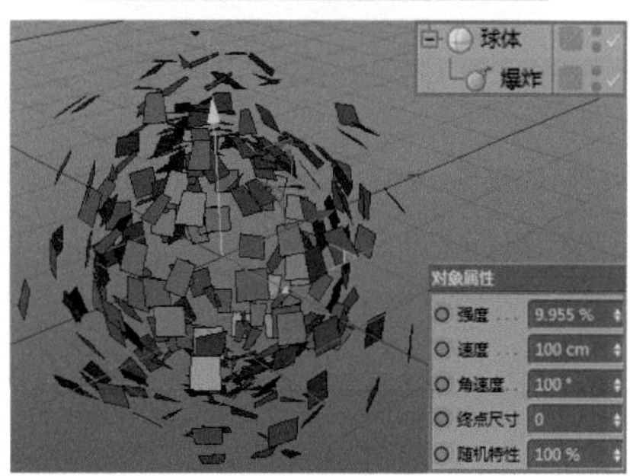

图 3-164

4. 破碎

“破碎”工具可以使场景中的对象产生破碎的效果。因破碎自带重力效果，所以几何对象破碎后会自然下落，且默认水平面为地平面。

在工具栏中单击“破碎”按钮，即可在“对象”窗口中创建一个破碎特征，然后将破碎特征移至要破碎的对象下方，成为其子特征，即可得到破碎效果，如图 3-165 所示。在“对象属性”面板中可以看到破碎对象的一些基本参数。

“对象属性”面板中主要参数的具体含义介绍如下。

✦ 强度：设置破碎程度，值为 0 时不破碎，值为 100 时破碎完成。

✦ 角速度：设置碎片的旋转角度。

✦ 终点尺寸：设置碎片破碎完成后的大小。

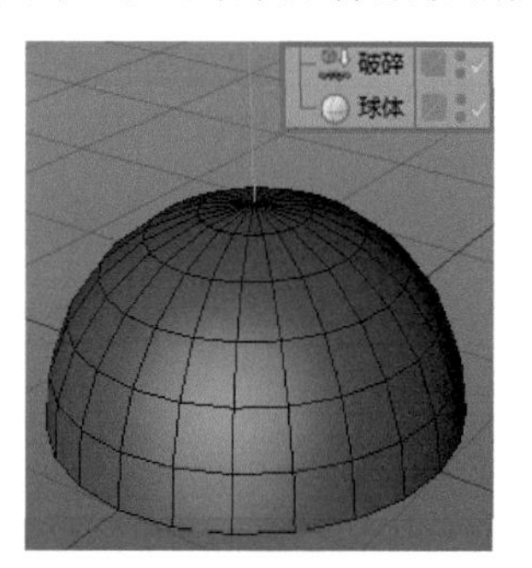

图 3-165

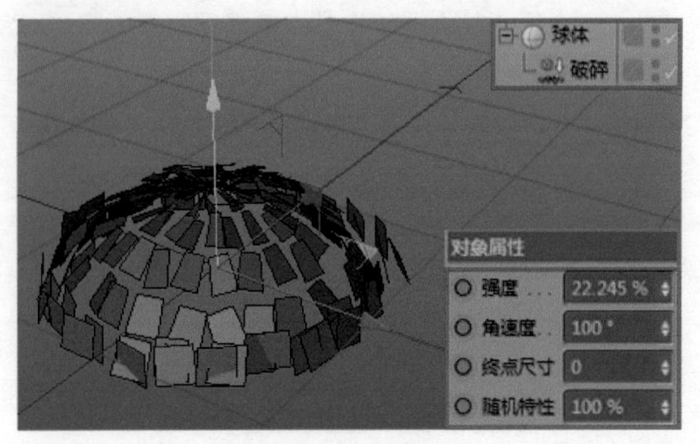

图 3-165（续）

5. 颤动

“颤动”是用于对场景中的对象进行颤动变形操作的工具，在制作动画时为模型添加颤动效果，将更加生动、逼真。在工具栏中单击“颤动”按钮，即可在“对象”窗口中创建一个颤动特征，然后将颤动特征移至要颤动的对象下方，成为其子特征，即可得到颤动效果，如图 3-166 所示。在“对象属性”面板中可以看到颤动对象的一些基本参数。

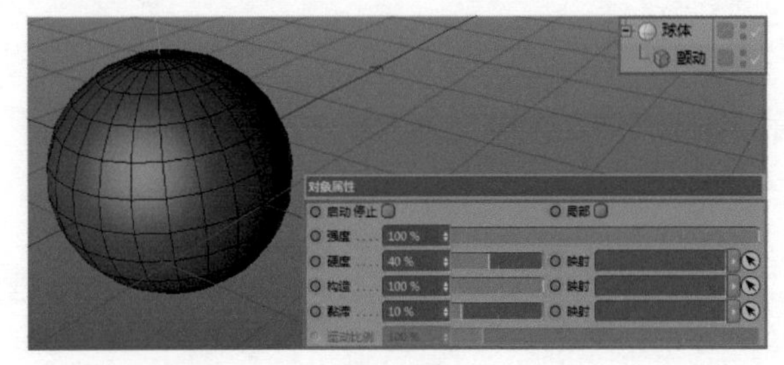

图 3-166

> **提示**
>
> 一定要为模型对象制作关键帧动画，这样才能看到颤动的效果。

“对象属性”面板中主要参数的具体含义介绍如下。

✦ 强度：控制颤动的强度大小。

✦ 硬度 / 构造 / 黏滞：这 3 个参数都用来调整颤动时的细节变化，需要配合关键帧动画进行调节。

6. 包裹

“包裹”工具可以用来制作缠绕型的特征，也可以通过合适的参数设置创建生长型的动画效果。在工具栏中单击“包裹”按钮，即可在“对象”窗口中创建一个包裹特征，然后将包裹特征移至要包裹化的对象下方，成为其子特征，即可得到包裹效果，如图 3-167 所示。在“对象属性”面板中可以看到包裹对象的一些基本参数。

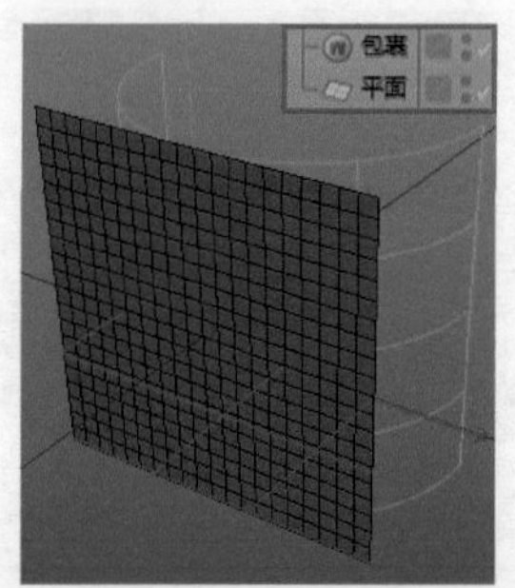

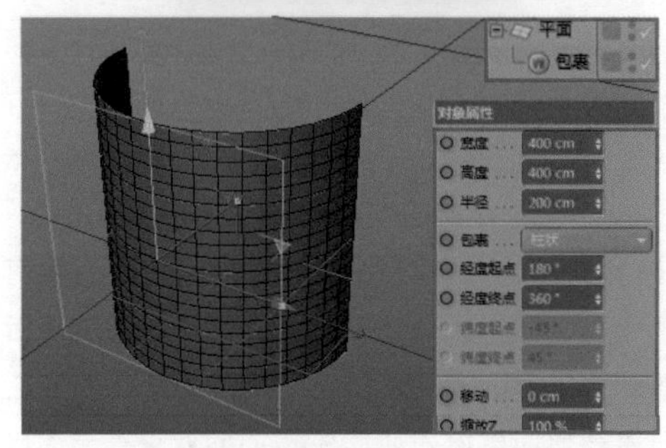

图 3-167

“对象属性”面板中主要参数的具体含义介绍如下。

✦ 宽度：设置包裹物体的宽度范围，值越大，包裹的范围越大，如图 3-168 所示。

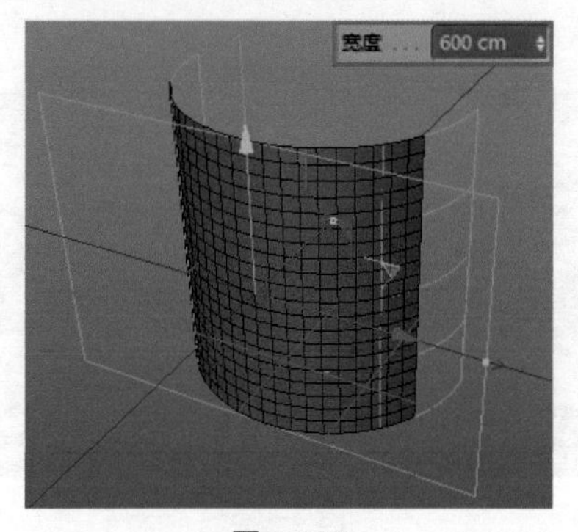

图 3-168

✦ 高度：设置包裹物体的高度范围，值越大，包裹的范围越大，如图 3-169 所示。

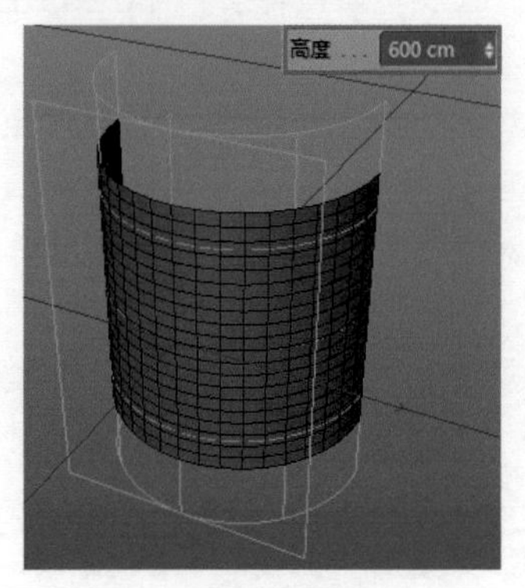

图 3-169

✦ 半径：设置包裹物体的半径。

✦ 包裹：包含两种类型，分别是“球状”和“柱状”，如图 3-170 所示。

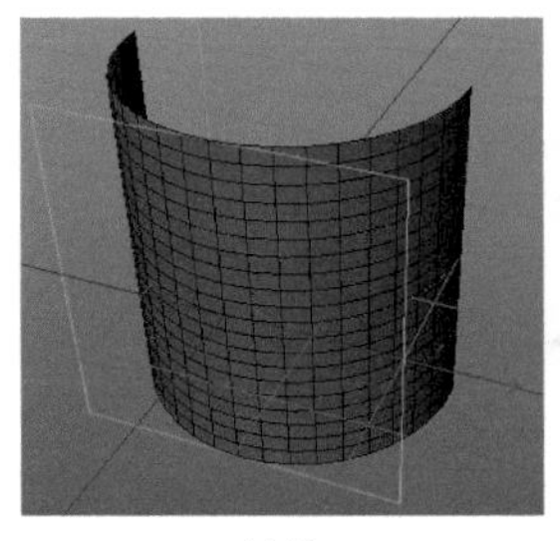
柱状

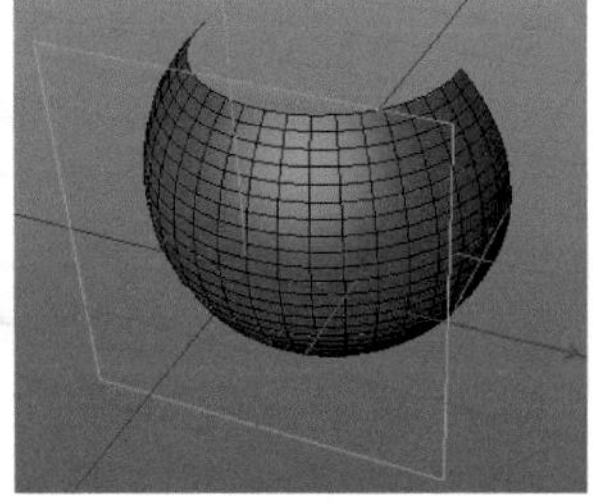
球状

图 3-170

✦ 经度起点 / 经度终点：设置包裹物体的起点和终点位置。

✦ 移动：设置包裹物体在 Y 轴上的拉伸程度，如图 3-171 所示。

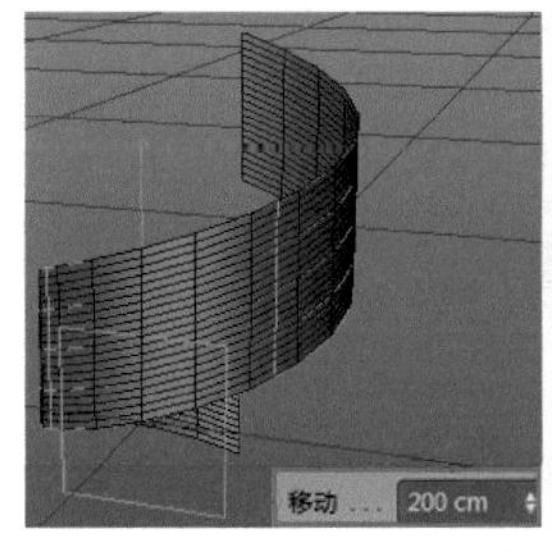

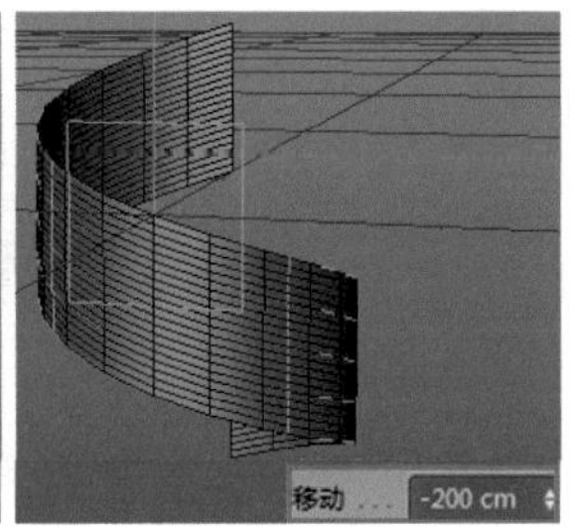

图 3-171

✦ 缩放 Z：设置包裹物体在 Z 轴上的缩放程度。

✦ 张力：设置包裹变形器对物体施加的力度。

✦ 匹配到父级：当变形器作为物体子层级的时候，选中“匹配到父级”复选框，可自动与父级的大小和位置进行匹配。

3.5　实战——创建电商海报

如今 Cinema 4D 在平面设计中得到了越来越多的应用，在电商海报中尤为多见。本节将介绍如何将前文所介绍的建模功能与平面设计相结合，并创建类似的电商海报。

素材文件路径：　素材 \ 第 3 章 \3.5
效果文件路径：　效果 \ 第 3 章 \3.5. 电商海报 .JPG
视频文件路径：　视频 \ 第 3 章 \3.5. 创建电商海报 .MP4

1. 创建主体框

01 启动 Cinema 4D，新建一个空白文件。单击工具栏中的“立方体”按钮，创建一个 1090cm×355cm×105cm 的长方体模型，然后选中“属性”窗口中的“圆角”复选框，调整“圆角半径”为 12cm，并设置位置参数，如图 3-172 所示。

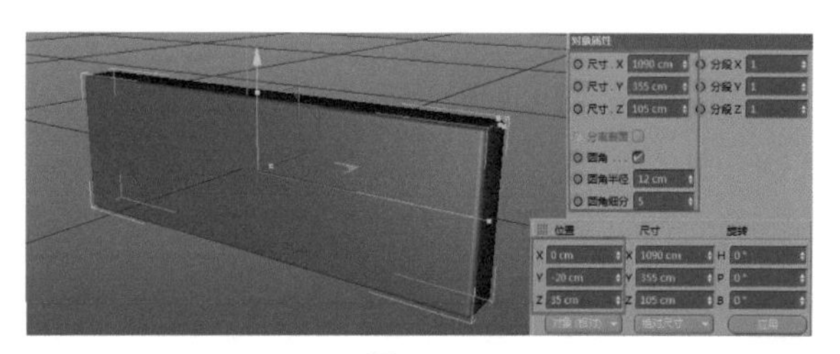

图 3-172

提示

如果对尺寸不做过多要求，则可以直接沿着 3 个坐标轴方向对立方体进行拖动，这样可以快速调整立方体的大小和位置，比输入数值的方法更快捷。

02 再次执行“立方体”命令，创建一个 1020cm×90cm×20cm 的小长方体，设置“圆角半径”为 5，并设置位置参数，如图 3-173 所示。

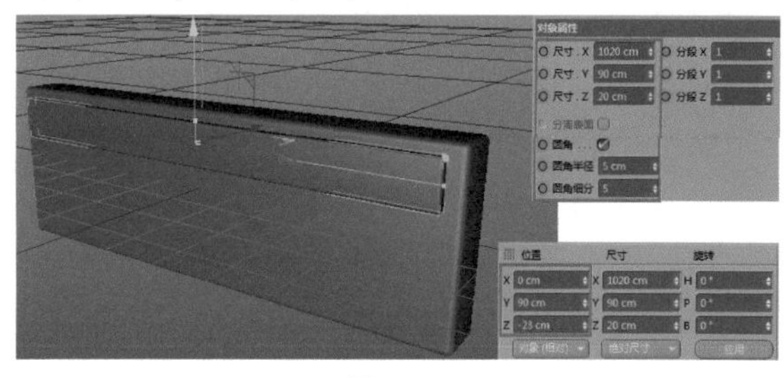

图 3-173

03 选中上述步骤中创建的小长方体，按住 Ctrl 键向下拖动，即可创建一个小长方体的复制体。使用相同的方法创建第 2 个复制体，得到 3 个小长方体，如图 3-174 所示。

04 在坐标窗口中依次设置两个小长方体复制体的坐标如图 3-175 所示，即让长方体依次向下移动 115cm。

提示

可以直接在第 03 步中按住 Ctrl 键来调整小长方体的位置，在视觉设计领域中不必过分拘泥于尺寸。

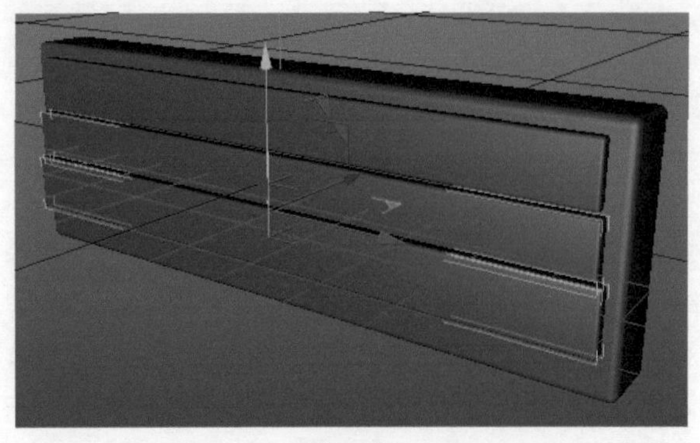

图 3-174

图 3-175

05 单击工具栏中的“圆柱”按钮，创建一个半径为9cm，高度为45cm的圆柱体，方向为+Y，接着选中“属性”窗口中“封顶”选项卡中的“圆角”复选框，设置“半径”为3cm，最后设置位置参数，如图3-176所示。

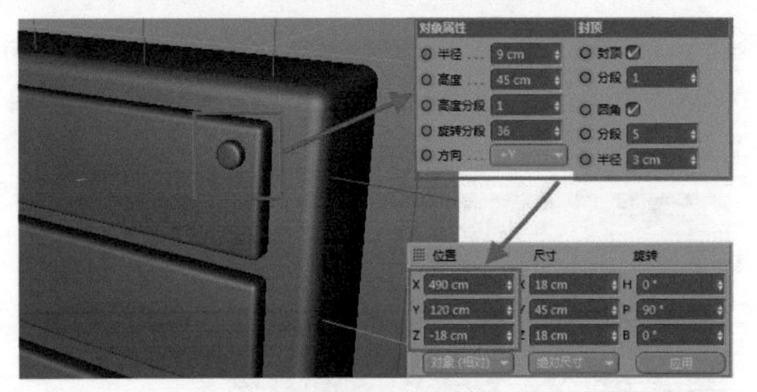

图 3-176

06 选择上述步骤中创建的圆柱体，然后按住Ctrl键拖曳复制，调整两个圆柱之间的距离为60cm，如图3-177所示。

图 3-177

07 使用相同的方法，复制其他位置的圆柱体，最终得到12个圆柱体模型，其排列方位如图3-178所示。

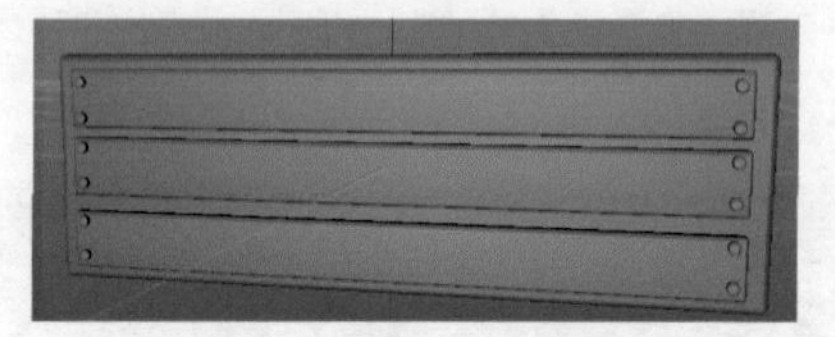

图 3-178

提示

圆柱的横向距离参考值为980cm。

08 单击工具栏中的“画笔”按钮，在弹出的面板中选择“矩形”命令，在XZ平面绘制一个尺寸为920cm×160cm的矩形，并选中“圆角”复选框，设置“半径”为20cm，最后设置位置参数，如图3-179所示。

图 3-179

09 单击“画笔”工具栏中的“圆环”按钮，在XY平面创建一个“半径”为10cm的圆形，如图3-180所示。

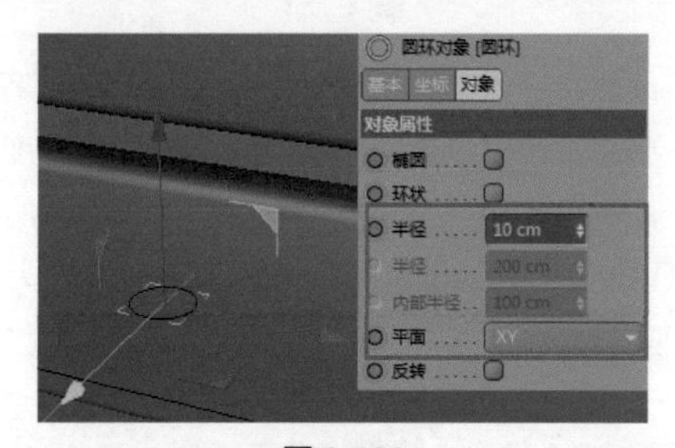

图 3-180

10 单击“细分曲面”工具栏中的“扫描”按钮，在“对象”窗口中创建一个扫描特征，如图3-181所示。

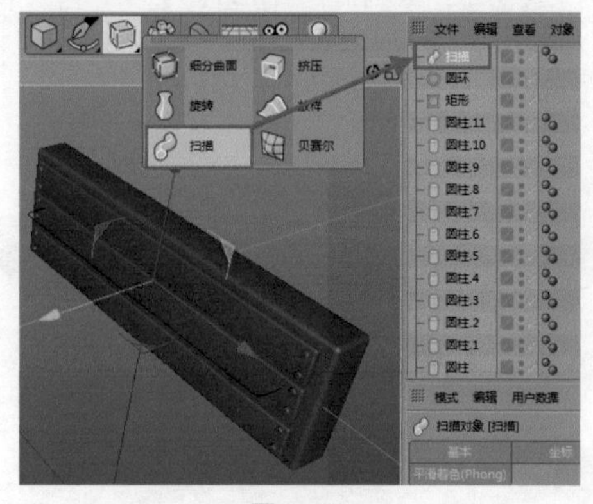

图 3-181

11 按住 Shift 键，在“对象”窗口中选中“圆环”和“矩形”这两个命令特征，将其移至扫描特征的下方，待鼠标指针变为符号时释放，圆环和矩形特征即可成为扫描的子对象，如图 3-182 所示。同时在模型空间创建一个扫描特征，如图 3-183 所示。

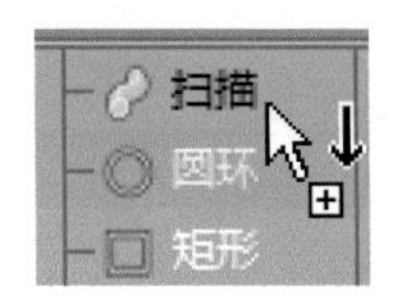

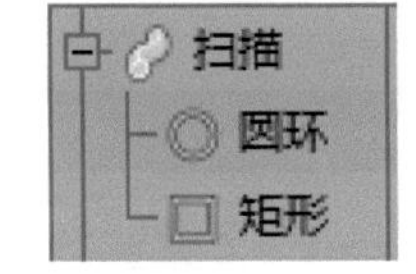

图 3-182

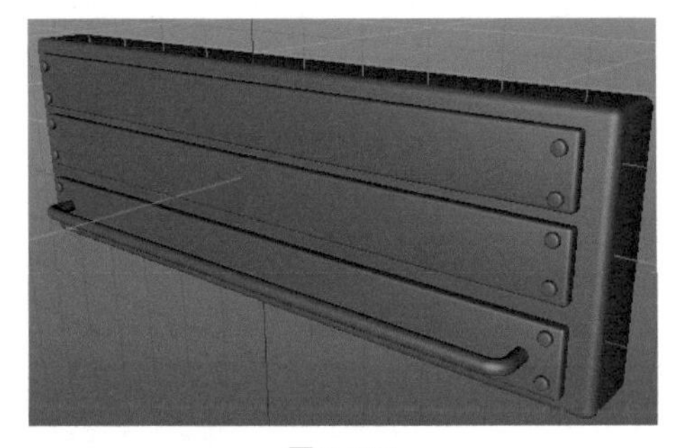

图 3-183

提示

圆环特征必须创建在 *XY* 平面上，否则会得到片状的错误特征，如图 3-184 所示。

图 3-184

2. 创建 LOGO 放置框与修饰部分

01 单击工具栏中的“圆柱”按钮，创建一大一小两个同心圆柱体，圆角均为 10cm，尺寸与位置关系如图 3-185 所示。

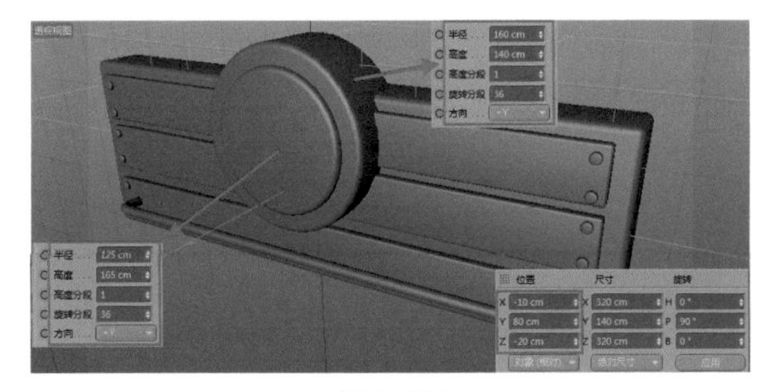

图 3-185

02 单击工具栏中的“立方体”按钮，创建电商品牌 LOGO 的放置框，尺寸为 360cm×200cm×100cm，设置“圆角半径”为 10cm，设置坐标位置与上一步所创建的两个圆柱体一致，效果如图 3-186 所示。

图 3-186

03 单击工具栏中的“圆环”按钮，在电商品牌 LOGO 的放置框左侧放置一个“圆环半径”为 108cm、“导管半径”为 4.5cm、“方向”为 +Y 的圆环，最后设置位置参数，如图 3-187 所示。

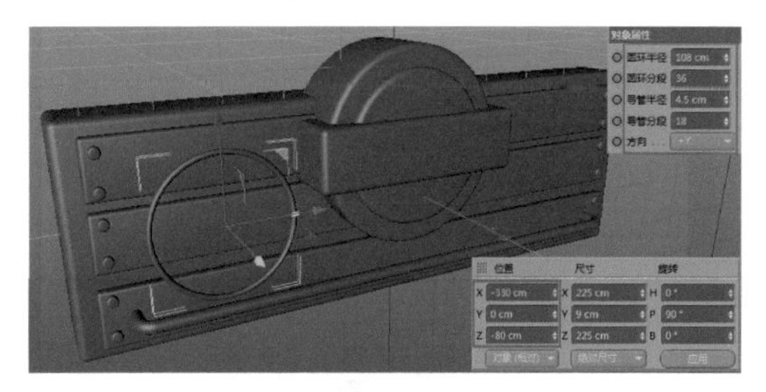

图 3-187

04 单击工具栏中的“圆柱”按钮，在圆环的圆心坐标处创建一个“半径”为 10cm、“高度”为 25cm、“倒圆半径”为 2cm、“方向”为 +Y 的圆柱体，如图 3-188 所示。

05 重复执行“圆柱”命令，创建一个“半径”为 3cm、“高度”为 100cm、“方向”为 +Z 的圆柱体，位置任意，如图 3-189 所示。

图 3-188

图 3-189

06 单击工具栏中的“阵列”按钮，设置阵列参数的“半径”为 54cm、“副本数”为 10，坐标位置与圆环一致，其余保持默认，此时在“对象”窗口中创建一个扫描特征，如图 3-190 所示。

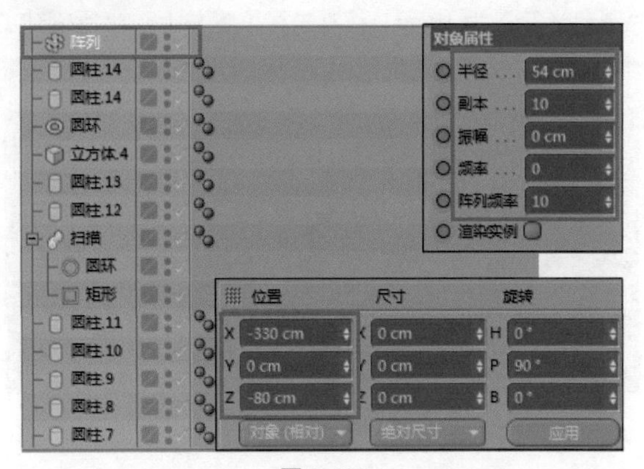

图 3-190

07 在“对象”窗口中选中“圆柱”命令，将其移至阵列特征的下方，待鼠标指针变为符号时释放，圆柱特征即可成为阵列的子对象，按照上一步所创建的阵列参数进行布置，效果如图 3-191 所示。

图 3-191

08 单击工具栏中的“管道”按钮，使用“圆柱”命令在 LOGO 放置框的右侧创建如图 3-192 所示的管道体。

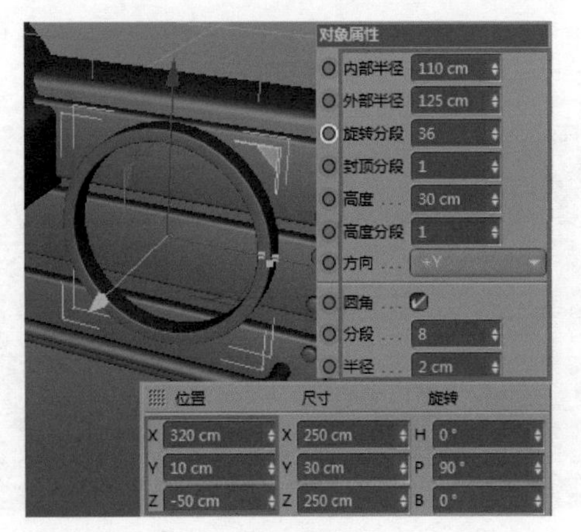

图 3-192

09 重复执行“管道”命令，或者按住 Ctrl 键移动上一步所创建的管道，得到第 2 个管道体，并修改其尺寸，如图 3-193 所示。

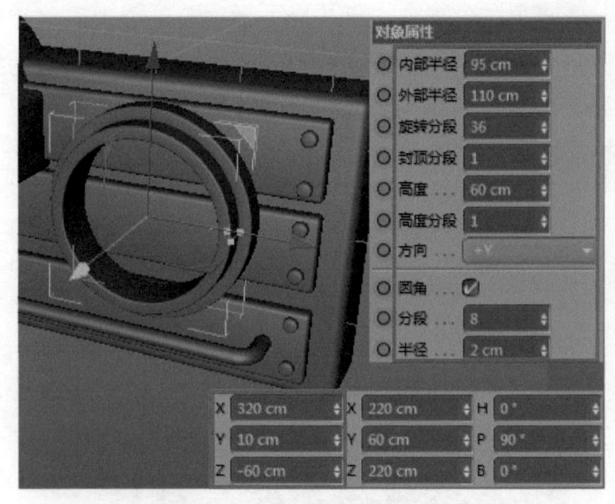

图 3-193

10 单击工具栏中的“圆柱”按钮，创建一个“半径”为 50cm、“高度”为 60cm、圆角“半径”为 10cm、“方向”为 +Y 的圆柱，如图 3-194 所示。

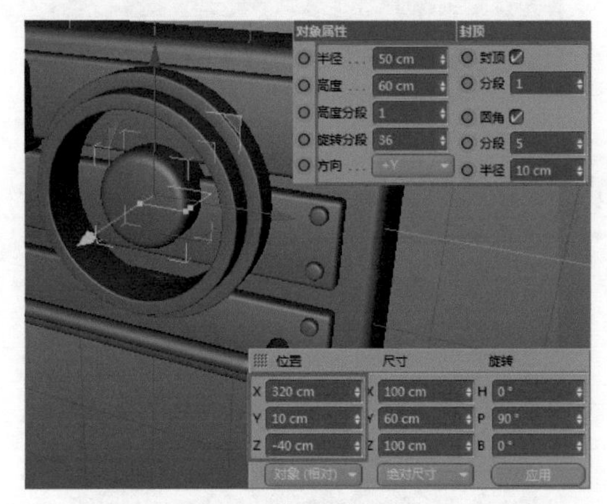

图 3-194

11 重复执行“圆柱”命令，或者按住 Ctrl 键移动上一步所创建的圆柱体，得到第 2 个圆柱体，并修改其尺寸，如图 3-195 所示。

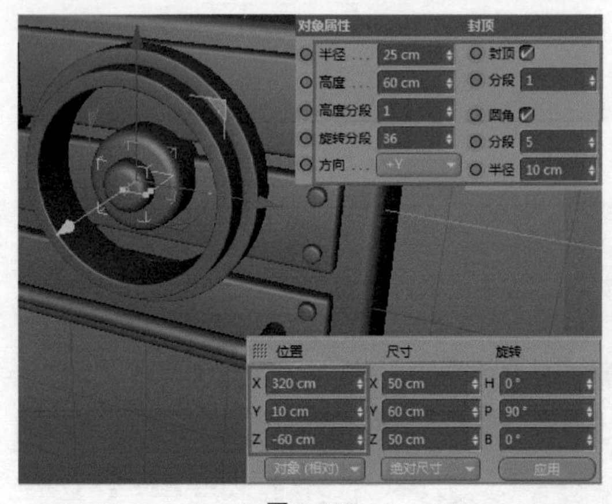

图 3-195

12 单击工具栏中的“平面”按钮，创建一个“宽度”为 30cm、“长度”为 70cm、“方向”为+Z 的平面，位置可以任意摆放，如图 3-196 所示。

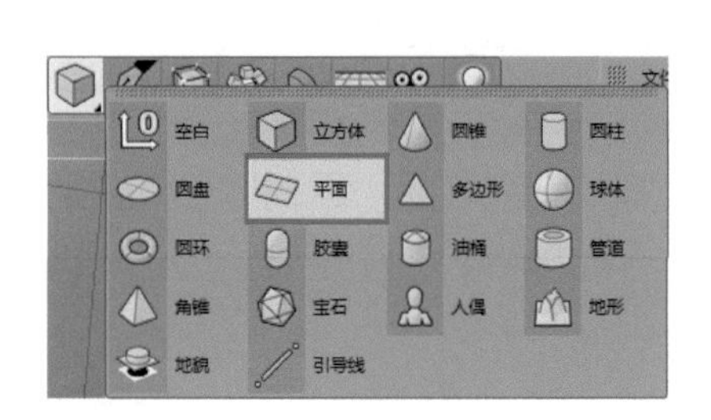

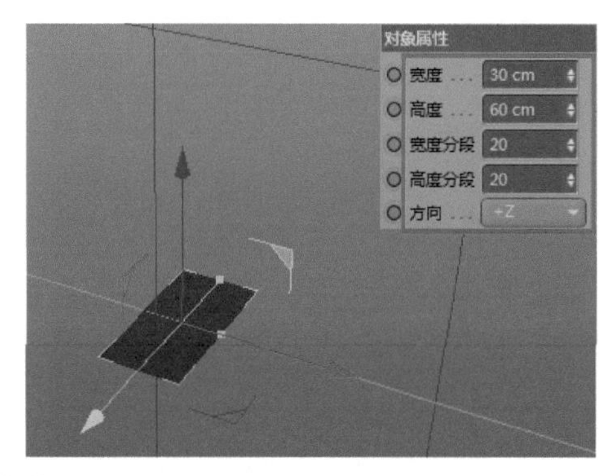

图 3-196

13 选择“运动图形”|“克隆”命令，此时在“对象”窗口中可以得到一个克隆特征，然后在下方的对象属性中设置克隆的“模式”为“放射”、“数量”为 10、“半径”为 75cm，克隆“平面”为 XY，最后设置位置参数，如图 3-197 所示。

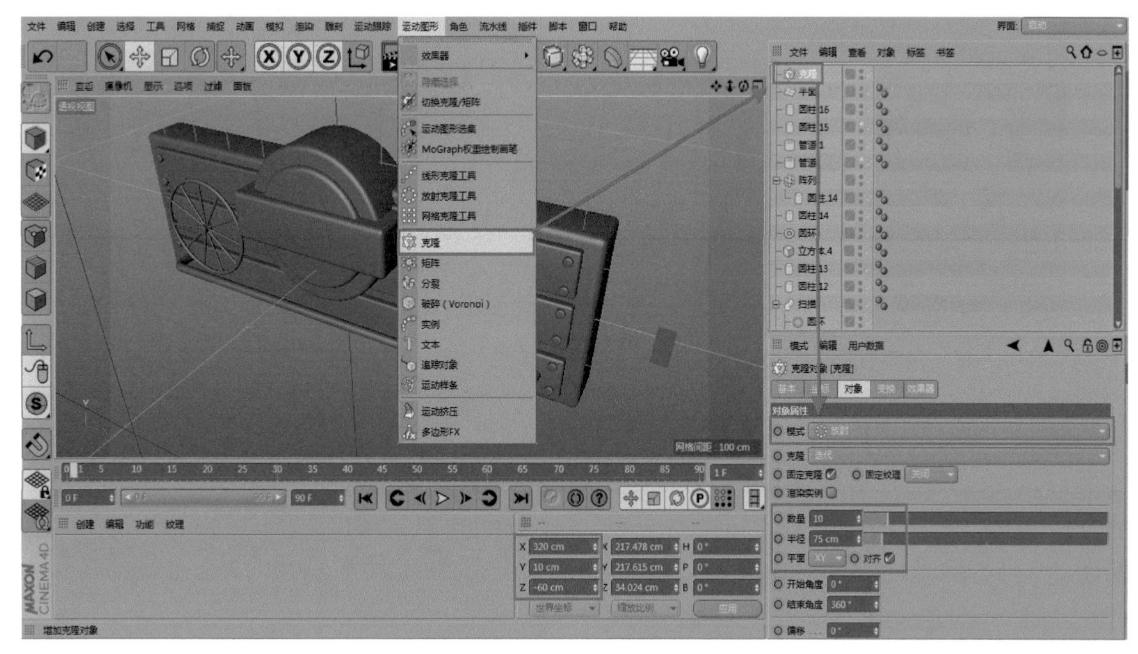

图 3-197

14 在“对象”窗口中选中平面特征，将其移至克隆特征的下方，待鼠标指针变为符号时释放，平面特征即可成为克隆的子对象，如图 3-198 所示，此时即可在管道内创建一个涡轮扇叶模型，如图 3-199 所示。

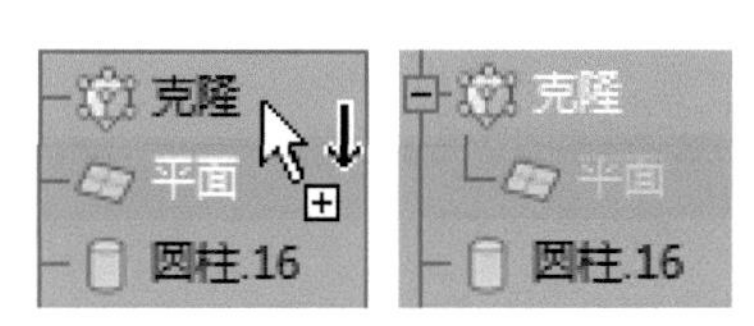

图 3-198

图 3-199

> **提示**
>
> 使用“阵列”命令同样可以得到相同的效果，但是此处使用的“克隆”命令的功能更强大，能调整阵列对象的位置。

15 选择“克隆”特征，在“属性”窗口中切换至“变换”选项卡，调整其中的旋转参数，最后得到如图 3-200 所示的扇叶效果。

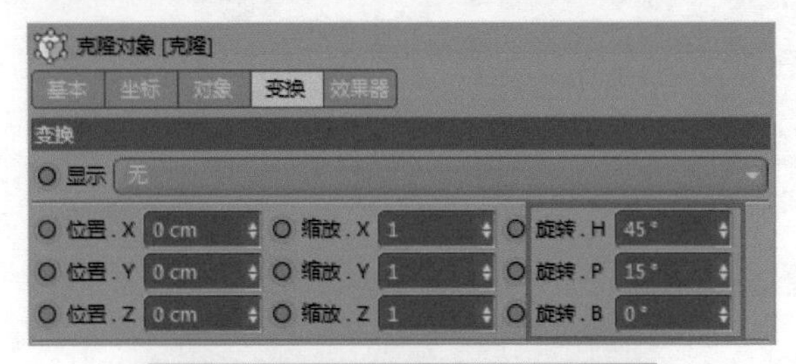

图 3-200

4. 创建广告牌

01 使用相同的方法，在模型的左上方创建一个“半径”为 10cm、“高度”为 50cm 的圆柱体，并进行“克隆”，设置“模式”为“网格排列”，效果如图 3-201 所示。

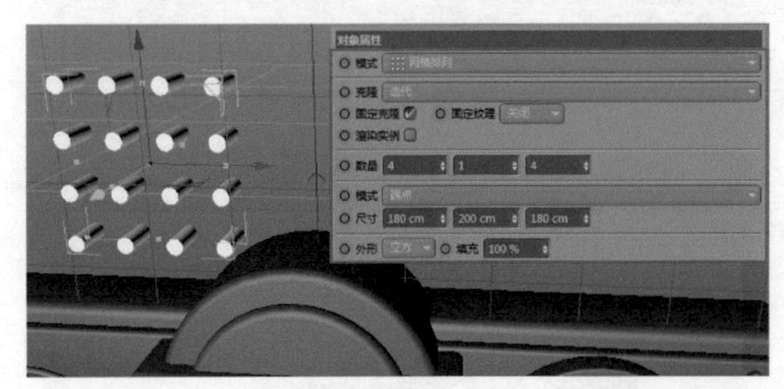

图 3-201

02 单击工具栏中的“立方体”按钮，创建一个 250cm×40cm×250cm 的长方体模型，调整位置参数如图 3-202 所示，同时移动上一步中所创建的圆柱体至相同位置。

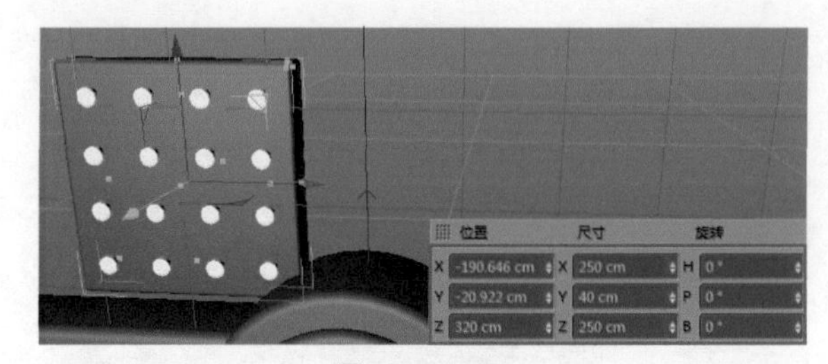

图 3-202

03 在工具栏中单击“布尔”按钮，选择“布尔类型”为“A 减 B”，将立方体和克隆的圆柱体移至“布尔”特征的下方，得到如图 3-203 所示的模型效果。

图 3-203

04 再次执行“立方体”命令，创建一个 500cm×20cm ×210cm 的小长方体，设置圆角“半径”为 5，并设置位置参数，如图 3-204 所示。

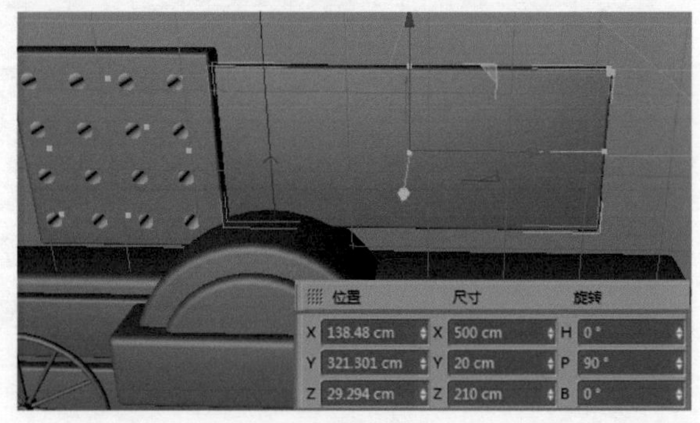

图 3-204

05 创建 5 个圆柱体，做出类似粘贴在立方体上的效果。单击工具栏中的“圆柱”按钮，创建一个“半径”为 8cm，“高度”为 500cm 的圆柱体，“方向”为 +X。选中属性窗口中“封顶”选项卡下的“圆角”复选框，设置圆角“半径”为 2cm，最后设置位置参数，如图 3-205 所示。

06 使用相同的方法创建剩下的 4 个圆柱体，使每个圆柱体相隔距离为 35cm，效果如图 3-206 所示。

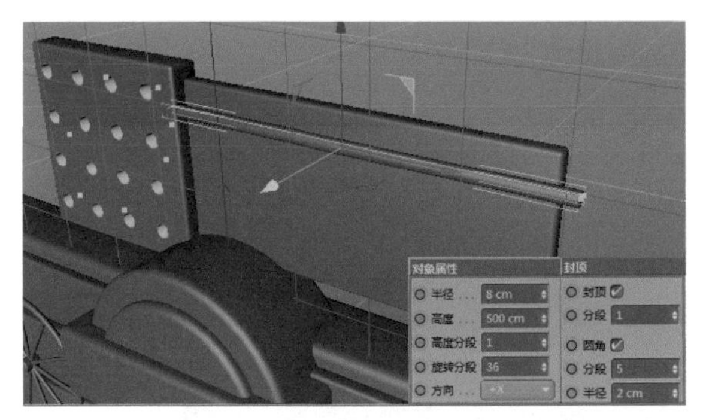

图 3-205

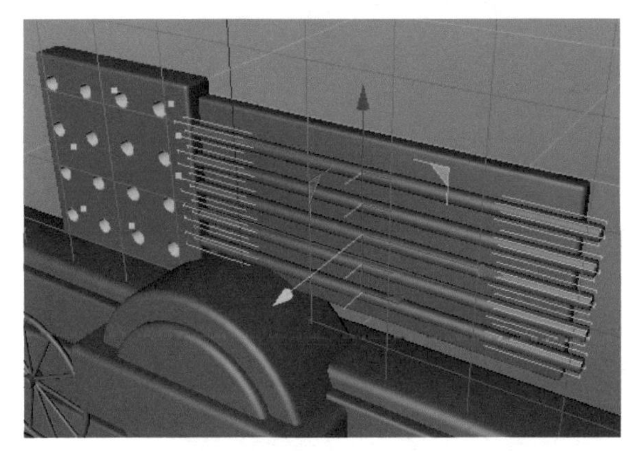

图 3-206

07 参考前面的步骤在最上方创建扫描特征，效果如图 3-207 所示。

图 3-207

08 模型添加文字。在工具栏中单击“文本”按钮，输入内容为 LOGO，选择字体为本书素材中附赠的 HOPE 铅笔字体，设置“高度”为 125cm，移动文本内容至创建好的 LOGO 放置框处，效果如图 3-208 所示。

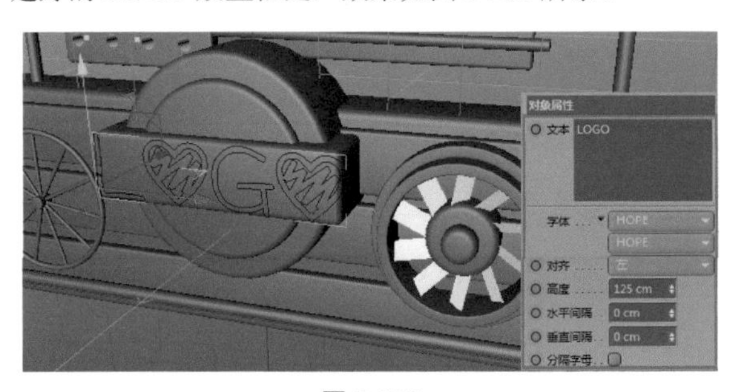

图 3-208

09 单击工具栏中的“挤压”按钮，在“对象”特征中新增“挤压”特征，然后选中上一步创建的文本特征，将其移至“挤压”特征的下方，使文字成为挤压的子特征，即可创建三维的文字效果，如图 3-209 所示。

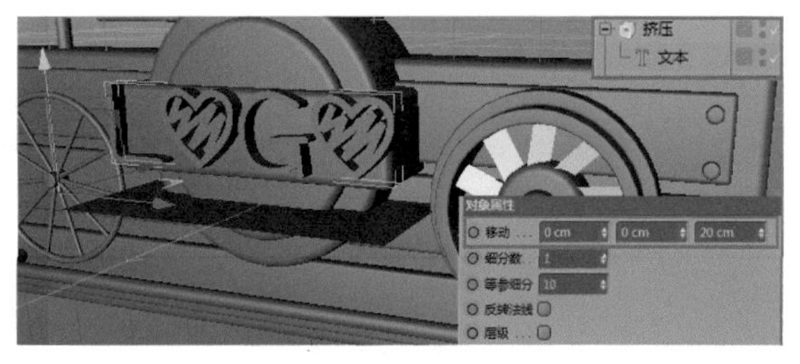

图 3-209

10 使用相同方法，在最上方的广告牌处创建 12.12 文字内容，“高度”为 200cm，字体仍为 HOPE 铅笔字体，然后添加“挤压”特征，效果如图 3-210 所示。

图 3-210

11 此时所有建模部分已经完成，再配合后续章节将会学到的渲染内容，即可创建最终的电商海报效果图，如图 3-211 所示。

图 3-211

材质技术详解

在 Cinema 4D 中，材质是对象上实际外观的表示形式，如玻璃、金属、纺织品、木材等。添加材质是渲染过程中的重要部分，对模型外观的表现帮助非常大。

4.1 认识 3D 材质

在三维图像的设计应用中，材质是非常微妙而又充满魅力的部分，物体的颜色、纹理、透明度、光泽等特性都需要通过材质来表现，因此它在三维作品中发挥着举足轻重的作用。

在生活中也可以发现四周充满了各种各样的材质，如金属、石头、玻璃、塑料和木材等，如图 4-1 所示。

图 4-1

4.1.1 材质类型

Cinema 4D 中提供了多种材质，它们的调用可以用下面 3 种方法来完成。

✦ 在“材质”窗口中选择“创建”|“新材质”命令，如图 4-2 所示。

✦ 在“材质”窗口的空白区域双击，如图 4-3 所示。

图 4-2

图 4-3

✦ 在“材质”窗口中按快捷键 Ctrl + N 来创建新材质。

用上述每种方法都可创建新的材质球，这是 Cinema 4D 的标准材质，也是最常用的材质。

标准材质拥有多个功能强大的物理通道，可以进行外置贴图和内置程序纹理的多种混合和编辑，除了标准材质，Cinema 4D 还提供多种着色器，可直接选择所需材质，如图 4-4 和图 4-5 所示。

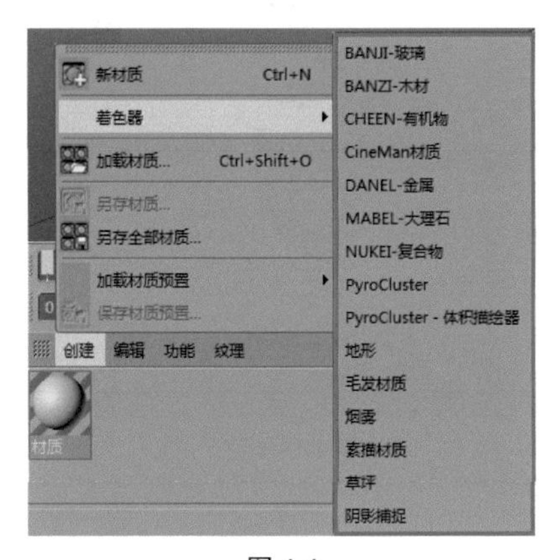

图 4-4

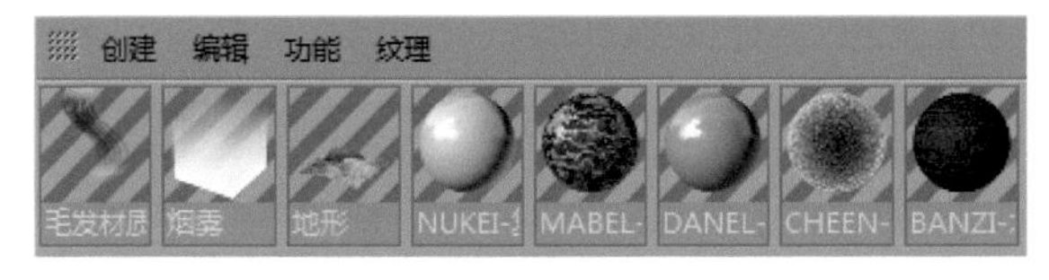

图 4-5

用户还可以通过“另存材质”命令，将所选材质保存为外部文件，或者通过“另存全部材质”命令将所有材质保存为外部文件，使用已保存的材质时，只需通过“加载材质”命令打开即可。

4.1.2　使用材质

在 Cinema 4D 中，材质的使用方法非常简单，只需在“材质”窗口中选择创建好的材质球，并将其拖至需要赋予材质的对象上即可，如图 4-6 所示。

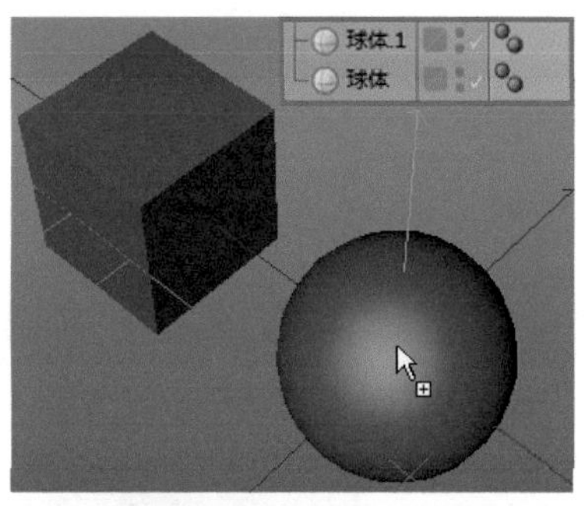

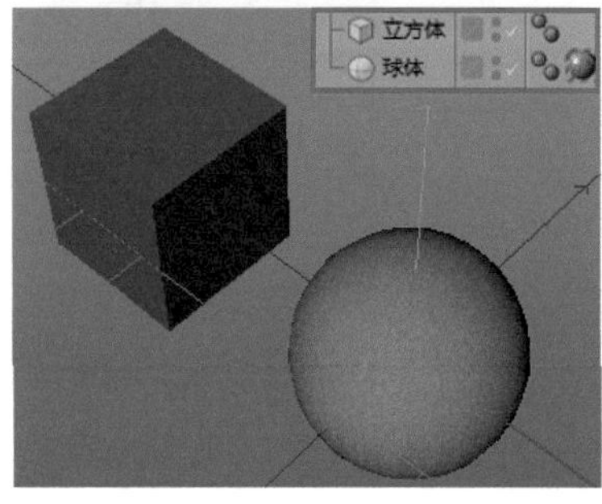

图 4-6

也可以效仿前面为模型添加子特征创建变形效果的方法，将材质球移至“对象”面板中的模型特征上，释放鼠标后模型特征后方便添加了一个材质球标签，表示已赋予材质，如图 4-7 所示。

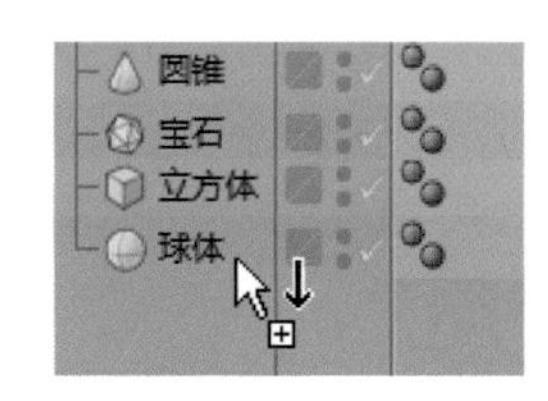

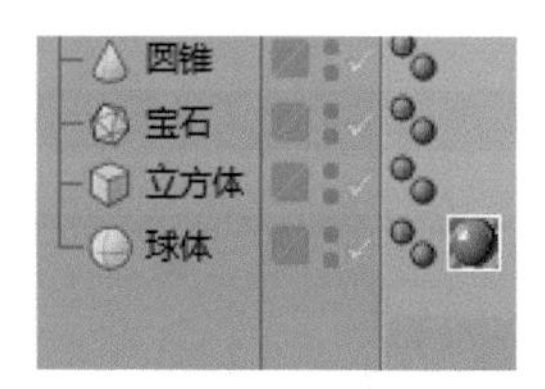

图 4-7

此外，如果要为多个模型特征添加材质，可以按住 Ctrl 键，然后在“对象”面板中移动材质标签，释放鼠标后所经过的模型特征均会被赋予材质，如图 4-8 所示。

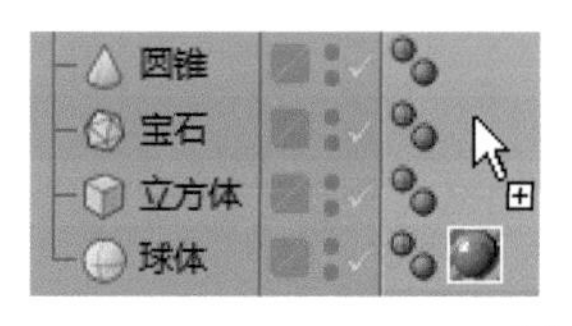

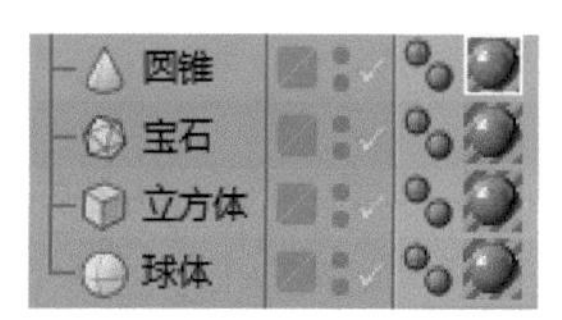

图 4-8

4.1.3　材质编辑器

双击新创建的材质球，即可打开“材质编辑器”。该编辑器分为两部分，左侧为材质预览区和材质通道，右侧为通道属性，如图 4-9 所示。在左侧选择通道后，右侧就会显示该通道的属性，可通过选中的方法激活所需的通道。

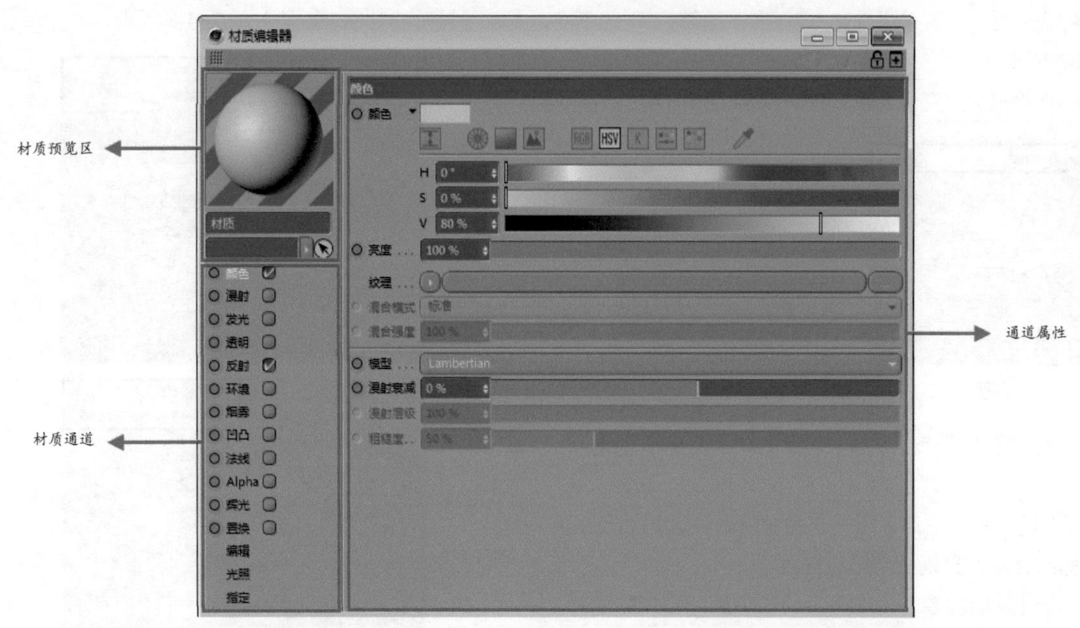

图 4-9

下面对常用的几种材质通道进行介绍。

1. 颜色

颜色

颜色即物体的固有色，可以选择任意颜色作为物体的固有色。单击颜色显示框下的控制标签，如图 4-10 所示，可以切换不同颜色的选择模式。

图 4-10

可根据自己的需要切换 RGB、HSV 等模式，如图 4-11 所示。

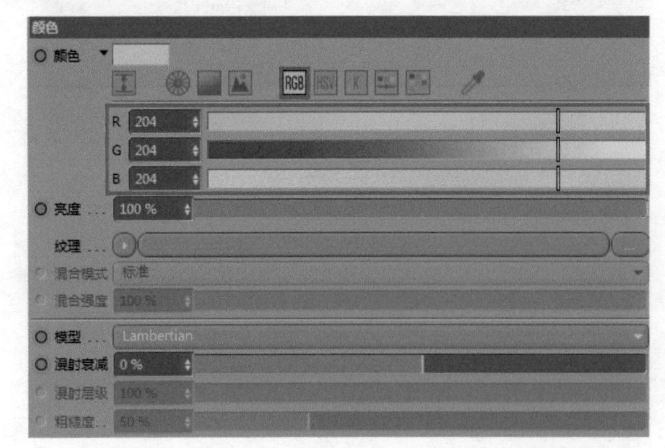

图 4-11

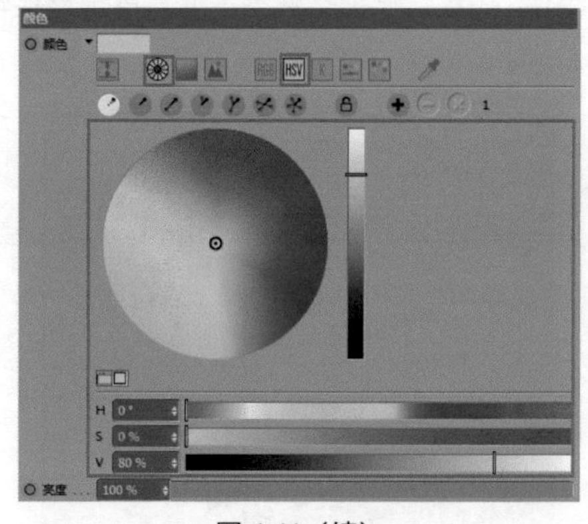

图 4-11（续）

亮度

“亮度”属性为固有色整体的明暗度，可直接输入百分比数值，也可以拖动滑块进行调节。

纹理

“亮度”下的“纹理”选项是每个材质通道都有的属性，单击“纹理”中的按钮，将弹出菜单，其中会列出多种纹理以供选择，如图 4-12 所示。下面介绍其中比较常用的几种。

✦ 清除：即清除已添加的纹理效果。

✦ 加载图像：加载任意图像来实现对材质通道的影响。

✦ 创建纹理：执行该命令将弹出“新建纹理”对话框，用于自定义纹理，如图 4-13 所示。

✦ 复制着色器 / 粘贴着色器：这两个命令用于将通道中的纹理贴图复制、粘贴到另一个通道。

图 4-12

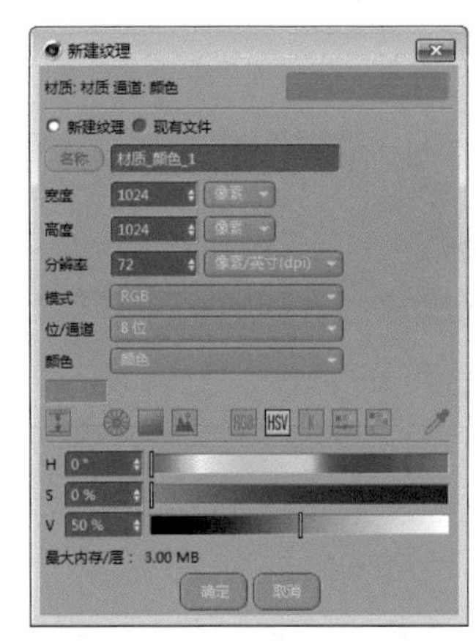

图 4-13

✦ 加载预置 / 保存预置：可将添加设置后的纹理保存在计算机中，并可随时加载进来。

✦ 噪波：这是一种程序着色器，执行该命令后单击纹理预览图，如图 4-14 所示，进入“着色器属性”设置区，可设置噪波的颜色、相对比例、循环周期等，如图4-15所示。

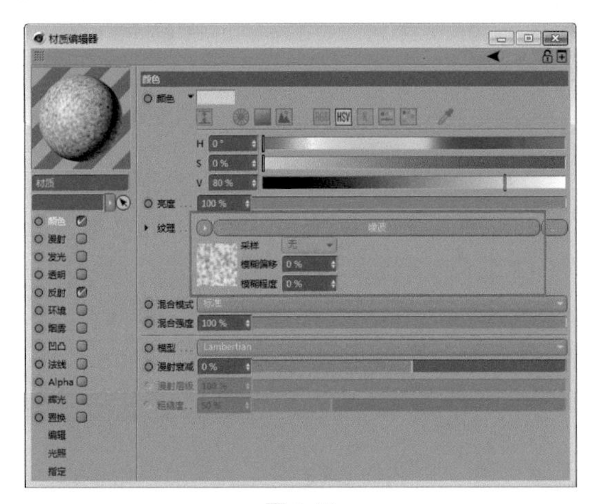
图 4-14

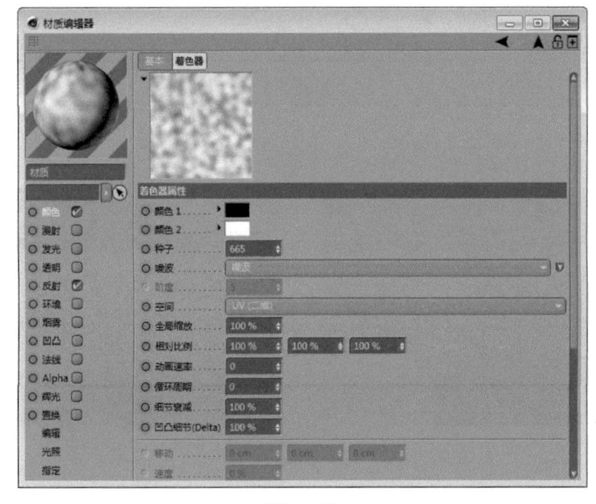
图 4-15

✦ 渐变：单击纹理预览图进入“着色器属性”设置区，通过拖动滑块或双击均可更改渐变颜色，还可以更改渐变的类型、湍流等，如图 4-16 所示。在渐变着色器中，单击渐变两端的按钮便能打开“颜色拾取器”对话框，从而调整渐变的颜色，如图 4-17 所示。

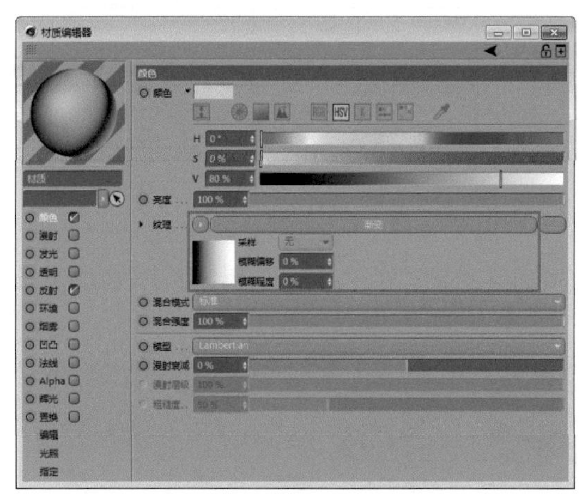
图 4-16

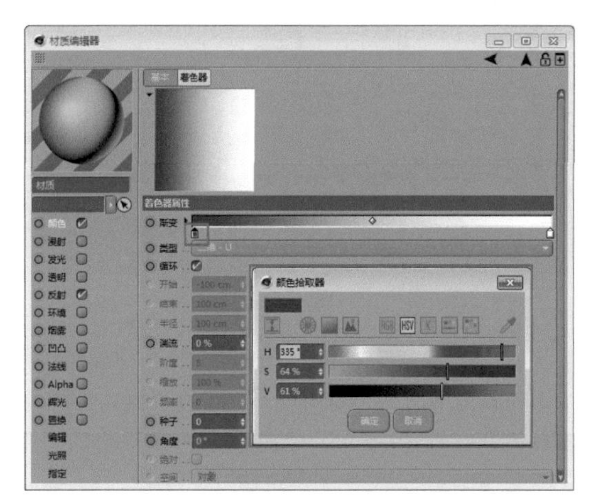
图 4-17

✦ 菲涅耳（Fresnel）：进入“着色器属性”设置区，通过滑块调色来控制菲涅耳属性，可模拟物体从中心到边缘的渐变、物理等属性的变化，如图 4-18 所示。

图 4-18

✦ 颜色：进入“着色器属性”设置区，可修改颜色来控制材质通道的属性，如图 4-19 所示。

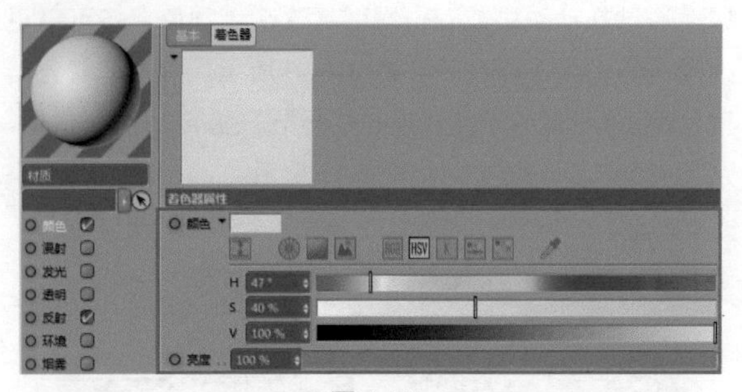

图 4-19

✦ 过滤：执行命令进入“着色器属性”设置区，单击纹理按钮可加载纹理，并可在属性栏中调节纹理的色调、明度和亮度等，如图 4-20 所示。

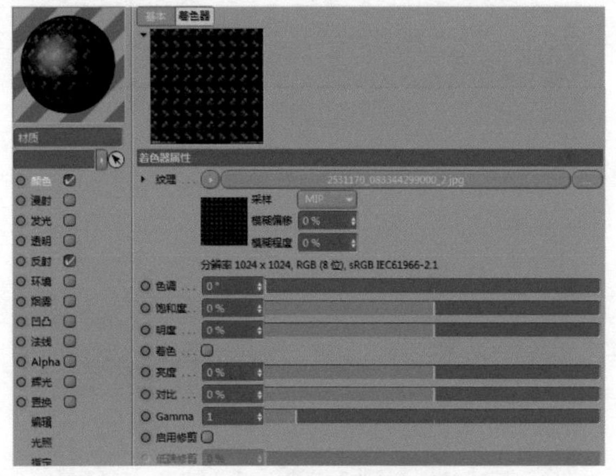

图 4-20

✦ 表面：提供多种物体的仿真纹理，例如木材、金属等。执行命令进入“着色器属性”设置区，有木材类型和颜色等可调节的选项，如图 4-21 所示。

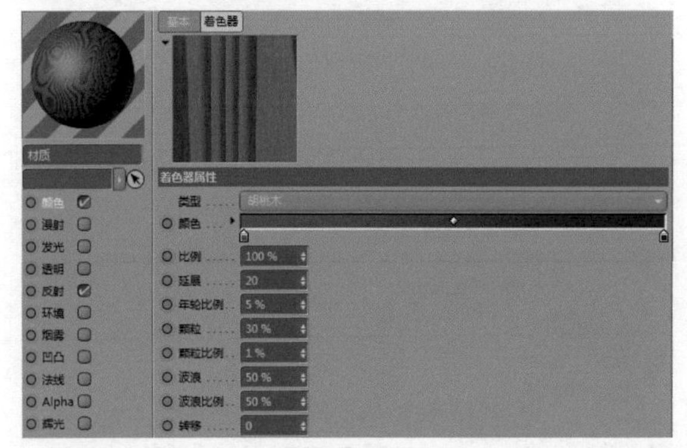

图 4-21

2. 漫射

漫射是投射在粗糙表面上的光，向各个方向反射的一种现象。物体呈现出的颜色与光线有着密切的联系，漫射通道可用来定义物体反射光线的强弱。打开“漫射”设置区，直接输入数值或拖动滑块可调节漫反射的亮度等，“纹理”选项可加入各种纹理来影响漫射的效果，如图 4-22 所示。

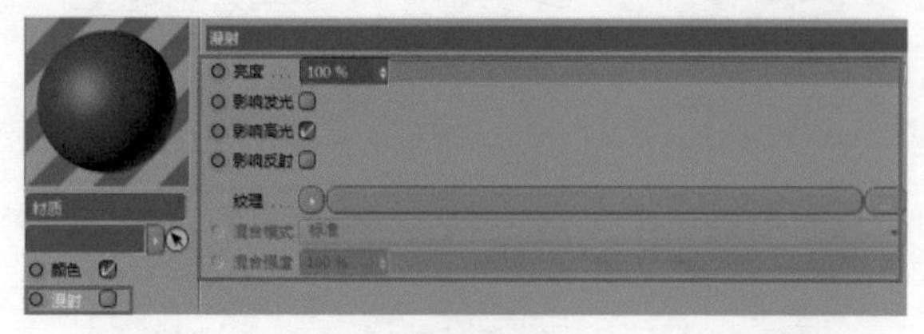

图 4-22

“颜色”相同时，漫射的强弱差异直接影响材质的效果，如图 4-23 所示。

漫射较弱　　漫射较强

图 4-23

3. 发光

材质发光属性常用来表现自发光的物体，如荧光灯、火焰等。进入该设置区，颜色（H、S、V）参数可调节物体的发光颜色，滑块可调节自发光的亮度，还可加载纹理影响自发光效果，如图 4-24 所示。

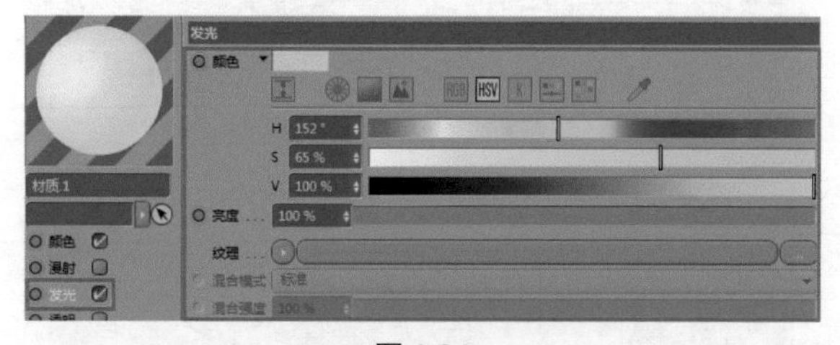

图 4-24

添加发光材质后的效果如图 4-25 所示。

不发光　　发光

图 4-25

> 提示
>
> 发光材质不能产生真正的发光效果，不能充当光源，但如果使用在“渲染设置”中选中了“全局光照渲染器”，并开启“全局照明”选项，物体就会起到真正的发光作用。

4. 透明

物体的透明度可由颜色的明度和亮度信息定义，纯透明的物体不需要颜色通道，用户若想表现彩色的透明物体，可以通过“颜色”选项调节物体颜色。折射率是调节物体折射强度的，直接输入数值即可。

用户还可以根据材质特性，通过在纹理选项中加载纹理来影响透明效果，如图 4-26 所示，透明玻璃都具有菲涅耳（Fresnel）的特性，观察角度越正透明度越高，如图 4-27 所示。

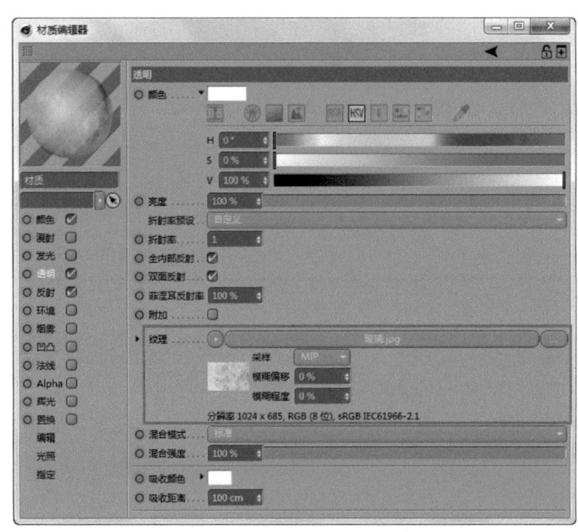

图 4-26

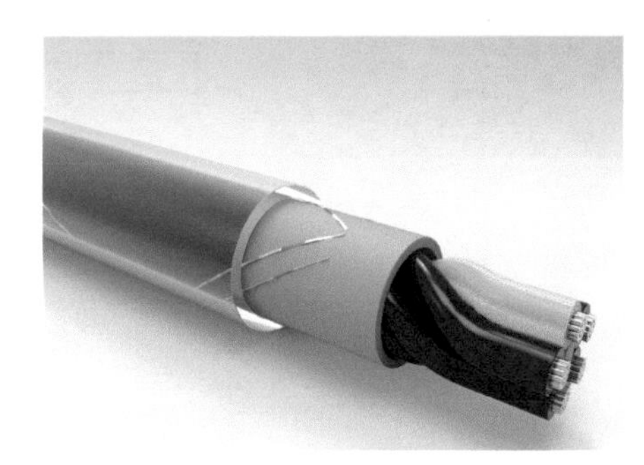

图 4-27

5. 反射

此属性定义物体的反射能力，用户可以用颜色来定义物体的反射强度，也可以通过调节亮度值来定义，还可以通过加载纹理来控制它的反射强度和分布情况，如图 4-28 所示。反射的模糊度也可以直接通过输入数值进行调节，增加采样值可提高图像质量，如图 4-29 所示。

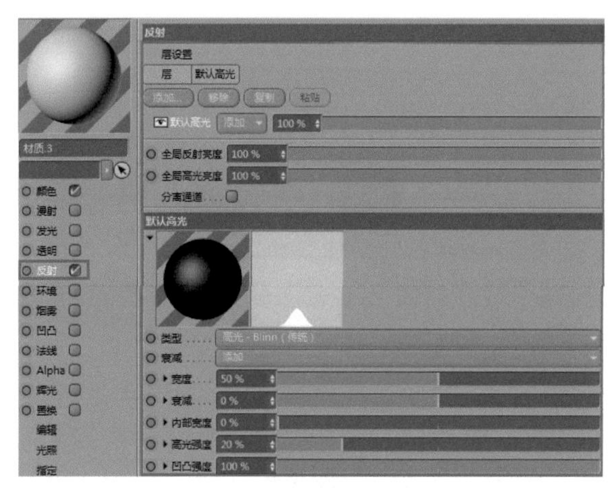

图 4-28

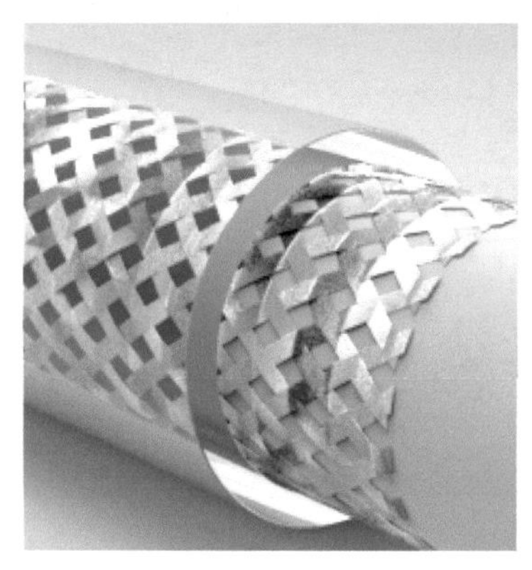

图 4-29

6. 凹凸

该通道是以贴图的黑白信息来定义凹凸强度的，“强度”参数定义凹凸的显示强度，加载纹理可确定凹凸的形态，如图 4-30 所示。此凹凸只是视觉意义上的凹凸，对物体法线并没有影响。

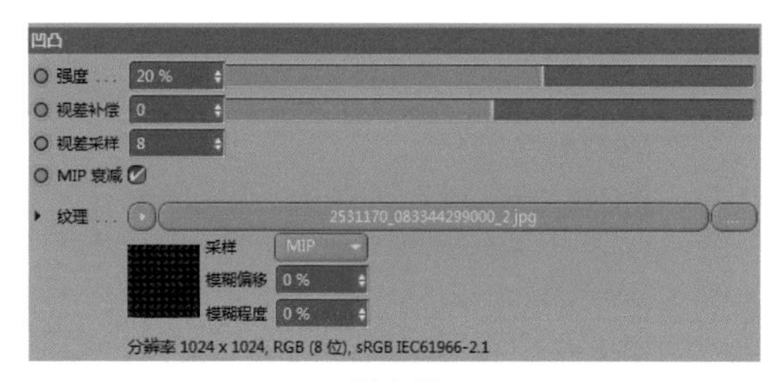

图 4-30

添加凹凸贴图时要注意加载的图片必须是灰度的，否则无法被识别。单击“纹理”右侧的选择按钮，在弹出的“打开文件”对话框中选择要定义凹凸的图片文件，选择后单击“确定”按钮即可定义凹凸材质，然后将其拖入模型对象中，即可创建带凹凸特征的模型，如图4-31所示。

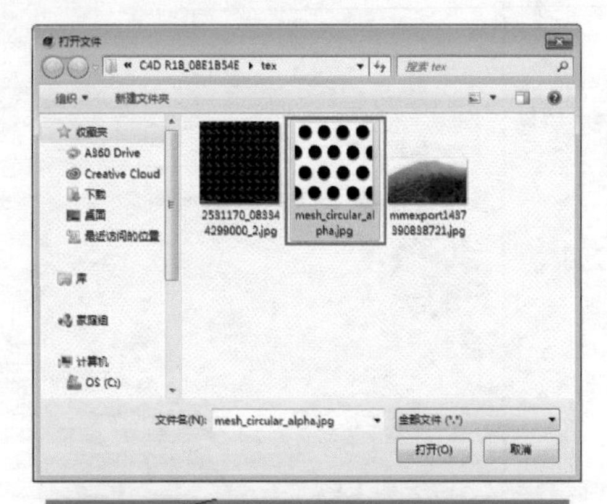

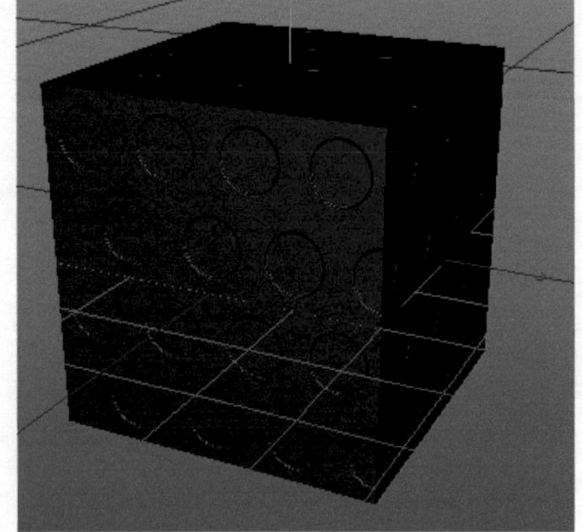

图 4-31

4.1.4 纹理标签

为对象指定材质后，在对象窗口会出现纹理标签，如果对象被指定了多个材质，就会出现多个纹理标签，如图4-32所示。单击纹理标签，可打开标签属性，如图4-33所示。

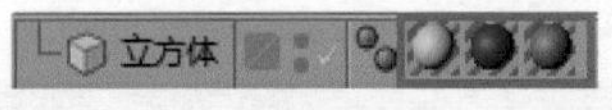

图 4-32

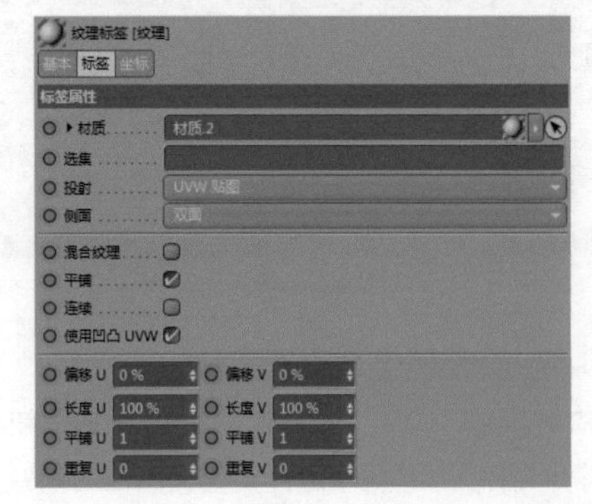

图 4-33

标签中主要选项的含义介绍如下。

✦ 材质：单击材质左边的小三角形按钮，可以展开材质的基本属性缩略图，可以在这里对材质的颜色、亮度、纹理贴图、反射、高光等属性进行设置，类似迷你版的材质编辑器，如图4-34所示。材质后面是材质名称，可双击此处进行材质编辑。

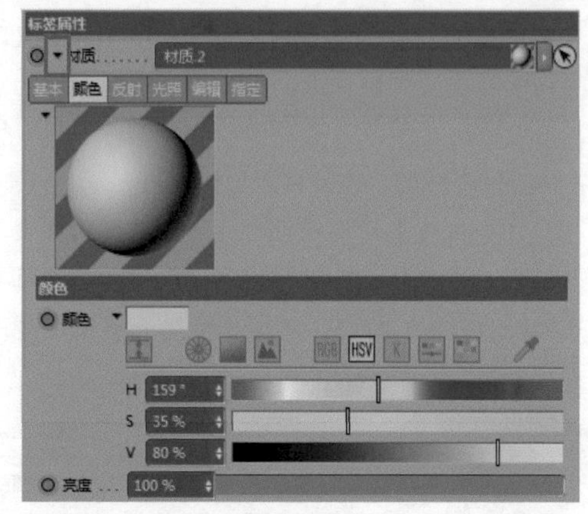

图 4-34

✦ 选集：当创建了多边形选集后，可把多边形选集拖至该栏中，这样只有多边形选集包含的面被指定了材质，通过这种方式可以为不同的面指定不同的材质，如图4-35所示。

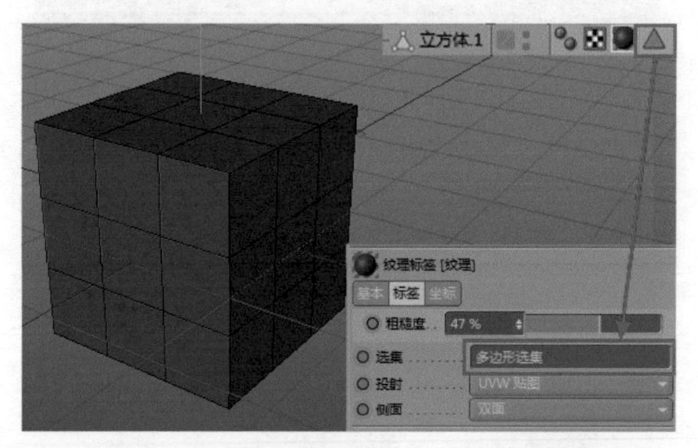

图 4-35

✦ 投射：当材质内部包含纹理贴图后，可以通过“投射”参数来设置贴图在对象上的投射方式，投射方式包括球状、柱状、平直、立方体、前沿、空间、UVW贴图、收缩包裹、摄像机贴图。

✦ 侧面：该选项是指，纹理贴图将在多边形每个面的正、反两面上。

4.1.5 创建材质的基本流程

在Cinema 4D中，创建材质只是渲染工作的开始。为了达到理想的效果，通常需要通过不断地尝试，才能得到最后所需的结果。一般来说，创建材质可以遵循以下步骤。

01 使用自带的初始材质来尝试渲染并根据结果修改参数。

02 自定义材质。如果改动量比较大，可以根据上文介绍的“材质编辑器”来定义新的材质，重新考虑它的一些关键属性，例如，自发光、凹凸、透明度等。

03 创建材质。材质为材料的表面特性，包括颜色、纹理、反射光（亮度）、透明度、折射率等。此外，也可以从现成的材质库中调用真实的材质，如钢铁、塑料、木材等。

04 将材质附着在模型对象上，可以根据对象或图层附着材质。

05 添加背景或雾化效果。

06 如果需要，可以调整渲染参数。例如，可以用不同的输出品质来渲染。

07 添加材质，渲染图形。

上述步骤仅供参考，并不一定要严格按照该步骤进行操作，读者可以根据自己的操作习惯进行调整。另外，在得到渲染结果后，可能会发现某些地方需要修改，这时可以返回前面的步骤进行操作。

4.1.6 实战——添加玻璃材质

玻璃是日常生活中极为常见的材质，但是由于它具有透明、半通透的效果，也是各大渲染软件中较难真实还原的一类材质。要得到准确的玻璃材质，重点应该注意折射率和反射参数的调整。

素材文件路径：	素材 \ 第 4 章 \4.1.6
效果文件路径：	效果 \ 第 4 章 \4.1.6. 玻璃材质 .JPG
视频文件路径：	视频 \ 第 4 章 \4.1.6. 添加玻璃材质 .MP4

01 启动 Cinema 4D，打开“玻璃瓶 .c4d”文件，素材中已经创建好了一个玻璃瓶模型和其他场景，如图 4-36 所示。

图 4-36

02 创建玻璃材质。在“材质”窗口的空白区域双击，创建一个空白的材质球，如图 4-37 所示。

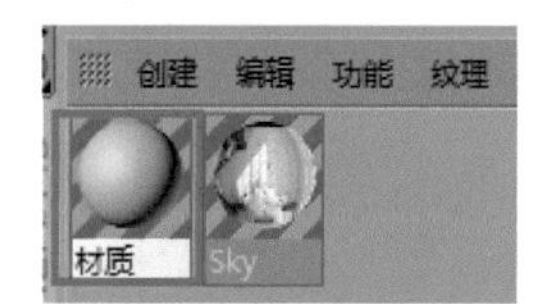

图 4-37

03 双击该材质球，打开“材质编辑器”，在“材质”区域中取消选中“颜色”和“反射”复选框，仅选中“透明”和“辉光”复选框即可，如图 4-38 所示，因为玻璃材质可以不具备颜色，仅靠外部环境的折射光即可看到效果。

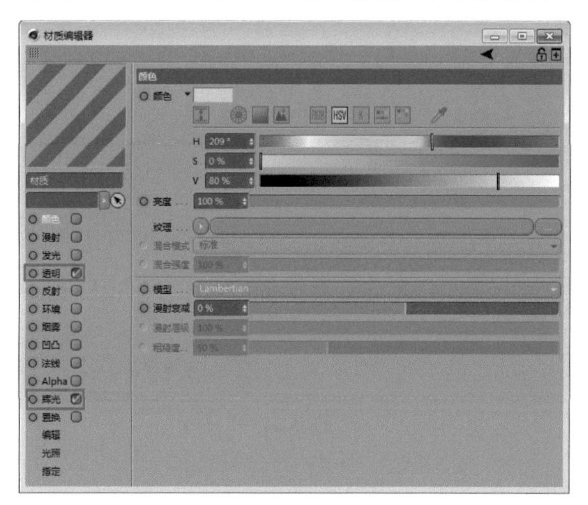

图 4-38

04 选择“透明”复选框，在“折射率”文本框中输入玻璃的折射值为 1.5，如图 4-39 所示。或者在“折射率预设”下拉列表中选择“玻璃”选项，再设置“亮度”为 95%，这样能够创建出逼真的效果。

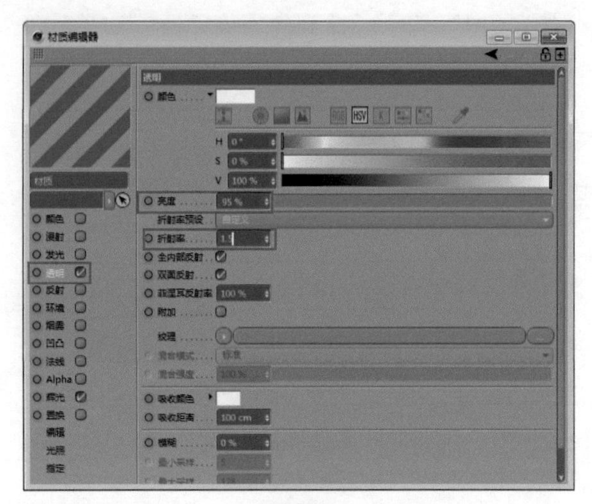

图 4-39

05 切换到“辉光”通道，按图 4-40 进行相应设置。

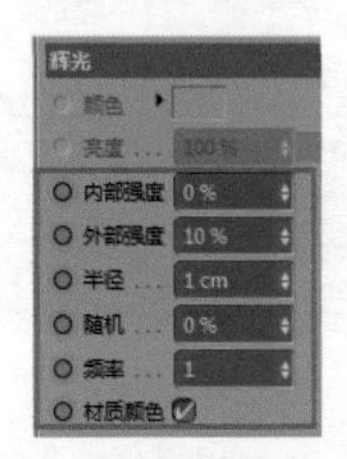

图 4-40

06 材质设置完毕，将其拖至玻璃瓶模型中，再按快捷键 Ctrl+R 创建简单的渲染效果预览，如图 4-41 所示。

图 4-41

4.2 金属材质

金属材质是 Cinema 4D 中应用非常多的一类材质，正确设置材质参数，将会达到非常逼真的效果，反之会显得很死板。下面通过介绍几类常用金属材质的设置方法，讲述如何处理这类材质。

4.2.1 实战——创建银材质

在日常生活中，银器因为具有光亮的外表备受人们喜爱，因此从古至今都是颇受欢迎的贵金属。银的梵文原意就是“明亮”的意思，我国也常用“银”字来形容白而有光泽的东西，如银河、银杏、银鱼、银耳、银幕等。要制作银的材质，就需要对它的颜色有比较准确的设定，并为其添加独有的金属光泽。

素材文件路径：　素材 \ 第 4 章 \4.2.1
效果文件路径：　效果 \ 第 4 章 \4.2.1. 银材质 .JPG
视频文件路径：　视频 \ 第 4 章 \4.2.1. 创建银材质 .MP4

01 启动 Cinema 4D，打开“创建银材质 .c4d”文件，素材中已经创建好了模型和其他场景，如图 4-42 所示。

图 4-42

02 创建新材质。在“材质”窗口的空白区域双击，创建一个空白的材质球，并重命名为“银”，如图 4-43 所示。

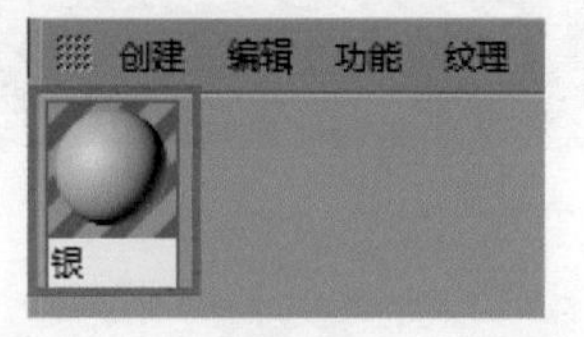

图 4-43

03 设置材质颜色。双击该材质球，打开“材质编辑器”，在“颜色”材质通道中设置其颜色的 H、S、V 值分别为 0°、0%、36%，如图 4-44 所示。

图 4-44

04 选择“默认高光”材质通道，在“类型”下拉列表中选择“高光 -Blinn（传统）”选项，“衰减”下拉列表中选择“添加”选项，然后调整“宽度”“衰减”“内部宽度”“高光强度”的值分别为 41%、0%、0%、400%，如图 4-45 所示。

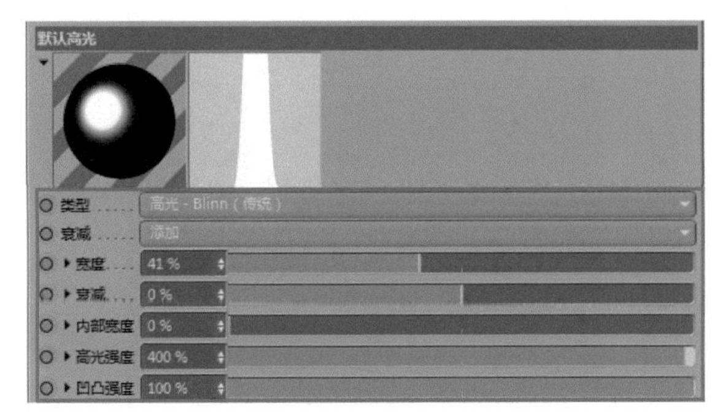

图 4-45

05 将地面材质指定给平面。双击“材质”窗口的空白处，新建一个材质球，重命名为“地面”，调整该材质球的相关参数，如图 4-46 和图 4-47 所示。

图 4-46

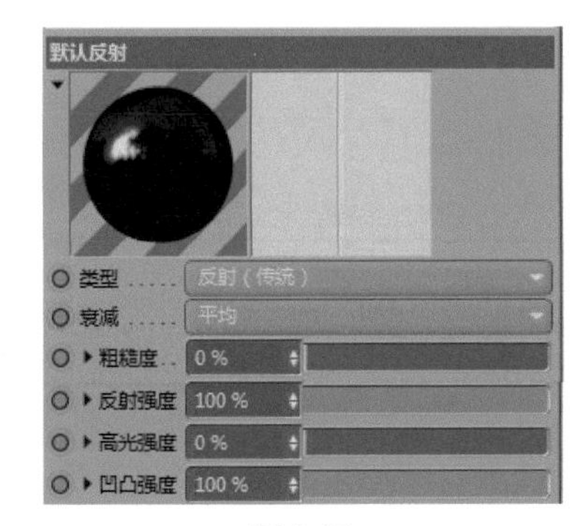

图 4-47

06 分别将“银”和“地面”材质球赋予模型和平面上，然后按快捷键 Ctrl+R 进行渲染，效果如图 4-48 所示。

图 4-48

4.2.2　实战——创建铜材质

纯铜是闪烁着耀眼光泽的金属，随着所含杂质的不同，它的颜色也会有所差异，在进行渲染时可以根据实际需要对它的颜色进行调整，但最主要的还是需要体现其金属质感。

素材文件路径：　素材 \ 第 4 章 \4.2.2
效果文件路径：　效果 \ 第 4 章 \4.2.2. 铜材质 .JPG
视频文件路径：　视频 \ 第 4 章 \4.2.2. 创建铜材质 .MP4

01 启动 Cinema 4D，打开“创建铜材质 .c4d”文件，素材中已经创建好了模型和其他场景，如图 4-49 所示。

图 4-49

02 创建新材质。在“材质”窗口的空白区域双击，创建一个空白的材质球，并重命名为“铜”，如图 4-50 所示。

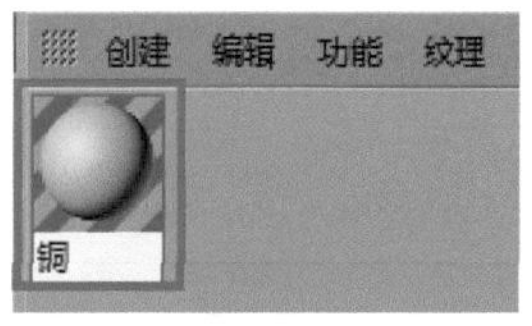

图 4-50

03 设置材质颜色。双击该材质球，打开“材质编辑器”，在“颜色”材质通道中设置其颜色的 H、S、V 值分别为 40°、50%、70%，如图 4-51 所示。

图 4-51

04 选择“默认高光”材质通道，在“类型”下拉列表中选择“高光 -Blinn（传统）”选项，“衰减”下拉列表中选择“添加”选项，然后调整“宽度”“衰减”“内部宽度”“高光强度”的值分别为 40%、0%、0%、200%，如图 4-52 所示。

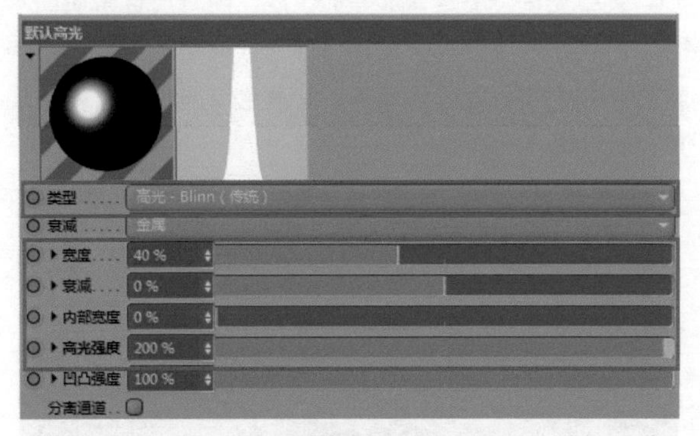

图 4-52

05 参考银材质案例中的步骤，为地面添加材质，然后按快捷键 Ctrl+R 进行渲染，效果如图 4-53 所示。

图 4-53

4.2.3 实战 —— 钢铁材质

钢铁是日常生活中随处可见的材料，而且经常呈现各种状态，如生锈、抛光、拉丝等，要创建能准确反应钢铁效果的材质非常困难，需要修改大量的参数，本例仅介绍其中比较简单的一种方法。

素材文件路径：	素材 \ 第 4 章 \4.2.3
效果文件路径：	效果 \ 第 4 章 \4.2.3. 钢铁材质 .JPG
视频文件路径：	视频 \ 第 4 章 \4.2.3. 钢铁材质 .MP4

01 启动 Cinema 4D，打开“钢铁材质 .c4d”文件，素材中已经创建好了模型和其他场景，如图 4-54 所示。

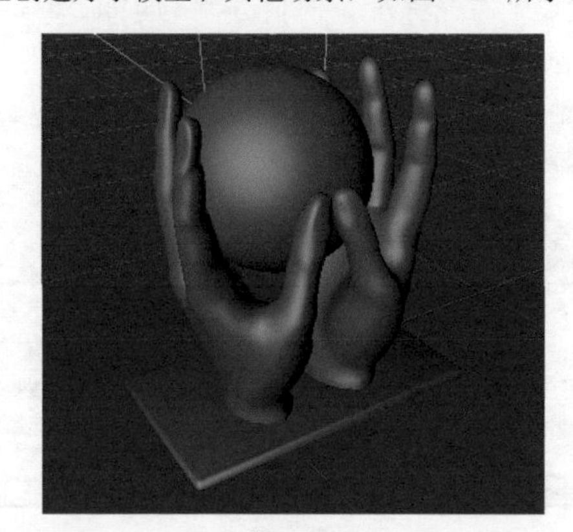

图 4-54

02 创建新材质。在“材质”窗口的空白区域双击，创建一个空白的材质球，并重命名为“钢铁”，如图 4-55 所示。

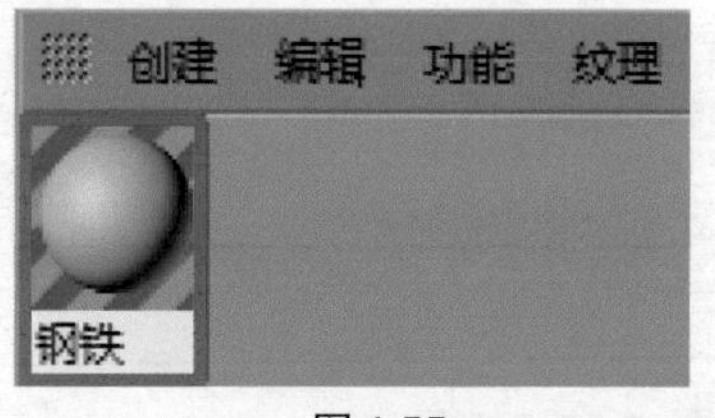

图 4-55

03 设置材质颜色。双击该材质球，打开“材质编辑器”对话框，在“颜色”材质通道中设置其颜色的 H、S、V 值分别为 40°、0%、60%，如图 4-56 所示。

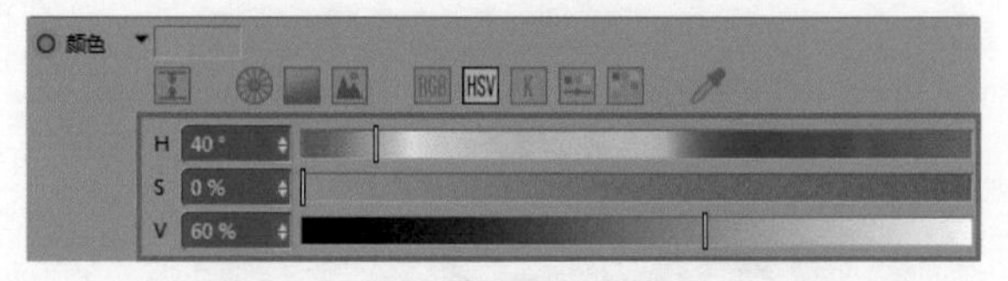

图 4-56

04 选择“反射”材质通道，在“默认高光”的“类型”下拉列表中选择“反射（传统）”选项，“衰减”下拉列表中选择“平均”选项，然后调整“粗糙度”“反射强度”“高光强度”和“凸凹强度”的值分别为 0%、

100%、0%、100%，如图 4-57 所示。

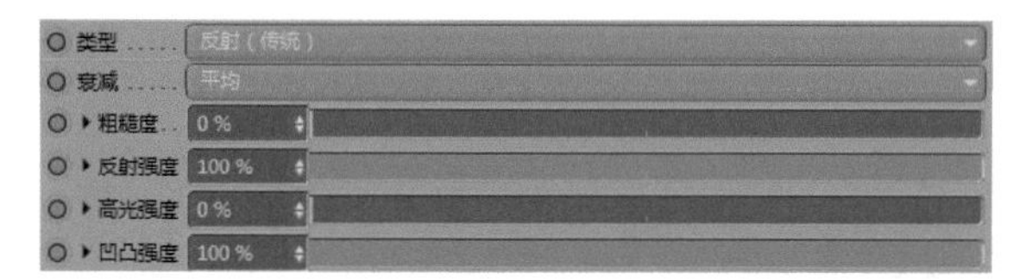

图 4-57

05 参考银材质案例中的步骤，为地面添加材质，然后按快捷键 Ctrl+R 进行渲染，效果如图 4-58 所示。

图 4-58

4.3 实战——制作发光文字

本节综合前面所介绍的知识，制作一款带有发光文字的招牌效果。

素材文件路径：　素材 \ 第 4 章 \4.3

效果文件路径：　效果 \ 第 4 章 \4.3. 发光文字 .JPG

视频文件路径：　视频 \ 第 4 章 \4.3. 制作发光文字 .MP4

01 启动 Cinema 4D，打开“制作发光文字 .c4d”文件，素材中已经创建好了模型和其他场景、灯光、摄影机等，如图 4-59 所示。

02 创建黄色的灯光材质。在“材质”窗口的空白区域双击，创建一个空白的材质球，然后双击该材质球，设置其颜色参数的 HSV 值分别为 63°、72%、86%，如图 4-60 所示。

图 4-59

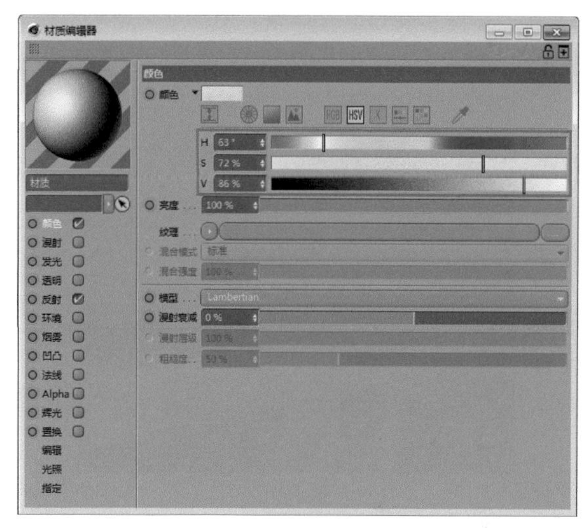

图 4-60

03 选中材质通道中的“发光”复选框，切换至“发光”材质通道，修改其颜色的 H、S、V 值为 61°、71%、86%，如图 4-61 所示。

图 4-61

04 选中材质通道中的“辉光”复选框，切换至“辉光”材质通道，将其“内部强度”和“外部强度”参数均设置为 50%，如图 4-62 所示。

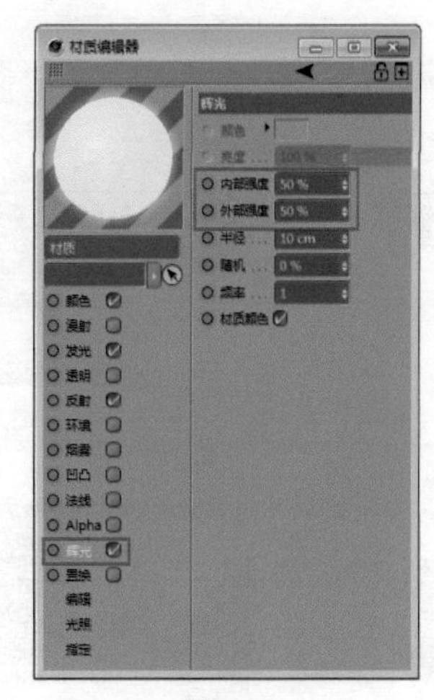

图 4-62

05 黄色的灯光材质已经创建完毕，将其拖至上方的 Next Movie 文字处，为其添加材质，效果如图 4-63 所示。

图 4-63

06 创建红色灯光材质。使用相同方法，创建一个空白的材质球，然后设置其颜色参数的 H、S、V 值为 0°、95%、65%，如图 4-64 所示。

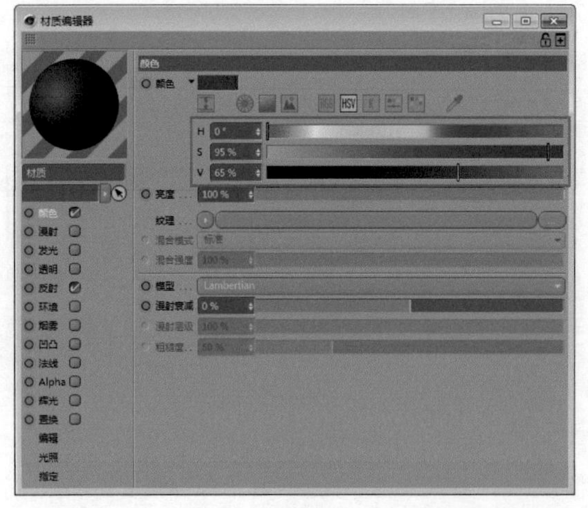

图 4-64

07 再参照创建黄色灯光材质的方法，为红色灯光材质选中“发光”选项，并设置该材质通道，设置其颜色参数的 H、S、V 值为 0°、98%、61%，如图 4-65 所示。

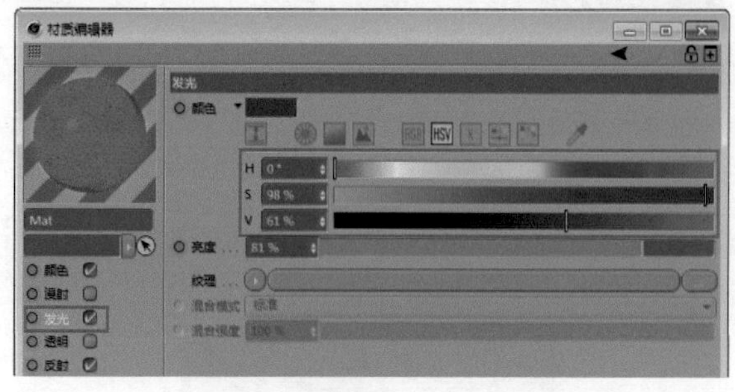

图 4-65

08 同理，为红色灯光材质选中“辉光”选项，并进行该材质通道，设置“内部强度”和“外部强度”参数均设置为 50%，如图 4-66 所示。

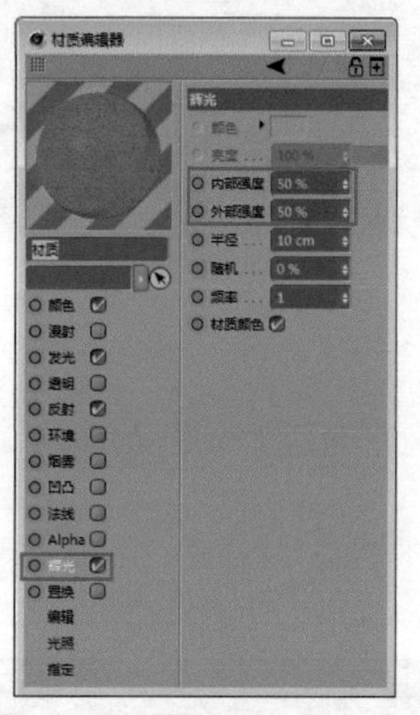

图 4-66

09 将创建好的红色灯光材质拖至下方的 Forrest Gump 文字处，效果如图 4-67 所示。

图 4-67

10 接下来为作为背景的星状模型和长方体模型制作材质。使用相同方法，创建一个空白的材质球，然后设置其颜色参数的 H、S、V 值为 0°、97%、71%，如图 4-68 所示。

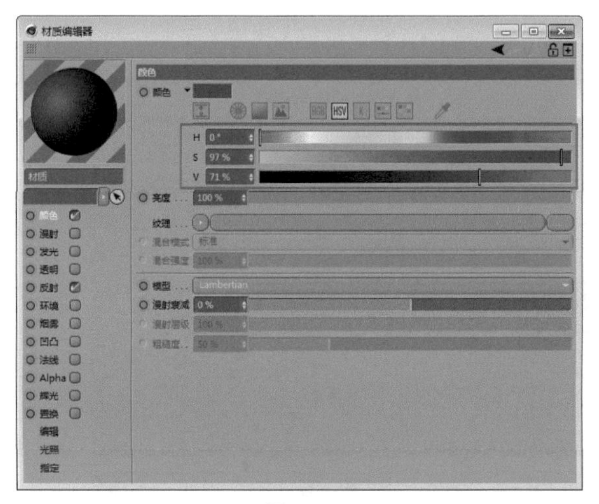

图 4-68

11 由于本例体现的是发光的文字效果，因此，背景模型可以考虑设置为低反射度的油漆材质效果，切换至“反射”材质通道，修改“类型”为“高光 -Phong（传统）”，其余选项可以保持默认，如图 4-69 所示。

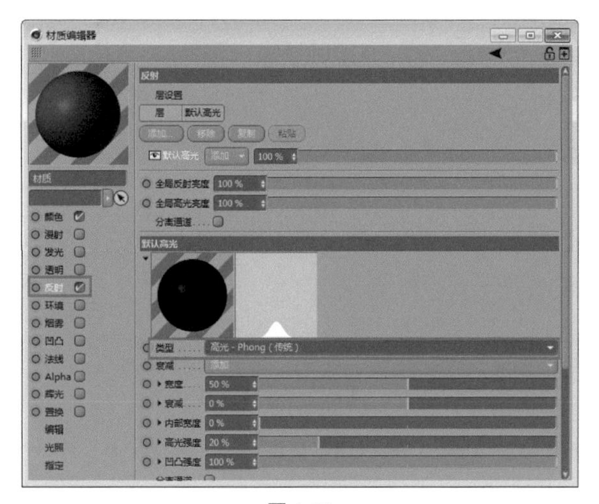

图 4-69

12 将该材质拖至星状模型处，效果如图 4-70 所示。

图 4-70

13 接着创建长方体背景板的材质，方法与星状模型材质的创建方法相同，只需将颜色参数的 H、S、V 值修改为 0°、3%、92% 即可，如图 4-71 所示。

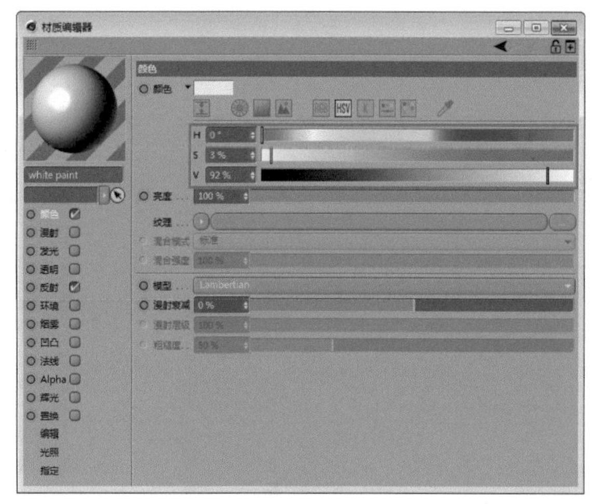

图 4-71

14 将该材质拖至长方体模型处，然后调整角度，按快捷键 Ctrl+R 或单击工具栏中的“渲染活动视图”按钮，即可得到渲染效果，如图 4-72 所示。

图 4-72

第 5 章

灯光技术详解

光是人类生存不可或缺的，是人类认识外部世界的媒介。在自然界中人们看到的光来自于太阳或借助产生光的设备，如荧光灯、聚光灯、白炽灯等。在 Cinema 4D 中，灯光是表现三维效果非常重要的一部分，能够表达出作品的灵魂。没有光，任何漂亮的材质都无法展示出它应有的效果。

5.1 三维照明的概念

为一个三维模型添加适当的光照效果，能够产生反射、阴影等效果，从而使显示效果更加生动。在三维软件中，光的功能其实就是对这个真实世界的光和影进行模拟。Cinema 4D 包含了很多用于光影制作的工具，对它们进行组合使用，可以制作出各种各样的光影效果，如图 5-1 所示。

图 5-1

5.2 灯光类型

Cinema 4D 提供的灯光种类较多，按照类型可以分为“泛光灯”“聚光灯”“远光灯”和“区域光”这 4 种。其中，“聚光灯”和“远光灯”又分别包含了不同的类型。此外，Cinema 4D 还提供了“默认灯光”和“日光”等类型。

在 Cinema 4D 可以通过以下两种方法来调用灯光。

✦ 选择“创建”|“灯光”子菜单中的命令，如图 5-2 所示。

✦ 在工具栏中单击按钮，在工具组中选择所需的灯光，如图 5-3 所示。

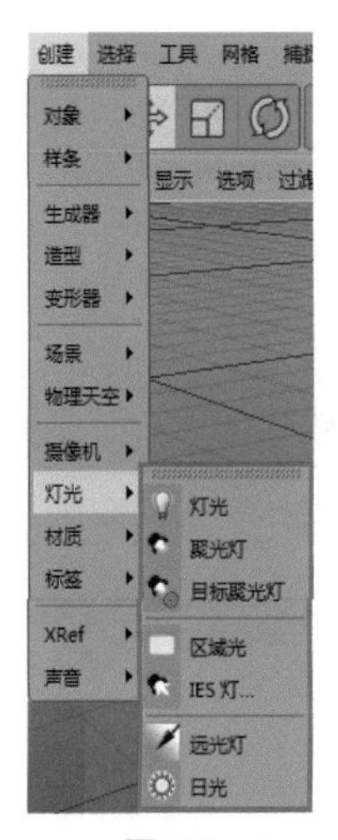

图 5-2

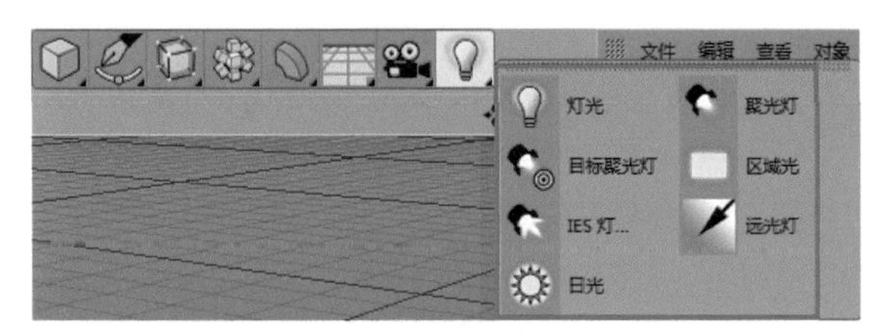

图 5-3

5.2.1　默认灯光

新建一个 Cinema 4D 文件时，系统会有一个默认的灯来帮助照亮整个场景，以便在建模和进行其他操作时能够看清物体。一旦新建了一个灯光对象，这盏默认灯光的作用就消失了，场景将采用新建的灯光作为光源。默认的灯光是和默认摄像机绑定在一起的，当用户渲染视图改变视角时，默认灯光的照射角度也会随之改变。新建一个球体，为了方便观察，可为球体赋予一个有颜色且高光较强的材质，改变摄像机的视角就可以发现高光的位置在跟着发生变化，如图 5-4 所示。

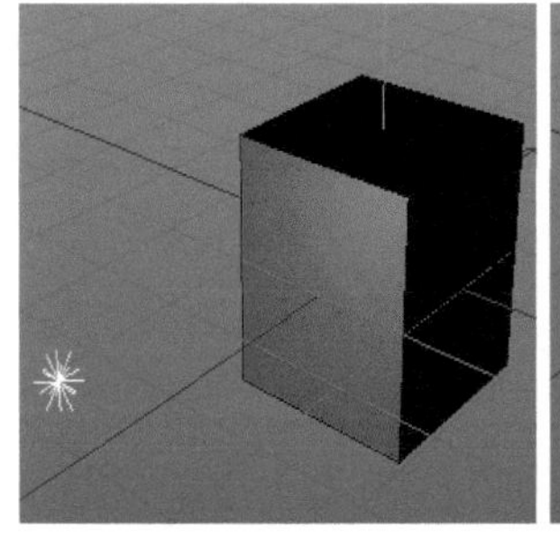
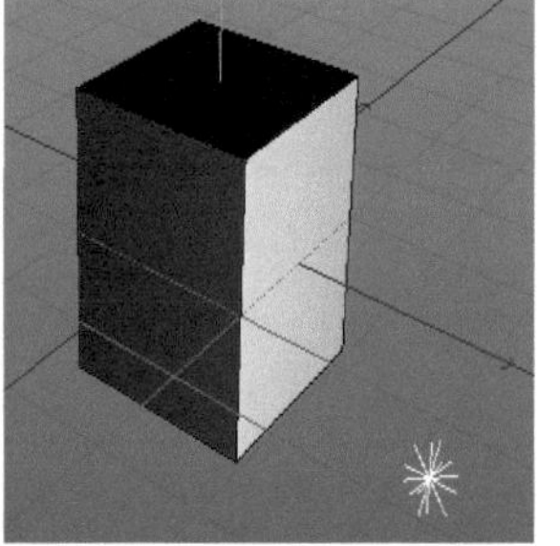

图 5-4

默认灯光的照射角度可以通过“默认灯光”对话框来单独改变，在视图窗口的“选项”菜单中选择“默认灯光”选项，如图 5-5 所示，即可打开“默认灯光”对话框。按住鼠标左键在“默认灯光”窗口中拖动，可改变灯光的照射角度，如图 5-6 所示。

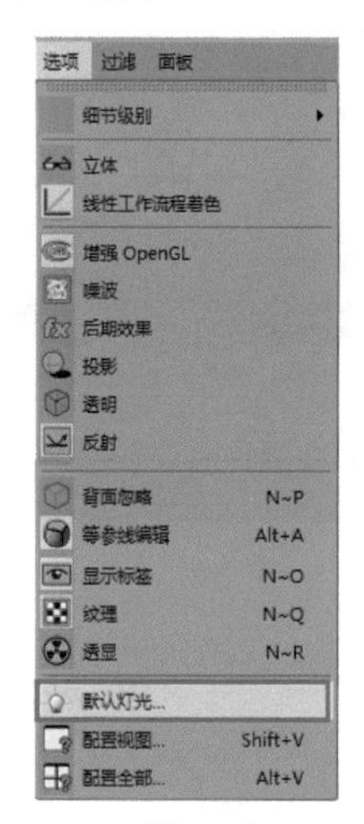

图 5-5

图 5-6

5.2.2　泛光灯

泛光灯是最常见的灯光类型，光线从单一的点向四周发射，它类似现实生活中的灯泡。在工具栏中单击“灯光”按钮即可创建一个泛光灯对象，如图 5-7 所示，其中的白点便为泛光灯。

图 5-7

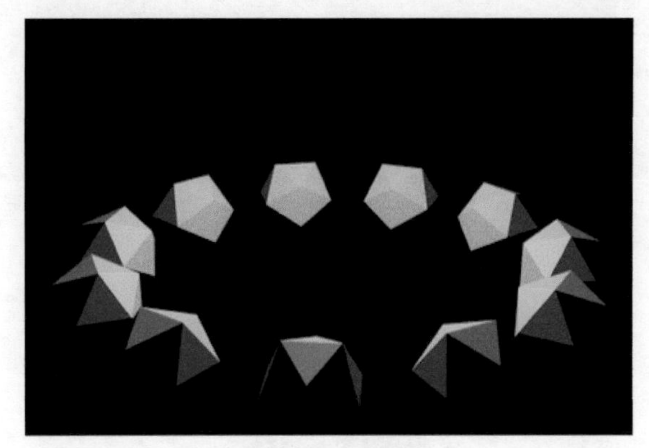

图 5-7（续）

> **!** 提示
> 移动泛光灯的位置可以发现，泛光灯离对象越远，它照亮的范围就越大，如图 5-8 所示。

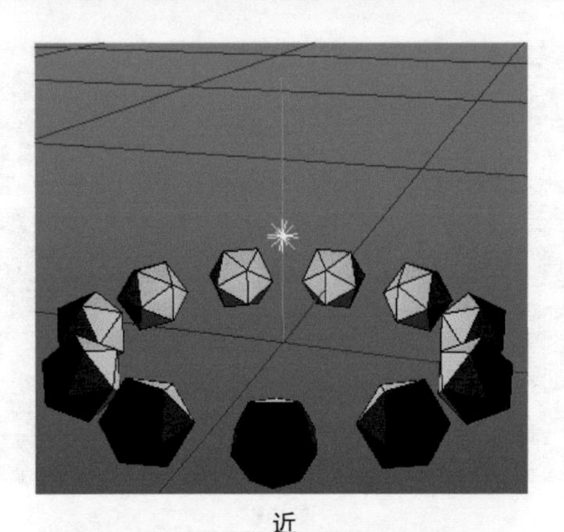

近

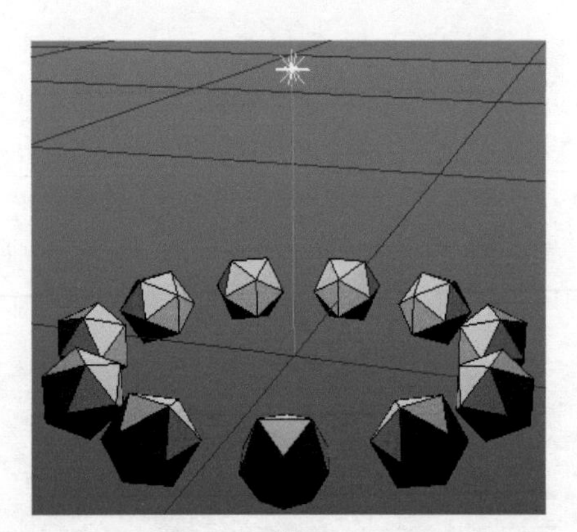

远

图 5-8

5.2.3 聚光灯

聚光灯的光线会向一个方向呈锥形传播，也称为光束的发散角度。聚光灯其实类似现实生活中的手电筒，还有舞台上的追光灯，常用来突出显示某些重要的对象。创建聚光灯后，可以看到灯光对象呈圆锥形显示，如图 5-9 所示。

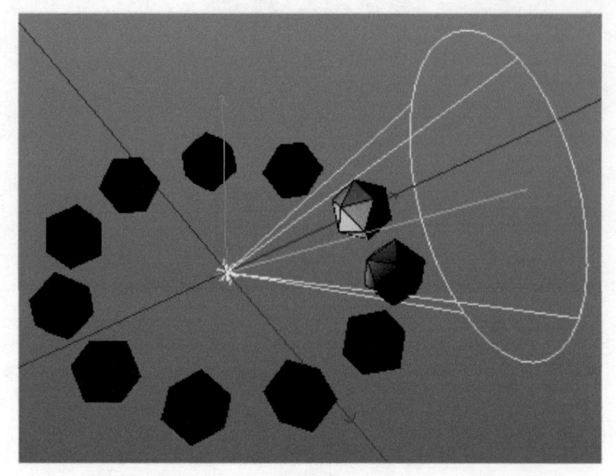

图 5-9

选择聚光灯，可以看到在圆锥的底面上有 5 个黄点，其中位于圆心的黄点用于调节聚光灯的光束长度，而位于圆周上的黄点则用来调整整个聚光灯的光照范围，如图 5-10 所示。

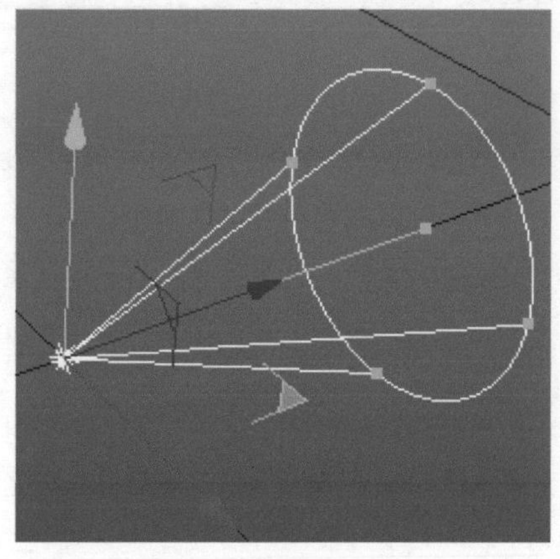

图 5-10

默认创建的聚光灯位于世界坐标轴的原点，并且光线由原点向 Z 轴的正方向发射。如果想要灯光照射在对象上，需要配合各个视图对聚光灯进行移动、旋转等操作，并放置在理想的位置上。默认创建的目标聚光灯自动照射在世界坐标轴的原点，也就是说，目标聚光灯的目标为世界坐标轴的原点。这样默认创建的对象将会刚好被目标聚光灯照射。

5.2.4 目标聚光灯

目标聚光灯与聚光灯最大的区别在于，它在“对象”窗口中多出来的“目标表达式”标签和“灯光.目标.1”对象，如图 5-11 所示。通过“目标表达式”标签和“灯光.目标.1”对象，可以随意更改目标聚光灯所照射的目标对象，所以调节起来更加方便、快捷。如图 5-12 所示为通过移动目标点来更改聚光灯的照射目标。

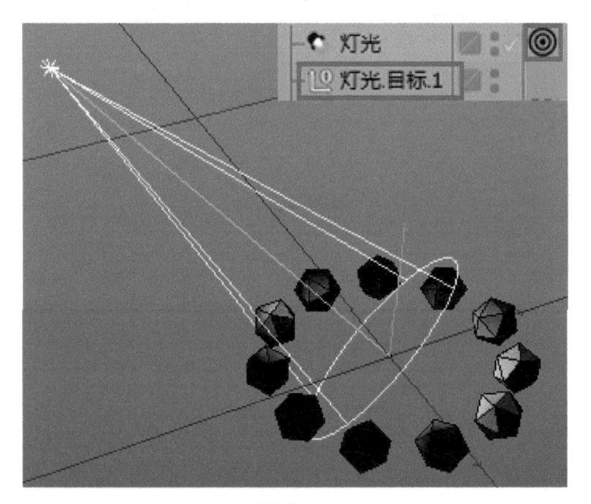

图 5-11

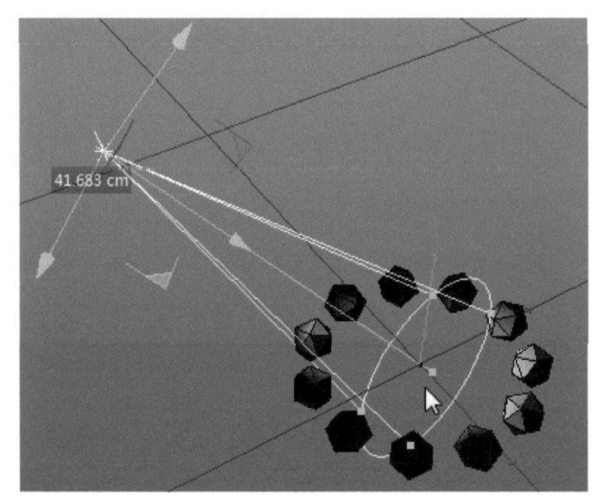

图 5-12

选择聚光灯右侧的“目标表达式”标签，将目标对象拖曳到目标表达式“属性”窗口中“目标对象”一栏右侧的空白区域，则聚光灯的照射目标改为该目标对象，如图 5-13 所示。

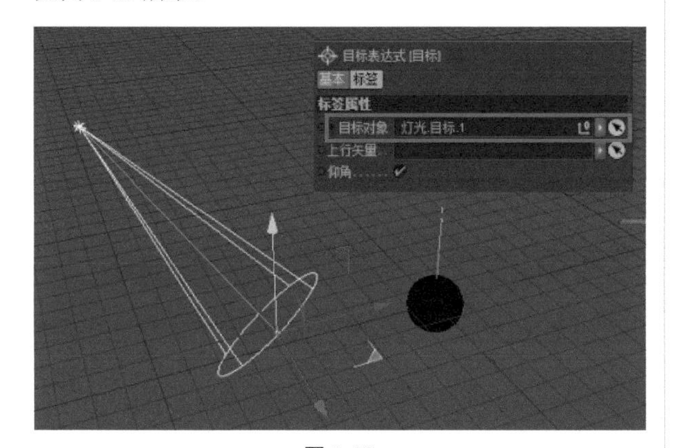

图 5-13

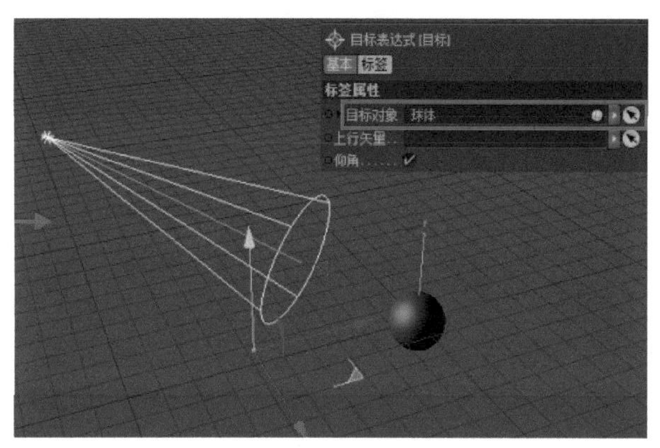

图 5-13（续）

5.2.5 区域光

区域光是指光线沿着一个区域向周围各个方向发射光线，从而形成一个有规则的照射平面。区域光属于高级的光源类型，常用来模拟室内来自窗外的天空光。它的面光源十分柔和、均匀，最常用的例子就是产品摄影中的反光板，如图 5-14 所示。默认创建的区域光在模型视图中也显示为矩形区域，如图 5-15 所示。

图 5-14

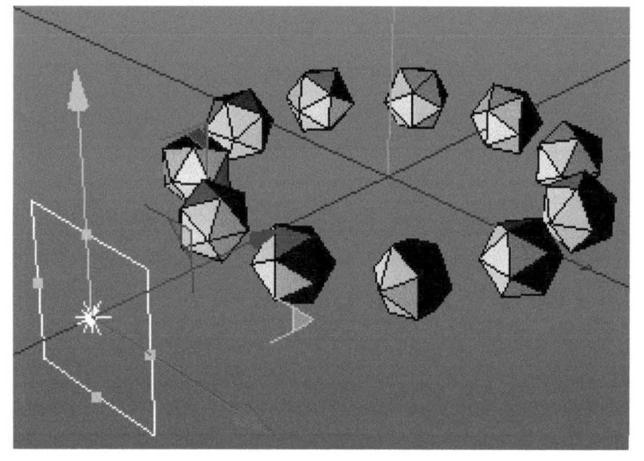

图 5-15

可以通过调节矩形框上的黄点来改变区域的大小，

如图 5-16 所示。此外，区域光的形状也可以通过“属性”面板中“细节”选项卡的“形状”参数来调整。

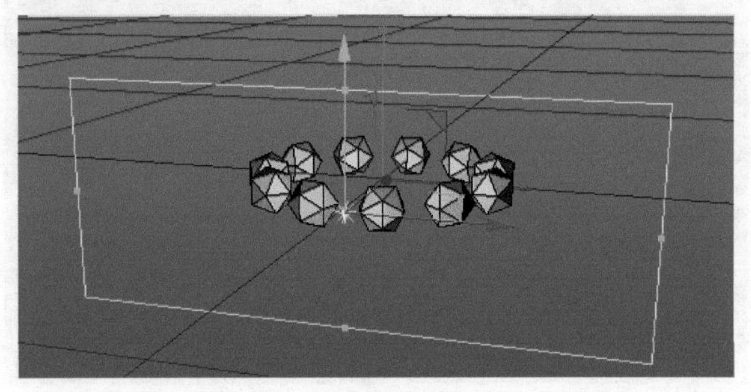

图 5-16

5.2.6　IES 灯

IES 灯可以理解为是一种光域网，而光域网是一种关于光源亮度分布状况的三维表现形式。光域网是灯光的一种物理性质，确定光在空气中发散的方式。不同的灯，在空气中的发散方式是不同的，例如手电筒，它会发射一个光束，还有一些壁灯、台灯，它们发出的光又是另外一种形状，那些不同形状的图案就是光域网造成的。

之所以会有不同的图案，是因为每盏灯在出厂时，厂家对其都指定了不同的光域网。在三维软件中，如果给灯光指定一个特殊的文件，即可产生与现实生活相同的发散效果，这种特殊的文件标准格式是 .IES 格式。

Cinema 4D 中创建 IES 灯时会弹出一个窗口，提示加载一个 .IES 文件，如图 5-17 所示，这种文件可以在网上下载。此外，Cinema 4D 本身就提供了很多 .IES 文件，这些文件可以通过选择“窗口”|“内容浏览器”命令，打开“内容浏览器”来查找，如图 5-18 所示。

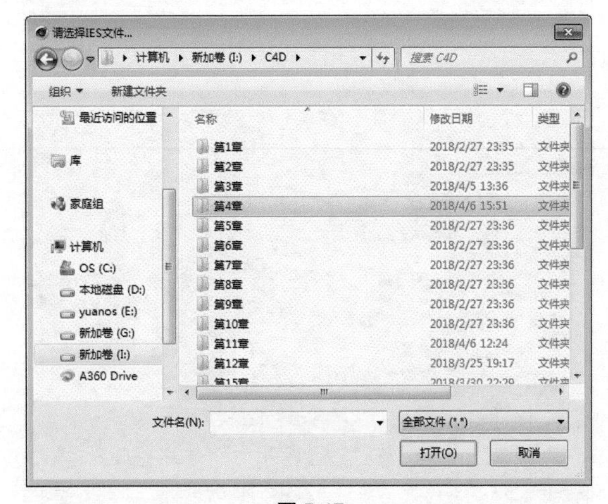

图 5-17

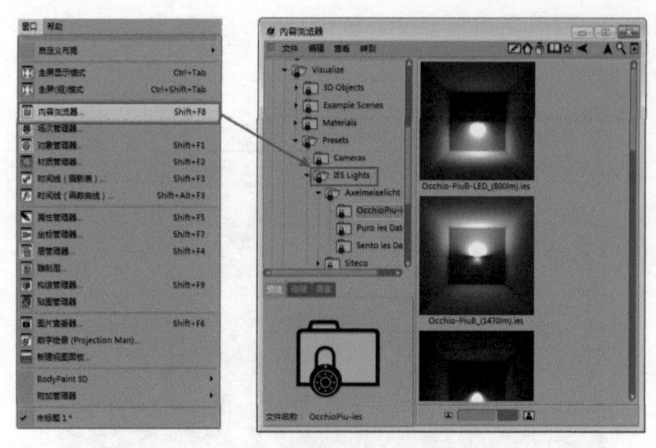

图 5-18

如果是从网上下载的光域网文件，那么，在创建 IES 灯时直接加载使用即可。如果是使用 Cinema 4D 提供的光域网文件，那么还需要进行一些操作。

首先创建一盏聚光灯，然后在聚光灯的“属性”窗口中切换至“常规”选项卡，在下面的“类型”中选择 IES 选项，如图 5-19 所示。再切换到“光度”选项卡，此时“光度数据”和“文件名”属性被激活，如图 5-20 所示。

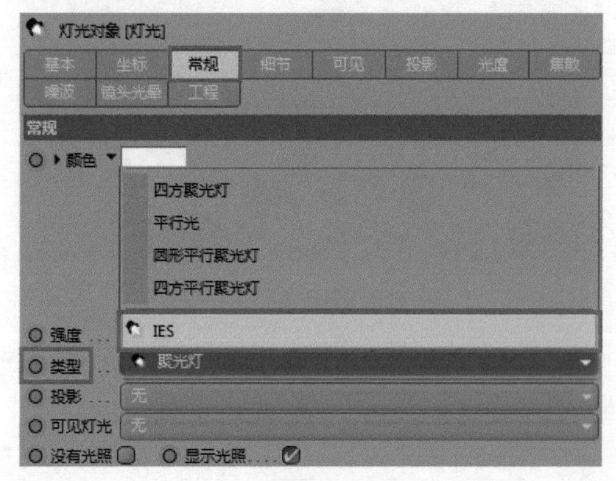

图 5-19

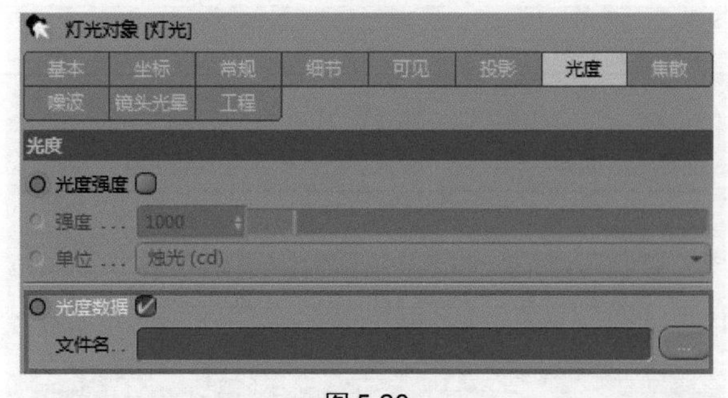

图 5-20

最后在“内容浏览器”中选择一个 IES 光域网文件，并拖至“文件名”右侧的空白区域中，此时选择的光域网文件就可以使用了，并且会显示该文件的路径、预览图像以及其他信息，如图 5-21 所示。

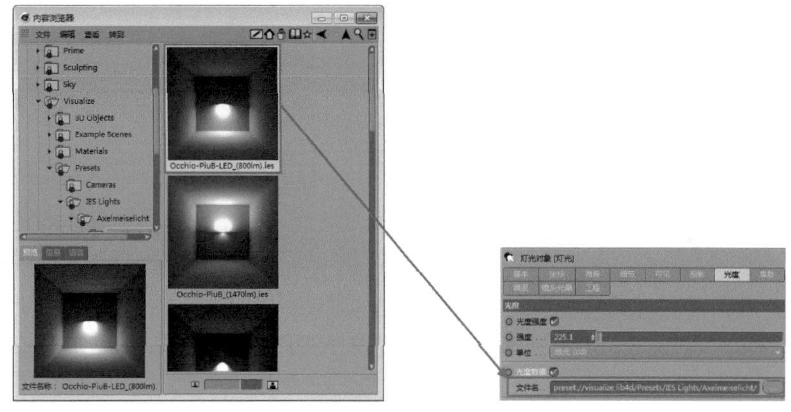

图 5-21

不同的 IES 灯光效果如图 5-22 所示。

图 5-22

5.2.7　远光灯

远光灯发射的光线是沿着某个特定的方向平行传播的，没有距离的限制，除非为其定义了衰减参数，否则没有起点和终点的概念。远光灯常用来模拟太阳，无论物体位于远光灯的正面还是背面，只要是位于光线的传播方向上，物体的表面都会被照亮，如图 5-23 所示。

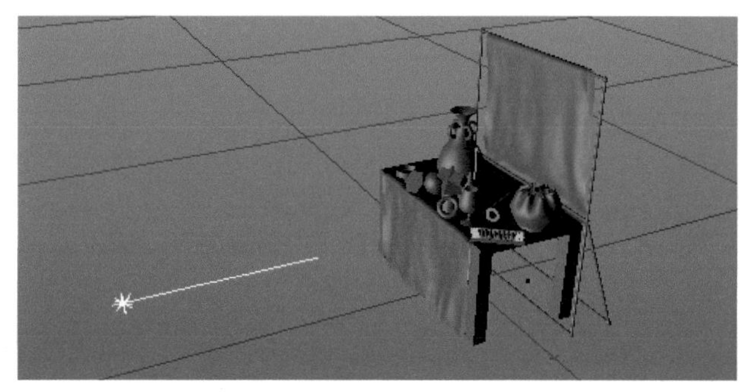

图 5-23

5.2.8　实战——制作体积光

在游戏场景中，遮光物体被光源照射时，在其周围的光呈放射状泄露，这种光效果称为“体积光”。例如，阳光照到树上，会从树叶的缝隙中透出形成光柱。体积光相比其他的光照效果能给人带来更真实的视觉感受，在渲染产品时经常用到。

素材文件路径：　素材 \ 第 5 章 \5.2.8
效果文件路径：　效果 \ 第 5 章 \5.2.8. 体积光 .JPG
视频文件路径：　视频 \ 第 5 章 \5.2.8. 制作体积光 .MP4

01 启动 Cinema 4D，打开“体积光 .c4d”文件，素材中已经创建好了模型和场景，如图 5-24 所示。

图 5-24

02 在工具栏中单击“聚光灯”按钮，创建一个聚光灯，然后在该聚光灯的“属性”窗口中选择“常规”选项卡，选择“投影”类型为“阴影贴图（软阴影）”，如图 5-25 所示。

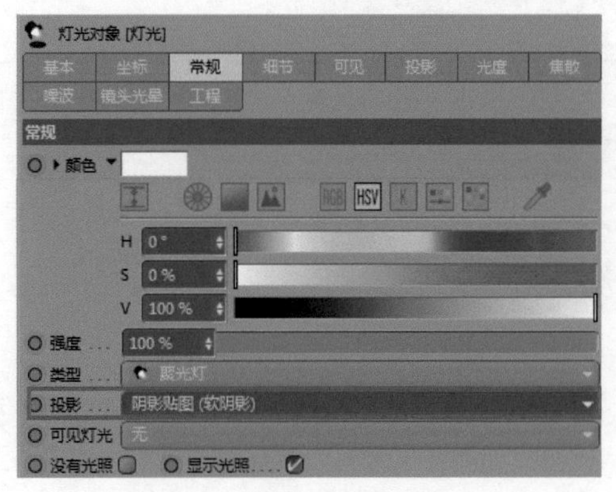

图 5-25

03 切换至“细节”选项卡，将“内部角度”设置为 30°，“外部角度”设置为 50°，如图 5-26 所示。

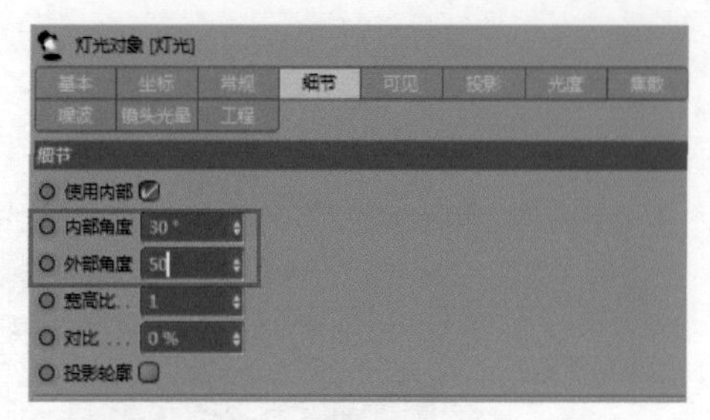

图 5-26

04 再切换至“可见”选项卡，将“亮度”调整为 200%，如图 5-27 所示。

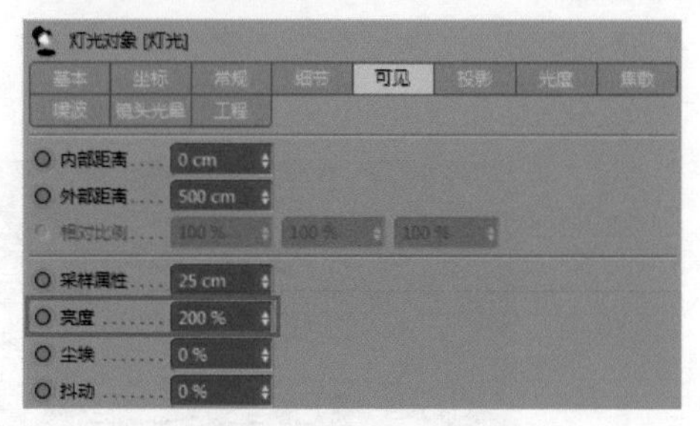

图 5-27

05 再切换至“投影”选项卡，将“密度”设置为 50%，“投影贴图”设置为 500×500，如图 5-28 所示。

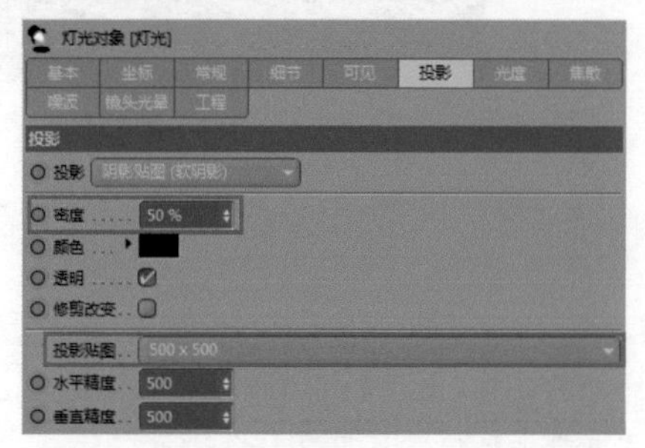

图 5-28

06 最后切换至“噪波”选项卡，设置“噪波”为“可见”，选择“类型”为“波状湍流”，“速度”为 50%，X、Y、Z 轴上的“可见比例”均设置为 10cm，“光照比例”设置为 1，如图 5-29 所示。

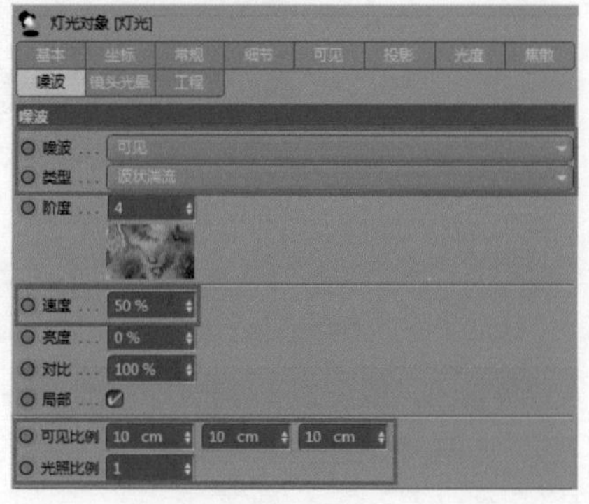

图 5-29

07 调整聚光灯的位置，然后按快捷键 Ctrl+R 或单击工具栏中的“渲染活动视图”按钮，即可得到渲染效果，如图 5-30 所示。

图 5-30

5.3　灯光参数详解

创建一盏灯光对象后，“属性”窗口中会显示该灯光的参数，Cinema 4D 提供了各种类型的灯光，这些灯光的参数大部分都相同。有些特殊的灯光，Cinema 4D 专门设置了一个“细节”选项卡，这里的参数会因为灯光类型的不同而改变，以区分各种灯光的细节效果。以泛光灯为例，灯光的“属性”窗口如图 5-31 所示。

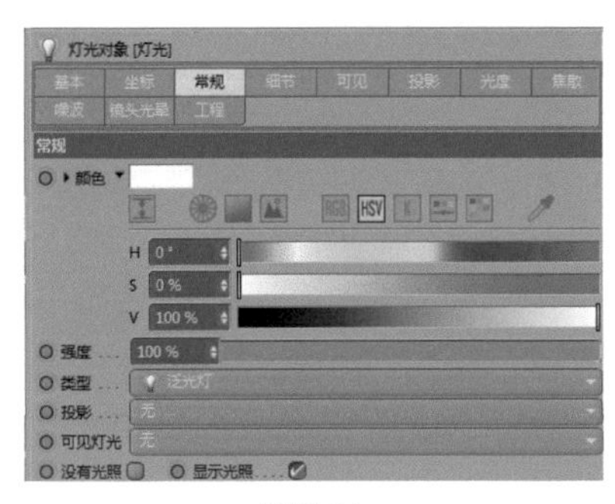

图 5-31

5.3.1　常规

“常规”选项卡主要设置灯光的基本属性，包括颜色、类型和投影等参数，如图 5-32 所示。

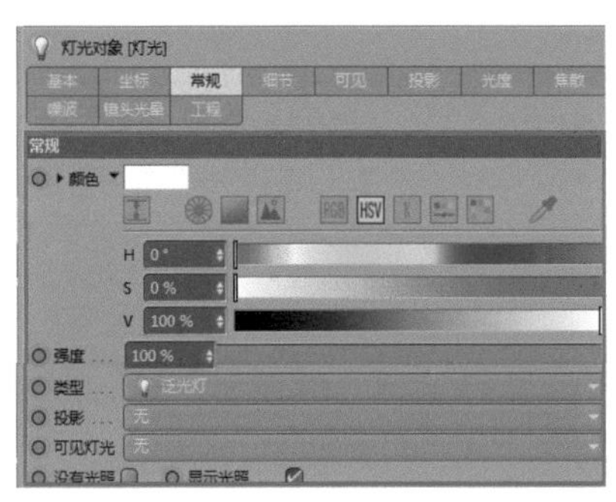

图 5-32

下面对常用的几种参数进行介绍。

1. 颜色

用于设置灯光的颜色，灯光的颜色不同，照射在模型上的颜色也会发生改变，如图 5-33 所示。

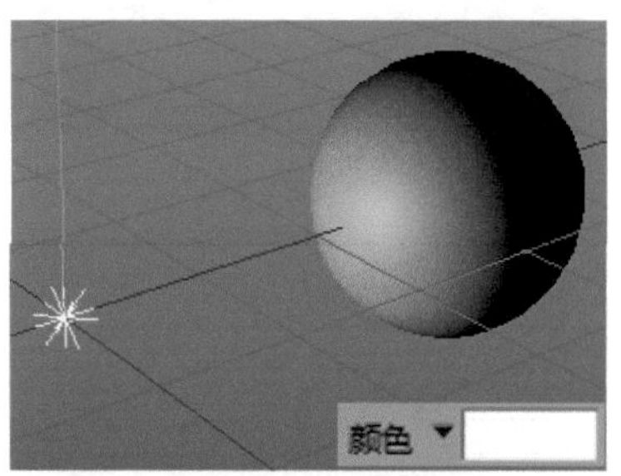

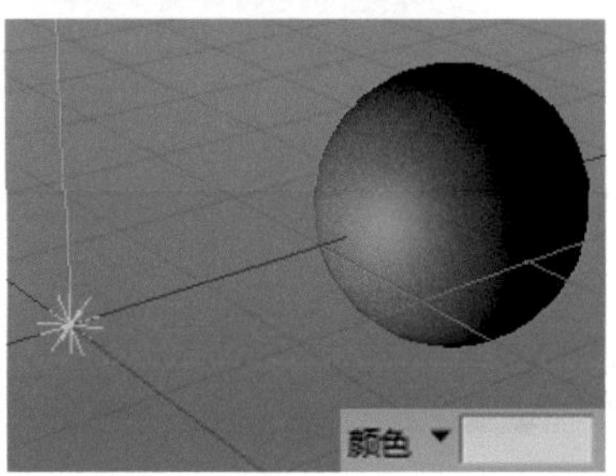

图 5-33

2. 强度

用于设置灯光的照射强度，也就是灯光的亮度。数值范围可以超过 100%，而且没有上限，0% 的灯光强度则代表灯光没有亮度。不同强度的对比效果如图 5-34 所示。

30%

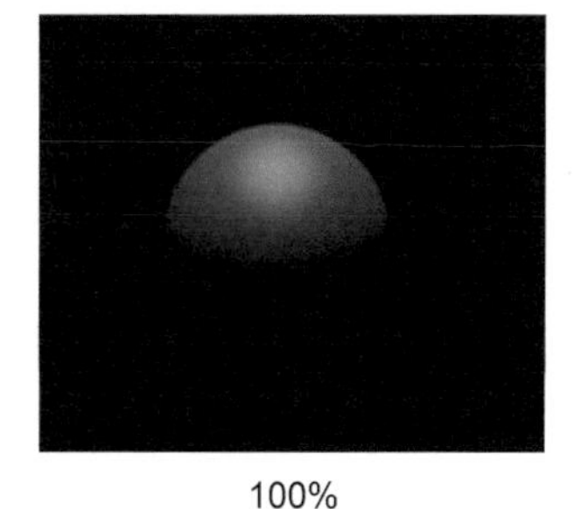

100%

图 5-34

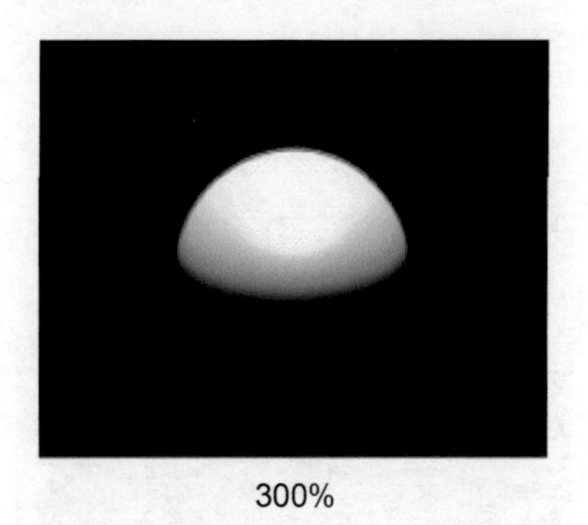

图 5-34（续）

3. 投影

该参数可以控制光照的投影效果，其包含 4 个选项，分别是“无”“阴影贴图（软阴影）”“光线跟踪（强烈）”和“区域”，如图 5-35 所示。

图 5-35

✦ 无：选择该选项，则灯光照射在物体上不会产生阴影，如图 5-36 所示。

图 5-36

✦ 阴影贴图（软阴影）：灯光照射在物体上时产生柔和的阴影，阴影的边缘会出现模糊效果，如图 5-37 所示。

图 5-37

✦ 光线跟踪（强烈）：灯光照射在物体上时会产生形状清晰且较为强烈的阴影，阴影的边缘处不会产生任何模糊效果，如图 5-38 所示。

图 5-38

✦ 区域：灯光照射在物体上会根据光线的远近产生不同的阴影，距离越近阴影就越清晰，距离越远阴影就越模糊，它产生的是较为真实的阴影效果，如图 5-39 所示。

图 5-39

4. 可见灯光

用于设置在场景中的灯光是否可见以及可见的类型。该参数包含“无”“可见”“正向测定体积”和“反向测定体积”这 4 个选项，如图 5-40 所示。

图 5-40

✦ 无：表示灯光在场景中不可见。

✦ 可见：表示灯光在场景中可见，且形状由灯光的类型决定。选择该选项后，泛光灯在视图中将显示为球形，且渲染时同样可见，拖曳球形上的黄点可以调节光源的大小，如图 5-41 所示。

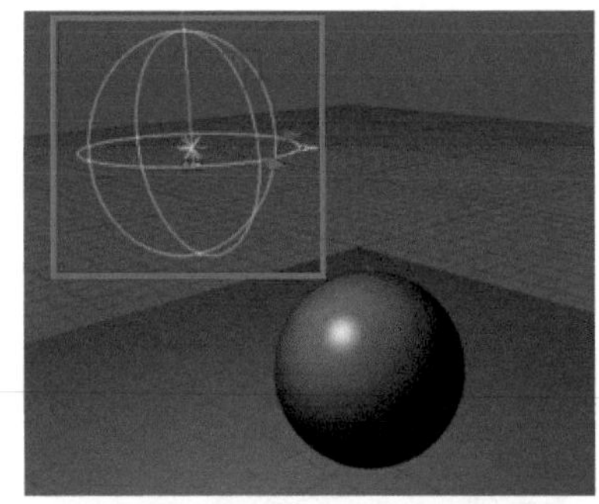

图 5-41

✦ 正向测定体积：选择该选项后，灯光照射在物体上会产生体积光，同时阴影衰减将被减弱。

✦ 反向测定体积：选择该选项后，在普通光线产生阴影的地方会发射光线，常用于制作光线发散特效。

为了方便观察，这里使用聚光灯来做测试，且灯光的亮度设置为 200%。可见灯光设置为“可见”和“正向测定体积”的效果如图 5-42 所示。

可见

正向测定体积

图 5-42

5.3.2 细节

“细节”选项卡中的参数会因为灯光对象的不同而有所改变。除了区域光之外，其他几类灯光的“细节”选项卡中包含的参数大致相同，只是被激活的参数有些区别，如图 5-43 所示。

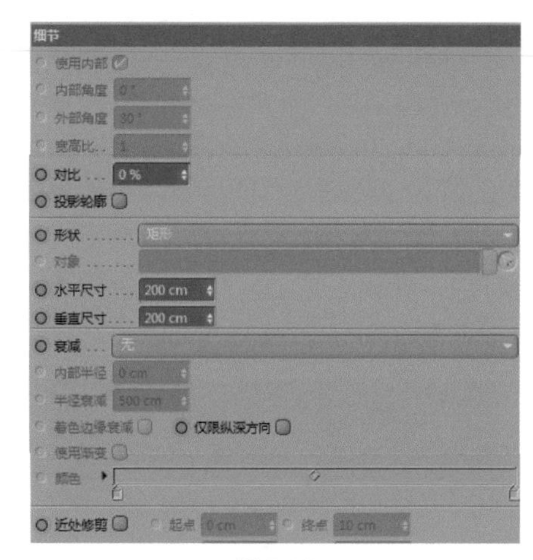

图 5-43

下面对常用的几个参数进行介绍。

1. 使用内部 / 内部角度

选中“使用内部”选项后，“内部角度”参数才能被激活，通过调整该参数，可以设置光线边缘的衰减程度。高数值将导致光线的边缘较硬，低数值将导致光线的边缘较柔和，如图 5-44 所示。

低数值

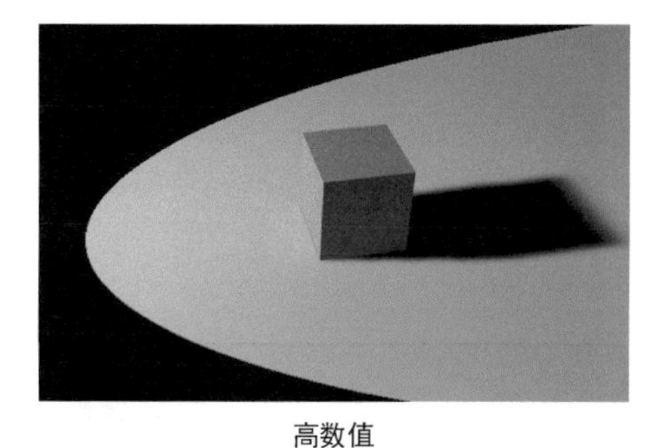

高数值

图 5-44

> **提示**
> “使用内部”选项只能用于聚光灯，根据聚光灯类型的不同，“内部角度”可能会显示为“内部半径”。

2. 外部角度

用于调整聚光灯的照射范围，通过灯光对象线框上的黄点也可以调整，如图 5-45 所示。“外部角度”取值范围是 0° ～ 175°，如果是“外部半径”则没有上限，但不能是负值。“内部角度”和“内部半径”也是一样。另外，“外部角度”“外部半径”的数值决定了“内部角度”和“内部半径”参数的最大值，也就是说内部的取值范围不能超过外部的参数。

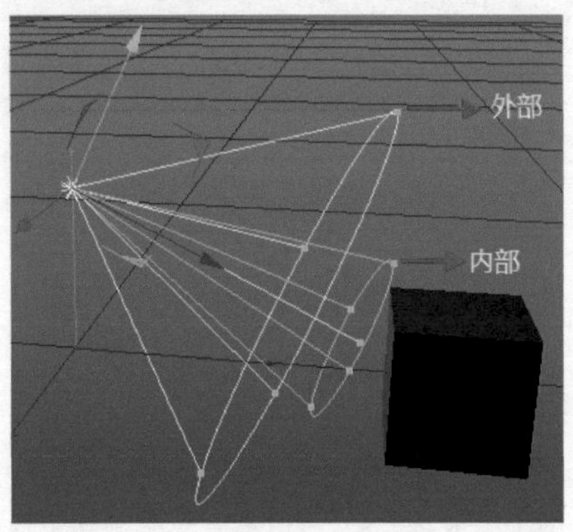

图 5-45

3. 宽高比

标准的聚光灯是一个锥体的形状，该参数可以设置锥体底部圆的横向宽度和纵向高度的比值，取值范围为 0.01 ～ 100。

4. 对比

当光线照射到对象上时，对象上的明暗变化会产生过渡，该参数用于控制明暗过渡的对比度，如图 5-46 所示。

图 5-46

5. 衰减

现实中，一个正常的光源可以照亮周围的环境，同时周围的环境也会吸收这个光源发出的光线，从而使光线的亮度越来越弱，也就是光线随着传播的距离而产生了衰减。在 Cinema 4D 中，虚拟的光源也可以表现这种衰减的现象。在“衰减”下拉列表中包含了 5 种衰减类型，分别是“无”“平方倒数（物理精度）”“线性”“步幅”和“倒数立方限制”，如图 5-47 所示。

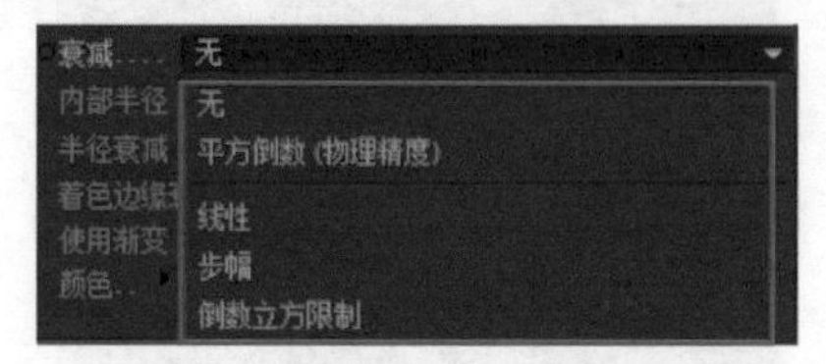

图 5-47

各种衰减类型的效果如图 5-48 所示。

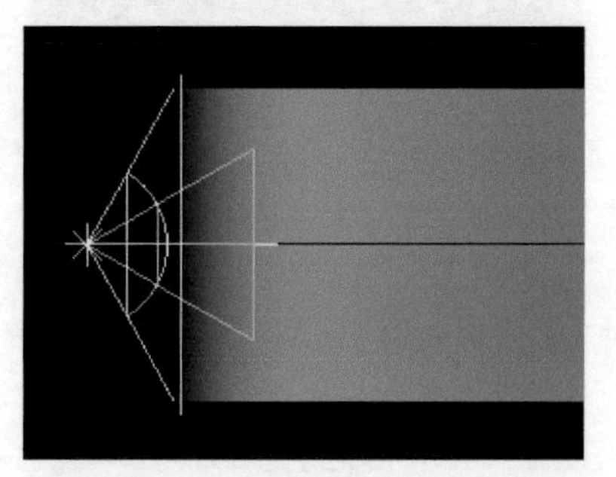

无

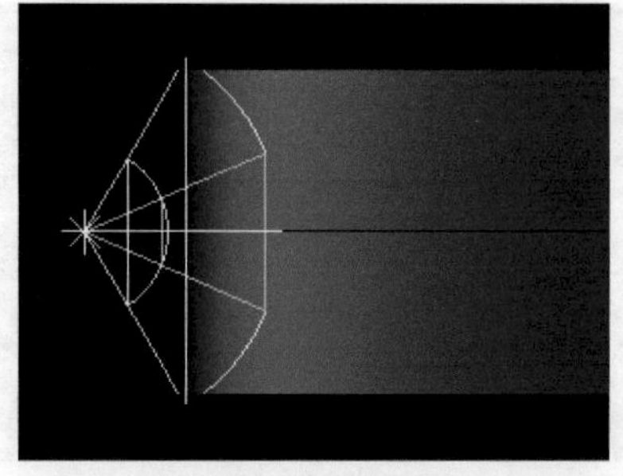

平方倒数（物理精度）

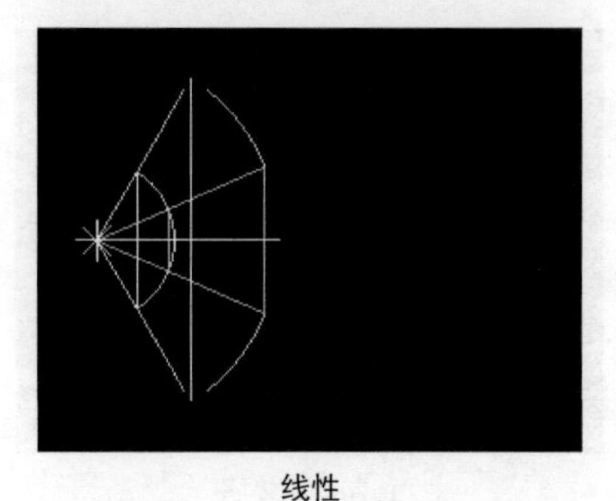

线性

图 5-48

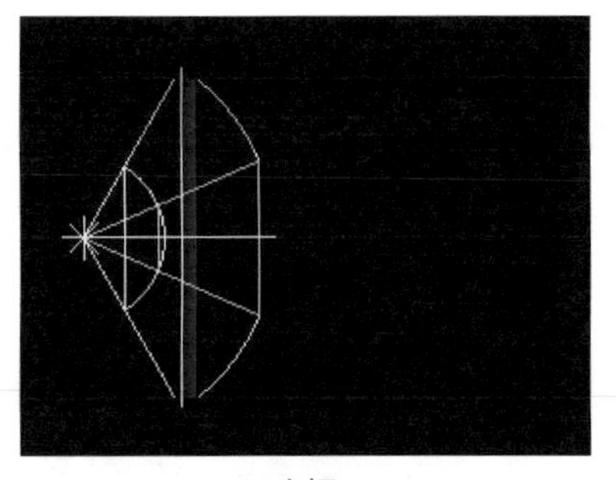

步幅

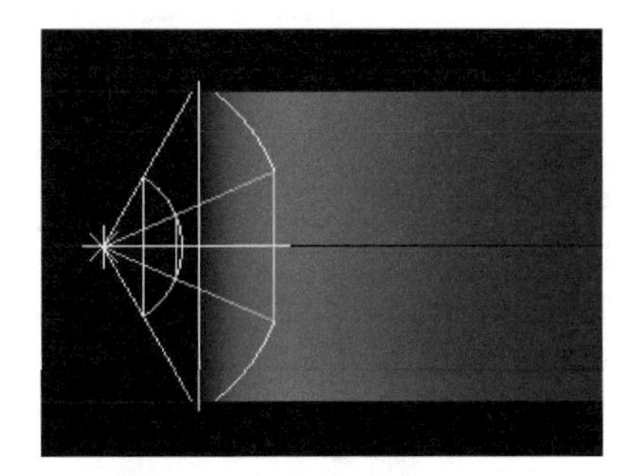

倒数立方限制

图 5-48 （续）

5.3.3 可见

“可见”选项卡主要用来设置灯光本身的可见效果，如图 5-49 所示。

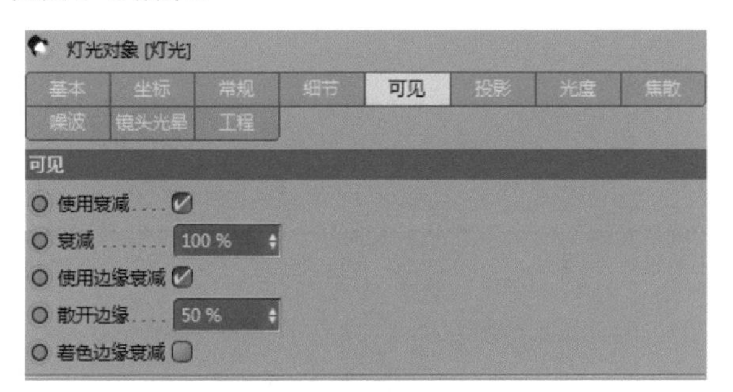

图 5-49

下面对常用的几个参数进行介绍。

1. 使用衰减

选中“使用衰减”复选框后，下面的“衰减”参数才会被激活，衰减是指按百分比减少灯光的密度，默认数值为 100%。也就是说从光源的起点到外部边缘之间，灯光的密度从 100% ～ 0% 逐渐减少，如图 5-50 所示。

2. 使用边缘衰减 / 散开边缘

这两个参数只与聚光灯有关，“使用边缘衰减”可以控制对可见光边缘的衰减效果，如图 5-51 所示。

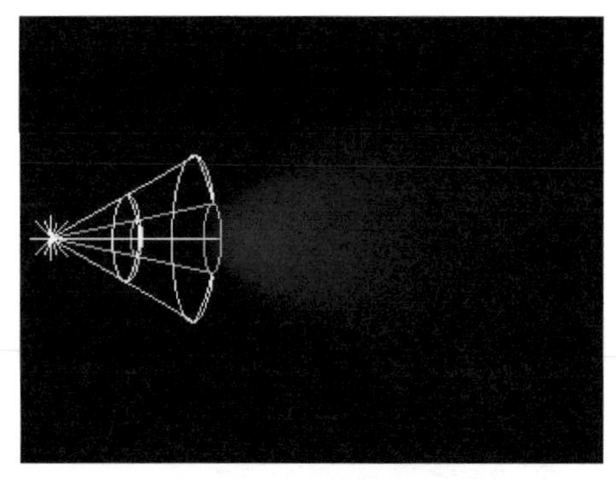

100%

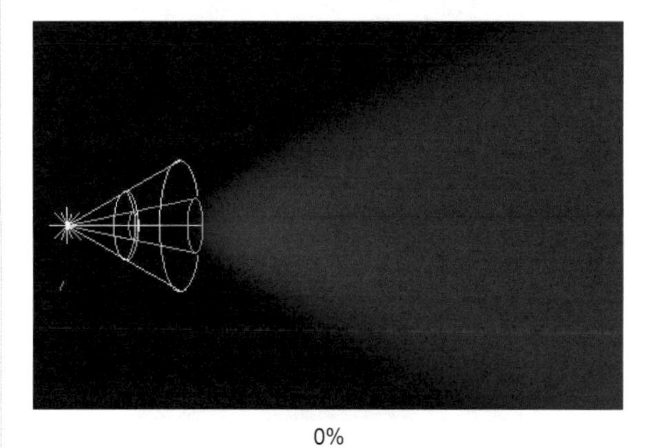

0%

图 5-50

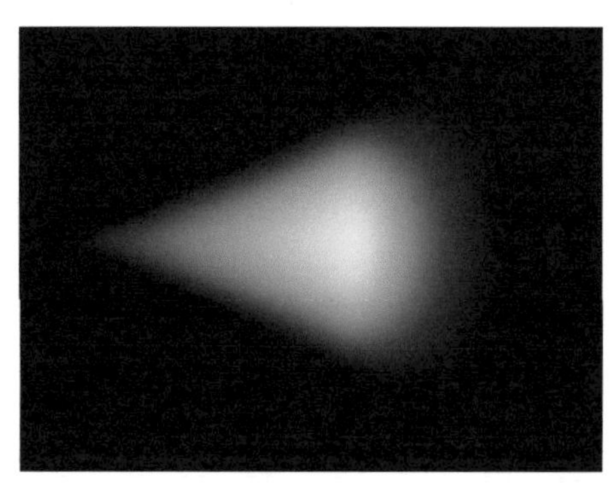

100%

0%

图 5-51

3. 着色边缘衰减

只对聚光灯有效，同时启用“使用边缘衰减”选项后才会被激活。选中该复选框后，内部的颜色将会向外部呈放射状传播，如图 5-52 所示。

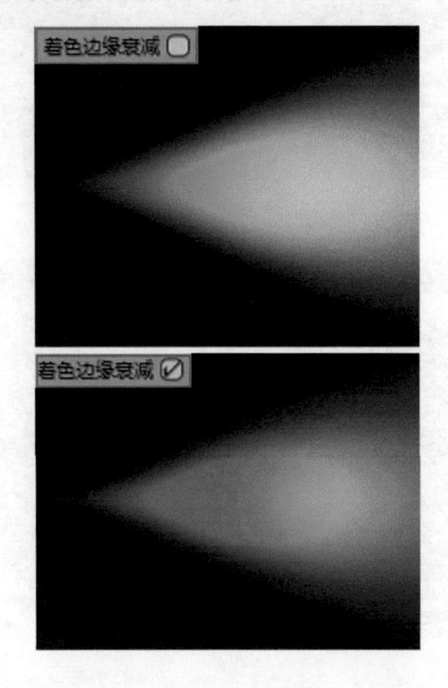

图 5-52

5.3.4 投影

每种灯光都有 4 种投影方式，分别是“无”“阴影贴图（软阴影）”“光线跟踪（强烈）”和“区域”，这在前面的“常规”选项卡中已经进行了简单的介绍。“投影”选项卡可以针对不同的投影方式进行细节化的设置，如图 5-53 所示。

图 5-53

下面对另外几个参数进行介绍。

1. 密度

该选项可用于改变阴影的强度，如图 5-54 所示。

50%

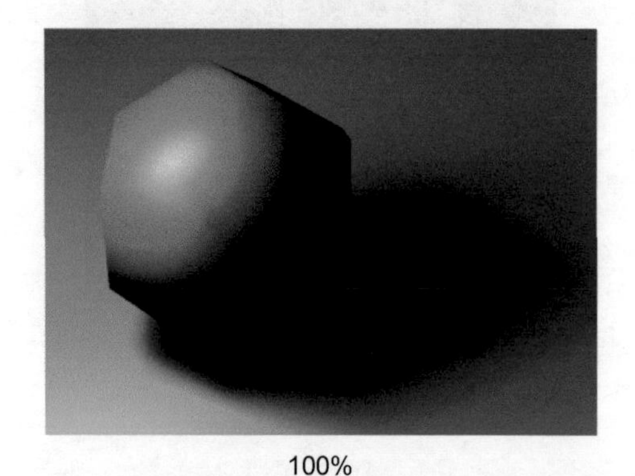

100%

图 5-54

2. 颜色

该选项用于设置阴影的颜色，如图 5-55 所示。

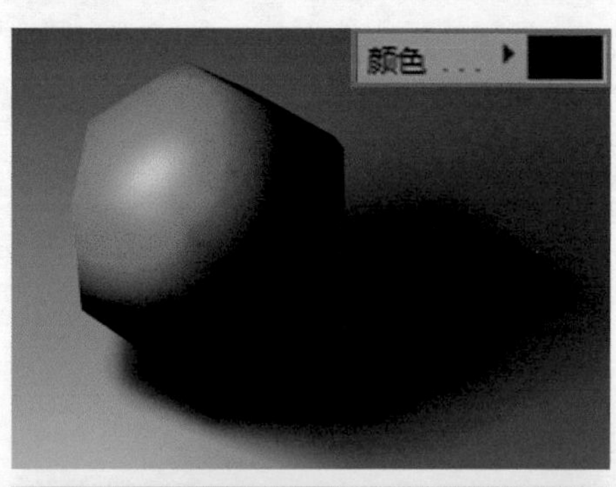

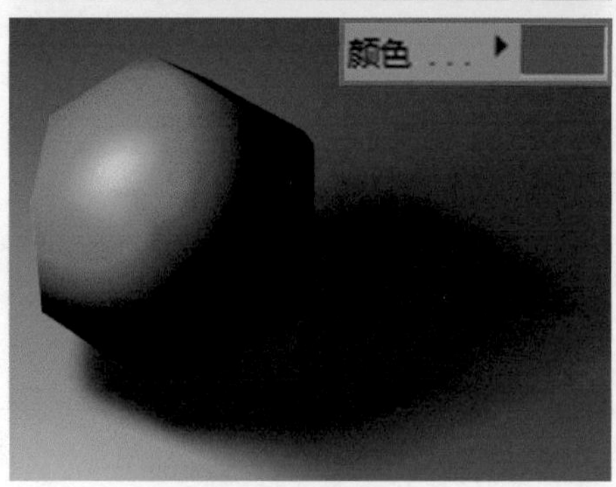

图 5-55

3. 透明

如果赋予对象的材质设置了“透明”或者 Alpha 通道，那么就需要选中该复选框，渲染效果如图 5-56 所示。

图 5-56

4. 修剪改变

选中该复选框后，在“细节”选项卡中设置的修剪参数将会应用到阴影投射和照明中。

5.3.5　光度

“光度”选项卡主要用于设置灯光的亮度，如图 5-57 所示。

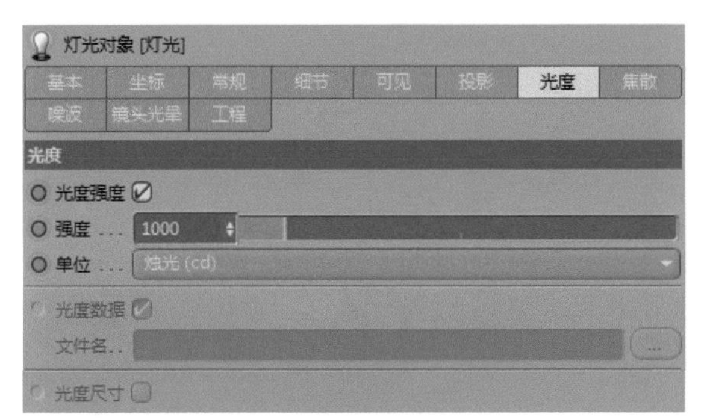

图 5-57

下面对常用的几个参数进行介绍。

1. 光度强度 / 强度

创建一盏 IES 灯后，“光度强度”选项就会自动激活，通过调整“强度”数值可以设置IES灯光的灯光强度。这两个参数也可以应用于其他类型的灯光。

2. 单位

除了“强度”参数，该属性同样也可以影响到光照的强度，并且也可以应用于其他类型的灯光。该下拉列表中包含“烛光（cd）”和“流明（lm）”两个选项，如图 5-58 所示。

图 5-58

✦ 烛光（cd）：表示光度强度是通过“强度”参数定义的。

✦ 流明（lm）：表示光度强度是通过灯光的形状来定义的，例如聚光灯，如果增加聚光灯的照射范围，那么光度强度也会相应增加，反之亦然，如图 5-59 所示。

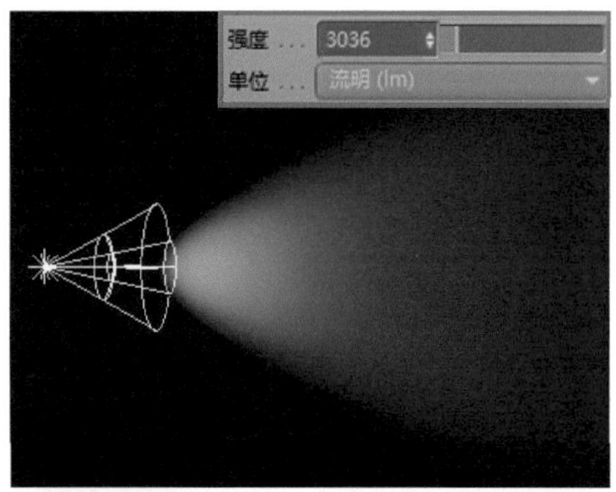

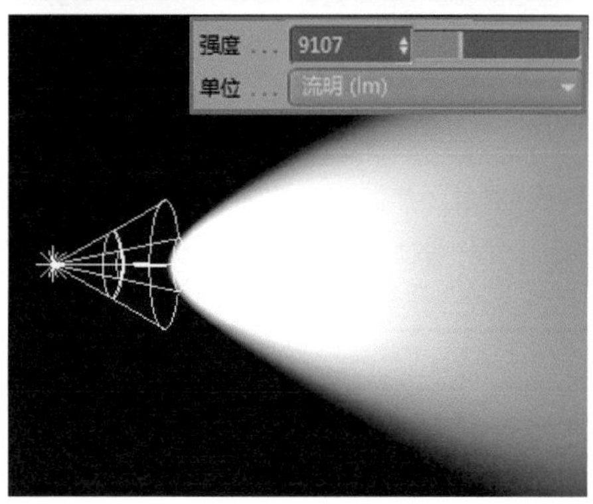

图 5-59

5.3.6　焦散

焦散是指当光线穿过一个透明物体时，由于物体表面的不平整，使光线折射而没有平行发射，从而出现了漫折射，投影表面出现光子分散。使用“焦散”功能可以生成很多精致的效果。在 Cinema 4D 中，如果想要渲染灯光的焦散效果，需要在“渲染设置”窗口中单击“效果”按钮，并选中“焦散”选项，如图 5-60 所示。

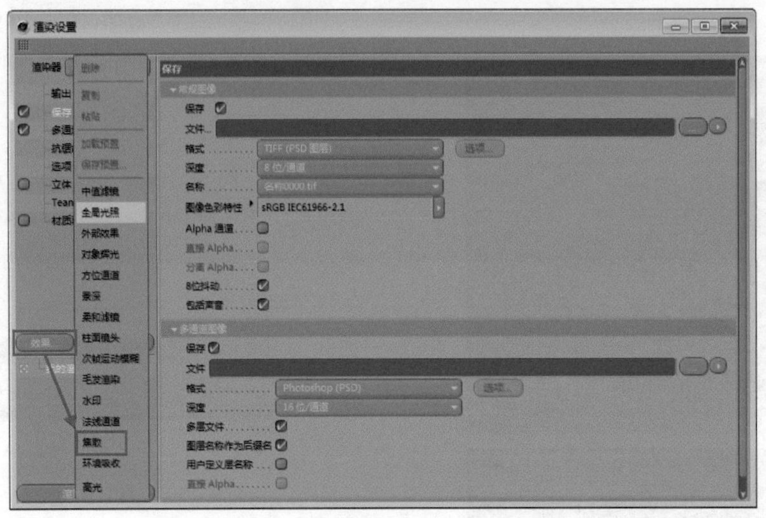

图 5-60

“焦散”选项卡如图 5-61 所示，下面对它的一些主要参数进行介绍。

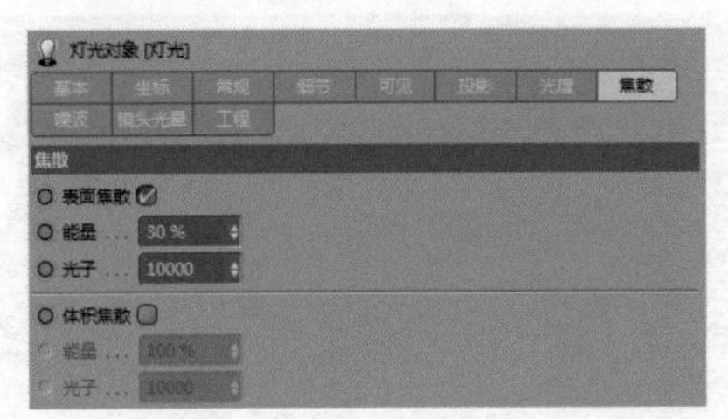

图 5-61

1. 表面焦散

用于激活灯光的表面焦散效果。

2. 能量

用于设置表面焦散光子的初始总能量，主要控制焦散效果的亮度，同时也影响每一个光子反射和折射的最大值，如图 5-62 所示。

3. 光子

影响焦散效果的精确度，数值越高效果越精确，同样，渲染时间也会增加，一般取值范围在 10000 ～ 1000000 最佳，数值低时光子看起来就像一个个白点。

4. 体积焦散 / 能量 / 光子

这 3 个参数用于设置体积光的焦散效果。

50%

200%

图 5-62

5.3.7　噪波

“噪波”选项卡如图 5-63 所示，主要用于制造一些特殊的光照效果。下面对其中常用的几个参数进行介绍。

图 5-63

1. 噪波

用于选择噪波的方式，包括“无”“光照”“可见”和“两者”4 个选项，如图 5-64 所示。

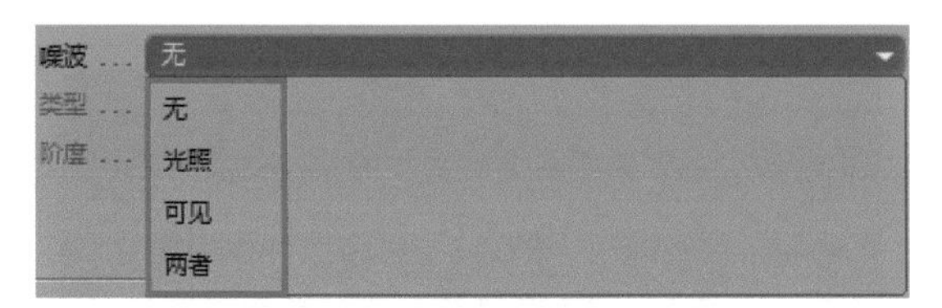

图 5-64

✦ 无：不产生噪波效果，如图 5-65 所示。

图 5-65

✦ 光照：选择该选项后，光源的周围会出现一些不规则的噪波，并且这些噪波会随着光线的传播，照射在物体上，如图 5-66 所示。

✦ 可见：选择该选项后，噪波不会照射到物体上，但会影响可见光源。该选项可用于让可见光源模拟烟雾效果，如图 5-67 所示。

图 5-66

图 5-67

✦ 两者：使“照明”和“可见”选项的两种效果同时出现，如图 5-68 所示。

图 5-68

2. 类型

用于设置噪波的类型，包含“噪波”“柔性湍流”“刚性湍流”和“波状湍流”4 种，效果如图 5-69 所示。

噪波

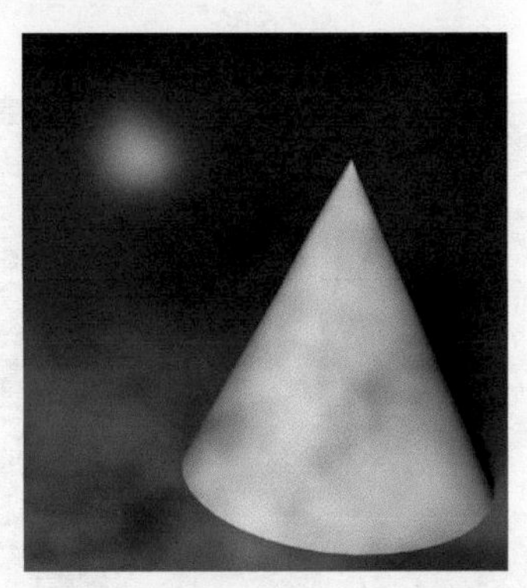

柔性湍流

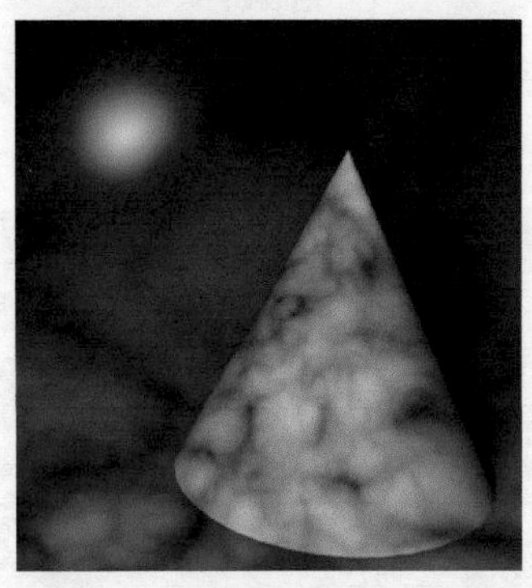

刚性湍流

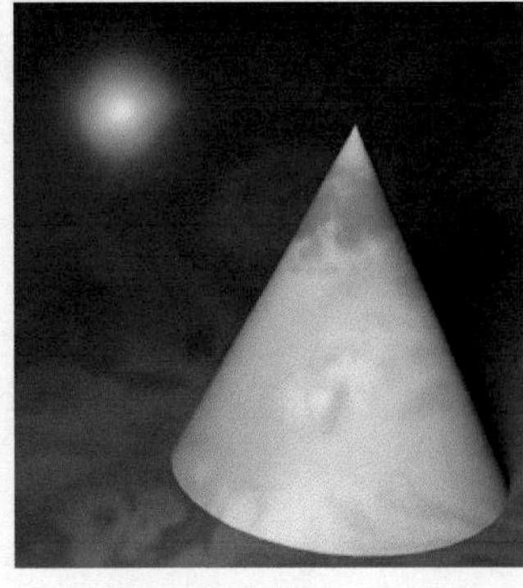

波状湍流

图 5-69

5.3.8 镜头光晕

“镜头光晕”选项卡用于模拟现实世界中摄像机镜头产生的光晕效果，镜头光晕可以烘托画面的气氛，在深色的背景中尤为明显，如图 5-70 所示。

图 5-70

下面对其中的参数进行介绍。

1. 辉光

用于为灯光选择一种镜头光晕的效果，如图 5-71 所示。

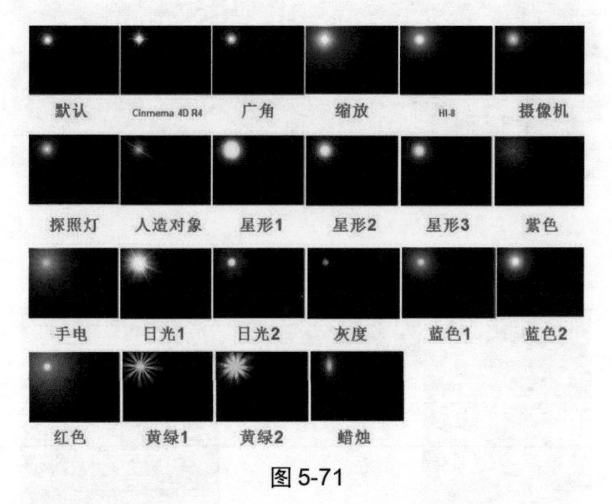

图 5-71

2. 亮度

用于设置选择的辉光亮度。

3. 宽高比

用于设置所选择的辉光宽度和高度的比例。

4.“编辑”按钮

单击该按钮可以打开“辉光编辑器”对话框，从中可以设置辉光的相应属性，如图 5-72 所示。

5. 反射

为镜头光晕设置一个镜头光斑，如图 5-73 所示，配合辉光类型可以搭配出多种不同的效果。

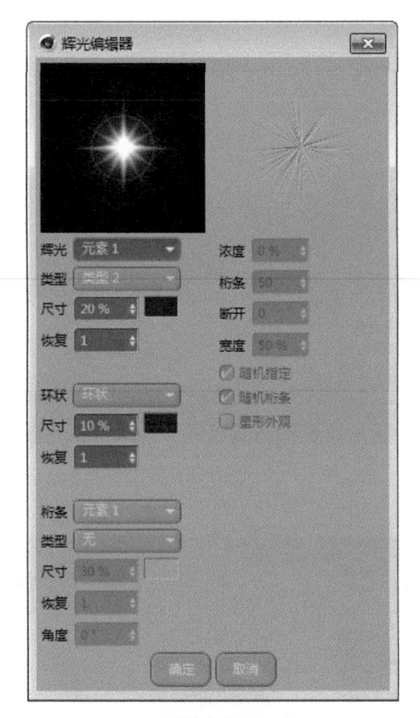

图 5-72

图 5-73

5.3.9　实战——制作钻石效果

要表现钻石、玻璃这一类材料，除了将材质设置准确外，还需要正确的光照效果来进行搭配。

素材文件路径：	素材 \ 第 5 章 \5.3.9
效果文件路径：	效果 \ 第 5 章 \5.3.9. 钻石效果 .JPG
视频文件路径：	视频 \ 第 5 章 \5.3.9. 制作钻石效果 .MP4

01 启动 Cinema 4D，打开“制作钻石效果 .c4d”文件，素材中已经创建好了钻石模型和其他场景，如图 5-74 所示。

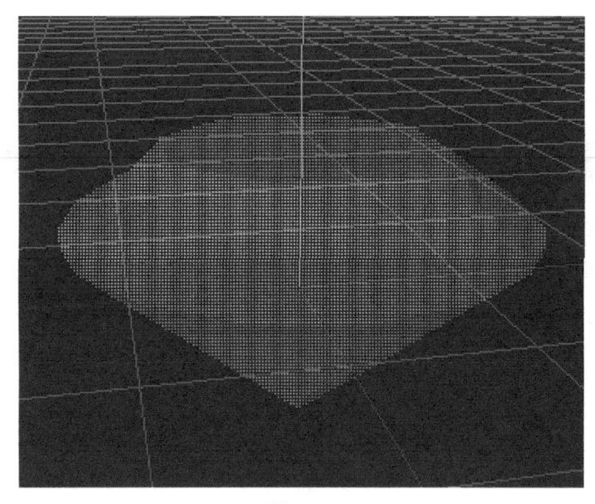

图 5-74

02 在工具栏中单击“聚光灯”按钮，创建一盏聚光灯，然后在该聚光灯的“属性”窗口中选择“常规”选项卡，将其光照“强度”调整为 120%，如图 5-75 所示。

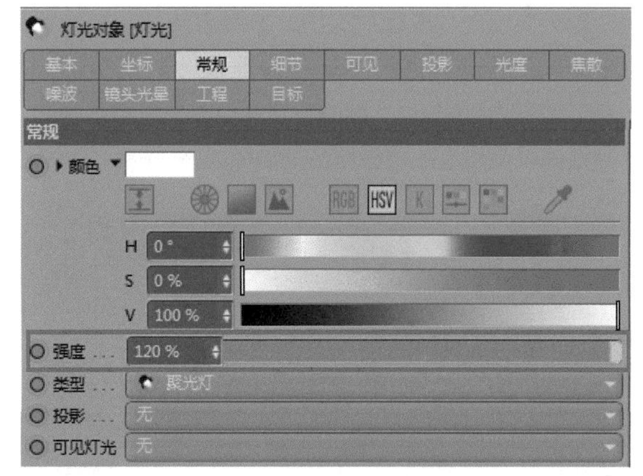

图 5-75

03 切换至“焦散”选项卡，选中“表面焦散”复选框，然后设置“能量”为 300%，“光子”为 600000，如图 5-76 所示。

图 5-76

04 调整聚光灯的位置，然后按快捷键 Ctrl+R 或单击工具栏中的“渲染活动视图”按钮，即可看到渲染效果，如图 5-77 所示。

图 5-77

5.4 应用技巧

在现实中，摄影师和画家都需要对光有非常好的理解，因为光是艺术表现的关键。摄影中好的布光能拍出更好的作品，而CG也和摄影一样，是追求光和影的艺术。在 CG 表现时，场景中光源的布置是必须要考虑到位的，否则很难渲染出高品质的作品，如图 5-78 所示。

图 5-78

当我们站在空旷的草地上，周围没有任何遮挡物时，太阳就是一个直射光源，直接照亮身体和周围的草地，草地接收到太阳的光照后，吸收一些光线并漫反射出绿色的光线，这部分光线间接增强了太阳光的强度，如图 5-79 所示。如果进入伞下的阴影里，对物体而言，太阳光就不再是直射光源了，照亮物体的都是来自天空和地面的漫反射光线，如图 5-80 所示。这里的阳光就成为直射光照，而天空和地面的反射光则成为间接光照，这是两种不同的光照形式。

图 5-79

图 5-80

5.4.1 3 点照明设置

CG 布光在渲染器发展的早期，无法计算间接光照，因为背光的地方没有光线进行反射，就会得到一个全黑的背面。因此模拟物体真实的光照，需要多盏辅助灯光照射暗部区域，也就形成了众所周知的“3 点布光”，也称为“3 点照明”的布光手法。如果场景很大，可以把它拆分成若干个较小的区域进行布光。一般有 3 盏灯即可，分别为主体光、辅助光与背景光。

3 点布光的好处是容易学习和理解。它由在一侧的一个明亮主灯，在对侧的一个弱补充的辅助灯和用来给物体突出加亮边缘的、在物体后面的背景灯组成，如图 5-81 所示。

3 点布光时布光顺序可参考如下 3 步。

（1）先确定主体光的位置与强度。

（2）接着决定辅助光的强度与角度。

（3）最后分配背景光。

布光效果应当主次分明、互相补充。在 CG 中，这种布光手法比较传统，且更接近于绘画的手法，利用不同的灯光对物体的亮部和暗部进行色彩和明度的处理。

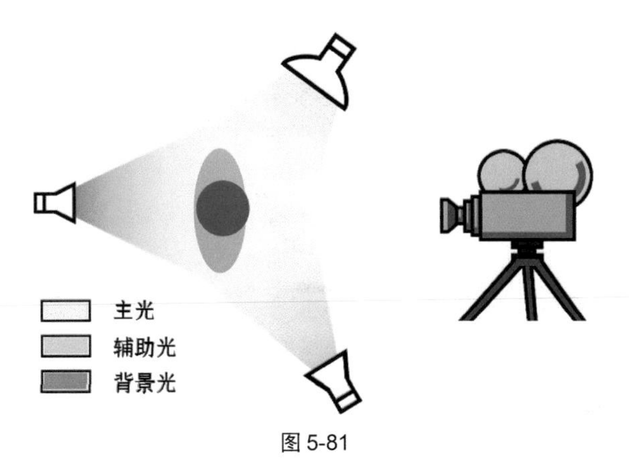

图 5-81

在 CG 中，3 点布光最大的问题在于它的刻意性，这种光照类型在自然界并不存在，因为它的效果太艺术化，看起来也就较刻意、不真实。渲染器发展到现在，已经具备了对间接光照进行计算的能力，新的 Global Illumination 技术已经解决了我们对暗部处理的问题。有的渲染器更是提供了进行全局光照明的天空物体。这样一来，即使不用灯光也可以模拟出真实的光照效果，但是布光的作用仍然至关重要。

5.4.2 布光方法

100 名灯光师给一个复杂场景布光会有 100 种不同的方案与效果，但是布光的原则还是会遵守的，例如考虑灯光的类型、灯光的位置、照射的角度、灯光的强度和灯光的衰减等。如果想要对环境或物体进行照明，那么，在布光中可以尝试一些创造性的做法，并研究在自然界发生了什么，然后制定出自己的解决方案。

1. 灯光类型

进行布光前，首先要确定主光源。如果采用室外光为主要光源，那么，太阳就是主光源。如果在室内采用灯光作为主光源，它的位置就非常重要。由于光源照射角度的不同，阴影产生的面积也会不同。当主光源产生的阴影面积过大时，就需要增加辅助光源对暗部进行适当照明。在演播室拍摄节目时，照射主持人的光一般从前上方偏左或偏右进行照射，这样会在主持人鼻子下方和颈部留下明显的阴影，为了处理这些阴影，就会使用一个辅助光照射一个反光板。在拍摄户外电影、电视剧的片场，也可以看到会有工作人员手持白色板子跟着演员一起移动，实际上就是为了解决演员面部曝光不足的问题，如图 5-82 所示。

前光、侧光、背景光等不是相对物体位置而言的，而是参考摄像机的拍摄方向，如图 5-83 所示。

图 5-82

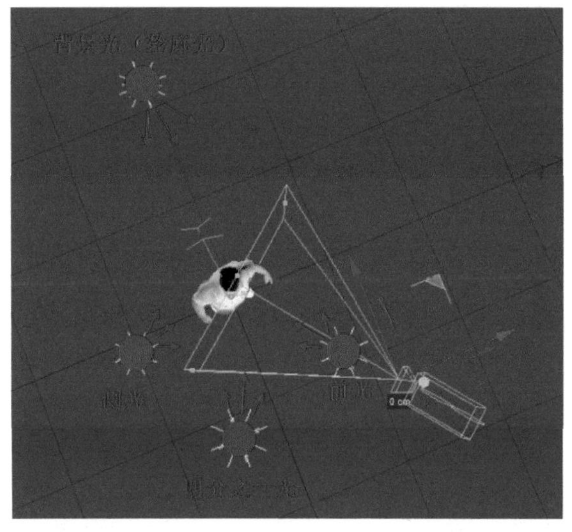

图 5-83

首先需要确定光线从哪个角度照射到物体上，也就是光线的方向。选择主光从哪个方向照射是最重要的问题之一，因为这会对一个场景最终呈现出的氛围，以及对图像要传达的情绪产生巨大的影响。它基本可以控制照明的整个基调，在调整灯光的照射角度时，需要仔细观察明暗面积的比例关系，通过观察可以使调节灯光的照射角度有章法可循。

光可以很快地照亮整个场景中的可视部分。在照射范围内，会产生非常均匀的光照效果，物体上的颜色也会相对柔和。但它的缺陷是缺乏立体感，如果光源很硬效果看起来会毫无吸引力。

2. 布光步骤

在为场景布光之前，应当明确布光的用途和目的。布置光源需要考虑是为了满足什么样的需要。换句话说，场景的基调和气氛是什么？在灯光中表达出的基调，对整个图像的效果是至关重要的。在某些情况下，唯一的目的是清晰地看到一个或几个物体，而实际目的是更加复杂的。

灯光有助于表达一种情感，或引导目光聚焦到一个特定的位置，可以使场景看起来更有深度和层次。因此，表达对象和应用领域不同，灯光照明的原则也会不同，在布光之前清楚照明的目的，然后根据各自的特点分配灯光才是正确的方法和首要步骤。

✦ 来源

在创作逼真的场景时，应该养成从实际照片和优秀电影中取材的习惯。好的参考资料可以提供一些线索和灵感。通过分析一张照片中高光和阴影的位置，通常可以了解对图像起作用的光线的基本位置和强度。通过现有的原始资料来布光，可以学到很多知识。

✦ 光的方向

在 CG 中模拟真实的环境和空间，一定要形成统一的光线方向，这也是布光主次原则的体现。

✦ 光的颜色

场景中的灯光颜色极为重要，能够反映画面的气氛和表现意图。从美术角度来分析，颜色有冷暖之分，不同的色调会使个人的心理感受不同，如图 5-84 和图 5-85 所示。

图 5-84

图 5-85

冷色为后退色，给人镇静、冷酷、强硬、收缩等感觉。暖色为前进色，给人亲近、活泼、愉快、温暖、激情和膨胀等感觉。所以每个画面都要有一个主色调，同时它们可以是相互联系、相互依存的。因为冷暖色是靠对比产生的，例如，黄色和蓝色放在一起，黄色就是一种暖色，但黄色和红色放在一起，黄色就具有了冷色的特征。因此，在画面确定统一的色调后，画面就可以为大面积的主色调分配小面积的对比色调。例如，物体的亮部如果是冷色调的，暗部则为暖色调，反之亦然。

5.5 实战——iPhone X 拍摄布光

对于做电商的读者来说，“商品摄影”这个概念想必不会陌生，漂亮的产品照片不仅能让人眼前一亮，更能让人产生购买欲望。以前，大家都需要使用相机来给自家的产品拍照，而现在则可以通过 Cinema 4D 建模渲染来完成。本节便介绍如何给制作好的产品模型进行布光，已达到最佳的渲染效果。

素材文件路径：	素材 \ 第 5 章 \5.5
效果文件路径：	效果 \ 第 5 章 \5.5. iPhone X 拍摄布光 .JPG
视频文件路径：	视频 \ 第 5 章 \5.5. iPhone X 拍摄布光 .MP4

01 启动 Cinema 4D，打开“iPhone X 拍摄布光 .c4d”文件，素材中已经创建好了 iPhone X 的模型，并添加了材质和其他场景，效果如图 5-86 所示。

图 5-86

02 按照 3 点照明的方法，为场景添加 3 盏灯光，首先添加主光源。在工具栏中单击“聚光灯”按钮，创建一盏聚光灯，接着在“属性”窗口中选择“常规”选项卡，选择“投影”类型为“阴影贴图（软阴影）”，如图 5-87 所示。

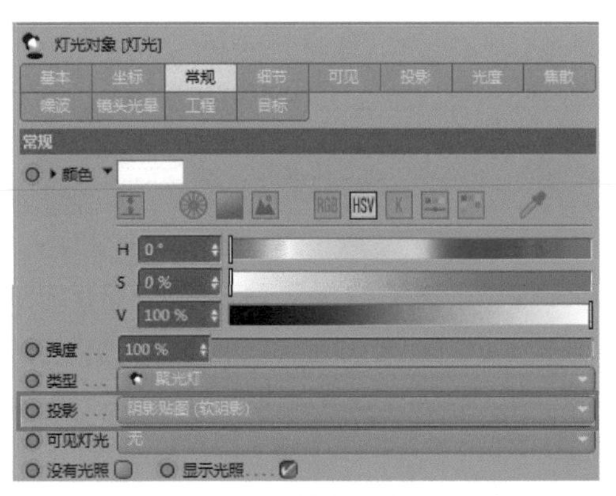

图 5-87

03 移动主光源。选中创建好的聚光灯，然后将其移动至模型的左上角位置，如图 5-88 所示。

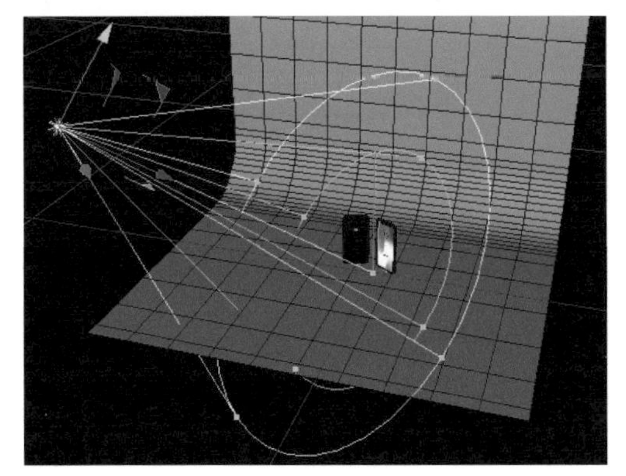
图 5-88

04 创建辅助光源，辅助光的光度强度应该比主光源弱，同时为了减少计算量，可以不启用“投影”。使用相同的方法，再创建一盏聚光灯，然后在“属性”窗口中选择“常规”选项卡，设置其“强度”为 50%，“投影”为“无”，如图 5-89 所示。

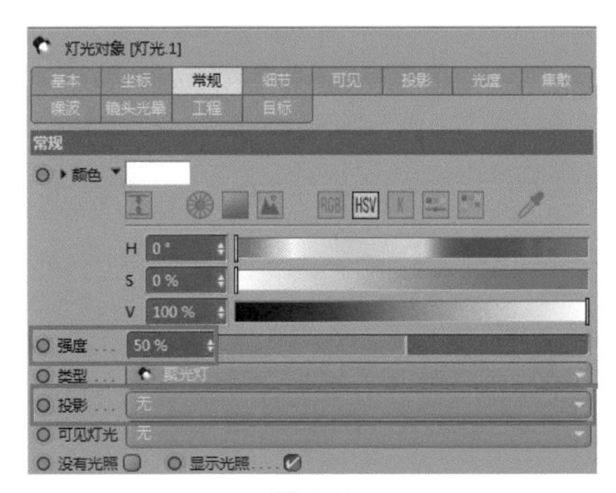

图 5-89

05 移动辅助光源。选中作为辅助光源的聚光灯，然后将其移至模型的右上角，如图 5-90 所示。

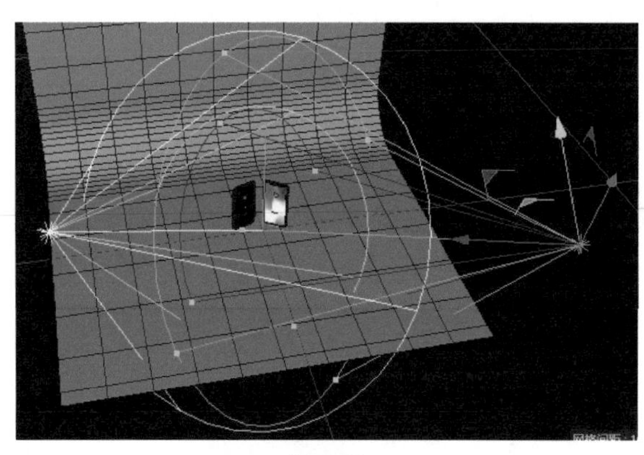
图 5-90

06 创建背景光源。本例制作了弯曲的反光棚效果，因此背景光无须设置在模型后方，可以设置在旁边的位置，通过反射效果来发挥背景光的作用。

07 在工具栏中单击“聚光灯”按钮，创建一盏聚光灯，设置其“强度”为 50%，“投影”为“无”，然后选中该聚光灯，并移动至模型的右后方，如图 5-91 所示。

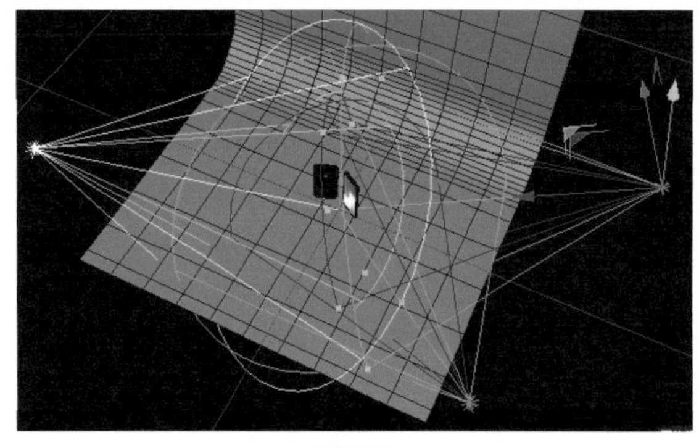
图 5-91

08 调整视图角度，然后按快捷键 Ctrl+R 或单击工具栏中的“渲染活动视图”按钮，即可得到渲染效果，如图 5-92 所示。

图 5-92

动画与摄像机技术详解

Cinema 4D 提供了一套非常强大的动画和摄影系统，使用该系统不仅能创建出逼真的动画效果，还可以单独使用摄像机来模拟现实世界中的照相机或摄像机。摄像机视图对于编辑几何体和设置渲染场景非常重要，多台摄像机可以给场景提供多个不同的视角。

6.1 关键帧与动画

本节主要介绍使用 Cinema 4D 制作动画时所需的一些基本工具，如关键帧设置工具、播放控制器和时间轴等，掌握了这些工具的使用方法，便能制作出一些简单的动画效果。在 Cinema 4D 中，几乎所有的参数和属性都可以被设置成动画。

6.1.1 关键帧

在影视动画制作中，帧是最小单位的单幅画面，相当于电影胶片上的一格画面。关键帧则相当于二维动画中的原画，指角色或者物体运动或变化中的关键动作所处的那一帧。在 Cinema 4D 的时间轴上，帧表现为一个个小格，而关键帧则显示为一个淡蓝色标记，如图 6-1 所示。

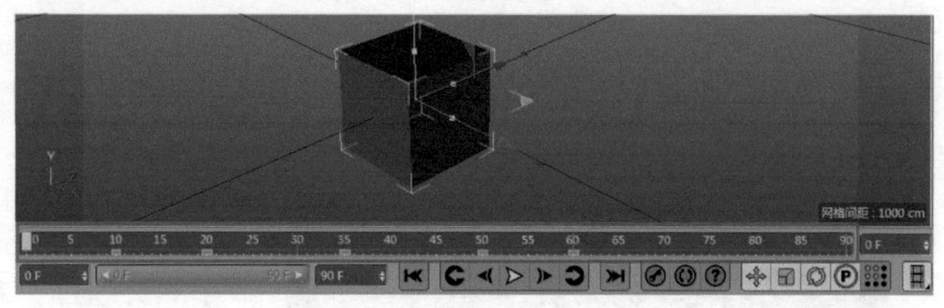

图 6-1

关键帧与关键帧之间的帧可以由软件来创建，叫作“过渡帧”或者“中间帧”，多个帧按照自定义的速率播放，即动画。播放速率即帧速率，电影的帧速率为 24 帧 / 秒。此外，PAL 制式（电视）为 25 帧 / 秒，NTSC 制式为 30 帧 / 秒。

6.1.2 Animation 界面

在 Cinema 4D 操作界面的右上角，从“界面”菜单中可以选择 Animation 选项切换至 Animation 界面，便于动画制作，如图 6-2 所示，中间为“时间轴”，下面窗口为“时间线”。

6.1.3 时间轴工具设定

时间轴由时间线和工具按钮组成，时间线上显示的最小单位为帧，即 F。方块为时间指针，可在时间线上任意滑动，也可在右端输入数值，指针便可直接跳到那一帧。时间轴左下方的长条及两端的数值可控制时间线的长度，在两端输入以 F 为单位的数值，即为时间线总长度，长条滑块滑动控制时间线上的显示长度，如图 6-3 所示。

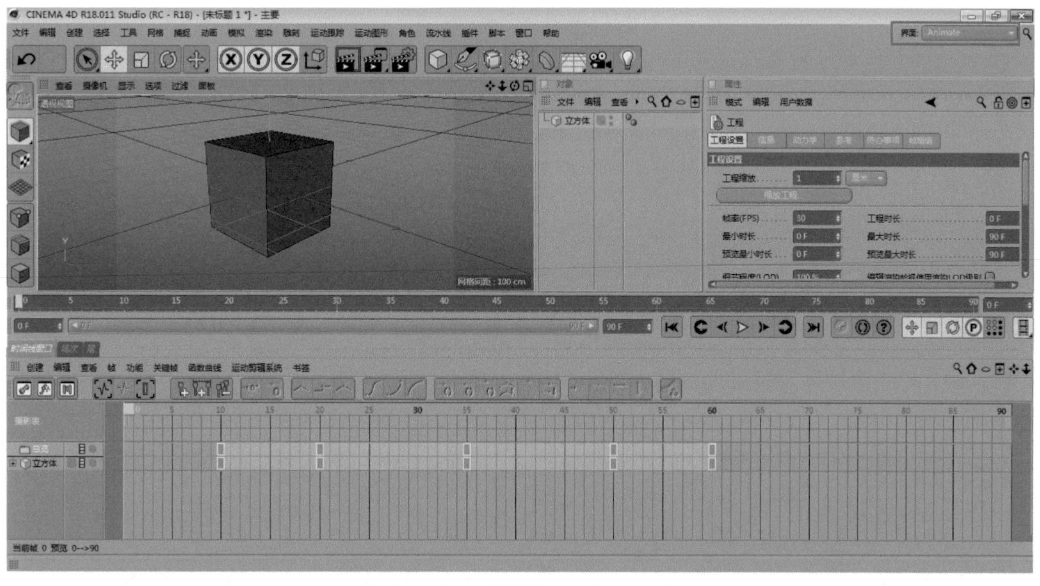

图 6-2

图 6-3

图 6-3 中各按钮功能介绍如下。

✦ 转到开始：指针转到动画起点，快捷键为 Shift+F。

✦ 转到上一关键帧：指针移动到上一个关键帧，快捷键为 Ctrl+F。

✦ 转到上一帧：指针移动到上一帧，快捷键为 F。

✦ 向前播放：向前播放动画，快捷键为 F8。

✦ 转到下一帧：指针转到下一关键帧，快捷键为 G。

✦ 转到下一关键帧：指针移动到下一个关键帧，快捷键为 Ctrl+G。

✦ 转到结束：指针转到动画终点，快捷键为 Shift+G。

✦ 记录活动对象：记录位移、缩放、旋转以及活动对象的点级别动画，快捷键为 F9。

✦ 自动关键帧：可以自动记录关键帧，快捷键为 Ctrl+F9。

✦ 关键帧选集：设置关键帧选集对象。

✦ 位置 / 缩放 / 旋转：用于记录位移、旋转、缩放的功能开关。

✦ 参数：记录参数级别动画的开关。

✦ 点级别动画：记录点级别动画的开关。

✦ 方案设置：设置播放速率。

6.1.4　“时间线”窗口与动画

1. 记录关键帧

创建一个立方体，从对象管理器中选择立方体，然后打开管理器右边的“属性”窗口。在该窗口的坐标参数中，P、S、R 分别代表立方体的移动、旋转、缩放，X、Y、Z 分别代表它的 3 个轴向。在 P、S、R 前面都有一个黑色的标记，单击该标记，即对当前动画记录了关键帧，同时黑色标记会变为红色标记，如图 6-4 所示。

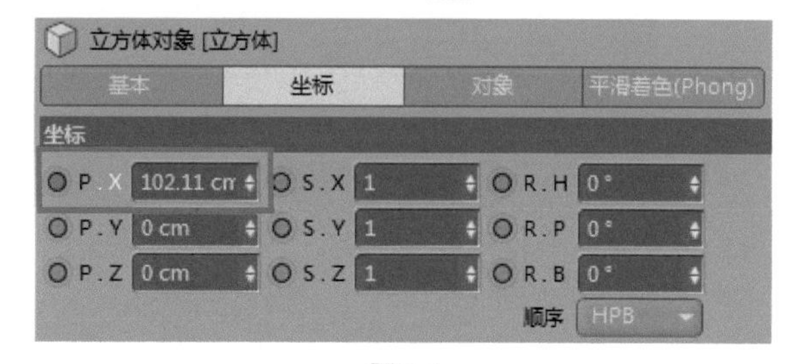

图 6-4

当在透视图中沿 X 轴方向移动立方体后，对象坐标参数中的红色标记会变成黄色标记，表示已有关键帧记录的属性被改变了，如图 6-5 所示，再次单击该标记，即记录了至少两个表现立方体运动变化的关键帧。

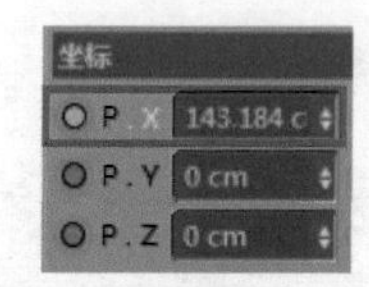

图 6-5

2. 关键帧模式

当记录完关键帧后，在“时间线”窗口会以关键帧模式显示所记录的关键帧，如图 6-6 所示。“时间线”窗口有小方块的记录点，同样具备指针，播放时会与时间轴上的指针同步。

在“时间线”窗口中，按 H 键最大化显示对象的所有关键帧，与窗口工具栏中的按钮效果相同，单击按钮可为当前时间做标记。

图 6-6

3. 函数曲线类型

按空格键可在关键帧模式和函数曲线之间切换，与界面工具栏中的按钮相似。选择立方体，窗口会显示该立方体的动画曲线，如图 6-7 所示。曲线模式与关键帧模式的操作方法相同。

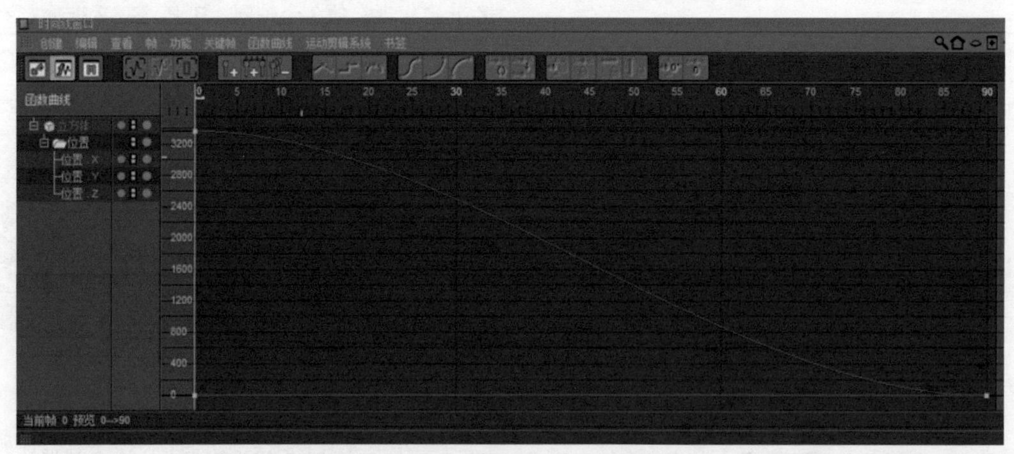

图 6-7

6.1.5 实战——制作生长动画

生长动画是初学 Cinema 4D 制作动画时，一种较为常见的练习题材。该种动画操作简单，重要的是熟悉关键帧的记录方法。

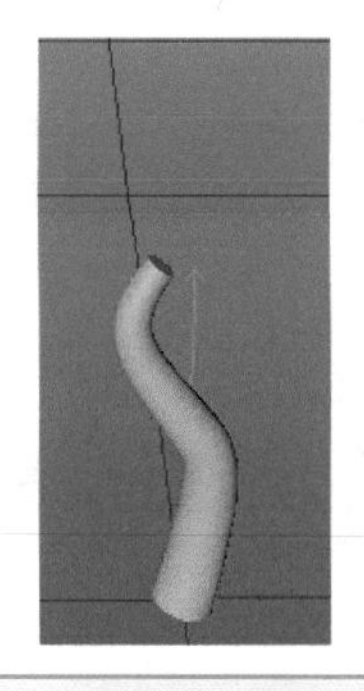

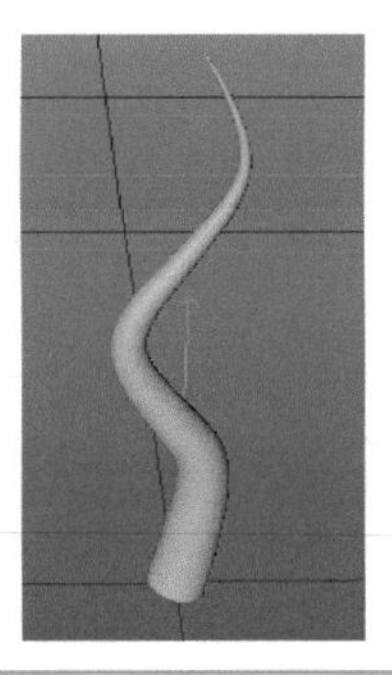

素材文件路径：　素材 \ 第 6 章 \6.1.5
效果文件路径：　效果 \ 第 6 章 \6.1.5. 生长动画 .AVI
视频文件路径：　视频 \ 第 6 章 \6.1.5. 制作生长动画 .MP4

01 启动 Cinema 4D，打开“制作生长动画 .c4d”文件，素材中已经创建好了一个扫描体，如图 6-8 所示。

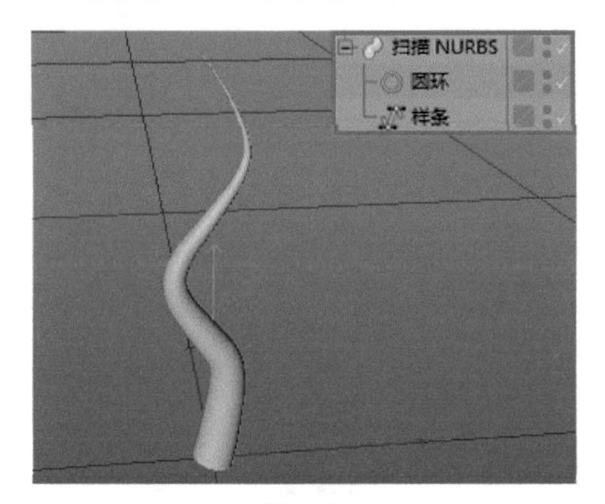

图 6-8

02 将时间轴移动至第 0 帧，在“对象”窗口中选中扫描特征，然后在扫描的“属性”窗口中切换至“对象”选项卡，接着设置“开始生长”参数为 100%，接着单击左侧的黑色标记，即对当前动画记录了关键帧，同时黑色标记变为红色标记，如图 6-9 所示。

图 6-9

03 将时间轴移动至第 90 帧，设置“开始生长”参数为 0%，然后再单击其左侧的标记，即表示在 90 帧的位置记录了关键帧，如图 6-10 所示。

04 单击“播放”按钮，即可观察到模型沿着曲线路径生长的动画效果，如图 6-11 所示。

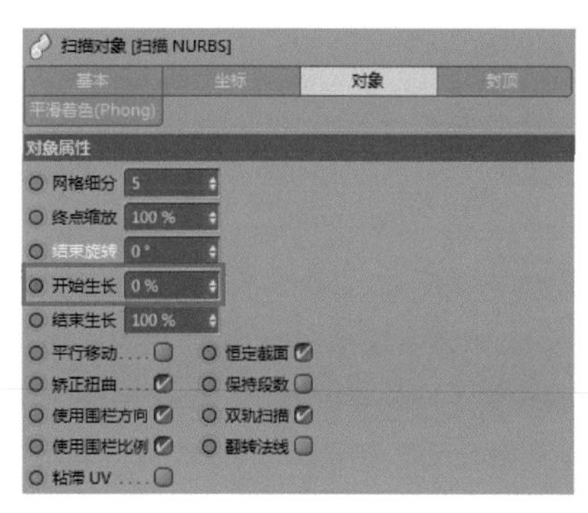

图 6-10

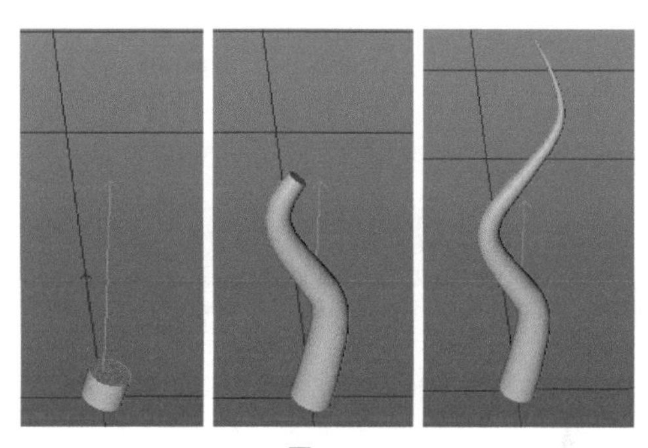

图 6-11

6.2　摄像机

在 Cinema 4D 中，视图窗口就是一台默认的“编辑器摄像机”，它是软件建立的一台虚拟摄像机，可以用来观察场景中的变化。但在实际动画制作中，“编辑器摄像机”添加关键帧后不便于视图操控，这时就需要创建一台“真正”的摄像机来制作动画。

6.2.1　摄像机类型

在 Cinema 4D 的工具栏中单击摄像机工具栏中的“摄像机”按钮，即可弹出可供选择的 6 种摄像机：摄像机、目标摄像机、立体摄像机、运动摄像机、摄像机变换以及摇臂摄像机等，如图 6-12 所示。

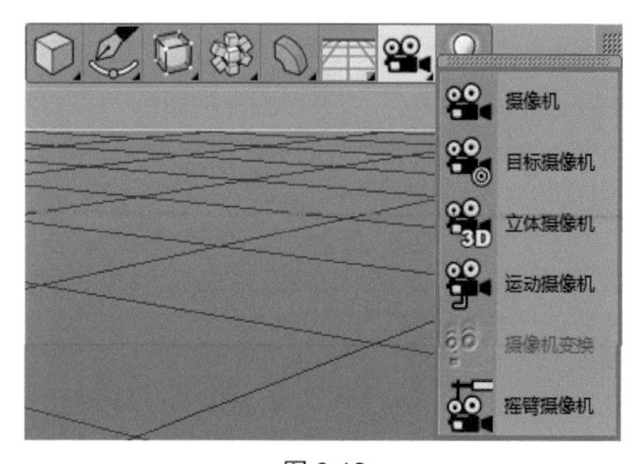

图 6-12

这 6 种摄像机的基本功能相似，但也有各自的特点，常用的有下面 4 种。

✦ 摄像机：即自由摄像机，它可以直接在视图中自由控制自身的摇移、推拉和平移，是最常用的摄像机。

✦ 目标摄像机：在添加目标摄像机的同时，会添加一个空物体来作为摄像机的兴趣点（Camera.Target），兴趣点即摄像机始终朝向的点。

✦ 立体摄像机：用于制作立体效果，如 3D 电影。

✦ 运动摄像机：可以设置路径样条曲线，让摄像机沿着该曲线移动。

单击工具栏中的“摄像机”按钮即可创建摄像机，如图 6-13 所示。单击“对象”窗口中摄像机后面的图标，即可进入摄像机视图，如图 6-14 所示。

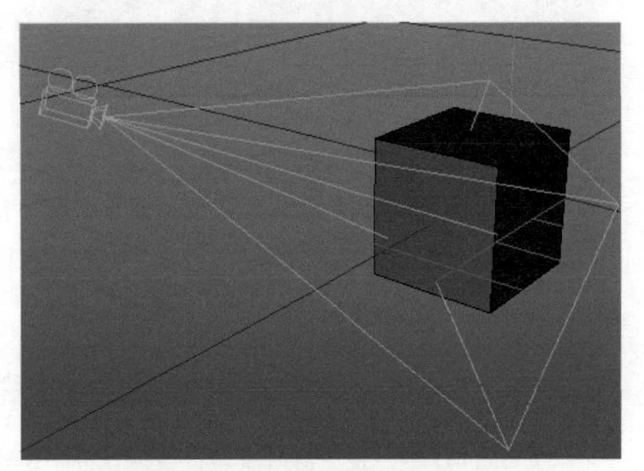

图 6-13

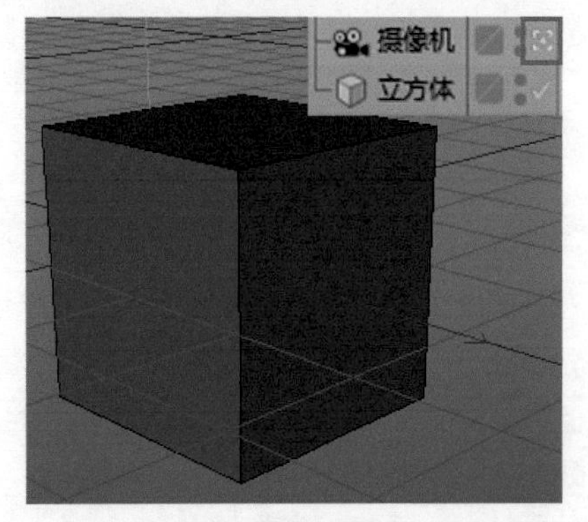

图 6-14

进入摄像机视图后，可像操作透视图一样对摄像机进行摇移、推拉、平移操作，也可按住键盘上的 1、2、3 键加鼠标左键来进行操作，1、2、3 分别对应摄像机的平移、推拉和摇移。

6.2.2 “基本”选项卡

在“对象”窗口中单击“摄像机”，即可在下方的“属性”窗口中显示摄像机的属性，如图 6-15 所示。

图 6-15

默认为“基本”选项卡，也是最常用的选项卡。在“基本”属性中可以更改摄像机的名称、对摄像机所处图层进行更改或编辑，还可以设置摄像机在编辑器中和渲染器中是否可见。开启“使用颜色”可以修改摄像机的显示颜色，如图 6-16 所示。

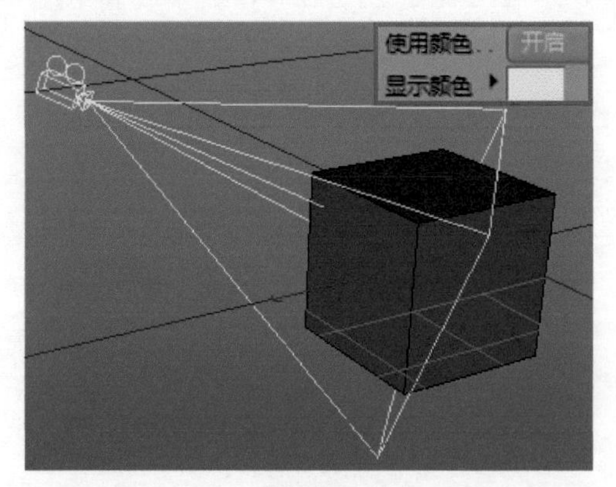

图 6-16

6.2.3 “坐标”选项卡

摄像机的坐标属性和其他对象的坐标属性相同，可对 P、S、R 的 X、Y、Z 这 3 个轴向上的值进行设定，如图 6-17 所示。

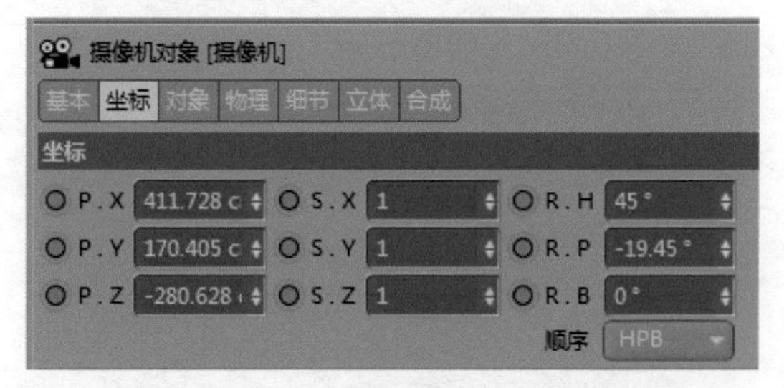

图 6-17

6.2.4 “对象”选项卡

“对象”选项卡如图 6-18 所示，主要选项的具体介绍如下。

✦ 投射方式：其下拉列表如图 6-19 所示，有平行、右视图、正视图等多种投射方式，用户可根据需要选择。

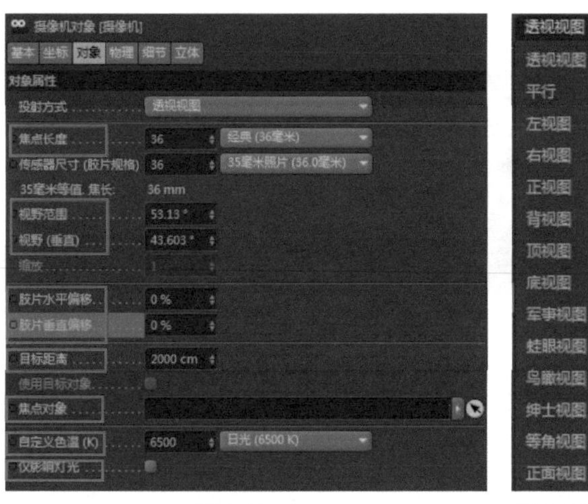

图 6-18　　图 6-19

✦ 焦点长度：焦点长度越长，可拍摄的距离越远，视野也越小，即长焦镜头；焦点长度短，被拍摄的距离近，视野广，即广角镜头。默认的 36 毫米为接近人眼视觉感受的焦点长度。如图 6-20 所示为 36 毫米焦点长度的摄像机拍摄的物体；机位保持不变，同一摄像机 15 毫米焦点长度拍摄的画面如图 6-21 所示。

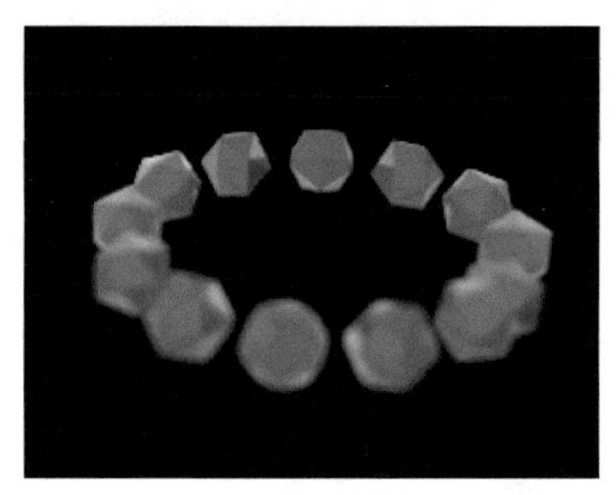

图 6-20

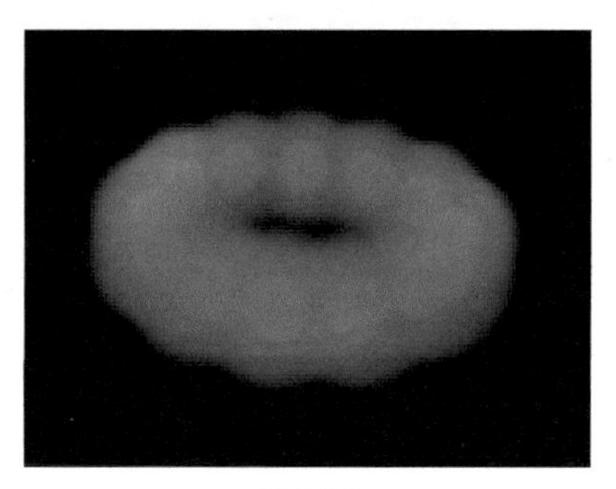

图 6-21

✦ 传感器尺寸（胶长规格）：修改传感器尺寸，焦距不变，视野范围将有变化。在现实摄像机上传感器尺寸越大，感光面积越大，成像效果越好。

✦ 视野范围 / 视野（垂直）：即摄像机上下左右的视野范围，若修改焦距或传感器尺寸，均可影响到视野范围。

✦ 胶片水平偏移 / 胶片垂直偏移：可以在不改变视角的情况下，改变对象在摄像机视图中的位置。

✦ 目标距离：即目标点与摄像机的距离，目标点是摄像机景深映射开始距离的计算起点。

✦ 焦点对象：可从对象管理器中拖曳一个对象到“焦点对象”右侧区域当作摄像机焦点。

✦ 自定义色温：调节色温，影响画面色调。

6.2.5　“物理”选项卡

在渲染设置中将渲染器切换为物理渲染器，即可激活物理选项中的属性，如图 6-22 和图 6-23 所示。在动画制作过程中影响画面的主要有以下几个参数。

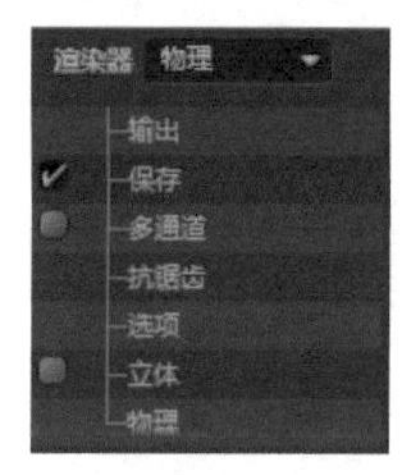

图 6-22

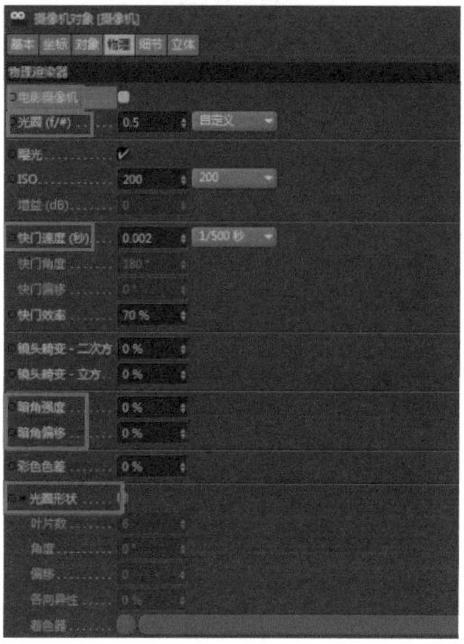

图 6-23

✦ 光圈：光圈是用来控制光线透过镜头进入机身内感光面光量的装置。光圈值越小，景深越大。

✦ 快门速度：快门速度越快，拍摄高速运动的物体就会呈现更清晰的图像。

✦ 暗角强度 / 暗角偏移：可以在画面四角压上暗色块，使画面中心更突出，如图 6-24 所示。

✦ 光圈形状：对画面光斑形状的控制，可以是圆形、多边形等，如图 6-25 所示。

图 6-24

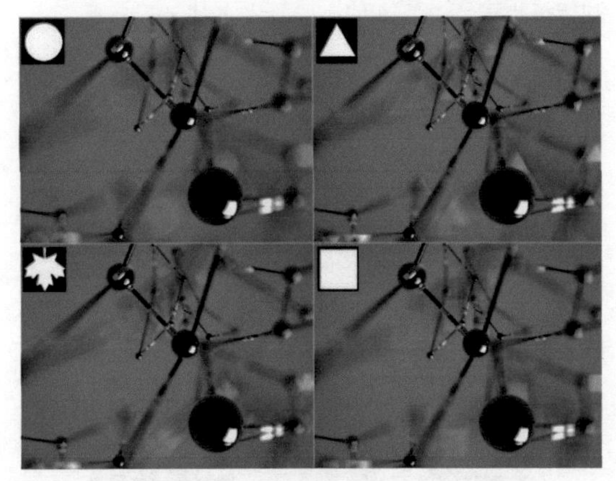

图 6-25

6.2.6 “细节”选项卡

“对象”选项卡如图 6-26 所示，主要选项具体介绍如下。

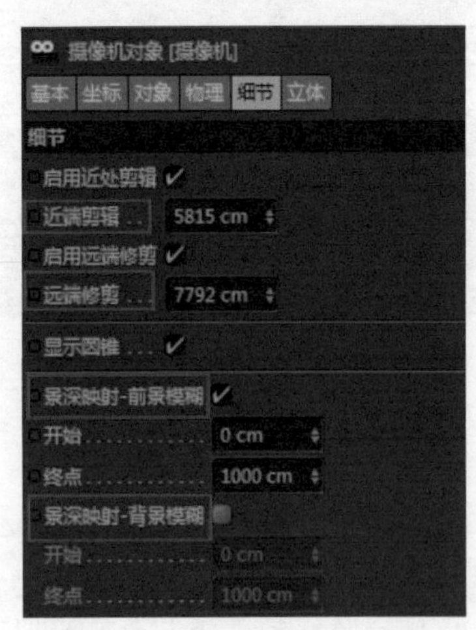

图 6-26

✦ 近端剪辑 / 远端修剪：可对摄像机中所显示的物体的近端和远端进行修剪，如图 6-27 所示。

图 6-27

✦ 景深映射 - 前景模糊 / 景深映射 - 背景模糊：在标准渲染器中添加“景深”效果，如图 6-28 所示，选中这两个选项即可为摄像机添加景深。景深映射是以摄像机目标点为计算起点来设置景深大小项的，如图 6-29 所示。

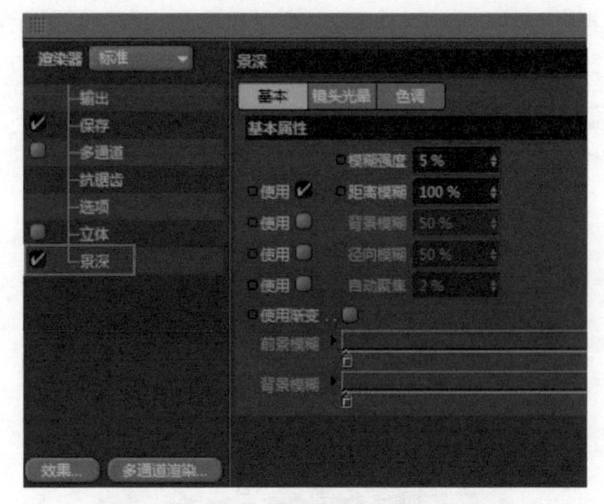

图 6-28

图 6-29

6.2.7 “立体”选项卡

当创建 3D 摄像机时，“立体”选项便被激活。3D 摄像机是两个摄像机以不同机位同时拍摄画面。在“透视图”菜单中的“选项”子菜单中选中“立体”命令，如图 6-30 所示。透视图即显示双机拍摄的“重影”画面，如图 6-31 所示。

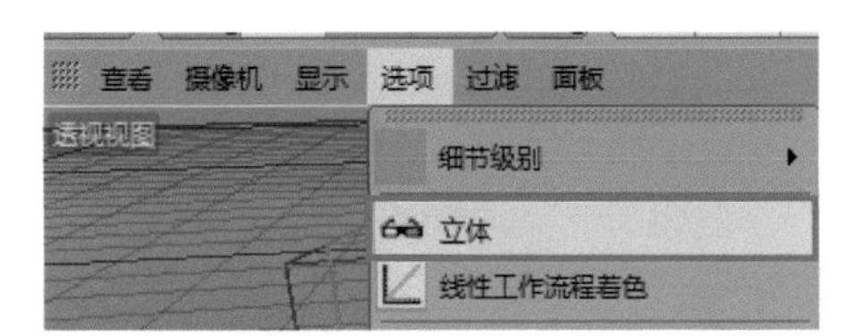

图 6-30

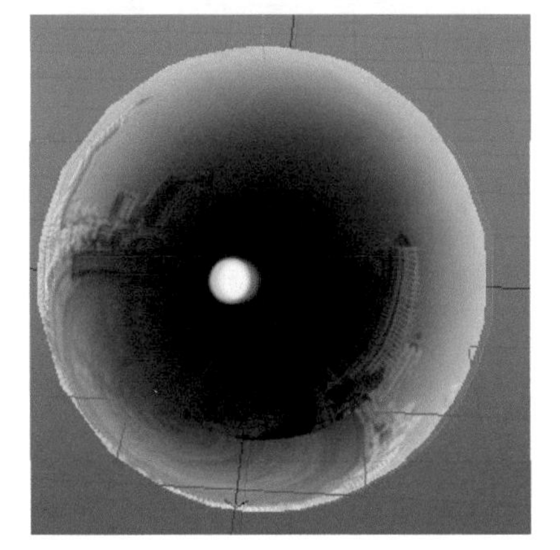

图 6-31

6.2.8　实战——制作摄像机路径运动

Cinema 4D 中提供的摄像机可以围绕被观察对象做旋转或者伴随跟拍的运动。本节创建一个环绕型的摄像机观察效果，让读者领会摄像机的作用。

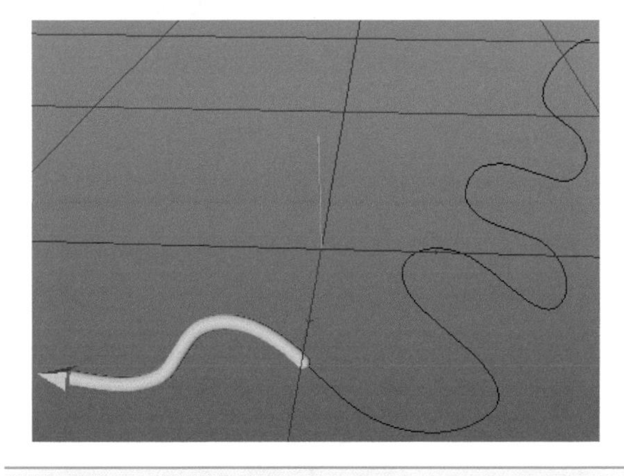

素材文件路径：	素材 \ 第 6 章 \6.2.8
效果文件路径：	效果 \ 第 6 章 \6.2.8. 摄像机路径运动 .AVI
视频文件路径：	视频 \ 第 6 章 \6.2.8. 制作摄像机路径运动 .MP4

01 启动 Cinema 4D，打开“摄像机路径运动 .c4d”文件，素材中已经创建好了一个建筑模型，并完成了其他设置，如图 6-32 所示。

02 在工具栏中单击摄像机工具栏中的“目标摄像机”按钮，创建一台目标摄像机，同时在“对象”窗口中选中该摄像机，右击，在弹出的快捷菜单中选择“CINEMA 4D 标签”|“对齐曲线”命令，如图 6-33 所示。

图 6-32

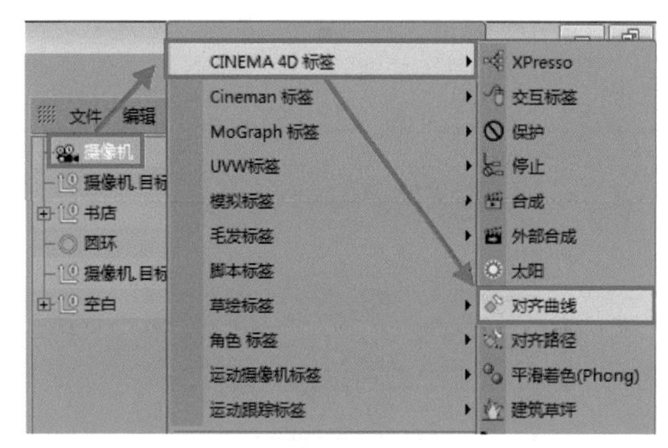

图 6-33

03 创建一个圆环样条曲线，设置“半径”为 500cm，“平面”为 XZ，如图 6-34 所示。

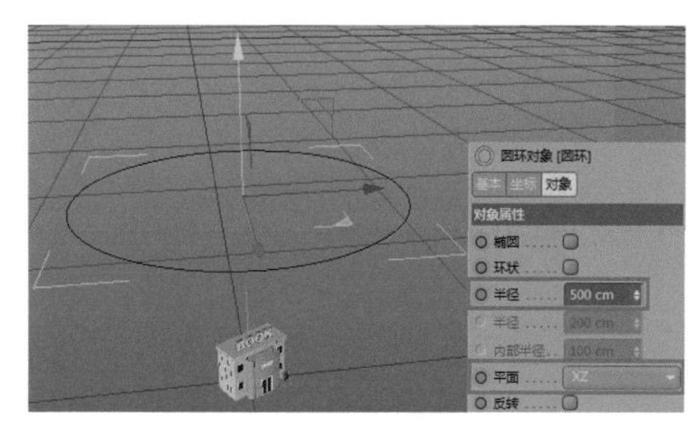

图 6-34

04 将创建好的圆环拖至“标签”中的“曲线路径”选项框中，如图 6-35 所示。

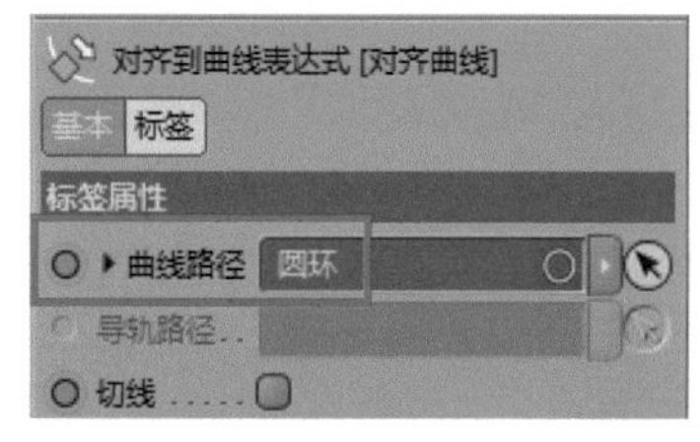

图 6-35

05 将时间轴指针移至第 0 帧，然后切换至“对齐曲线”中的“标签”选项卡，调整“位置”为 0%，然后单击“位置”栏左侧的黑色标记，即表示对当前动画记录了关键帧，同时黑色标记变为红色标记，如图 6-36 所示。

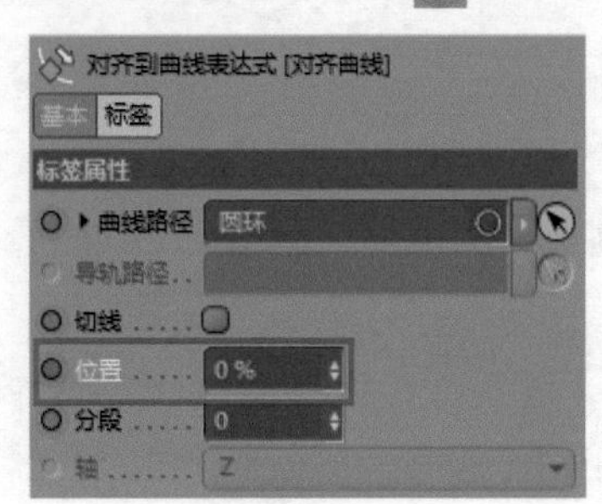

图 6-36

06 将时间轴指针移至第 90 帧，调整“位置”参数为 100%，然后再单击其左侧的标记，即表示在第 90 帧的位置记录了关键帧，如图 6-37 所示。

图 6-37

07 单击“播放”按钮，即可从环绕模型运动的摄像机视角进行观察，如图 6-38 所示。

图 6-38

图 6-38（续）

6.3 实战——制作蛇形动画

除了摄像机之外，还可以直接让创建好的模型来沿着样条线路径进行移动，可以借此创建一些模型移动效果。

素材文件路径：	素材 \ 第 6 章 \6.3
效果文件路径：	效果 \ 第 6 章 \6.3. 蛇形动画 .AVI
视频文件路径：	视频 \ 第 6 章 \6.3. 制作蛇形动画 .MP4

01 启动 Cinema 4D，打开“制作蛇形动画 .c4d”文件，素材中已经创建好了一个模型和样条曲线，如图 6-39 所示。

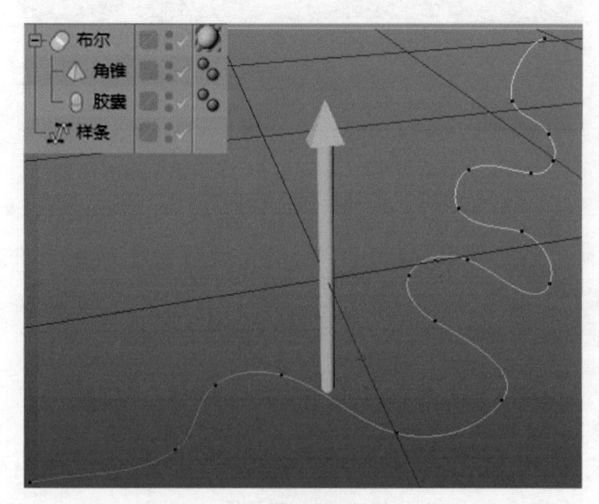

图 6-39

02 在变形器工具组中单击"样条约束"按钮，然后在"对象"窗口中选中已添加的"样条约束"特征，接着将其移至布尔特征的下方，待鼠标指针变为符号时释放，如图 6-40 所示。

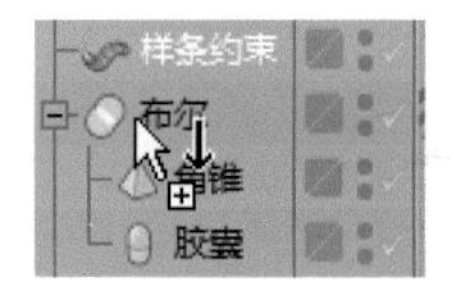

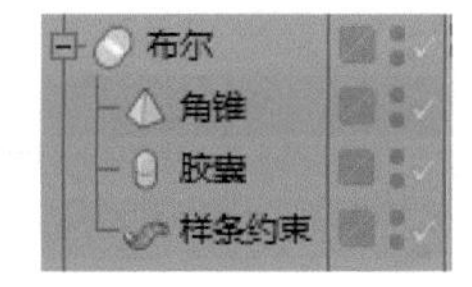

图 6-40

03 样条约束特征成为模型的子对象，同时在建模空间中可见模型有了一个蓝色外框，即样条约束，如图 6-41 所示。

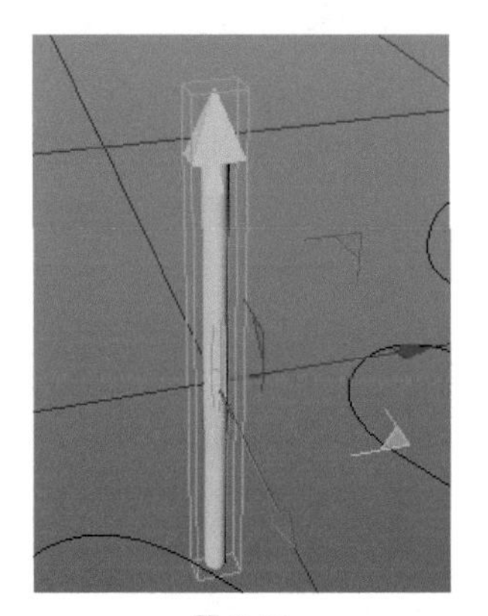

图 6-41

04 在"对象"窗口中选中"样条约束"特征，在下方的"属性"窗口中单击"样条"栏最右侧的"选择"按钮，待鼠标指针变为形状时返回"对象"窗口，选择模型中的样条曲线，在模型空间中即可得到如图 6-42 所示的效果。

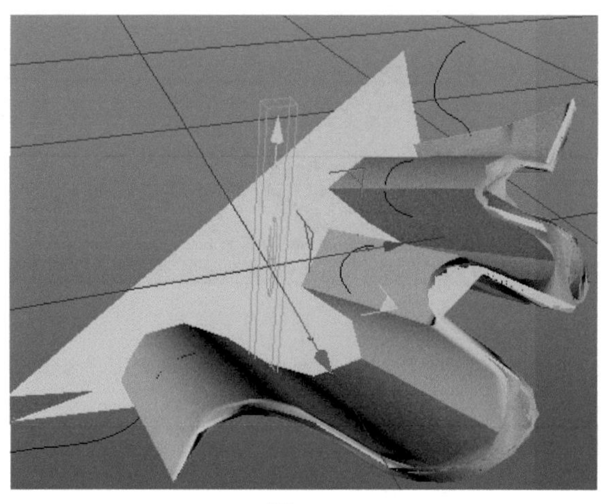

图 6-42

05 可见模型本身发生错乱，此时在"属性"窗口中调整样条约束的"轴向"为+Y，选择"模式"为"保持长度"，即可得到正确的模型效果，如图 6-43 所示。

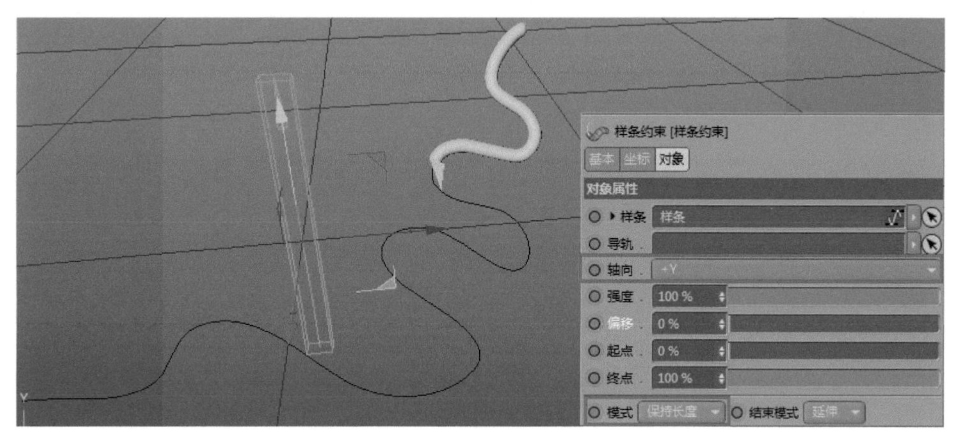

图 6-43

06 将时间轴指针移至第 0 帧，选中样条约束，单击"偏移"栏左侧的黑色标记，即表示对当前动画记录了关键帧，同时黑色标记变为红色标记，如图 6-44 所示。

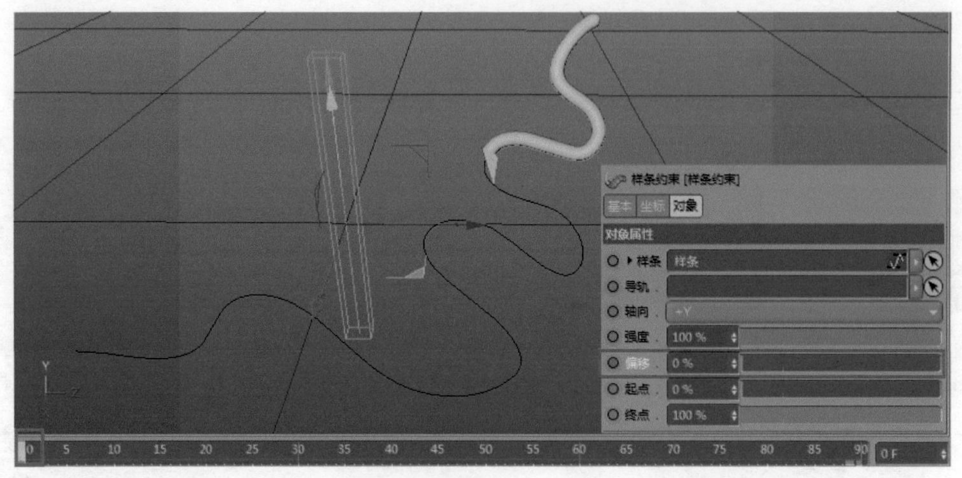

图 6-44

07 接着将时间轴指针移至第 90 帧，选中样条约束，在“偏移”文本框中输入 80%，单击其左侧的标记，即表示在 90 帧的位置记录了关键帧，如图 6-45 所示。

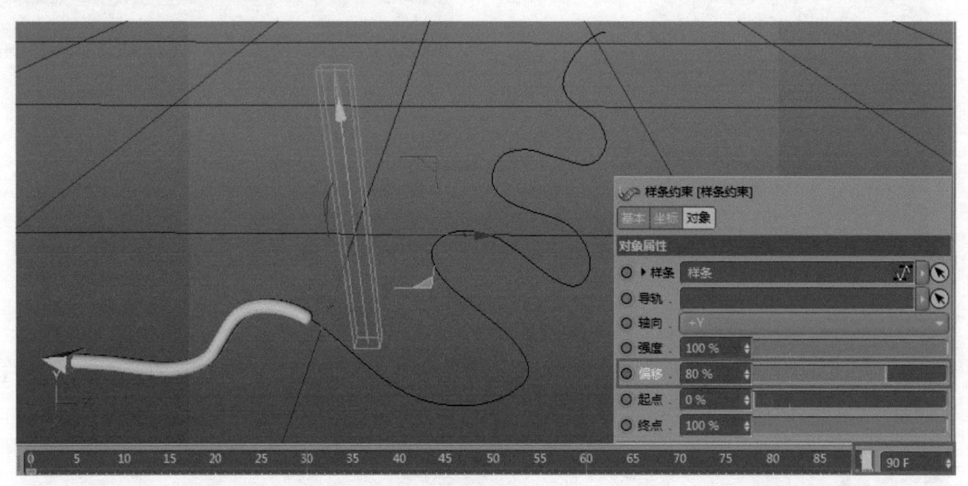

图 6-45

08 单击“播放”按钮▷，即可观察到模型沿着样条曲线绘制的路径做蛇形爬动，如图 6-46 所示。

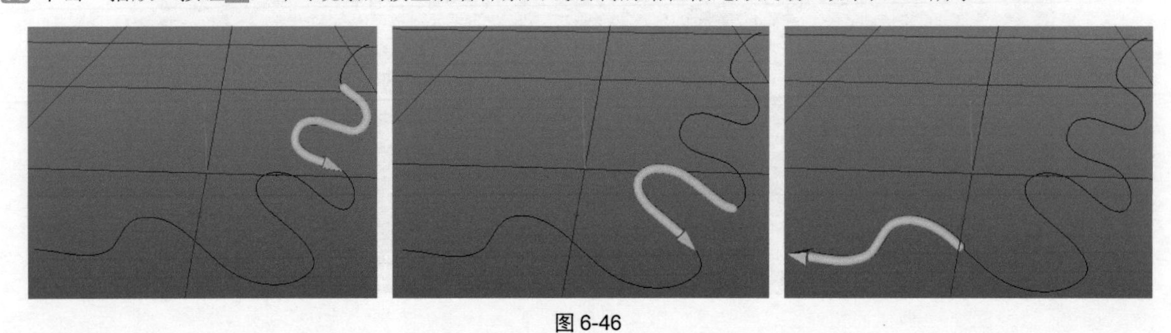

图 6-46

第 7 章 渲染输出

渲染的最终目的是要得到极具真实感的图像效果，因此渲染所要考虑的事物也很多，包括灯光、视点、阴影、模型布局等。在前面的章节中已经对这些内容进行了讲解，接下来只需执行渲染操作即可。在 Cinema 4D 中提供了一个专门的渲染工具组，可以根据需求进一步完善渲染细节，也可以快速渲染当前视图来进行预览，还可以设置渲染输出的图像格式。

7.1 渲染当前活动视图

在 Cinema 4D 中，要渲染当前活动视图，可以单击工具栏中的“渲染活动视图”按钮，或者按快捷键 Ctrl+R，即可对当前选中的视图窗口进行预览渲染，如图 7-1 所示。

图 7-1

> 提示
>
> 使用该工具渲染出的图像不能导出。正在进行渲染或渲染完成后，单击视图窗口外的任意位置或对任意参数进行调整，都会丢失渲染效果。

7.2 渲染工具组

单击工具栏的“渲染到图片查看器”按钮并长按鼠标左键不放，在弹出的菜单中共有 7 个可用选项，如图 7-2 所示。

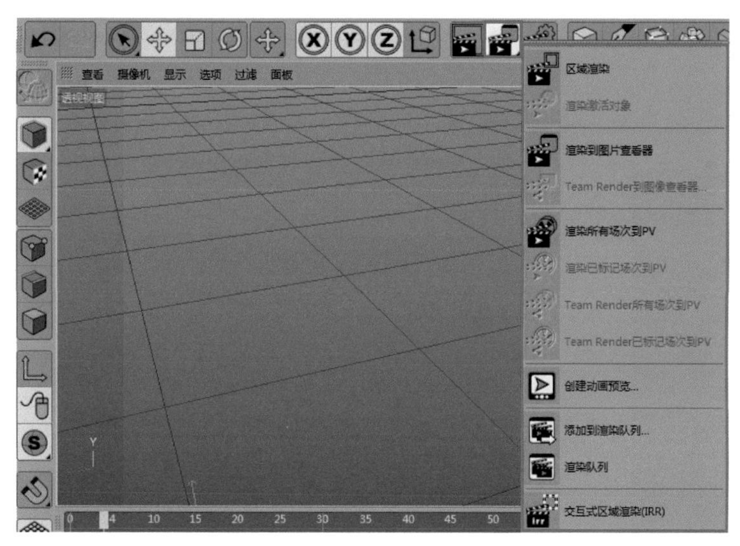

图 7-2

7.2.1 区域渲染

在弹出的菜单中选择“区域渲染”命令，可以框选视图窗口中需要渲染的区域，从而查看局部的渲染效果，如图 7-3 所示，这样可以减少全局渲染时的时间消耗。

图 7-3

7.2.2 渲染激活对象

用于渲染选中的对象，未选中的对象不会被渲染，如果没有选中对象则不能使用该工具，如图 7-4 所示。

正常渲染

图 7-4

仅选择宝石的渲染

图 7-4（续）

7.2.3 渲染到图片查看器

该选项用于将当前场景渲染到图片查看器，也是默认的选项，快捷键为 Shift+R。在图片查看器中的图像可以被导出，如图 7-5 所示。

图 7-5

7.2.4 渲染所有场次到 PV

该选项用于将所有场次渲染到图片查看器中，效果如图 7-6 所示。

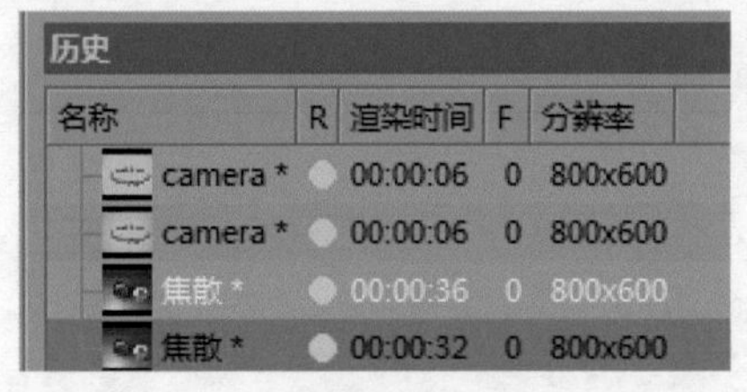

历史

名称	R	渲染时间	F	分辨率
camera *	●	00:00:06	0	800x600
camera *	●	00:00:06	0	800x600
焦散 *	●	00:00:36	0	800x600
焦散 *	●	00:00:32	0	800x600

图 7-6

7.2.5 创建动画预览

该选项可以快速生成当前场景的动画预览，常用于场景较为复杂，不能即时播放动画的情况。选择该工具或按快捷键 Alt+B 都会弹出如图 7-7 所示的对话框，在其中可以设置预览动画的参数，单击“确定”按钮开始预览动画。

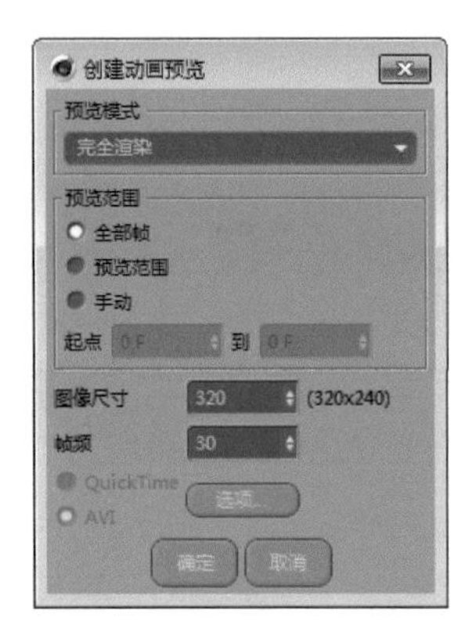

图 7-7

7.2.6　添加到渲染队列

该选项用于将当前的场景文件添加到渲染队列当中。在添加进渲染队列前，需要对场景文件进行保存，否则会自动弹出“保存文件”对话框，如图 7-8 所示。

图 7-8

7.2.7　渲染队列

该选项可以进行批量渲染，用于批量渲染多个场景文件。包含任务管理及日志记录功能。选择该工具会弹出一个“渲染队列”对话框，如图 7-9 所示。

7.2.8　交互式区域渲染（IRR）

激活该工具会在视图中出现一个交互区域，对位于交互区域中的场景进行实时更新渲染。交互区域的大小可以调节。渲染效果的清晰度可通过渲染区域右侧的白色小三角形进行调节。三角形越靠上，效果越清晰，但渲染速度也越慢，反之亦然。如果想关闭交互区域，再次单击“交互式区域渲染”按钮即可，如图 7-10 所示。

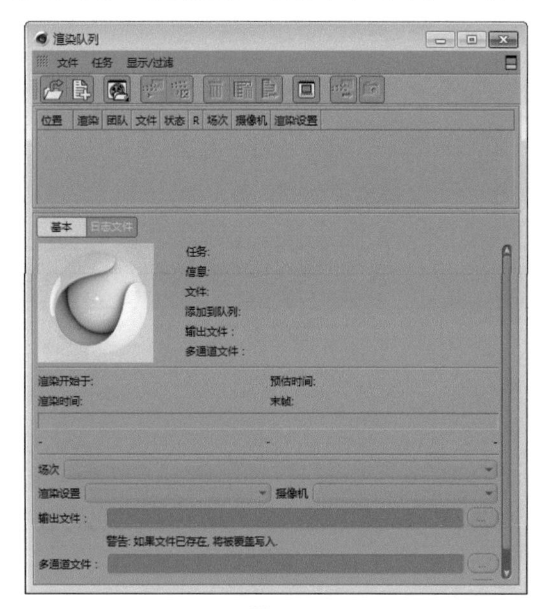

图 7-9

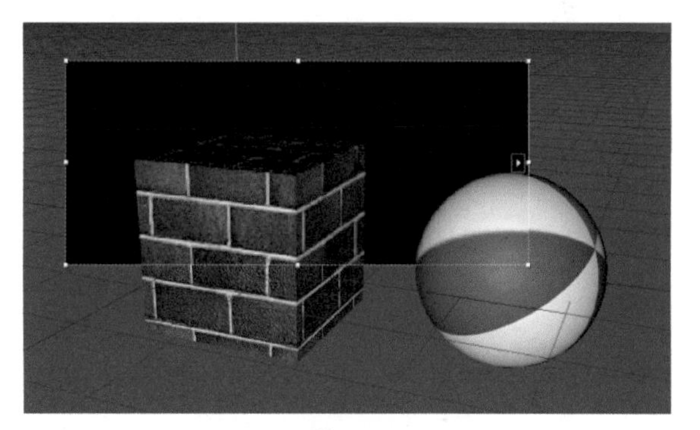

图 7-10

> **提示**
>
> 当场景参数发生变化时，交互区域内会实时更新渲染效果。在工作中进行参数调节，尤其是调节材质时经常用到。快捷键为 Alt+R，需要关闭时再次按快捷键 Alt+R 即可。

7.3　编辑渲染设置

单击工具栏的“编辑渲染设置”按钮，或按快捷键 Ctrl+B 会弹出“渲染设置”对话框，如图 7-11 所示，在其中可以进行渲染参数的设置。当场景动画、材质、灯光等所有工作完毕后，在渲染输出前便可以对渲染器进行一些相应的设置，以此来达到最佳的渲染结果。

图 7-11

> **提示**
>
> 在 Cinema 4D 中，可以添加并保存多个“渲染设置”，以后可以直接调用。当“渲染设置”较多时，为了方便调用，可以选中“输出”选项，在右侧“注释”文本框内输入相应备注信息，如图 7-12 所示。按 Delete 键可删除“渲染设置”。

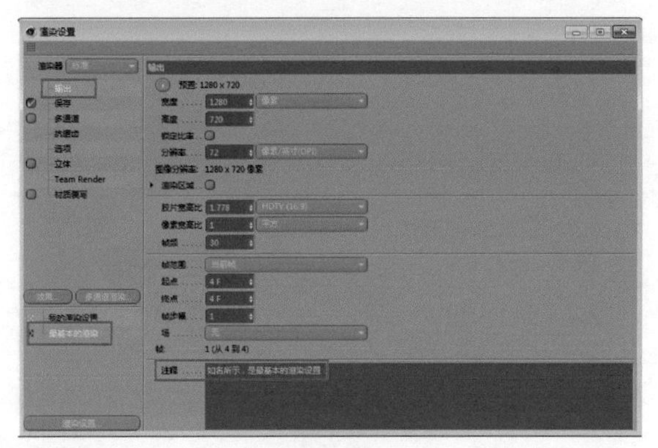

图 7-12

7.3.1 渲染器

“渲染设置”对话框中提供了 4 种渲染器，如图 7-13 所示，具体介绍如下。

图 7-13

1. 标准

使用 Cinema 4D 的渲染引擎进行渲染是最常用也是 Cinema 4D 默认的渲染方式。

2. 物理

基于物理学模拟的渲染方式，可用来模拟真实的物理环境，但渲染速度较慢。

3. 软件 OpenGL

选择该选项，可以使用软件进行渲染，看起来就像没有渲染一样。

4.Cineman

该渲染器需要安装相应的渲染引擎（插件），否则不可用。

7.3.2 输出

用于对渲染文件的导出进行设置，仅对“图片查看器”中的文件有效，如图 7-14 所示。

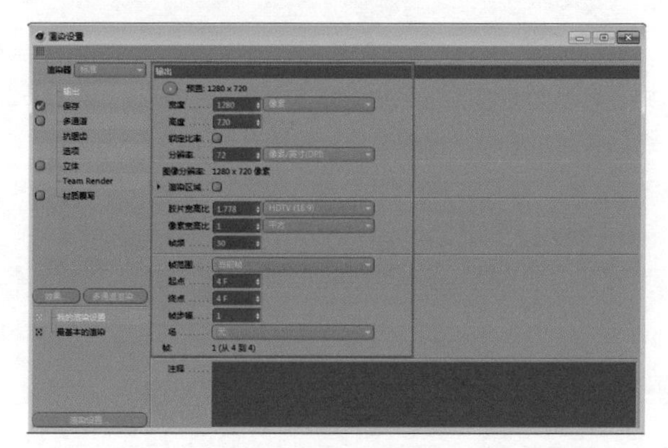

图 7-14

1. 预置

单击按钮将弹出一个菜单，其中包含多种预设好的渲染图像尺寸及参数，如图 7-15 所示。“胶片 / 视频”是用于电视播放的尺寸设置，包括国内常用的 PAL D1/DV，如图 7-16 所示。

图 7-15

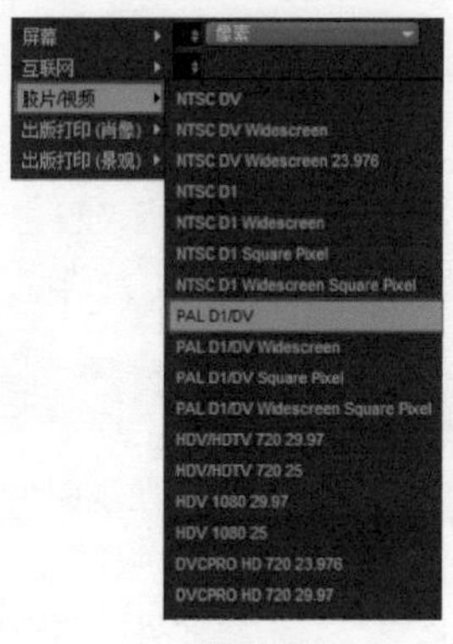

图 7-16

2. 宽度 / 高度

用于自定义渲染图像的尺寸，并且可以对尺寸的单位进行调整，如图 7-17 所示。

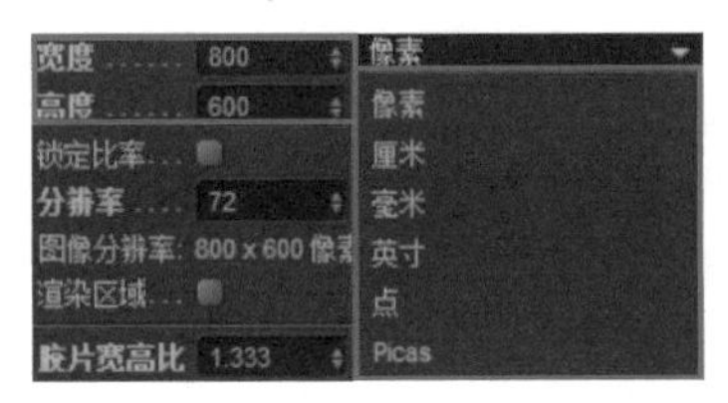

图 7-17

3. 锁定比率

选中该选项后，图像宽度和高度的比率将被锁定，改变“宽度”或“高度”的其中一个数值后，另一数值会通过比率的计算自动更改。

4. 分辨率

用于定义渲染图像导出时的分辨率，在右侧进行单位调整。修改该参数会改变图像的尺寸，一般使用默认值 72。

> **提示**
> 分辨率是指位图图像中的细节精细度，测量单位是像素 / 英寸。每英寸像素的个数越多，分辨率越高。一般来说，图像的分辨率越高，得到的印刷图像质量就越好。杂志 / 宣传品等印刷通常采用 300 像素 / 英寸。

5. 渲染区域

选中该选项后，将显示更多参数，用于自定义渲染范围。也可以单击“复制自交互区域渲染（IRR）”按钮复制自交互区域的范围参数，如图 7-18 和图 7-19 所示。

图 7-18

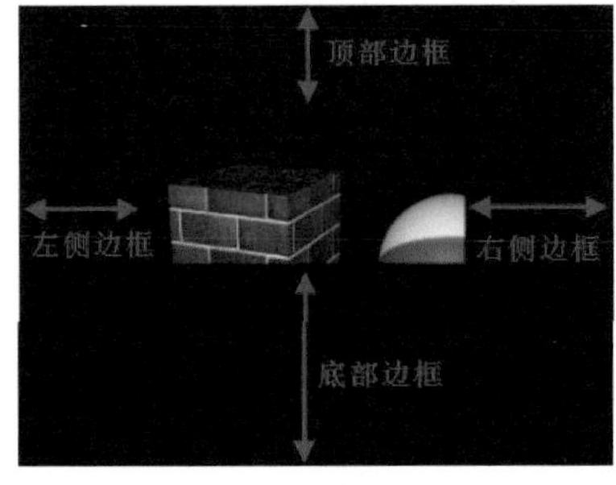

图 7-19

6. 胶片宽高比

用于设置渲染图像的宽度到高度的比率，可以自定义设置，也可以选择定义好的比率，如图 7-20 所示。

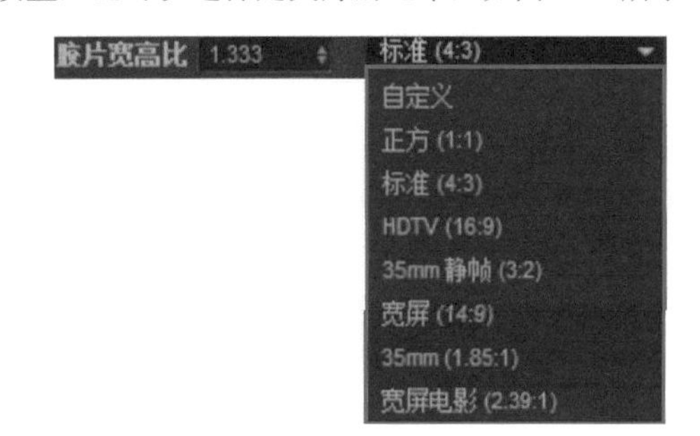

图 7-20

7. 像素宽高比

用于设置像素的宽度和高度的比率，可以自定义设置，也可以选择定义好的比率，如图 7-21 所示。

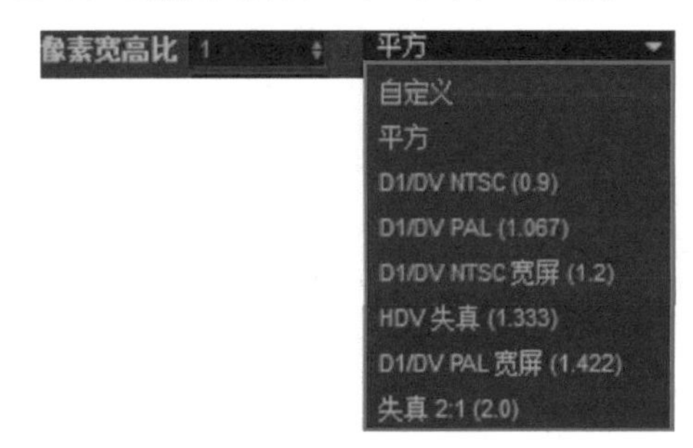

图 7-21

8. 帧频

用于设置渲染的帧速率，通常设置为 25，此为亚洲地区常用的帧速率。

9. 帧范围 / 起点 / 终点 / 帧步幅

这 4 个参数用于设置动画的渲染范围，在“帧范围”的右侧单击倒三角按钮，弹出下拉列表，其中包含“手动”“当前帧”“全部帧”和“预览范围”4 个选项，如图 7-22 所示。

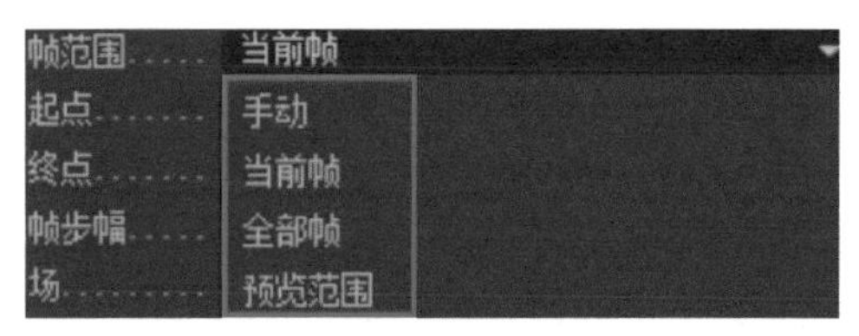

图 7-22

- ✦ 手动：手动输入渲染帧的起点和终点。
- ✦ 当前帧：仅渲染当前帧。

✦ 全部帧：所有帧按顺序被渲染。

✦ 预览范围：仅渲染预览范围。

10. 场

大部分的广播视频采用两个交换显示的垂直扫描场构成每一帧画面，称为“交错扫描场”。交错视频的帧由两个场构成，其中一个扫描帧的所有奇数场，称为“奇场”或“上场”；另一个扫描帧的所有偶数场，称为“偶场”或“下场”。现在，随着器件的发展，逐行系统应运而生，因为它的一幅画面不需要第二次扫描，所以场的概念也就可以忽略了。

7.3.3 保存

“保存”是用来控制“图片渲染”窗口中文件的保存路径与格式参数的，其选项的界面参数如图 7-23 所示。

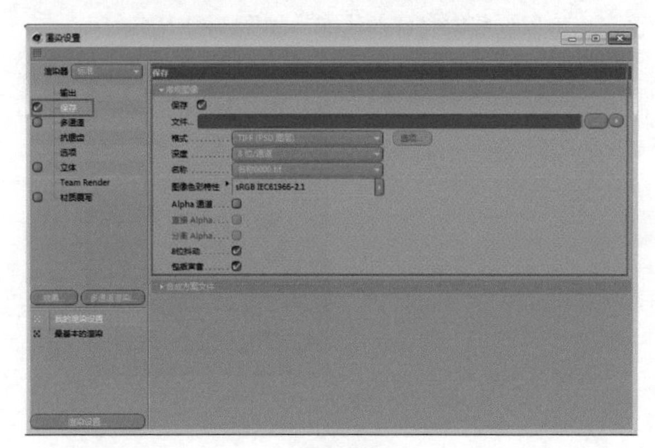

图 7-23

1. 保存

选中“保存”复选框后，渲染到“图片查看器”的文件将被自动保存。

2. 文件

单击该栏最右侧的 ... 按钮，可以指定渲染文件保存到的路径和名称。

3. 格式

设置保存文件的格式，如图 7-24 所示。

4. 选项

设置格式为“AVI 影片”之后，“选项”按钮才会被激活。单击该按钮弹出一个窗口，可以选择不同的编码解码器，图 7-25 所示为选择“AVI 影片”后弹出的对话框。

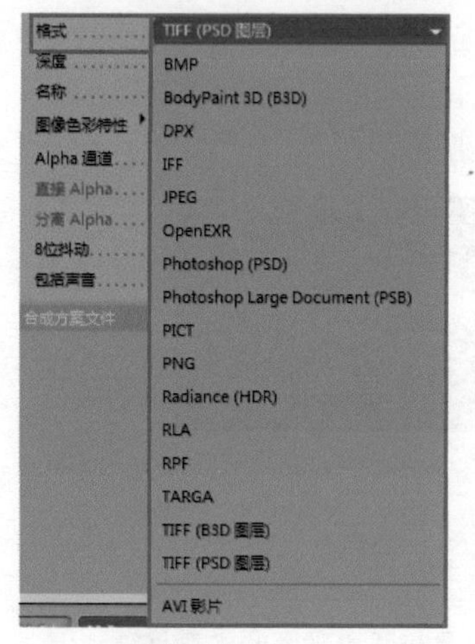

图 7-24

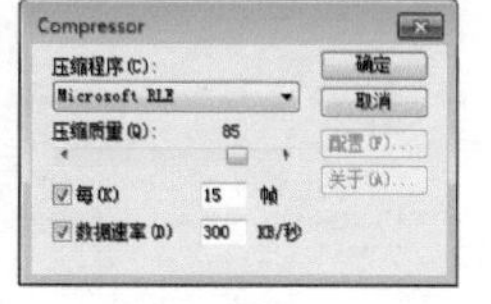

图 7-25

5. 深度

“深度”属性可以定义每个颜色通道的色彩深度，BMP、IFF、JPEG、PICT、TARGA、AVI 影片格式支持 8 位通道，PNG、RLA、RPF 格式支持 8 位通道和 16 位通道，OpenEXR、Radiance（HDR）格式支持 32 位通道，BodyPaint 3D（B3D）、DPX、Photoshop（PSD）、TIFF（B3D 图层），TIFF（PSD 图层）格式支持 8 位通道、16 位通道和 32 位通道。

6. 名称

渲染动画时，每一帧被渲染为图像后，会自动按顺序以序列的格式命名，命名格式为：名称（图像文件名）+ 序列号 + TIF（扩展名），Cinema 4D 提供了多种序列格式的表现方式，如图 7-26 所示。

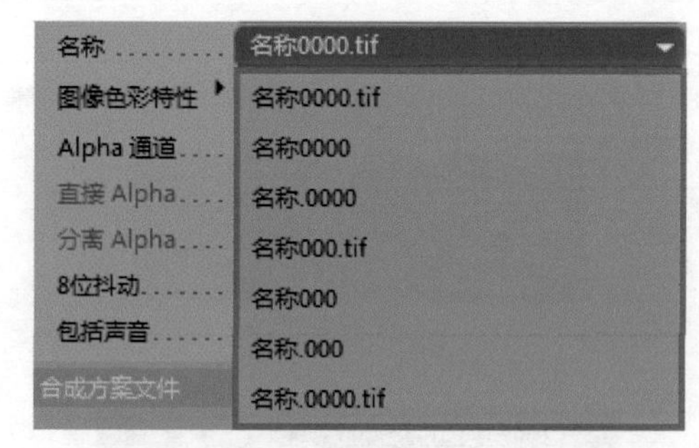

图 7-26

7.Alpha 通道

选中“Alpha 通道”选项后，渲染时将计算出 Alpha 通道。Alpha 通道是与渲染图像有着相同分辨率的灰度图像，在 Alpha 通道中，像素显示为黑、白、灰色，白色像素表述当前位置存在图像，黑色则相反。

8. 直接 Alpha

选中“直接 Alpha”选项后，如果后期合成程序支持“直接 Alpha”，即可避免黑色接缝与预乘 Alpha 有关。

9. 分离 Alpha

选中“分离 Alpha”选项后，可将 Alpha 通道与渲染图像分开保存。一般情况下，Alpha 通道是被整合在 TARGA、TIFF 等图像格式文件中的，成为图像文件的一部分。

10. 8 位抖动

选中“8 位抖动”选项后，可提高图像品质，同时也会增加文件的大小。

11. 包括声音

选中“包括声音”选项后，视频中的声音将被整合为一个单独的文件。

7.3.4　多通道渲染

多通道参数设置面板如图 7-27 所示。选中“多通道”选项后，在渲染时可以将下方“多通道渲染”按钮 多通道渲染... 加入的属性分离为单独的图层，方便在后期软件中进行处理，这就是我们工作中常说的“分层渲染”，如图 7-28 所示。

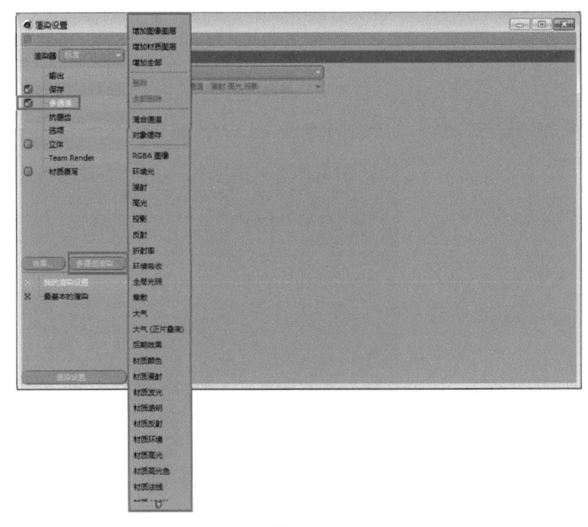

图 7-27

1. 分离灯光

“分离灯光”可以将灯光分离为单独图层的光源，包含“无”“全部”和“选取对象”3 个选项，如图 7-29 所示。

图 7-28

图 7-29

✦ 无：光源不会被分离为单独的图层。

✦ 全部：场景中的所有光源都将被分离为单独的图层。

✦ 选取对象：将选取的通道分离为单独的图层。

2. 模式

设置光影漫射、高光和投影这 3 类信息分层的模式，如图 7-30 所示。

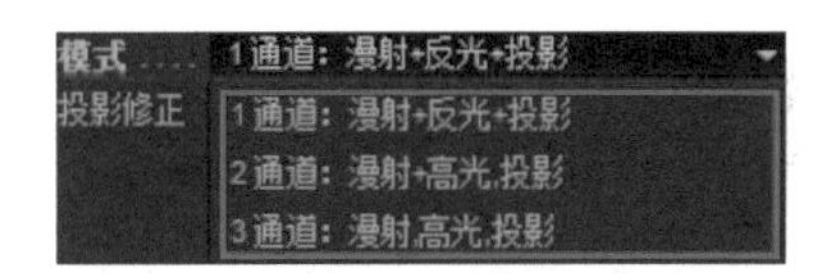

图 7-30

✦ 1 通道：漫射 + 反光 + 投影：为每个光源的漫射、高光和投影添加一个混合图层。

✦ 2 通道：漫射 + 高光，投影：为每个光源的漫射和高光添加一个混合图层，同时为投影添加一个图层，这些图层位于该光源的文件夹下，单击文件夹前方的三角按钮，即可展开文件夹，如图 7-31 所示。

图 7-31

✦ 3 通道：漫射，高光，投影：为每个光源的漫射、高光和投影各添加一个图层，如图 7-32 所示。

图 7-32

7.3.5 抗锯齿

“抗锯齿”可以用来消除图形渲染时的锯齿效果，让图形更加圆滑，其选项的界面参数如图 7-33 所示。

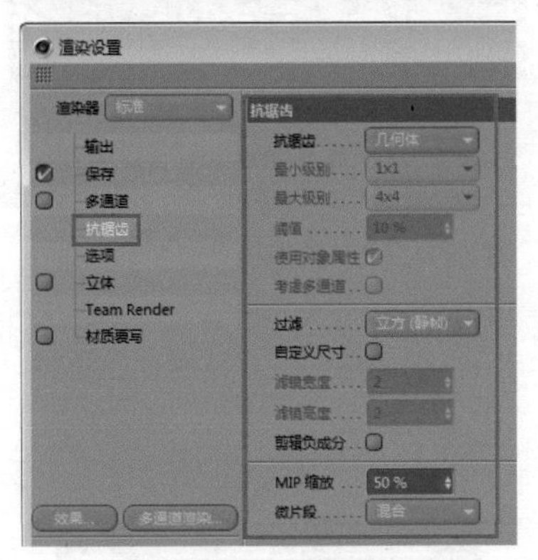

图 7-33

1. 抗锯齿

“抗锯齿”下拉列表中的选项用来消除渲染图像的锯齿边缘，包含“无”“几何体”和“最佳”3 个选项。

✦ 无：关闭抗锯齿功能，进行快速渲染，但边缘有锯齿，如图 7-34 所示。

图 7-34

✦ 几何体：默认选项，渲染时物体边缘较为光滑，如图 7-35 所示。

图 7-35

✦ 最佳：开启颜色抗锯齿功能，柔化阴影的边缘，同样也会使物体边缘更平滑，如图 7-36 所示。

图 7-36

> **提示**
> 渲染输出时通常将抗锯齿设置为“最佳”。

2. 过滤器

“过滤器”下拉列表用来设置抗锯齿模糊或锐化的模式，包含“立方（静帧）”“高斯（动画）”“Mitchell”“Sinc”“方形”“三角”“Catmull”和“PAL/NTSC”8 个选项，如图 7-37 所示。

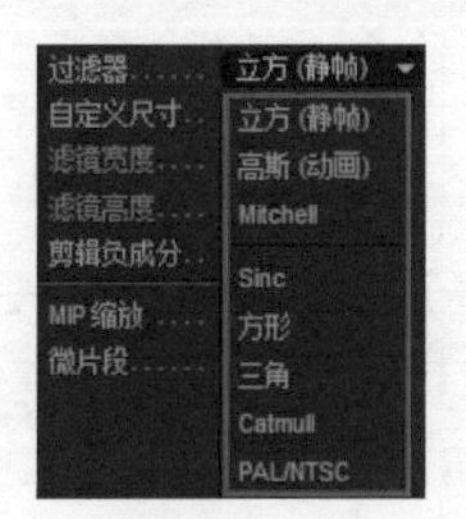

图 7-37

✦ 立方（静帧）：默认选项，用于锐化图像，适用于静帧图片。

✦ 高斯（动画）：用于模糊锯齿边缘，从而产生平滑的效果，可防止输出的图像闪烁。

✦ Mitchell：选择该选项后，“剪辑负成分”复选框将被激活。

✦ Sinc：抗锯齿效果比“立方(静帧)”模式更好，但渲染时间太长。

✦ 方形：计算像素周围区域的抗锯齿程度。

✦ 三角：使用较少，因为以上选项产生的抗锯齿效果都比该选项产生的效果好。

✦ Catmull：产生比“立方 (静帧)”“高斯（动画）”、Mitchell 和 Sine 要差的抗锯齿效果

✦ PAL/NTSC：产生的抗锯齿效果非常柔和。

> **提示**
> 过滤器的 8 种抗锯齿效果示例如图 7-38 所示。

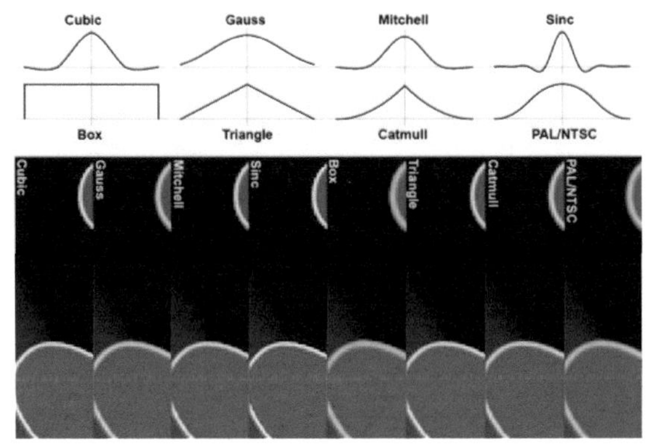

图 7-38

7.3.6　选项

“选项”的界面参数如图 7-39 所示。

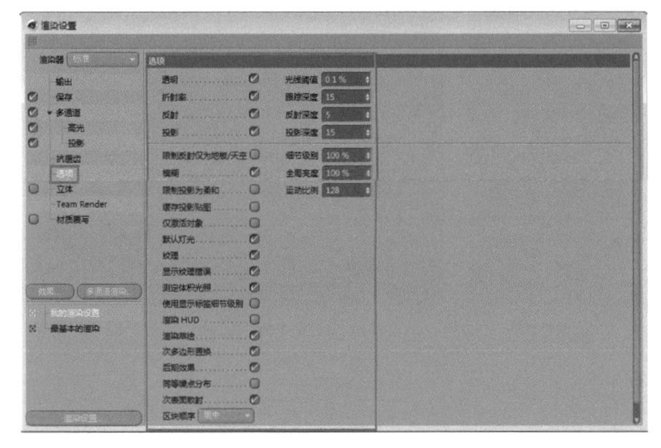

图 7-39

1. 透明 / 折射率 / 反射 / 投影

这 4 个参数用于控制渲染图像中材质的透明、折射率、反射以及投影是否显示，如图 7-40 所示。

2. 光线阈值

“光线阈值”参数用于优化渲染的时间，如果设置为 15%，则光线的亮度一旦低于该数值，将在摄影机中停止运动。

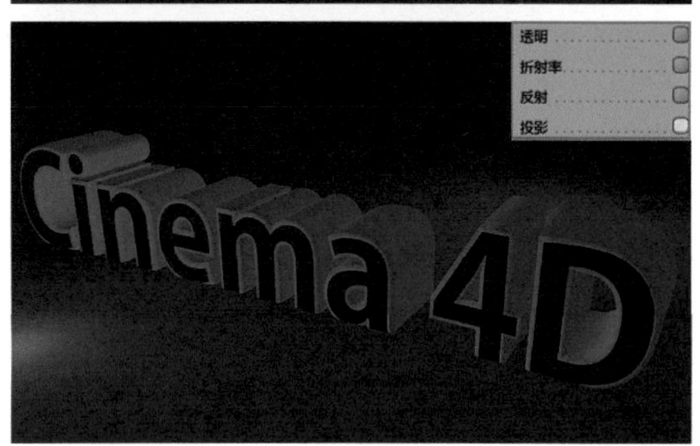

图 7-40

3. 跟踪深度

“跟踪深度”参数用于设置透明物体渲染时可以被穿透的程度，不能被穿透的区域将显示为黑色，如图 7-41 所示。过大的数值将导致计算时间过长，过小的数值则不能计算出真实的透明效果，默认值为 4，最高值为 500。

跟踪深度：2

跟踪深度：10

图 7-41

4. 反射深度

当一束光线投射到场景中，光线能够被具有反射特性的表面反射，如果有两个反射特性很高的物体表面相对（例如镜面），那么可能导致光线被无限次反射，此时光线跟踪器会一直跟踪反射光线，以至于无法完成渲染。为了防止这种情况发生，必须限制反射的深度。“反射深度”数值小将减少渲染时间，数值大则增加渲染时间。

5. 投影深度

“投影深度”参数类似“反射深度”参数，用于设置投影在反射的物体表面，经过多次反射后是否出现。

6. 限制反射为地板 / 天空

选中“限制反射为地板 / 天空”选项后，光线跟踪器将只计算反射表面上地板和天空的反射。

7. 细节级别

“细节级别”参数用于设置场景中所有对象显示的细节程度，默认值 100% 将显示所有细节，而 50% 将只显示一半的细节。如果对象已经定义好细节级别，那么将使用自定义的细节级别。

8. 模糊

选中“模糊”选项后，“反射”和“透明”属性的材质通道将应用模糊效果，默认为选中状态。

9. 全局亮度

“全局亮度”参数用于控制场景中所有光源的全局亮度，如果设置为 50%，那么每个灯光的强度都会在原来的基础上减半。如果设置为 200%，那么每个灯光的强度都在原来的基础上增加一倍。

10. 限制投影为柔和

选中“限制投影为柔和”选项后，只有柔和投影才会被渲染，也就是说灯光的“投影”设置为“阴影贴图（软阴影）”。

11. 运动比例

在渲染多通道矢量运动时，“运动比例”参数用于设置矢量运动的长度。数值过大会导致渲染结果不准确，数值过小会导致纹理被剪切。

12. 缓存投影贴图

选中“缓存投影贴图”选项可以加快渲染速度，保持默认选中状态即可。

13. 仅激活对象

选中“仅激活对象”选项后，只有选中的物体才会被渲染。

14. 默认灯光

如果场景当中没有任何光源，选中“默认灯光”选项后，将使用默认的光源渲染场景。

15. 测定体积光照

如果需要体积光能够投射阴影，那么就需要选中“测定体积光照”选项。但是在进行测试渲染时，最好取消选中该选项，因为会降低渲染速度。

16. 使用显示标签细节级别

选中“使用显示标签细节级别”选项后，渲染时将使用“显示”标签的细节级别。

17. 渲染 HUD

选中“渲染 HUD”选项后，渲染时将同时渲染 HUD 信息。选中对象，用鼠标右键单击对象的某个属性，在弹出的菜单中选择“添加到 HUD”命令，可添加该参数信息到 HUD，如图 7-42 所示。或者长按鼠标左键，拖曳属性名称到视图窗口，也可添加参数信息到 HUD。添加完毕后，如需渲染出 HUD 信息，除了需要选中“渲染 HUD”选项之外，还需要在该 HUD 标签上右击，在弹出的菜单中选择“显示”|“渲染”命令，如图 7-43 所示。按快捷键 Shift + V 可调出 HUD 的参数面板。

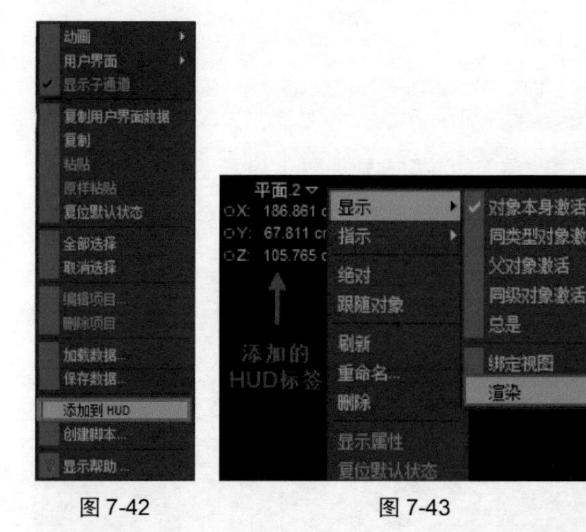

图 7-42　　图 7-43

7.3.7 效果

在“渲染设置”窗口中单击“效果”按钮效果...，会弹出如图 7-44 所示的菜单。

通过该菜单中的命令，可以添加一些特殊效果。添加某种效果后，在“渲染设置”窗口中会显示该效果的参数设置面板，可以进行参数设置。例如，添加“全局光照”和“环境吸收”效果，如图 7-45 所示。

如果想删除已添加的效果，需要在该效果上右击，在弹出的菜单中选择“删除”命令。在该弹出菜单中还可以选择添加其他效果。当然，选中效果按 Delete 键也可将其删除。

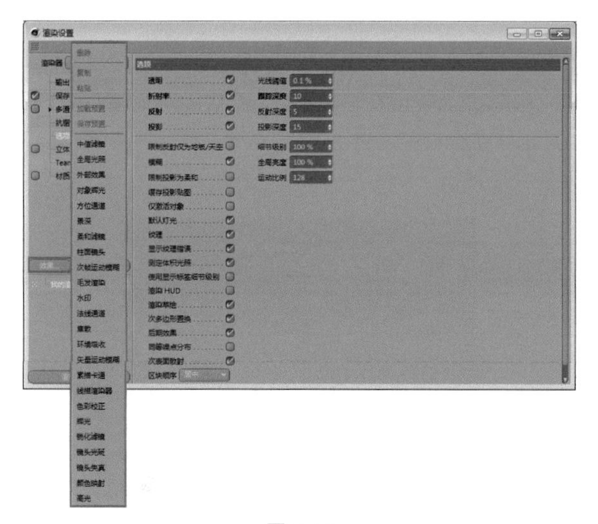

图 7-44

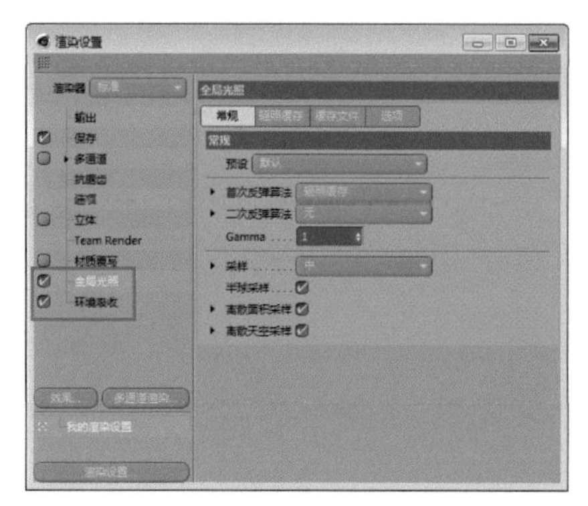

图 7-45

7.3.8 渲染设置

在“渲染设置”窗口中单击“渲染设置”按钮，会弹出如图 7-46 所示的菜单。

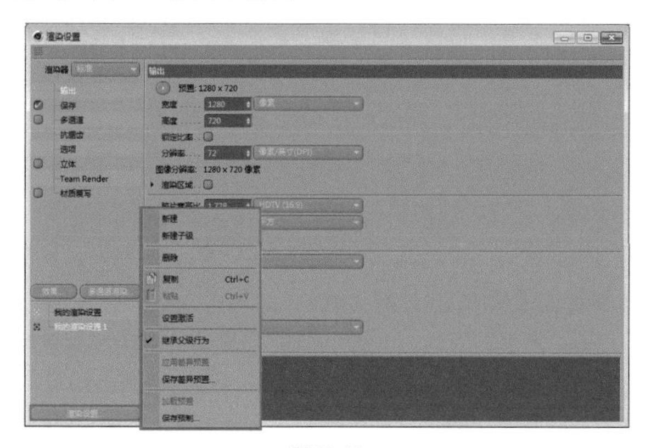

图 7-46

1. 新建

“新建”命令将新建一个“我的渲染设置”，如图 7-47 所示。

2. 新建子级

“新建子级”命令同样可以新建一个“我的渲染设置”，但是新建的设置会自动成为之前激活的设置的子级，如图 7-48 所示。

图 7-47

图 7-48

3. 删除

“删除”命令用于删除当前选择的“我的渲染设置”。

4. 复制 / 粘贴

“复制”和“粘贴”命令用于复制和粘贴“我的渲染设置”。

5. 设置激活

将当前选择的“我的渲染设置”设置为激活状态，也可以通过单击“渲染设置”前面的按钮，当其显示为白色时则为激活状态。

6. 继承父级行为

“继承父级行为”选项默认为选中状态，如果禁用，“渲染设置”的名称将变为粗体。

7. 应用差异预置 / 保存差异预置 / 加载预置 / 保存预制

当新建一个“我的渲染设置”并调整过参数之后，如果没有进行保存，那么下次打开 Cinema 4D 时，新建的该渲染设置将不会存在。

“保存差异预置”和“保存预制”用于保存自定义的“我的渲染设置”（保存在“内容浏览器”下的“预制”|User|“渲染设置”文件夹中），如图 7-49 所示。“应用差异预置”和“加载预置”则用于调用之前保存过的“我的渲染设置”。

7.4 全局光照

光具有反射和折射的特性，在真实世界中，光从太阳照射到地面是经过无数次反射和折射的。而在三维软件中，光同样也具备现实中的所有性质，但是其光能传递效果并不明显（间接照明）。为了实现真实的场景效果，在渲染图像时就需要在渲染过程中有全局光照的介入。

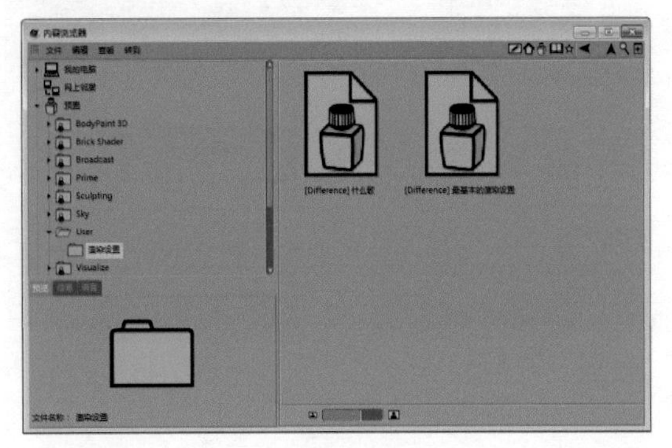

图 7-49

要实现全局光照效果，一般情况下有以下两种方式。

✦ 对于有经验的设计师，可以通过在场景中设置精确的灯光位置与灯光参数来模拟真实的光能传递效果。这种方法的好处是，可以拥有较快的渲染速度，但是实现这一方式需要设计师具备一定的经验。

✦ 可以直接在渲染设置中开启“全局光照”，用户只需要通过简单的灯光设置，就可以通过软件内部的计算来产生真实的全局光照效果。这种方式渲染速度相对较慢，但是无须用户具备很多的经验。

全局光照简称 GI，全称是 Global Illumination，是一种高级照明技术。它能模拟真实世界的光线反弹照射现象。它实际上是光源将一束光线投射到物体表面后被打散成许多条不同方向带有不同信息的光线，并产生反弹，照射其他物体。当这条光线能够在此照射到物体之后，每条光线又再次被打散成许多条光线，继续传递光能信息，照射其他物体。如此循环，直至达到用户设定的要求，光线将终止传递，这种传递过程就是全局光照。

如果要设置全局光照，可以单击工具栏中的“编辑渲染设置”按钮，或按快捷键 Ctrl+B。打开“渲染设置”窗口，单击“效果”按钮，在弹出的菜单中选择“全局光照”命令，如图 7-50 所示。

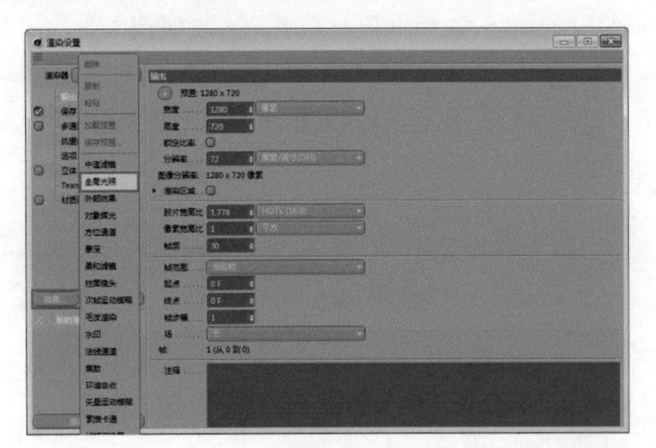

图 7-50

7.4.1 “常规”选项卡

选择“全局光照”选项后，在“渲染设置”窗口中会显示其参数设置面板，首先显示的是“常规”选项卡，如图 7-51 所示。

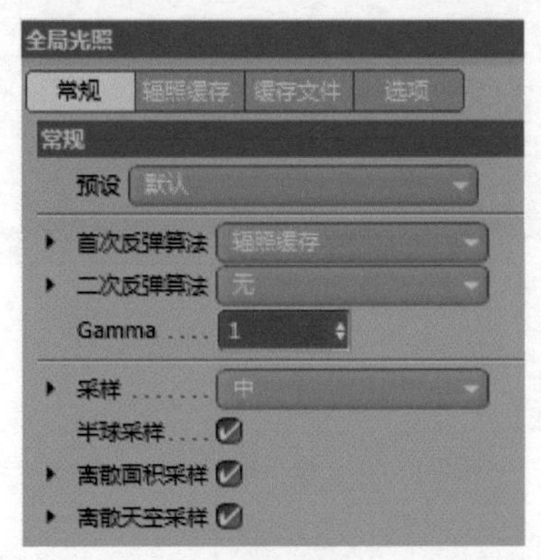

图 7-51

> **提示**
> 在 Cinema 4D 中设置全局光照后，会因计算占用大量内存而导致渲染速度变慢。

“常规”选项卡中各主要参数的含义介绍如下。

1. 预设

根据环境的不同，GI 有非常多的组合，在预设参数下已经保存了很多针对不同场景的参数组合。可以选择一组预先保存好的设置数据来指定给不同的场景，这样可以有效地加快工作速度。

✦ 室内：大多数是通过较少和较小规模的光源，在一个有限的范围内产生照明，内部空间更难以计算 GI。

✦ 室外：室外空间基本上是建立在一个开放的环境下，从一个较大的表面发射出均匀的光线，这使它更容易进行 GI 计算。

✦ 自定义：如果用户修改过“常规”选项卡中的任意参数，预设属性将自动切换到自定义方式。

✦ 默认：设置首次反弹算法为“辐照缓存”，这是计算速度最快的 GI 计算方式。

✦ 对象可视化：一般针对光线聚集的构造，这意味着它们一般需要多个光线反射。

✦ 进程式渲染：该选项是专门为物理渲染器的进程式采样器设置的，可以快速呈现粗糙的图像，然后逐步提高。

2. 首次反弹算法

“首次反弹算法”用来计算摄像机视野范围内所看

到的直射光(发光多边形、天空、真实光源、几何体外形等)照明物体表面的亮度。

3. 二次反弹算法

“二次反弹算法”用来计算摄像机视野范围以外的区域，以及漫射深度所带来的对周围对象的照明效果。

4.Gamma

可以使用 Gamma 参数来调整渲染过程中的画面亮度。

7.4.2　“辐照缓存”选项卡

“辐照缓存”选项卡如图 7-52 所示。“辐照缓存”是一种新型的计算方法，可以大幅提高细节处的渲染品质，如模型角落、阴影等，如图 7-53 所示。

图 7-52

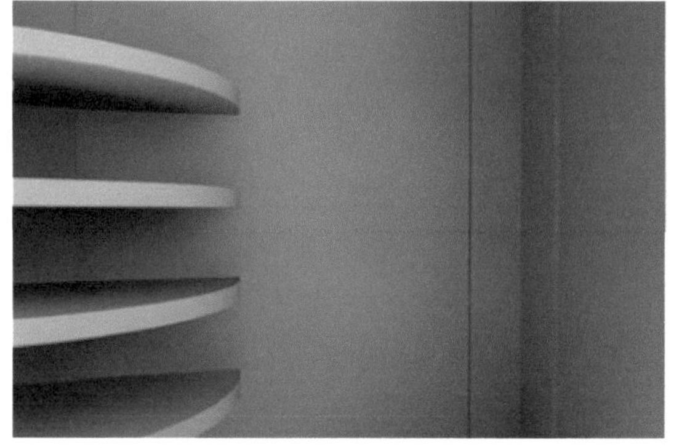

图 7-53

7.5　环境吸收

在 Cinema 4D R18 版本中，环境吸收有两种不同的计算方式。

✦ 强制方式：检查每一个单独像素在环境中的可见性。

✦ 更快的计算方法：可以通过缓存方式，只检查某些点的可见性，并在检测点之间进行插值计算，后者的方式类似全局光照中的辐照缓存模式，并且可以使用相似的参数设置进行控制。这种方式的优点在于，可以使环境吸收计算得更快。

要设置环境吸收，可以单击工具栏中的“渲染设置”按钮，或按快捷键 Ctrl+B，打开“渲染设置”窗口，然后单击“效果”按钮，在弹出的菜单中选择“环境吸收”命令，如图 7-54 所示。

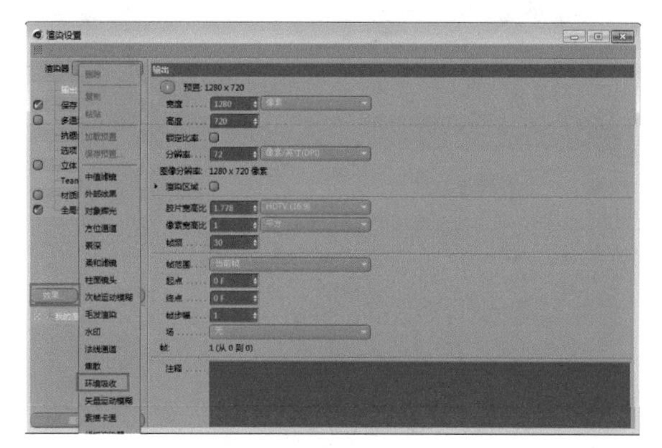

图 7-54

选择“环境吸收”命令后，“渲染设置”窗口会显示该效果基本属性的参数设置面板，如图 7-55 所示。

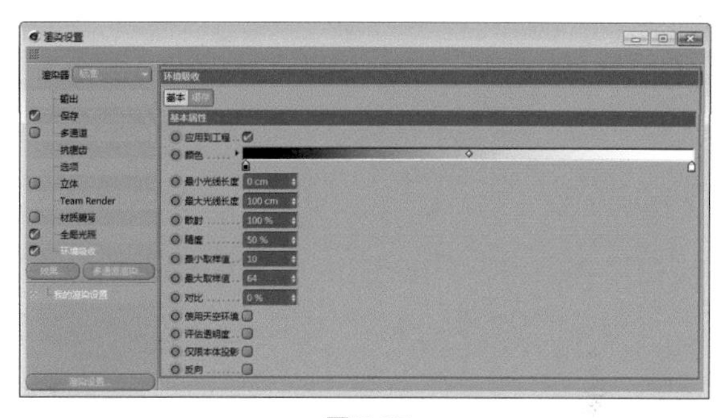

图 7-55

7.5.1　“基本”选项卡

“基本”选项卡中各主要参数的含义介绍如下。

1. 应用到工程

选中“应用到工程”复选框后，环境吸收为开启状态，取消选中则失效。

2. 颜色

“颜色”复选框用于设置环境吸收效果的颜色，如图 7-56 所示。

3. 精度 / 最小取样值 / 最大取样值

这组参数用于设置环境吸收效果的计算精度，“精度”“最小取样值”和“最大取样值”都会对环境吸收的效果产生影响。

图 7-56

4. 对比

“对比”参数用来设置环境吸收效果的对比强度，可设置的数值范围为 –100%~100%。

7.5.2 “缓存”选项卡

“缓存”选项卡如图 7-57 所示，该选项卡可以将缓存数据进行保存并再次使用。值得注意的是，这只能针对场景中物体的间距、位置等数据进行保存。

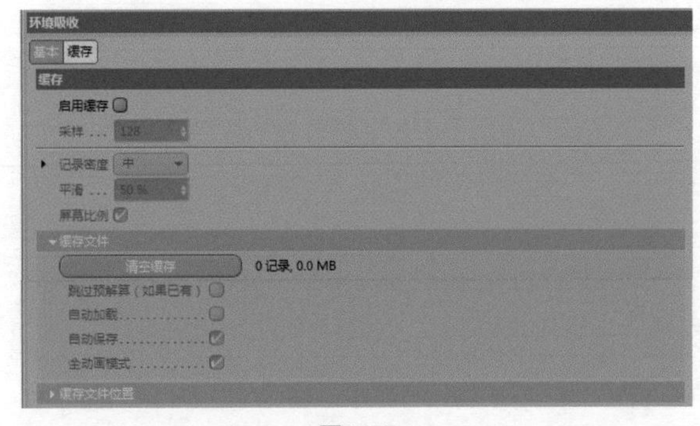

图 7-57

如果取消选中“启用缓存”复选框，将沿用 Cinema 4D 之前版本中对环境吸收的计算方式，强制计算每个像素在环境中的可见性。

7.6 景深

景深是指摄像机摄取有限距离的景物时，可在画面上构成清晰影像的物距范围。在聚焦完成后，在焦点前后的范围内都能形成清晰的像，这一前一后的距离范围，便是“景深”。控制景深在摄影中是一门高深的学问，对于渲染来说也同样重要，其效果如图 7-58 所示。

图 7-58

要设置景深，可以单击工具栏的“编辑渲染设置”按钮，或按快捷键 Ctrl+B 打开“渲染设置”窗口，然后单击“效果”按钮，在弹出的菜单中选择“景深”命令，即可进入“景深”的参数设置面板，如图 7-59 所示。

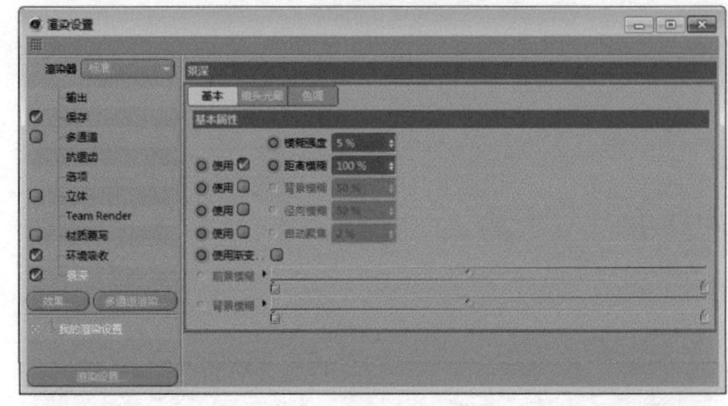

图 7-59

“景深”参数设置面板中主要选项的含义介绍如下。

1. 模糊强度

“模糊强度”用来设置景深的模糊强度数值，数值越大模糊程度越高。

2. 距离模糊

选中“距离模糊”选项，系统将计算摄影机的前景模糊和背景模糊的距离范围所产生景深的效果。

3. 背景模糊

选中“背景模糊”选项，将对 Cinema 4D 的背景物体（物体对象 / 场景 / 背景）产生模糊效果，如图 7-60 所示。

图 7-60

4. 径向模糊

选中“径向模糊”选项，画面中心将向画面四周产生径向模糊的效果，可用来设置模糊的强度。

5. 自动聚焦

选中“自动聚焦”选项，将模拟真实的摄像机，进行自动聚焦计算。

7.7　焦散

“焦散”是指当光线穿过一个透明物体时，由于对象表面不平整，使光线折射并没有平行发生，同时出现漫折射，投影表面出现光子分散。

例如，一束光照射一个透明的玻璃球，由于球体的表面是弧形的，那么在球体的投影表面上就会出现光线的明暗偏差，这就是“焦散”。焦散的强度与对象透明度、对象与投影表面的距离以及光线本身的强度有关。使用焦散特效主要是为了使场景更加真实，如果使用得当会使画面更漂亮，如图 7-61 所示。

图 7-61

如需设置焦散，可以单击工具栏的“编辑渲染设置”按钮，或按快捷键 Ctrl+B 打开“渲染设置”窗口，然后单击“效果”按钮，在弹出的菜单中选择“焦散”命令，进入“焦散”的参数设置面板，如图 7-62 所示。

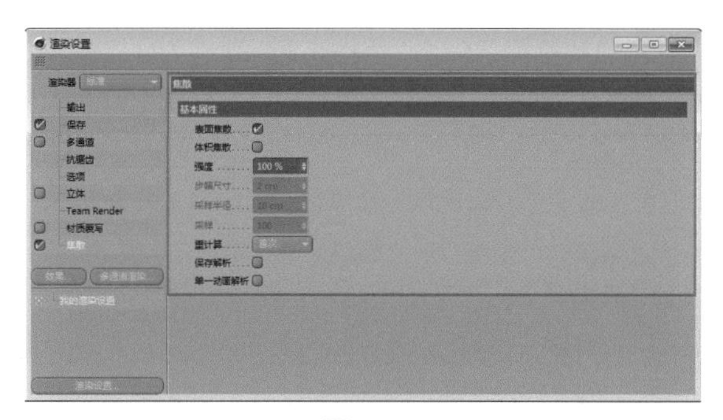

图 7-62

“焦散”参数设置面板中主要的选项含义介绍如下。

1. 表面焦散

“表面焦散”复选框默认为选中状态，如果取消选中将不会显示焦散的效果。

2. 体积焦散

“体积焦散”复选框默认为选中状态，如果取消选中将不会显示表面的体积光效果。

3. 强度

“强度”参数用于设置焦散效果的强度，默认为 100%，数值可以继续加大，数值越大焦散强度越大。

4. 步幅尺寸 / 采样半径 / 采样

这 3 项需要选中“体积焦散”复选框后才会被激活。

7.8　对象辉光

辉光可以为物体添加一个自发光的效果。如需设置辉光，可以单击工具栏的“编辑渲染设置”按钮，或按快捷键 Ctrl+B 打开“渲染设置”窗口，然后单击“效果”按钮，在弹出的菜单中选择“辉光”命令，进入“辉光”的参数设置面板，如图 7-63 所示。

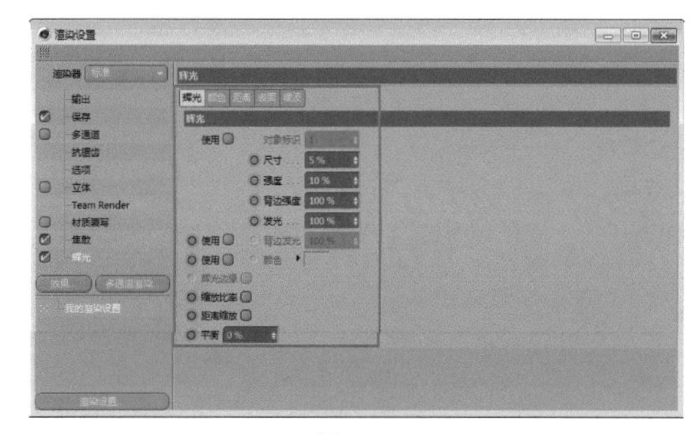

图 7-63

添加对象辉光后，“渲染设置”窗口处并不能对其参数进行设置，具体的辉光效果需要在材质编辑器中进行设置，如图7-64所示。同样，在材质编辑器中选中“辉光”选项后，“渲染设置”窗口也会自动添加对象辉光。

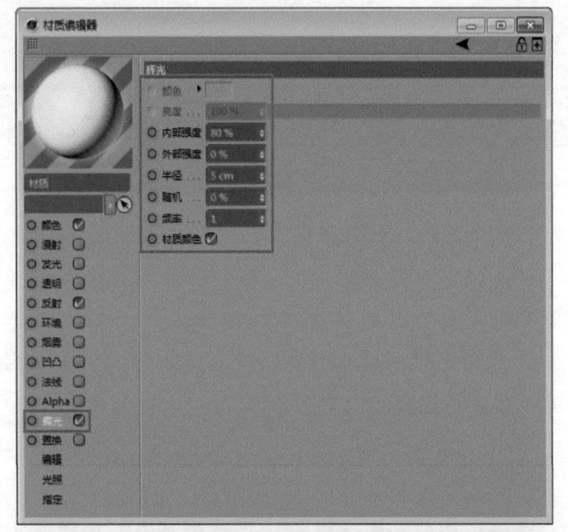

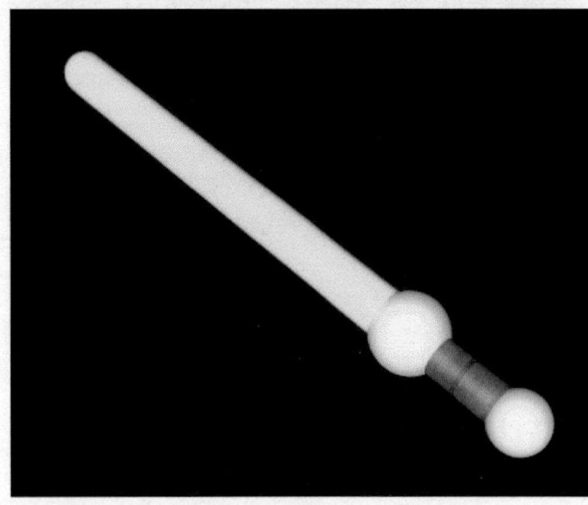

图 7-64

7.9 素描卡通

“素描卡通”可以为模型添加平面动画般的渲染效果，如图7-65所示。

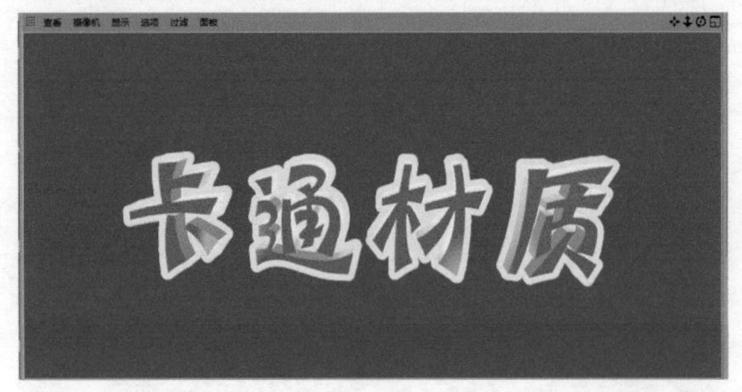

图 7-65

如需设置素描卡通效果，可以单击工具栏的“编辑渲染设置”按钮，或按快捷键Ctrl+B打开“渲染设置”窗口，然后单击“效果”按钮，在弹出的菜单中选择“素描卡通”命令，进入“素描卡通”的参数设置面板，如图7-66所示。

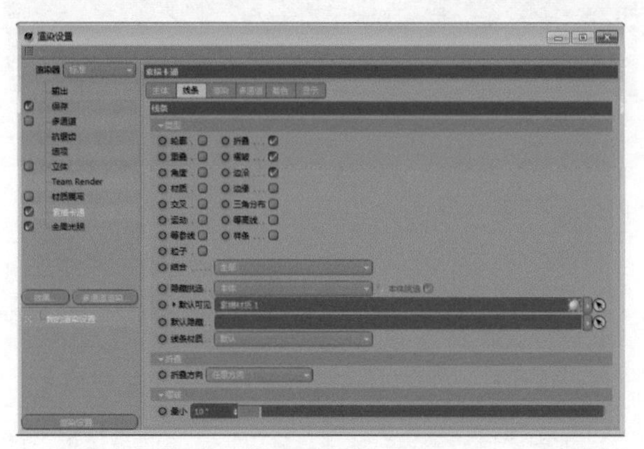

图 7-66

选择添加素描卡通后，在“渲染设置”窗口右侧可以设置素描卡通的参数，同时，材质编辑器会自动添加一个素描卡通的材质球，如图7-67所示。

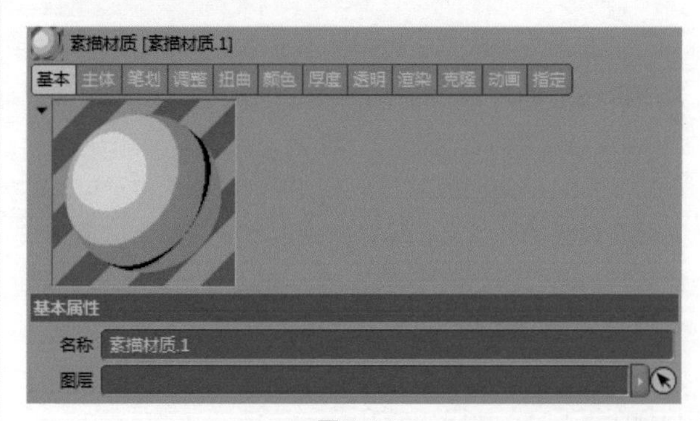

图 7-67

> **提示**
> 素描卡通效果需要素描材质球和素描卡通的参数设置同时配合使用，以达到令人满意的图像效果。

7.10 图片查看器

Cinema 4D 中的“图片查看器”是渲染图像文件的输出窗口，在工具栏中单击“渲染到图片查看器”按钮，或按快捷键Shift+R，场景模型将被渲染到“图片查看器”对话框中，只有在“图片查看器”中渲染的图形文件，才能保存为外部文件，如图7-68所示。

图 7-68

7.10.1　菜单栏

菜单栏中集合了“图片查看器”对话框中所有的命令，主要包括“文件”“编辑”“查看”“比较”和“动画”，具体介绍如下。

1. 文件

“文件”菜单中的命令可以对当前渲染图像文件进行打开和保存等操作，如图 7-69 所示，主要命令介绍如下。

图 7-69

✦ 打开：选择该命令将弹出“打开文件”对话框，用于在“图片查看器”中打开一个图像文件，所有 Cinema 4D 支持的二维图像格式都可以打开，选择要打开的文件再单击“打开”按钮即可，如图 7-70 所示。

图 7-70

✦ 另存为：将渲染到“图片查看器”中的图片导出。选择该命令后，将弹出“保存”对话框，可以设置导出的图像文件格式，如图 7-71 所示。

图 7-71

✦ 停止渲染：停止当前的渲染进程，停止渲染并不是暂停渲染，而是完全停止，如果停止后需要再次渲染，只能从头开始渲染。

2. 编辑

“编辑”菜单可以对当前图片查看器中渲染的图像文件进行编辑操作，“编辑”菜单如图 7-72 所示。

其主要命令的介绍如下。

✦ 复制 / 粘贴：用于复制“图片查看器”中的图像到剪贴板中，然后可以粘贴到另一个应用程序中，如 Word。

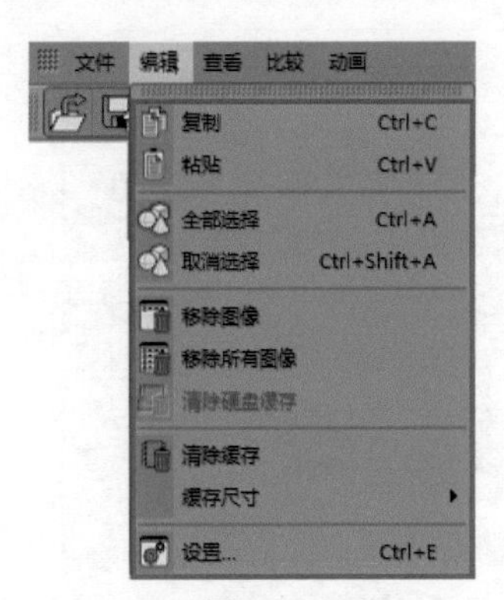

图 7-72

✦ 全部选择 / 取消选择：如果在“图片查看器”中进行过多次渲染，那么在“历史”面板中会出现每一次渲染的图像，如图 7-73 所示。使用这两个命令可以将这些图像全部选中或取消选择。

图 7-73

✦ 移除图像 / 移除所有图像：“移除图像”用于将选中的图像删除；“移除所有图像”用于将“图片查看器”中的所有图像文件删除。

✦ 清除硬盘缓存 / 清除缓存：将场景渲染到“图片查看器”后，如果没有保存图像文件，那么渲染的图像文件将缓存在系统的硬盘中。当缓存的图片过多时，会导致系统运行缓慢。“清除硬盘缓存”和“清除缓存”命令用于清除缓存，也就是将未保存的图片删除。

✦ 缓存尺寸：用于设置缓存图像的尺寸，即图像的分辨率，包括“全尺寸”“二分之一尺寸”“三分之一尺寸”和“四分之一尺寸”4 个选项。

✦ 设置：选择该命令，将打开“设置”窗口的“内存”参数设置面板，如图 7-74 所示。

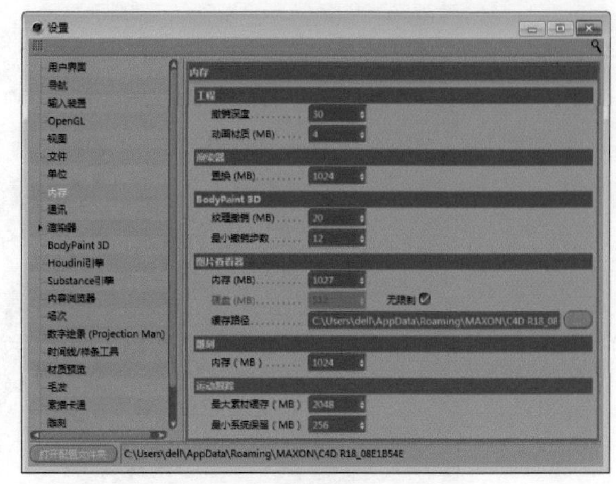

图 7-74

3. 查看

“查看”菜单如图 7-75 所示，主要选项介绍如下。

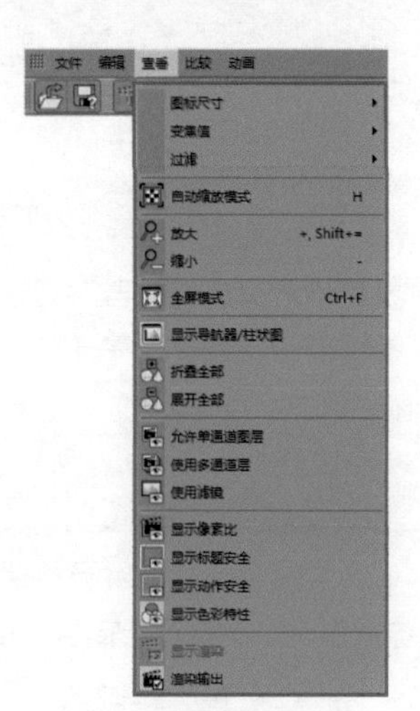

图 7-75

✦ 图标尺寸：用于修改“历史”面板中图标的大小，效果如图 7-76 所示。

小图标

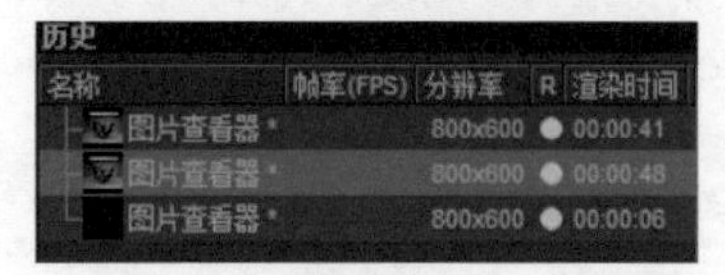

中图标

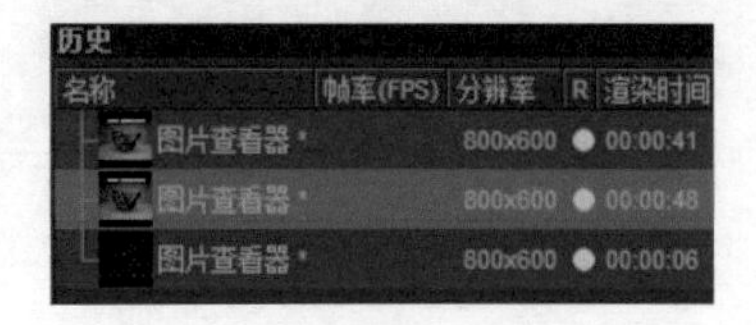

大图标

图 7-76

✦ 变焦值：用于在“图片查看器”中选择定义好的比例来缩放查看图片，包含 8 种比例，如图 7-77 所示。

✦ 过滤器：用于在历史选项的信息面板中过滤相应类型的图片，可选择的过滤器类型包含“静帧”“动画”“已渲染元素”“已载入元素”和“已存元素”5 种，如图 7-78 所示。

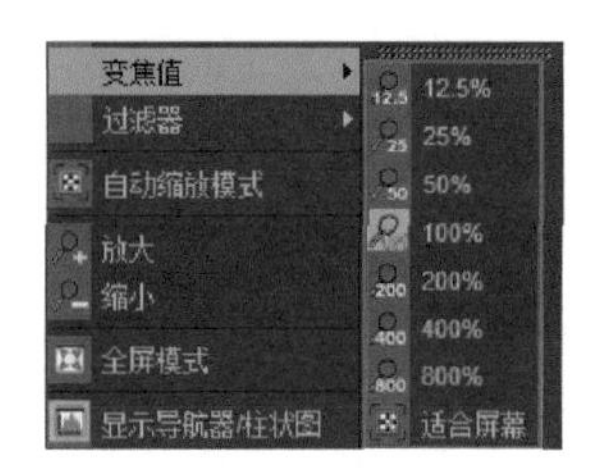

图 7-77

图 7-78

✦ 自动缩放模式：当渲染的图像在“图片查看器”窗口中显示得过大或过小时，图像将自动适合窗口的尺寸（图像的宽高比保持恒定，只是为了方便显示观察）。

✦ 放大 / 缩小：用于放大或缩小图像的显示比例。

✦ 全屏模式：选择该命令后，图片将全屏显示，如图 7-79 所示。

图 7-79

4. 比较

“比较”菜单可以对渲染输出的两幅图像（A 和 B）进行对比观察，如图 7-80 所示。具体的使用方法为：选择一幅图像，执行“设置为 A”命令将其设置为 A，然后再选择需要比较的图片，执行“设置为 B”命令，最后执行“AB 比较”命令进行比较，效果如图 7-81 所示。

5. 动画

“动画”菜单可以对渲染的动画文件进行观察操作。

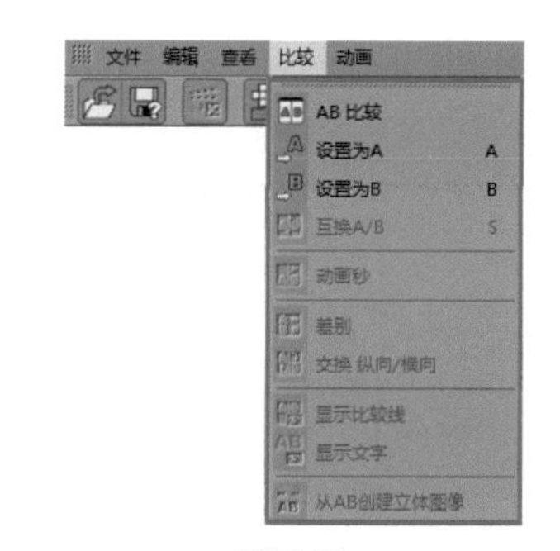

图 7-80

图 7-81

7.10.2 选项卡

“图片查看器”选项卡中集合了一些关于当前渲染图形的信息，主要包括“历史”“信息”“层”“滤镜”和“立体”这 5 个选项卡，具体介绍如下。

1. 历史

选择“历史”选项卡，其下方会显示“图片查看器”中渲染过的图像历史文件，通过选择这些文件可以对历史图像进行选择和查看，如图 7-82 所示。

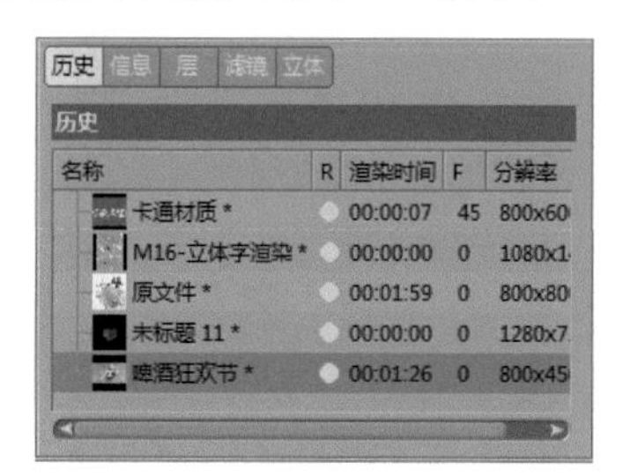

图 7-82

2. 信息

选择“信息”选项卡，属性面板将显示选中图像的文件信息，如图 7-83 所示。

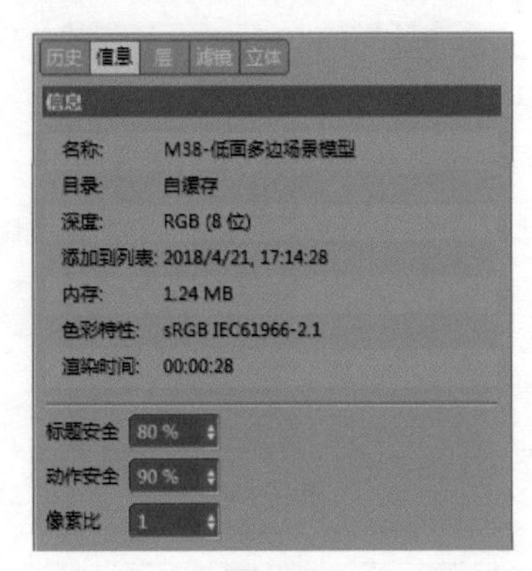

图 7-83

3. 层

选择“层”选项卡，将显示图像文件的分层及通道信息，如果在渲染设置中进行了通道层渲染，这里则会显示相应的图层信息，如图 7-84 所示。

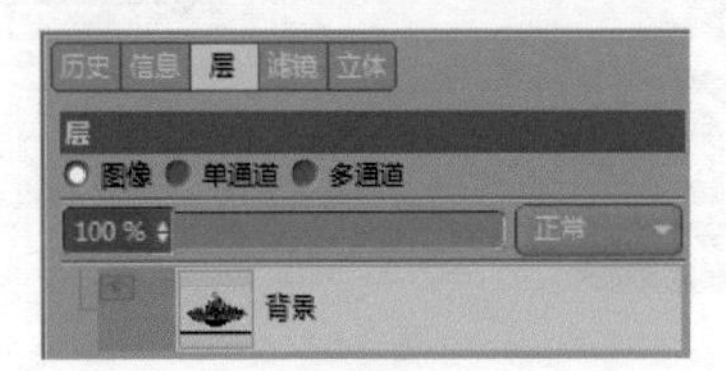

图 7-84

4. 滤镜

选择“滤镜”选项卡，选中“激活滤镜”复选框后，可对当前图像进行一些简单的校色处理，如图 7-85 所示。

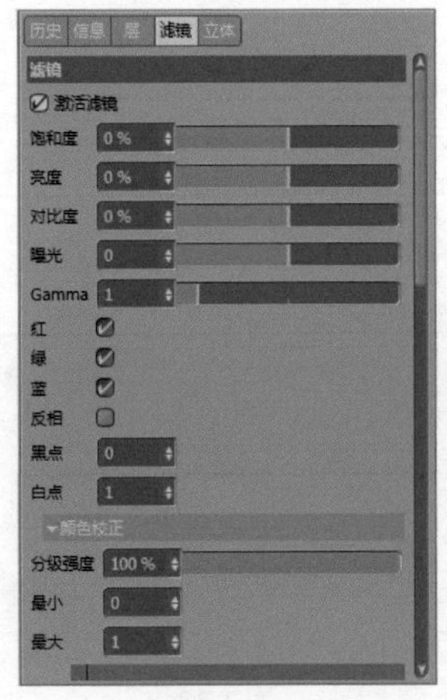

图 7-85

5. 立体

选择“立体”选项卡，如果渲染的场景中存在声音，则在这里显示信息。

7.11 实战——渲染 APP 图标

本节将为第 2 章中创建好的 APP 图标模型添加材质和灯光，然后进行渲染输出。读者可以打开之前创建好的模型来进行操作，也可以直接打开本书素材文件中提供的模型。

素材文件路径：　素材\第 7 章\7.11
效果文件路径：　效果\第 7 章\7.11.APP 图标 .JPG
视频文件路径：　视频\第 7 章\7.11. 渲染 APP 图标 .MP4

1. 创建材质

01 启动 Cinema 4D，打开素材文件，如图 7-86 所示。

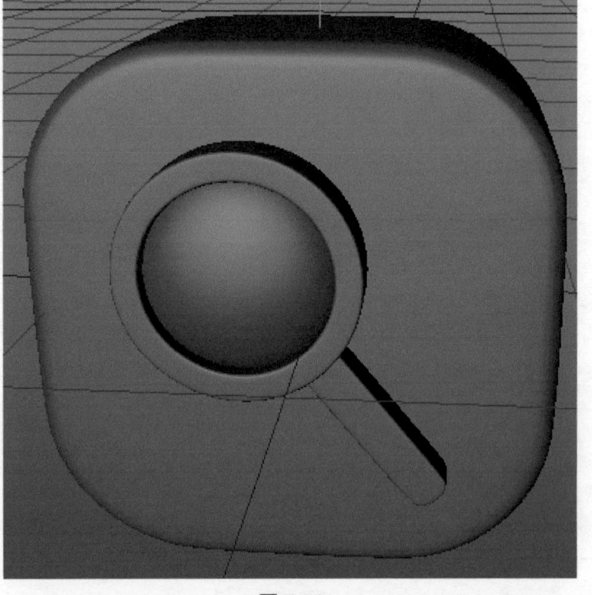

图 7-86

02 创建金属质感的手柄材质。在“材质”窗口的空白区域双击，创建一个空白的材质球，然后双击该材质球，进入“材质编辑器”对话框，取消选中“颜色”材质通道，同时选中“发光”和“反射”通道，如图 7-87 所示。

03 切换至“发光”通道，在“发光”面板中设置其“纹理”选项为“图层”，然后单击下方的色块，如图 7-88 所示。

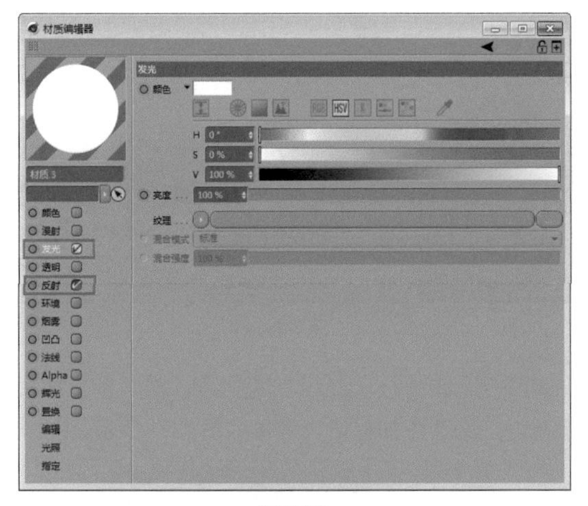

图 7-87

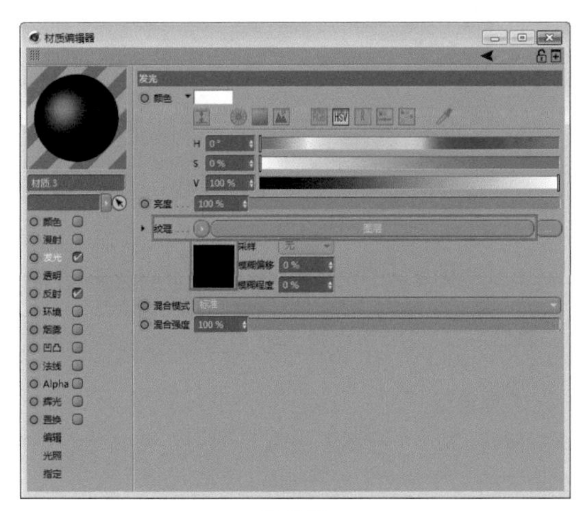

图 7-88

04 单击色块后切换至“着色器”选项卡，然后单击下方的“着色器”按钮，在弹出的菜单中选择“菲涅耳（Fresnel）”命令，如图 7-89 所示。

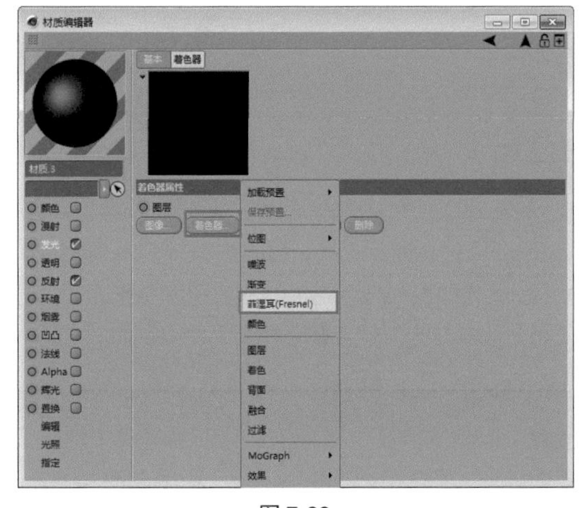

图 7-89

05 同理，再次单击下方的“着色器”按钮，在弹出的菜单中选择“效果”|“各向异性”命令，如图 7-90 所示。

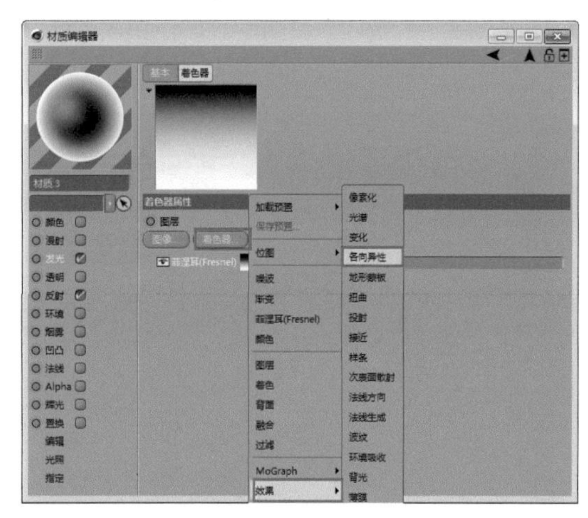

图 7-90

06 切换至“反射”通道，设置反射属性如图 7-91 所示。

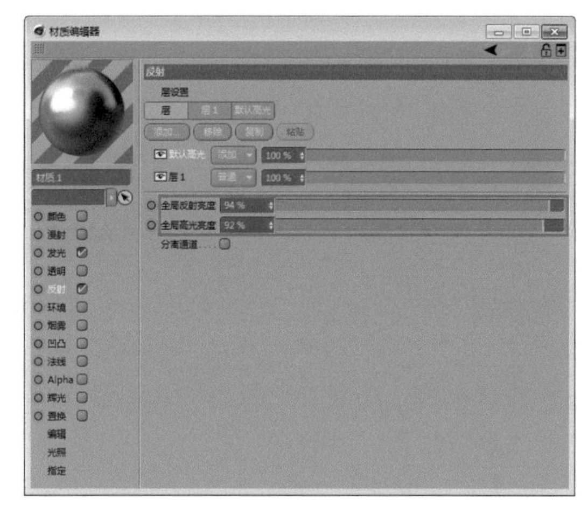

图 7-91

07 手柄的金属材质已经创建完成，将其拖至放大镜的手柄处，为其添加材质，效果如图 7-92 所示。

图 7-92

08 创建放大镜的玻璃材质。使用相同方法，创建一个空白的材质球，然后双击该材质球，进入“材质编辑器”对话框，取消选中“颜色”材质通道，同时选中“漫射”“透明”和“反射”通道，如图 7-93 所示。

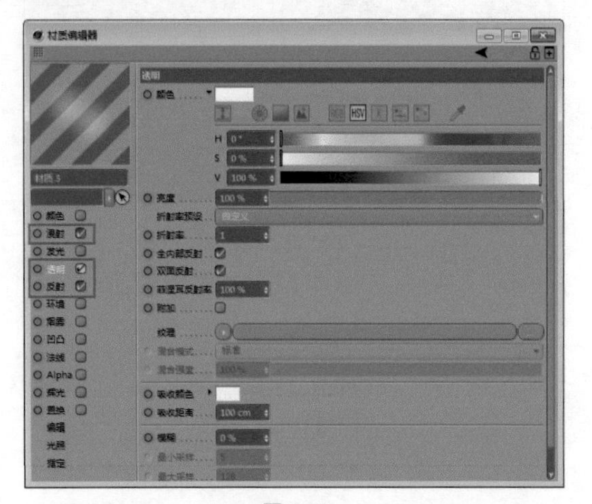

图 7-93

09 切换至“漫射”通道，选中“漫射”面板中的“影响反射”复选框，如图 7-94 所示。

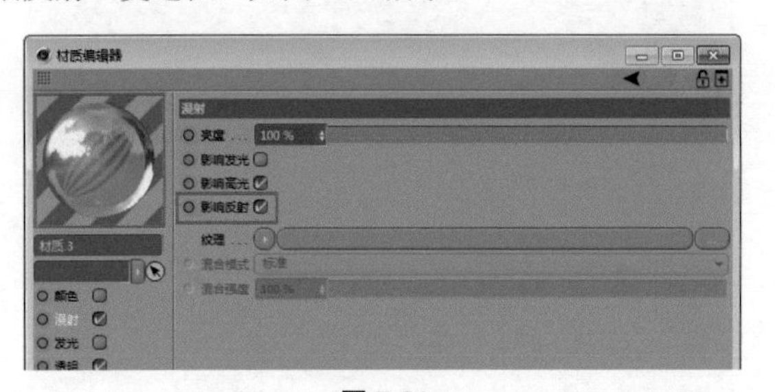

图 7-94

10 切换至“透明”通道，设置“折射率”参数为 4，同时选中“附加”复选框，设置“模糊”参数为 3%，如图 7-95 所示。

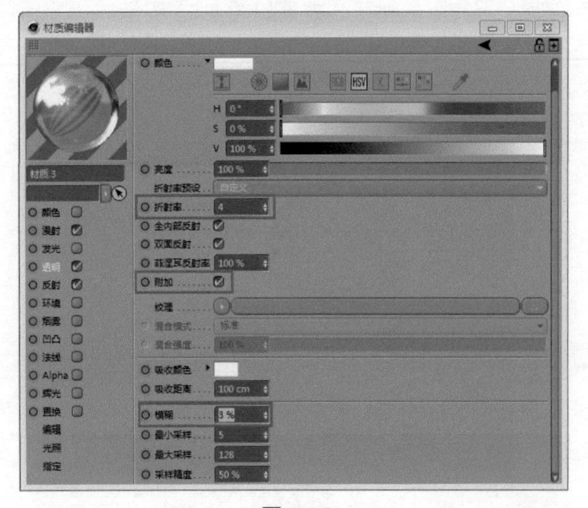

图 7-95

11 切换至“反射”通道，选择其中的“透明度”选项卡，并设置透明度各项参数，如图 7-96 所示。

图 7-96

12 放大镜的玻璃材质已经创建完成，将其拖至放大镜的镜片处，为其添加材质，效果如图 7-97 所示。

图 7-97

13 创建背景框材质。创建一个空白的材质球，然后双击该材质球，进入“材质编辑器”对话框，选中“颜色”“反射”和“凹凸”通道，如图 7-98 所示。

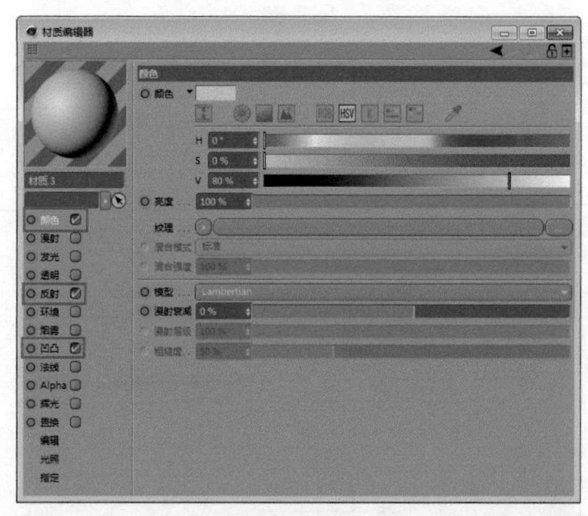

图 7-98

14 在“颜色”通道中选择“纹理”选项为“加载图像”，然后弹出“打开文件”对话框，在其中选择本书素材文件中提供的“木纹素材 .jpg”文件，如图 7-99 所示。

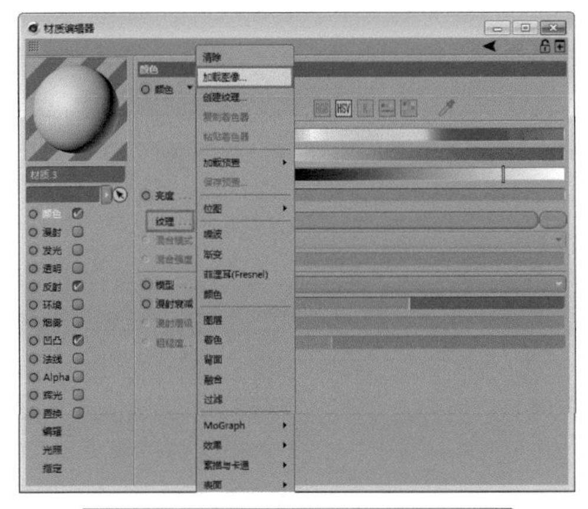

图 7-99

15 切换至“纹理”通道，再使用相同的方法加载“木纹素材 .jpg”文件，同时设置其“强度”为 75%，如图 7-100 所示。

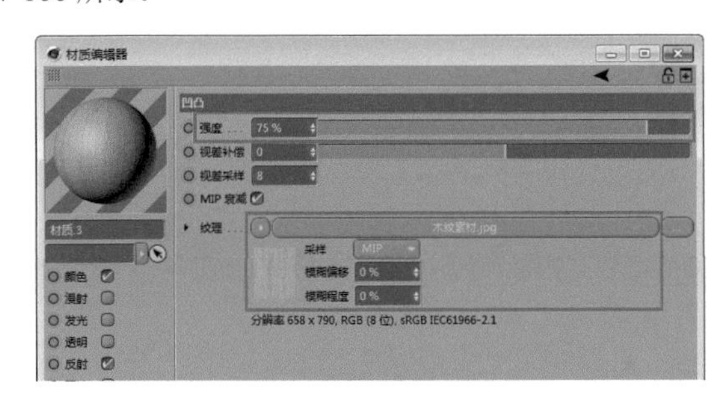

图 7-100

16 背景框材质创建完成，将其拖至背景框处，为其添加材质，效果如图 7-101 所示。

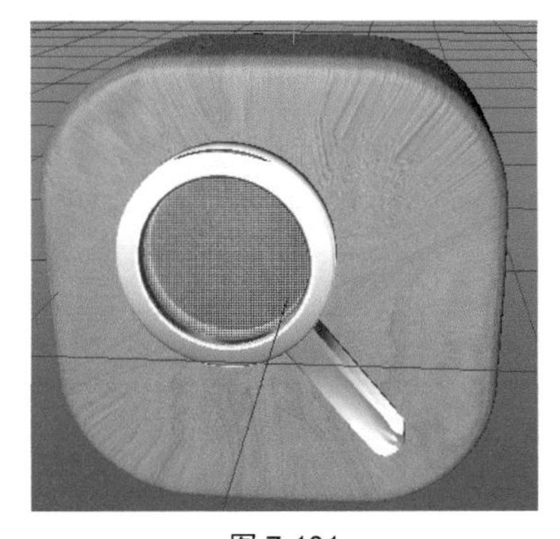

图 7-101

2. 添加光照效果

01 创建第一盏灯光。在工具栏中单击“灯光”按钮，在“属性”窗口中切换至“细节”选项卡，设置“衰减”类型为“细节”，在“半径衰减”文本框中输入 210cm，如图 7-102 所示。

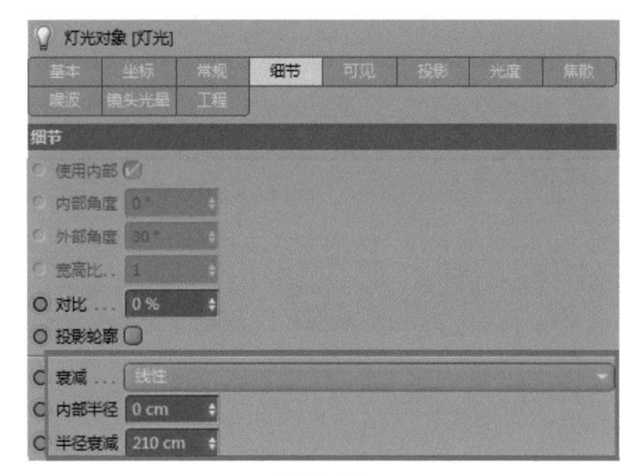

图 7-102

02 调整灯光的位置，如图 7-103 所示。

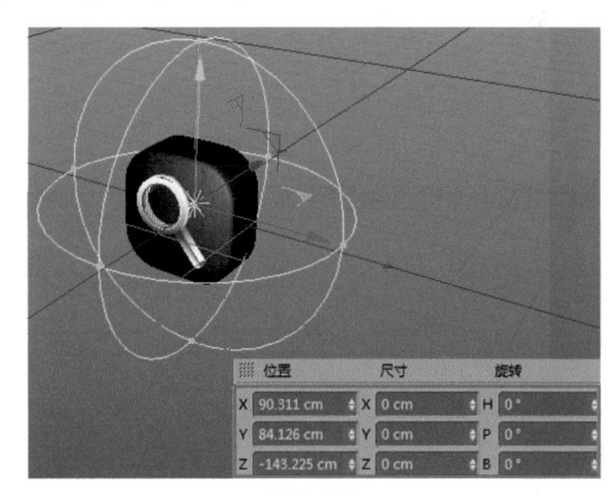

图 7-103

03 使用相同的方法，继续创建灯光。或者直接选择上一步所创建的泛光灯，然后按住 Ctrl 键进行拖动，通过复制的方法得到第二盏灯光。

04 第二盏灯光的参数与第一盏保持一致，仅修改“半径衰减”值为 85cm，并调整灯光的位置，如图 7-104 所示。

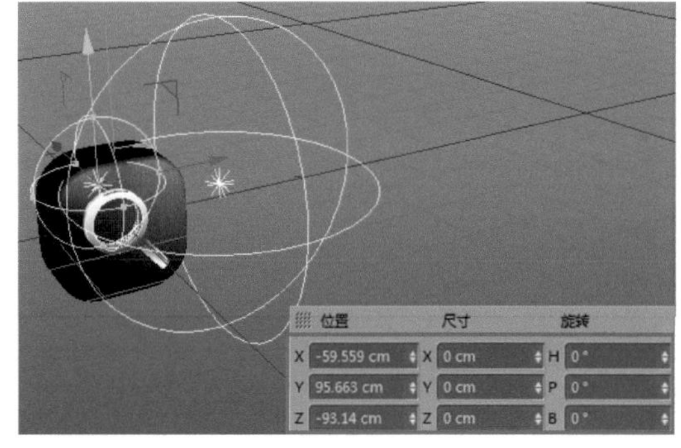

图 7-104

05 创建第三盏灯光。选择第二盏灯光，然后按住 Ctrl 键进行拖动，即可复制出第三盏灯光，然后修改“半径衰减”值为 100cm，并调整灯光位置，如图 7-105 所示。

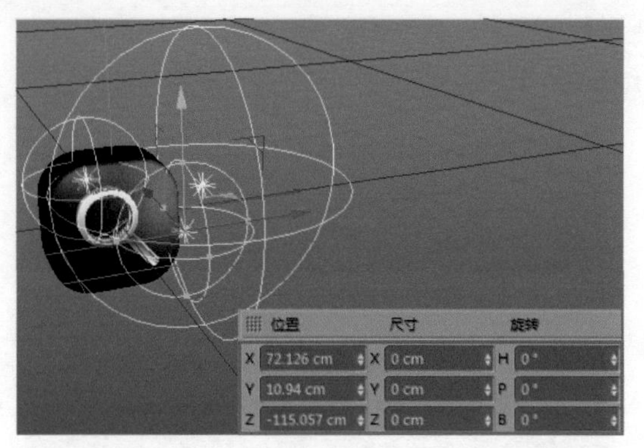

图 7-105

06 创建第四盏灯光，修改其“半径衰减”值为 50cm，并调整位置，如图 7-106 所示。

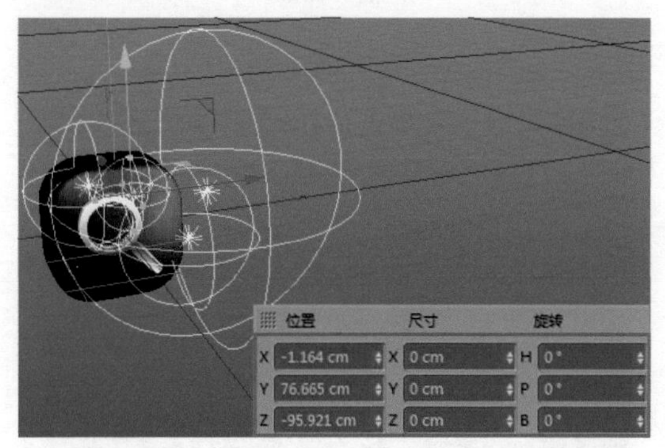

图 7-106

07 创建第五盏灯光，修改其“半径衰减”值为 62cm，并调整位置，如图 7-107 所示。

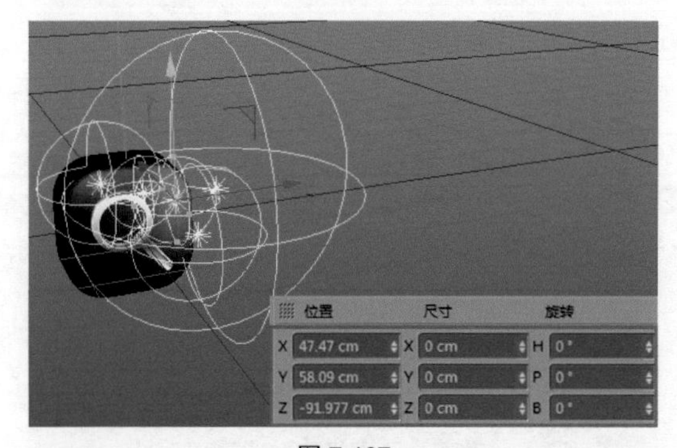

图 7-107

08 添加物理天空。目前灯光已经全部添加完毕，但真实的摄影环境中时刻会受到天光的影响，因此为了达到逼真的光照效果，可以在工具栏中单击“物理天空”按钮，为模型添加一个真实的天光环境。

3. 渲染模型

01 在进行最终设置之前，可以按快捷键 Ctrl+B 或者单击工具栏中的“编辑渲染设置”按钮，打开“渲染设置”窗口，在默认的输出选项组中设置输出文件的大小，如图 7-108 所示。

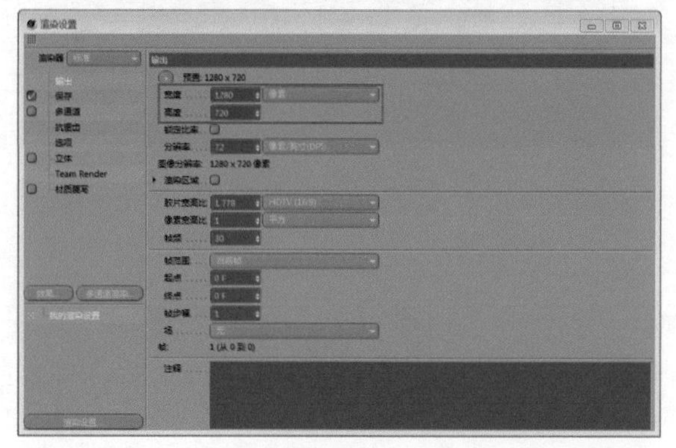

图 7-108

02 切换至“保存”选项组，设置保存文件的格式与路径，如图 7-109 所示。

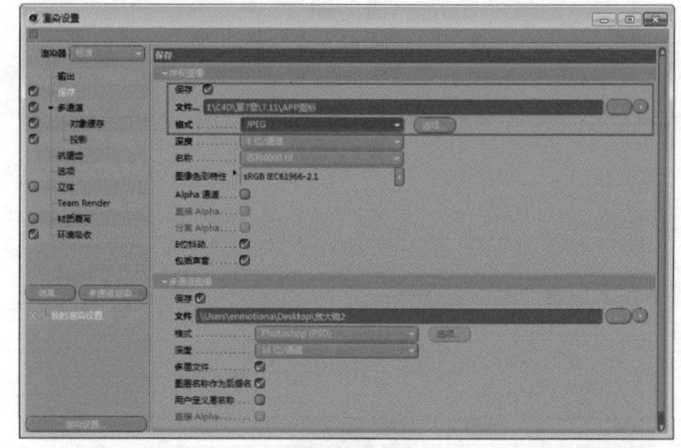

图 7-109

03 在“渲染设置”窗口的空白处右击，在弹出的快捷菜单中选择“全局光照”命令，如图 7-110 所示。

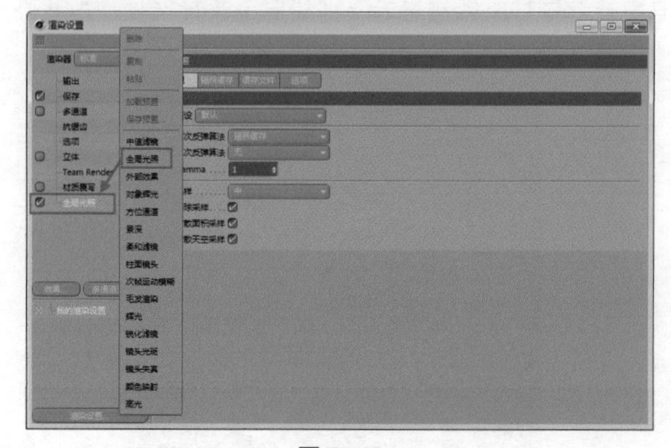

图 7-110

04 其他选项保持默认设置，单击工具栏中的“渲染到图片查看器”按钮，打开“图片查看器”对话框，如图 7-111 所示，此时模型已进行渲染。

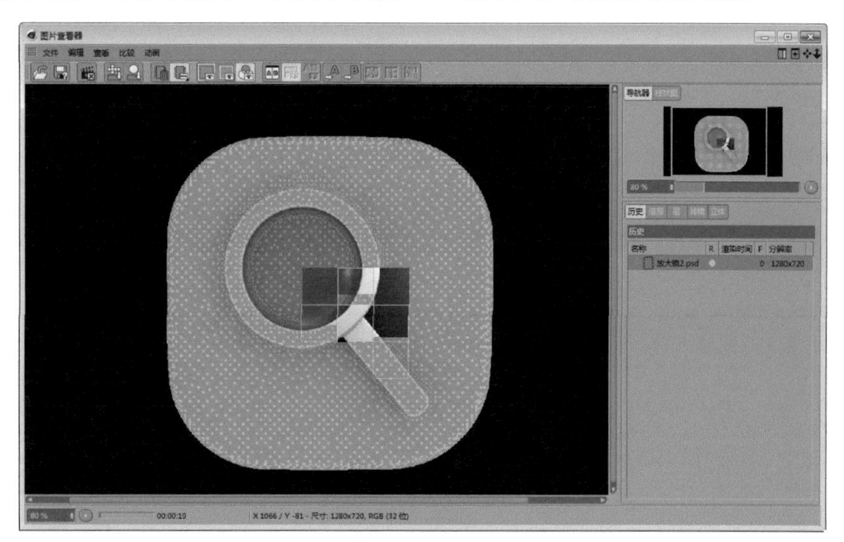

图 7-111

05 最终的渲染效果如图 7-112 所示。

图 7-112

刚体和柔体

Cinema 4D 中的动力学可以用来模拟真实的物体碰撞，生成真实的运动效果。这是手动设置关键帧动画很难实现的，并且能够节省大量时间。但使用动力学同样需要进行很多测试和调试，从而得到正确理想的模拟结果。

8.1 刚体及其属性

刚体是指不能变形的物体，即在任何力的作用下，体积和形状都不发生改变的物体。在 Cinema 4D 中，刚体是用来进行动力学操作的基本元素。要设置刚体，需要在“对象”窗口中选中所需的模型特征，然后右击，或直接单击“标签”选项卡，在弹出的快捷菜单中选择“模拟标签”|“刚体”命令，如图 8-1 所示。设置后的对象在标签栏中新增了一个动力学标签 。模拟标签下包含“刚体”“柔体”“碰撞体”“检测体”“布料”“布料碰撞器”和“布料绑带”7 种模拟标签。

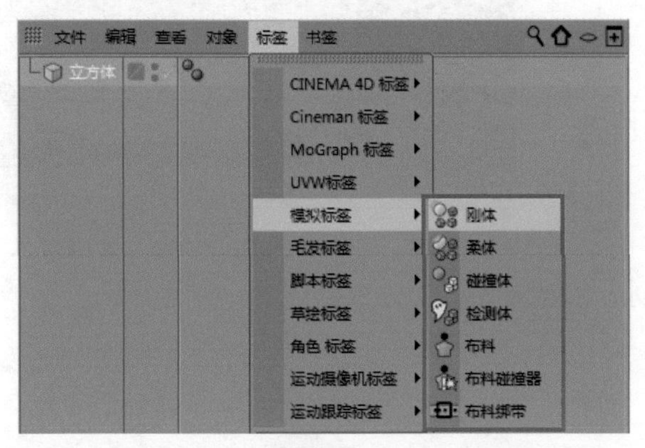

图 8-1

通俗地讲，如果创建了一个球体下坠的动画，球体直接穿过“地面”，而不是和现实中的一样发生碰撞和反弹，那么，就可以认为球体和地面模型还不能进行动力学计算，如图 8-2 所示。

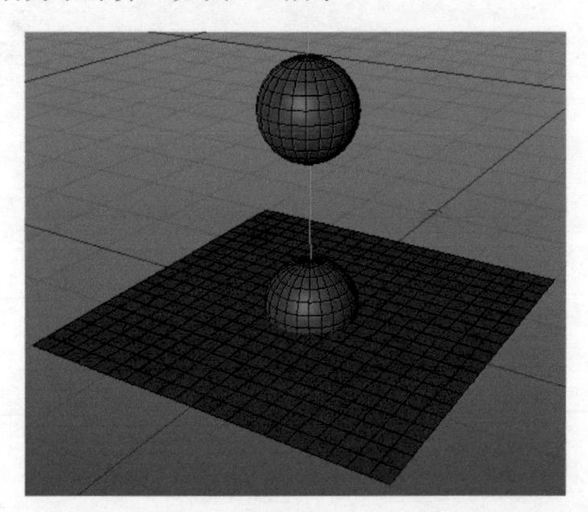

图 8-2

8.1.1 动力学

为了进行动力学计算，需要将球体和平面转化为“碰撞体”。在对象窗口的“平面”上右击，然后选择“模拟标签”|“碰撞体”命令，可以发现“平面”的标签区新增了一个动力学标签，注意该标签的图标和球体的刚体标签图标略有不同，如图 8-3 所示。

图 8-3

此时可以单击时间轴上的“播放”按钮▷，即可观察到添加“刚体”和“碰撞体”的球体与平面模型被赋予了动力学参数，能出现较为逼真的自由落体运动，如图 8-4 所示。

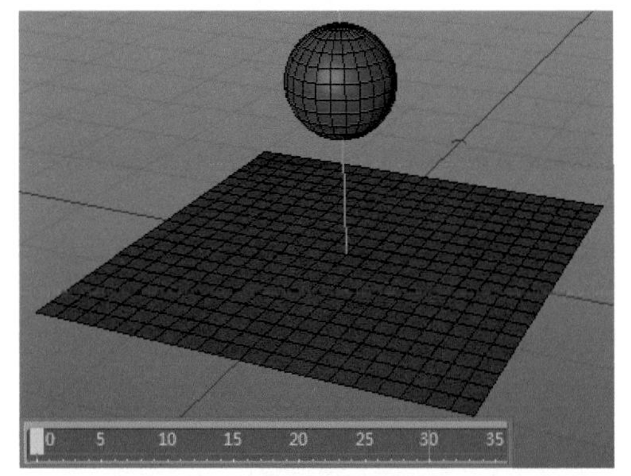

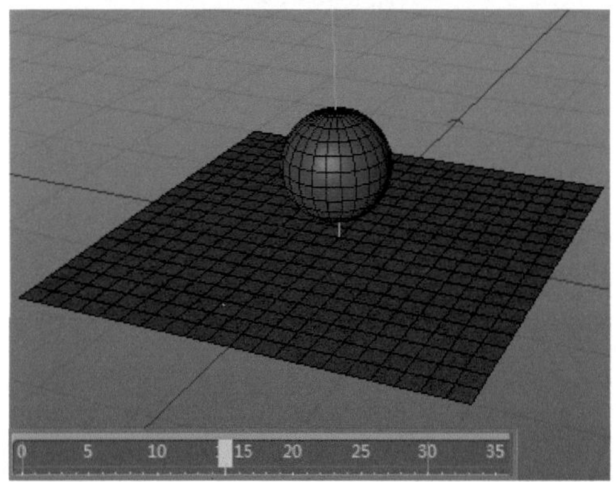

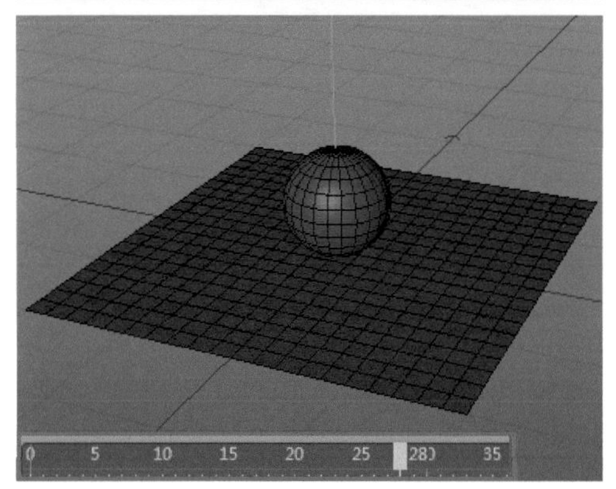

图 8-4

在“对象”窗口中选中添加的动力学标签，便可在“属性”窗口中看到动力学的属性面板，如图 8-5 所示。

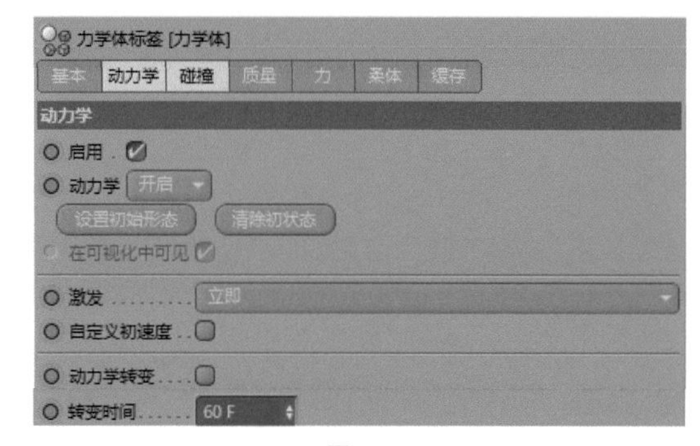

图 8-5

该面板中主要的参数命令介绍如下。

1. 启用

选中“启用”复选框后，动力学标签为激活状态（默认为选中状态）。如果取消选中，则该标签图标显示为灰色，说明动力学标签不产生任何作用，相当于没有为对象添加该标签。

2. 动力学

“动力学”下拉列表包含 3 个选项，分别是“开启”“关闭”和“检测”，如图 8-6 所示，各选项含义的具体介绍如下。

✦ 关闭：选择该选项后，动力学标签的图标显示变为，说明当前的动力学标签被转换为“碰撞体”，如图 8-7 所示。这时“球体”和“平面”都作为碰撞体存在。

✦ 开启：为对象赋予刚体标签后，默认开启，说明当前物体作为刚体存在，参与动力学的计算。

✦ 检测：选择该选项后，动力学标签的图标显示变为，说明当前的动力学标签被转换为“检测体”，如图 8-8 所示。

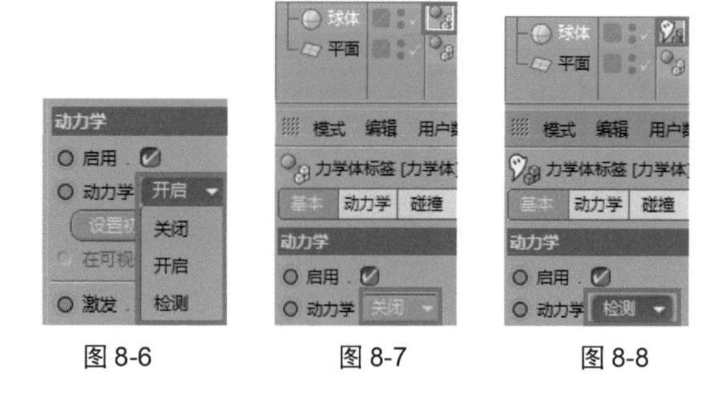

图 8-6　图 8-7　图 8-8

3. 设置初始状态

单击“设置初始状态”按钮，在动力学计算完毕后，将该对象当前帧的动力学状态作为初始状态。

4. 清除初状态

单击“清除初状态”按钮，可以重置初始状态。

5. 激发

“激发”下拉列表包含4个选项，分别是“立即”“在峰速”“开启碰撞”和“由 Xpresso”，如图 8-9 所示，各选项含义介绍如下。

图 8-9

✦ 立即：选择该选项后，物体的动力学计算将立即生效。

✦ 在峰速：选择该选项后，如物体对象本身具有动画，如位移动画，那么物体将在位移动画速度最快时开始动力学计算。即动力学将在物体动画运动的峰速开始计算，并且会计算物体的惯性。

✦ 开启碰撞：物体对象同另一个对象发生碰撞后才会进行动力学计算，未发生碰撞的物体不进行动力学计算。

✦ 由 Xpresso：根据设定好的 Xpresso 参数进行动力学计算。

6. 激发速度阈值

“激发速度阈值”定义动力学对象与另一对象发生碰撞时受到影响的范围，数值越大则动力学计算范围越大。设置较大数值后，整个对象范围都会感受到碰撞的效果，例如图 8-10 所示的子弹穿过玻璃的效果。

图 8-10

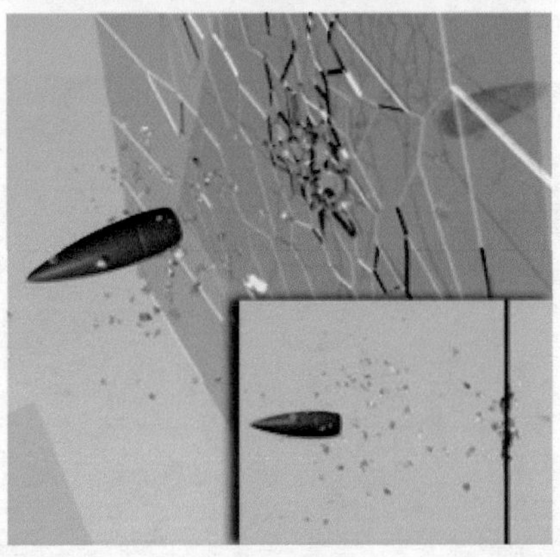

图 8-10（续）

7. 自定义初速度

选中“自定义初速度”复选框后，将激活初始线速度、初始角速度和对象坐标参数，可自定义前两个参数，如图 8-11 所示。

图 8-11

8.1.2 碰撞

“碰撞”选项卡如图 8-12 所示，各主要选项的含义介绍如下。

1. 继承标签

“继承标签”下拉列表包含 3 个选项，分别是“无”“应用标签到子级”和“复合碰撞外形”，如图 8-13 所示。

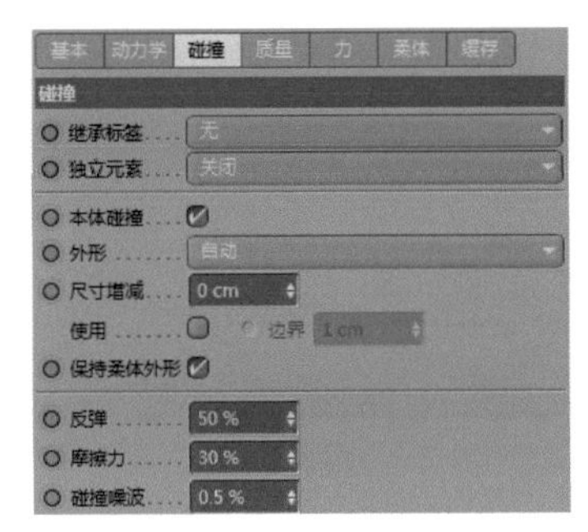

图 8-12

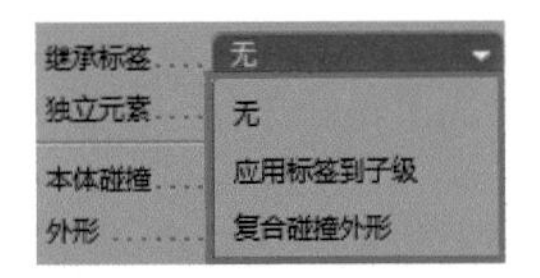

图 8-13

“继承标签”用于设置标签的应用等级，设置是否层级对象（父子对象）下的子对象也作为独立的碰撞物体参与动力学计算，下拉列表选项介绍如下。

✦ 无：不参与继承标签。

✦ 应用标签到子级：选择该选项后，动力学标签将被分配到所有子级对象，即所有子级对象都进行单独的动力学计算。

✦ 复合碰撞外形：整个层级的对象被分配一个动力学标签进行计算，即动力学只计算整个层级对象，层级对象作为一个固定的整体存在。

2. 独立元素

“独立元素”下拉列表包含 4 个选项，分别是“关闭”“顶层”“第二阶段”和“全部”，如图 8-14 所示，选项具体介绍如下。

图 8-14

✦ 关闭：整个文本对象作为一个整体的碰撞对象。

✦ 顶层：每行文本对象作为一个碰撞对象。

✦ 第二阶段：每个单词作为一个碰撞对象。

✦ 全部：每个元素（字幕）作为一个碰撞对象。

3. 本体碰撞

如果动力学对象是刚体，动力学标签赋予一个克隆对象，那么该复选框可以设置克隆的单个对象之间是否进行碰撞计算。

4. 外形

“外形”下拉列表中的选项如图 8-15 所示。动力学的碰撞计算是一个非常耗时的过程，因为对象所受到的反弹、碰撞、摩擦等都会消耗计算时间。所以，这就是设置“外形”的原因，该下拉列表提供了多个用于替代的形状，这些形状替代碰撞对象本身去参与计算，可节省大量的渲染时间，不同的外形，产生的效果有所差别。

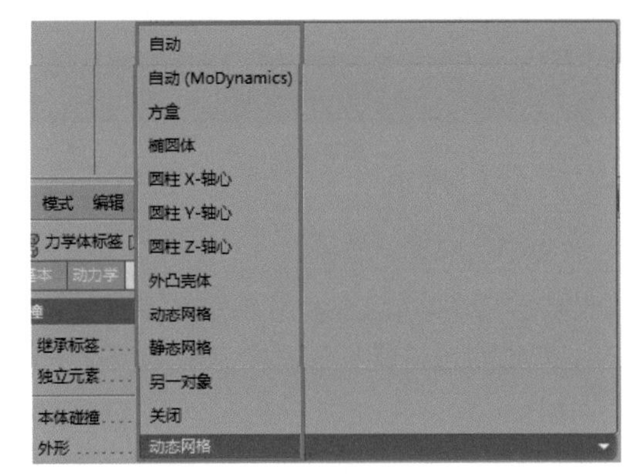

图 8-15

5. 尺寸增减

“尺寸增减”复选框用于设置对象的碰撞范围，数值越大范围越广。

6. 使用 / 边界

通常情况下，不需要对“使用”和“边界”进行设置。选中“使用”复选框后，“边界”才会被激活。如果“边界”设置为 0，将减少渲染时间但是也会降低碰撞的稳定性，过小的数值可能导致碰撞时对象穿插的错误。

7. 保持柔体外形

“保持柔体外形”复选框默认为选中状态，当动力学对象进行碰撞产生变形后，会像柔体一样反弹恢复原状，取消选中后，对象表面的凹陷将不会恢复原状。相当于刚性对象的变形，如图 8-16 所示。

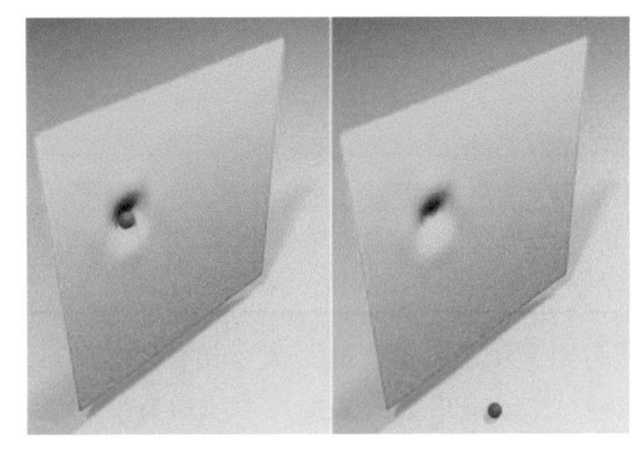

图 8-16

8.1.3 质量

“质量”选项卡可以用来设置与对象质量相关的参数，如图 8-17 所示。

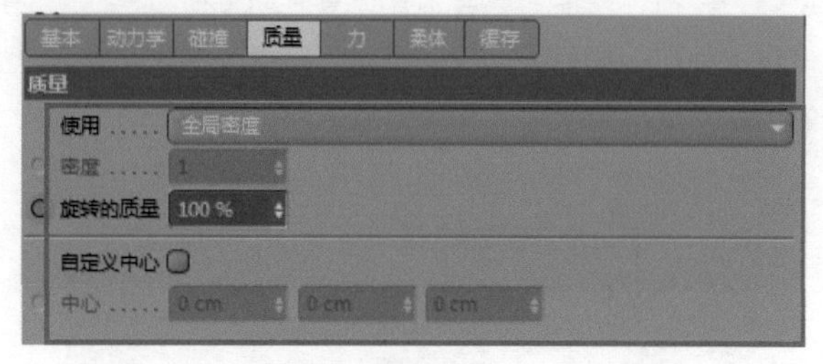

图 8-17

1. 使用 / 密度 / 旋转的质量

当前动力学对象质量的使用方式有 3 种可选，分别是“全局密度”“自定义密度”和“自定义质量”三种，如图 8-18 所示。

图 8-18

✦ 全局密度：此选项为默认选项，选择该选项后，使用的“密度”数值为工程设置中动力学选项卡的密度值，默认为 1。

✦ 自定义密度：选择该选项后，下方的“密度”参数被激活，可自定义密度的数值，如图 8-19 所示。

✦ 自定义质量：选择该选项后，下方的“质量”参数被激活，可自定义质量的数值，如图 8-20 所示。

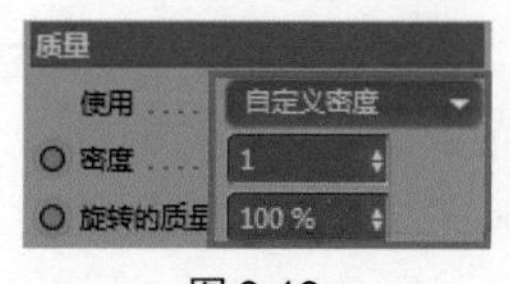

图 8-19

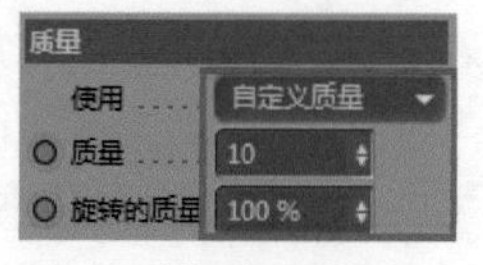

图 8-20

2. 旋转的质量

用于设置旋转的质量大小。

3. 自定义中心 / 中心

“自定义中心”复选框默认为取消选中状态，质量中心将被自动计算出来，表现真实的动力学对象。如果需要手动设置质量中心，则选中该复选框，然后在“中心”文本框中输入坐标（对象坐标系统）数值，如图 8-21 所示。

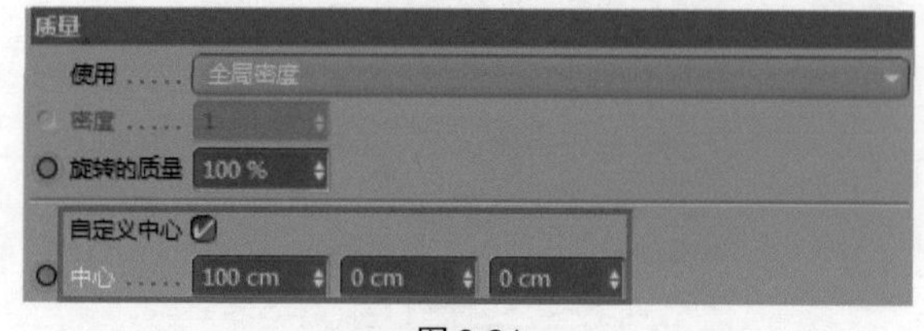

图 8-21

8.1.4 力

“力”选项卡可用来设置对象的受力参数，如图 8-22 所示。

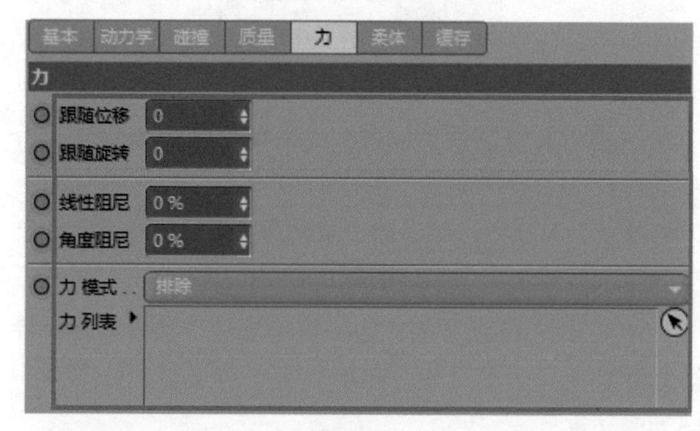

图 8-22

1. 跟随位移 / 跟随旋转

这里可以给“跟随位移”和“跟随旋转”设置关键帧，在一段时间内，数值越大，动力学对象恢复原始状态的速度越快，包括位移和旋转上的恢复，数值范围为 0 ~ 100。

2. 线性阻尼 / 角度阻尼

阻尼是指动力学对象在运动的过程中，由于外界作用或本身固有的原因引起的动作逐渐下降的特性。“线性阻尼”和“角度阻尼”用来设置对象在动力学运动过程中，位移和旋转上的阻尼大小。

3. 力模式

“力模式”可选择“排除”或“包括”选项。选择“排除”选项时，列表中的力场将不对该对象产生效果，如图 8-23 所示。选择“包括”选项时，则只有列表中的力场才会对该对象产生效果。

图 8-23

8.1.5　实战——制作自由落体动画

在 Cinema 4D 中使用刚体并添加相关动力学，可以通过物流重力程序的计算来使物体下落后随机分布在地面上。如果克隆或复制出多个受重力影响的物体，那么下落后还会在地面上互相碰撞并散开。

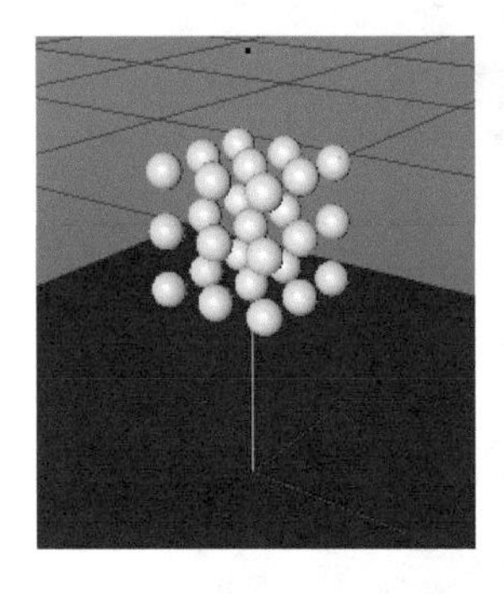
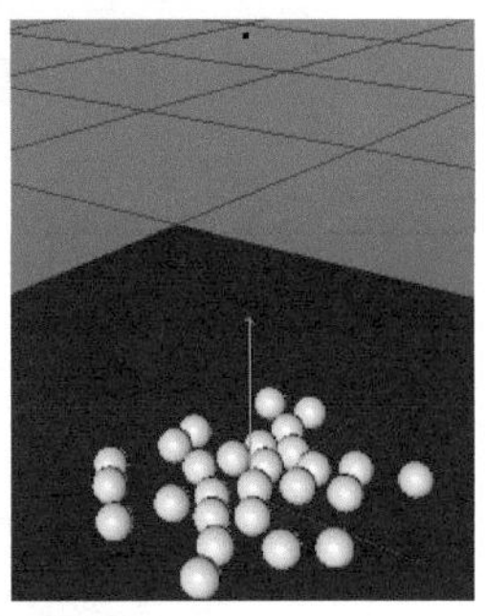

素材文件路径：　素材 \ 第 8 章 \8.1.5
效果文件路径：　效果 \ 第 8 章 \8.1.5 自由落体动画 .AVI
视频文件路径：　视频 \ 第 8 章 \8.1.5 制作自由落体动画 .MP4

01 启动 Cinema 4D，打开“刚体自由落体 .c4d”文件，其中已经创建好了一些漂浮在半空中的球体模型，如图 8-24 所示。

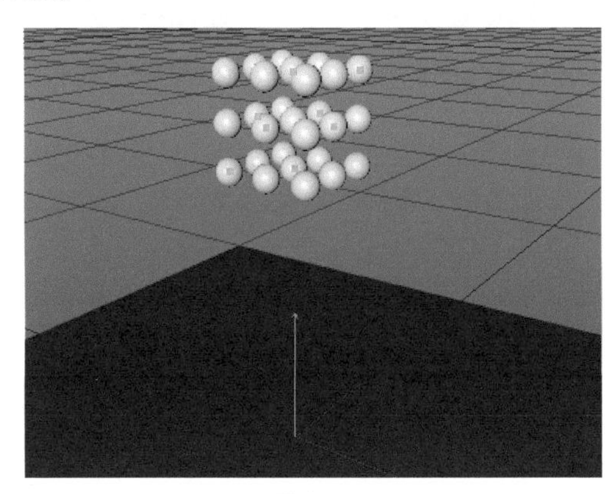

图 8-24

02 在“对象”窗口中选择地面和克隆特征，并右击，在弹出的快捷菜单中选择“模拟标签”|“刚体”命令，如图 8-25 所示。

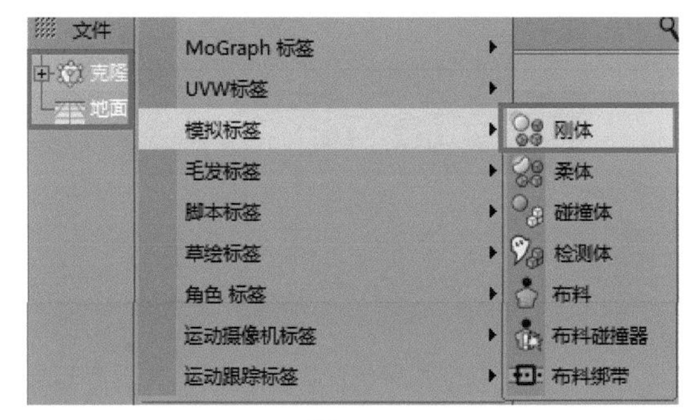

图 8-25

03 选择克隆对象的“刚体”标签，然后在下方的“力学体标签（力学体）”窗口中切换至“碰撞”选项卡，在“继承标签”下拉列表中选择“应用标签到子集”选项，再在独立元素下拉列表中选择“顶层”选项，如图 8-26 所示。

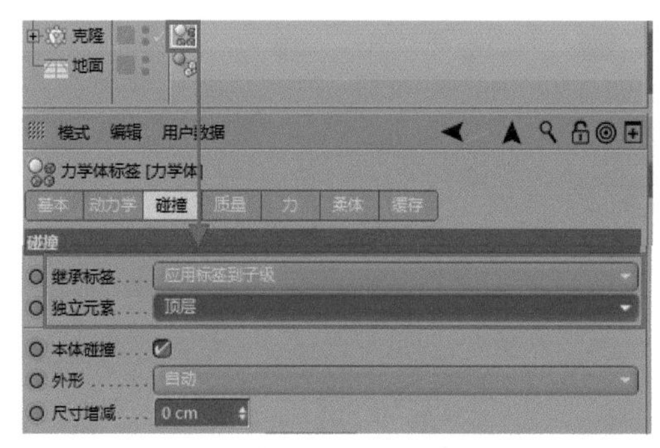

图 8-26

04 由于在 Cinema 4D 中重力是默认的力场，因此添加“刚体”标签后会自动受重力的影响。单击时间轴中的“播放”按钮，即可观察到模型的自由落体动画，如图 8-27 所示。

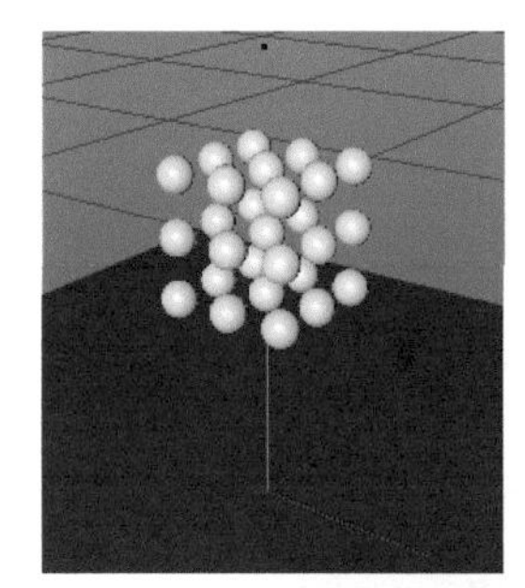
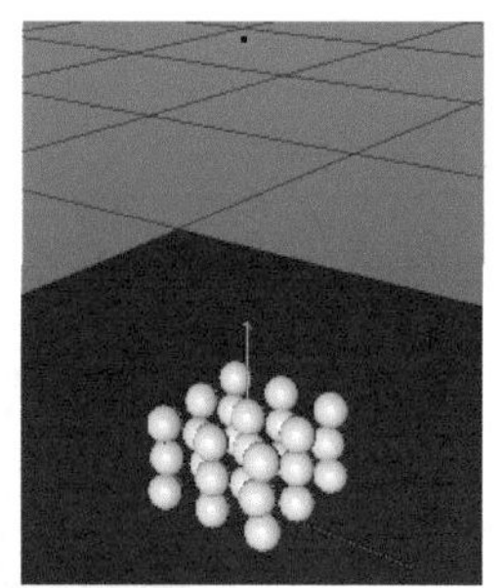
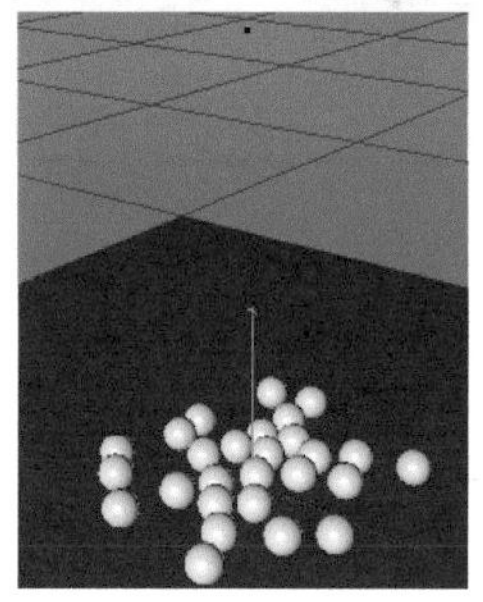

图 8-27

> **提示**
> 如果没有选择“应用标签到子级”选项，那么在自由落体时则不会考虑到克隆特征内部的小球。

8.2　柔体及其属性

柔体与刚体相对，是指需要产生变形的物体，即在力的作用下，体积和形状会发生改变的物体，如橡皮

泥、毛巾等。要设置柔体，需要在“对象”窗口中选中所需的模型特征，然后右击，或直接单击“标签”选项卡，在弹出的快捷菜单中选择“模拟标签”|“柔体”命令，设置柔体后的对象在标签栏中新增了一个“力学体标签”，如图 8-28 所示。

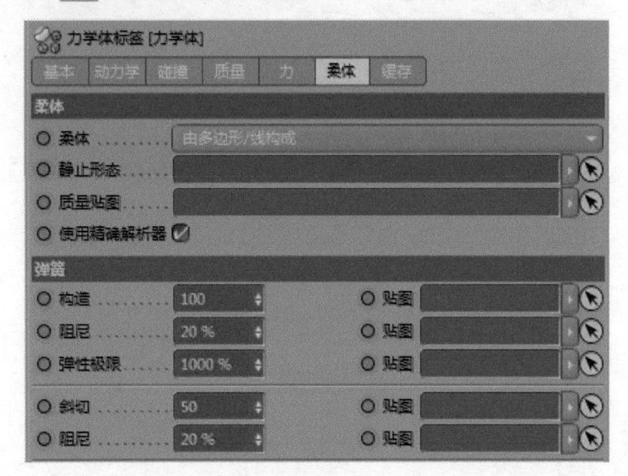

图 8-28

8.2.1 柔体

“柔体”下拉列表包含 3 个选项，分别是“关闭”“由多边形 / 线构成”和“由克隆构成”，具体含义介绍如下。

✦ 关闭：动力学对象作为刚体存在，如图 8-29 所示。

图 8-29

✦ 由多边形 / 线构成：动力学对象作为普通柔体存在，如图 8-30 所示。

图 8-30

✦ 由克隆构成：克隆对象作为一个整体，像弹簧一样产生动力学动画，如图 8-31 所示。

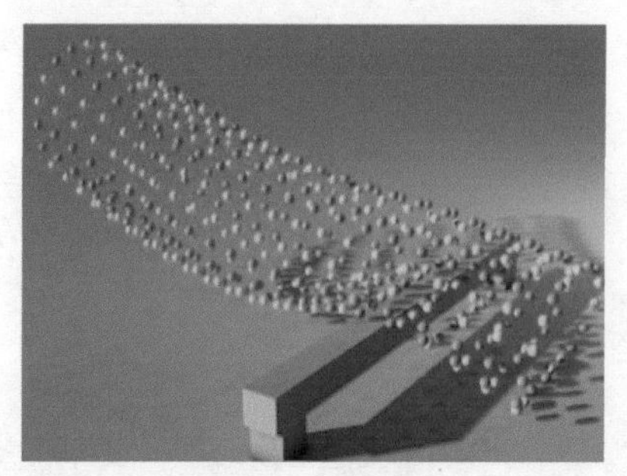

图 8-31

将对象设置为柔体后，单击时间轴上的“播放”按钮▷，即可观察到添加“柔体”的球体与平面模型的碰撞效果，如图 8-32 所示。

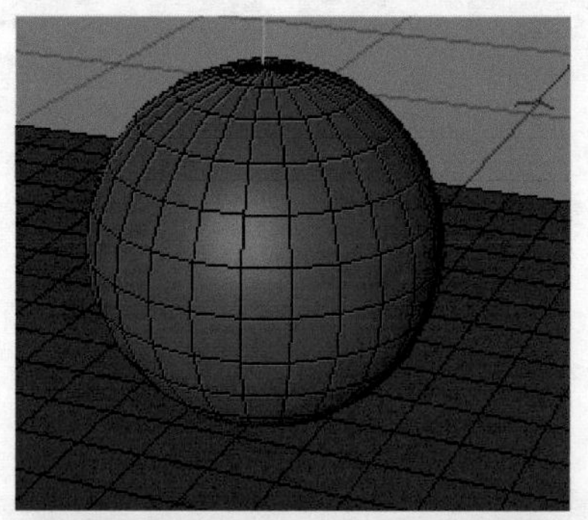

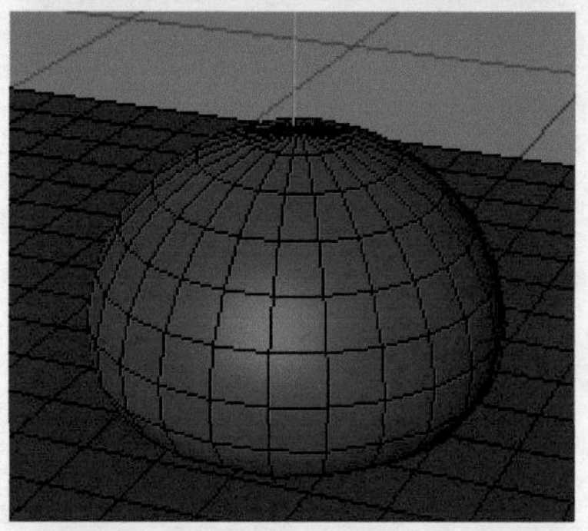

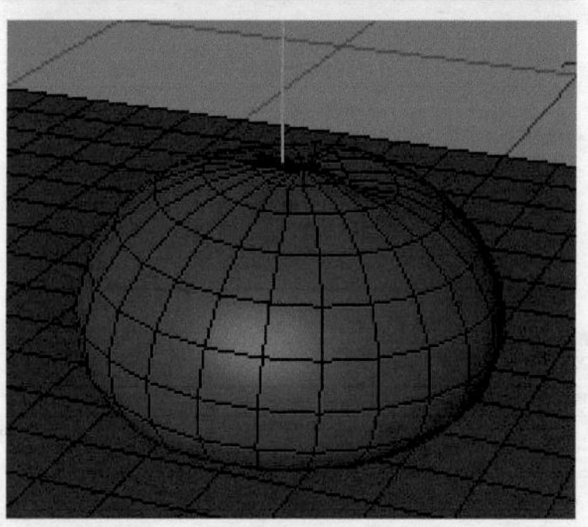

图 8-32

8.2.2 弹簧

弹簧可以用于设置对象的弹性参数，其主要参数含义介绍如下。

1. 构造 / 阻尼

“构造”参数用于设置柔体对象的弹性构造，数值越大，对象构造越完整，如图 8-33 所示。而“阻尼”则用于设置影响构造的数值大小。

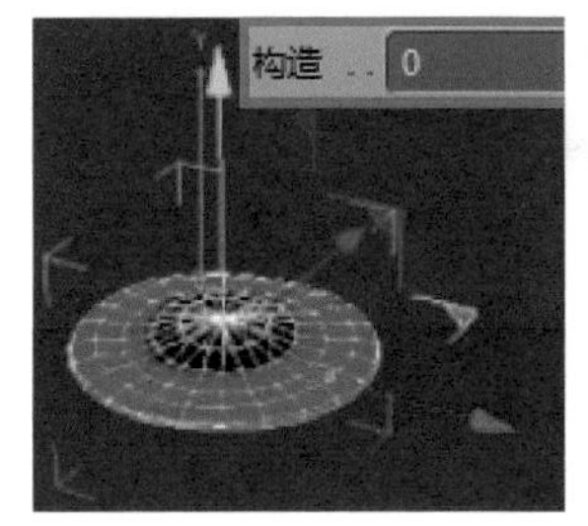

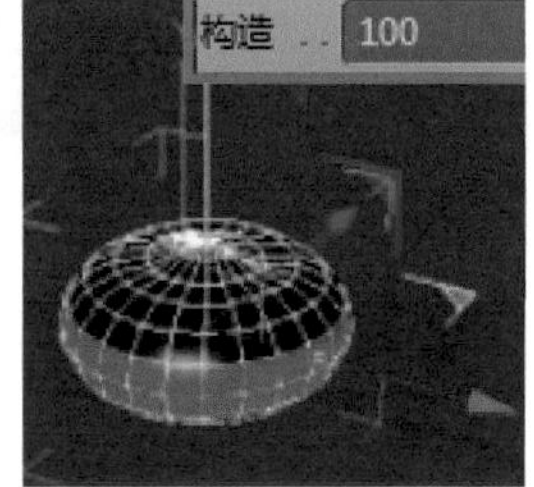

图 8-33

2. 斜切 / 阻尼

“斜切”参数用于设置柔体的斜切程度，如图 8-34 所示。而“阻尼”则用于设置影响斜切的数值大小。

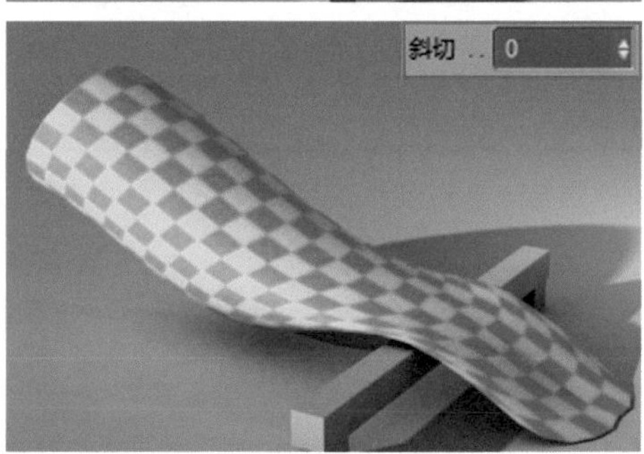

图 8-34

3. 弯曲 / 阻尼

“弯曲”“阻尼”参数用于设置柔体的弯曲程度，如图 8-35 所示。

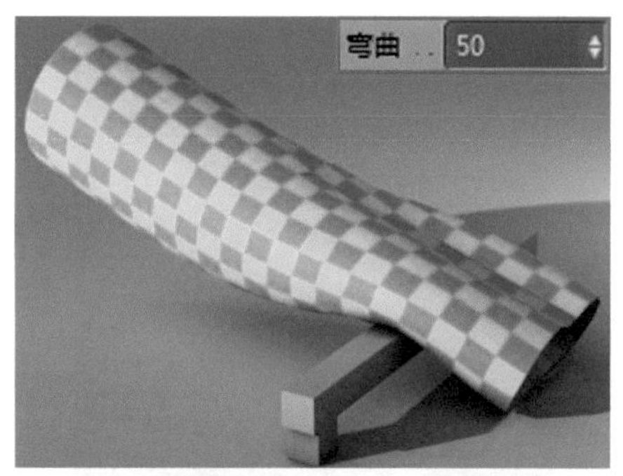

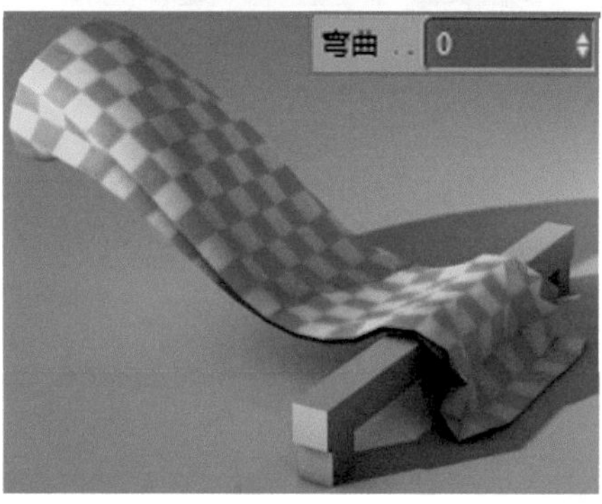

图 8-35

8.2.3　保持外形

“保持外形”可以设置柔体的“刚性”，即柔体受到外力时变形的难易程度，其主要的参数如图 8-36 所示。

保持外形

参数	数值	贴图
硬度	0	贴图
体积	100 %	
阻尼	20 %	贴图
弹性极限	1000 cm	贴图

图 8-36

该面板中主要的选项说明如下。

1. 硬度

“硬度”参数是柔体标签最重要的参数，数值越大，柔体的形变越小，如图 8-37 所示。

2. 体积

“体积”参数用于设置体积的大小，默认值为 100%。

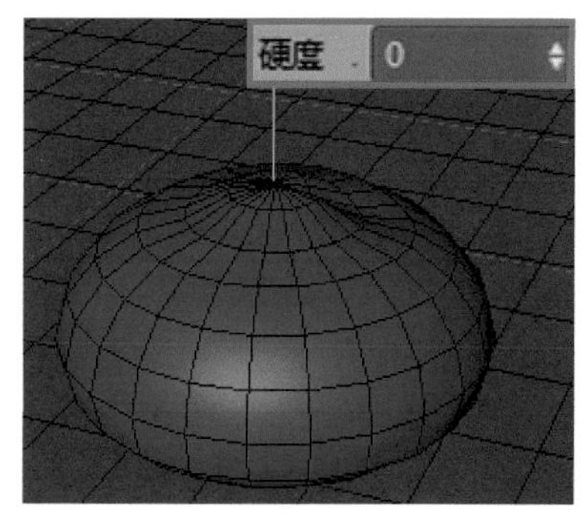

图 8-37

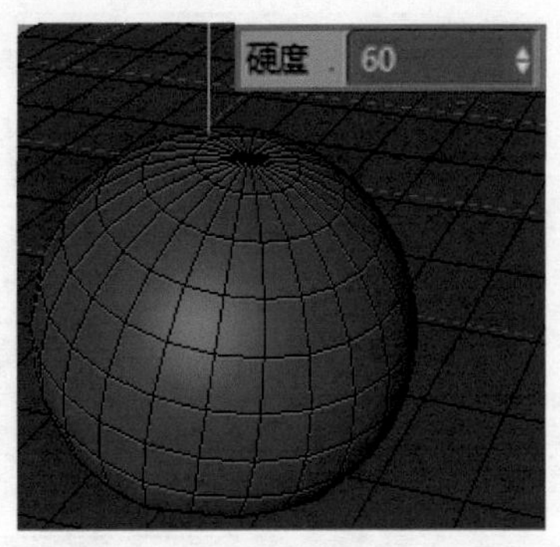

图 8-37（续）

3. 阻尼

“阻尼”参数用于设置影响保持外形的数值大小。

8.2.4 压力

“压力”用于模拟现实中对一个对象施加压力时，在对象表面所产生的变形效果，其主要的参数如图 8-38 所示。

图 8-38

8.2.5 缓存

“缓存”选项卡的属性面板如图 8-39 所示，其中的主要选项含义介绍如下。

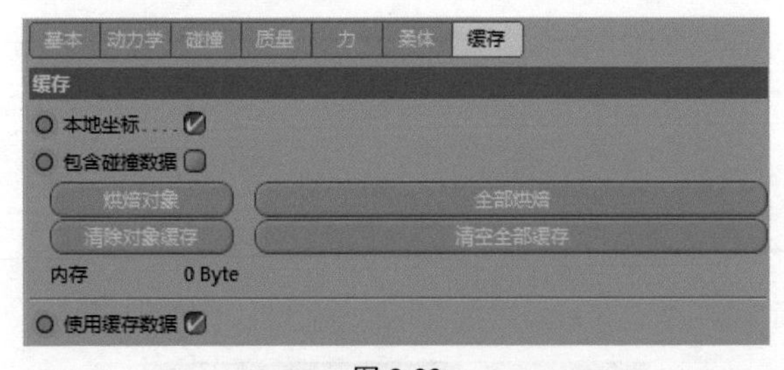

图 8-39

1. 烘焙对象

在进行动力学测试时，为了方便观察，可以将调试好的动画进行“烘焙”，单击“烘焙对象”按钮，系统将自动计算当前动力学对象的动画效果，相当于动画效果的预览，并将其保存到内部缓存中，如图 8-40 所示。烘焙完成后，单击“播放”按钮即可观察动画效果，使用时间轴指针可以观察当前动力学对象每一帧的动画效果，尤其在动画较为复杂时，直接播放动画会造成动画速度非常缓慢，不便观察，“烘焙”则能够帮助快速计算出真实的运动效果。

图 8-40

2. 清除对象缓存

相当于清除烘焙完成的动画预览缓存，单击“清除对象缓存”按钮后，当前动力学对象的动画预览将不存在。

3. 本地坐标

选中“本地坐标”选项后，烘焙使用的是对象自身坐标系统，如果取消选中，将使用全局坐标系统。

4. 内存

烘焙完成后，“内存”右侧将显示烘焙结果所占的内存大小。如果单击“清除对象缓存”按钮，则内存清除为 0，如图 8-41 所示。

图 8-41

8.2.6 实战——柔体的自由落体动画

在前面的练习中已经介绍了刚体的自由落体效果，本节便创建与之相对的柔体自由落体效果，大家可以进行对比学习。

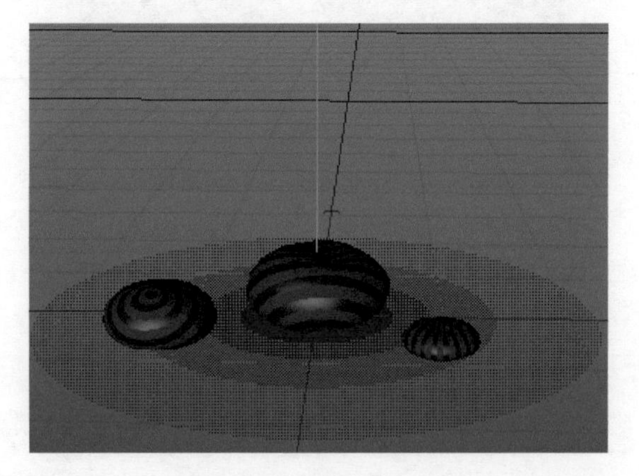

素材文件路径： 素材 \ 第 8 章 \8.2.6
效果文件路径： 效果 \ 第 8 章 \8.2.6. 柔体的自由落体动画 .AVI
视频文件路径： 视频 \ 第 8 章 \8.2.6. 柔体的自由落体动画 .MP4

01 启动 Cinema 4D，打开“柔体自由落体 .c4d”文件，其中已经创建好了一些漂浮半空中的球体模型，如图 8-42 所示。

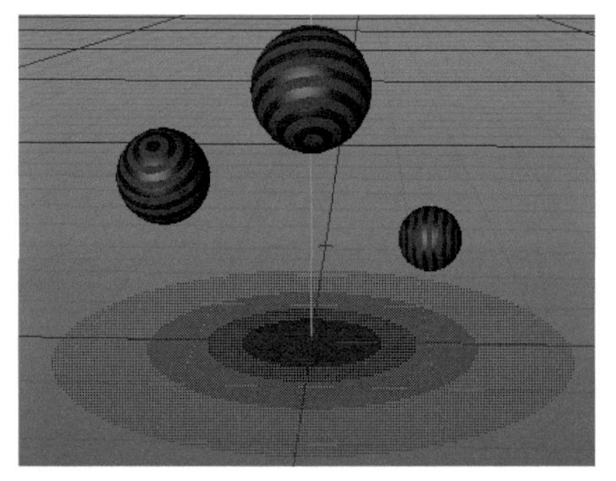

图 8-42

02 在“对象”窗口中选择 3 个球体特征，并右击，在弹出的快捷菜单中选择“模拟标签”|“刚体”命令，给球体添加刚体标签，如图 8-43 所示。

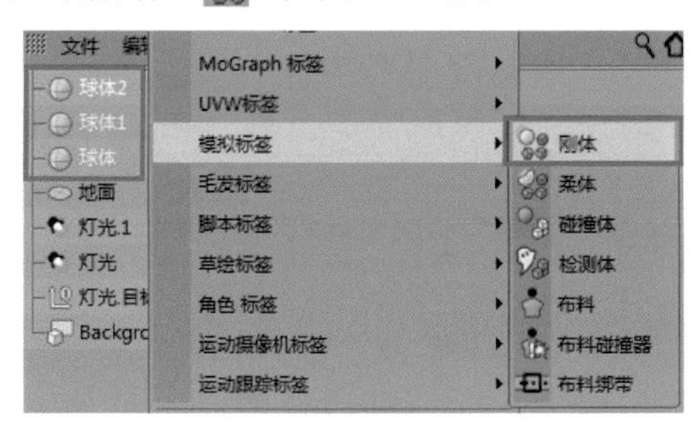

图 8-43

03 使用相同方法，选择地面特征，为其添加“碰撞体”标签，如图 8-44 所示。

图 8-44

04 选中 3 个球体的刚体标签，然后移动时间轴至第 0 帧的位置，接着在下方的“属性”窗口中切换至“柔体”选项卡，在“柔体”下拉列表中选择“关闭”选项，最后单击左侧的黑色标记，即表示对当前动画记录了关键帧，同时黑色标记变为红色标记，如图 8-45 所示。

图 8-45

05 移动时间轴至第 30 帧的位置，在“柔体”下拉列表中选择“由多边形 / 线构成”选项，同时记录关键帧，如图 8-46 所示。

图 8-46

06 单击时间轴中的“播放”按钮，即可观察到柔体模型的自由落体动画，如图 8-47 所示。

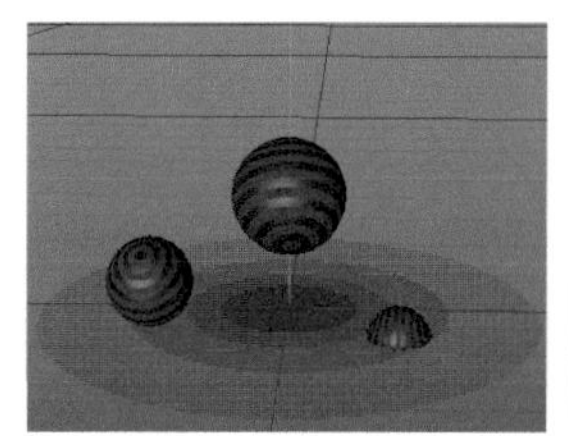

图 8-47

8.3 实战——制作多米诺牌动画

在包括 Cinema 4D 在内的大多数三维设计软件中，其创建的模型基本都不具备实体外形，即模型之间并不存在物理边界，在接触时可以互相穿透，这种现象在现实世界中是不存在的。因此要创建足够真实的动画效果，就需要为对象制造物理边界。而在 Cinema 4D 中，只需为对象添加一个“刚体”或“柔体”标签即可，操作极为简单、便捷。本例便通过本章所介绍的方法，制作一个经典的多米诺牌倒塌的动画效果。

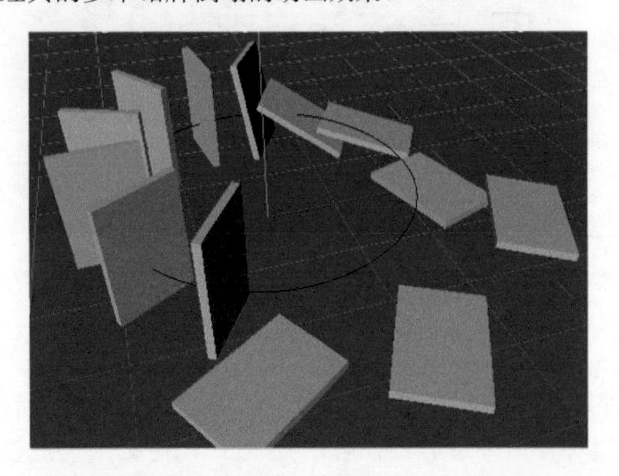

素材文件路径：　素材 \ 第 8 章 \8.3

效果文件路径：　效果 \ 第 8 章 \8.3. 多米诺牌动画 .AVI

视频文件路径：　视频 \ 第 8 章 \8.3. 制作多米诺牌动画 .MP4

01 启动 Cinema 4D，打开“制作多米诺牌动画 .c4d”文件，其中已经创建好了一堆多米诺牌模型，如图 8-48 所示。

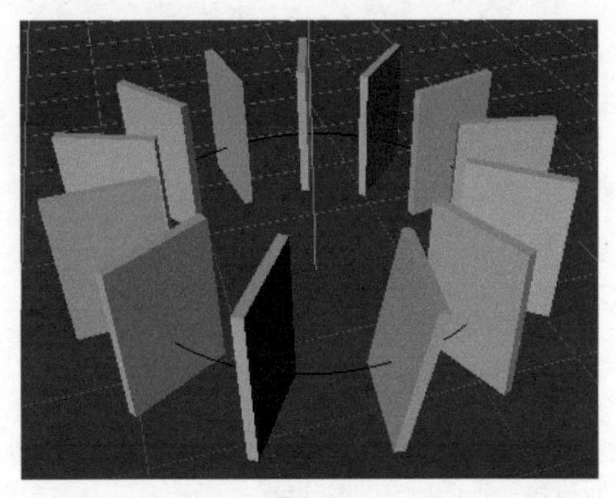

图 8-48

02 在“对象”窗口中选择独立的立方体对象和空白对象，然后右击，在弹出的快捷菜单中选择“模拟标签”|“刚体”命令，如图 8-49 所示。

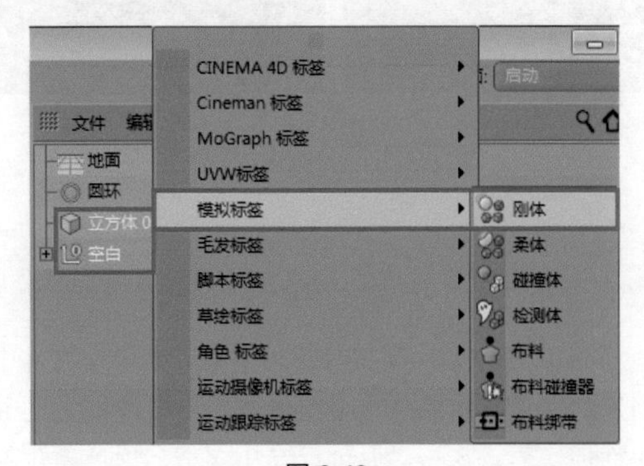

图 8-49

03 此时，立方体和空白对象便被添加了刚体标签。单击空白对象后的刚体标签，然后在“属性”窗口中切换到“碰撞”选项卡，在“继承标签”下拉列表中选择“应用标签到子集”选项，如图 8-50 所示。

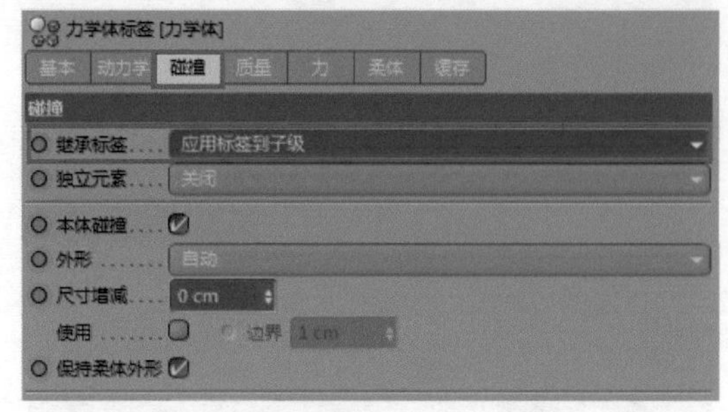

图 8-50

04 切换至“动力学”选项卡，在“激发”下拉列表中选择“开启碰撞”选项，如图 8-51 所示。

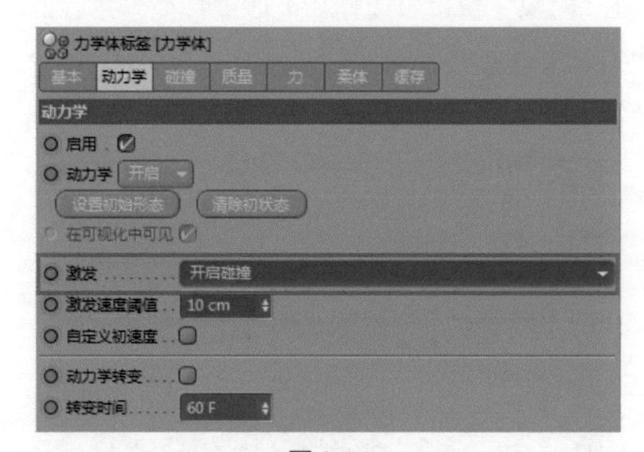

图 8-51

05 在“对象”窗口中选择“地面”特征，使用同样的方法，为其添加“碰撞体”标签，如图 8-52 所示。

图 8-52

06 单击“播放”按钮，即可观察到独立的立方体模型由于初始状态为倾斜，因此会自然倾倒，在倒地的过程中会碰倒其他的立方体，因此便一块接一块地倒地。

9.1 辅助器

动力学辅助器包括连接器、弹簧、力和驱动器 4 部分，下面将对各部分进行具体讲解。

9.1.1 连接器的属性

选择“模拟”|“动力学”|“连接器”命令，便可以看到在“对象”窗口中新增的“连接器”对象。连接器的作用是在动力学系统中建立两者或者多者之间的联系。连接原本没有关联的两个对象，能够模拟出真实的效果。连接器的“对象属性”面板如图 9-1 所示。该面板中各选项的具体参数介绍如下。

图 9-1

1. 类型

在动力学引擎中，连接器有几种不同的方式，如车轴、骨骼关节等。单击连接器属性面板中的“类型”下拉按钮，可以在 10 种类型中进行选择，如图 9-2 所示。

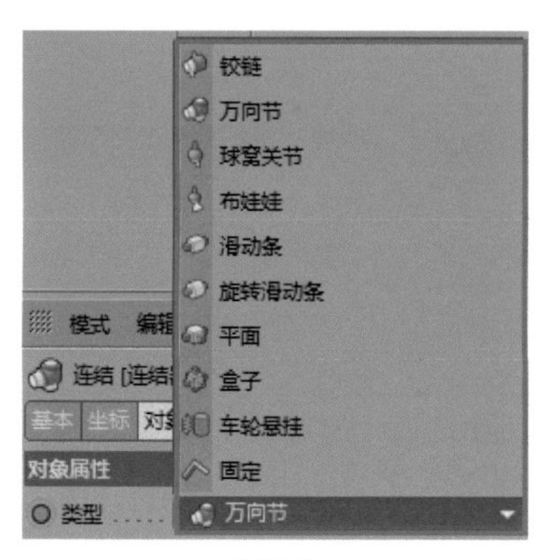

图 9-2

2. 对象 A/ 对象 B

“对象 A”和“对象 B”右侧的空白区域用来放置需要产生连接的 A、B 两个对象。注意，这两个对象必须是动力学对象，如刚体、弹簧、驱动、力等。在对象窗口中，选择并按住需要进行连接的 A/B 对象的名称不放，

第 9 章

动力学技术详解

除了前一章所介绍的基本动力学命令外，Cinema 4D 还提供了许多高级的动力学功能，如本章所介绍的粒子功能。使用粒子功能可以做到许多可以想象得到的粒子动画效果，如雨雪天气、群鸟飞翔、鱼群运动等。

然后拖至相应的“对象 A”“对象 B”右侧的空白区域即可。

3. 忽略碰撞

有时模型在进行动力学计算时，会出现碰撞的错误，如图 9-3 所示。为了解决这类错误，需要进入连接器对象的属性面板，取消选中“忽略碰撞”选项。这样对象 A 和对象 B 就能产生正确的碰撞，而不会穿透模型，如图 9-4 所示。

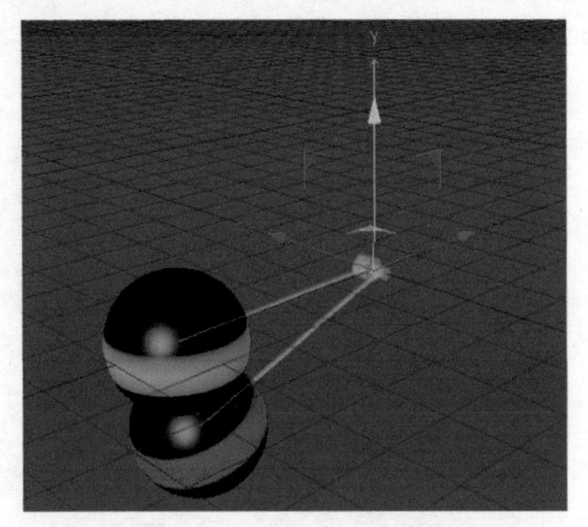

图 9-3

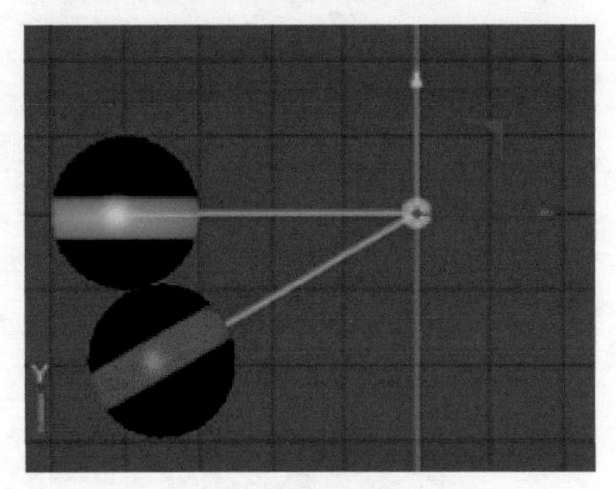

图 9-4

4. 角度限制

选中“角度限制”复选框后，视图中的连接器将显示角度限制的范围，如图 9-5 所示。

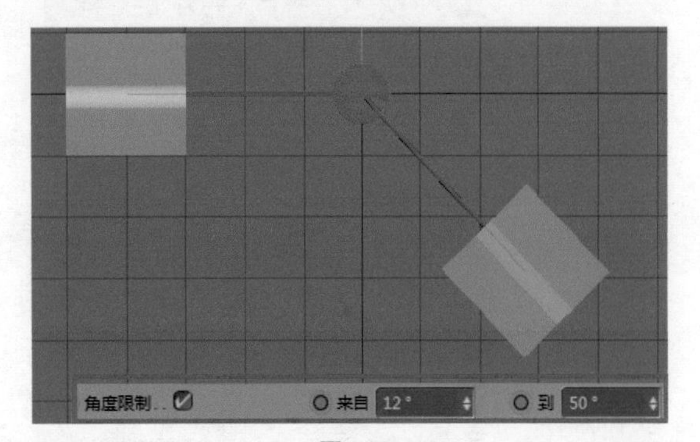

图 9-5

5. 参考轴心 A/ 参考轴心 B

“参考轴心 A”和“参考轴心 B”选项用于设置对象 A 和对象 B 的连接器轴心，如图 9-6 所示。

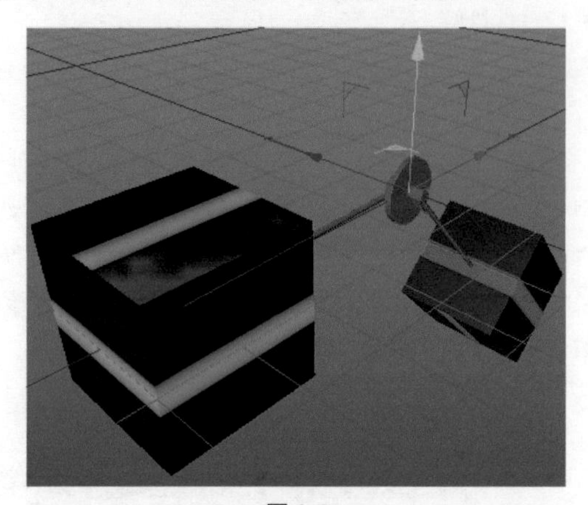

图 9-6

6. 反弹

“反弹”选项用于设置连接对象碰撞后的反弹力度，数值越大反弹越强。使用“角度限制”后，可以方便地观察到该变化。“反弹”的最低数值为 0，没有上限。

9.1.2 弹簧的属性

“弹簧”对象可以拉长或压短两个动力学对象，可以产生拉力或推力，可以使两个刚体之间创建类似弹簧的效果。选择“模拟”|“动力学”|“弹簧”命令，便可以在“对象属性”面板新增一个弹簧对象。弹簧的“对象属性”面板如图 9-7 所示。

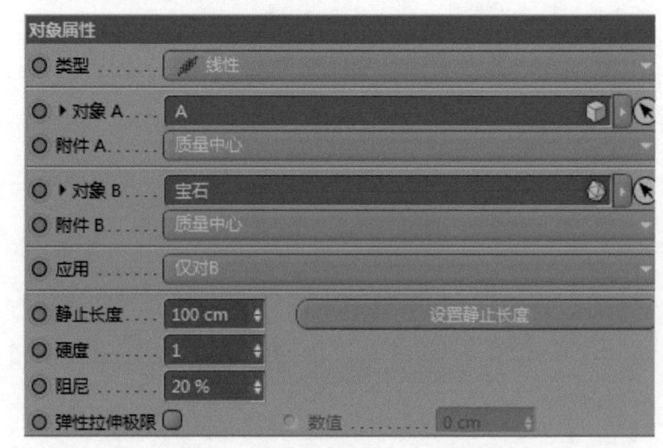

图 9-7

1. 类型

“类型”下拉列表用于设置弹簧的类型，共有 3 种类型可选，分别是“线性”“角度”及“线性和角度”，如图 9-8 所示。

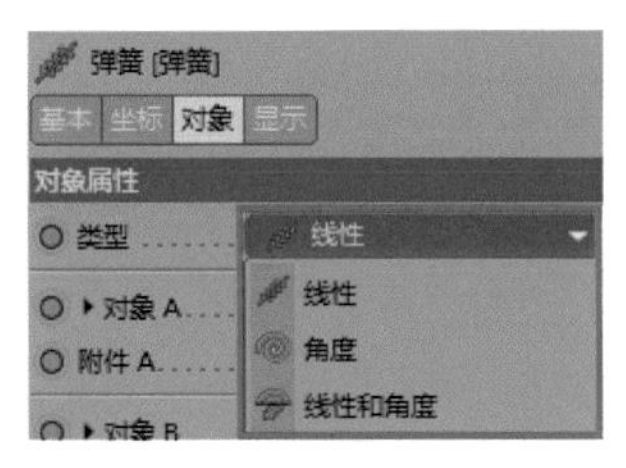

图 9-8

2. 对象 A/ 对象 B

“对象 A”和“对象 B”右侧的空白区域用来放置需要产生作用的 A、B 两个对象，但这两个对象必须是动力学对象。在对象窗口中，长按 A/B 对象的名称不放，拖至相应“对象 A”和“对象 B”右侧的空白区域即可，如图 9-9 所示。

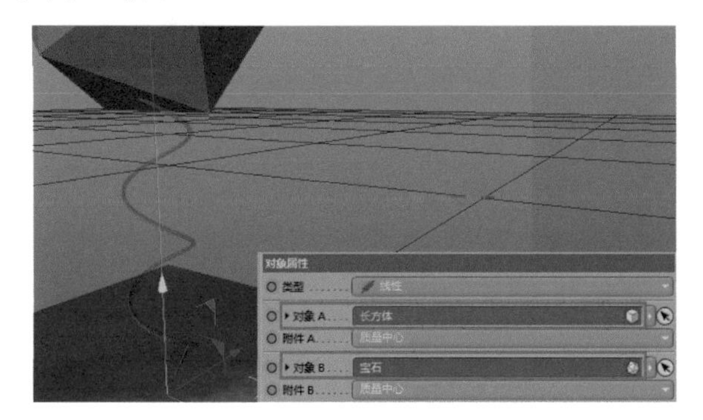

图 9-9

设置完毕，在场景中就可以观察到一段弹簧，弹簧为对象 A 和对象 B 建立了动力学关系。

3. 附件 A/ 附件 B

“附件 A”“附件 B”选项用于设置弹簧对“对象 A”或“对象 B”作用点的位置，如图 9-10 所示。

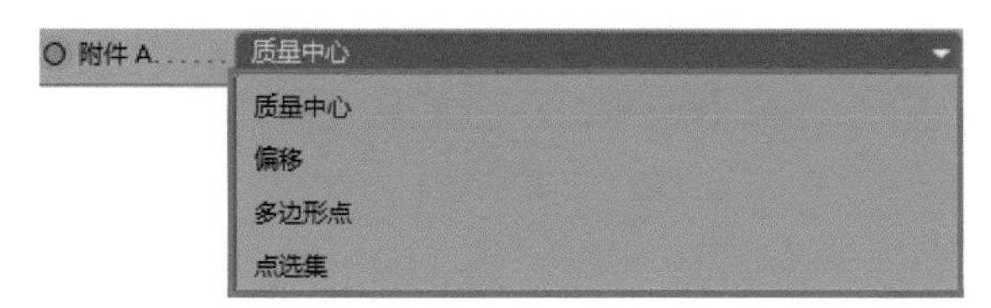

图 9-10

4. 应用

应用参数包含 3 个选项，分别是“仅对 A”“仅对 B”和“对双方”。真实情况下，弹簧的对象 A 和对象 B 同时具有作用力和反作用力，一般选择默认选项“对双方”即可。

5. 静止长度

“静止长度”参数定义弹簧产生动力学效果后的静止长度，数值越大，弹簧静止长度越长，如图 9-11 所示。单击“设置静止长度”按钮，可将弹簧当前的长度设置为静止长度。

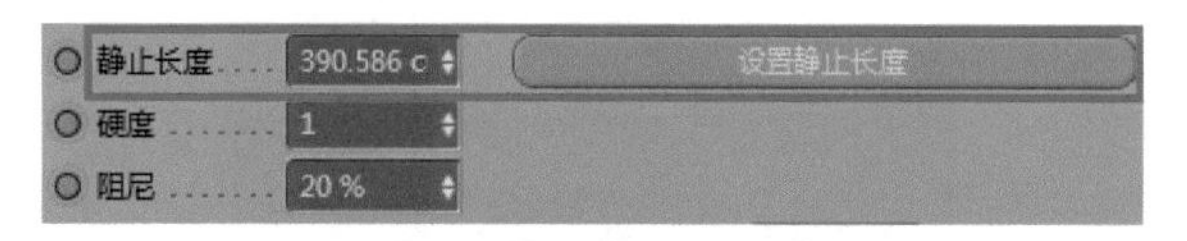

图 9-11

6. 硬度

“硬度”参数用于设置弹簧的硬度，数值越大弹簧越不容易变形。

7. 阻尼

“阻尼”参数用于设置影响弹簧弹力的数值大小。

9.1.3　力的属性

“力”对象类似现实中的万有引力，它可以在刚体之间产生引力或斥力。要添加力，可以选择“模拟”|“动力学”|“力”命令，添加后将在“对象”窗口中新增了一个力对象，如图 9-12 所示。

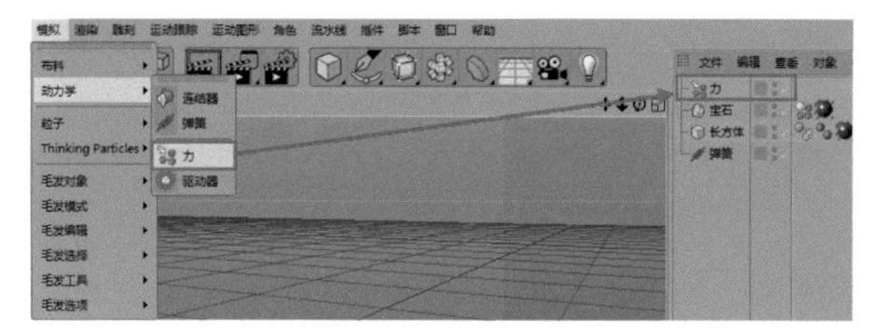

图 9-12

力的“对象属性”面板如图 9-13 所示，下面对其中的选项进行介绍。

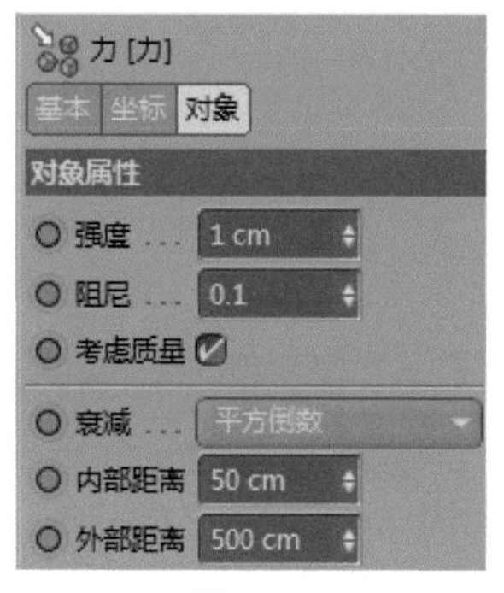

图 9-13

1. 强度

“强度”参数用于设置力的强度，强度越大，力产生的作用越强，如图 9-14 所示。

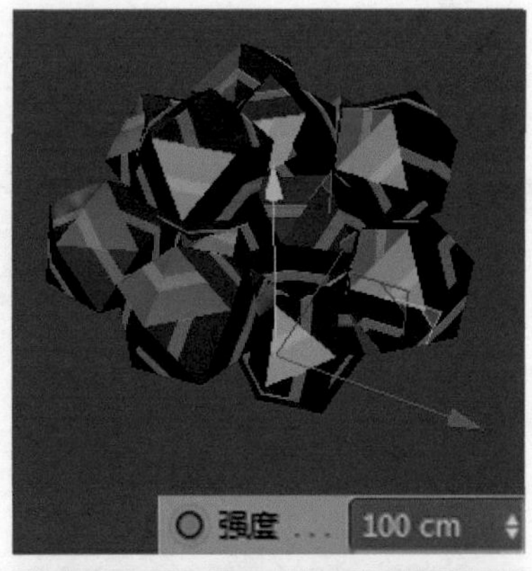

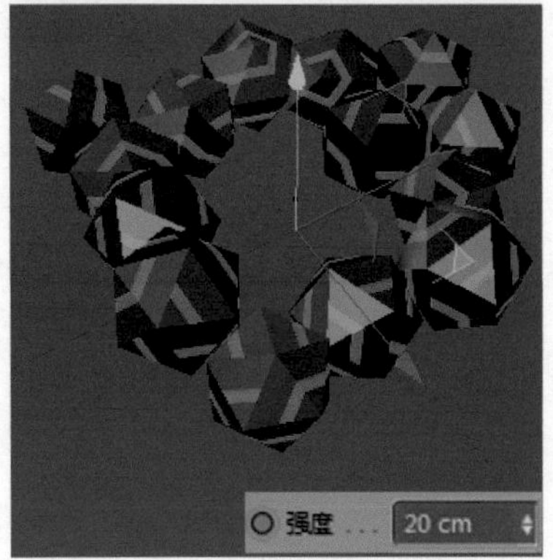

图 9-14

2. 阻尼

“阻尼”参数用于设置影响力的大小。

3. 考虑质量

“考虑质量”选项默认为选中状态。当场景中存在不同的对象时，对象的质量不同，力对其产生的作用力也不同。力对轻质量的物体能产生较大的作用力，而对重的物体则产生较少的作用力。

4. 衰减

“衰减”下拉列表用于设置力从内部距离到外部距离的衰减方式，共有 5 种方式，如图 9-15 所示。

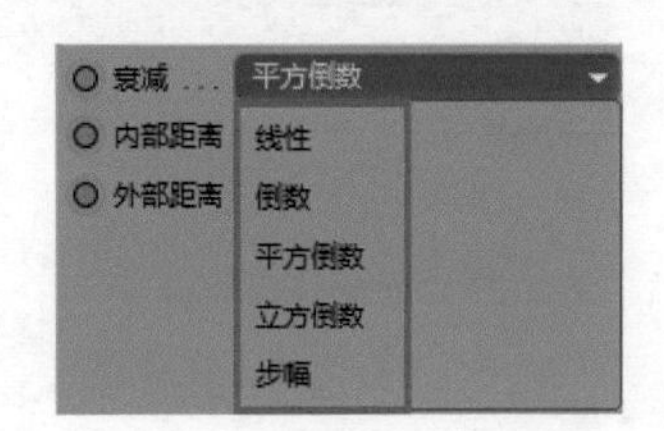

图 9-15

5. 内部距离 / 外部距离

“内部距离”和“外部距离”用于设置力产生作用的范围。从内部距离至外部距离，作用力将持续降低为 0，如图 9-16 所示。

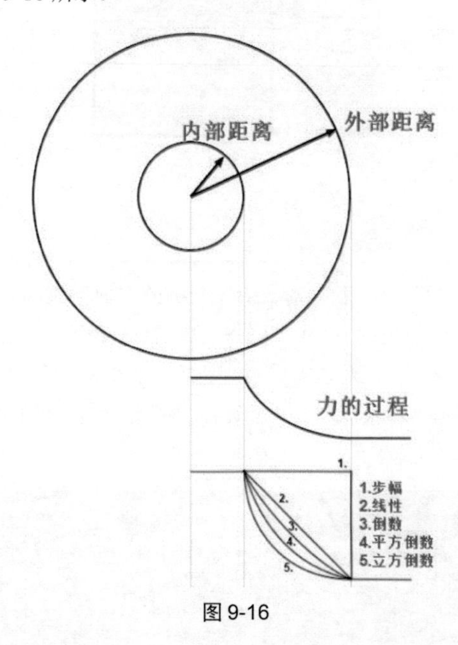

图 9-16

9.1.4 驱动器的属性

驱动器可以对刚体沿着特定角度施加线性力，可以想象成作用到对象上的一个恒力，使对象持续旋转或移动，直到对象碰到其他刚体或碰撞体。

要添加驱动器，可以选择“模拟”|“动力学”|“驱动器”命令，添加后将在“对象”窗口新增一个驱动器对象，如图 9-17 所示。

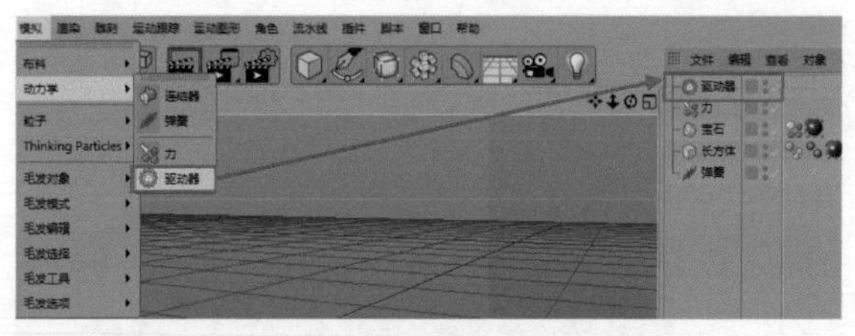

图 9-17

驱动器的“对象属性”面板如图 9-18 所示，下面对比较重要的几个选项进行介绍。

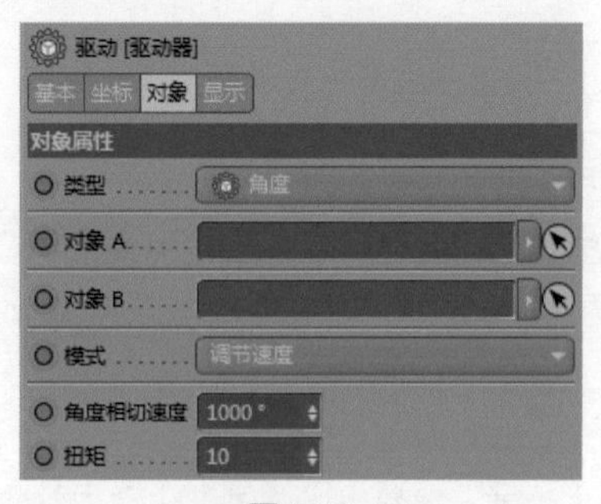

图 9-18

1. 类型

驱动器类型包含 3 个选项，分别是“线性”“角度”和“线性和角度”，如图 9-19 所示。

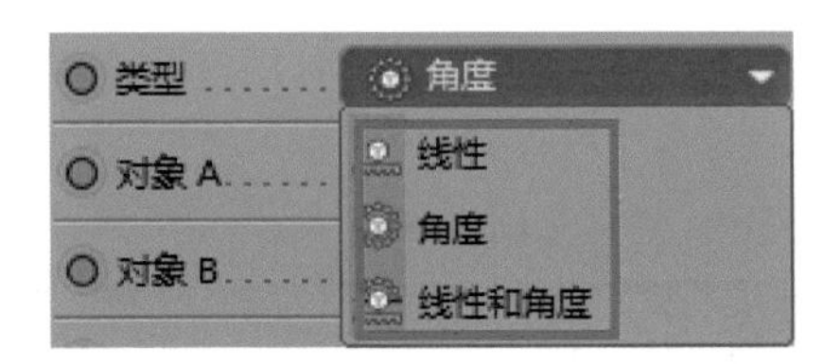

图 9-19

2. 对象 A/ 对象 B

在驱动器对象的属性面板，“对象 A”和“对象 B”右侧的空白区域用来放置需要产生作用的 A、B 两个对象。需要注意的是，这些对象必须是动力学对象。对象 A 是将要旋转的物体，对象 B 是阻止旋转的物体。

3. 模式

“模式”下拉列表中包含“调节速度”和“应用力”两个选项，如图 9-20 所示。

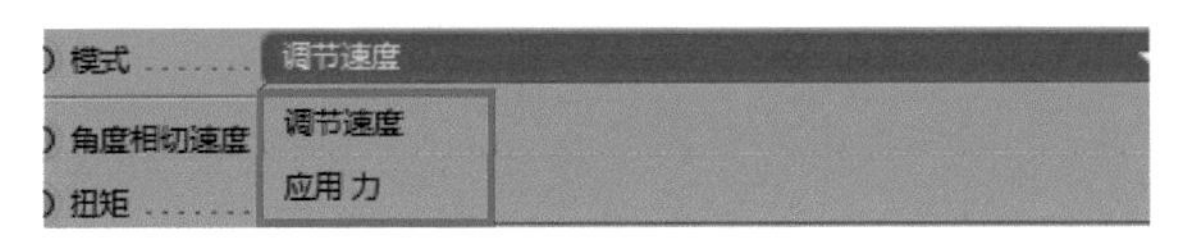

图 9-20

✦ 调节速度：选择该选项后，当力或扭矩达到目标速度时，将减少线目标速度和角目标速度，不再产生更多的力或扭矩。

✦ 应用力：选择该选项后，力或扭矩的应用将不考虑速度，将导致无限制地增加速度。

4. 角度相切速度

“模式”设置为“调节速度”时，该选项用于设置最大的角速度，当角速度达到最大时，扭矩将是有限的。

5. 扭矩

“扭矩”参数用于设置施加扭矩围绕驱动器 Z 轴的力。物体对象的质量越大，该参数需要设置的数值越大。

9.1.5 实战——制作红旗招展动画

本小节通过前文所学的知识，介绍如何创建一个红旗招展的动画，难点在于力的强度和方向的设置。

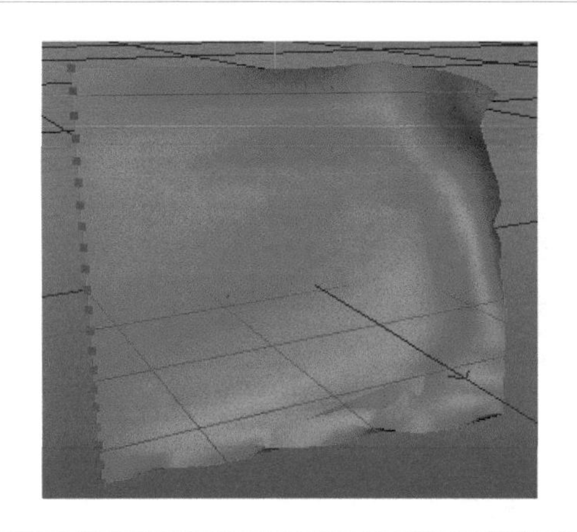

素材文件路径：	素材 \ 第 9 章 \9.1.5
效果文件路径：	效果 \ 第 9 章 \9.1.5. 红旗招展动画 .AVI
视频文件路径：	视频 \ 第 9 章 \9.1.5. 制作红旗招展动画 .MP4

01 启动 Cinema 4D，打开“红旗招展 .c4d”文件，其中已经创建好了一个红旗的模型，如图 9-21 所示。

图 9-21

02 在“对象”窗口中选择“红旗”对象并右击，在弹出的快捷菜单中选择“模拟标签”|“布料”命令，如图 9-22 所示。

图 9-22

03 单击编辑模式工具栏中的“点模式”按钮，使用框选工具选中“红旗”模型最左侧的特征点，在“布料”标签下的“属性”窗口中切换至“修整”选项卡，在其中单击“固定点”右侧的“设置”按钮，即可将最左侧的特征点设置为固定不动的点，如图 9-23 所示。

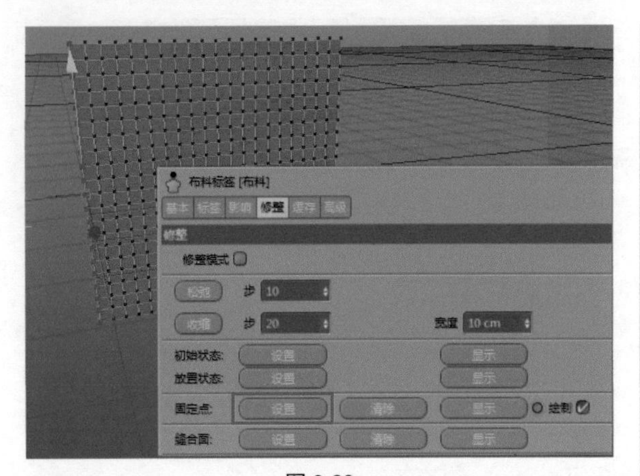

图 9-23

04 再切换至“影响”选项卡，设置“重力”为 0，“风力方向 X”为 10cm，“风力方向 Y”为 2cm，“风力方向 Z”为 5cm，“风力强度”为 3，“风力湍流强度”为 0.2，“风力湍流速度”为 5，如图 9-24 所示。

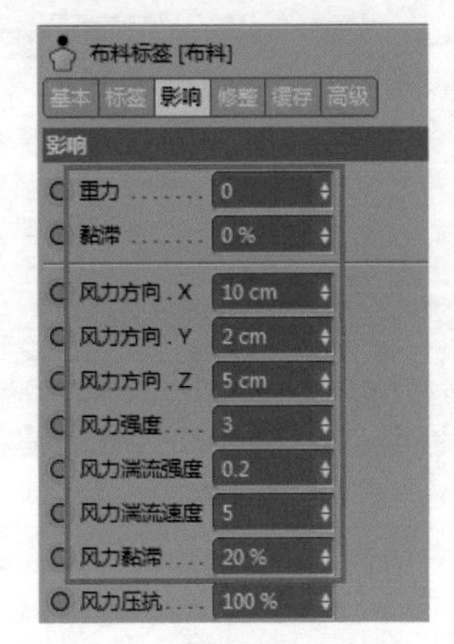

图 9-24

05 单击时间轴中的“播放”按钮▷，即可观察到旗帜招展的效果，如图 9-25 所示。

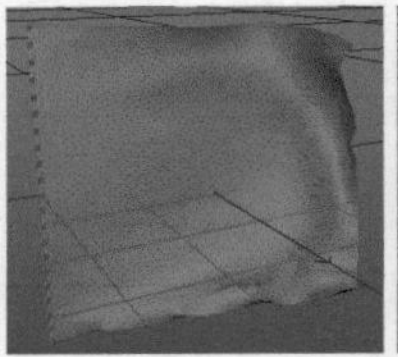
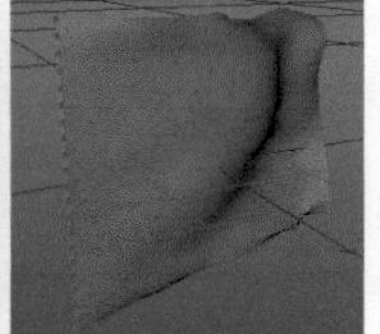

图 9-25

9.2 粒子与力场

粒子系统的核心是发射器，发射器可以将粒子发射到场景空间中。发射出来的粒子还可以根据需要添加不同的力场、动力学刚体等，从而使发射的粒子产生不同的随机运动效果。

9.2.1 粒子的概念

粒子是为了模拟现实中的水、火、雾、气等效果，由三维软件开发出来的制作模块，原理是将无数的单个粒子组合，使其呈现出固定形态，借由控制器、脚本来控制其整体或单个的运动，从而模拟出真实的效果，如图 9-26 所示。

图 9-26

9.2.2 创建粒子

要创建粒子，可以先执行“模拟”|“粒子”|“发射器”命令，如图 9-27 所示，创建粒子发射器，然后单击时间轴上的“播放”按钮，发射器便会发射粒子，如图 9-28 所示。

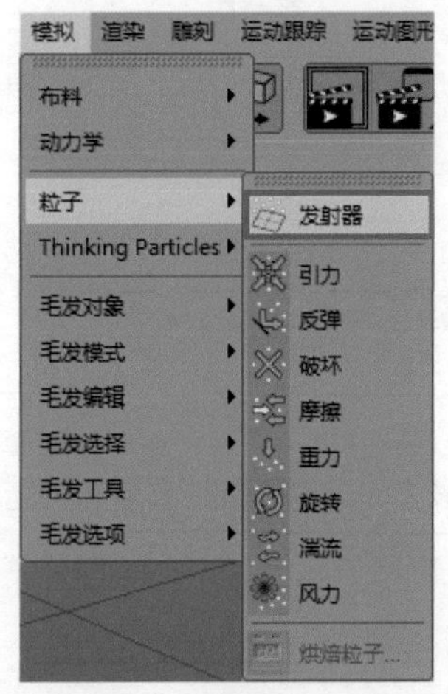

图 9-27

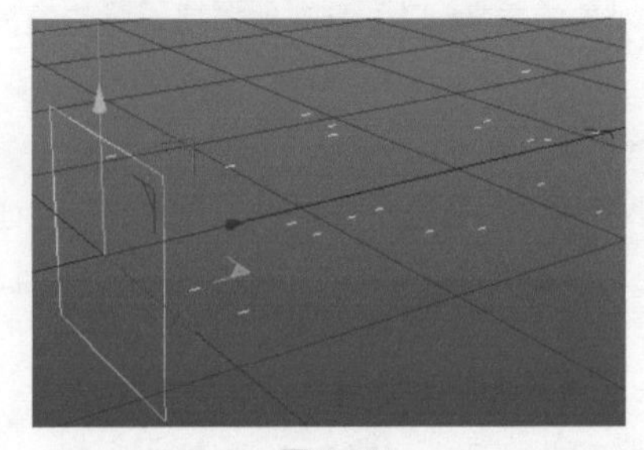

图 9-28

9.2.3　粒子的属性

创建发射器后，会在“对象”窗口中添加发射器特征，单击该特征，可以在下方的“基本属性”面板中显示发射器的一些参数属性，如图 9-29 所示，下面对其中的主要选项卡进行介绍。

图 9-29

1. 基本

在“基本”选项卡中可以更改发射器的名称，设置编辑器和渲染器的显示状态等。如果选中“透显”复选框，则粒子对象将呈半透明显示，效果如图 9-30 所示。

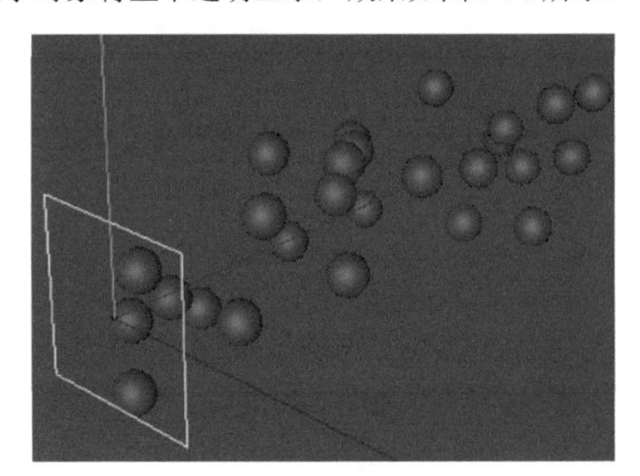

图 9-30

2. 坐标

“坐标”选项卡用于设置粒子发射器的 P/S/R 在 X/Y/Z 轴上的数值，如图 9-31 所示。

3. 粒子

“粒子”选项卡（如图 9-32 所示）是发射器最主要的选项卡，主要参数介绍如下。

✦ 编辑器生成比率：粒子在编辑器中发射的数量。

✦ 渲染器生成比率：粒子实际渲染生成的数量。场景需要大量粒子时，为便于编辑器操作顺畅，可将编辑器中发射的数量设定为较小的数值，而将渲染器生成比率设定为实际需要的数值。

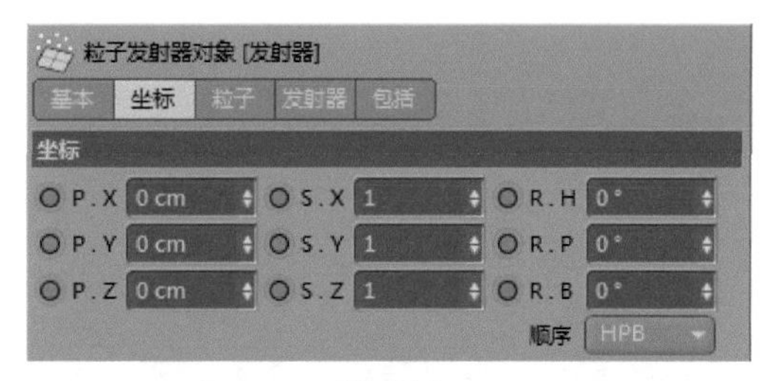

图 9-31

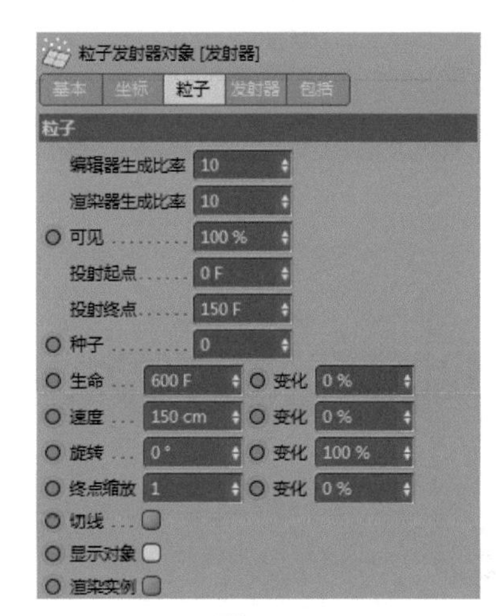

图 9-32

✦ 可见：设置粒子在编辑器中显示的总生成量的百分比。

✦ 投射起点 / 投射终点：分别设置发射器开始发射粒子的时间和停止发射粒子的时间。

✦ 种子：设置发射出的粒子的随机状态。

✦ 生命：设置粒子出生后的死亡时间，可随机变化。

✦ 速度：设置粒子出生后的运动速度，可随机变化。

✦ 旋转：设置粒子运动时的旋转角度，可随机变化。如果创建一个立方体，在对象管理器中将立方体拖曳给发射器作为子物体，并选中粒子属性中的“显示对象”复选框，那么粒子将被立方体替代，如图 9-33 所示。

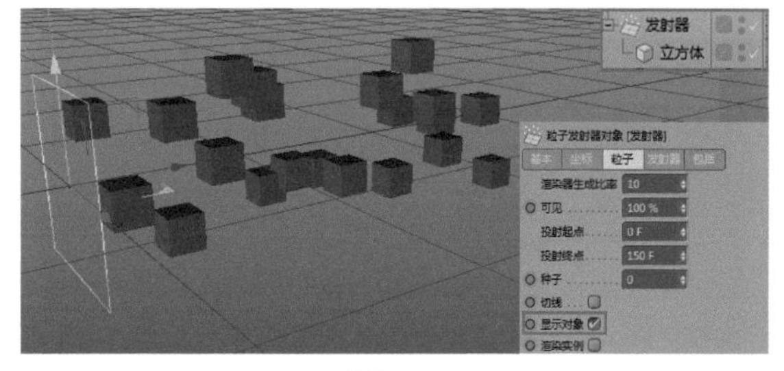

图 9-33

✦ 终点缩放：设置粒子出生后的大小，可随机变化，如图 9-34 所示。

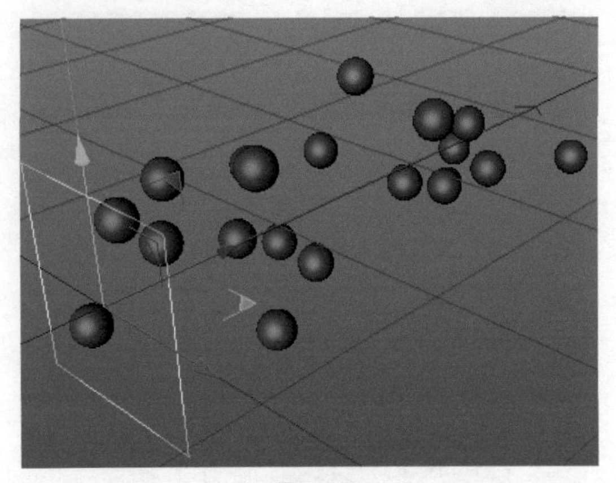

图 9-34

✦ 切线：选中该复选框，单个粒子的 Z 轴将始终与发射器的 Z 轴对齐，如图 9-35 所示。

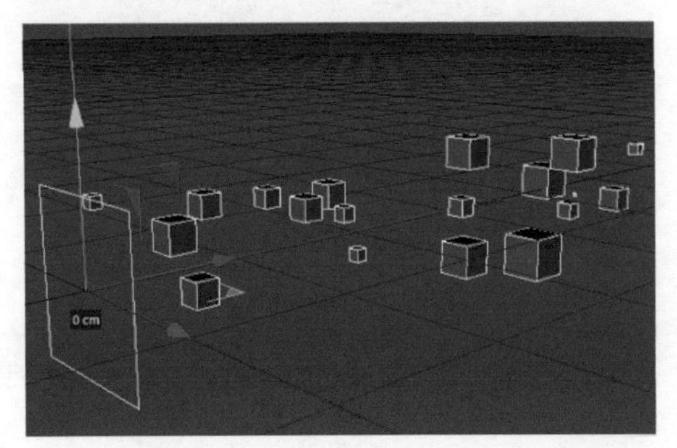

图 9-35

✦ 显示对象：选中该复选框，场景中的粒子替换对象将显示。

✦ 渲染实例：选中该复选框，场景中的实例对象将可以渲染。

4. 发射器

“发射器类型”包括角锥和圆锥，圆锥没有“垂直角度”属性，如图 9-36 和图 9-37 所示。

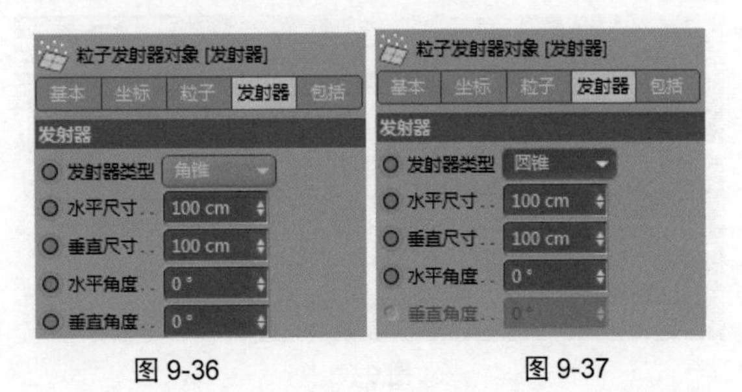

图 9-36　　图 9-37

对发射器的尺寸、角度进行设定，可以有特殊的发射效果，如图 9-38 所示为线性发射的参数设置。

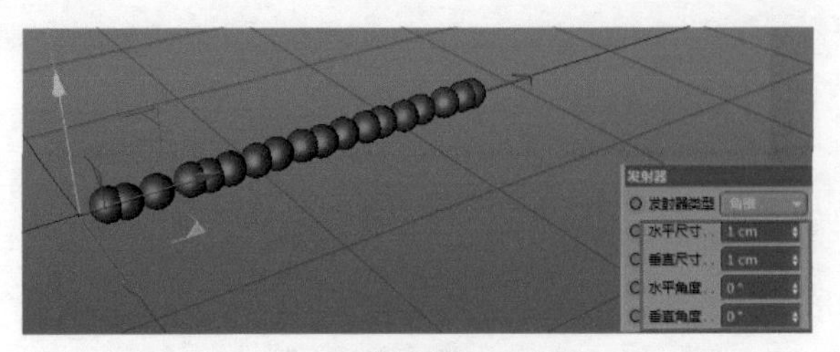

图 9-38

9.2.4 力场的概念

选择“模拟”|“粒子”|“引力”命令，即可为场景中的粒子添加引力场。如果需要执行反弹、破坏等命令，可对粒子添加其他力场，如图 9-39 所示。

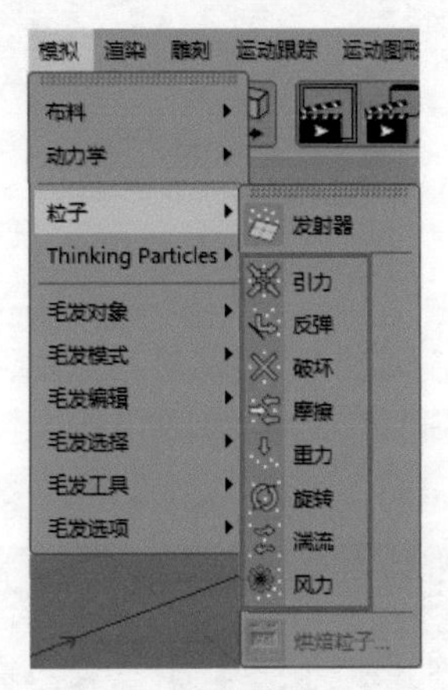

图 9-39

1. 引力

引力对粒子起吸引或排斥作用，其“引力对象”的属性选项如图 9-40 所示，下面对其中的主要选项进行介绍。

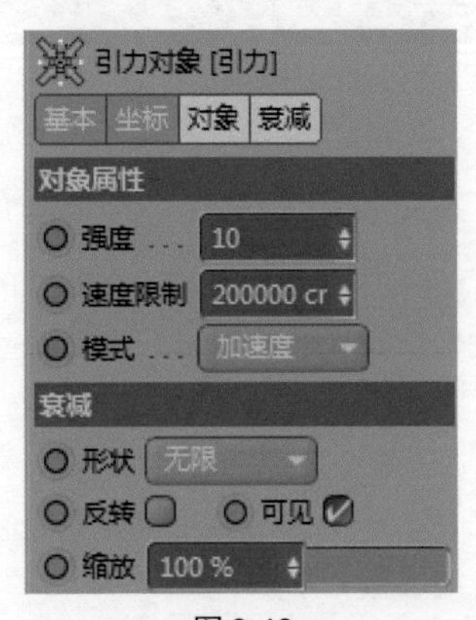

图 9-40

✦ 强度：引力强度为正值时，对粒子起吸附作用；当为负值时，对粒子起排斥作用。

✦ 速度限制：限制粒子过快运动。

✦ 形状：在该下拉列表中有多种形状可供选择，并可设定所选形状的尺寸、缩放等。图 9-41 所示为圆柱形状的引力衰减情况，黄色线框区域以内为引力的作用范围，黄色线框到红色线框之间为引力衰减区域，红色框内为无引力区域。

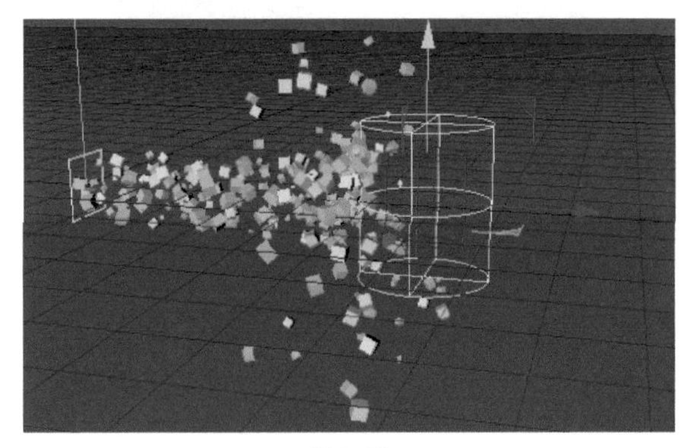

图 9-41

2. 反弹

反弹力场能反弹粒子，“对象属性”选项如图 9-42 所示。

图 9-42

下面对其中的选项进行介绍。

✦ 弹性：用于设置反弹的力度，如图 9-43 所示。

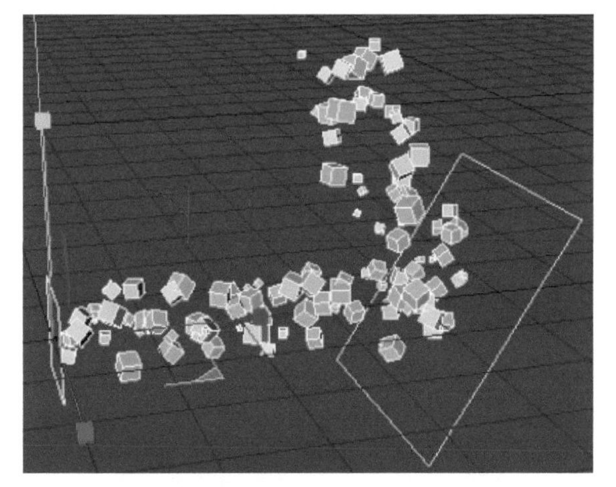

图 9-43

✦ 分裂波束：选中该复选框，即可将粒子分束反弹，如图 9-44 所示。

✦ 水平尺寸 / 垂直尺寸：设定反弹面的尺寸。

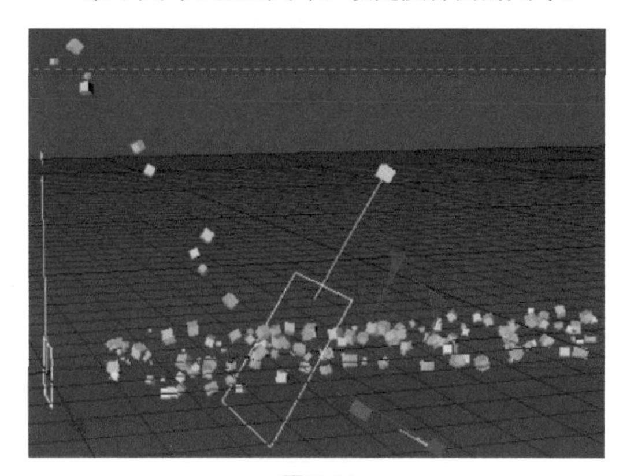

图 9-44

3. 破坏

破坏力场能消除粒子，其“对象属性”选项如图 9-45 所示。

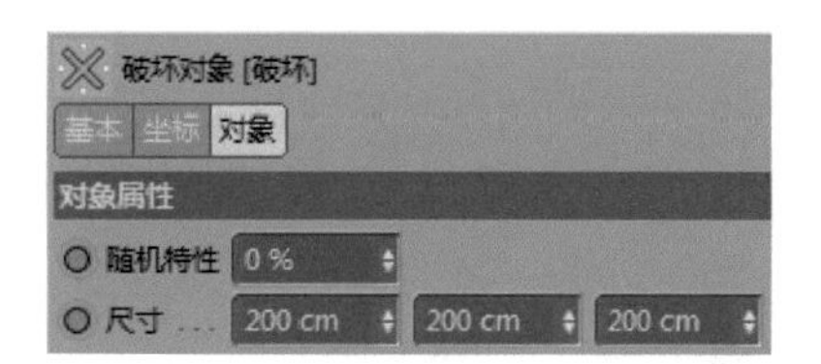

图 9-45

✦ 随机特性：设置进入破坏力场的粒子消除比例。

✦ 尺寸：设置破坏力场的尺寸，如图 9-46 所示。

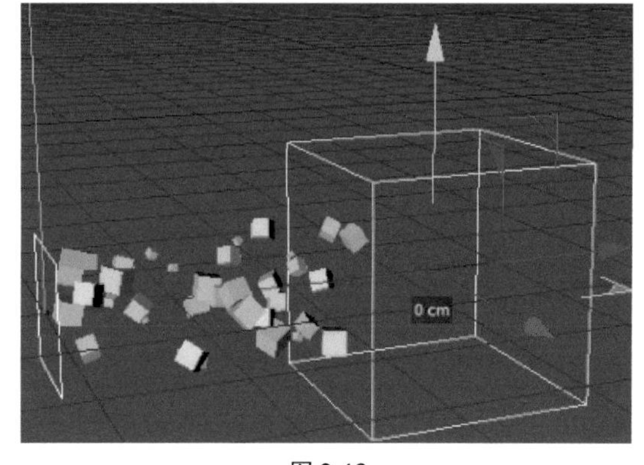

图 9-46

4. 摩擦

摩擦力场能对粒子运动起阻滞或驱散作用，其“对象属性”选项和“衰减”选项如图 9-47 所示，下面对其中的主要选项进行介绍。

✦ 强度：设置对粒子运动的阻滞力，当为负值时起驱散粒子作用。

✦ 形状：该下拉列表中有多种形状可选，并可设定形状的尺寸、缩放等。如图 9-48 所示为圆柱形状的摩擦衰减情况，黄色线框区域以内为摩擦的作用范围，黄色线框到红色线框之间为摩擦衰减区域，红色框内为无摩擦区域。

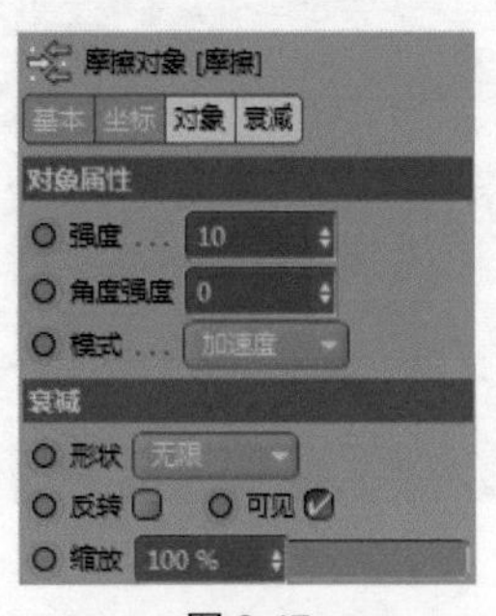

图 9-47

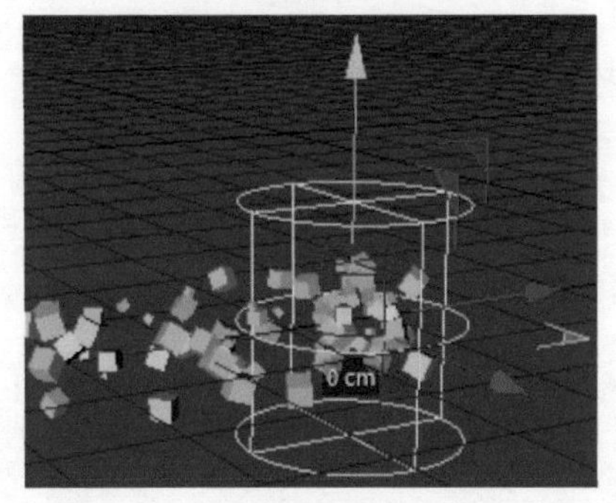

图 9-48

5. 重力

重力力场使粒子具有下落的重力特性，其属性选项如图 9-49 所示。

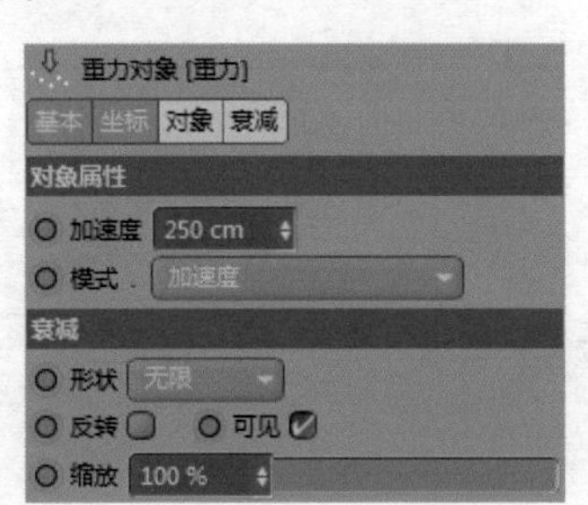

图 9-49

✦ 加速度：设置粒子下落的加速度，当为负值时粒子向上运动。

✦ 模式：选择粒子替代对象本身的动力学质量与重力共同影响粒子的运动模式。

✦ 形状：该下拉列表中有多种形状可供选择，并可设定形状的尺寸、缩放等。如图 9-50 所示为圆柱形状的重力衰减情况，黄色线框区域以内为重力的作用范围，黄色线框到红色线框之间为重力衰减区域，红色框内为无重力区域。

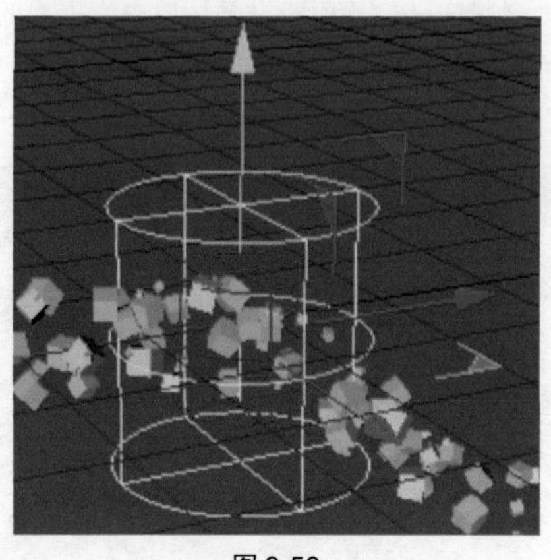

图 9-50

6. 旋转

旋转力场可以使粒子流旋转起来，其属性选项如图 9-51 所示。

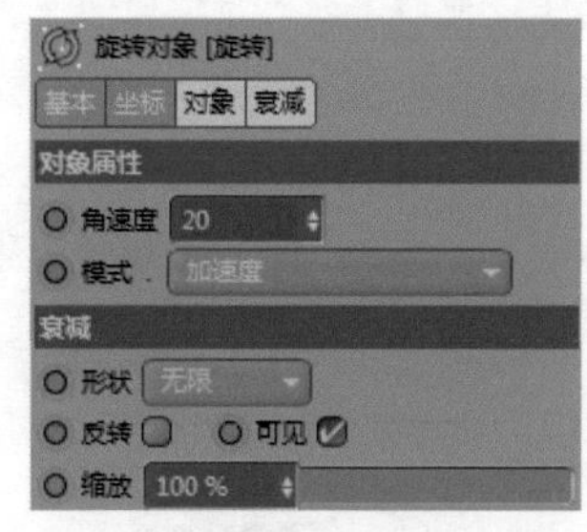

图 9-51

✦ 角速度：设置粒子流旋转的速度。

✦ 模式：选择粒子替代对象本身的动力学质量与旋转共同影响粒子的运动模式。

✦ 形状：该下拉列表中有多种形状可供选择，并可设定形状的尺寸、缩放等。图 9-52 所示为圆柱形状的衰减情况，黄色线框区域以内为旋转的作用范围，黄色线框到红色线框之间为旋转衰减区域，红色框内为无旋转区域。

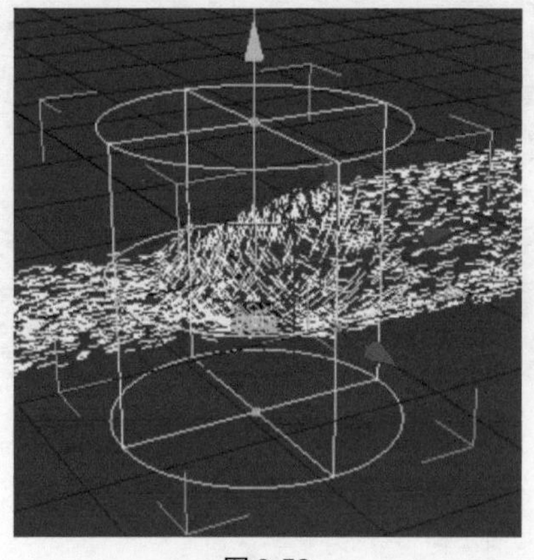

图 9-52

7. 湍流

湍流力场能使粒子做无规则运动，其属性选项如图 9-53 所示。

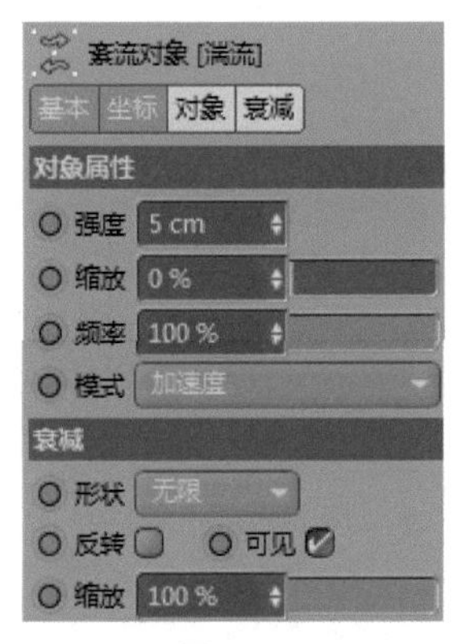

图 9-53

✦ 强度：设置湍流的力度。

✦ 缩放：设置粒子流无规则运动的散开与聚集强度，图 9-54 所示为缩放值调大后得到的粒子效果。

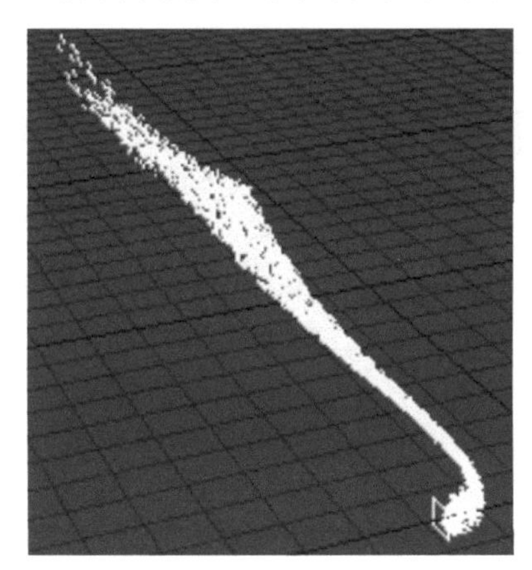

图 9-54

✦ 频率：设置粒子流的抖动幅度和次数，图 9-55 所示为频率较大的效果。

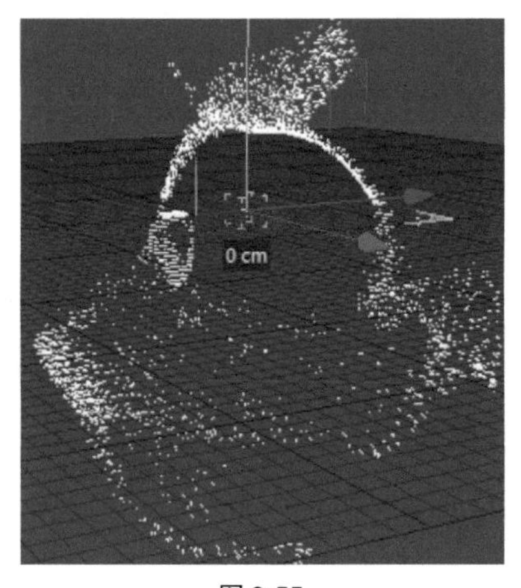

图 9-55

✦ 形状：在该下拉列表中有多种形状可供选择，并可设定形状的尺寸、缩放等。如图 9-56 所示为圆柱形状的湍流衰减情况，黄色线框区域以内为湍流的作用范围，黄色线框到红色线框之间为湍流衰减区域，红色框内为无湍流区域。

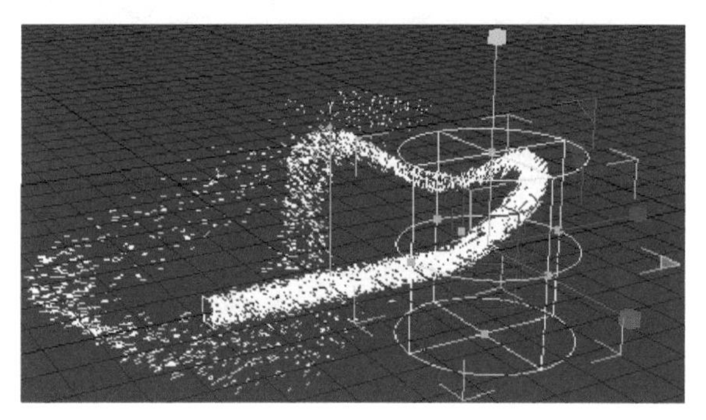

图 9-56

8. 风力

风力力场可以驱使粒子按照指定的方向运动，其属性选项如图 9-57 所示。

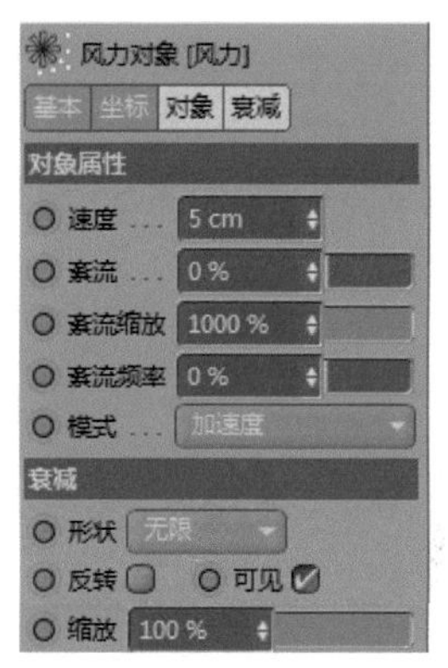

图 9-57

✦ 速度：设置风力驱使粒子运动的速度。

✦ 紊流：设置粒子流被驱使时的紊流强度。

✦ 紊流缩放：设置粒子流受紊流影响时的散开、聚集强度，如图 9-58 所示为数值较大时的效果。

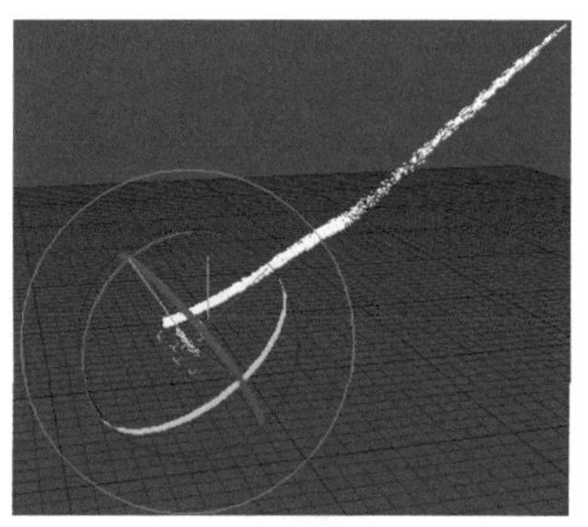

图 9-58

✦ 紊流频率：设置粒子流的抖动幅度和次数，图9-59 所示为数值较大时的效果。

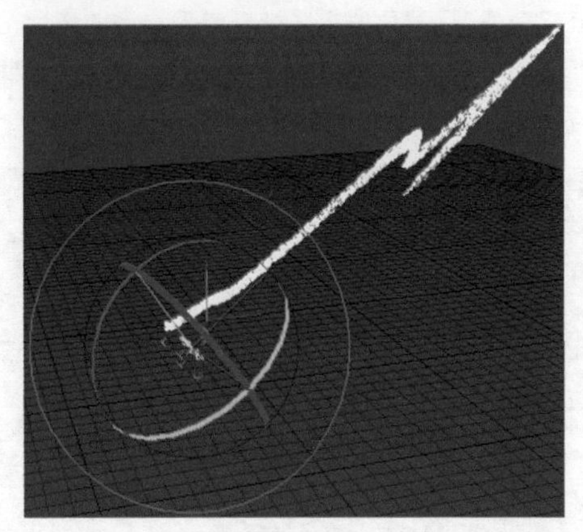

图 9-59

✦ 形状：在该下拉列表中有多种形状可供选择，并可设定形状的尺寸、缩放等。图 9-60 所示为圆柱形状的风力衰减情况，黄色线框区域以内为风力的作用范围，黄色线框到红色线框之间为风力衰减区域，红色框内为无风力区域。

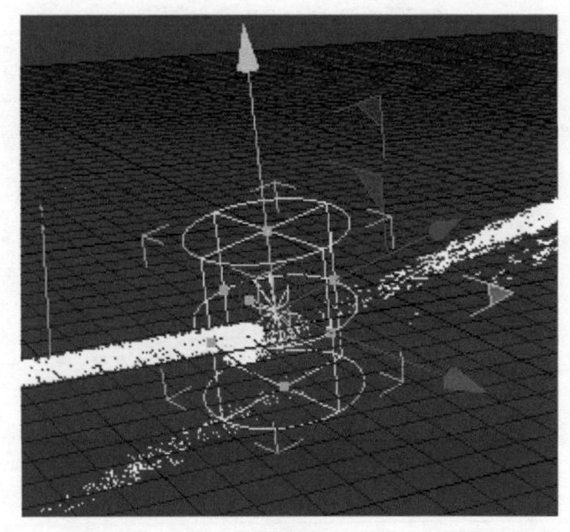

图 9-60

9.2.5 实战 —— 制作气球飞升动画

粒子除了可以用来创建一些运动尾迹、喷射动画外，还可以用于模拟一些自然天气。本例介绍如何通过粒子和力场来模拟真实的起风环境。

素材文件路径：	素材 \ 第 9 章 \9.2.5
效果文件路径：	效果 \ 第 9 章 \9.2.5. 气球飞升动画 .AVI
视频文件路径：	视频 \ 第 9 章 \9.2.5. 制作气球飞升动画 .MP4

01 启动 Cinema 4D，打开“气球飞升 .c4d”文件，其中已经创建好了一个气球模型和其他场景文件，如图 9-61 所示。

图 9-61

02 选择“模拟”|“粒子”|“发射器”命令，创建一个发射器，如图 9-62 所示。

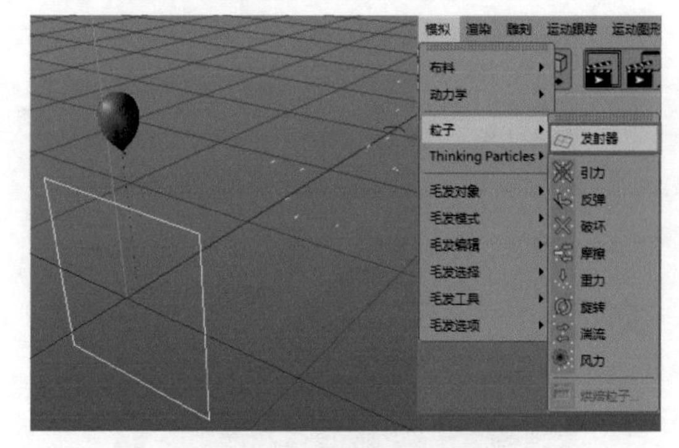

图 9-62

03 选中该发射器，在“坐标”窗口中输入 P 值为 90°，将其发射方向调整为与气球一致，如图 9-63 所示。

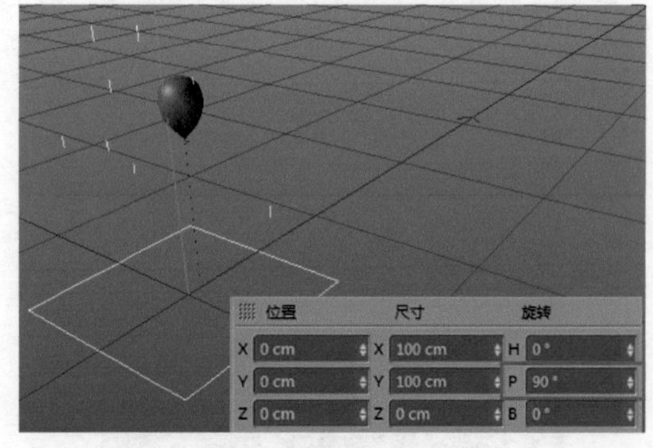

图 9-63

04 在“对象”窗口中选中所有的气球特征，然后一并拖至“发射器”特征的下方，成为其子特征，同时在“属性”窗口中切换至“发射器”选项卡，修改发射器的尺寸为 1000cm×2000cm，如图 9-64 所示。

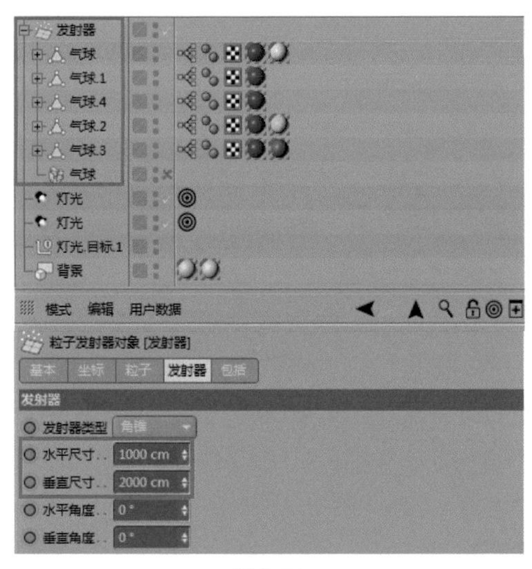

图 9-64

05 切换至“粒子”选项卡，将“编辑器生成比率”和“渲染器生成比率”都设置为 20，“速度”设置为 100cm，终点缩放的“变化”设置为 100%，最后选中“显示对象”复选框，如图 9-65 所示。

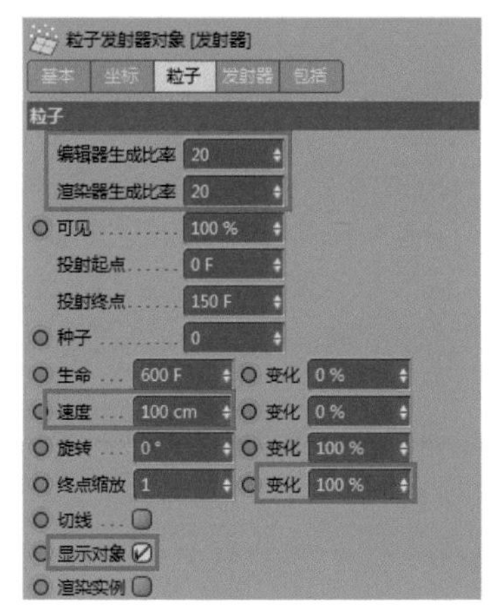

图 9-65

06 单击时间轴中的“播放”按钮，即可观察到气球飞升的效果，如图 9-66 所示。

图 9-66

9.3　实战——制作雪花飞舞动画

在 Cinema 4D 中，粒子还有一项比较重要的作用就是用于模拟真实的雨雪天气。本节从零开始介绍如何通过创建发射器，然后修改参数，并最终得到雪花纷飞的效果。

素材文件路径：　素材 \ 第 9 章 \9.3
效果文件路径：　效果 \ 第 9 章 \9.3 制作雪花飞舞动画 .AVI
视频文件路径：　视频 \ 第 9 章 \9.3 制作雪花飞舞动画 .MP4

01 启动 Cinema 4D，打开“制作雪花飞舞动画 .c4d”文件，其中已经创建好了雪花场景，如图 9-67 所示。

图 9-67

02 选择“模拟”|“粒子”|“发射器”命令，创建一个发射器，然后在“坐标”窗口中输入 P 值为 -90°，让发射器朝向下方，如图 9-68 所示。

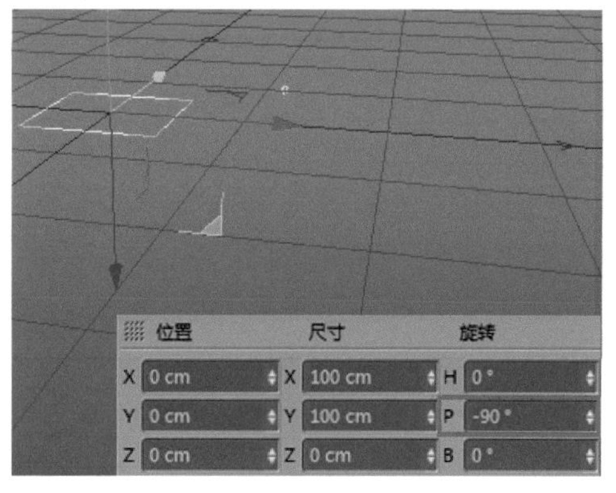

图 9-68

03 在“对象”窗口中选择“发射器”特征，在其“属性”窗口的“粒子”选项卡中，设置发射器的“投射起点”为 -500F，“速度”为 60cm，终点缩放处的“变化”为 50%，选中“显示对象”复选框，如图 9-69 所示。

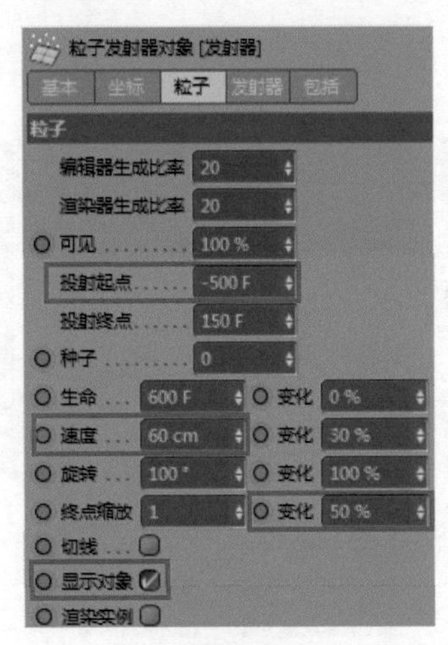

图 9-69

04 切换至“发射器”选项卡，设置发射器的“水平尺寸”为 1000cm，“垂直尺寸”为 3000cm，如图 9-70 所示。

图 9-70

05 在“对象”窗口中将“雪花”特征移至“发射器”特征的下方，成为其子对象，设置完毕后将发射器移至视图的上方，让雪花有飘落的效果，如图 9-71 所示。

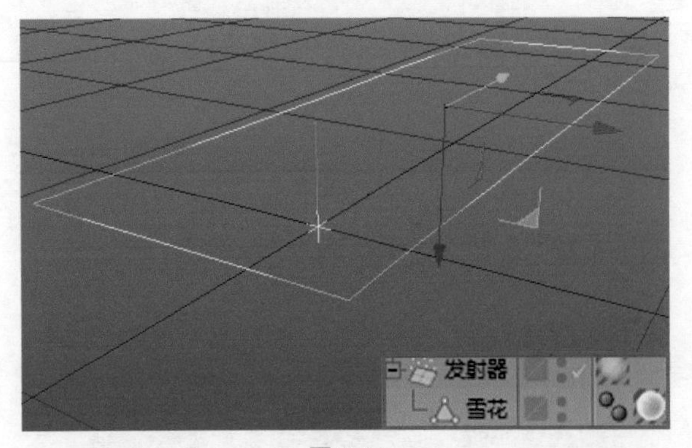

图 9-71

06 选择“模拟”|“粒子”|“湍流”命令，在“对象”窗口中添加“湍流”特征，选择该特征，在下面的“对象属性”窗口中将“缩放”设置为 60%，“频率”设置为 50%，如图 9-72 所示。

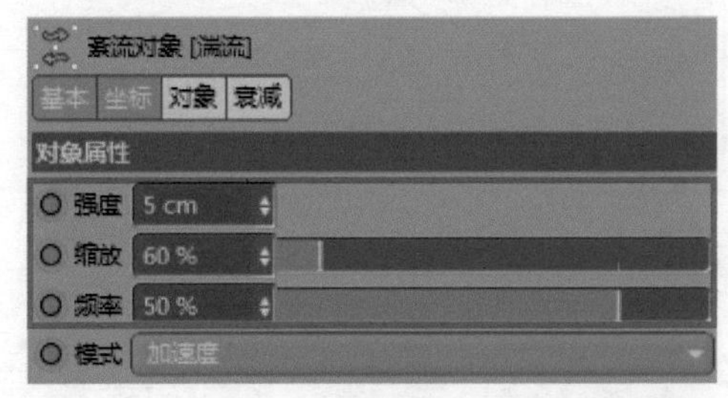

图 9-72

07 拉长时间轴，并单击“播放”按钮▷，即可在视图中观察到雪花飞舞的效果，按快捷键 Ctrl+R 可以快速渲染当前模型，效果如图 9-73 所示。

图 9-73

第 10 章 运动图形

运动图形（MoGraph）系统在 Cinema 4D 9.6 版本中首次出现，是 Cinema 4D 中比较常用而且非常有实用价值的动画制作模块。它简捷的工作流程、快速的渲染速度，以及优异的对接性能广受设计师的青睐，它可以快速实现设计师的创意，并能综合部分基于物理基础的动画效果，从而实现高精度的逼真动画效果和特效镜头，并高效率地完成制作模块。

10.1 克隆

选择“运动图形”|“克隆”命令，在属性面板中会显示克隆对象的基本属性，如图 10-1 所示。克隆具有生成器特性，因此至少需要一个物体作为克隆的子物体才能实现克隆。

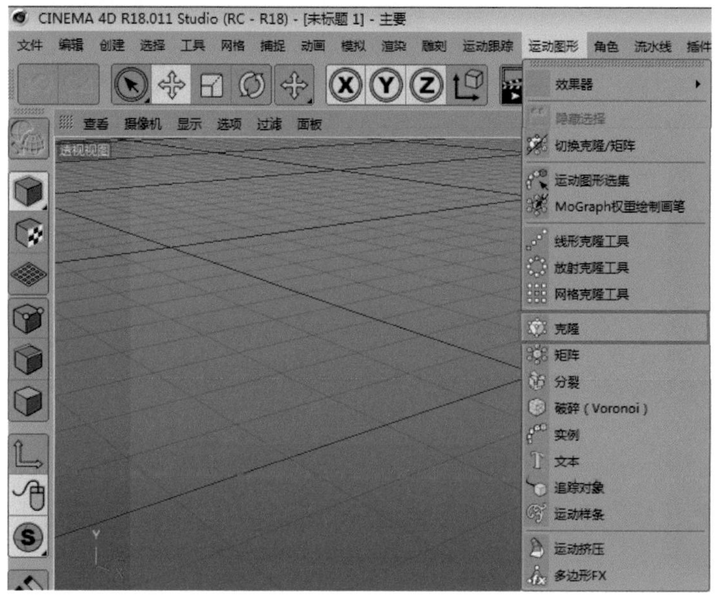

图 10-1

克隆的“属性”窗口分为 5 个选项卡，分别是“基本”选项卡、“坐标”选项卡、“对象”选项卡、“变换”选项卡和“效果器”选项卡，分别介绍如下。

10.1.1 “基本”选项卡

“基本”选项卡如图 10-2 所示，主要用于设置克隆的名称、颜色等基本参数。

图 10-2

✦ 名称：可在右侧文本框中重命名。

✦ 图层：如果对当前克隆指定过图层设置，这里将显示当前克隆属于的图层。

✦ 编辑器可见：默认为视图编辑窗口中可见。选择“关闭”选项，克隆在视图编辑器内不可见；选择“开启”选项，将和默认结果一致。

✦ 渲染器可见：控制当前克隆在渲染时是否可见，默认为可见状态。关闭时，当前克隆将不被渲染。

✦ 使用颜色：默认为关闭状态，如果开启，显示颜色将被激活。可从“显示颜色”中拾取任意颜色作为当前克隆在场景中的显示颜色。

✦ 启用：是否开启当前的克隆功能，默认选中。若取消选中，则当前克隆失效。

✦ 透显：选中该复选框后，当前克隆物体将以半透明状态显示，如图 10-3 所示。

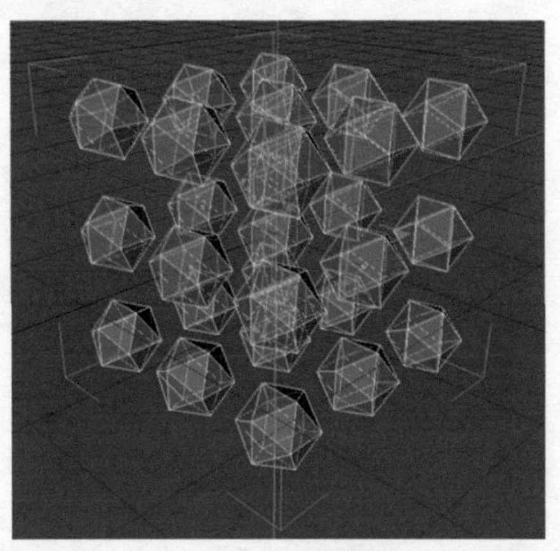

图 10-3

10.1.2 “坐标”选项卡

“坐标”选项卡如图 10-4 所示，主要用于设置克隆的位置参数。

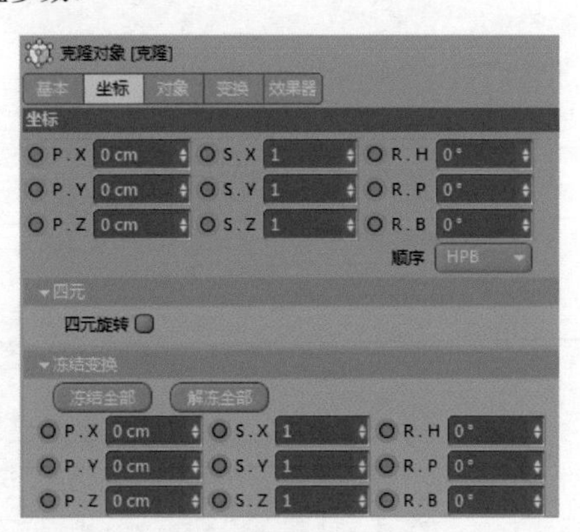

图 10-4

✦ 坐标：用于设置当前克隆所处位置（P）、比例（S）、角度（R）的参数。

✦ 顺序：默认克隆的旋转轴向为 HPB，可更换为 XYZ 方式，如图 10-5 所示。

✦ 冻结变换：冻结全部按钮可将克隆的位移、比例、旋转参数全部归零，也可以选择“冻结 P/S/R”选项，将某个属性单独冻结。单击“解冻全部”按钮可以恢复冻结之前的参数，如图 10-6 所示。

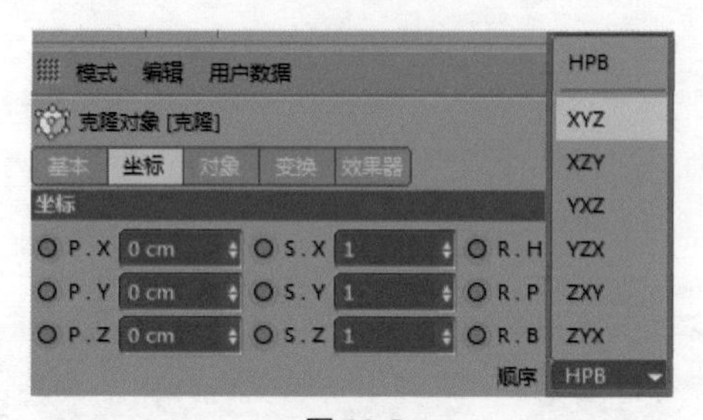

图 10-5

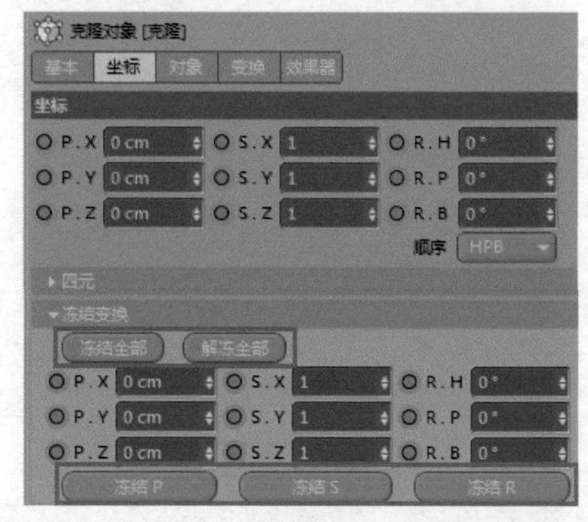

图 10-6

10.1.3 “对象”选项卡

“对象”选项卡如图 10-7 所示，是默认的选项卡，也是最为重要的选项卡，主要用于设置克隆的特征参数。最上方的“模式”下拉列表用于设置克隆方式，共有对象、线性、放射、网格排列、蜂窝阵列 5 种克隆方式，如图 10-8 所示。

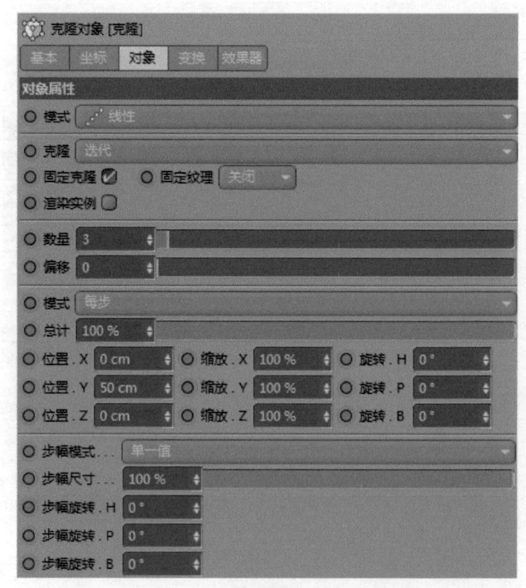

图 10-7

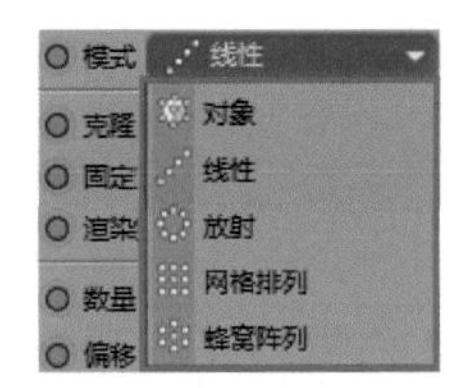

图 10-8

下面对其中常用的“对象”“线性”和“放射”这 3 种克隆模式进行讲解。

1. 对象

当克隆的模式设置为“对象”时，场景中需要有一个物体作为克隆特征分布的参考对象，这个对象可以是曲线也可以是几何体。应用时需要将该物体拖入“对象”右侧的空白区域。如图 10-9 所示为一个球体模型克隆到宝石模型顶点上的效果，可以观察其“对象”窗口和“属性”窗口的设置。

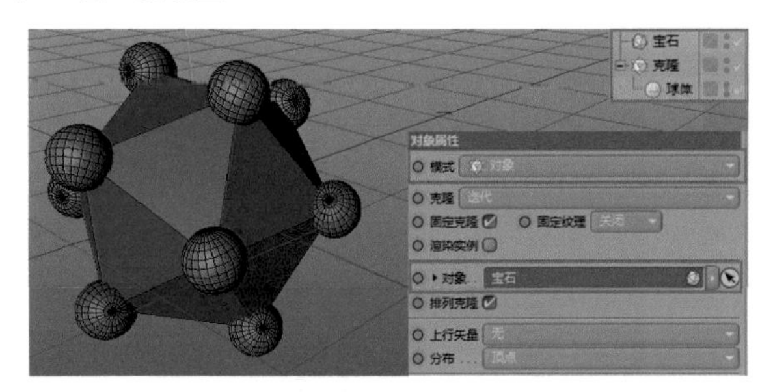

图 10-9

该选项卡中较常用的选项参数介绍如下。

✦ 排列克隆：用于设置克隆物体在物体上的排列方式，选中该复选框可激活“上行矢量”下拉列表。

✦ 上行矢量：选中“排列克隆”复选框后，该下拉列表才会被激活。将“上行矢量”设定为某一轴向时，当前被克隆物体则指向被设置的轴向，如图 10-10 所示。图中为上行矢量设置为 +*X* 轴向时的状态。

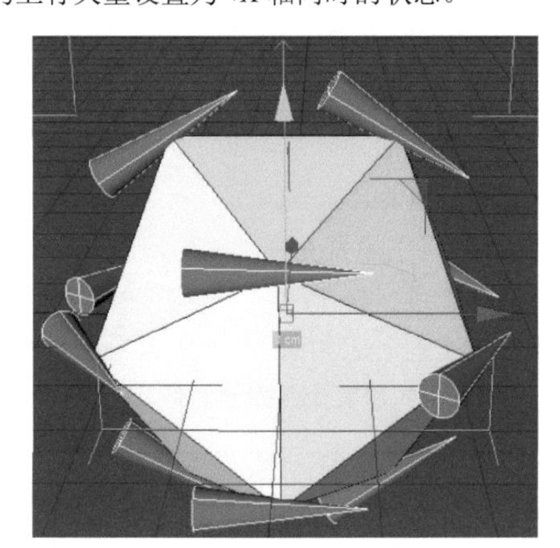

图 10-10

✦ 分布：用于设置当前克隆物体在物体表面的分布方式，默认以物体的顶点作为克隆的分布方式。如图 10-11 所示为“边”分布方式时的效果，可见模型均分在模型各边的中点处。

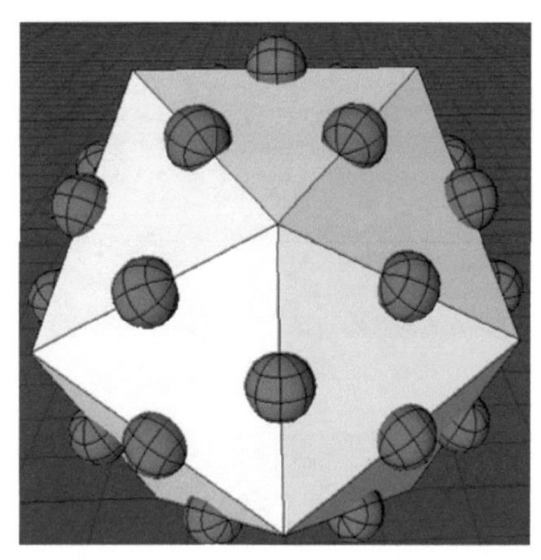

图 10-11

✦ 偏移：当分布设置为边时，该参数用于设置克隆物体在物体边上的位置偏移情况。

✦ 种子：用于随机调节克隆物体在对象物体表面的分布方式。

✦ 数量：用于设置克隆物体的数量。

✦ 选集：如果为对象物体设置过选集，可将选集拖至该选项右侧的空白区域，针对选集部分进行克隆。图 10-12 所示为对宝石物体上半部分设置选集，并针对该选集得到的克隆效果。

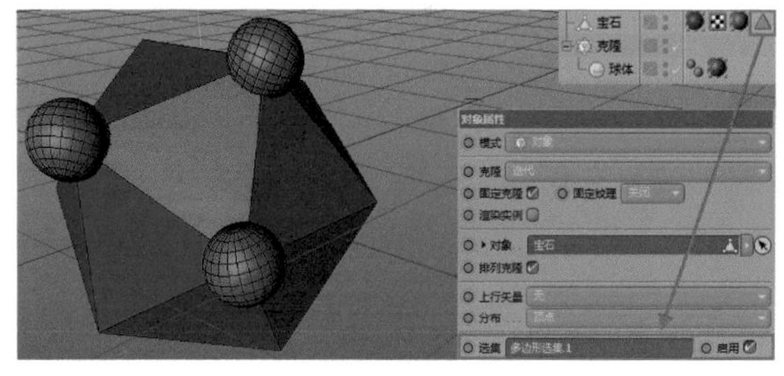

图 10-12

2. 线性

线性可以用来制作类似线性阵列的克隆效果，该选项面板如图 10-13 所示，其中较常用的选项介绍如下。

✦ 克隆：当有多个克隆物体时，用于设置当前每种克隆物体的排列方式。

✦ 固定克隆：如果克隆时有多个被克隆物体，并且这些被克隆物体的位置不同，选中该复选框后，每个物体的克隆结果将以自身所在位置为准，否则将统一以克隆位置为准，如图 10-14 所示。

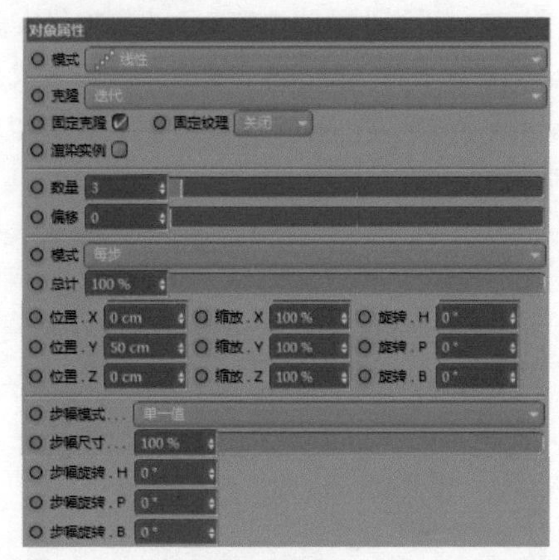

图 10-13

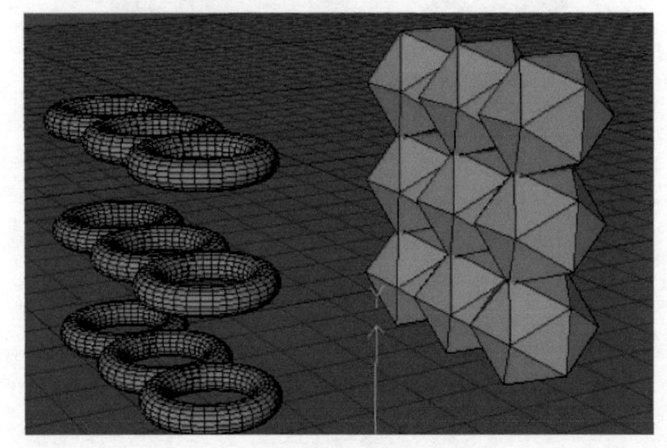

图 10-14

✦ 渲染实例：如果被克隆物体为粒子发射器。除原始发射器外，其余的克隆发射器均不能在视图编辑窗口及渲染窗口可见。选中该复选框后，可在视图窗口和渲染窗口中看到，被克隆的发射器也可正常发射粒子，如图 10-15 所示。

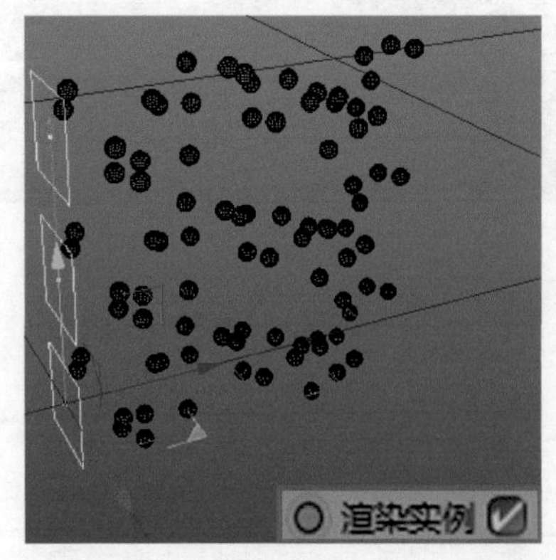

图 10-15

✦ 数量（线性模式下）：设置当前的克隆数量。

✦ 偏移（线性模式下）：用于设置克隆物体的位置偏移，如图 10-16 所示。

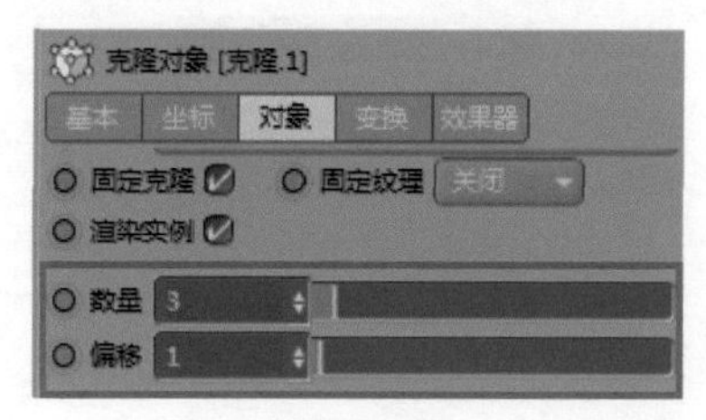

图 10-16

✦ 模式：该下拉列表中包括“终点”和“每步”两个选项。选择“终点”选项，克隆计算的是从克隆的初始位置到结束位置的属性变化。选择“每步”选项，克隆计算的是相邻两个克隆物体之间的属性变化。

✦ 总计：用于设置当前克隆物体占原有设置的位置、缩放、旋转的比重。如图 10-17 所示为两个设置完全相同的克隆效果，左侧的“总计”为 50%，右侧的“总计”为 100%。可以明显看出在相同的设置下，左侧的空间位置只占总计为 100% 时的一半。

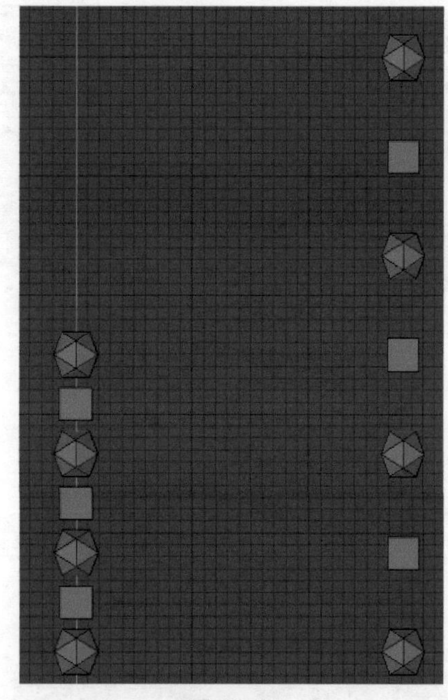

图 10-17

✦ 位置：用于设置克隆物体的位置范围。数值越大，克隆物体的间距越大。

✦ 缩放：用于设置克隆物体的缩放比例，该参数会在克隆数量上进行累计，即后一物体的缩放在前一物体大小的基础上进行。如图 10-18 所示为在“终点”模式下缩放 X、Y、Z 参数，从左到右依次为 10%、30%、50% 时所得到的结果。

✦ 旋转：用于设置当前克隆物体的旋转角度，如图 10-19 所示，分别为统一克隆物体旋转 H 轴、P 轴、B 轴时的效果。

图 10-18

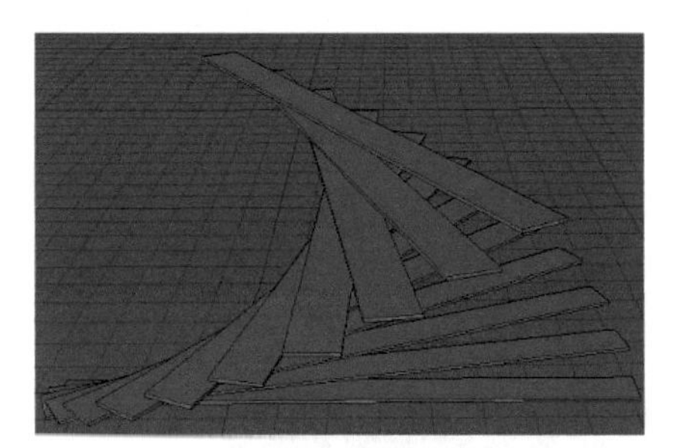
旋转 H 轴

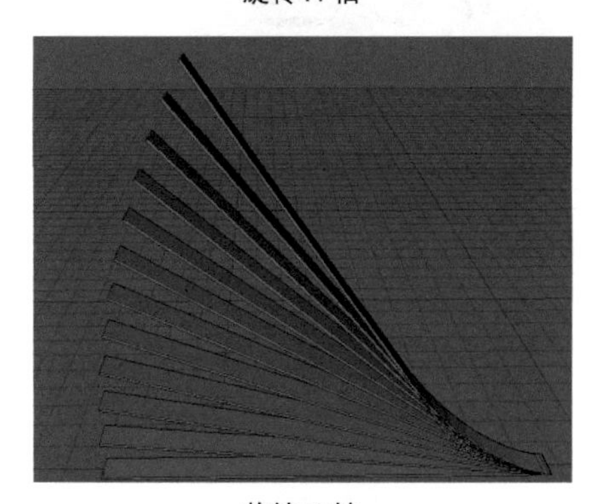
旋转 P 轴

旋转 B 轴

图 10-19

✦ 步幅模式：分为“单一值”和“累积”两种模式。设置为“单一值”时，每个克隆物体之间的属性变化量一致；设置为“累积”时，每相邻两个物体间的属性变化量将进行累计。“步幅”模式通常配合“步幅尺寸”和“步幅缩放”一起使用，如图 10-20 所示为参数设置完全相同的两个克隆物体。左侧的步幅模式设置为“累积”，右侧的步幅模式设置为“单一值”，两个克隆物体的步幅旋转值均为 5。

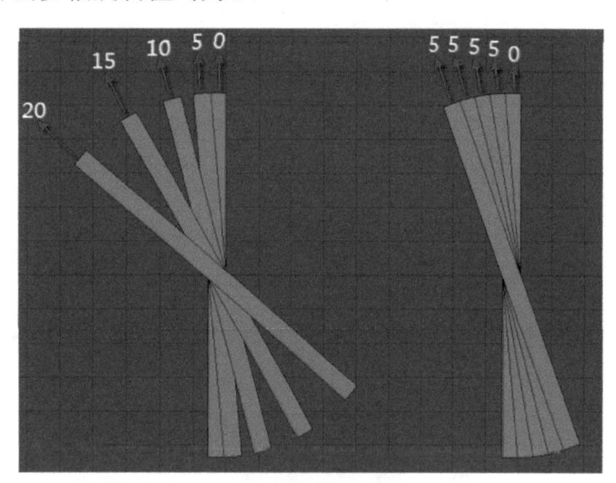

图 10-20

✦ 步幅尺寸：如果降低该参数会逐渐缩短克隆物体之间的间距，如图 10-21 所示。图中步幅尺寸分别为 100%、95%、90% 和 85%。

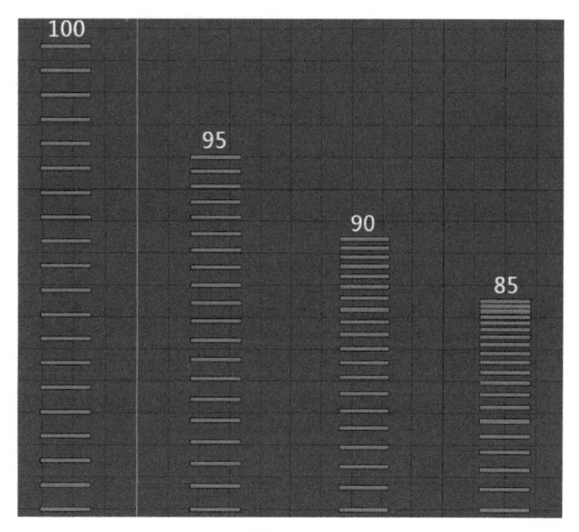

图 10-21

3. 放射

✦ 数量：设置克隆的数量。

✦ 半径：设置放射克隆的范围。数值越大，范围越大。

✦ 平面：设置克隆的平面方式，如图 10-22 所示。

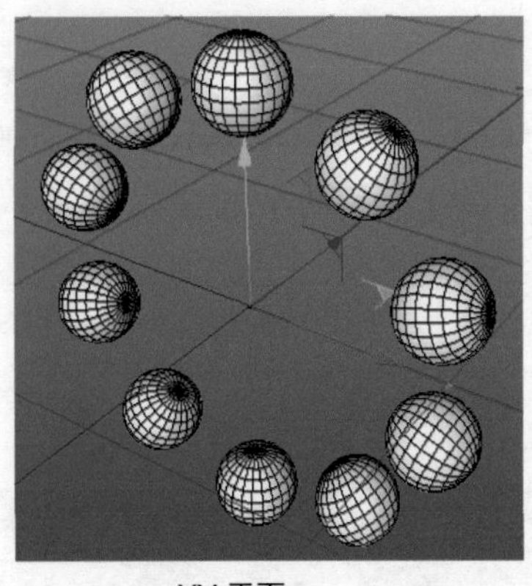

XY 平面

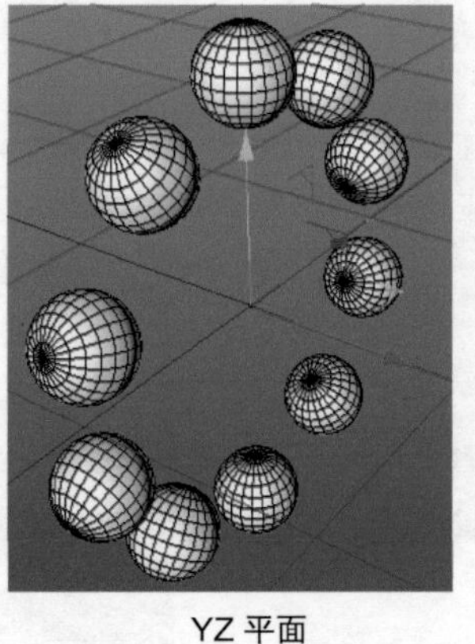

YZ 平面

XZ 平面

图 10-22

✦ 对齐：设置克隆物体的方向。选中该复选框后，克隆物体指向克隆中心。图 10-23 左侧为选中“对齐”复选框时的效果，右侧为未选中“对齐”复选框时的效果，默认为选中状态。

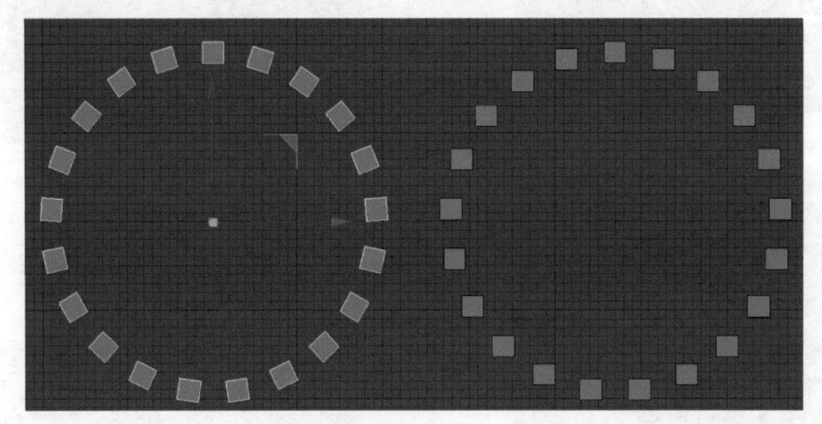

图 10-23

✦ 开始角度：用于设置放射克隆的起始角度，默认值为 0，增加该数值可将克隆以顺时针打开一个相应角度的缺口，如图 10-24 所示。图中为“开始角度”为 45°、“结束角度”为 360° 时的克隆状态。

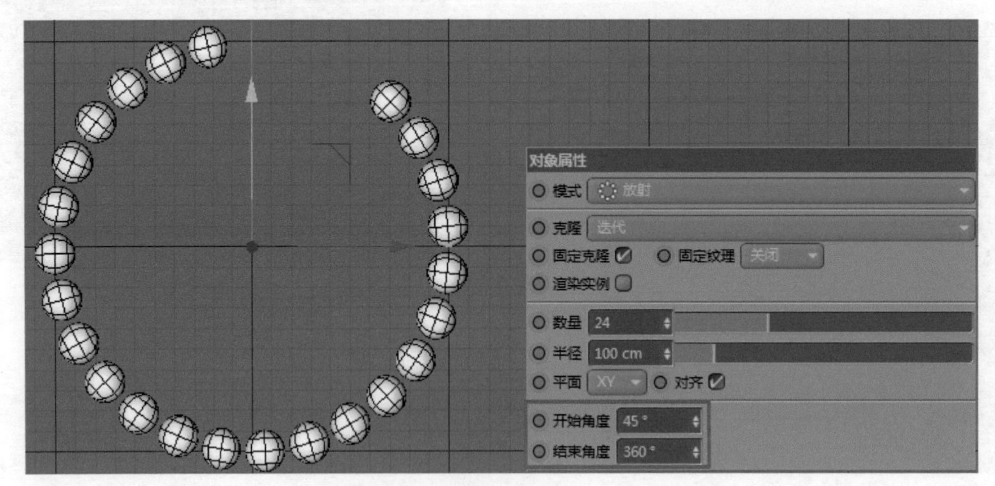

图 10-24

✦ 结束角度：用于设置放射克隆的结束角度，默认值为 360°。减少该数值可让克隆以逆时针打开一个相应角度的缺口，如图 10-25 所示。图中为“开始角度”为 0°、“结束角度”为 270° 时的克隆状态。

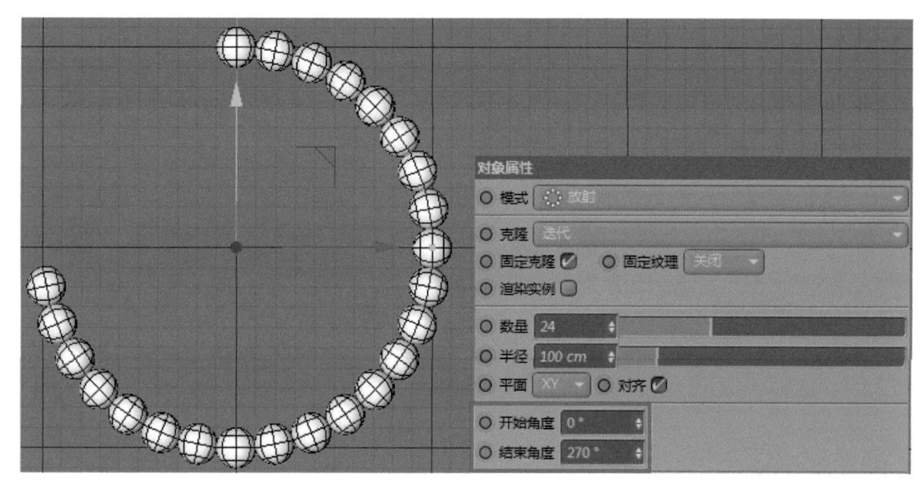

图 10-25

✦ 偏移：设置克隆物体在原有克隆状态上的位置偏移。

✦ 偏移变化：如果该数值为 0，在偏移的过程中，克隆物体均保持相等的间距。调节该数值后，物体之间的间距将不再相同。

✦ 偏移种子：用于设置在偏移过程中，克隆物体间距的随机性。只有在偏移变化不为 0 的情况下，该参数才有效。

10.1.4　“变换”选项卡

“变换”选项卡如图 10-26 所示，主要参数介绍如下。

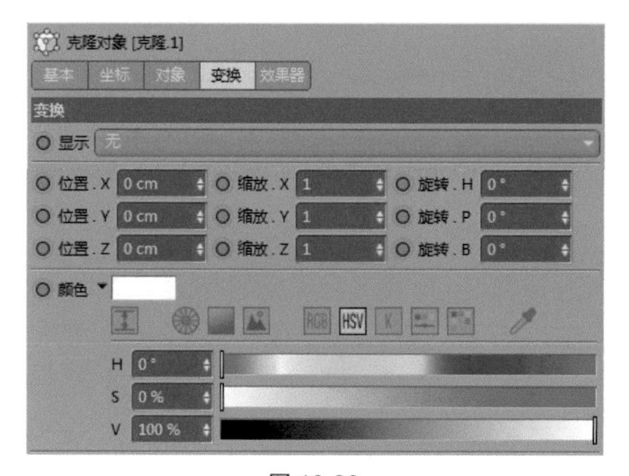

图 10-26

✦ 显示：用于设置当前克隆物体的显示状态。

✦ 位置 / 缩放 / 旋转：用于设置当前克隆物体沿自身轴向的位移、缩放、旋转。

✦ 颜色：设置克隆物体的颜色。

✦ 权重：用于设置每个克隆物体的初始权重，每个效果器都可影响每个克隆的权重。

✦ 时间：如果被克隆物体带有动画效果（除位移、缩放、旋转以外），该参数用于设置动画物体被克隆后的动画起始帧。

✦ 动画模式：设置被克隆物体动画的播放方式。

10.1.5　“效果器”选项卡

“效果器”选项卡如图 10-27 所示，此处可以加入相应的效果器，使效果器对克隆的结果产生作用。

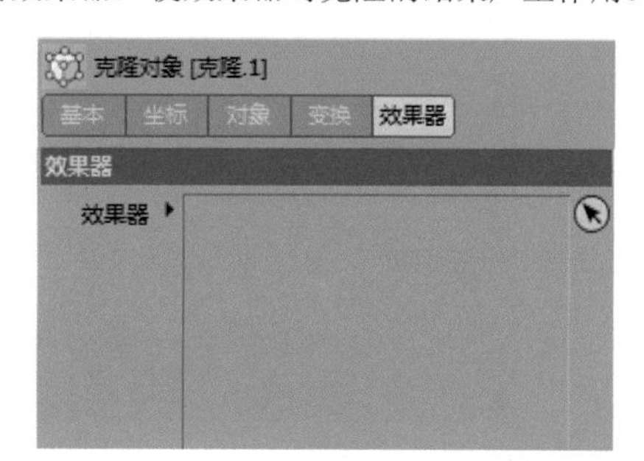

图 10-27

10.1.6　实战——通过克隆放置蜡烛

克隆的操作与前面介绍过的阵列非常相似，但是克隆的效果更多。本例使用克隆工具来放置生日蛋糕上的蜡烛，大家也可以尝试使用阵列来完成。

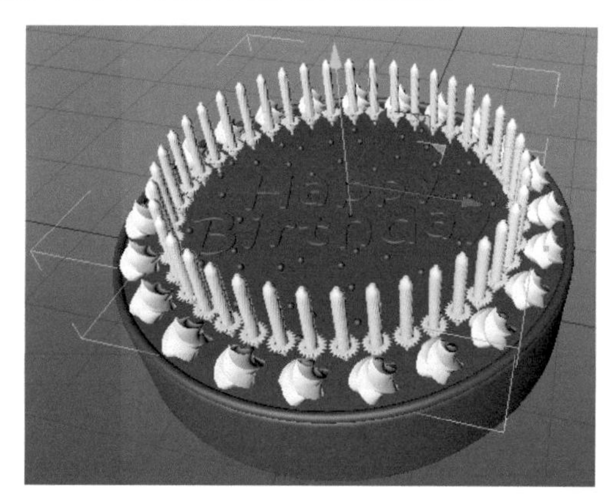

素材文件路径：	素材文件路径：素材 \ 第 10 章 \10.1.6
效果文件路径：	效果 \ 第 10 章 \10.1.6. 蜡烛 .JPG
视频文件路径：	视频 \ 第 10 章 \10.1.6. 通过克隆放置蜡烛 .MP4

01 启动 Cinema 4D，打开“生日蛋糕 .c4d”文件，素材中已经创建好了一个蛋糕模型和其他场景，如图 10-28 所示。

图 10-28

02 选择“运动图形”|“克隆”命令，在“对象”窗口中选择“蜡烛”特征，并将其拖至“克隆”特征的下方，使其成为克隆的子对象，如图 10-29 所示。

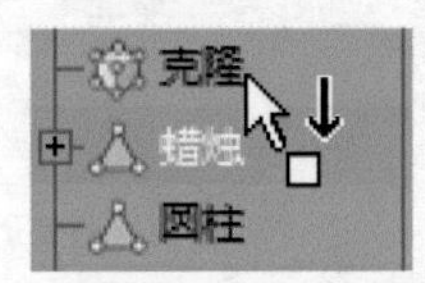

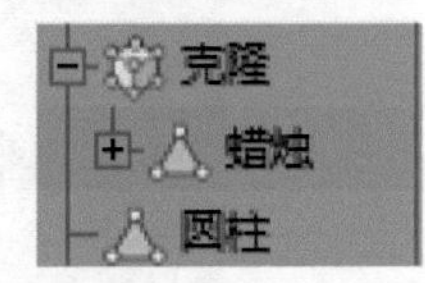

图 10-29

03 选中克隆特征，在下方的“属性”窗口中设置“模式”为“放射”，“数量”为 42、“半径”为 15cm，再选择“平面”为 XZ，最后将其移至蛋糕的合适位置，如图 10-30 所示。

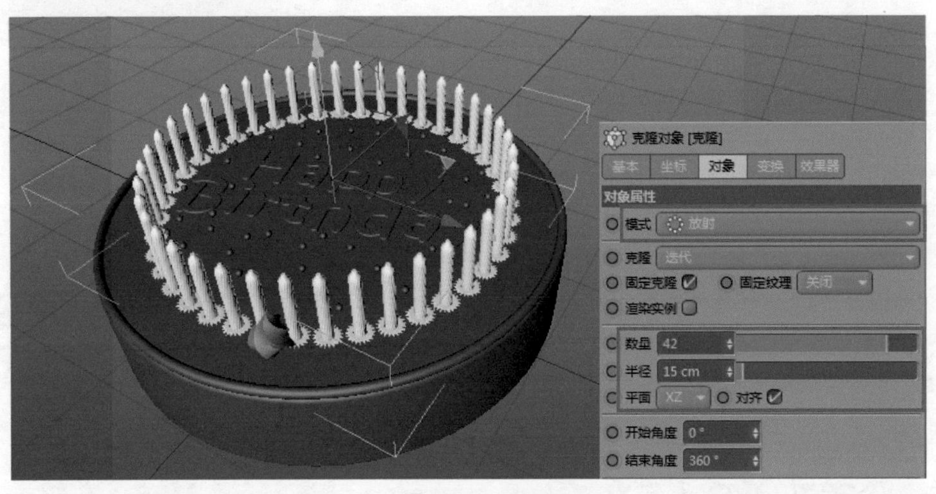

图 10-30

04 使用相同方法，对奶油特征执行克隆操作，参数设置与效果如图 10-31 所示。

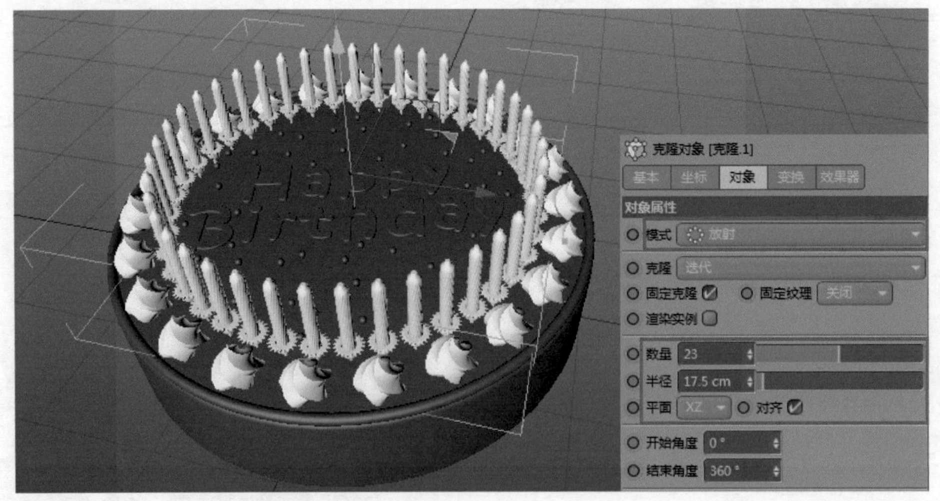

图 10-31

10.2　矩阵

选择“运动图形”|“矩阵”命令，为场景添加一个矩阵特征，如图 10-32 所示。

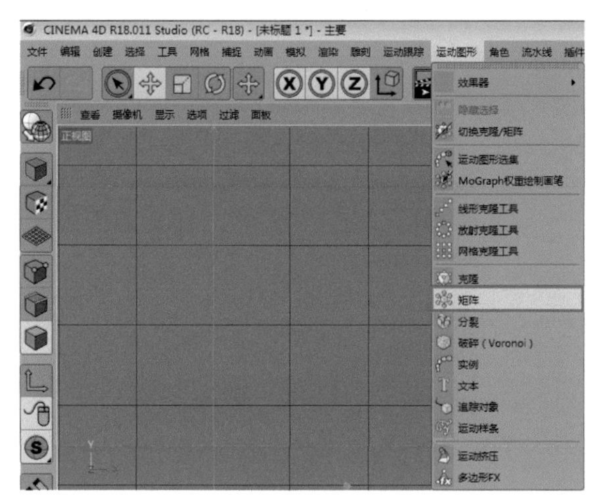

图 10-32

矩阵的效果与克隆非常类似，相比之下，二者的不同点在于矩阵虽然是生成器，但它不需要使用一个物体作为它的子对象来实现效果，如图 10-33 所示。

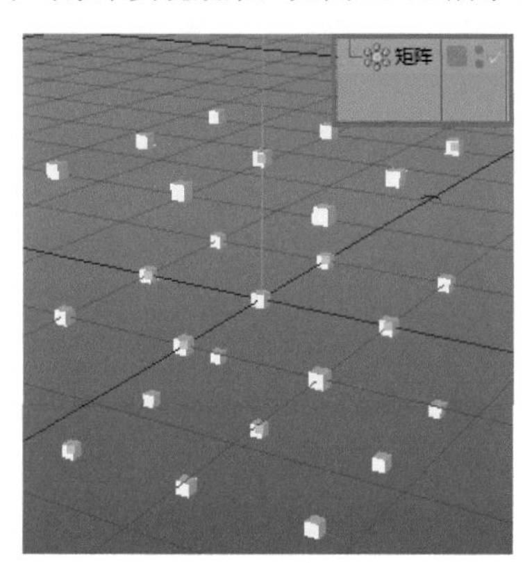

图 10-33

矩阵的“属性”窗口如图 10-34 所示，其绝大多数参数和克隆一致，如需要了解其他参数及属性，可参照“克隆”的内容。

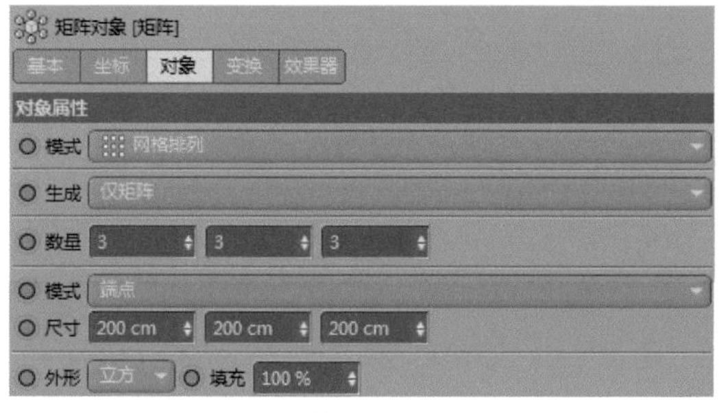

图 10-34

10.3　文本

“文本”工具可以直接创建立体的文字效果，用户可以选择“运动图形”|“文本”命令，为场景添加一个文本特征，如图 10-35 所示。

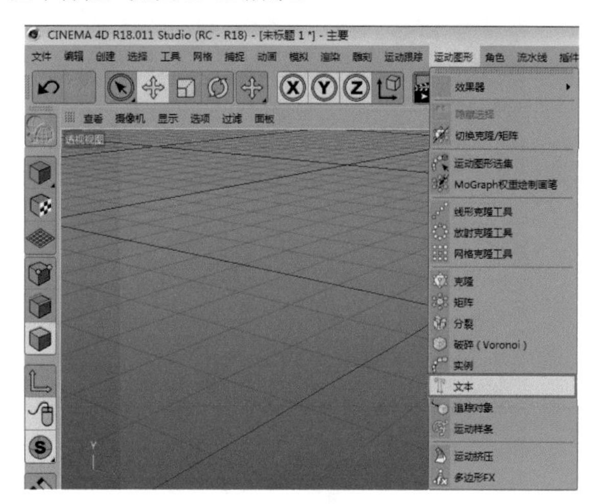

图 10-35

10.3.1　“对象”选项卡

“对象”选项卡如图 10-36 所示，其主要选项含义介绍如下。

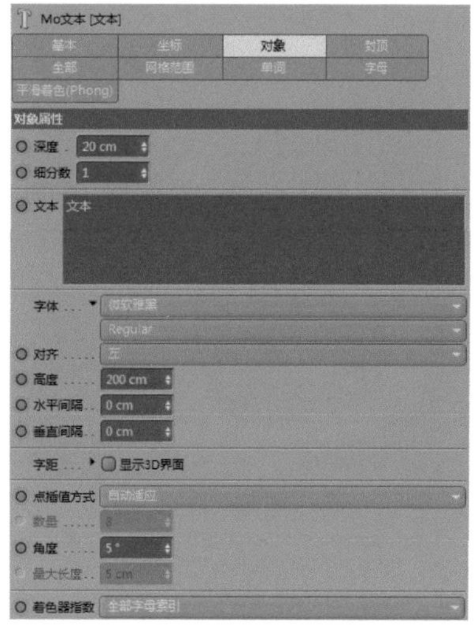

图 10-36

✦ 深度：用于设置文字的挤压厚度，数值越大，厚度越大，如图 10-37 所示。

✦ 细分数：用于设置文字厚度的分段数量，增加该数值可以加大文字厚度的细分数量，如图 10-38 所示。

✦ 文本：在右侧的文本框中输入需要生成的文字内容。

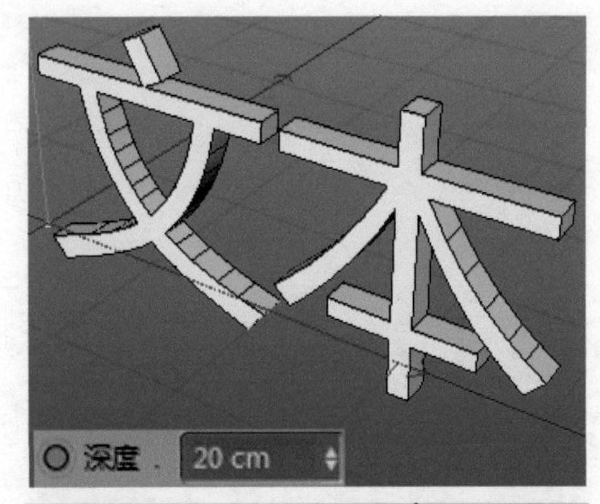

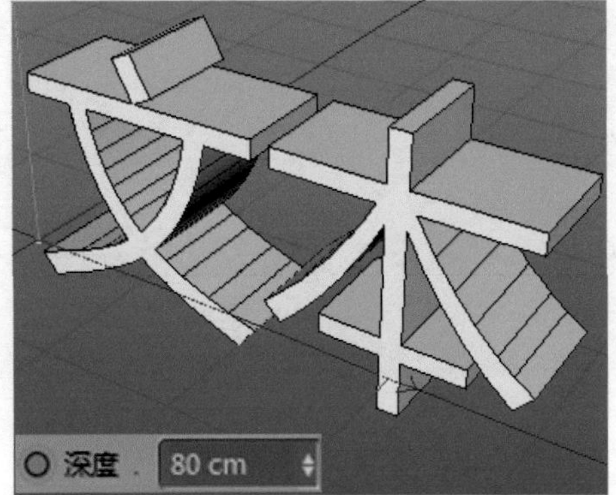

图 10-37

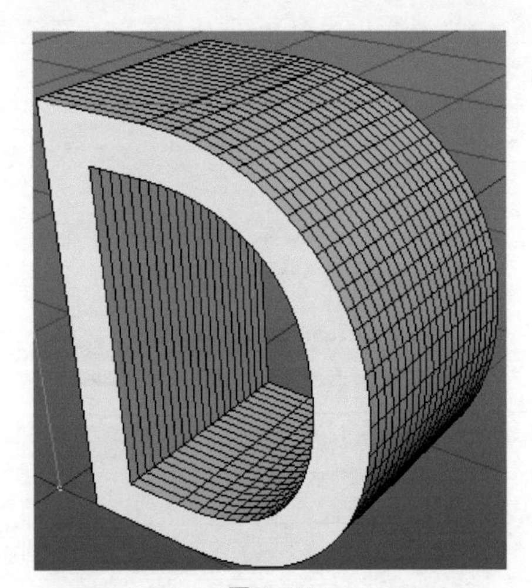

图 10-38

✦ 字体：设置文字的字体。

✦ 对齐：设置字体的对齐方式，默认为左对齐，即字体的左侧位于世界坐标原点。包含“左”“中对齐”和“右”3 个选项，如图 10-39 所示。

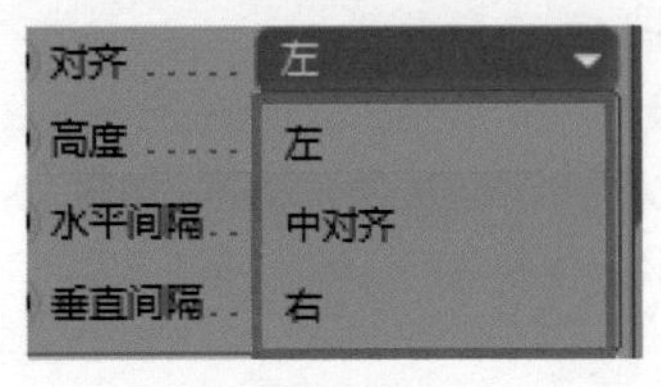

图 10-39

✦ 高度：设置字体在场景中的大小。

✦ 水平间隔：设置文字的水平间距。

✦ 垂直间隔：设置文字的行间距。

✦ 点插值方式：用于进一步细分中间点样条，会影响创建时的细分数，如图 10-40 所示。选择任意一种点插值方式，都可以配合点插值方式属性下方的数量、角度、最大长度属性，进行细分方式的调节。不同的点插值方式所使用的调节属性也是不同的。

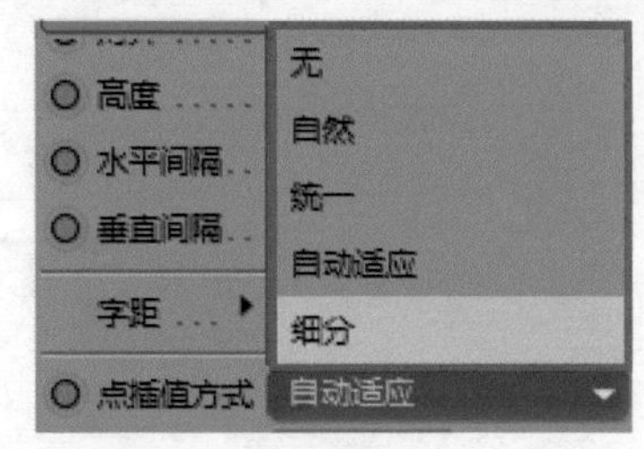

图 10-40

✦ 着色器指数：只有在当场景中的文本被赋予了一个材质，并且该材质使用了颜色着色器时，着色器指数才会起作用，如图 10-41 所示。

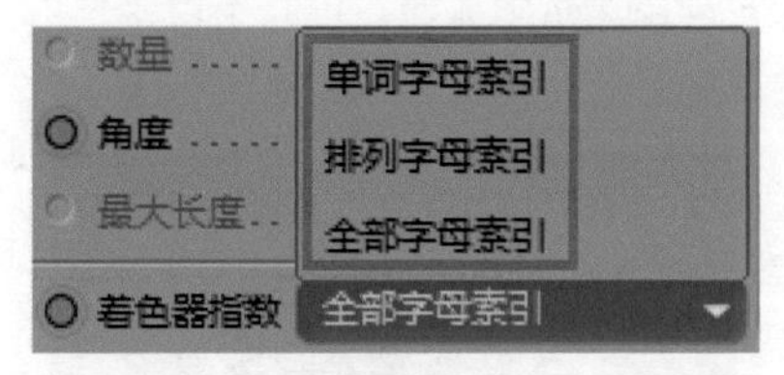

图 10-41

10.3.2 “封顶”选项卡

“封顶”选项卡如图 10-42 所示，其主要选项含义介绍如下。

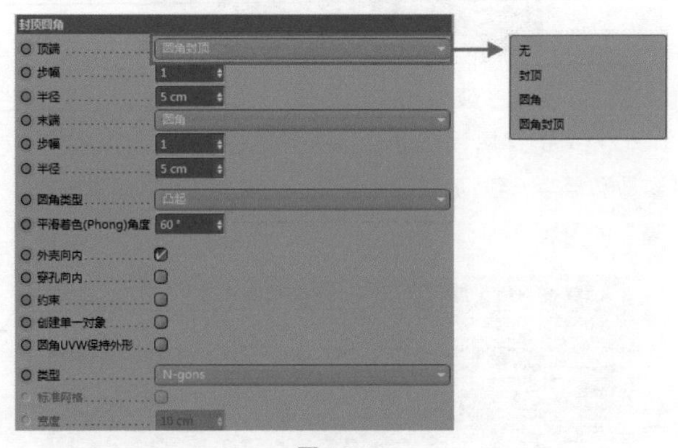

图 10-42

✦ 顶端：设置文本顶端的封顶方式，包含“无”“封顶”“圆角”和“圆角封顶”4 个选项，如图 10-43 所示。

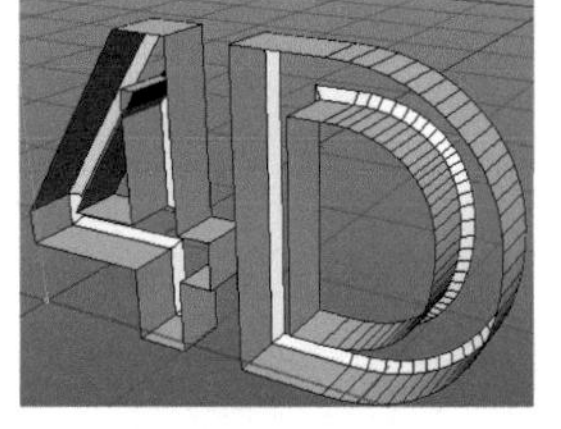

无

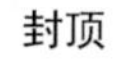

封顶

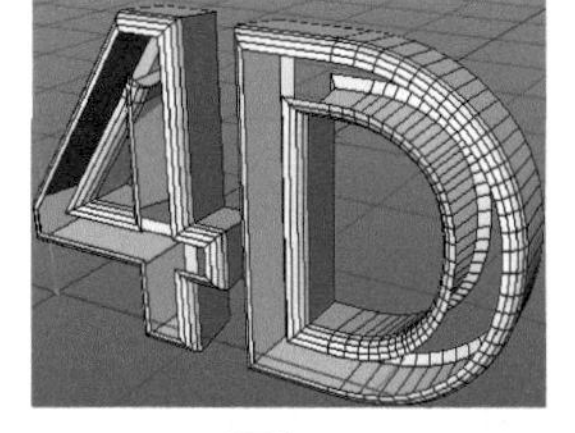

圆角

圆角封顶

图 10-43

✦ 步幅：设置圆角的分段数，步幅值越高，圆角越光滑，如图 10-44 所示。

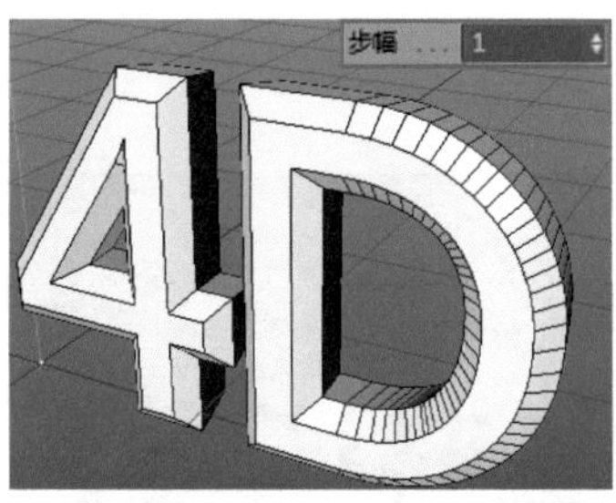

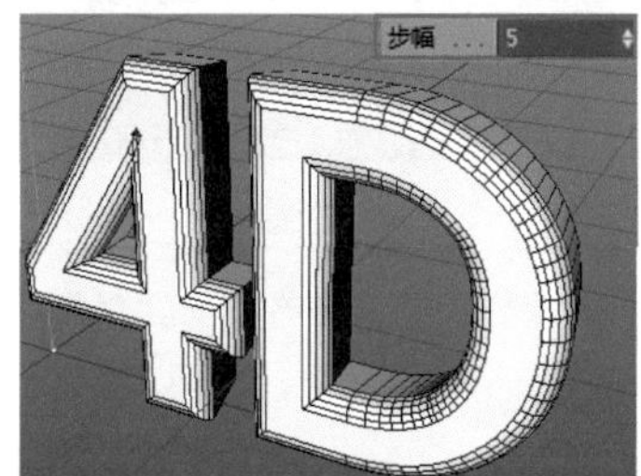

图 10-44

✦ 半径：设置圆角的大小，值越大，圆角越大。

✦ 末端：设置文本末端的封顶方式。

✦ 圆角类型：设置圆角的类型，可在下拉列表中选择不同的圆角类型，共有“线性”“凸起”“凹陷”“半圆”“1 步幅”“2 步幅”和“雕刻”7 种类型，如图 10-45 所示。

✦ 平滑着色（Phong）角度：当圆角的相邻面之间的法线夹角小于当前设定值时，这两个面的公共边就会呈现锐利的过渡效果，要避免这种现象可以适当提高该参数。

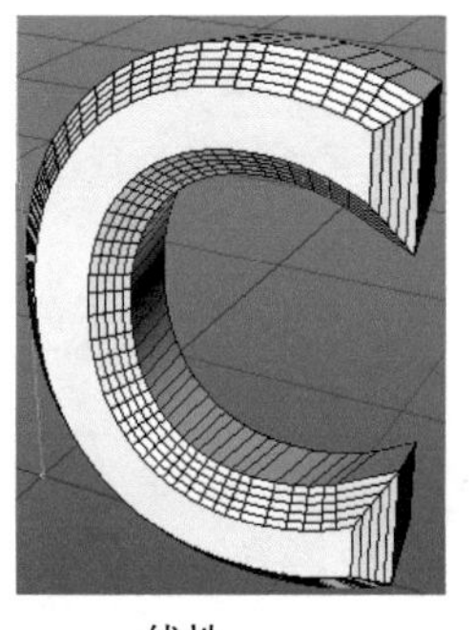

线性

凸起

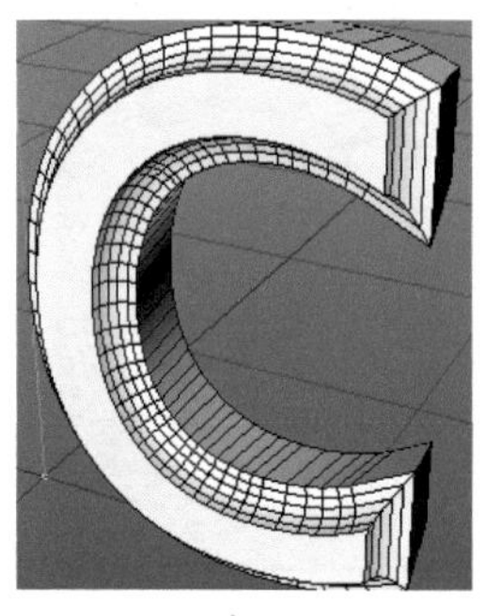

凹陷

半圆

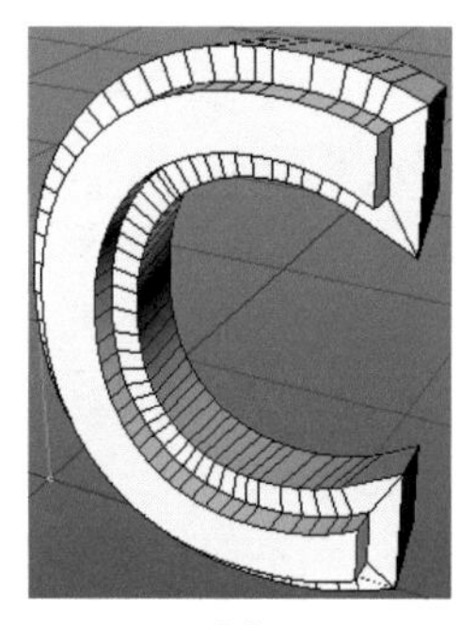

1 步幅

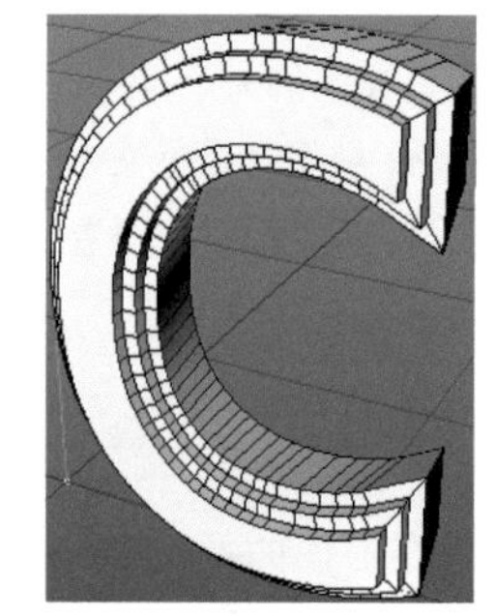

2 步幅

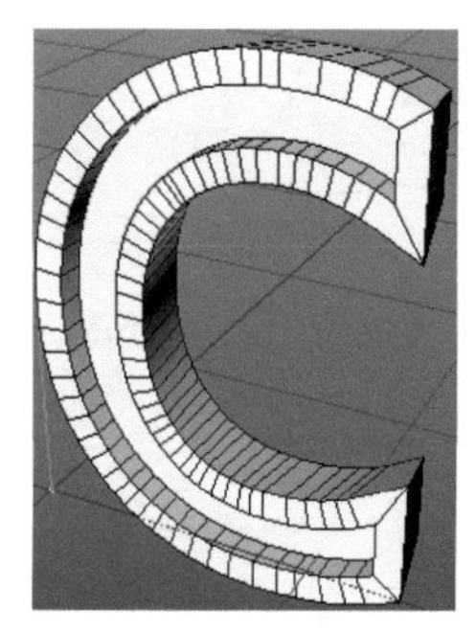

雕刻

图 10-45

✦ 穿孔向内：当文本含有嵌套式结构（如字母 a、o、p）时，该参数有效。选中该复选框后，可将内侧轮廓的圆角方向反转，如图 10-46 所示。

图 10-46

✦ 约束：选中该复选框后，使用“封顶”时不会改变原有文字的大小。

✦ 类型：设置文本表面的多边形分割方式。

✦ 标准网格：设置文本表面三角形面或四边形面的分布方式。

10.3.3 实战——创建文字散乱效果

在前面的章节中已经介绍过了文本的创建方法，本节结合文本和随机效果器，创建一个简单的文字散乱动画。

素材文件路径：	素材 \ 第 10 章 \10.3.3
效果文件路径：	效果 \ 第 10 章 \10.3.3. 文字散乱效果 .JPG
视频文件路径：	视频 \ 第 10 章 \10.3.3. 创建文字散乱效果 .MP4

01 启动 Cinema 4D，新建空白文件，选择“运动图形”|“文本”命令，然后在“属性”窗口的“对象”选项卡中输入文本 Cinema 4D，设置“深度”为 20cm，字体为“微软雅黑”，“高度”为 200cm，如图 10-47 所示。

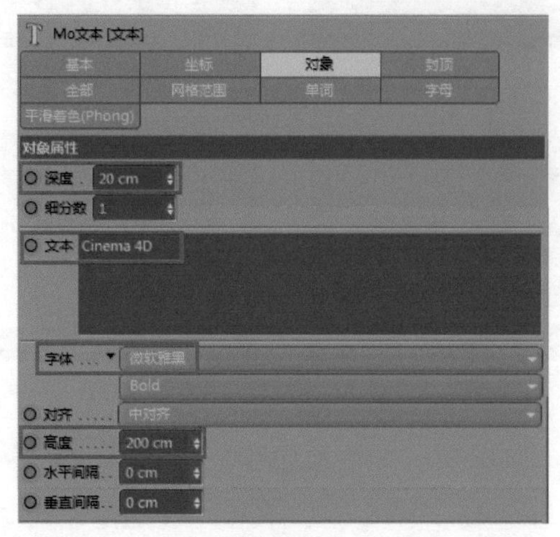

图 10-47

02 创建后在模型窗口中便多出了一个文本效果，如图 10-48 所示。

图 10-48

03 选择“运动图形”|“效果器”|“随机”命令，在“对象”窗口中添加一个随机效果，如图 10-49 所示。

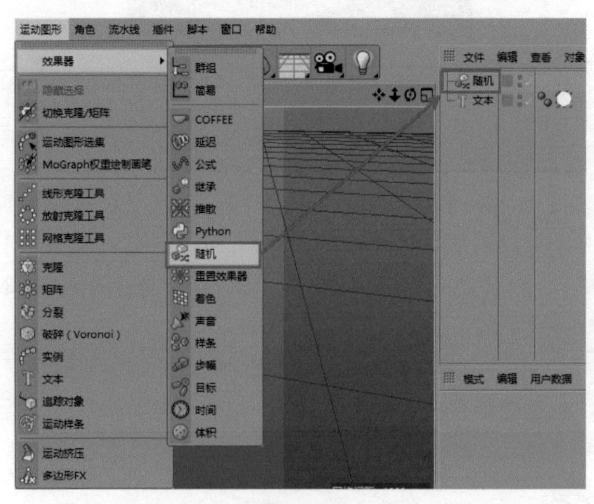

图 10-49

04 在“对象”窗口中选择文字特征，将随机效果器拖至文本“属性”窗口中“字母”选项卡下的效果框内，如图 10-50 所示。

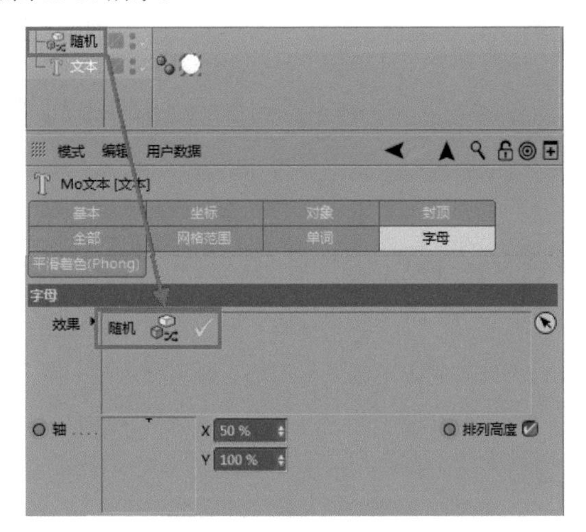

图 10-50

05 在“对象”窗口中选中随机效果器，在“属性”窗口中切换至“参数”选项卡，设置 P.X、P.Y、P.Z 参数均为 2500cm，然后选中“缩放”“旋转”和“等比缩放”复选框，并设置“缩放”参数为 8，R.H、R.P、R.B 参数均为 360°，如图 10-51 所示。

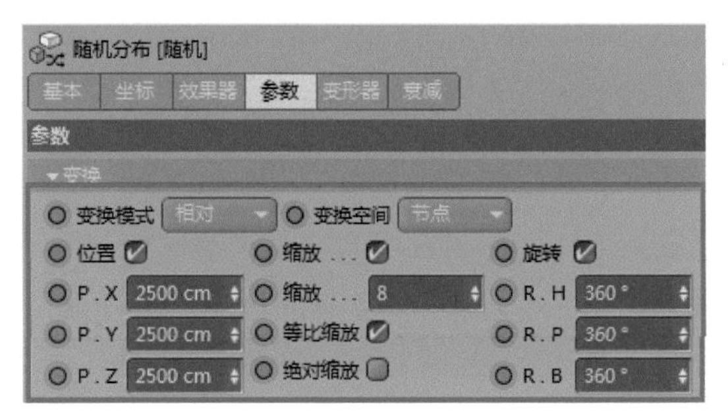

图 10-51

06 将时间轴移动至第 0 帧，在随机效果的“属性”窗口中切换至“效果器”选项卡，设置“强度”为 0%，并单击左侧的黑色标记，即表示对当前动画记录了关键帧，同时黑色标记变为红色标记，如图 10-52 所示。

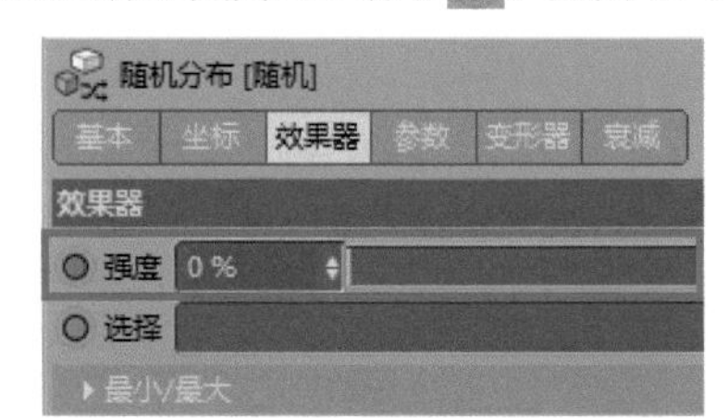

图 10-52

07 将时间轴移动至第 50 帧，修改“强度”为 100%，并记录关键帧，如图 10-53 所示。

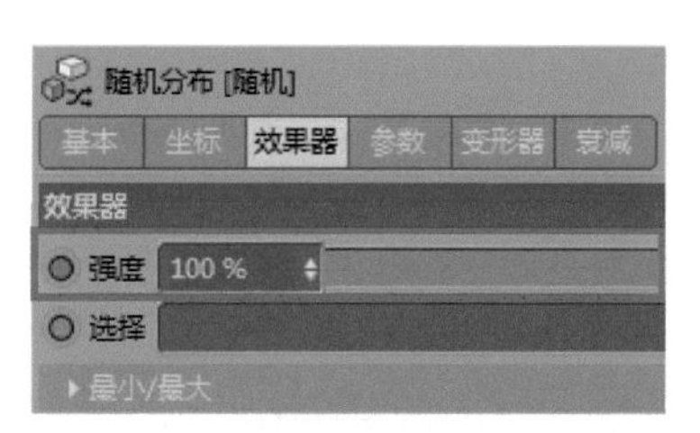

图 10-53

08 单击“播放”按钮，即可观察到 Cinema 4D 文字的随机散开效果，如图 10-54 所示。

图 10-54

10.4　追踪对象

追踪对象可以追踪运动物体上顶点位置的变化，并生成曲线路径。将动画物体拖至追踪对象属性面板中“追踪链接”右侧的空白区域即可创建追踪效果，如图 10-55 所示。该功能配合其他工具，例如生成器，即可创建出一些有趣的效果，例如绳子的编织动画等。可直接将带有动画的物体拖至“追踪链接”右侧的空白区域，重新播放动画即可。

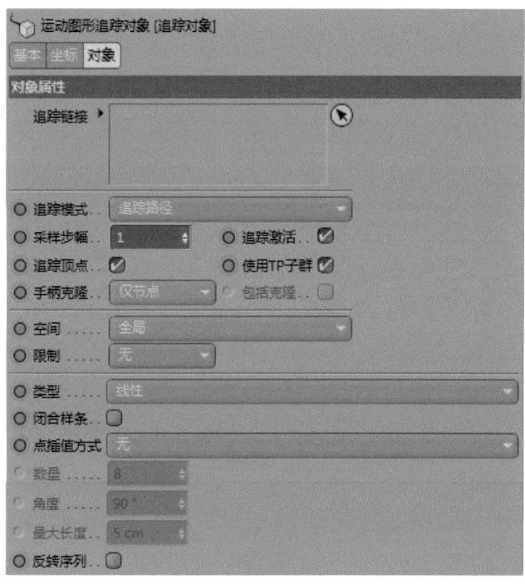

图 10-55

1. 追踪模式

“追踪模式”可以设置当前追踪路径生成的方式，包含“追踪路径”“连接所有对象”和“连接元素”3个选项，如图10-56所示。

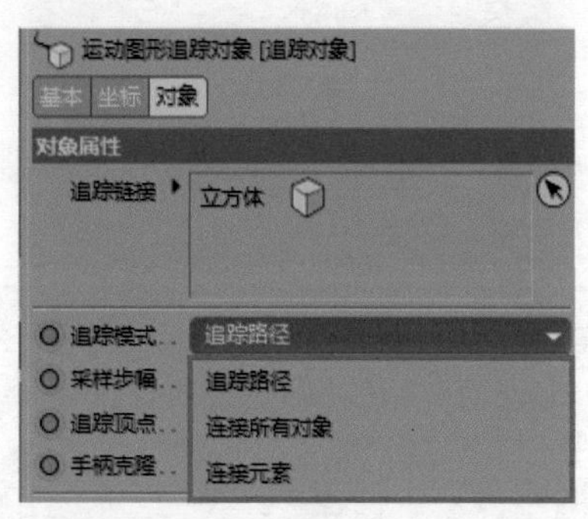

图 10-56

> **提示**
> 要想得到正确的追踪效果，不能拖曳时间滑块来生成动画。

✦ 追踪路径：以运动物体顶点位置的变化作为追踪目标，在追踪的过程中生成曲线，如图10-57所示。

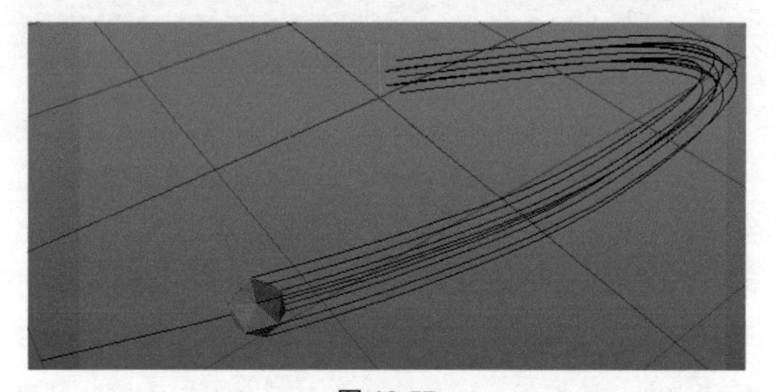

图 10-57

✦ 连接所有对象：追踪物体的每个顶点，并在顶点间产生路径连线。图10-58中为两个沿规定路径运动的物体，将它们拖至“追踪链接”右侧的空白区域。得到的路径为经过两个物体之间各顶点的连线。

图 10-58

✦ 连接元素：追踪以元素层级为单位进行追踪链接。以图10-59为例，在场景中可以看到，追踪路径都是在每个运动物体的顶点之间进行连接的，而物体之间并没有链接。

图 10-59

2. 采样步幅

当追踪模式为“追踪路径”时“采样步幅”可用，用于设置追踪对象时的采样间隔。数值增大时，在一段动画中的采样次数就变少，形成曲线的精度也会降低，随即导致曲线不光滑，如图10-60所示。

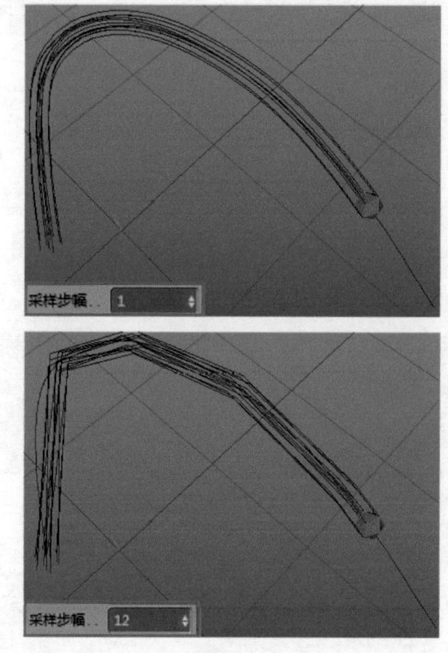

图 10-60

3. 手柄克隆

被追踪的物体可以作为一个嵌套式的克隆物体，“手柄克隆”用于设置被追踪对象的层级，它包括“仅节点”“直接克隆”和“克隆从克隆”3种方式，如图10-61所示。

✦ 仅节点：追踪对象以整体的克隆为单位进行追踪，此时只会产生一条追踪路径，如图10-62所示。

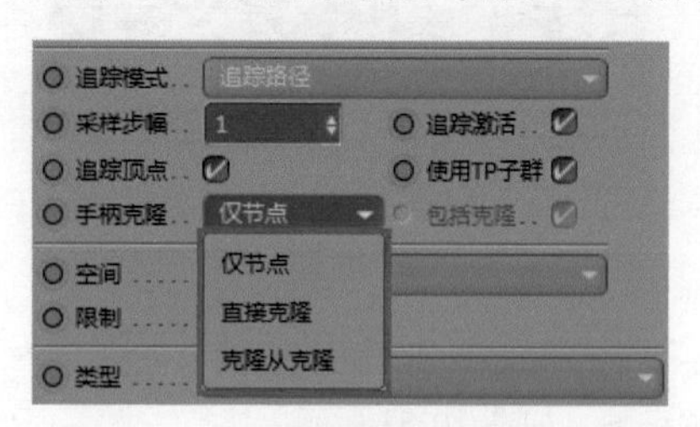

图 10-61

图 10-62

✦ 直接克隆：选择此选项后，才能识别到克隆中的其他子级对象。它表示追踪对象以每个克隆物体为单位进行追踪，此时每个克隆物体都会生成一条追踪路径，如图 10-63 所示。

图 10-63

✦ 克隆从克隆：追踪对象以每个克隆物体的每个顶点为单位进行追踪，此时克隆物体的每个顶点都会产生一条追踪路径，如图 10-64 所示。

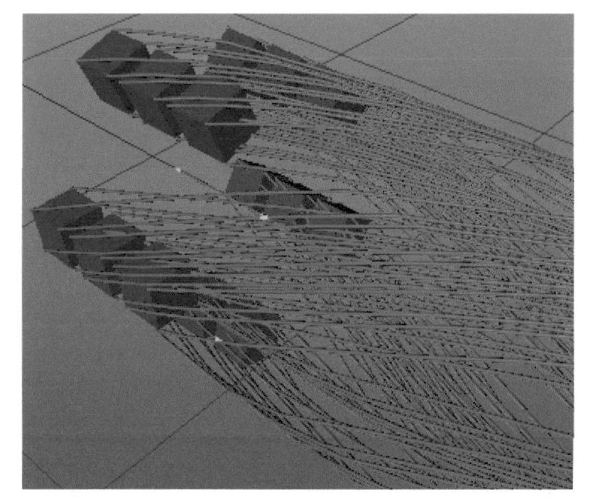

图 10-64

10.5 运动样条

使用运动样条工具可以创建一些特殊形状的样条曲线。

10.5.1 对象属性面板

在对象属性面板中，可以设置运动样条的模式、偏移、显示模式等。

✦ 模式：包含“简单”“样条”和 Turtle3 个选项，每一种模式都有独立的设置参数，如图 10-65 所示。

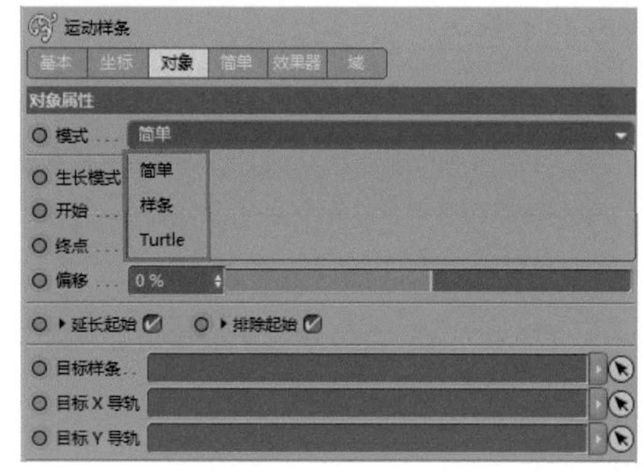

图 10-65

✦ 生长模式：包含“完整样条”和“独立的分段”两个选项。选择任意一种模式都需要配合下方的“开始”和“终点”的参数产生效果。设置为“完整样条”时，调节“开始”参数，运动样条生成的样条曲线为逐个产生生长变化，如图 10-66 所示。

图 10-66

✦ 开始：设置样条曲线起始处的生长值。

✦ 终点：设置样条曲线结束处的生长值。

✦ 偏移：设置样条曲线从起点到终点范围内的位置变化。

✦ 延长起始：选中该选项后，偏移值如果小于 0%，那么，运动样条会在起点处继续延伸。如果取消选中，偏移值也小于 0%，那么，运动样条会在起点处终止。

✦ 排除起始：选中该选项后，偏移值如果大于 0%，那么，运动样条曲线会在结束处继续延伸。如果取消选中，偏移值也大于 0%，那么，运动样条曲线会在结束处终止。

10.5.2 简单选项卡

当运动样条对象属性面板中的模式选择“简单”时，会出现简单选项卡，如图 10-67 所示。

图 10-67

✦ 长度：设置运动样条产生曲线的长度，也可以单击长度左侧的小箭头弹出样条窗口，通过样条曲线的方式，控制运动样条产生曲线的长度，如图 10-68 所示。

图 10-68

✦ 步幅：控制运动样条产生曲线的分段数，数值越大，曲线越光滑，如图 10-69 所示。

✦ 分段：设置运动样条产生曲线的数量。

✦ 角度 H、角度 P、角度 B：分别设置运动样条在 H、P、B 3 个方向上的旋转角度，也可以单击角度左侧的小箭头，在弹出的样条窗口中，通过控制样条曲线来设置产生曲线的角度。

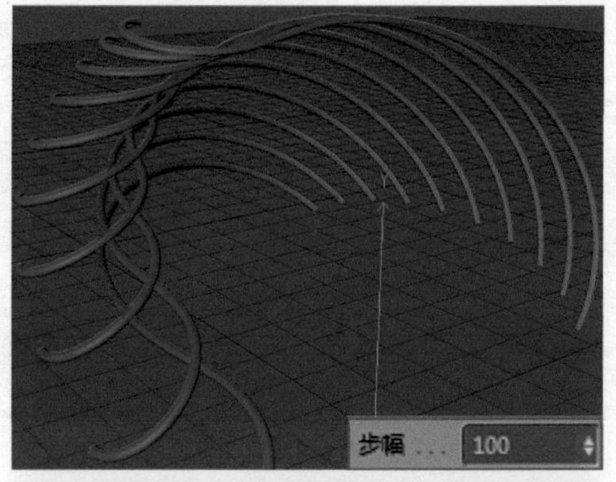

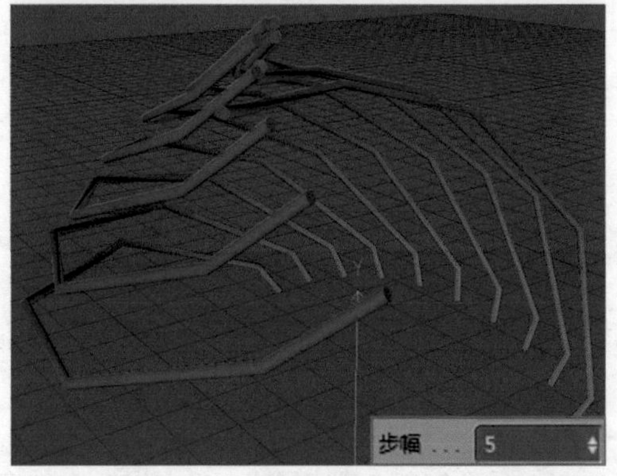

图 10-69

✦ 曲线、弯曲、扭曲：分别设置运动样条在这 3 个方向上的扭曲程度，也可以单击角度左侧的小箭头，在弹出的样条窗口中，通过控制样条曲线来设置产生曲线的扭曲程度。

10.6 运动挤压

运动挤压在使用的过程中需要将被变形物体作为运动挤压的父层级，或者与被变形物体在同一层级内，如图 10-70 所示。

图 10-70

10.6.1 对象选项卡

对象选项卡可以设置运动挤压的主要变形效果，主要选项介绍如下。

✦ 变形：当效果器属性面板中连入了效果器时，该参数用于设置效果器对变形物体作用的方式，其下有“从根部”和“每步”两个选项。选择“从根部”选项后，物体在效果器作用下，整体的变化一致，如图 10-71 所示；

选择“每步”选项后，物体在效果器的作用下，将发生递进式的变化，如图 10-72 所示。

图 10-71

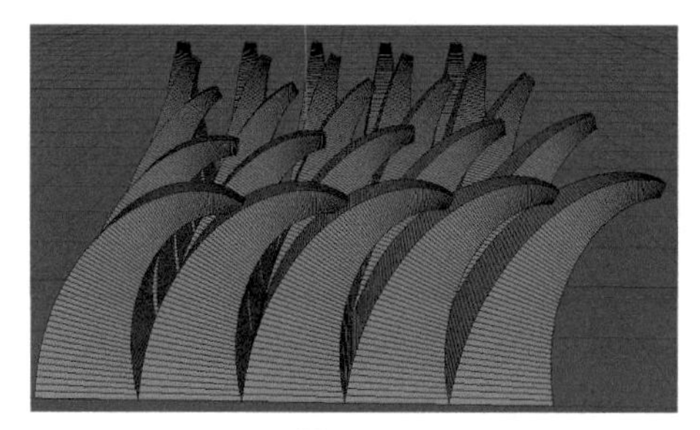

图 10-72

✦ 挤出步幅：设置变形物体挤出的距离和分段，数值越大距离越大，分段也越多。

✦ 多边形选集：通过设置多边形选集，指定只有多边形物体表面的一部分受到挤压变形器的作用。

✦ 扫描样条：当变形设置为“从根部”时，该参数可用。可指定一条曲线作为变形物体挤出时的形状，调节曲线的形态可以影响最终变形物体挤出的形态，如图 10-73 所示。

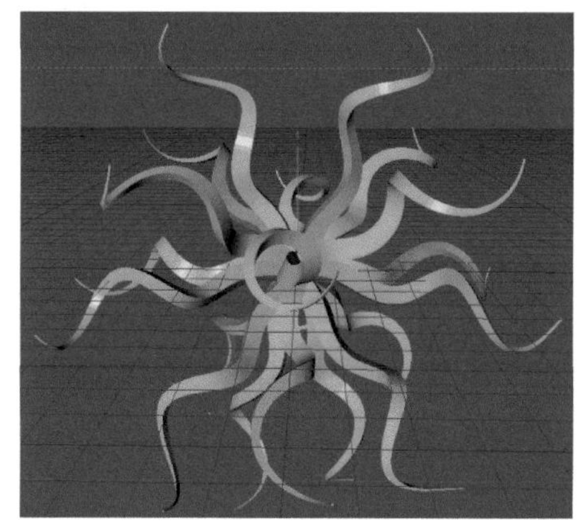

图 10-73

10.6.2　效果器选项卡

效果器选项卡可以添加一个或多个效果器，效果器作用于变形物体，只需要将效果器名称拖至效果器右侧的空白区域即可，如图 10-74 所示。

图 10-74

10.7　实战——制作音乐节奏显示面板

在本章中介绍了 Cinema 4D 中运动图形和部分效果器的使用方法，在实际工作中这两类命令虽然使用较少，但是却可以让设计师别出心裁地制作出与其他三维软件风格迥异的效果。本节介绍如何创建一个在音乐播放器中常见的节奏显示面板的效果。

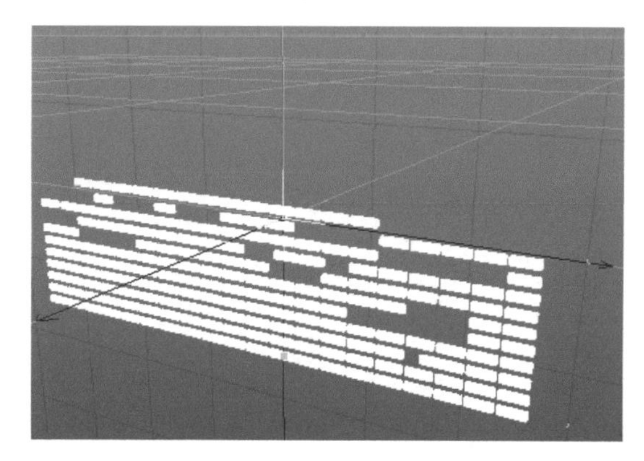

素材文件路径：	素材 \ 第 10 章 \10.7
效果文件路径：	效果 \ 第 10 章 \10.7. 音乐节奏显示面板 .AVI
视频文件路径：	视频 \ 第 10 章 \10.7. 制作音乐节奏显示面板 .MP4

01 启动 Cinema 4D，新建一个空白文件，单击工具栏中的“立方体”按钮，设置其尺寸为 6cm×30cm×10cm，同时设置“圆角半径”为 2cm，如图 10-75 所示。

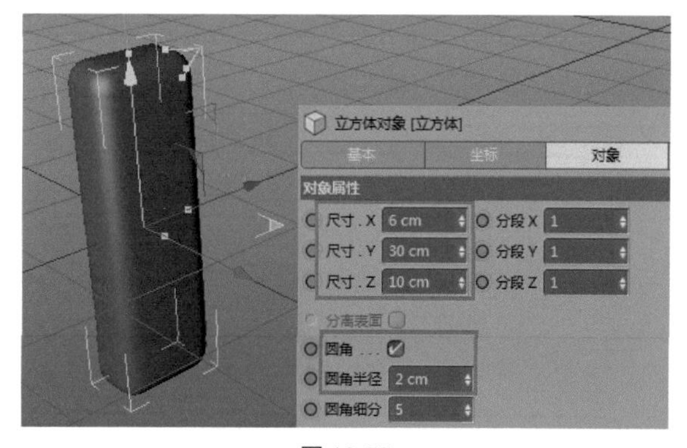

图 10-75

02 选择“运动图形”|“克隆”命令，并将上一步创建的立方体对象拖至克隆特征的下方，成为其子对象。在克隆特征的“属性”窗口中切换至“对象”选项卡，选择模式为“网格排列”，设置“数量”为1、20、20，“尺寸”为200cm、600cm、300cm，如图10-76所示。

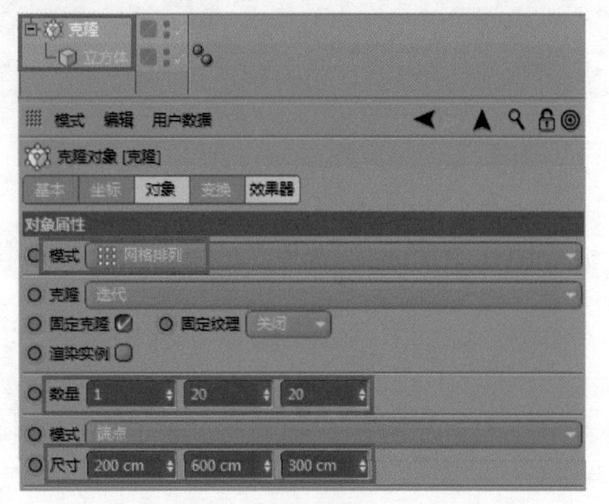

图 10-76

03 选择“运动图形”|“效果器”|“声音”命令，在“对象”窗口中添加一个声音效果，如图10-77所示。

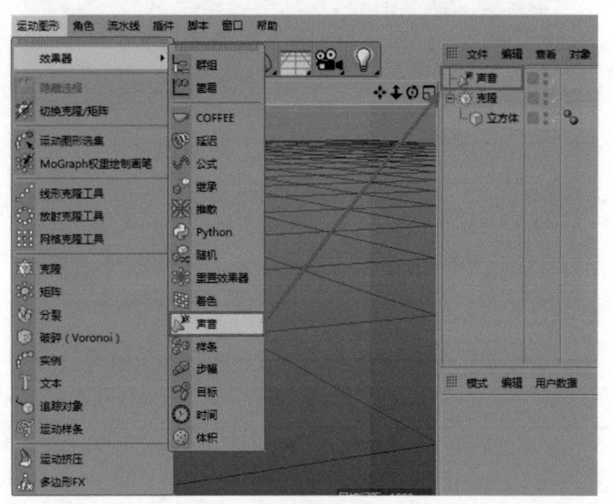

图 10-77

04 在“对象”窗口中选择克隆特征，然后在“属性”窗口中切换至“效果器”选项卡，接着将声音效果器拖至效果框内，如图10-78所示。

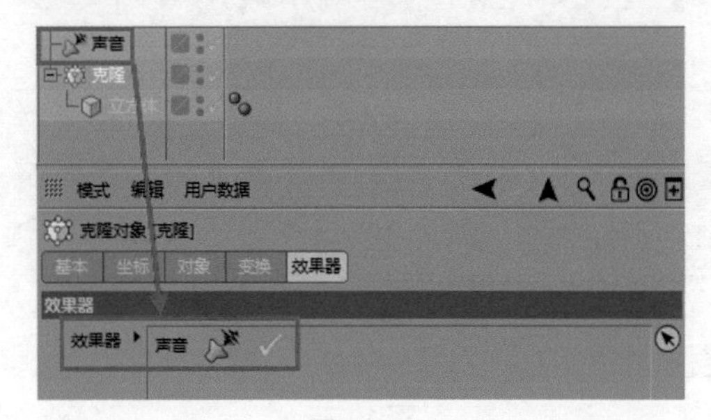

图 10-78

05 在“对象”窗口中选择声音效果器，然后在“属性”窗口的“效果器”选项卡中单击声音文件右侧的选择按钮 ，弹出“打开文件”对话框，并选择本书素材中提供的“欢乐斗地主.wav”文件，如图10-79所示。

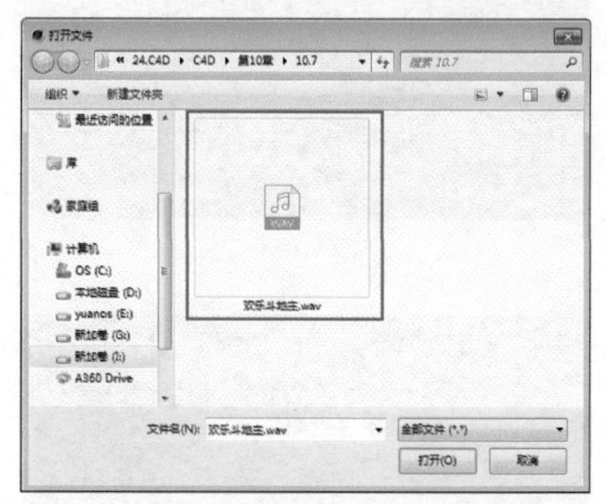

图 10-79

06 在“效果器”选项卡中设置“应用模式”为“步幅”，如图10-80所示。

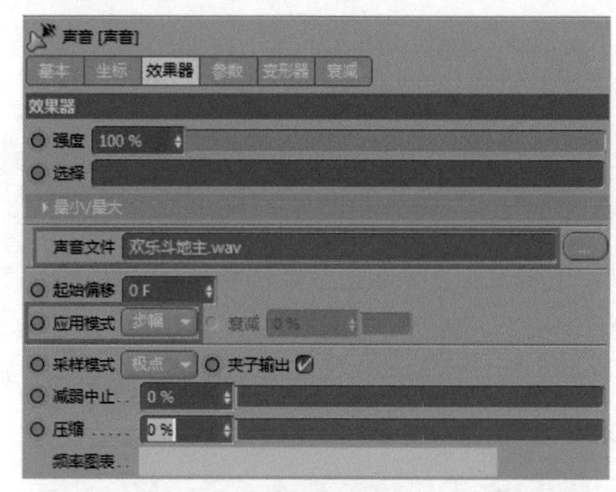

图 10-80

07 选择克隆特征，将其沿Y轴逆时针旋转90°，即在坐标窗口的P文本框中输入90°，此时克隆出来的长方体呈横向排列，如图10-81所示。

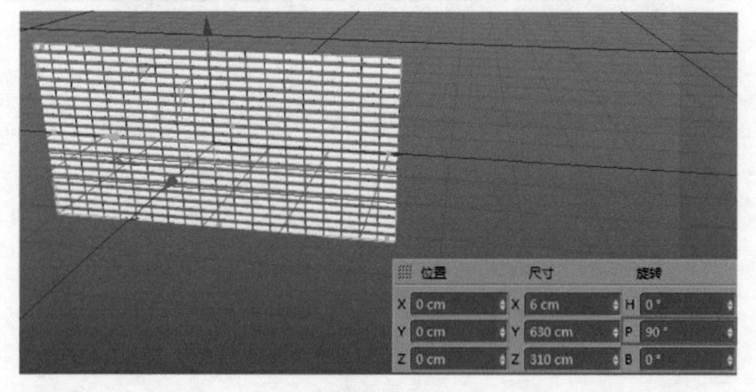

图 10-81

08 回到“对象”窗口中选择声音效果器，在“属性”窗口中切换至“参数”选项卡，取消选中“位置”复选框，如图10-82所示。

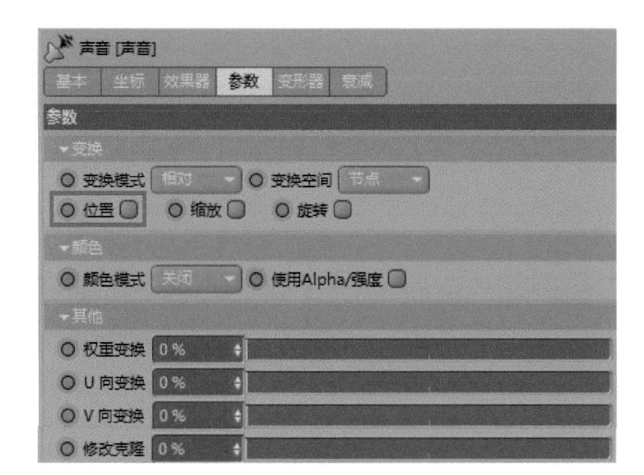

图 10-82

09 切换到“效果器”选项卡，将其中的“减弱中止”和“压缩”都设置为100%，如图10-83所示。

图 10-83

10 单击“播放”按钮▷，即可欣赏到导入进来的音频文件效果，同时模型窗口中所创建的立方体也会随着节奏产生变化，类似于播放器中常见的节奏面板效果，如图10-84所示。

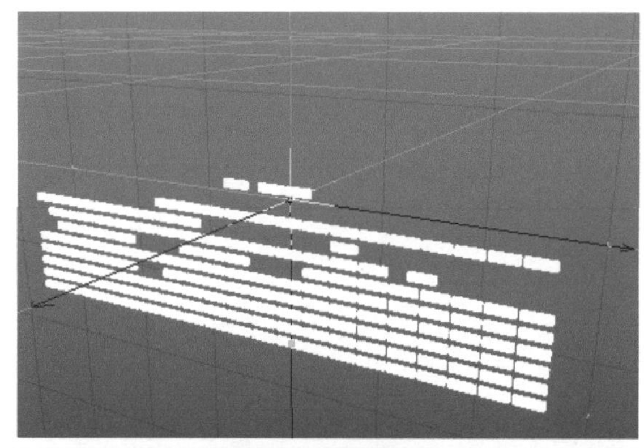

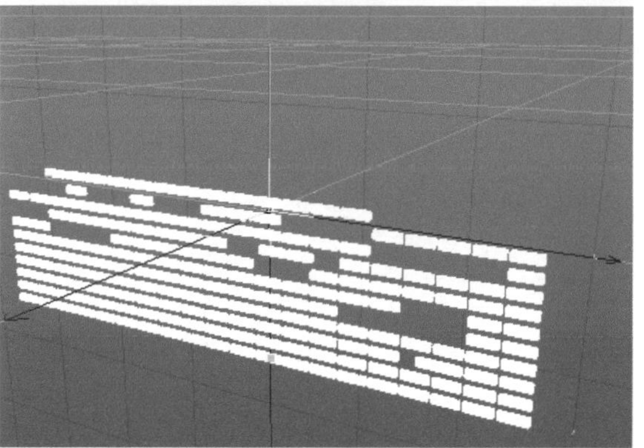

图 10-84

『双 11』活动海报设计

随着三维技术的普及，三维视觉效果的制作开始广泛地向传统二维平面领域渗透，这种趋势在电商行业的表现尤为明显，学习 Cinema 4D 如今已经成为电商行业从业人员的潮流。

11.1 Cinema 4D 在电商行业中的应用

在平面设计中，同一个页面设计师可以通过多种方式和技能去实现，例如摄影、手工、手绘、Photoshop 合成等方法。但现实情况是，对于很多网络店铺来说，尤其是那些小作坊式的淘宝店铺，它们往往经费有限，人力更有限，产品要上新就涉及产品拍摄和页面设计，而让它们经常花钱去买一些拍照道具或去搭建场景是不太现实的，同时也会耗费大量的人力和物力。可是 Cinema 4D 几乎能把设计师能想到的任何场景或画面都建模渲染出来，这样自然也就节省了成本。

现在在电商行业中，使用 Cinema 4D 做平面设计已经得到越来越多人的认可，在电商广告设计中，Cinema 4D 主要用来制作以下内容。

✦ 标题设计：这是电商行业广告中最常见的一类设计，通常设计师会用各种奇思妙想进行表达，而 Cinema 4D 强大的三维建模能力提供了更多的可能，无论是立体文字还是数字设计都可以运用自如，效果如图 11-1 所示。

图 11-1

✦ 商品图：以前的很多包装设计还有修图都是通过三维软件建模完成的，但是以往的三维软件都不具备强大的渲染功能。而如今，Cinema 4D 却很好地弥补了这一缺憾，其渲染出来的效果甚至不输于纯粹的平面合成技法，如图 11-2 所示。

图 11-2

✦ 点缀元素：点缀也就是做氛围渲染的元素，如图 11-3 所示这种扭曲缠绕着标题的线条就属于点缀元素，在 Cinema 4D 中提供了许多这种小物件的预设，无须重新建模，只须调用即可，简单又方便。

图 11-3

✦ 场景（背景）搭建：搭建一个小的场景来进行设计表达，可以说是在 Cinema 4D 进入电商广告设计之后才兴起的风格，以往的平面软件很难做到如此复杂的效果，如图 11-4 所示，这也是目前各大电商企业应用较多的一种设计。

图 11-4

11.2 创建主体模型

本例所绘制的"双 11"海报最终展示效果如图 11-5 所示。可以看到其整体颜色比较绚丽，同时每个图形元素下都有光影效果，这些看似简单的效果在 Photoshop 等传统的平面设计软件上是很难实现的。为了达到这种立体效果，在平面软件中至少需要画 3 个面然后还要画好几层阴影，可是在 Cinema 4D 中只需简单添加材质，然后设置灯光，即可快速得到一个逼真的三维立体效果。

图 11-5

11.2.1 导入 AI 文件并分组

在使用 Cinema 4D 制作电商海报时，可以灵活利用以前的 Photoshop 或者 Illustrator 设计素材，Cinema 4D 可以识别这些文件。

1. 导入 Illustrator 文件

01 首先可以使用 Illustrator 或者 Photoshop 设计好活动的平面标志，如图 11-6 所示。

图 11-6

02 启动 Cinema 4D，新建一个空白文件，在右上方的"对象"窗口中选择"文件"|"合并对象"命令，如图 11-7 所示。

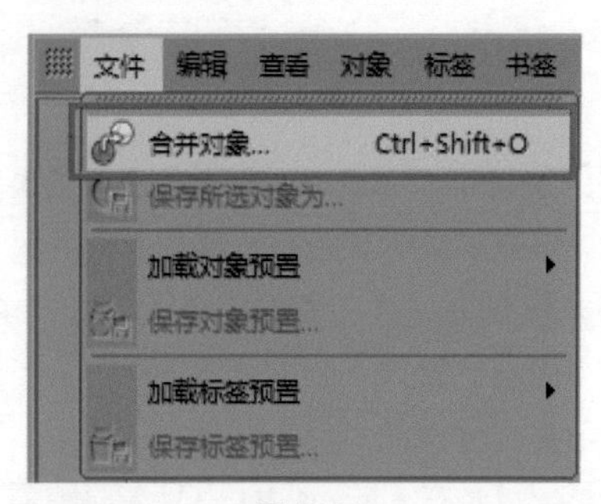

图 11-7

提示

AI 文件在保存之前，如果有类似本例所示的“钜惠来袭”和 11.11 等文字，则要将文字转换为轮廓，否则在 Cinema 4D 中无法识别。此外，Cinema 4D 无法识别高版本的 AI 文件，导入时会出现如图 11-8 所示的错误提示对话框。因此要另存为 Illustrator 8 或以下格式，使用高版本 Illustrator 软件的读者需要注意。

图 11-8

03 在弹出的“打开文件”对话框中选中本章的素材文件“第 11 章 / 双 11 钜惠来袭 .ai”，单击“打开”按钮导入，如图 11-9 所示。

图 11-9

04 此时 Cinema 4D 中弹出“Adobe Illustrator 导入”对话框，在其中可以设置导入素材的缩放比例，在使用 Cinema 4D 制作电商海报时，尺寸取决于最终的渲染设置，因此与模型大小并无太大关系，所以此处可以直接单击“确定”按钮，如图 11-10 所示。

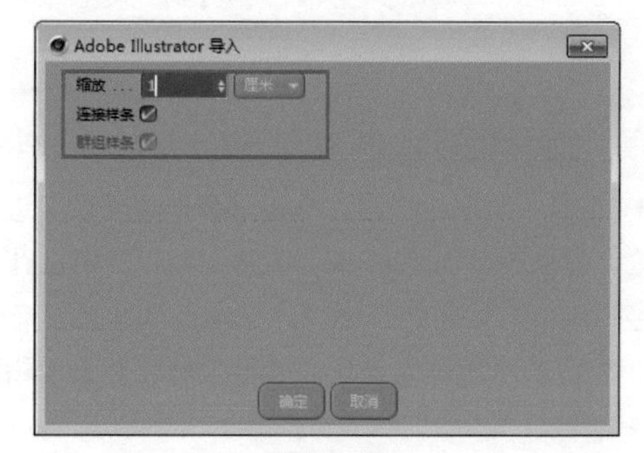

图 11-10

05 导入后会在 Cinema 4D 中多出一个以素材名命名的路径特征，将其移至坐标原点处，效果如图 11-11 所示。

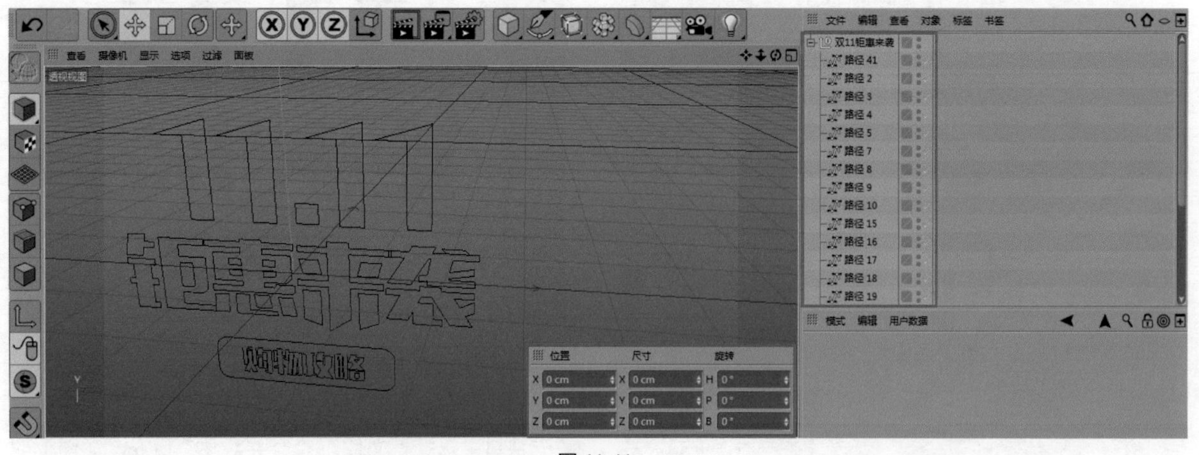

图 11-11

2. 将路径对象分组

将各路径按对象不同进行分组，以方便后期的建模修改。

01 在“选择”工具栏中选择“框选”工具，如图 11-12 所示，调整视图并框选 11.11 字样的所有线稿，如图 11-13 所示。

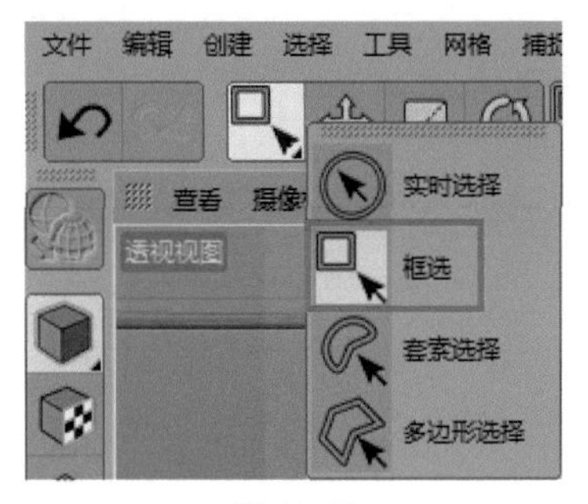

图 11-12

图 11-13

02 在“对象”窗口中可见 11.11 字样的组成线稿全部高亮显示，此时右击，在弹出的快捷菜单中选择“连接对象 + 删除”命令，即可将这些路径合并为一个整体，如图 11-14 所示。

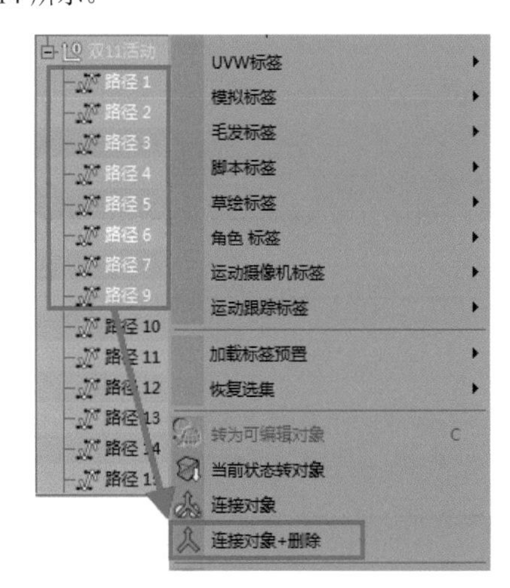

图 11-14

图 11-14（续）

03 在“对象”窗口中双击合并后的路径特征，将其重命名为 11.11，如图 11-15 所示。

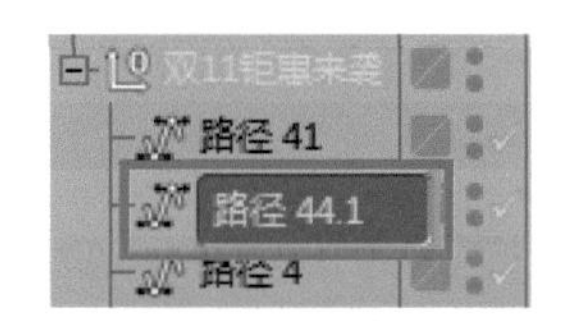

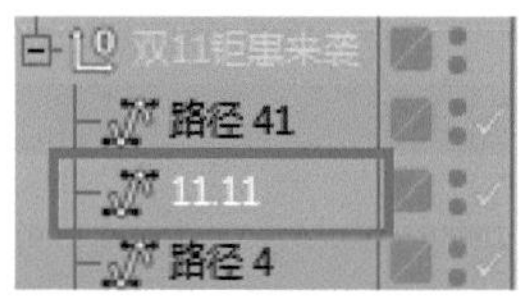

图 11-15

04 使用相同的方法，框选下方的“钜惠来袭”文字，然后右击，在弹出的快捷菜单中选择“连接对象 + 删除”命令，将这些路径合并为一个整体，如图 11-16 所示。

图 11-16

05 在“对象”窗口中双击合并后的路径特征，将其重命名为“钜惠来袭”，如图 11-17 所示。

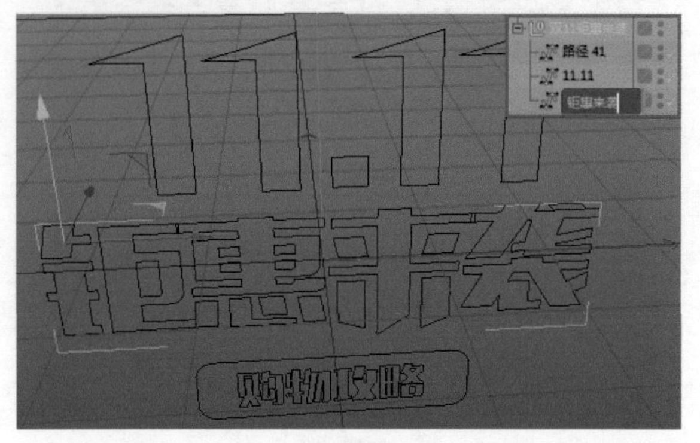

图 11-17

06 最下方的“购物攻略”文字在“对象”窗口中已经显示为单个对象，但这并不符合要求，因此需要将外侧的文本框和“购物攻略”等文字分离出来。选中最下方的“购物攻略”文字对象，然后单击编辑模式工具栏中的“点模式”按钮，如图 11-18 所示。

图 11-18

07 “购物攻略”对象此时以点的形式显示，右击，在弹出的快捷菜单中选择“分裂片段”命令，单条路径被分离为多个样条，如图 11-19 所示。

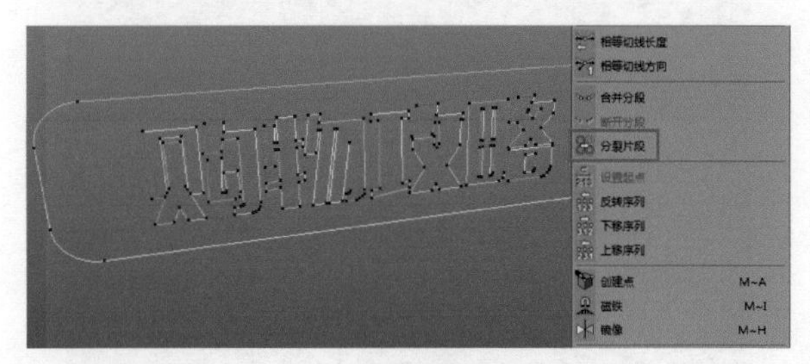

图 11-19

08 使用相同的方法，选择“购物攻略”的样条曲线，将其合并为一个整体，命名为“购物攻略”，如图 11-20 所示。

图 11-20

09 此时“对象”窗口中应该仅剩一条样条曲线对象，即“购物攻略”外侧的文本框。直接选择该对象，在“对象”窗口中双击，并重命名为“文本框”。完全分组后的“对象”窗口如图 11-21 所示。

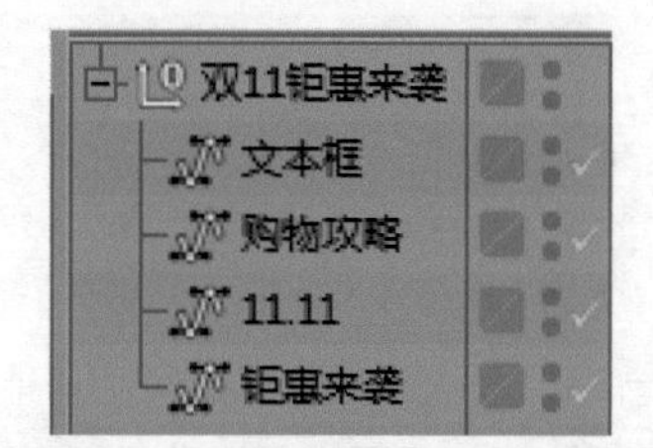

图 11-21

11.2.2 创建主体模型

AI 文件成功导入并分组完毕后，即可开始建模工作。在使用 Cinema 4D 创建电商海报时，要注意立体感的表现，本例通过建立多层模型的方法来表现。

1. 创建“钜惠来袭”效果

01 单击工具栏中的“挤压”按钮，在“对象”窗口中创建一个挤压特征，如图 11-22 所示，挤压特征的参数可以保持默认。

图 11-22

02 选中之前创建的“钜惠来袭”整体路径，将其移至挤压特征的下方，待鼠标指针变为符号时释放，路径特征即可成为挤压的子对象，如图 11-23 所示，同时在模型空间得到一个文字的挤压效果，如图 11-24 所示。

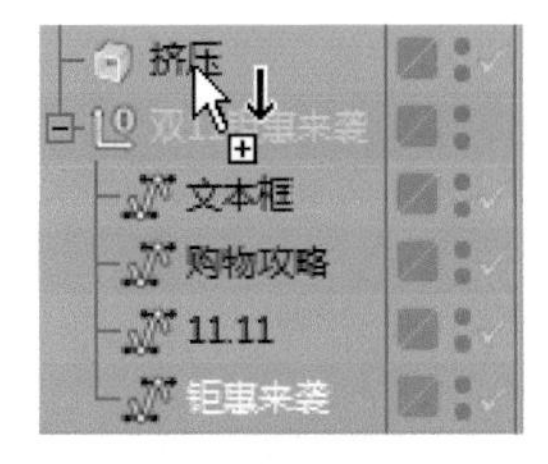

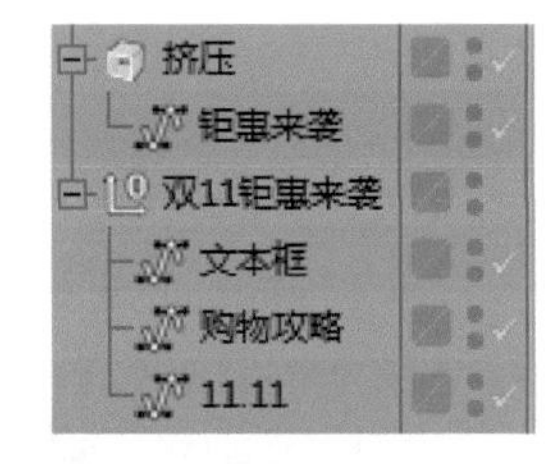

图 11-23

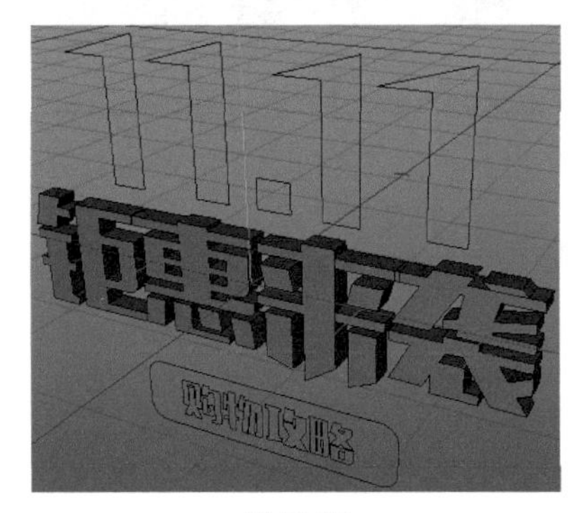

图 11-24

03 调整文字的细节。选中刚才创建的挤压特征，并在“属性”窗口中设置其移动的高度为 10cm，接着切换至“对象”选项卡，在“顶端”和“末端”的下拉列表中均选择“圆角封顶”选项，将“步幅”和“半径”都设置为 2，效果如图 11-25 所示。

图 11-25

04 按住 Ctrl 键，沿 Z 轴的正方向拖曳创建好的挤压特征，即可快速得到一个副本，如图 11-26 所示。

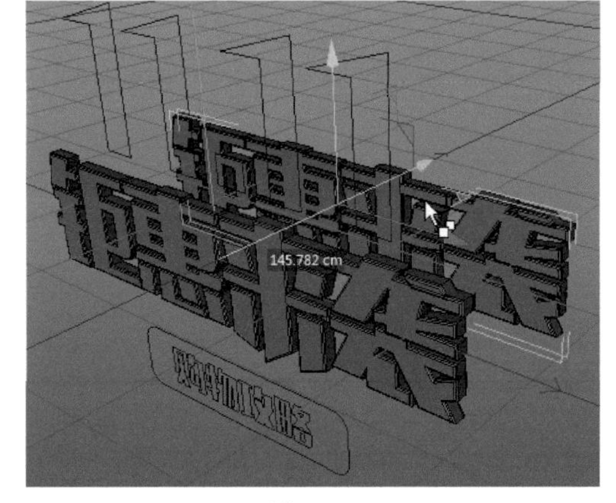

图 11-26

05 由于要体现层次化的效果，因此需要对该副本挤压特征的参数进行调整，修改其移动的高度为 40cm，并将“步幅”和“半径”都设置为 4，修改“圆角类型”为“雕刻”，如图 11-27 所示。

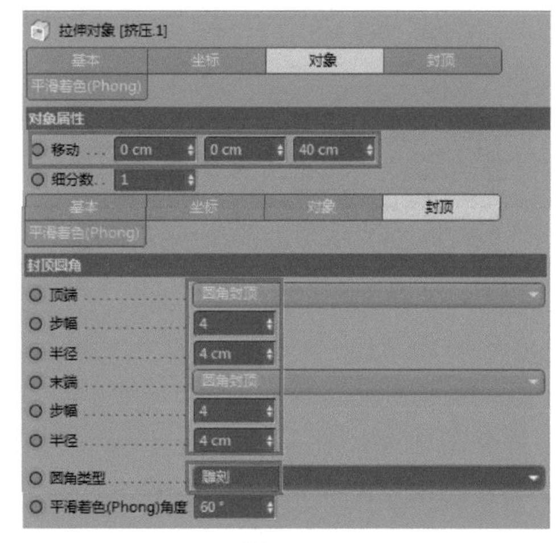

图 11-27

06 移动该副本的位置，使其位于原挤压特征的后方，这样能很好地体现层次感，如图 11-28 所示。

图 11-28

2. 创建“11.11”效果

01 使用相同的方法，为 11.11 文字添加一个挤压特征，设置移动的高度为 10cm，并将“步幅”和“半径”都设置为 2，如图 11-29 所示。

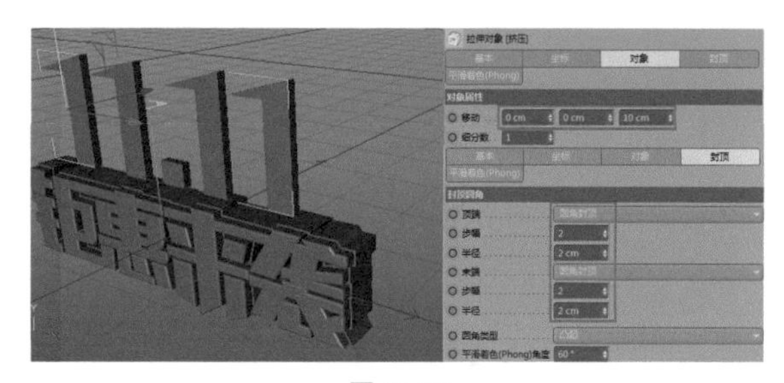

图 11-29

02 本例所创建的海报是专门为“双 11”所设计的，因此 11.11 文字要比其他对象更明显。按住 Ctrl 键，连续两次沿 Z 轴的正方向拖曳创建好的 11.11 文字挤压特征，得到两个副本，如图 11-30 所示。

图 11-30

03 修改中间的挤压特征副本移动的高度为 20cm，并将“步幅”和“半径”都设置为 4，修改“圆角类型”为“雕刻”，如图 11-31 所示。

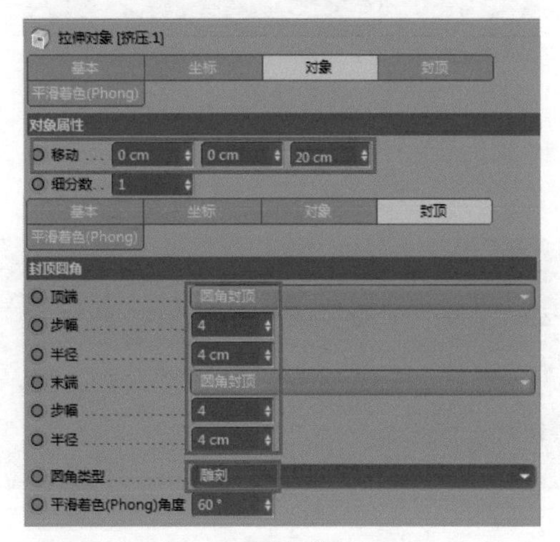

图 11-31

04 修改最后的挤压特征副本移动的高度为 30cm，并将“步幅”和“半径”都设置为 5，修改“圆角类型”为“雕刻”，如图 11-32 所示。

拉伸对象 [挤压.3]
基本 坐标 对象 封顶
平滑着色(Phong)
对象属性
移动 0 cm 0 cm 30 cm
细分数 1
基本 坐标 对象 封顶
平滑着色(Phong)
封顶圆角
顶端 圆角封顶
步幅 5
半径 5 cm
末端 圆角封顶
步幅 5
半径 5 cm
圆角类型 雕刻
平滑着色(Phong)角度 62 °

图 11-32

05 调整这两个副本的位置，使其位于挤压特征的后方，并依次排列，这样能很好地体现层次感，如图 11-33 所示。

图 11-33

3. 创建“购物攻略”效果

01 使用相同的方法，为“文本框”样条曲线添加一个挤压特征，设置移动的高度为30cm，并将“步幅”和“半径”都设置为 5，修改“圆角类型”为“雕刻”，如图 11-34 所示。

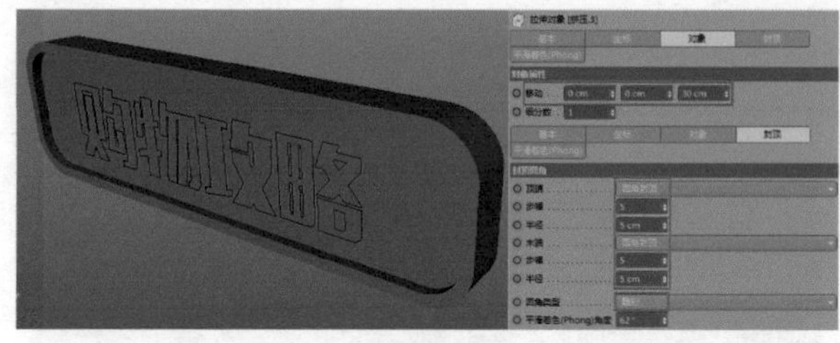

图 11-34

02 同样为“购物攻略”文字添加挤压特征，设置移动的高度为 20cm，并将“步幅”和“半径”都设置为 1，修改“圆角类型”为“凸起”，效果如图 11-35 所示。

图 11-35

03 此时主体模型已经创建完毕，每个对象均按照最初的设想创建完毕，效果如图 11-36 所示。

图 11-36

11.2.3 创建其他装饰模型

主体模型创建完毕后，也仅是完成了全部工作中的一小部分。对于电商海报的设计来说，只有文字标语是明显不足的，为了让海报看上去更加丰富多彩，还需要为其添加各种装饰效果。在 Cinema 4D 中，则可以通过建模工具来创建一些简单又有趣的模型来进行装饰。

1. 创建背板

01 在画笔工具栏中单击“矩形”按钮，创建一个尺寸为 400cm×400cm 的矩形，设置 Z 轴的旋转角度为 45°，即在“坐标”窗口中的 B 文本框中输入 45°，同时调整其位置参数，如图 11-37 所示。

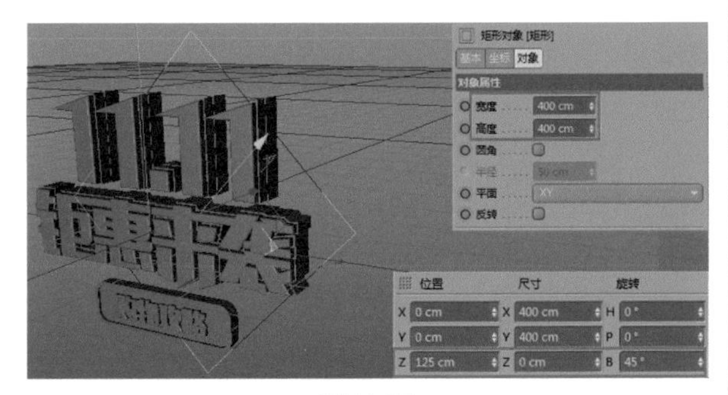

图 11-37

02 选择该矩形并按 C 键，或者单击编辑模式工具条中的“转换为可编辑对象”按钮，将矩形转换为可编辑的样条曲线。

03 单击“点模式”按钮，选中刚刚转换为样条曲线的矩形对象，然后右击，在弹出的快捷菜单中选择“创建轮廓”命令，待光标变为状时向矩形内部拖曳，即可创建一个缩小的矩形副本，如图 11-38 所示。

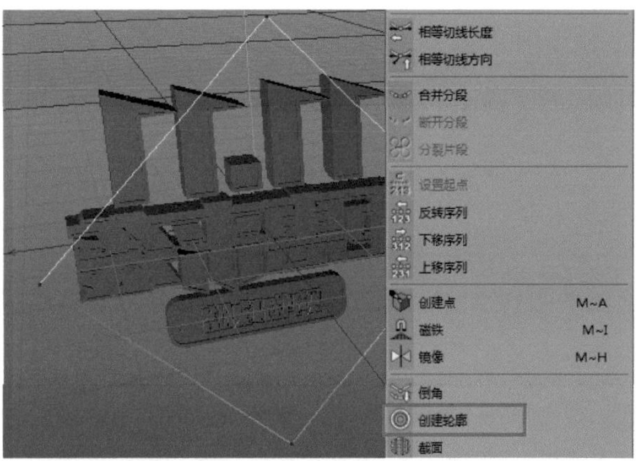

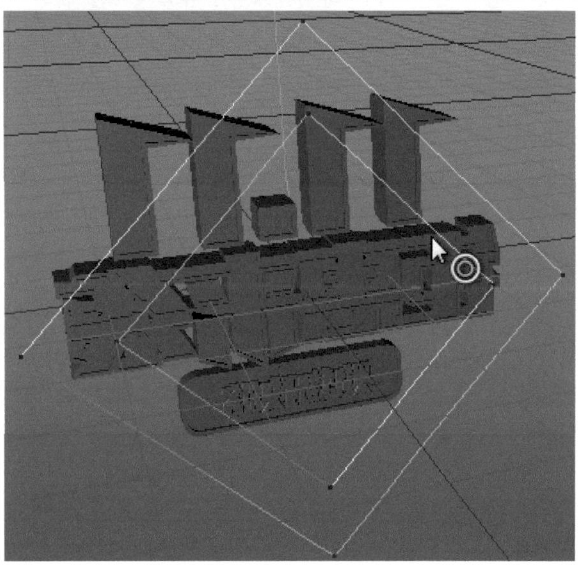

图 11-38

04 为创建好的矩形添加一个“挤压”特征，由于该矩形要用作背板，因此可以将移动的高度调整为 100cm，加强海报的纵深效果，并将“步幅”和“半径”都设置为 7，修改“圆角类型”为“雕刻”，效果如图 11-39 所示。

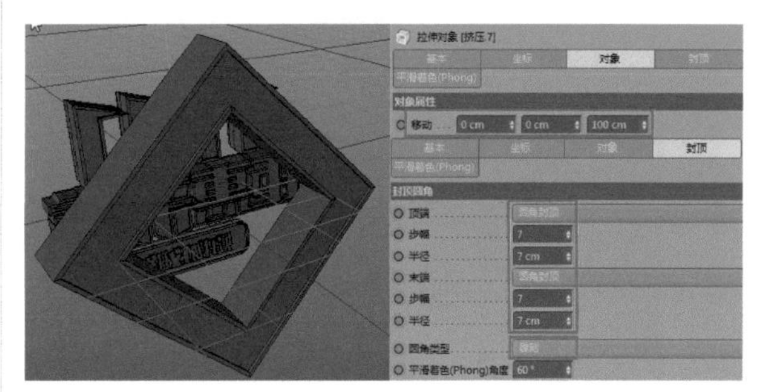

图 11-39

05 使用相同的方法，再创建一个尺寸较小的矩形（参考尺寸 200cm×200cm），同样设置 Z 轴的旋转角度为 45°，并调整其位置，如图 11-40 所示。

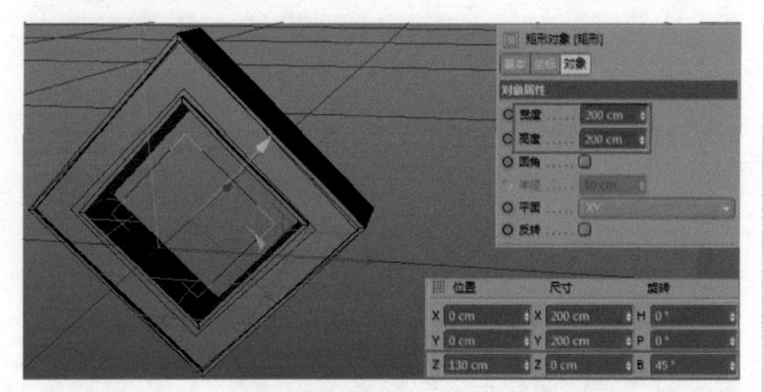

图 11-40

06 参考第一个矩形背板的操作，将小矩形也转换为可编辑对象，然后右击，在弹出来的快捷菜单中选择“创建轮廓”命令，待光标变为状时向矩形内部进行拖曳，创建一个矩形副本，如图 11-41 所示。

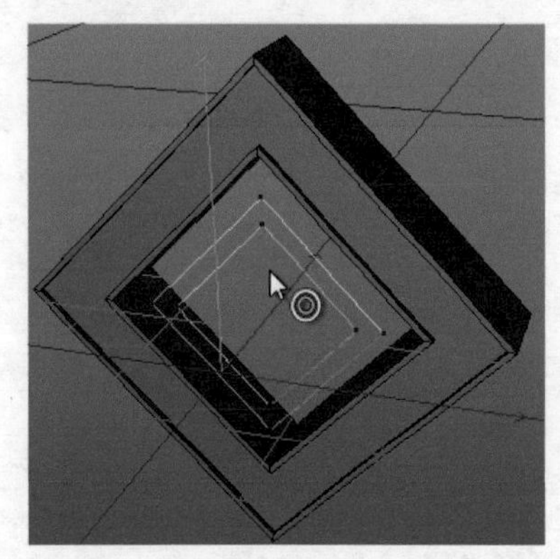

图 11-41

07 为内侧的小矩形添加“挤压”特征，同时隐藏外侧的矩形。将移动的高度调整为 30cm，并将“步幅”和“半径”都设置为 5，修改“圆角类型”为“雕刻”，效果如图 11-42 所示。

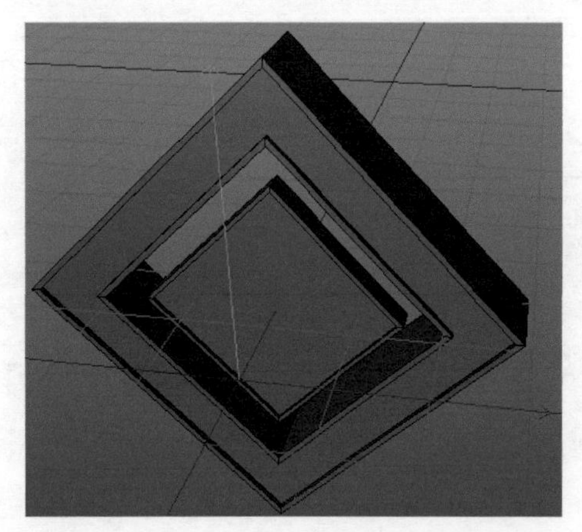

图 11-42

08 在画笔工具栏中单击“矩形”按钮，创建一个尺寸为 350cm×350cm 的矩形，设置 Z 轴的旋转角度为 45°，位置与第一个矩形相同，效果如图 11-43 所示。

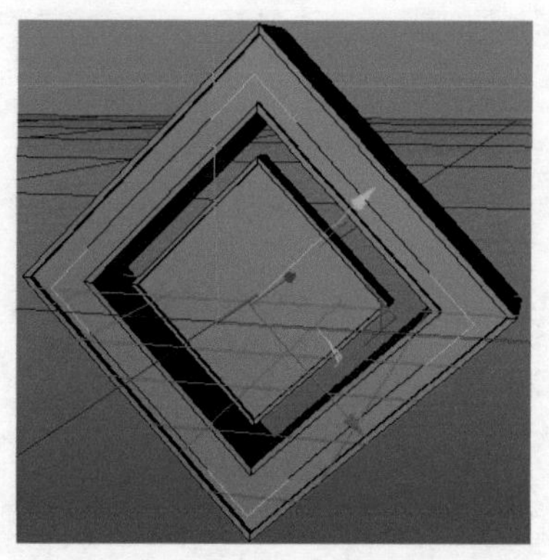

图 11-43

09 在工具栏中单击“球体”按钮，创建一个直径为 10cm 的球体，如图 11-44 所示。

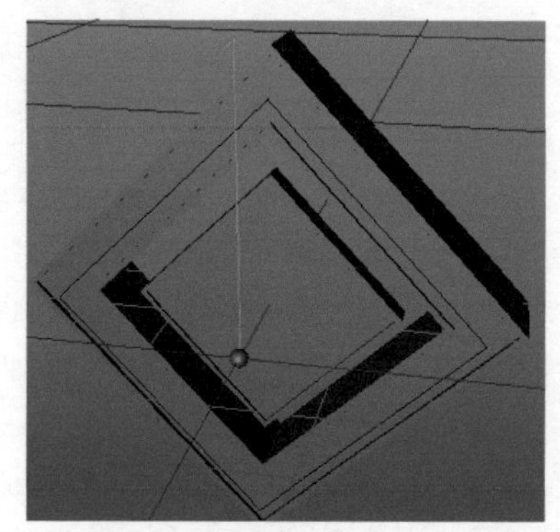

图 11-44

10 在菜单栏中选择“运动图形”|“克隆”命令，选择克隆的模式为“对象”，然后在“对象”窗口中选择“矩形”特征，将其拖至克隆“属性”窗口下方的“对象”栏中，并设置“数量”为 40，如图 11-45 所示。

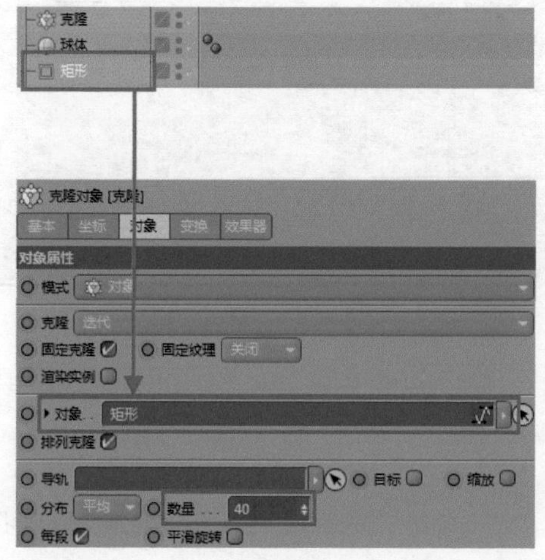

图 11-45

11 在“对象”窗口中选择“球体”特征，将其拖至“克隆”特征的下方，使其成为克隆的子对象，即可沿着矩形路径克隆出 40 个球体，如图 11-46 所示，背板创建完毕。

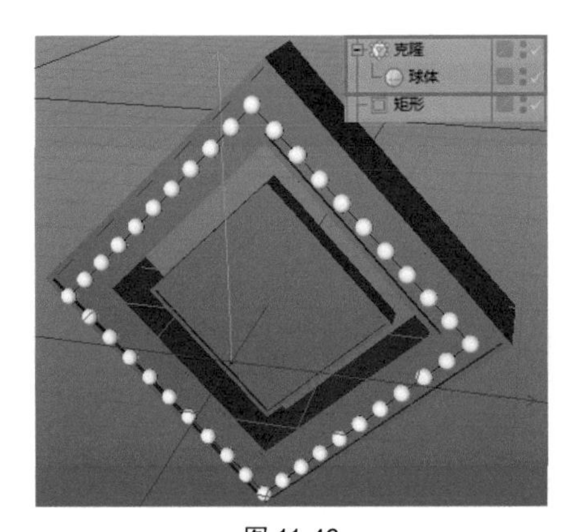

图 11-46

2. 创建装饰球体和角锥

在使用 Cinema 4D 制作电商类海报的过程中，最常用的装饰物体便是球体和角锥。这两类模型创建简单，而且赋予材质后能有不错的表现力，一般情况下只需适当添加这两种模型便可得到很好的效果。

01 在工具栏中单击“球体”按钮，创建一个直径为 32cm 的球体，并调整其坐标位置，如图 11-47 所示。

图 11-47

02 使用相同的方法，创建第二个球体，设置直径为 20cm，并调整其坐标位置，如图 11-48 所示。

图 11-48

03 使用相同的方法，创建第三个和第四个球体，如图 11-49 所示。

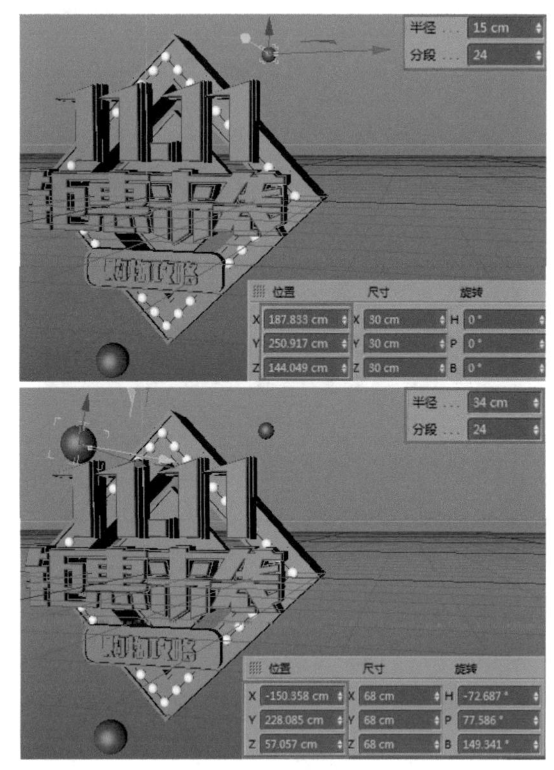

图 11-49

04 在工具栏中单击“角锥”按钮，创建角锥对象并调整其坐标位置和尺寸，如图 11-50 所示。

图 11-50

05 参照之前的方法，再依次创建 3 个角锥，调整其位置和尺寸，如图 11-51 所示。

3. 创建彩条装饰

此时模型空间比之前的状态要丰富许多，但是仍会觉得空旷。这时可以通过扫描工具创建一些彩条状的模型，这些模型的种类比较多，而且选择星形、花瓣等截面制作出来的扫描彩条在赋予材质后也能达到相当不错的效果，因此是一种非常实用的装饰、点缀手段。

图 11-51

01 在工具栏中单击“草绘”按钮，在模型空间手绘一条如图 11-52 所示的样条曲线。

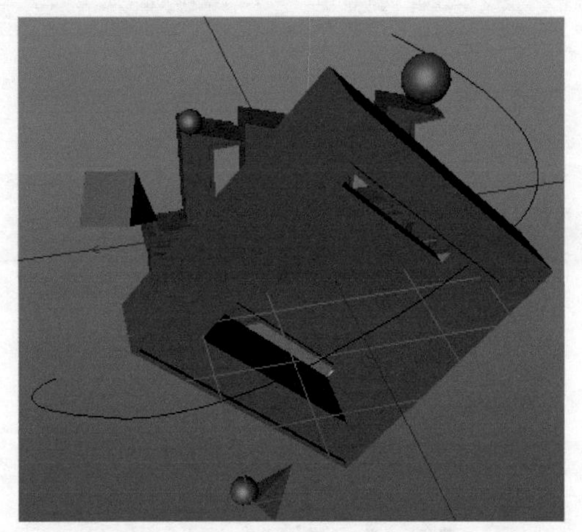

图 11-52

02 在工具栏中单击“星形”按钮，设置“点”参数 5，即可在模型空间创建一条五角星形曲线，如图 11-53 所示。

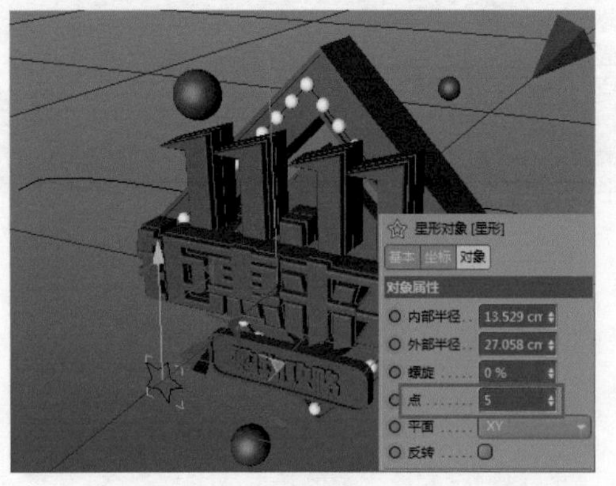

图 11-53

03 单击“细分曲面”工具栏中的“扫描”按钮，在“对象”窗口中创建一个“扫描”特征，移动“星形”和手绘的“样条”至“扫描”特征的下方，成为其子对象，模型效果如图 11-54 所示。

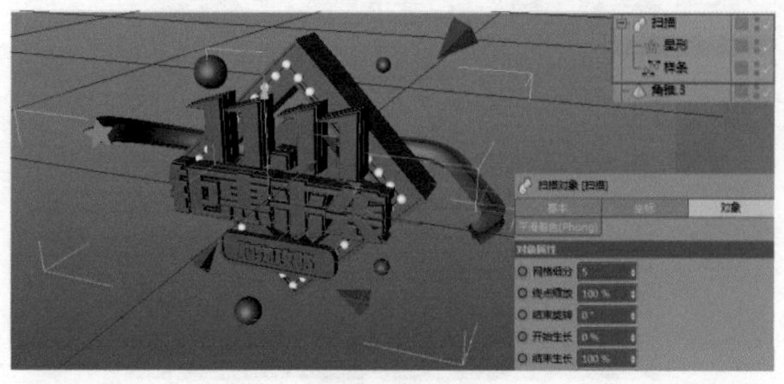

图 11-54

04 在工具栏中单击“草绘”按钮，在模型空间手绘另外两条如图 11-55 所示的样条曲线。

图 11-55

05 分别创建各自的星形截面线，添加扫描工具，得到如图 11-56 所示的彩条效果。

图 11-56

11.2.4 创建渲染场景

至此整个模型的主体部分已经创建完毕。与真实的产品摄影一样，在 Cinema 4D 中要得到最佳的渲染效果，也需要为对象构建专门的渲染或拍摄场景。在 Cinema 4D 中，一般只需用样条线绘制一个轮廓，然后进行拉伸得到一个足以覆盖住模型的面板即可。

01 在工具栏中单击“立方体”按钮，创建一个如图 11-57 所示的立方体，参数可以自由调整，只需覆盖住整个主体模型即可。

图 11-57

02 选择该立方体并按 C 键，或者单击编辑模式工具条中的“转换为可编辑对象”按钮，将立方体转换为可编辑的模型，接着单击“面模式”按钮，将模型切换为面显示状态，如图 11-58 所示。

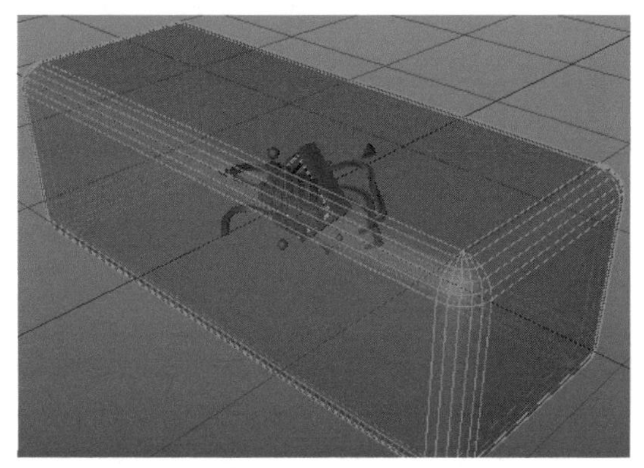

图 11-58

03 选择遮挡住模型的面，然后按 Delete 删除，仅保留模型背后和下方的面，如图 11-59 所示。

图 11-59

04 此时模型的整体效果已经全部创建完毕，接下来便要为其添加材质并进行渲染，而这也是使用 Cinema 4D 进行电商海报设计时的重点。

11.3 为模型添加材质

材质是使用 Cinema 4D 创建海报或者进行其他平面设计的关键所在，因此本节将使用自定义材质的方法，而不是使用预设的材质球来为模型添加材质，这样读者便可以充分了解各种渲染方式的含义与应用方法。

11.3.1 为文字添加材质

本例所设计的海报，其主要的表现对象就是 11.11 和“钜惠来袭”这几处文字，因此在添加材质时，也应该先以这些对象为主，创建好它们的材质之后，再去创建并调整其余的材质。

01 在软件界面的左下角空白处双击，即可新建一个材质球，如图 11-60 所示。

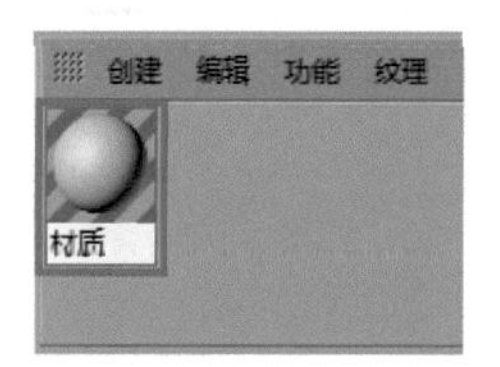

图 11-60

02 再双击该材质球，打开对应的“材质编辑器”对话框，如图 11-61 所示。

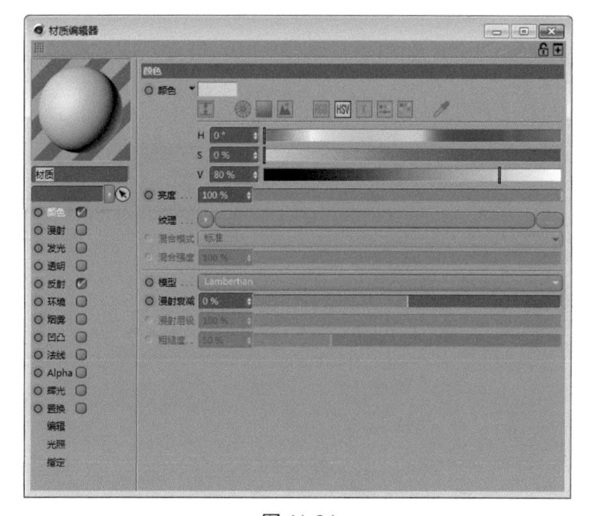

图 11-61

提示

“11.11”是最主要的表现对象，而它又分为了三层，因此先创建其第一层的材质效果，再根据颜色的对比度来创建第二层和第三层。

03 在“颜色”材质通道中，设置其颜色参数的 HSV 值分别为 45°、100%、100%，如图 11-62 所示。

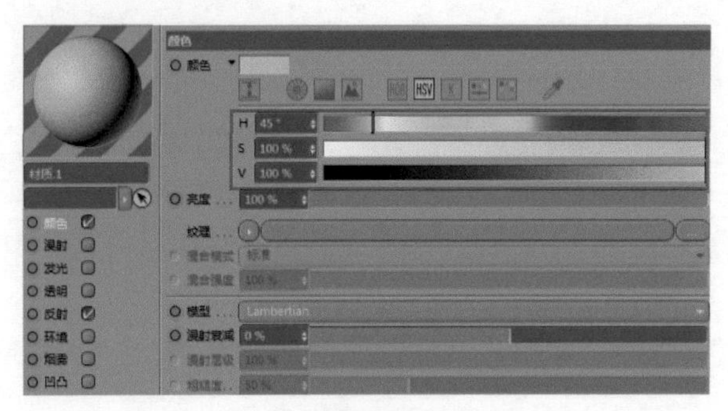

图 11-62

04 切换至“反射”材质通道，单击其中的“添加”按钮，在弹出的快捷菜单中选择 GGX 命令，如图 11-63 所示。

图 11-63

05 切换至新增的“层 1”选项卡，并设置其中“层颜色”面板下的亮度值为 23%，如图 11-64 所示。

图 11-64

06 最外层的文字材质已经创建完成，将其拖至模型空间中的 11.11 文字处，为其表层添加材质，效果如图 11-65 所示。

07 使用相同的方法，创建 11.11 文字的第二层材质，设置其颜色参数的 HSV 值分别为 0°、0%、100%，如图 11-66 所示，其余参数与第一层材质保持一致。

图 11-65

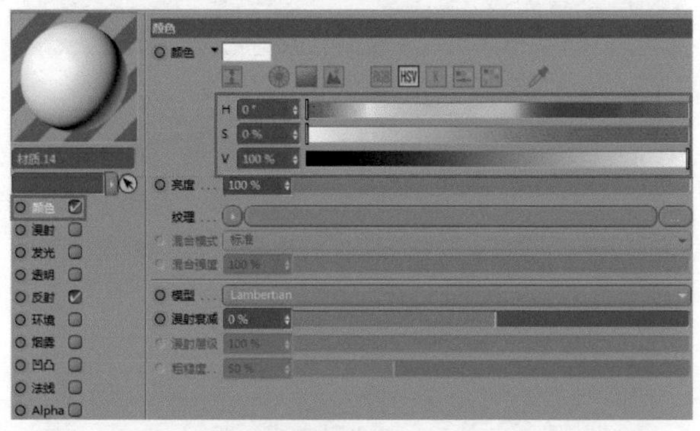

图 11-66

08 将创建好的第二层材质拖至模型空间中 11.11 的第二层文字处，以及“钜惠来袭”的表层和“购物攻略”文字对象上，效果如图 11-67 所示。

图 11-67

09 使用相同的方法，创建 11.11 文字第三层的材质，设置其颜色参数的 HSV 值分别为 20°、100%、100%，如图 11-68 所示，其余参数保持默认。

10 将创建好的第三层材质拖至模型空间中 11.11 的第三层文字处，以及“钜惠来袭”的第二层，效果如图 11-69 所示。

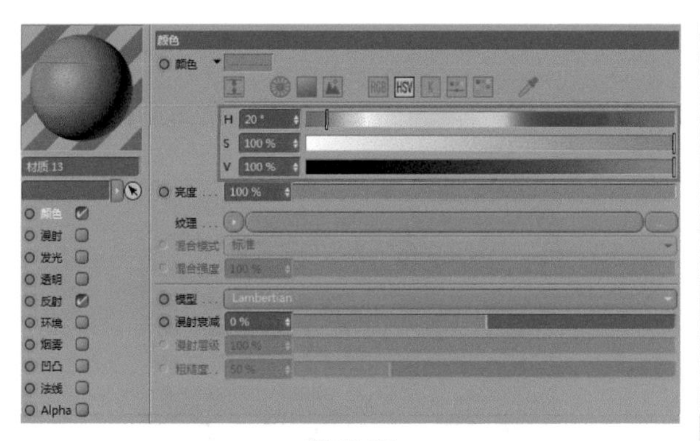

图 11-68

图 11-69

11.3.2 创建装饰部分的材质

由于文字部分在建模时通过多个模型进行表现，因此在创建材质时，只需为每一层单独创建材质即可。然而装饰部分大多是单独的模型，如果需要得到不错的渲染效果，则需要进行稍微复杂的设置。

1. 创建背板的材质

背板主要由矩形和上面的球体组成，因此只需创建两种材质即可。

01 创建背板矩形的材质。在软件界面的左下角空白处双击，新建一个材质球，双击该材质球进入对应的“材质编辑器”对话框，设置其颜色参数的 HSV 值分别为 273°、100%、97%，如图 11-70 所示，其余参数均保持默认。

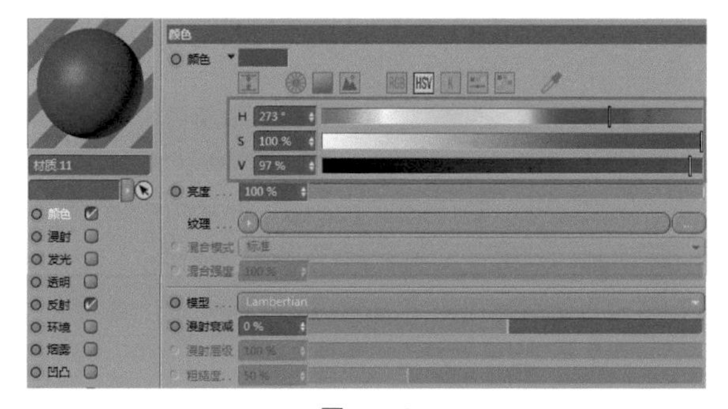

图 11-70

02 将创建好的矩形材质拖至模型空间中背板的两个矩形处，效果如图 11-71 所示。

图 11-71

03 创建背板球体的材质。使用相同的方法，新建一个材质球，设置其颜色参数的 HSV 值分别为 50°、100%、100%，如图 11-72 所示，其余参数保持默认。

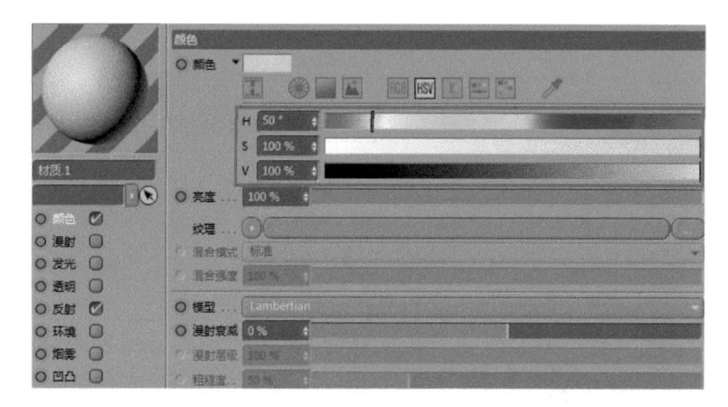

图 11-72

04 将创建好的矩形材质拖至模型空间中背板上的小球处，效果如图 11-73 所示。

图 11-73

2. 创建装饰球和角锥的材质

装饰球外观非常简单，如果材质也添加单一的颜色，那么从视觉效果来看，就无法起到装饰图形的作用了，反而会让人觉得画蛇添足。因此装饰球类的材质一般会设置为渐变、多层等类型，这在电商广告设计中比较常见。

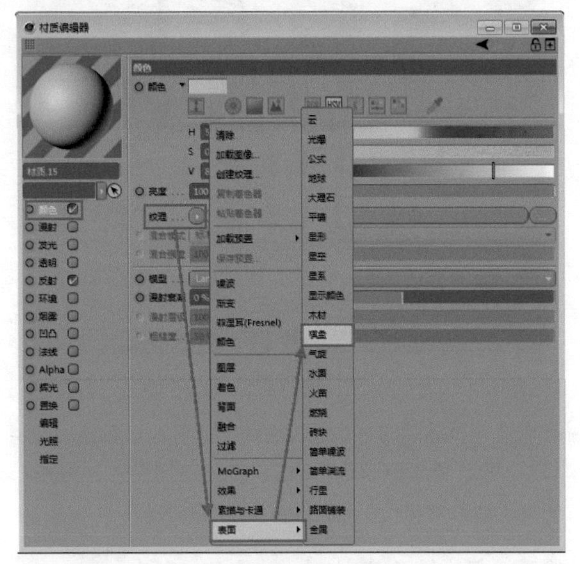

图 11-74

01 新建一个材质球，并双击该材质球进入对应的“材质编辑器”对话框，在“颜色”材质通道中单击“纹理”选项旁的扩展按钮，在弹出的下拉列表中选择“表面”|“棋盘”命令，如图 11-74 所示。此时对话框中新增了纹理参数组，如图 11-75 所示。

图 11-75

02 单击“纹理”下方的色块，进入“着色器”选项卡，在其中设置“颜色 1”为白色（HSV 值分别为 0°、0%、100%），“颜色 2”为粉色（HSV 值分别为 305°、100%、100%），然后设置“U 频率”为 0，“V 频率”为 6，如图 11-76 所示。

03 切换至“反射”材质通道，单击其中的“添加”按钮，在弹出的菜单中选择 GGX 选项，再切换至新增的“层 1”选项卡，设置“层颜色”中的“亮度”为 32%，如图 11-77 所示。

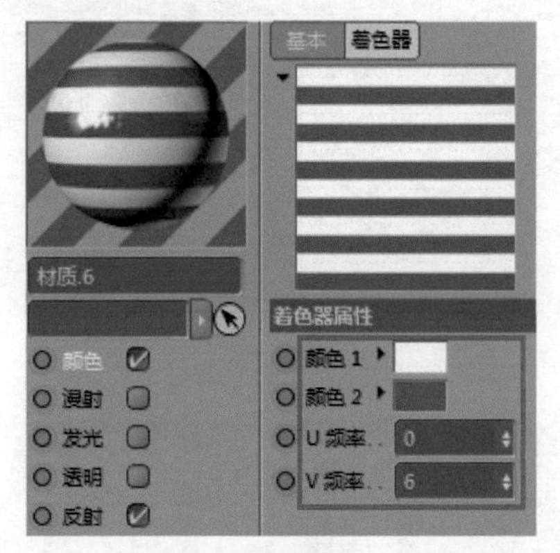

图 11-76

图 11-77

04 将创建好的材质球拖至模型空间中最下方的圆球处，适当调整球体的角度，效果如图 11-78 所示。

图 11-78

05 使用相同的方法，为其他球体创建材质，颜色可以自由发挥，参考效果如图 11-79 所示。

图 11-79

06 创建角锥的材质。角锥虽然外形简单，但包含的面比较多，无法像球体那样进行处理，因此可以参照前文介绍的方法，添加简单的材质即可，效果如图 11-80 所示，具体参数可以自行设置。

图 11-80

3. 创建彩条装饰的材质

彩条的范围比较大，因此在创建材质时要注意“反射”参数的设置，这样在远处的彩条部分也能有较逼真的效果，否则模型效果过于死板。

01 新建一个材质球，然后双击该材质球进入对应的“材质编辑器”对话框，设置其颜色参数的 HSV 值分别为 15°、100%、100%，如图 11-81 所示。

图 11-81

02 切换至“反射”材质通道，单击其中的“添加”按钮，在弹出的菜单中选择 GGX 选项，再切换至新增的“层 1”选项卡，然后设置“层颜色”中的“亮度”为 52%，如图 11-82 所示。

图 11-82

03 第一个彩条装饰的材质创建完成，将其拖至模型空间中最上方的彩条处，为其添加材质，效果如图 11-83 所示。

图 11-83

04 使用相同的方法，创建第二个彩条装饰的材质，设置其颜色参数的 HSV 值分别为 50°、100%、100%，其余参数与第一个彩条装饰材质保持一致。将创建好的材质拖至第二个彩条装饰处，效果如图 11-84 所示。

图 11-84

05 使用相同的方法，创建第三个彩条装饰的材质，设置其颜色参数的 HSV 值分别为 192°、100%、100%，其余参数与第一个彩条装饰材质保持一致。将创建好的材质拖至第三个彩条装饰处，效果如图 11-85 所示。

图 11-85

4. 创建文本框和场景的材质

01 创建文本框的材质。新建一个材质球，并双击该材质球进入对应的“材质编辑器”对话框，设置其颜色参数的 HSV 值分别为 301°、100%、83%，如图 11-86 所示。

图 11-86

02 切换至“反射”材质通道，单击其中的“添加”按钮，在弹出的菜单中选择 GGX 选项，再切换至新增的“层1”选项卡，设置“层颜色”中的“亮度”为 27%，如图 11-87 所示。

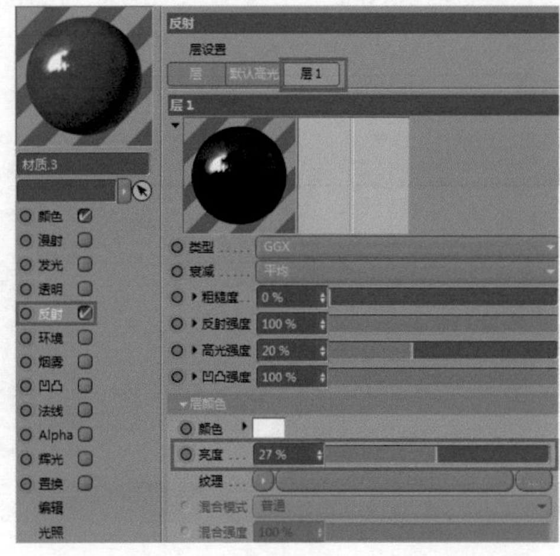

图 11-87

03 将创建好的材质拖至“购物攻略”文本框处，效果如图 11-88 所示。

图 11-88

04 选中之前创建的 11.11 最表层金黄色材质，同样拖至“购物攻略”文本框处，此时在“对象”窗口中可见文本框上有两处材质显示，效果如图 11-89 所示。

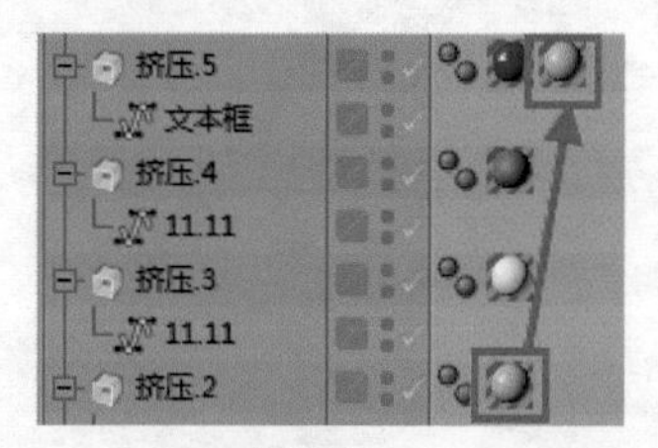

图 11-89

05 单击靠后的金黄色材质，在“属性”窗口的“选集”文本框中输入 R1，即可为文本框创建一个单独材质的描边效果，如图 11-90 所示。

图 11-90

06 创建场景材质。一般情况下，Cinema 4D 所渲染出来的效果图还需转到 Photoshop 中进行完善，因此渲染场景无须设置得太复杂，只需要简单添加一个有对比效果的材质即可。

07 新建一个材质球，并双击该材质球进入对应的“材质编辑器”对话框，设置其颜色参数的 HSV 值分别为 252°、98%、83%，其余选项保持默认。将创建好的材质拖至场景模型上，效果如图 11-91 所示。

图 11-91

11.4　调整灯光

模型被赋予材质后，还需要配合良好的光照才能达到最佳的观赏效果，本节介绍基本的布光设置方法。单击灯光工具栏中“灯光”按钮，在“对象”窗口中得到一个简单的灯光特征，如图 11-92 所示。

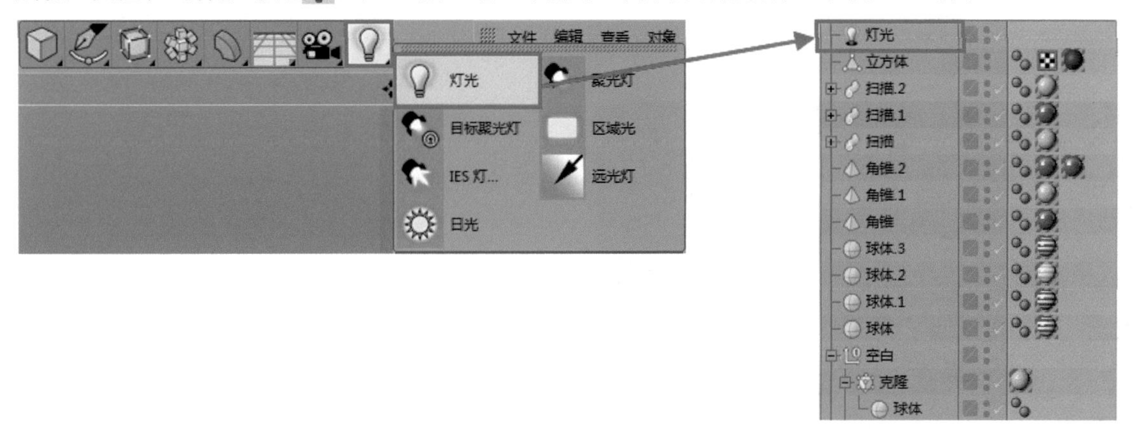

图 11-92

01 选中所创建的灯光特征，在下面的“属性”窗口中切换至“常规”选项卡，输入“强度”为 78%，然后在“投影”下拉列表中选择“区域”选项，如图 11-93 所示。选中该选后即可在渲染时创建光照下的阴影效果。

02 切换至“细节”选项卡，设置“衰减”为“平方倒数（物理精度）”，如图 11-94 所示。

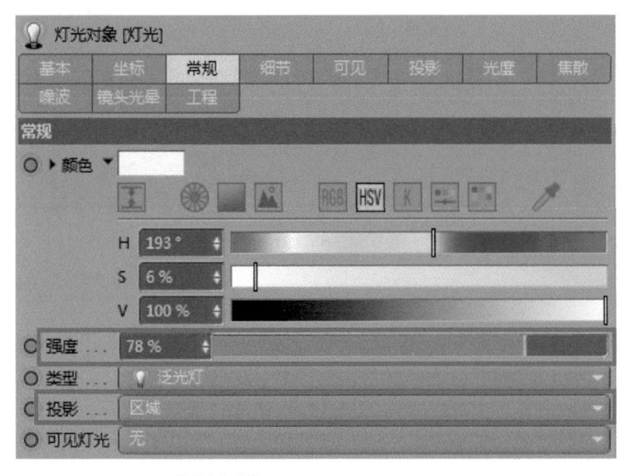

图 11-93

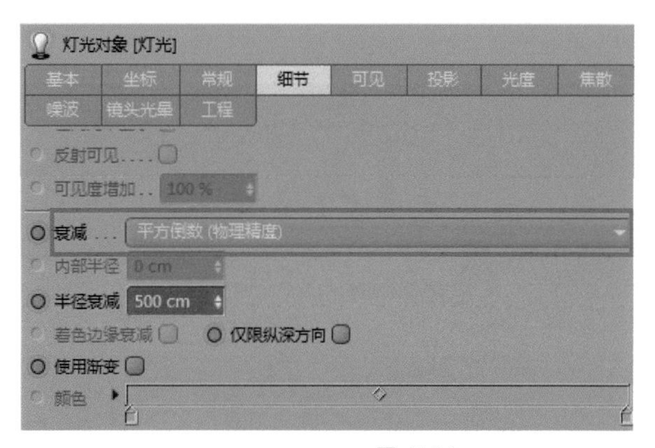

图 11-94

03 灯光设置完毕后，调整灯光的位置，如图 11-95 所示。

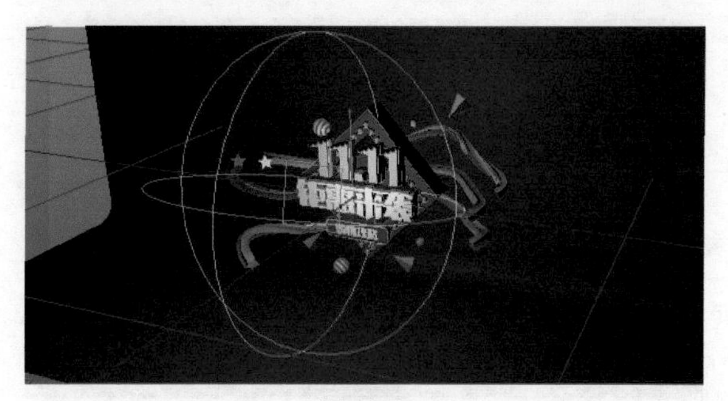

图 11-95

11.5　渲染模型

材质和灯光已经设置就位后，即可自行找到合适的角度并执行最终的渲染了。

01 按住 Alt 键单击进行旋转、按住 Alt 键和鼠标中键进行平移，调整模型视图，如图 11-96 所示。

图 11-96

02 在执行最终渲染之前，可以按快捷键 Ctrl+R 或者单击工具栏中的“渲染活动视图”按钮，进行一次快速的渲染预览，如图 11-97 所示，这种渲染效果只会渲染模型空间中呈现的图形，并直接在模型窗口生成效果图，不会单独产生其他的文件。

图 11-97

03 确认效果无误后，可以全选除灯光、立方体场景外的所有模型文件，然后按快捷键 Alt+G 将所有对象进行编组，效果如图 11-98 所示。

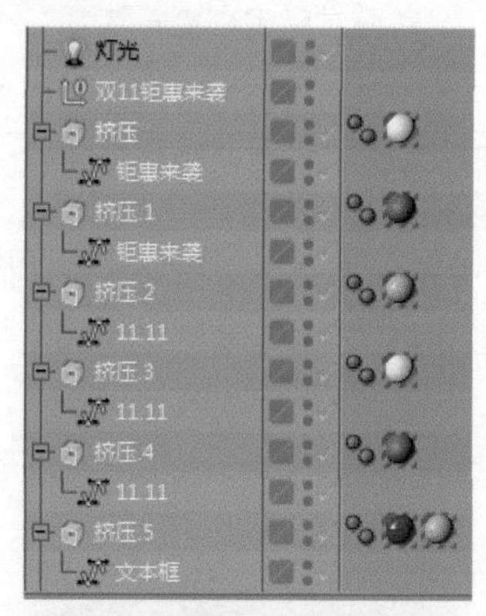

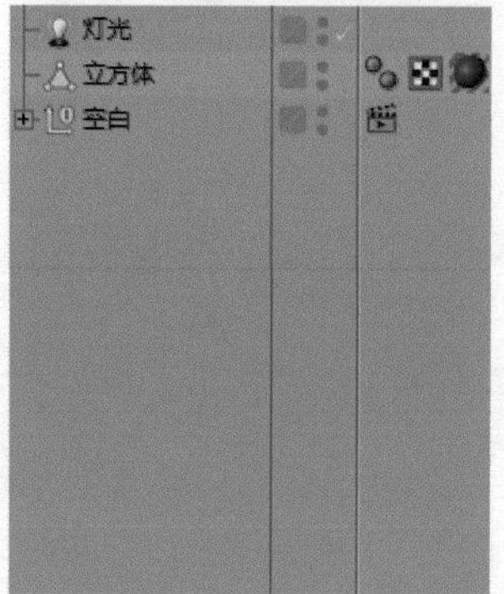

图 11-98

04 选中“空白”组合特征，然后右击，在弹出的快捷菜单中选择“CINEMA 4D 标签”|“合成”命令，如图 11-99 所示。

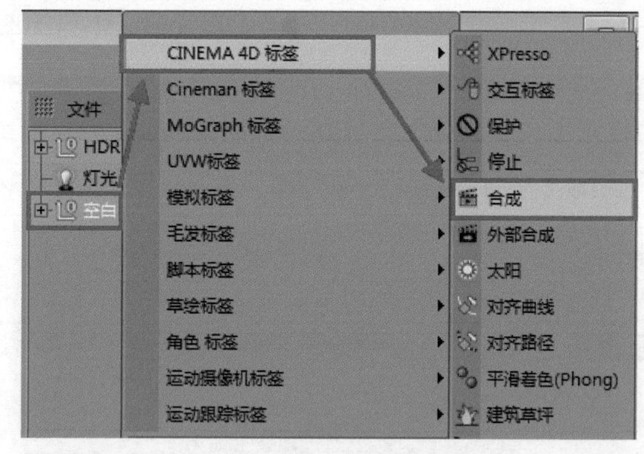

图 11-99

05 接着在“对象”窗口中单击该合成标签，在“属性”窗口中切换至“对象缓存”选项卡，选中最上方的“启用”复选框，在右侧的“缓存”文本框中输入 1，如图 11-100 所示。

06 其他确认无误后，便可以按快捷键 Ctrl+B 或者单击工具栏中的“编辑渲染设置”按钮，打开“渲染设置”对话框，在默认的“输出”选项组中设置输出文件的大小为 1280 像素 ×720 像素，如图 11-101 所示。

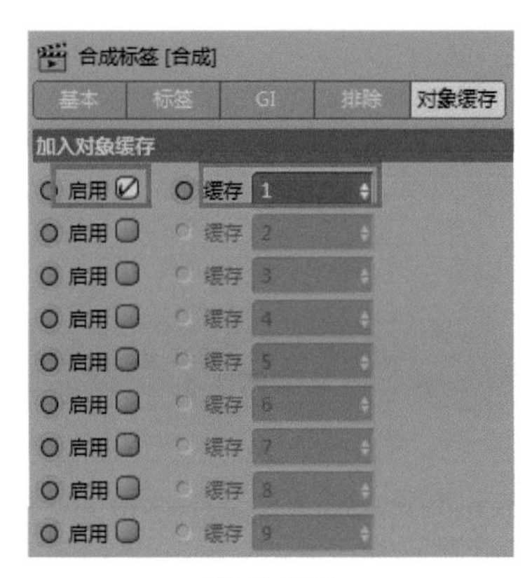

图 11-100

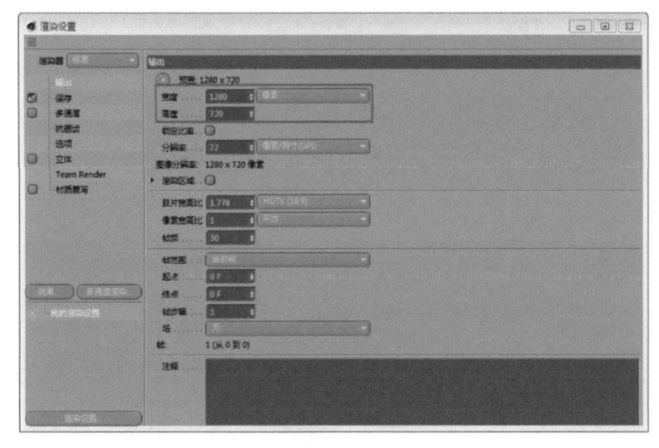

图 11-101

> **提示**
>
> 分辨率设置得越高，渲染所需的时间越长，一般情况下不建议直接使用 Cinema 4D 渲染高分辨率的图形，可以输出成 TIFF 或者其他格式文件，然后导入 Photoshop 或者 Illustrator 等平面软件中再进行精修。

07 切换至“保存”选项组，设置保存文件的格式与路径。由于本例还需导入 Photoshop 中进行最终的后期处理，因此可以将输出格式设置为 Photoshop（PSD）文件，如图 11-102 所示。

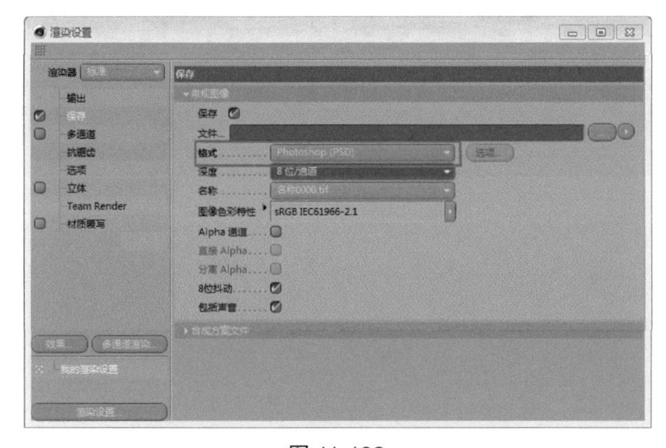

图 11-102

08 选中“多通道”复选框，然后右击，在弹出的快捷菜单中选择“对象缓存”命令，在弹出的“对象缓存 忽略”面板中设置“群组 ID”为 1，如图 11-103 所示。

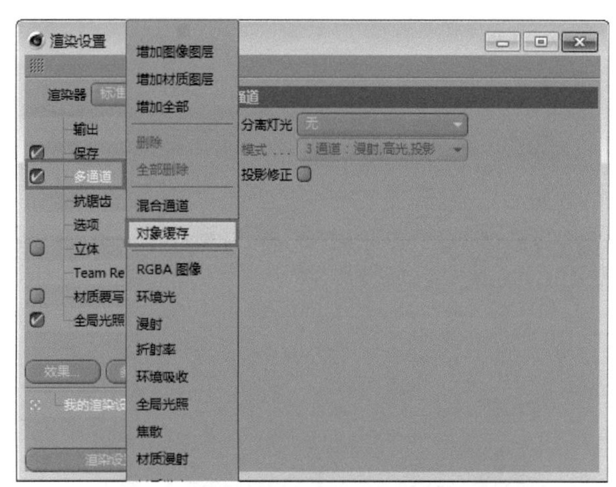

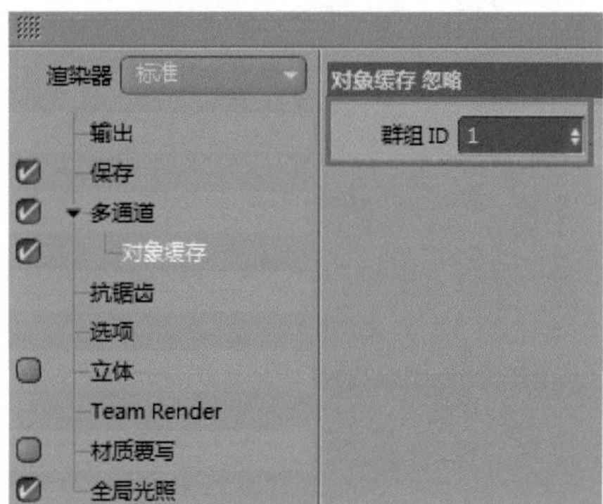

图 11-103

09 切换至“抗锯齿”选项组，设置“抗锯齿”为“最佳”，如图 11-104 所示。

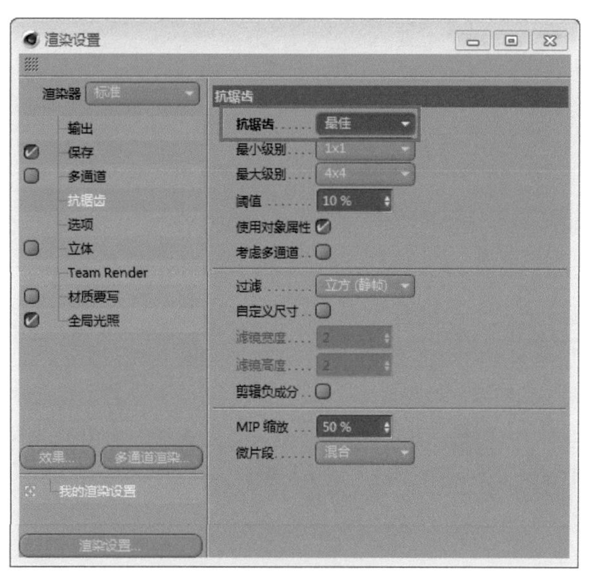

图 11-104

10 在“渲染设置”对话框的空白处右击，在弹出的快捷菜单中选择“全局光照”命令，如图 11-105 所示。

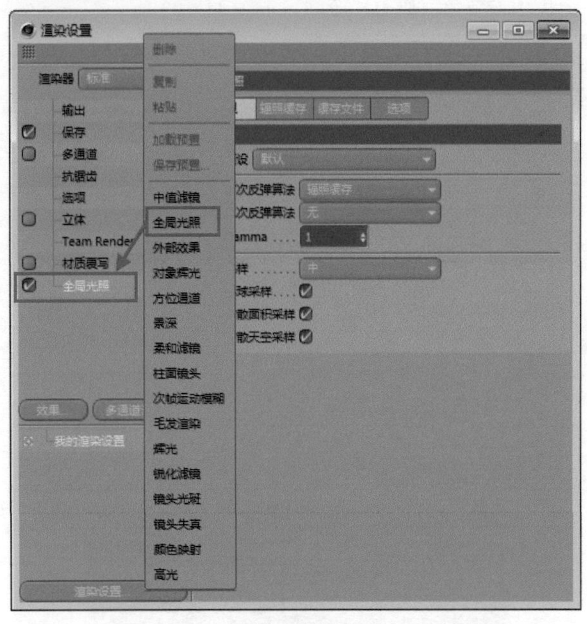

图 11-105

11 在“全局光照”面板中设置“预设”选项为“室内 - 预览（小型光源）”，如图 11-106 所示。

图 11-106

12 在“渲染设置”对话框的空白处右击，在弹出的快捷菜单中选择“环境吸收”命令，如图 11-107 所示。

13 其他选项保持默认，单击工具栏中“渲染到图片查看器”按钮，打开“图片查看器”对话框，如图 11-108 所示，此时模型已进入渲染状态。

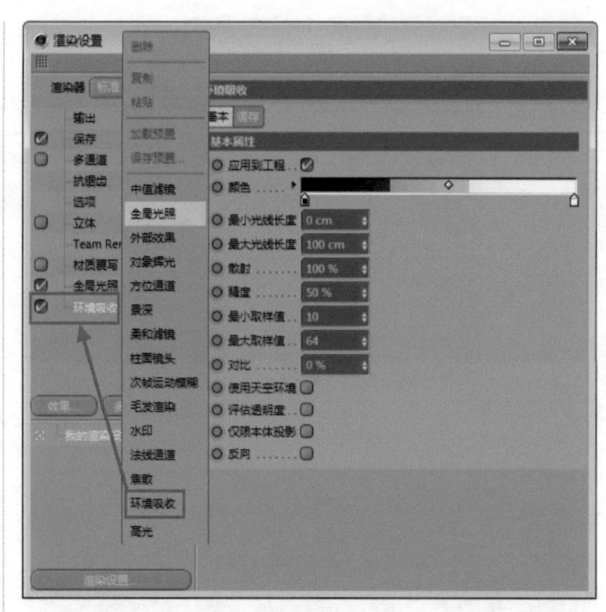

图 11-107

图 11-108

14 最终输出的图片效果如图 11-109 所示。

图 11-109

11.6 在 Photoshop 中精修图片

Cinema 4D 虽然具备相当强大的渲染功能，但是在平面图形的微调上仍需要 Photoshop 的辅助。因此本例仅输出了 .PSD 文件，还需转到 Photoshop 中进行完善并添加背景，从而得到最终的海报作品。

01 在“图片查看器”对话框中单击“另存为”按钮，打开“保存”对话框，确认“格式”为 Photoshop（PSD），单击“确定”按钮进行输出，如图 11-110 所示。

02 系统自动弹出“保存对话”对话框，设置文件名与路径，单击“保存”按钮即可，如图 11-111 所示。

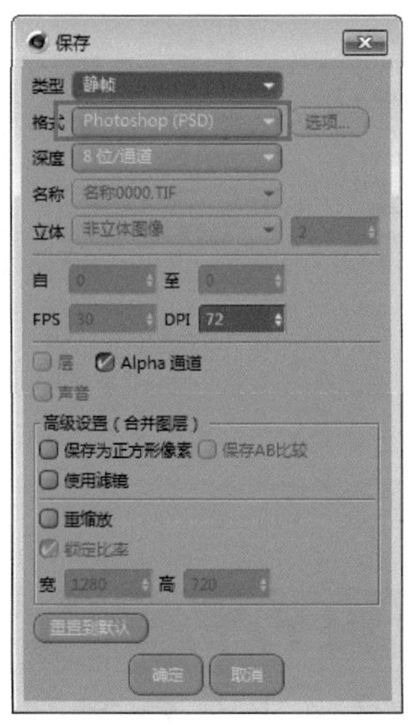

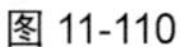
图 11-110

图 11-111

03 启动 Photoshop 软件，打开刚刚保存的 .PSD 文件，如图 11-112 所示。

图 11-112

04 进入界面右侧的“通道”面板，可见其中有一个“对象缓存 1”通道。按住 Ctrl 键，单击“对象缓存 1”通道的缩略图，即可选中该通道内的图形，如图 11-113 所示。

图 11-113

05 按快捷键 Ctrl+J，提取所选中的选区。切换到“图层”面板，单击“背景”前的“消隐”按钮，隐藏背景图层，效果如图 11-114 所示。

图 11-114

06 单击“图层”面板下方的按钮，在弹出的菜单中选择“曲线”命令，如图 11-115 所示。

07 系统自动弹出“曲线”调整对话框，根据需要调整图形的对比度，如图 11-116 所示。

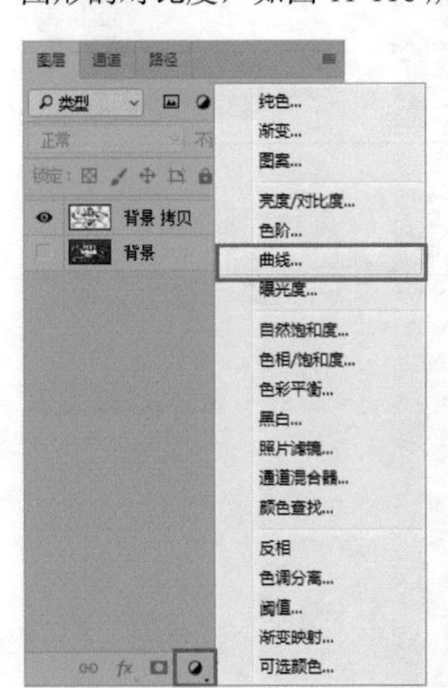

图 11-115　　图 11-116

08 单击“图层”面板下方的按钮，在弹出的菜单中选择“色相 / 饱和度”命令，如图 11-117 所示。

09 系统自动弹出“色相 / 饱和度”对话框，根据需要调整图形的饱和度，如图 11-118 所示。

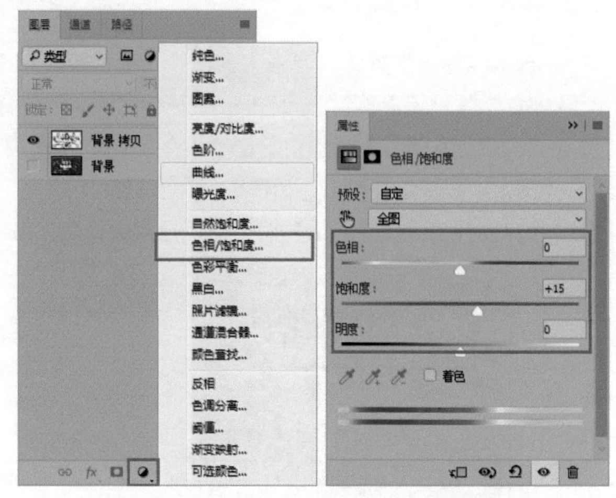

图 11-117　　图 11-118

10 调整完毕后，在“图层”面板中选中“曲线”“色相 / 饱和度”以及最开始分离出来的图层，按快捷键 Ctrl+G 进行编组，然后复制素材中提供的“背景 .psd”文件，如图 11-119 所示。

图 11-119

11 调整背景图中自带的一些发光效果与一些元素效果，最终制作的海报效果如图 11-120 所示。

图 11-120

12.1 Cinema 4D 在影视动画中的应用

Cinema 4D 作为一款综合性的高级三维绘图软件，其快速的渲染速度以及强大的渲染表现力，已经受到了越来越多的影视、动画设计师的青睐。在进行了前期的剧本创作和分镜设计之后，即可直接使用 Cinema 4D 进行造型设计、场景设计、片段设计、贴图和渲染动画了。

在影视动画中，造型设计包括人物造型、动物造型、器物造型等，设计内容包括角色的外形设计与动作设计；而场景设计是整个动画中景物和环境的来源，较严谨的场景设计包括平面图、结构分解图、色彩气氛图等，通常用一幅图来表达；片段设计是根据前期设计，在计算机中通过相关制作软件制作出动画片段；贴图和渲染便是为模型赋予生动的表面特性。通过前面章节的学习，我们可以知道这些设计都可以在 Cinema 4D 中完成，而且效果相较其他软件有过之而无不及，如图 12-1 所示。

图 12-1

12.2 创建主要动画效果

本例所创建的动画大致可以分成由三幕来制作。第一幕为主体模型的变形，通过“鞋带”这一运动产品中较为常见的元素来进行表现，如图 12-2 所示。

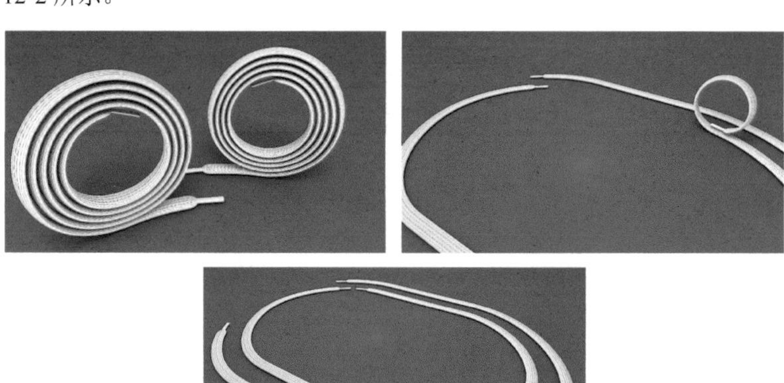

图 12-2

第 12 章 制作品牌宣传动画

宣传动画是如今十分常见的推广手段，在各个电商平台或者电视媒体上都可以看到。宣传动画看似简单，但其实是融合了平面设计、动画设计和电影语言等多门专业技术于一身的综合产品，具有较高的技术水准。它的表现形式丰富多样，具有极强的包容性，能和各种表现形式以及艺术风格混搭。本章将通过 Cinema 4D 来制作一个运动品牌宣传动画。

第二幕为一些知名运动品牌的 Logo 展示，如图 12-3 所示。

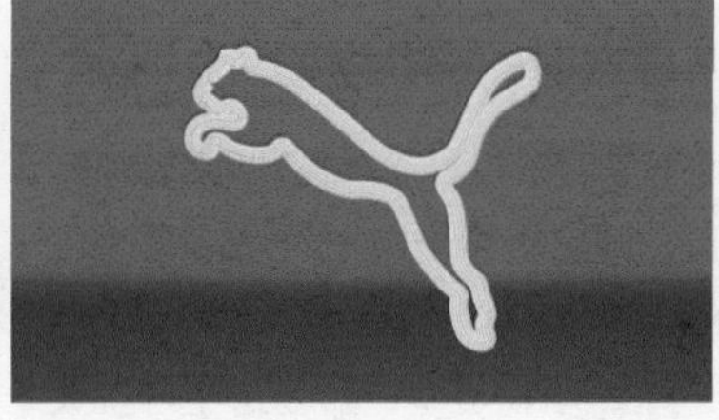

图 12-3

第三幕为最终动画，主要展示品牌活动的具体时间及商铺名称，如图 12-4 所示。

图 12-4

本例模型主要包括两部分——鞋带和最后的“店招”模型。模型本身的创建并不难，可以直接通过前面所学的常规方法来创建。下面开始介绍具体的创作步骤。

12.2.1 创建第一幕动画

1. 创建鞋带模型

鞋带模型是细长的，而且截面为扁平的椭圆形，因此可以使用胶囊工具先创建本体，再将其转换为可编辑对象，通过调整局部点、面的方法来完成。

01 启动 Cinema 4D，新建一个空白文件，单击工具栏中的“胶囊”按钮，创建一个“半径”为 15cm，“高度”为 3200cm 的胶囊模型，同时设置其“高度分段”为 500，如图 12-5 所示。

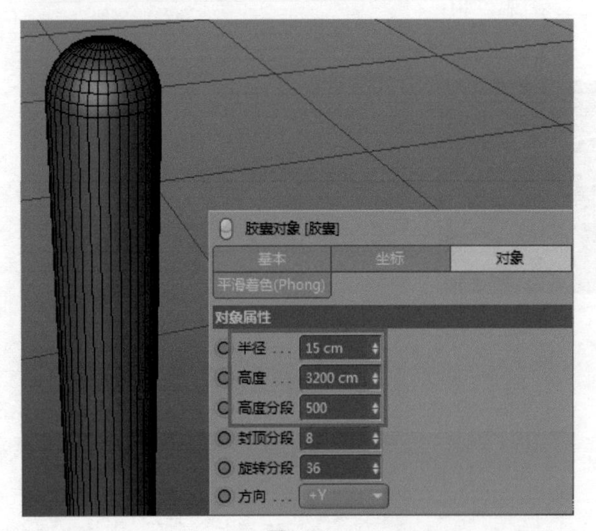

图 12-5

02 选中创建好的胶囊模型，按 C 键，或者单击左侧工具条中的“转为可编辑对象”按钮，将胶囊模型转变为可编辑对象。单击“面模式”按钮，将模型切换到面显示状态，如图 12-6 所示。

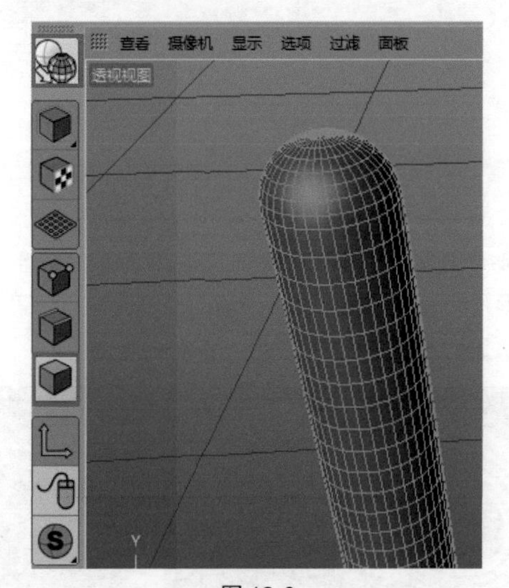

图 12-6

03 在“选择”工具栏中选择“框选”工具，如图 12-7 所示，调整视图，框选胶囊顶端的部分面，如图 12-8 所示。

04 在“选择”工具栏中选择“移动”工具，沿 Y 轴正方向拖动鼠标，拉伸所选部位，具体拉伸距离可自行设定，参考距离为 100cm，如图 12-9 所示。

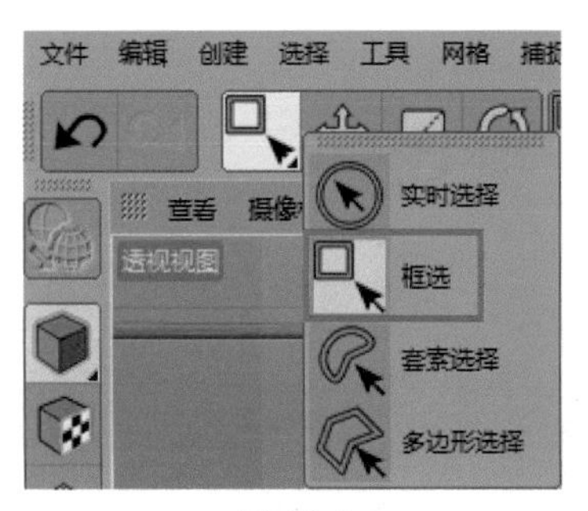

图 12-7

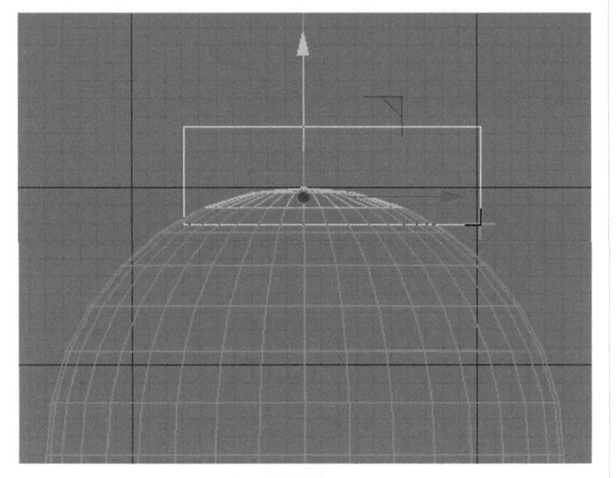

图 12-8

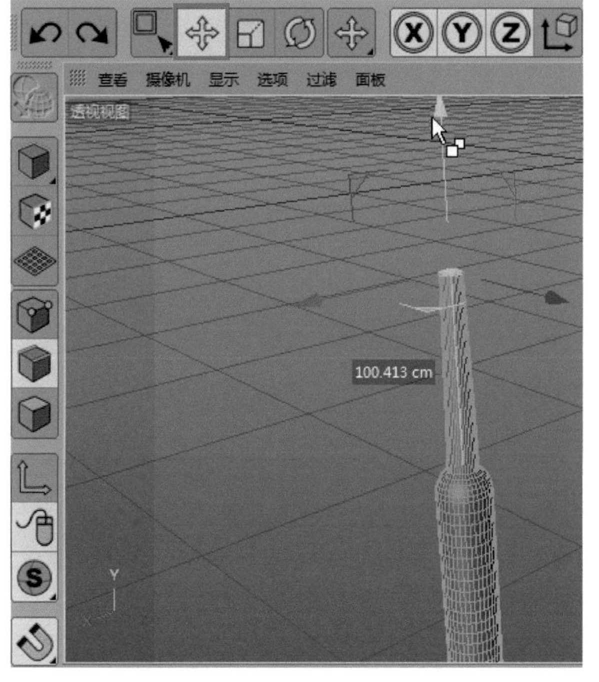

图 12-9

05 单击“线模式”按钮，将模型切换为线显示状态，调整模型视图如图 12-10 所示，并选中凸起底部的圆环边线。

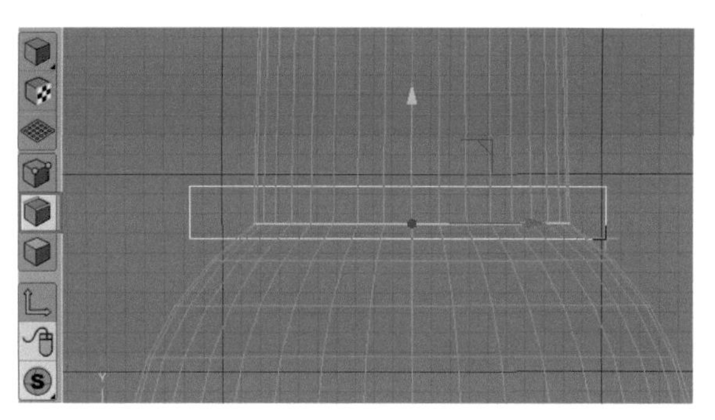

图 12-10

06 在“选择”工具栏中选择“缩放”工具，在空白处单击并拖曳，便可以对底部的圆环边线进行整体缩放，最终尺寸与凸起部分一致即可，如图 12-11 所示。

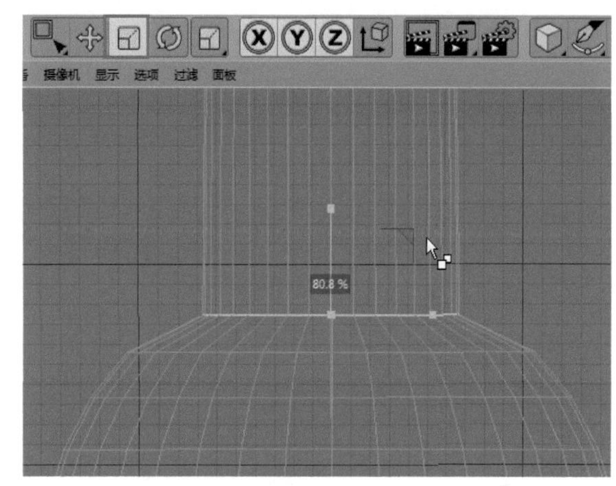

图 12-11

07 使用相同的方法，拉伸出胶囊底部的凸起部分，如图 12-12 所示。

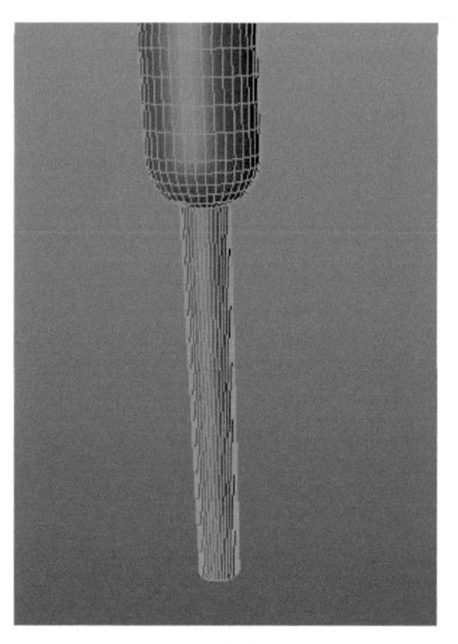

图 12-12

08 单击“面模式”按钮，使用“框选”工具选中除凸起之外的鞋带本体模型，如图 12-13 所示。

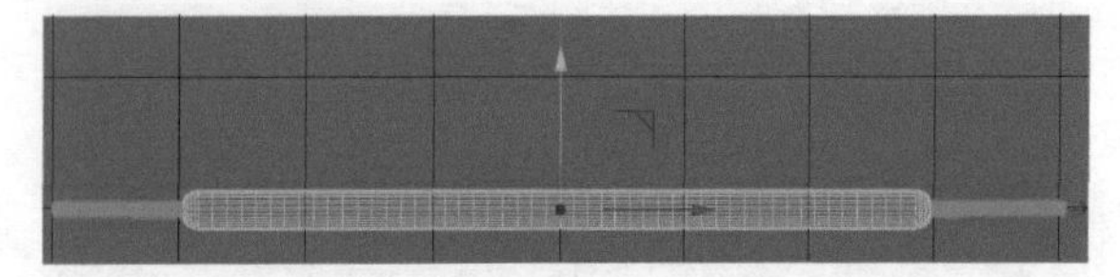

图 12-13

09 按 F2 键进入顶视图，在“选择”工具栏中选择“缩放”工具，沿 Z 轴反方向拖动鼠标，压缩鞋带的模型，如图 12-14 所示。

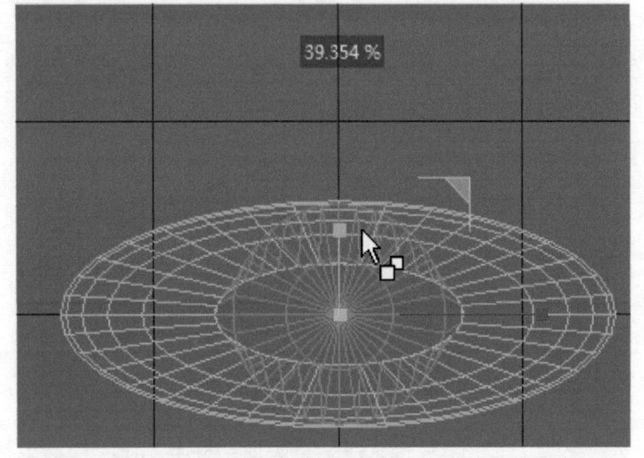

图 12-14

10 使用相同方法，压缩凸起部分的形状，最终效果如图 12-15 所示。

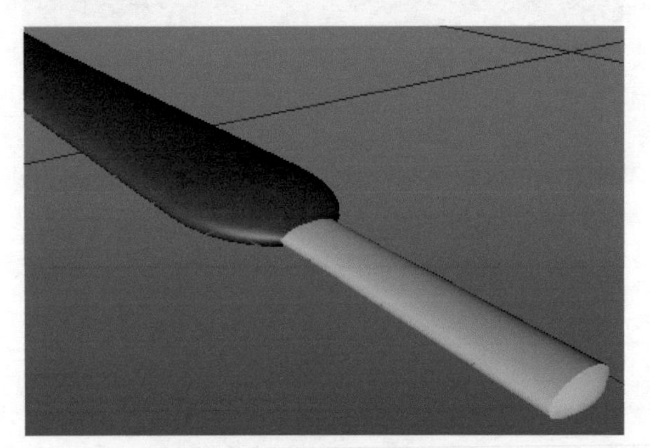

图 12-15

2. 创建跑道路径

鞋带模型创建好后，即可创建跑道路径，也就是鞋带展开的运动路径，可以直接使用曲线工具组中的“矩形”工具来创建。

01 单击工具栏中的“矩形”按钮，创建一个 650cm×400cm 大小的矩形，选中“圆角”复选框，设置“半径”为 200cm，“平面”为 XZ，如图 12-16 所示。

02 在“对象”窗口中选中创建好的矩形，按 C 键或者单击左侧工具条中的“转为可编辑对象”按钮，将矩形转变为可编辑对象。单击“点模式”按钮，将模型切换为点显示状态，如图 12-17 所示。

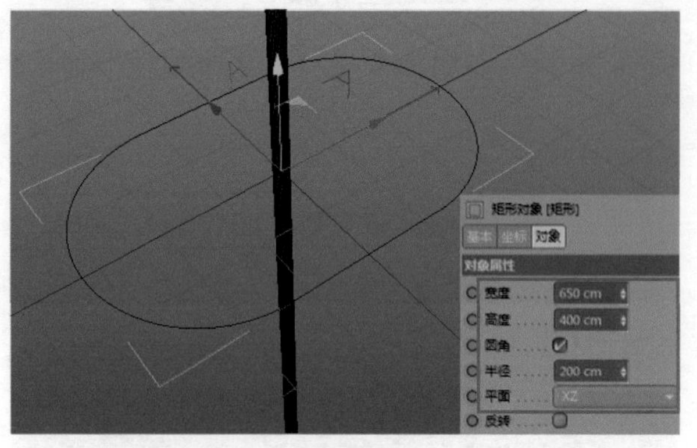

图 12-16

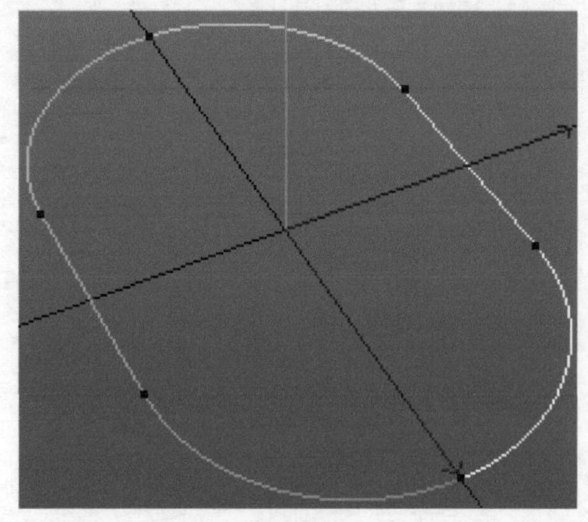

图 12-17

03 选中倒圆边中段部分的两个端点，按 Delete 键删除，效果如图 12-18 所示。

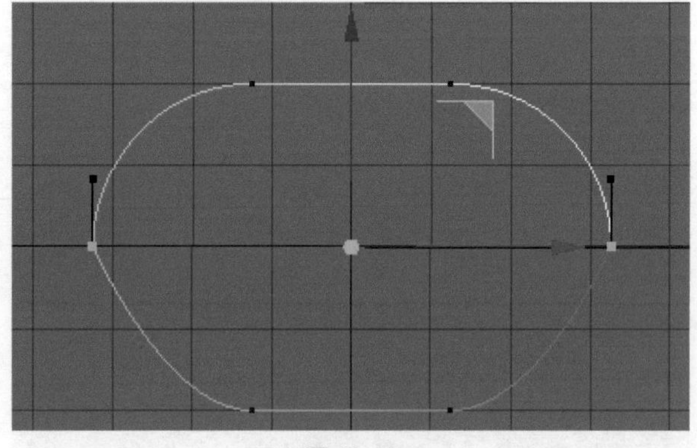

图 12-18

04 删除两点后，矩形会在原来的位置自动生成两个新点，但是与矩形其他部分的关联性已经消失。因此，可以直接右击，在弹出的快捷菜单中选择“柔性插值”命令，重新为倒圆边中段部分的两个端点添加形状约束，效果如图 12-19 所示。

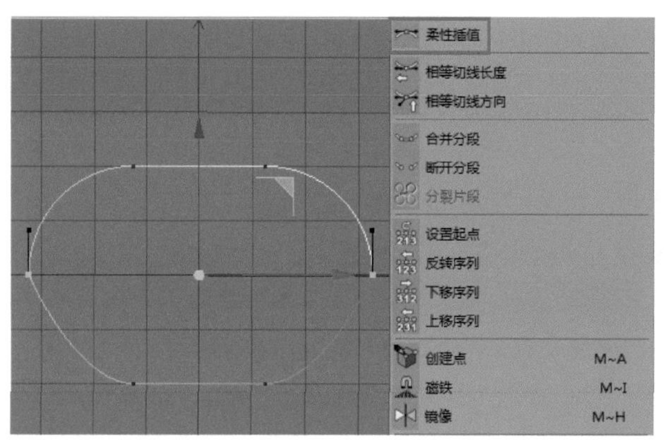

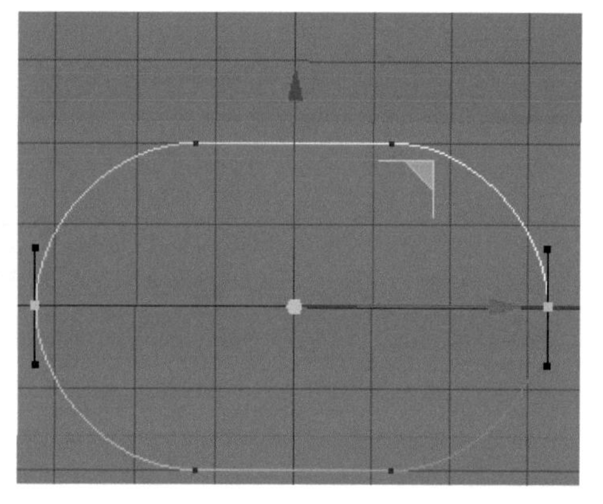

图 12-19

05 跑道路径的样条线已经创建完毕，接下来将该路径与鞋带进行绑定。

06 添加样条约束。在变形器工具组中单击“样条约束”按钮，然后在“对象”窗口中选中已添加的“样条约束”特征。将其移动至胶囊特征的下方，待鼠标指针变为符号时释放，样条约束特征即成为胶囊特征的子对象，如图 12-20 所示，同时在模型空间中可见地形有了一个蓝色外框，即样条约束，如图 12-21 所示。

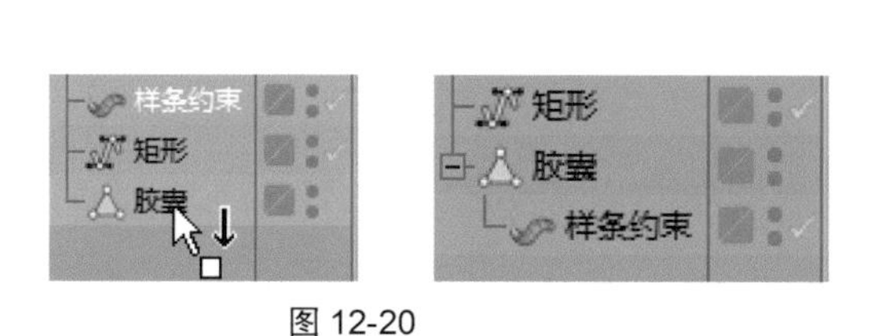

图 12-20

图 12-21

07 在“对象”窗口中选中“样条约束”特征，在“属性”窗口中单击“样条”栏最右侧的“选择”按钮，待光标变为形状时返回“对象”窗口，选中所创建的矩形样条曲线，同时设置“轴向”为 +Y，在模型空间中即可得到如图 12-22 所示的效果。

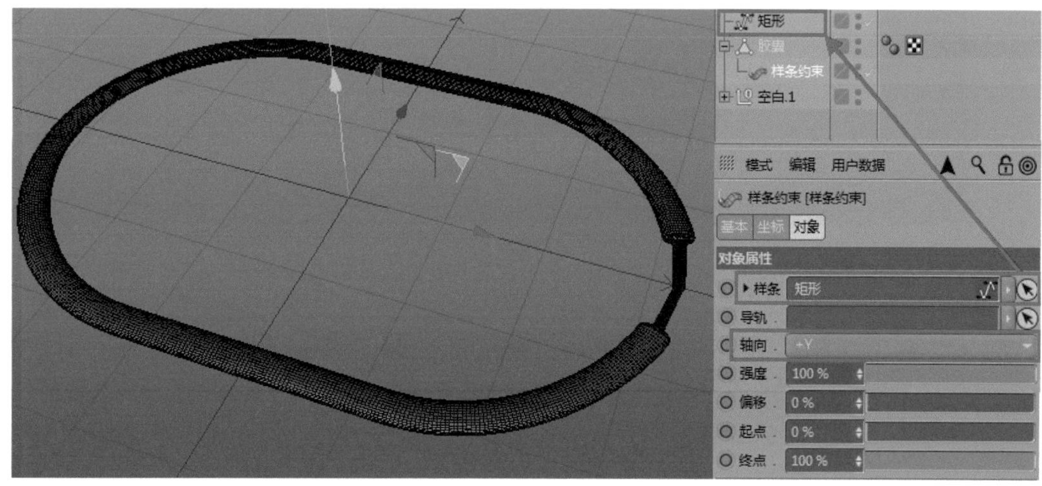

图 12-22

08 创建鞋带的展开动画。在创建动画之前，可以先移出前面制作好的样条约束特征，使鞋带模型恢复初始状态，待动画创建完毕后再重新添加，如图 12-23 所示。

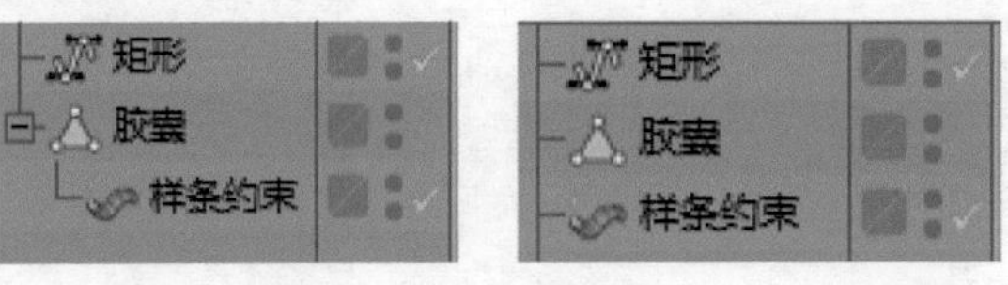

图 12-23

09 在工具栏中单击“扭曲”按钮使模型视图新增一个蓝色边框。在“对象”窗口中选中已添加的“扭曲”特征，将其移至胶囊特征的下方，如图 12-24 所示。

10 选中“扭曲”特征，然后在“属性”窗口中单击“匹配到父级”按钮，使扭曲特征的蓝色边框包裹整个鞋带模型，如图 12-25 所示。

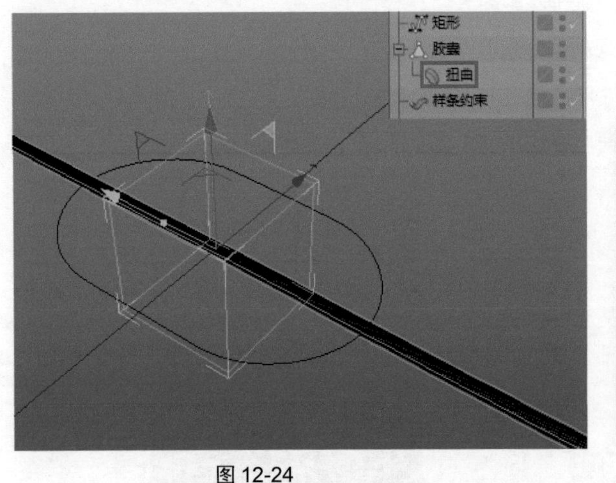

图 12-24

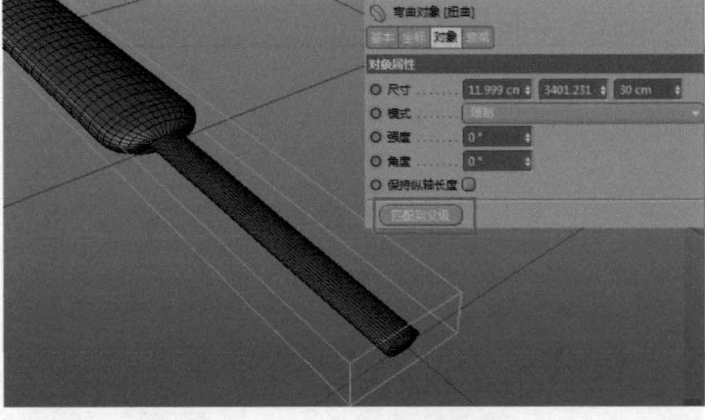

图 12-25

11 在“坐标”窗口中根据世界坐标系的方位进行调整，使其与世界坐标系的方向一致，调整参数如图 12-26 所示。

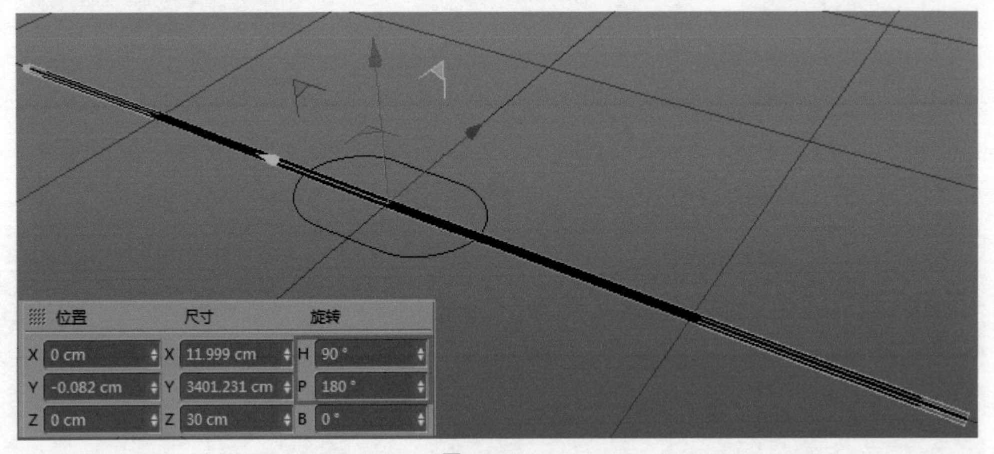

图 12-26

12 回到“属性”窗口，在“对象”选项卡中输入扭曲的“强度”为 1440°，即 4×360°，让鞋带缠绕 4 圈，如图 12-27 所示，可以看到鞋带模型被缠绕为一个整圆，此时可以选中“扭曲”特征，并调整其“坐标”窗口中的 B 文本框内的值，即绕 Z 轴旋转的角度，此处输入 -1.5，让扭曲特征绕 Z 轴做一定的旋转，即可让缠绕的鞋带散开，如图 12-28 所示。

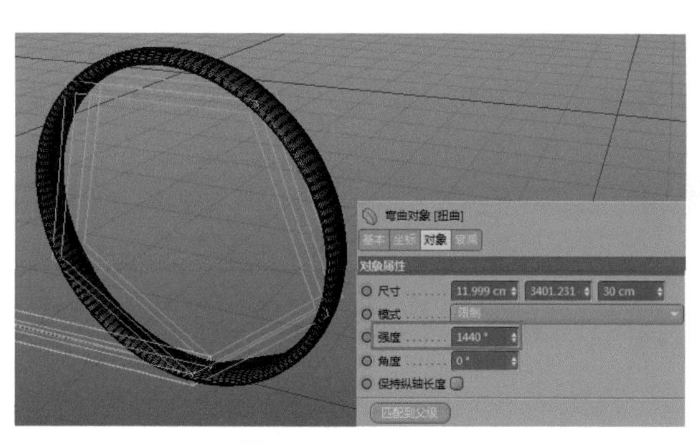

图 12-27

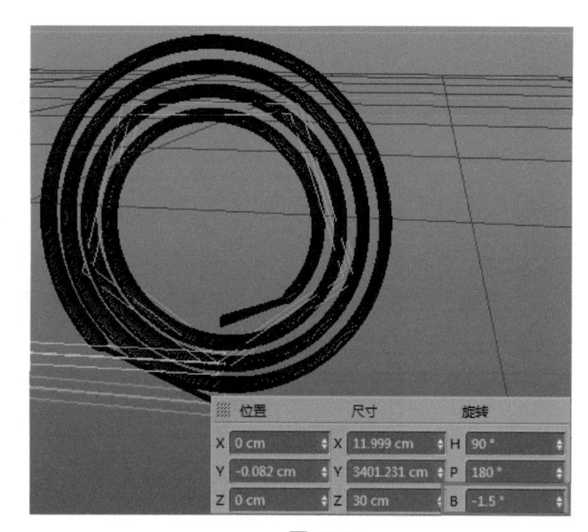

图 12-28

13 此时沿水平方向拖动扭曲特征，即可预览到鞋带从蜷曲到平直展开的过程，如图 12-29 所示。

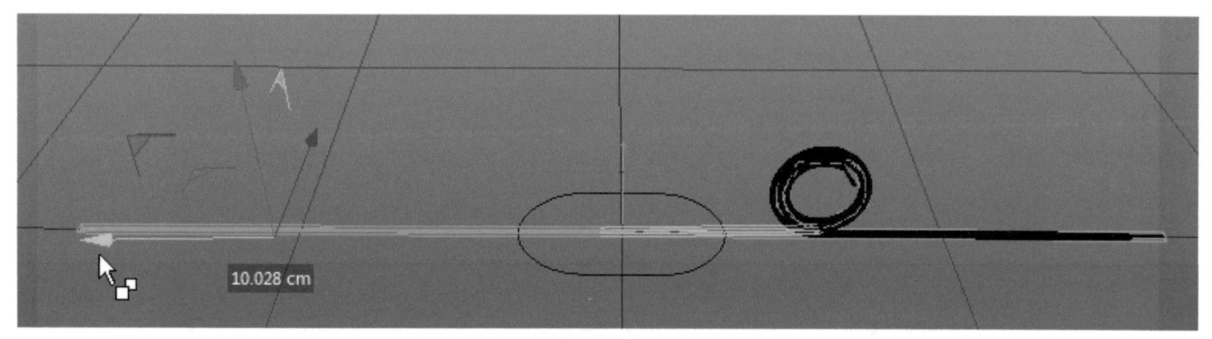

图 12-29

14 将先前创建好的跑道路径特征拖至胶囊特征的下方，使鞋带约束至跑道上，如果方位有误，则可以在“样条约束”特征的“属性”窗口中修改轴向，此处为 +X，如图 12-30 所示。

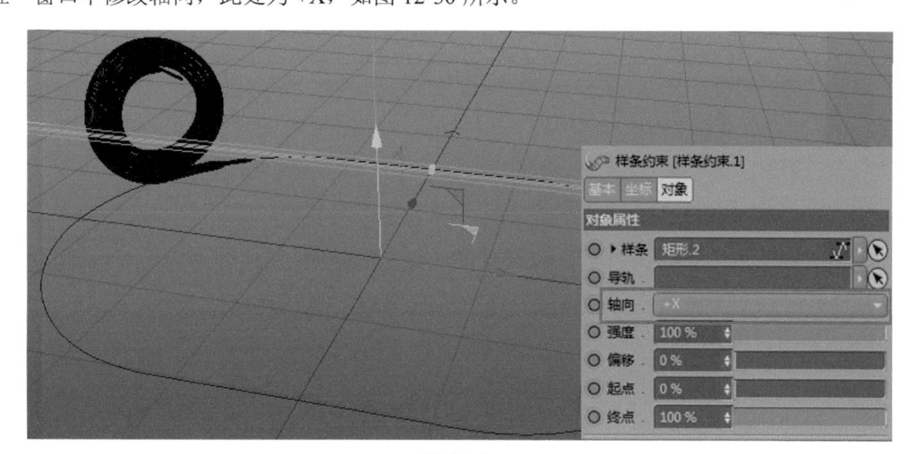

图 12-30

15 设置关键帧。将扭曲特征略微向水平方向进行一定的位移，使部分鞋带能平铺在水平面上，以此画面作为动画的开场。

16 设置无误后，切换至“坐标”选项卡，单击 P.X 和 P.Y 两个参数左侧的黑色标记，即表示对当前动画记录了关键帧，同时黑色标记变为红色标记，这就是第 0 帧的画面，如图 12-31 所示。

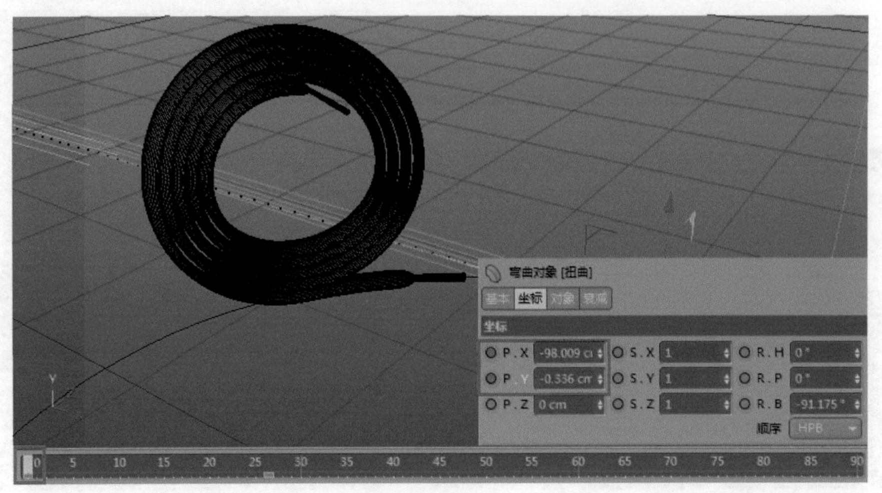

图 12-31

17 将时间轴移至第 75 帧，沿水平方向拖动扭曲特征，当鞋带完全平铺时为“坐标”选项卡中的 P.X 和 P.Y 参数定义关键帧，如图 12-32 所示。

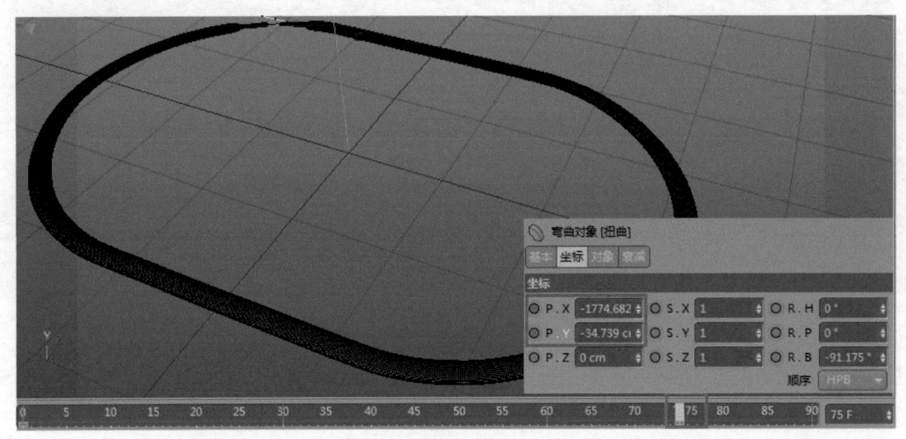

图 12-32

18 使用相同的方法创建第二根鞋带的动画效果。将时间轴切换至第 0 帧，然后在“对象”窗口中选择跑道路径的“矩形”特征，单击“点模式”按钮，将模型切换为点显示状态，如图 12-33 所示。

19 在空白处右击，在弹出的快捷菜单中选择“创建轮廓”命令，如图 12-34 所示。

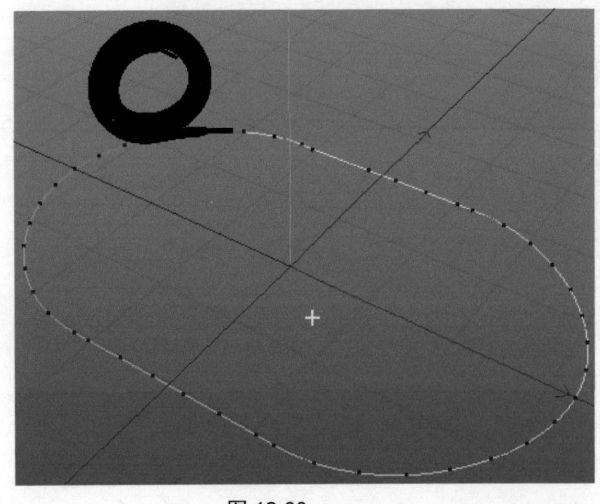

图 12-33

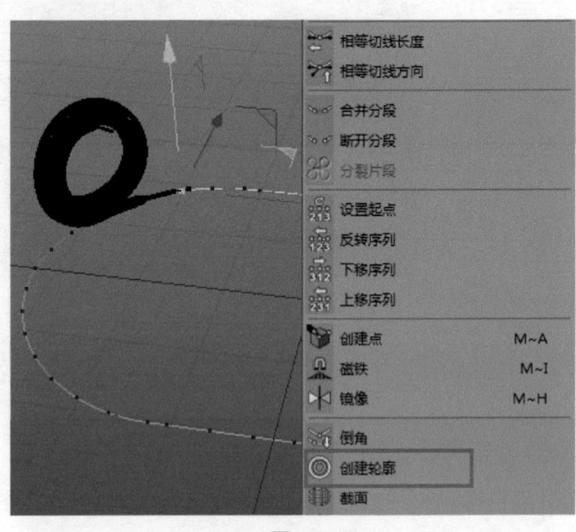

图 12-34

20 在创建轮廓的“属性”窗口中选中“创建新的对象”复选框，待光标变为形状时向外拖曳跑道样条线，即可得到第二条跑道，如图 12-35 所示。

21 在“对象”窗口中选择胶囊特征，并复制粘贴出第二个胶囊特征，如图 12-36 所示。

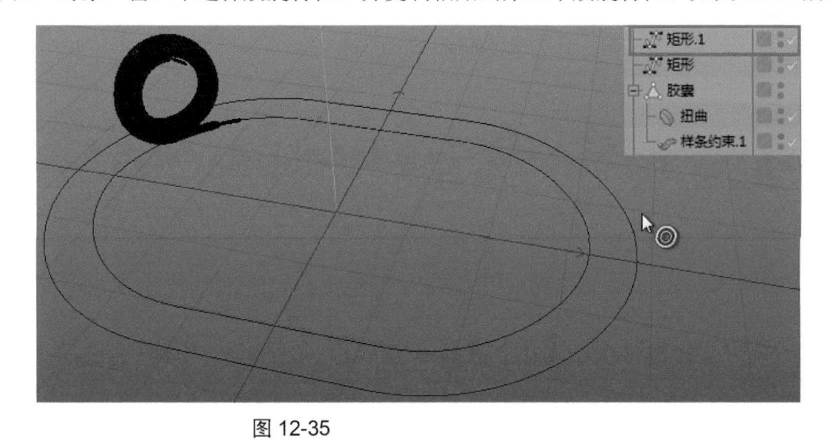

图 12-35

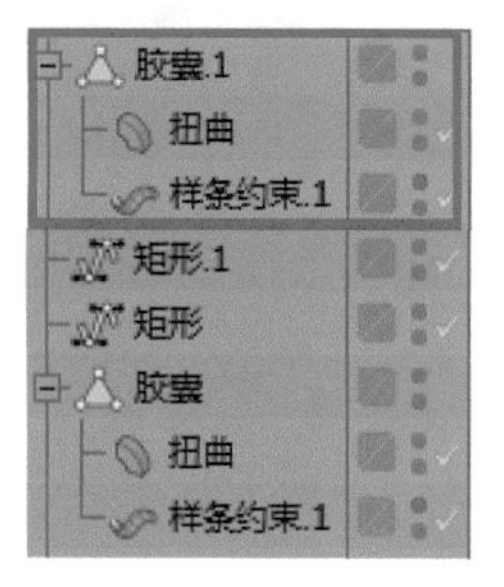

图 12-36

22 选中新复制的胶囊特征下方的样条约束特征，选择其约束样条为第二条跑道样条线，如图 12-37 所示。

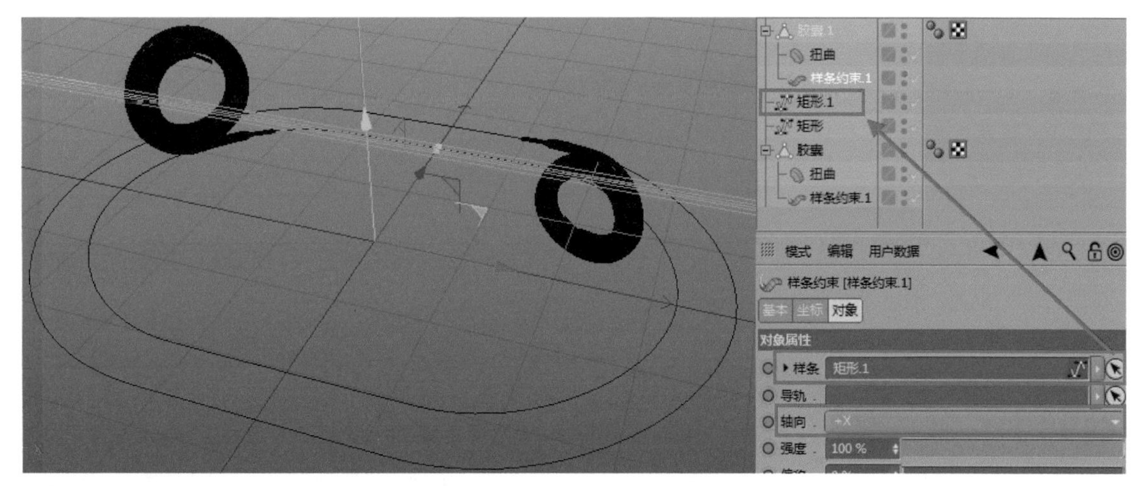

图 12-37

23 可见第二个鞋带模型的方向发生了颠倒，此时可以选择第二根鞋带的样条约束特征，在“属性”窗口中切换至“对象”选项卡，展开其中的旋转面板，在 Banking 文本框中输入 180°，即可将第二个鞋带模型恢复正常状态，如图 12-38 所示。

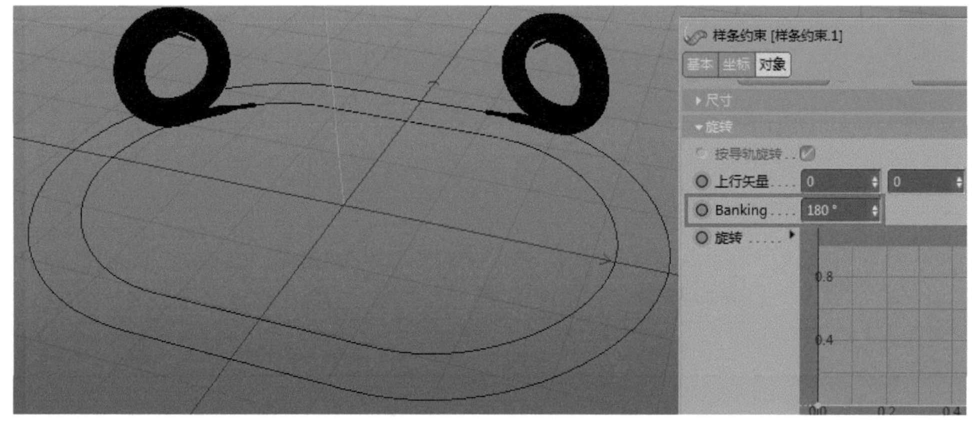

图 12-38

24 根据前文介绍的方法，为第二根鞋带在第 0 帧和第 75 帧的位置定义关键帧，两根鞋带在第 75 帧时完全平铺，如图 12-39 所示。

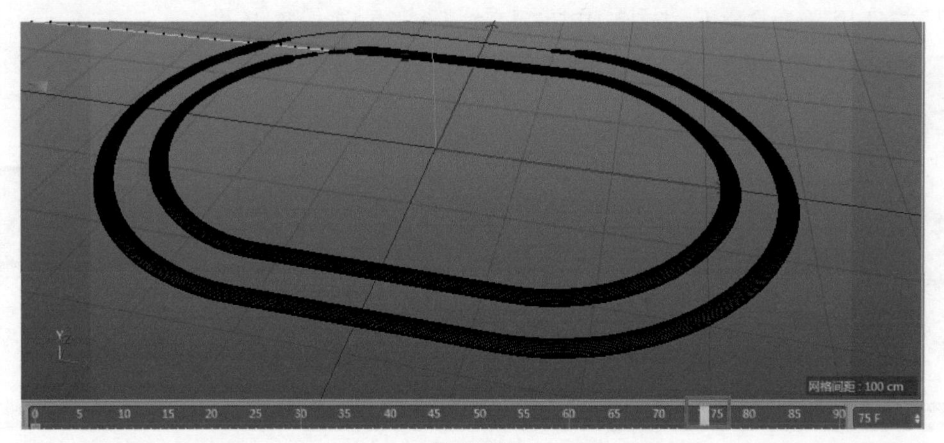

图 12-39

12.2.2 制作第二幕动画

鞋带的平铺动画创建完毕后，即可创建第二幕的鞋带变形动画。本书素材中提供了已经绘制好的品牌 Logo 样条轮廓，只需直接导入即可使用，当然也可以根据自己的需要重新绘制。

1. 统一路径点数

01 在右上方的“对象”窗口中选择“文件”|“合并对象”命令，如图 12-40 所示。

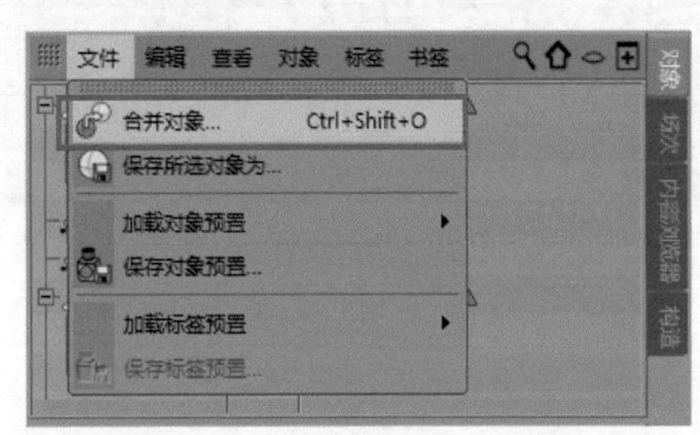

图 12-40

02 系统自动弹出“打开文件”对话框，选择本书素材中提供的 logo.c4d 文件，如图 12-41 所示。

图 12-41

03 导入后成功添加了 3 个品牌的 logo 样条轮廓，如图 12-42 所示。这些品牌的样条线均含有 45 个特征点（点 0~44），在右上角中切换至“构造”窗口即可看到，如图 12-43 所示。

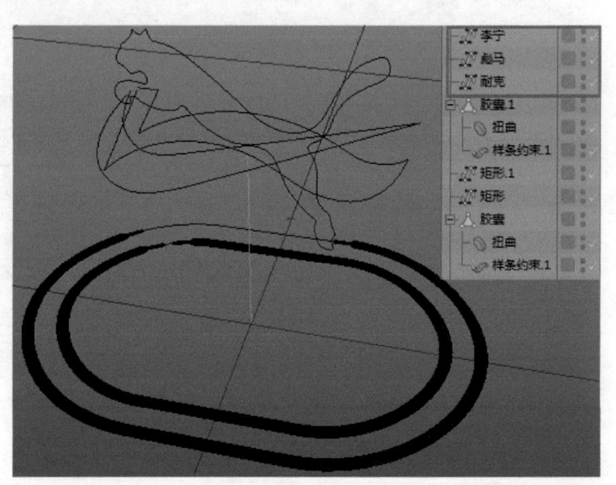

图 12-42

点	X	Y	Z	<- X
33	-182.549 cm	300.235 cm	0 cm	6.455 cm
34	-199.69 cm	289.175 cm	0 cm	2.013 cm
35	-208.915 cm	282.021 cm	0 cm	2.491 cm
36	-218.744 cm	273.609 cm	0 cm	2.315 cm
37	-226.561 cm	-208.915 cm	0 cm	1.484 cm
38	-229.748 cm	263.679 cm	0 cm	0 cm
39	-218.719 cm	285.652 cm	0 cm	0 cm
40	-206.588 cm	309.823 cm	0 cm	0 cm
41	-194.457 cm	333.993 cm	0 cm	0 cm
42	-182.325 cm	358.163 cm	0 cm	0 cm
43	-170.194 cm	382.334 cm	0 cm	0 cm
44	-159.166 cm	404.307 cm	0 cm	0 cm

图 12-43

04 而作为路径的跑道样条曲线仅有 6 个点，如图 12-44 所示，如果点数与 Logo 样条轮廓不对应会影响变形效果，因此需要为跑道样条曲线增加特征点。

05 单击“点模式”按钮，将模型切换为点显示状态。选中跑道样条曲线上的所有点，右击，在弹出的快捷菜单中选择“细分”选项，如图 12-45 所示。

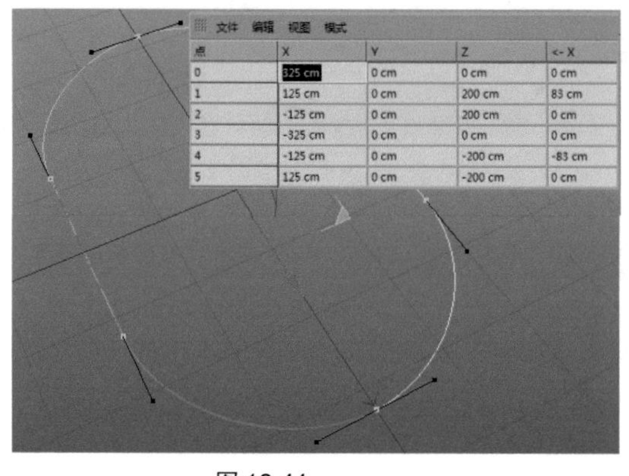

点	X	Y	Z	<- X
0	125 cm	0 cm	0 cm	0 cm
1	125 cm	0 cm	200 cm	83 cm
2	-125 cm	0 cm	200 cm	0 cm
3	-325 cm	0 cm	0 cm	0 cm
4	-125 cm	0 cm	-200 cm	-83 cm
5	125 cm	0 cm	-200 cm	0 cm

图 12-44

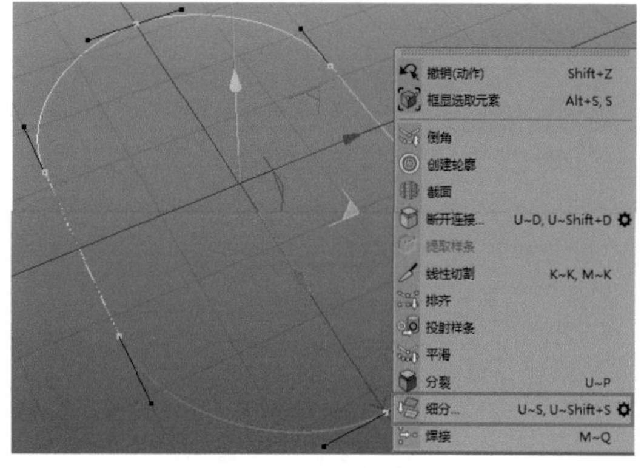

图 12-45

06 此时可见在跑道样条曲线上每个特征点的中间位置新生成了 6 个点，共计 12 个点，如图 12-46 所示。

点	X	Y	Z	<- X
0	125 cm	0 cm	-200 cm	41.5 cm
1	0 cm	0 cm	-200 cm	0 cm
2	-125 cm	0 cm	-200 cm	0 cm
3	-266.5 cm	0 cm	-135.355 cm	27.125 cm
4	-325 cm	0 cm	0 cm	0 cm
5	-266.5 cm	0 cm	135.355 cm	-27.125 cm
6	-125 cm	0 cm	200 cm	-41.5 cm
7	0 cm	0 cm	200 cm	0 cm
8	125 cm	0 cm	200 cm	0 cm
9	266.5 cm	0 cm	135.355 cm	-27.125 cm
10	325 cm	0 cm	0 cm	0 cm
11	266.5 cm	0 cm	-135.355 cm	27.125 cm

图 12-46

07 使用相同的方法，选择各特征点，并通过细分的方式创建其他的点，最后得到所需的 45 个特征点，如图 12-47 所示。

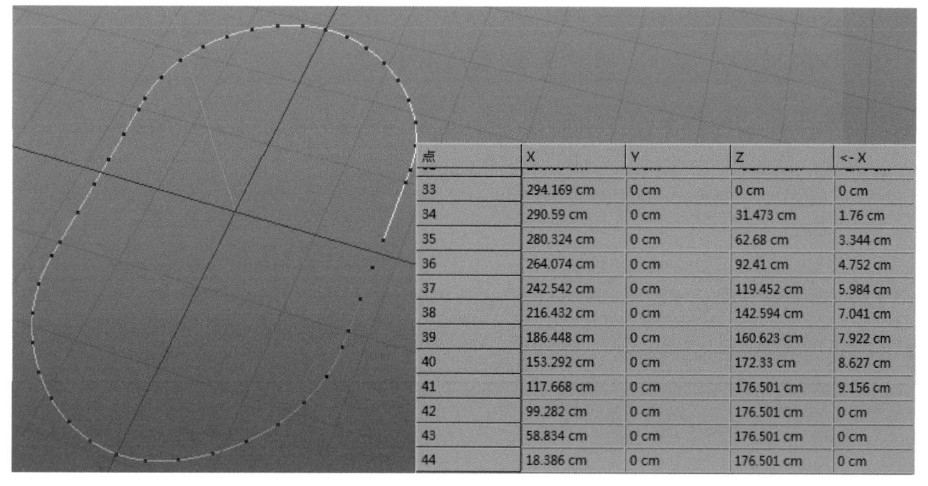

点	X	Y	Z	<- X
33	294.169 cm	0 cm	0 cm	0 cm
34	290.59 cm	0 cm	31.473 cm	1.76 cm
35	280.324 cm	0 cm	62.68 cm	3.344 cm
36	264.074 cm	0 cm	92.41 cm	4.752 cm
37	242.542 cm	0 cm	119.452 cm	5.984 cm
38	216.432 cm	0 cm	142.594 cm	7.041 cm
39	186.448 cm	0 cm	160.623 cm	7.922 cm
40	153.292 cm	0 cm	172.33 cm	8.627 cm
41	117.668 cm	0 cm	176.501 cm	9.156 cm
42	99.282 cm	0 cm	176.501 cm	0 cm
43	58.834 cm	0 cm	176.501 cm	0 cm
44	18.386 cm	0 cm	176.501 cm	0 cm

图 12-47

2. 制作路径变形动画

01 在“对象”窗口中选中表示跑道样条曲线的“矩形”特征，右击，在弹出的快捷菜单中选择“角色标签”|“姿态变形”命令，如图 12-48 所示。

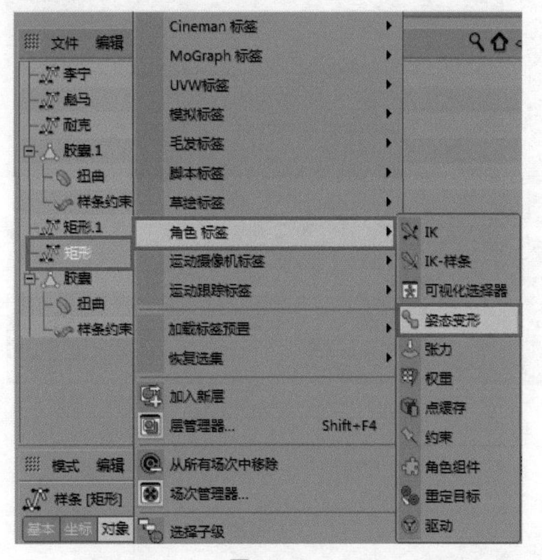

图 12-48

02 可见“矩形”特征后新增了一个“姿态变形”标签，单击该标签，在下方的“基本属性”面板中选中“点”复选框，如图 12-49 所示。

图 12-49

03 切换至标签属性模式，在“姿态”选项组中删除“姿态 .0”选项，将“对象”窗口中的“耐克”样条特征拖至该选项窗口中，系统会弹出一个提示对话框，单击“是”按钮即可，如图 12-50 所示。

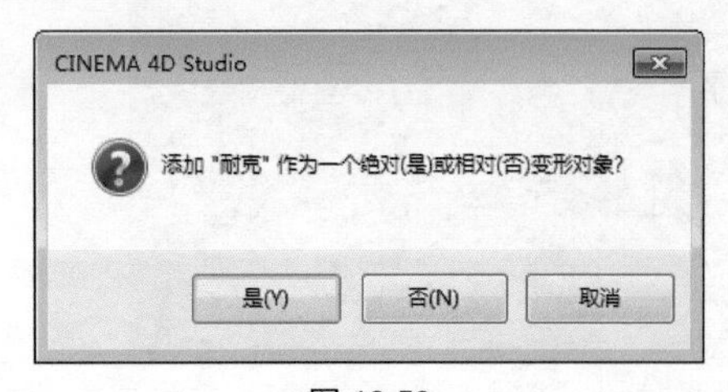

图 12-50

04 此时可见模型窗口中鞋带的外形自动变为对应的 Logo 形状，如图 12-51 所示。

图 12-51

05 选中“模式”选项组中的“动画”选项，切换至动画模式，如图 12-52 所示。

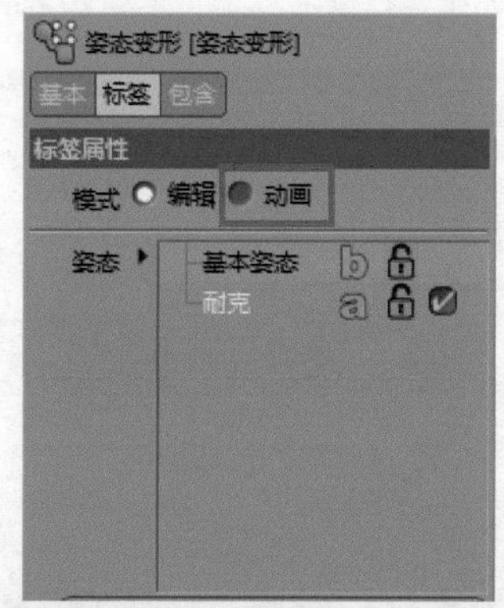

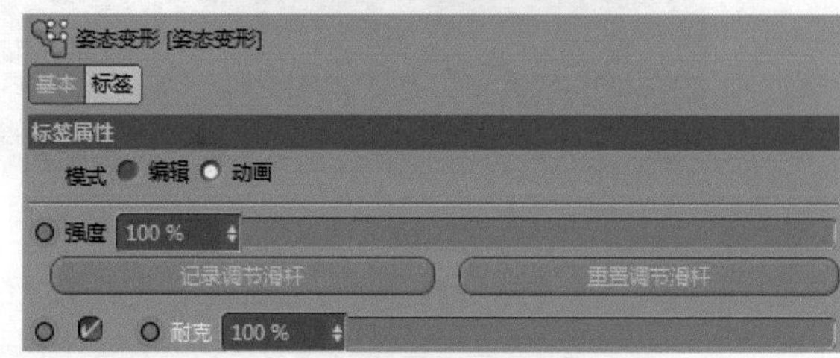

图 12-52

06 将时间轴移至第 75 帧，在“耐克”文本框中输入 0%。单击文本框左侧的黑色标记，使其变为红色标记，添加关键帧，如图 12-53 所示，表示在第 75 帧时为变形动画的起始帧。

07 将时间轴移至第 100 帧，在“耐克”文本框中输入 100%，表示在 25 帧后鞋带完全从跑道变形为耐克的 Logo 形状，并定义关键帧，如图 12-54 所示。

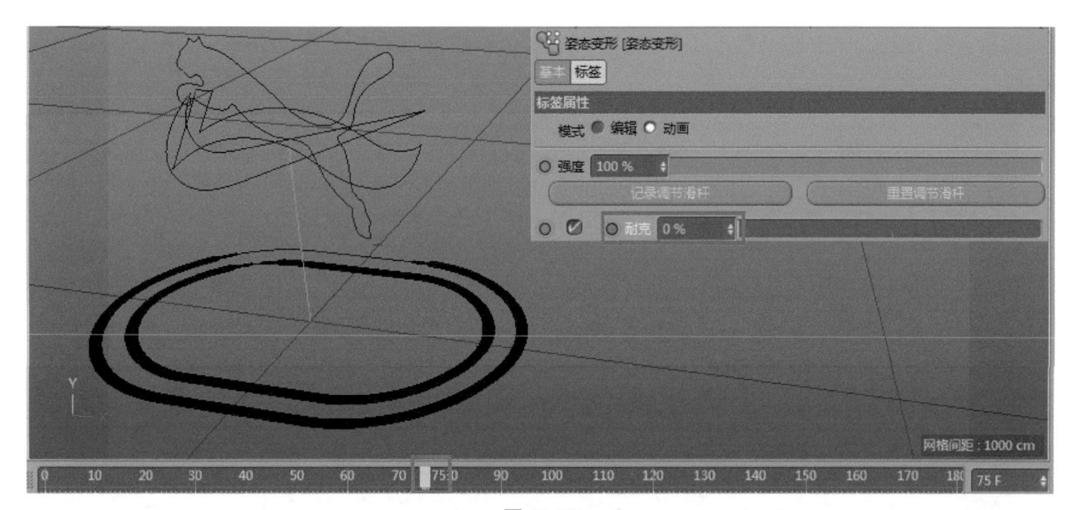

图 12-53

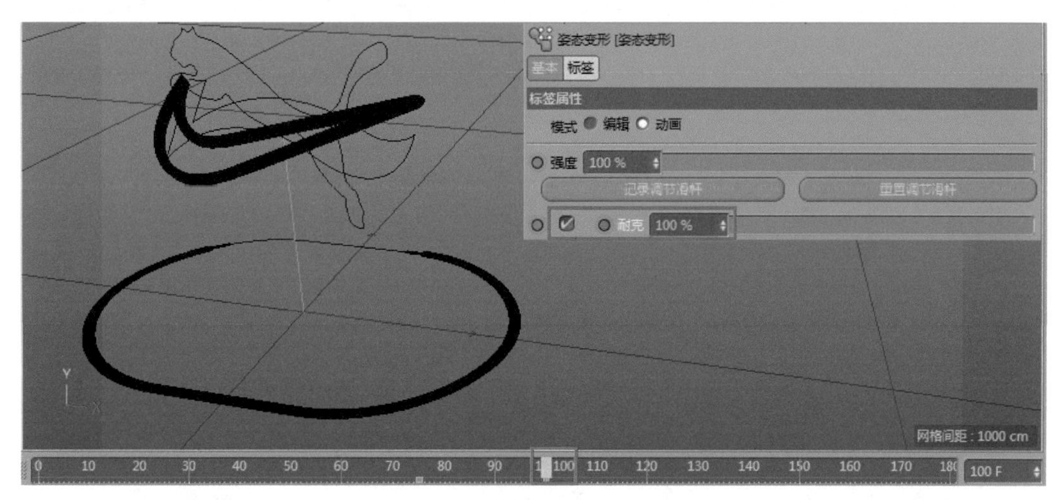

图 12-54

08 再次切换回编辑模式，将剩余的彪马样条曲线拖至姿态选项窗口中，如图 12-55 所示。

09 切换回动画模式，将时间轴往后移动 10 帧，即第 110 帧，接着在“彪马”文本框中输入 0%。单击文本框左侧的黑色标记，使其变为红色标记，添加关键帧，如图 12-56 所示。表示在变为耐克形状后停留 10 帧，10 帧过后开始变形为彪马 Logo。

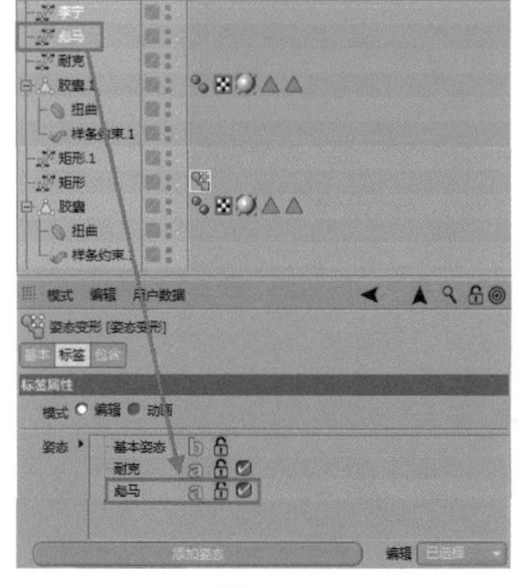

图 12-55

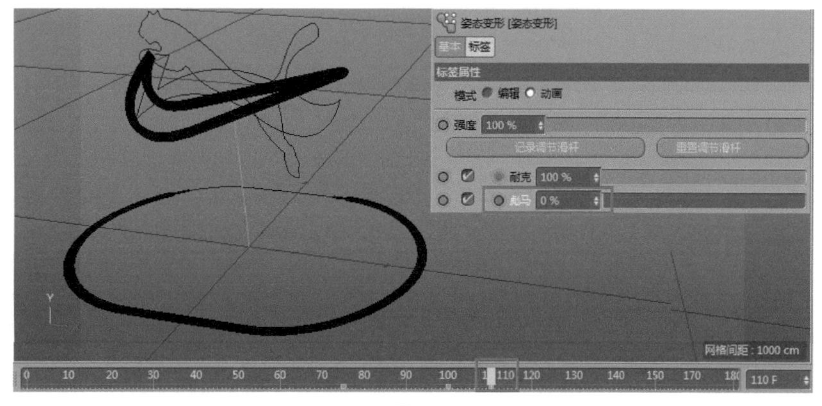

图 12-56

10 将时间轴移至第135帧，在“彪马”文本框中输入100%，表示在25帧后鞋带完全从跑道变形为彪马的Logo形状，并定义关键帧，如图12-57所示。

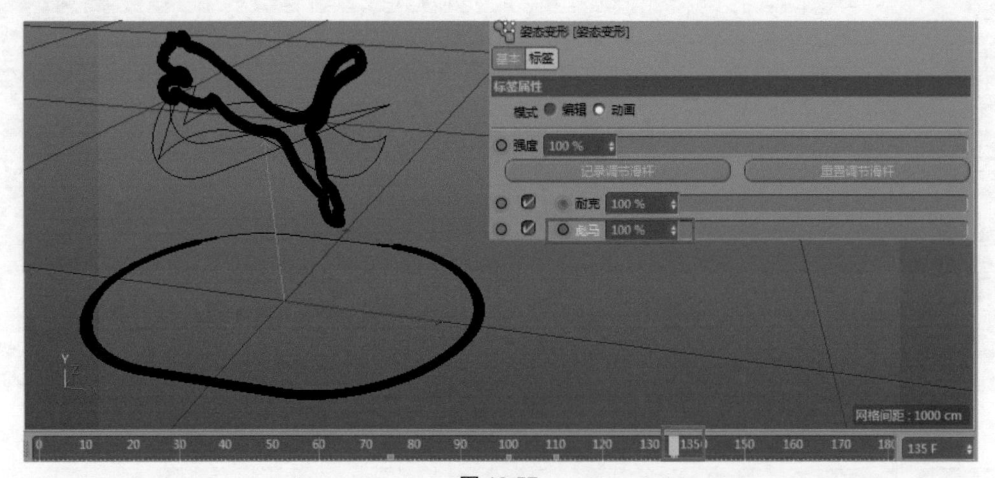

图 12-57

11 使用相同的方法，设置李宁Logo样条曲线的变形效果，第145帧时效果为0%，170帧时变形完毕，如图12-58和图12-59所示。

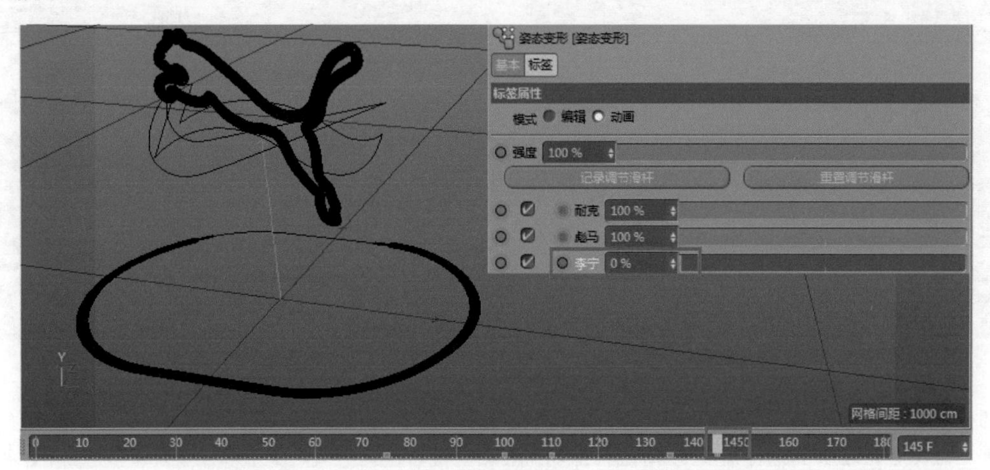

图 12-58

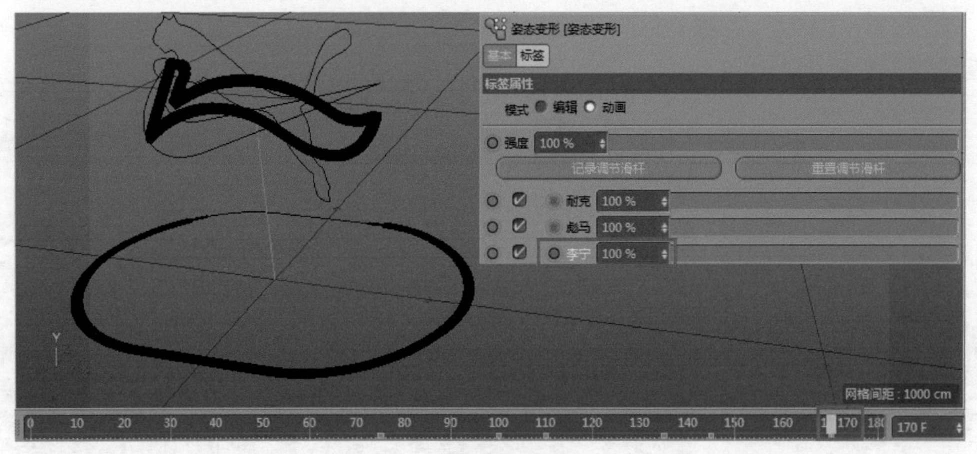

图 12-59

12 此时第二幕的变形动画效果创建完毕，单击“播放”按钮▷可以预览目前的动画效果。

12.2.3　创建第三幕动画

1. 创建整体背景板

01 单击工具栏中的“立方体”按钮，创建一个长方体，设置其尺寸为 3500cm×2200cm×20cm，同时调整其坐标位置如图 12-60 所示。

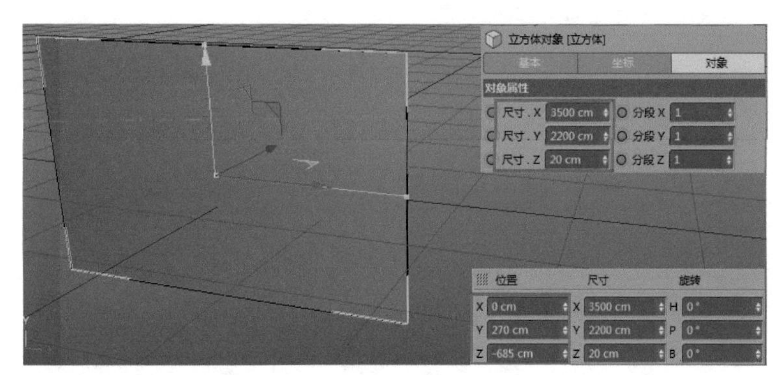

图 12-60

02 再创建一个立方体，设置其尺寸为 800cm×400cm×200cm，倒圆角半径为 30，同时调整其坐标位置如图 12-61 所示。

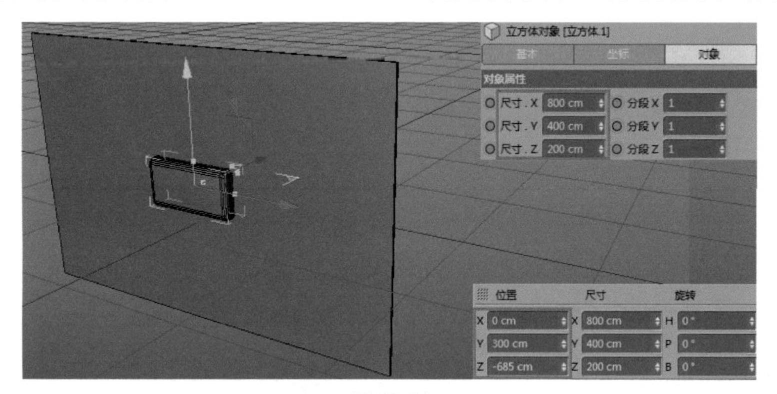

图 12-61

03 单击工具栏中的“布尔”按钮，即可在“对象”窗口中得到一个布尔特征，设置“布尔类型”为“A 减 B”，如图 12-62 所示。

04 将上一步创建的两立方体都移至新的布尔特征下，得到如图 12-63 所示的缺口特征。

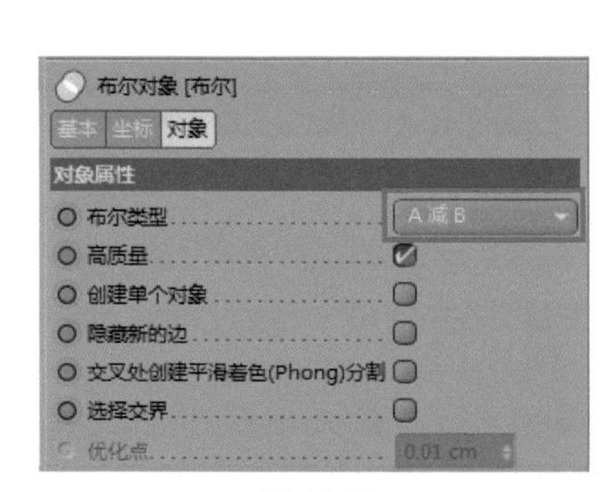

图 12-62

图 12-63

2. 创建“店招”

01 创建“店招”背景板。单击工具栏中的“立方体”按钮，在缺口位置创建一个长方体进行填补，设置其尺寸为800cm×400cm×20cm，X、Y、Z 方向上的“分段”均为 10，如图 12-64 所示。

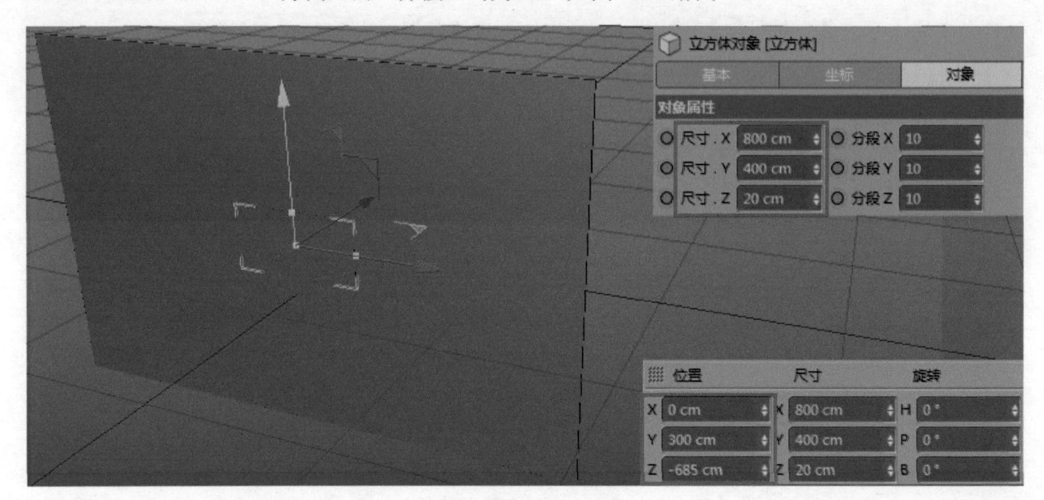

图 12-64

> **提示**
>
> 为了更好地观察后续的操作效果，在创建完整体背景板后可以将其隐藏。

02 选中上一步创建的立方体模型，然后按 C 键，将矩形模型转变为可编辑对象，接着单击“边模式”按钮，将模型切换为边显示状态。框选矩形顶点边线，右击，在弹出的快捷菜单中选择“倒角”命令，如图 12-65 所示。

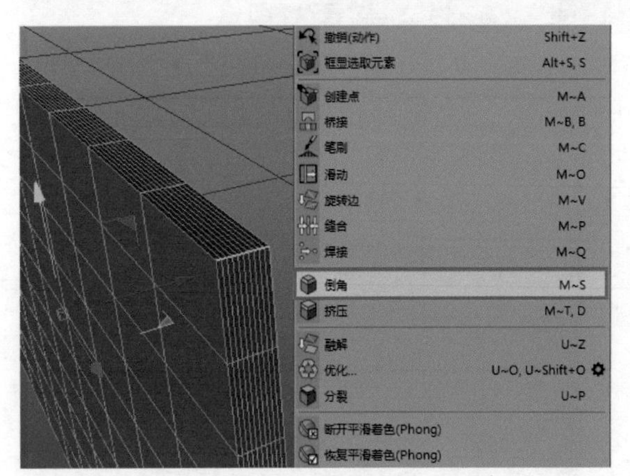

图 12-65

03 修改矩形的“偏移”参数（倒角大小）为 30，“细分”为 5，如图 12-66 所示。

04 创建“店招”文字。选择“运动图形”|“文本”命令，输入文本内容为“大东体育”，选择字体为“微软雅黑”，设置对齐方式为“中对齐”，“高度”为 180cm，调整文字至“店招”背景板的中间位置，如图 12-67 所示。

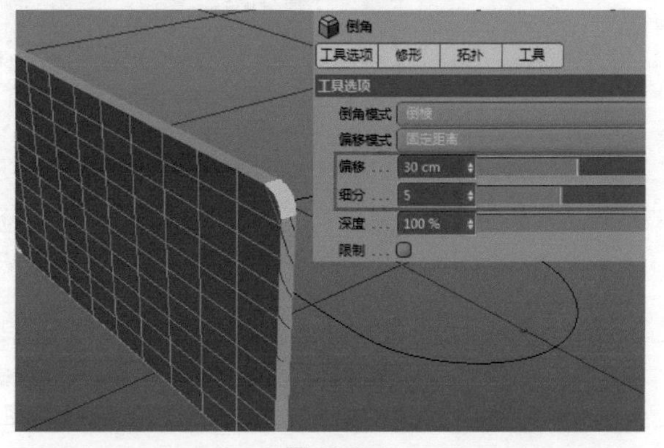

图 12-66

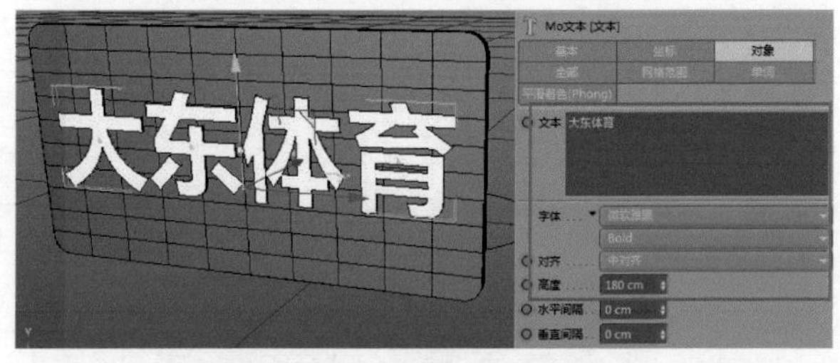

图 12-67

05 添加扭曲特征创建动画。在工具栏中单击“扭曲”按钮使模型视图新增一个蓝色边框，调整其坐标位置与参数，如图 12-68 所示。

06 在“对象”窗口中选中表示“店招”的矩形特征和文本特征，再选中上一步创建的扭曲特征，按快捷键 Alt+G 对这三者进行编组，效果如图 12-69 所示。

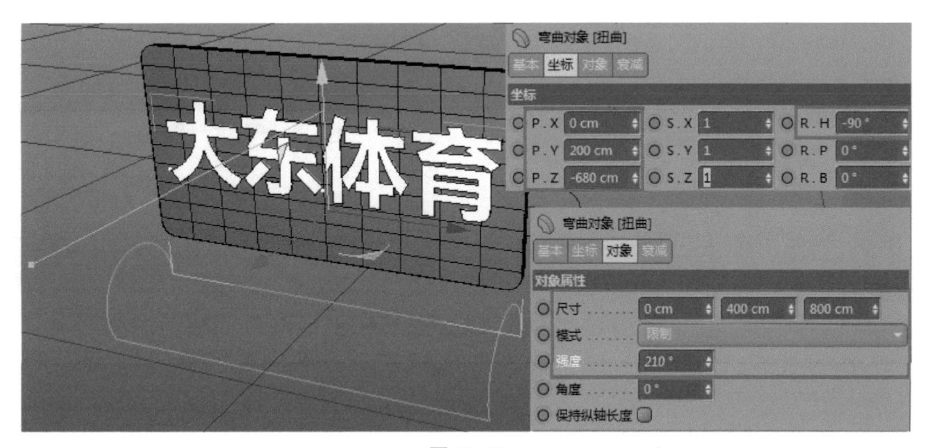

图 12-68

07 将时间轴移至第 170 帧，即在 Logo 变形完毕后，“店招”开始变形。在“对象”窗口中选中“扭曲”特征并在“属性”窗口中切换至“对象”选项卡，设置“强度”为 210°，并定义关键帧，此时“店招”为蜷曲状态，如图 12-70 所示。

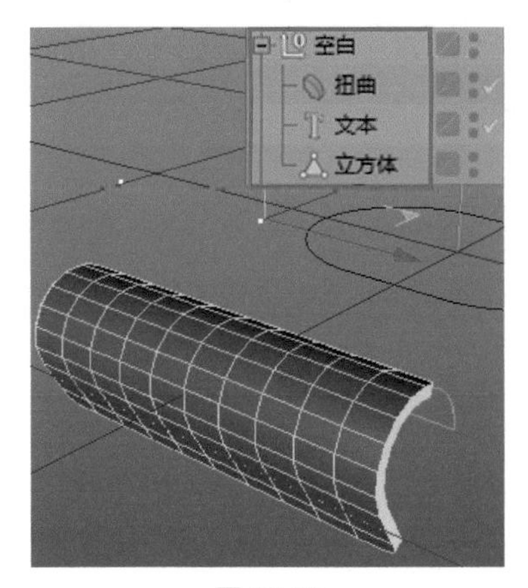

图 12-69

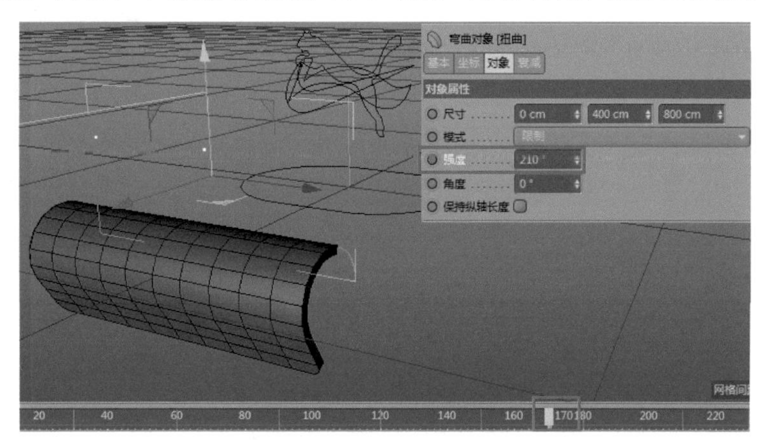

图 12-70

08 将时间轴往后移动 50 帧，至第 220 帧，让“店招”展示。只需设置扭曲特征的强度为 0° 即可，如图 12-71 所示。

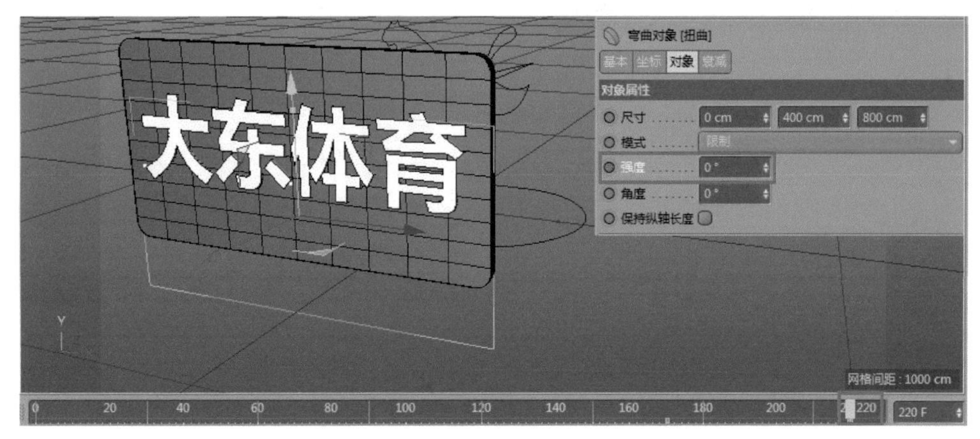

图 12-71

2. 创建推销文案

01 在画笔工具栏中单击“文本”按钮，在文本的“属性”窗口中修改文本内容为 618，选择字体为“微软雅黑”，设置对齐方式为“中对齐”，“高度”为 130cm，“水平间隔”为 5cm，调整文字至“店招”下方靠左的位置，如

图 12-72 所示。

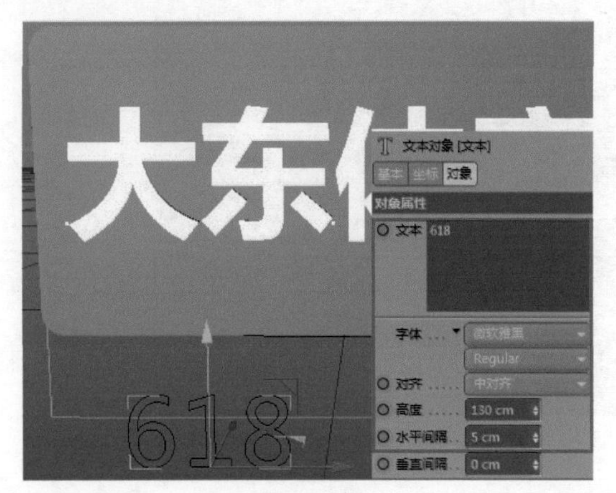

图 12-72

02 单击工具栏中的“矩形”按钮，创建一个 400cm×400cm 的矩形，平面为 XY，调整其位置，使上一步创建的 618 文字被包裹于其中，如图 12-73 所示。

图 12-73

03 单击工具栏中的“样条布尔”按钮，在“对象”窗口中得到一个样条布尔特征，设置“模式”为“与”，如图 12-74 所示。

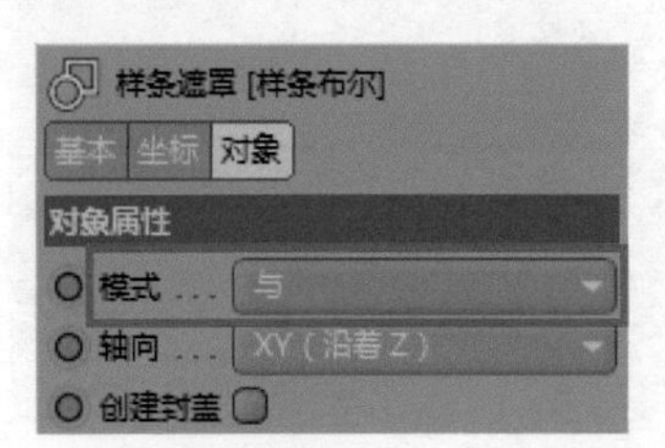

图 12-74

04 将上一步创建的矩形和文本统一移至样条“布尔特征”下，效果如图 12-75 所示。

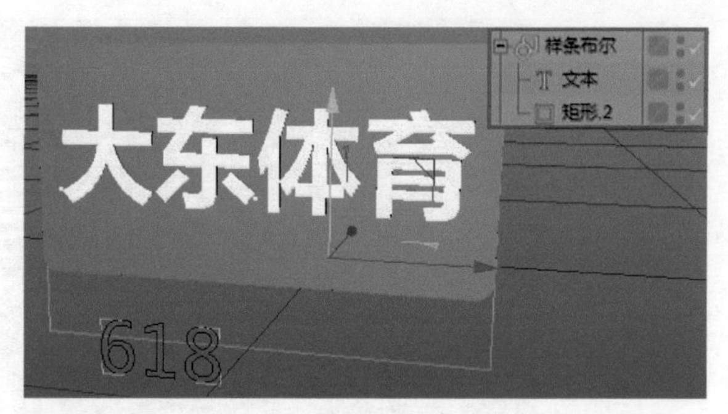

图 12-75

05 单击工具栏中的“挤压”按钮，在“对象”窗口中创建一个挤压特征，设置“属性”窗口中“移动”参数为 0cm、0cm、0cm，如图 12-76 所示。

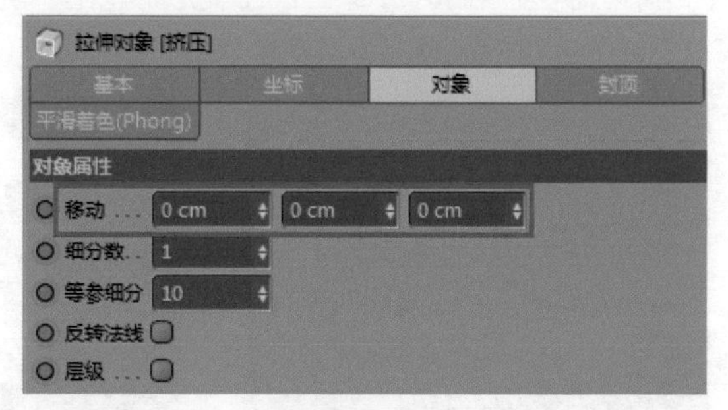

图 12-76

06 将前面创建的“样条布尔”特征拖至“挤压”特征下，效果如图 12-77 所示。

图 12-77

07 选中 618 文本特征，并向右拖动，可预览到文字在接触到矩形边缘时会自动消隐，因此，利用这个特性可以创建推销文案的展示动画。

08 移动时间轴至第 230 帧，即“店招”展示完毕后的第 10 帧。在“属性”窗口中切换至“坐标”选项卡，在 P.X 文本框中输入 120cm，然后单击左侧的小圆点，使其变为红色的实心原点，定义关键帧，如图 12-78 所示。

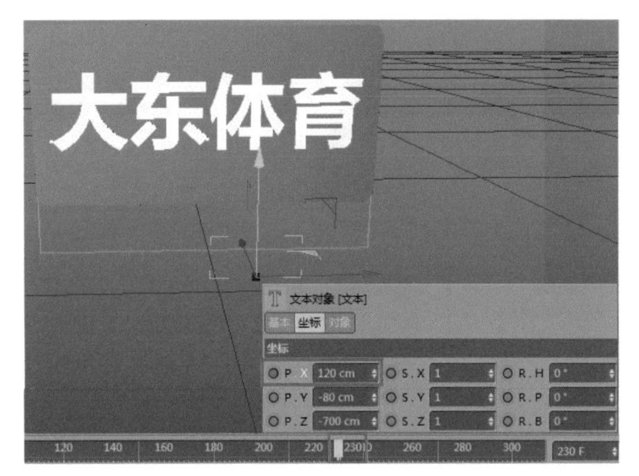

图 12-78

09 将时间轴向后移动 30 帧，至第 260 帧，让左侧的推销文案 618 展示完毕。在“坐标”选项卡的 P.X 文本框中输入 -175cm，定义关键帧即可，如图 12-79 所示。

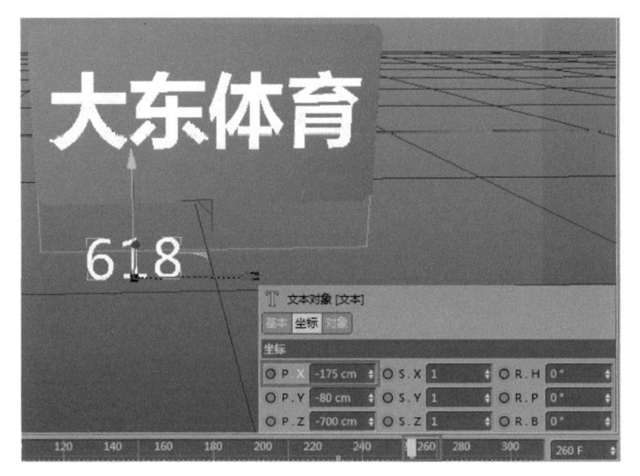

图 12-79

10 使用相同的方法，创建右侧的推销文案动画，文字为“折上折”，效果如图 12-80 所示。

图 12-80

11 单击工具栏中的“圆盘”按钮，创建一个圆盘，移动至推销文案的中间位置。移动时间轴至第 220 帧，设置其“外部半径”为 0cm，定义关键帧，如图 12-81 所示。

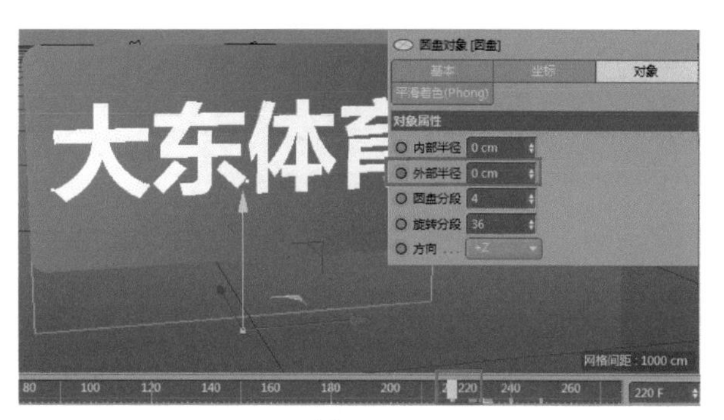

图 12-81

12 参考表 12-1 所示，为圆盘定义其他关键帧。

表 12-1

帧　数	外部半径
220	0cm
230	30cm
240	8cm
250	15cm

13 此时所有动画效果均创建完毕，将所有隐藏的对象显示出来，拖动时间轴即可预览动画效果。

14 确认无误后，可以创建一个类似摄影棚的场景模型，将所有对象元素均包含在内，这样在渲染最终的动画效果时就能得到非常逼真的效果。此处为节省篇幅，读者可以直接导入本书素材中提供的“场景 .c4d”文件，如图 12-82 所示，也可以自行创建所需的场景。

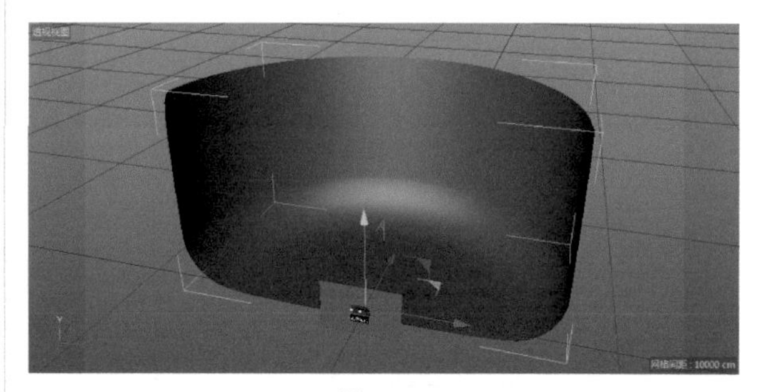

图 12-82

12.3　添加材质

动画创建完毕后，即可为对象添加材质，使之得到最佳的表现效果。

01 为鞋带添加材质。考虑到本例所创建的动画模型组成元素比较简单，因此材质也不需要做得太复杂。在“材质”窗口的空白处双击，即可新建一个材质球，如图 12-83 所示。

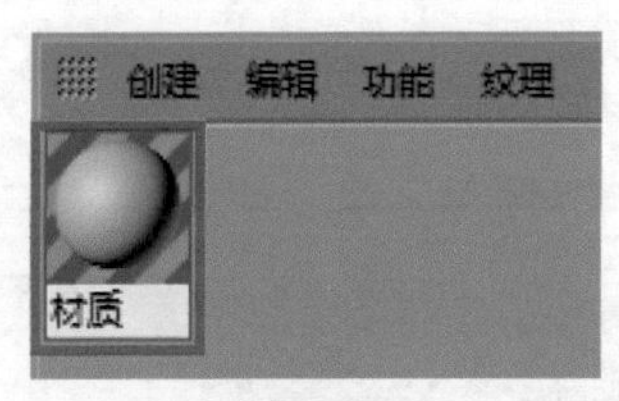

图 12-83

02 双击该材质球，打开对应的“材质编辑器”对话框，选中“颜色”“漫射”和“法线”3 个通道，如图 12-84 所示。

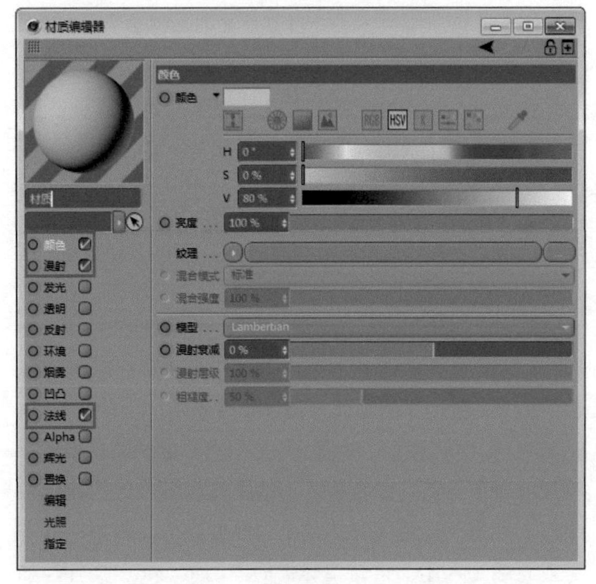

图 12-84

03 切换至“漫射”通道，选择纹理选项为“过滤”，然后添加本书素材中的“置换 .psd”文件为其纹理，如图 12-85 所示。

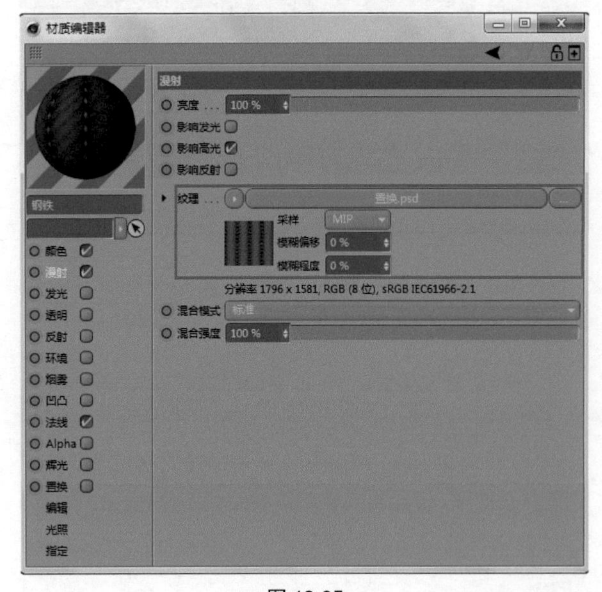

图 12-85

图 12-85（续）

04 再切换至“法线”通道，添加本书素材中的“法线 .psd”文件为其纹理，如图 12-86 所示。

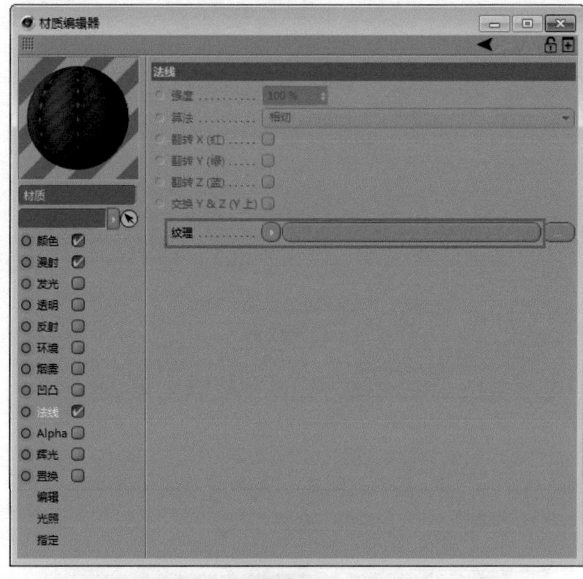

图 12-86

05 其余选项保持不变，关闭“材质编辑器”对话框回到模型空间。直接将定义好的材质球拖至鞋带模型上，效果如图 12-87 所示。

图 12-87

06 为整体背景板和场景添加材质。在“材质”窗口的空白处双击，新建一个材质球，再双击该材质球打开对应的“材质编辑器”对话框。在其中仅选中“颜色”通道，设置其颜色的 HSV 参数分别为 0°、100%、69%，如图 12-88 所示。

07 关闭“材质编辑器”对话框回到模型空间，直接将定义好的材质球拖至整体背景板模型上，效果如图 12-89 所示。

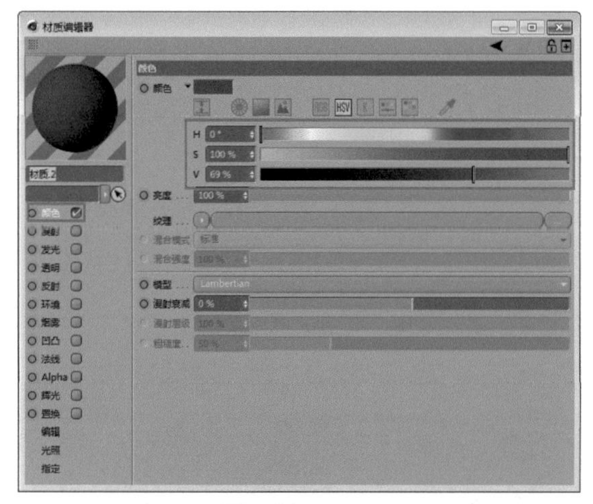

图 12-88

图 12-89

08 为场景模型添加相同的材质，效果如图 12-90 所示。

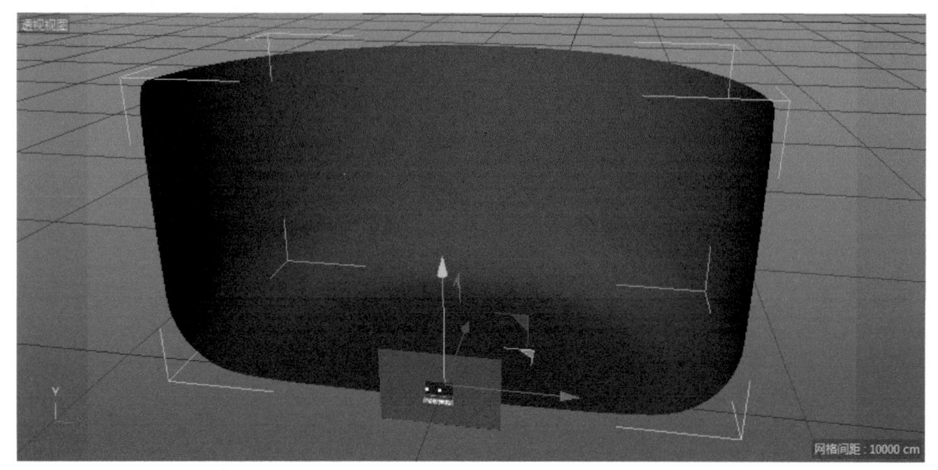

图 12-90

09 为“店招”添加材质。使用相同的方法，创建一个新的材质球，在“材质编辑器”对话框中同样仅选中“颜色”通道，设置颜色的 HSV 参数分别为 0°、0%、8%，如图 12-91 所示。

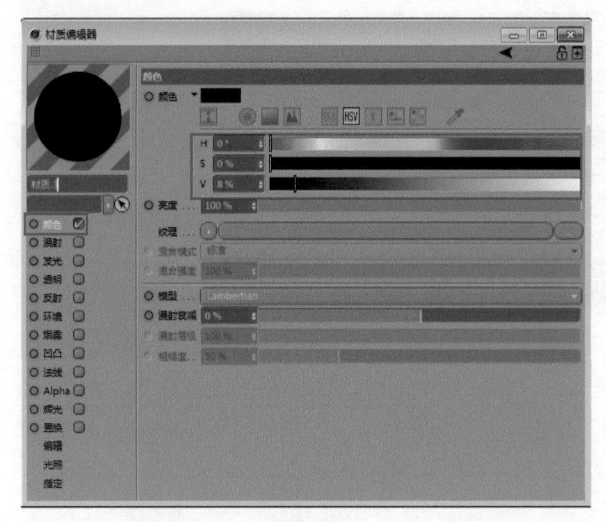

图 12-91

10 将该材质球拖至“店招”模型上，效果如图 12-92 所示。

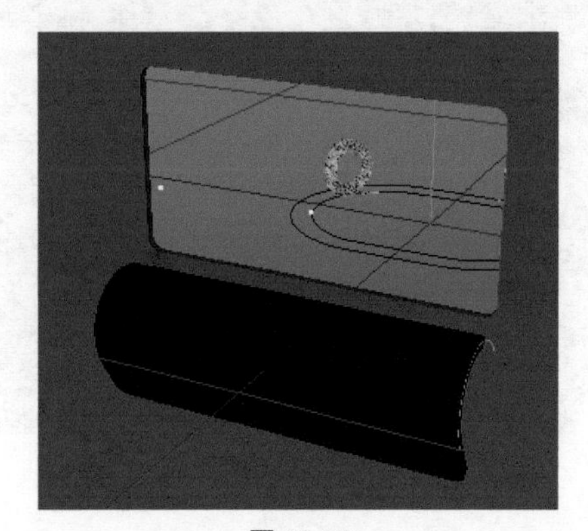

图 12-92

11 再创建一个新的材质球，在“材质编辑器”对话框中仅选中“发光”通道，其余选项保持不变，如图 12-93 所示。

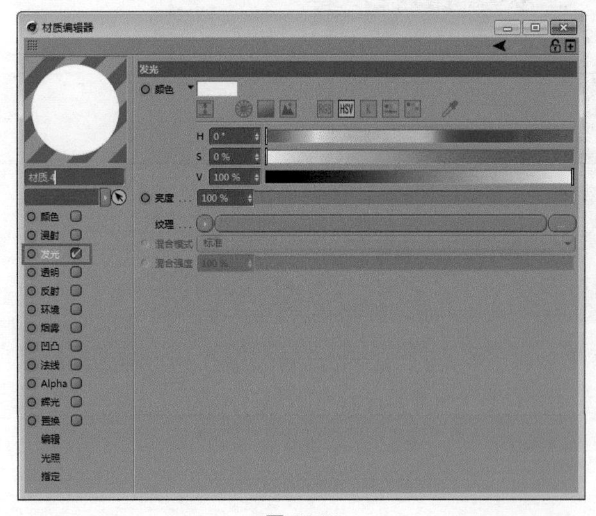

图 12-93

12 将该材质球拖至“店招”上的文字上，效果如图 12-94 所示。至此，整个模型的材质创建完毕。

图 12-94

12.4 添加摄像机

一个好的动画离不开好的镜头效果，如何规划镜头的移动轨迹，使整个动画效果的特点能完美地呈现，一直是动画设计师的主要任务。本节通过最简单原始的方法为初学者讲解如何手动添加摄像机。

01 在工具栏中单击“摄像机”按钮，创建一个摄像机特征，同时将时间轴移至第 0 帧，如图 12-95 所示。

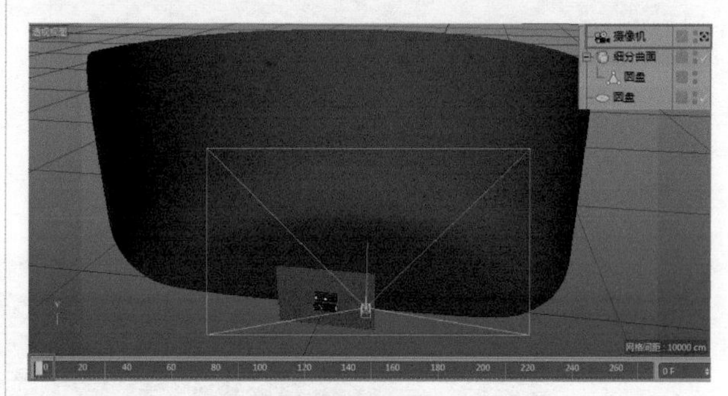

图 12-95

02 选中上一步创建的摄像机，在“属性”窗口中设置其焦距为“宽角度（25 毫米）”，再设置传感器尺寸为“35 毫米照片（36.0 毫米）”，其余选项保持不变，如图 12-96 所示。

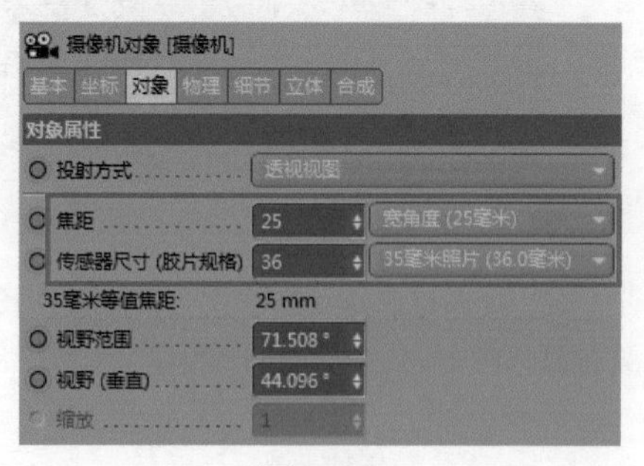

图 12-96

03 接着回到模型窗口，可见选中摄像机后其显示了坐标系，将光标放置在对应坐标轴上并拖曳，即可移动摄像机，如图 12-97 所示。

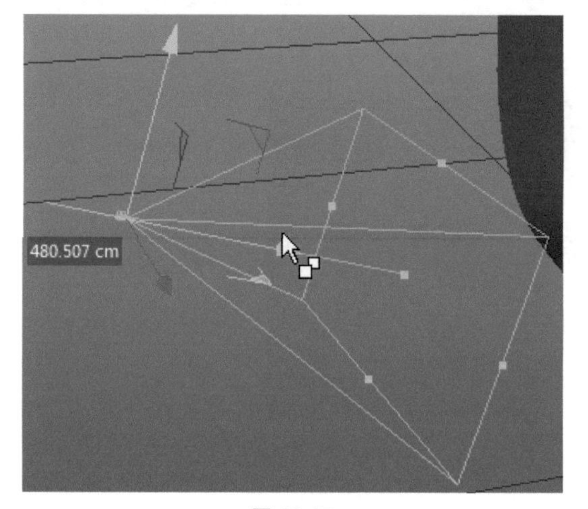

图 12-97

04 拖曳 3 个坐标轴，将摄像机移至鞋带前方，如图 12-98 所示。

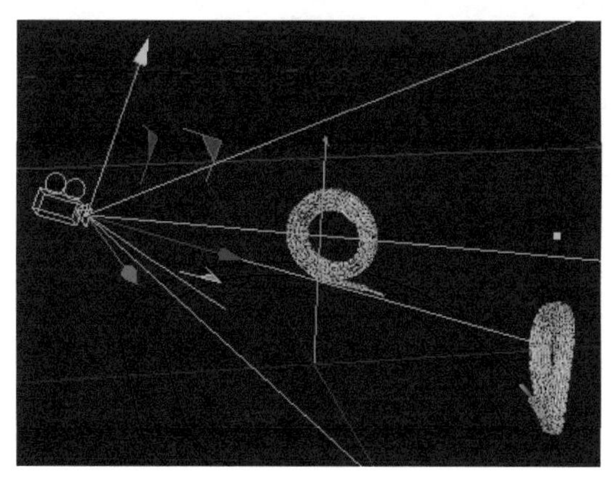

图 12-98

05 在工具栏中单击“旋转”按钮，或者按 R 键，将选择方式切换为旋转模式，如图 12-99 所示。

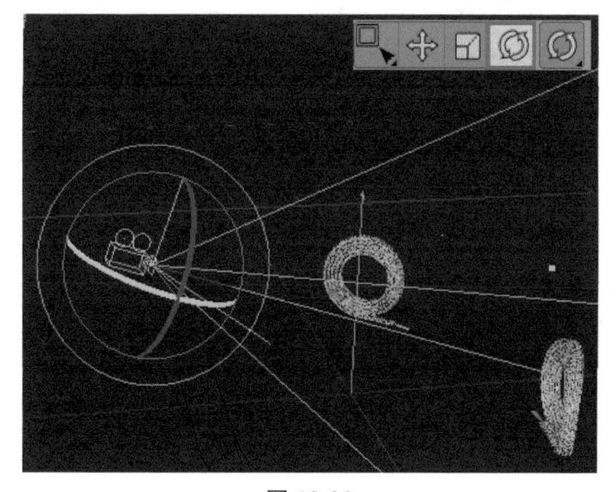

图 12-99

06 使用相同的方法，将光标放置在对应的圆弧上拖曳，调整摄像机的角度，最终摄像机的方位如图 12-100 所示。

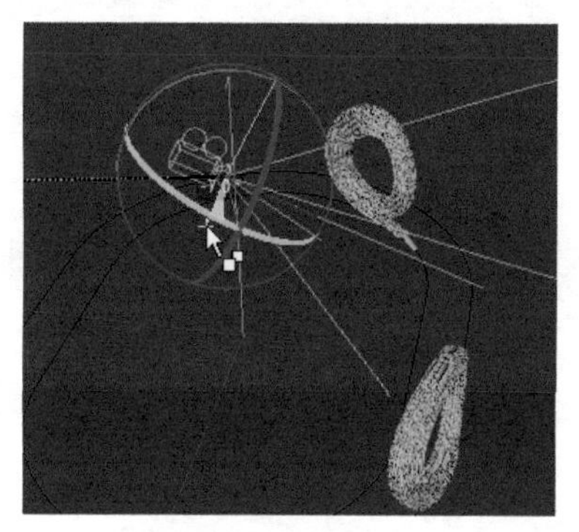

图 12-100

07 在摄像机的“属性”窗口中切换至“坐标”选项卡，单击所有位置文本框左侧的黑色标记，使其变为红色标记，添加关键帧，如图 12-101 所示。

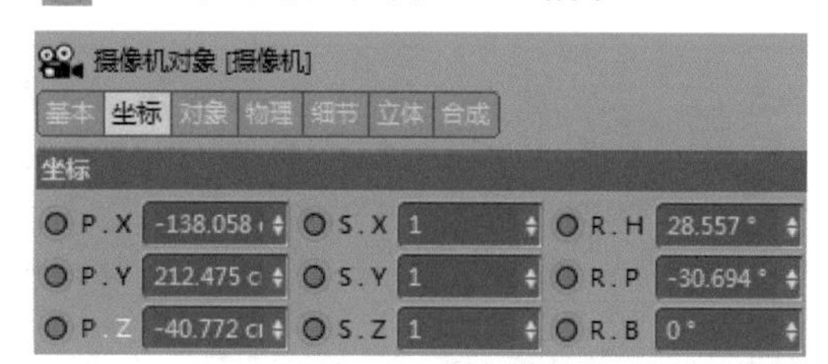

图 12-101

提示

如果需要验证摄像机画面是否满足要求，可以在“对象”窗口中单击摄像机特征后方的图标，即可进入当前摄像机的拍摄角度进行预览，效果如图 12-102 所示。如果感觉不满意，可以再次单击该图标返回自由视图，利用旋转和移动工具对摄像机进行微调，如此反复，从而得到最佳的摄像机拍摄效果。

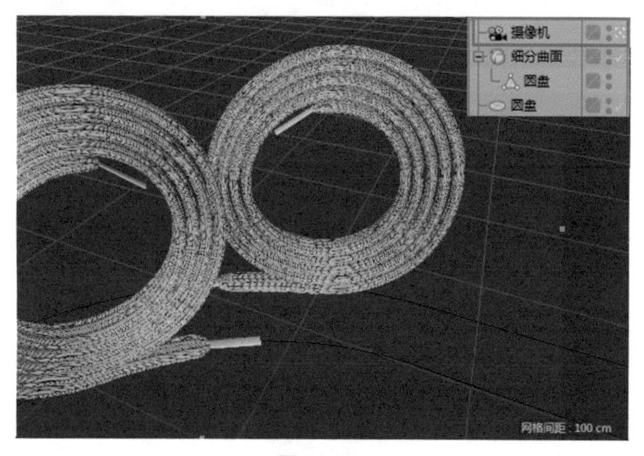

图 12-102

08 将时间轴移至第 70 帧，即鞋带完全铺展结束的时刻，移动摄像机，参考效果和坐标如图 12-103 所示。

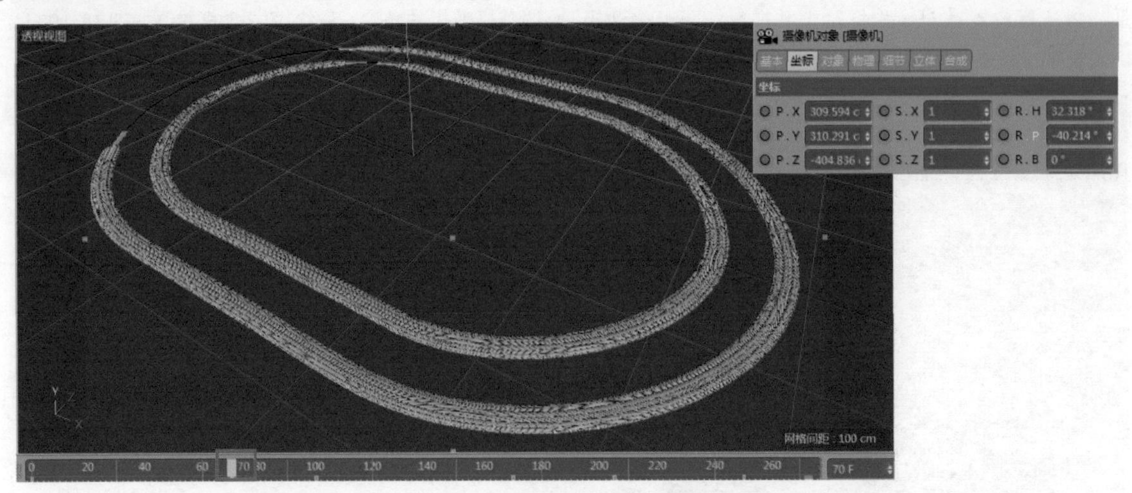

图 12-103

09 同理，分别设置时间轴在第 100、170、205、250 帧时的摄像机位置，参考效果和坐标如图 12-104～图 12-107 所示。

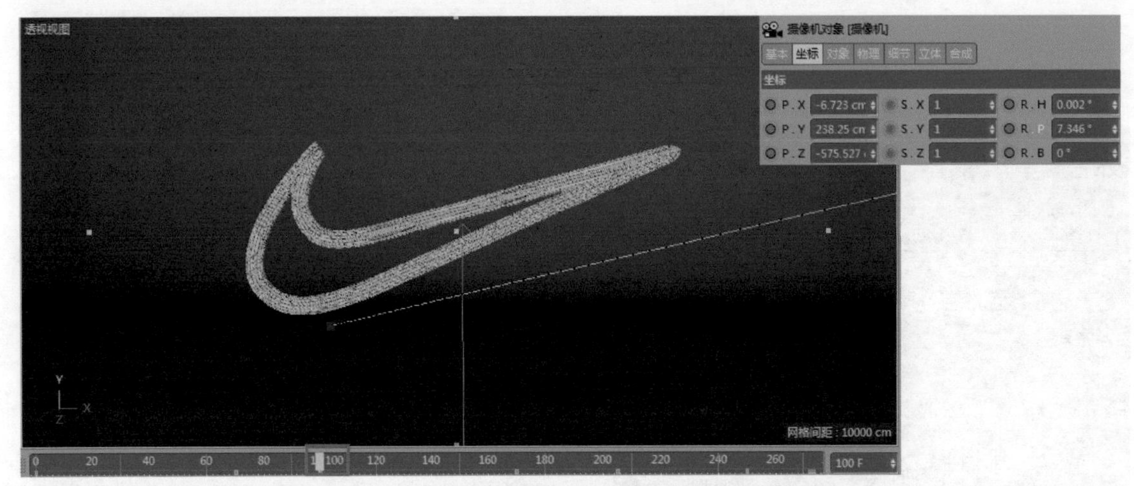

图 12-104

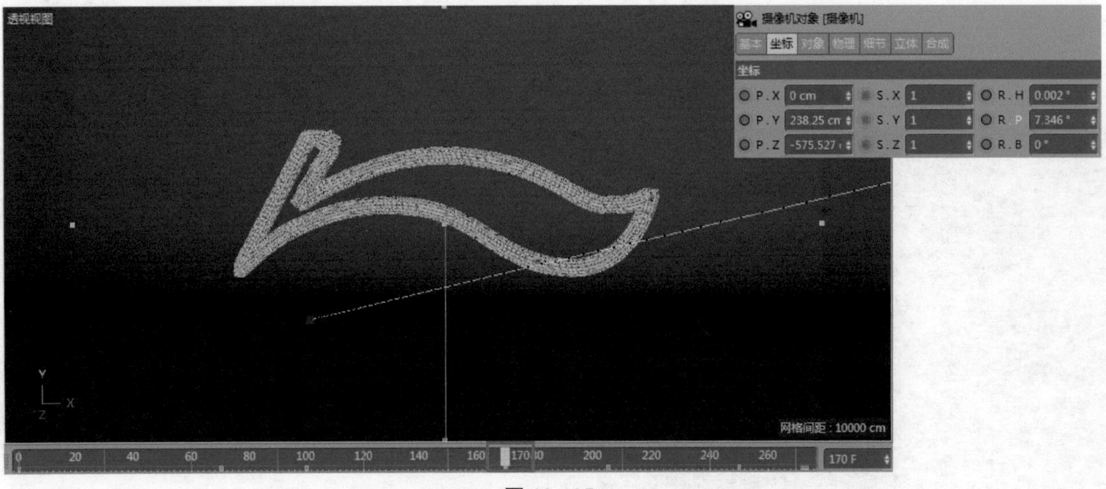

图 12-105

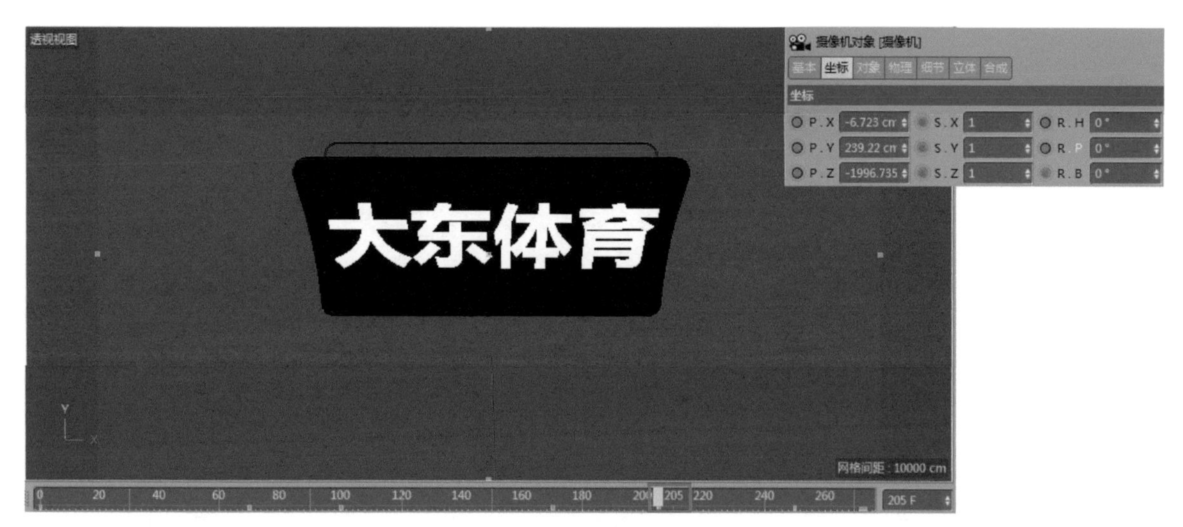

图 12-106

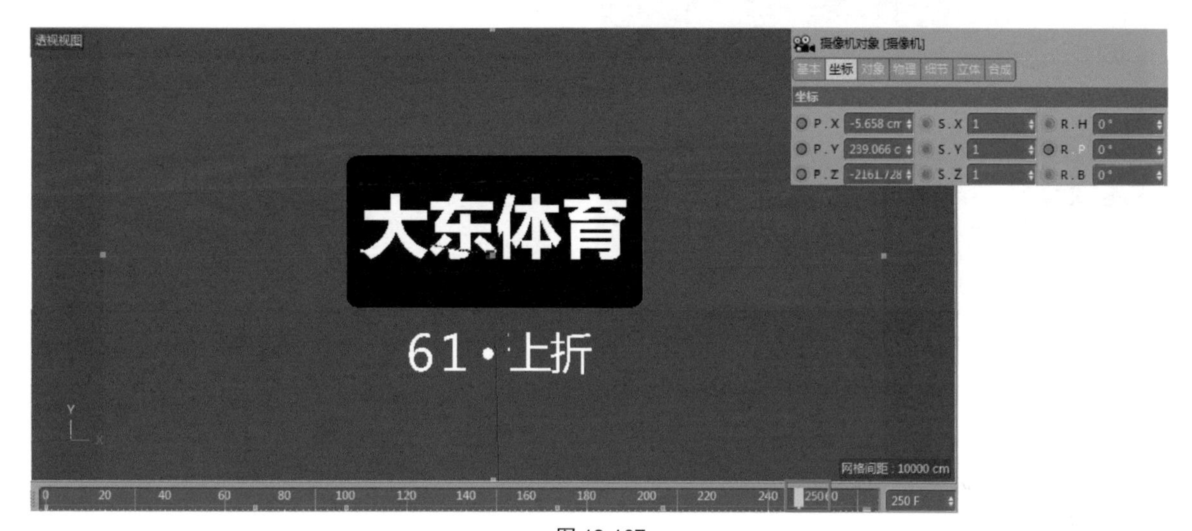

图 12-107

12.5　添加灯光

摄像机添加完毕后，拖动时间轴对动画效果进行观察，可见已经具备较高的完整度，接下来只需布置灯光，处理一些细节部分的光影效果，本例便制作完毕。本例同样可以采取三点照明的方式，分别创建主光源、辅助光和背景光即可。

01 创建主光源。单击灯光工具栏中的“区域光”按钮，创建一个区域光对象作为主光源，将其放置在鞋带模型的正上方，并设置其投影效果为“区域”，如图 12-108 所示。

02 创建辅助光源。单击灯光工具栏中的“灯光”按钮，创建一个点光源作为辅助光，将其放置在鞋带模型的正下方，从侧面照亮鞋带的变形过程，效果如图 12-109 所示。

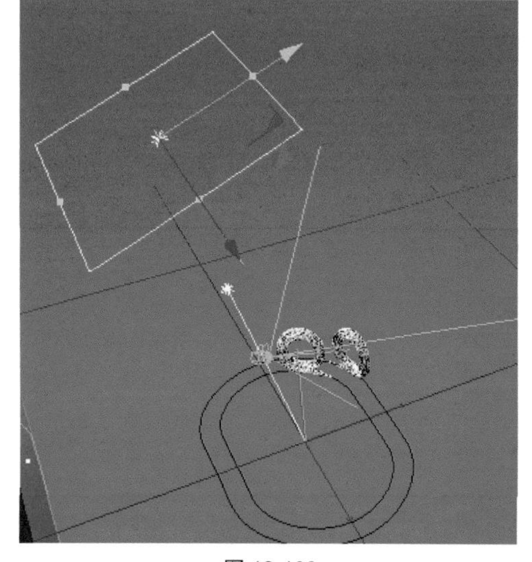

图 12-108

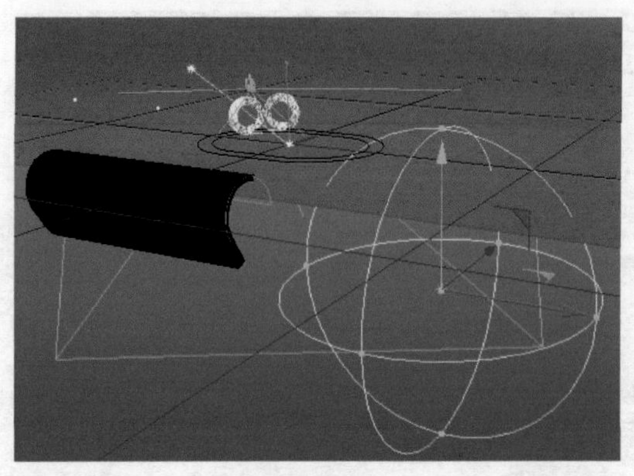

图 12-109

03 创建背景光源。同样创建一个点光源作为背景光，将其放置在鞋带模型的后方，效果如图 12-110 所示。

04 为了创建更为逼真的效果，可以单击工具栏中的“天空”按钮，为模型添加天光效果，如图 12-111 所示。

图 12-110

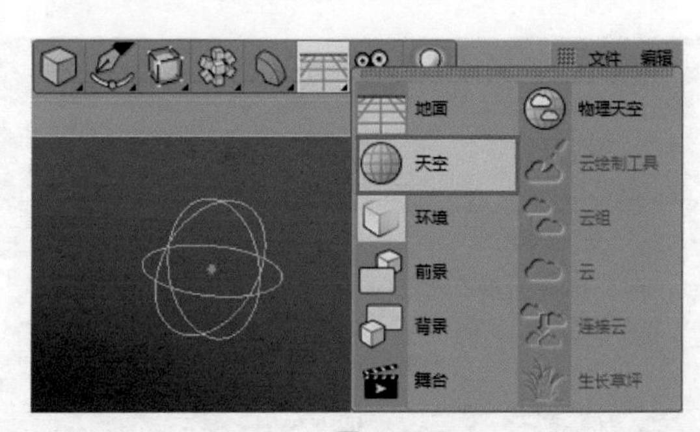

图 12-111

05 灯光设置完毕。三点照明并不是指仅创建 3 个灯光特征，而是指 3 种打光方向，因此，除了刚刚创建的 3 盏灯光外，还可以根据需要进行添加，此处不再赘述。

12.6 最终渲染

摄像机、材质和灯光均已设置完毕，接下来进行最终的渲染。

01 按快捷键 Ctrl+B 或者单击工具栏中的“编辑渲染设置”按钮，打开“渲染设置”对话框，在默认的输出选项组中设置输出文件的“宽度”和“高度”，如图 12-112 所示。

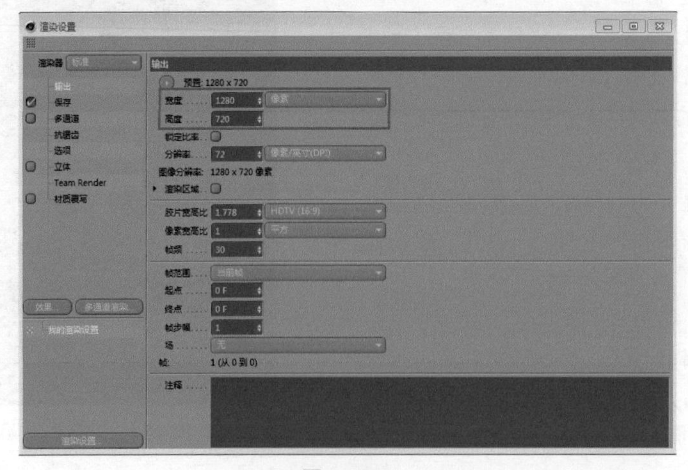

图 12-112

02 切换至“保存”选项组，设置保存文件的格式为“AVI 影片”，同时设置保存路径，如图 12-113 所示。

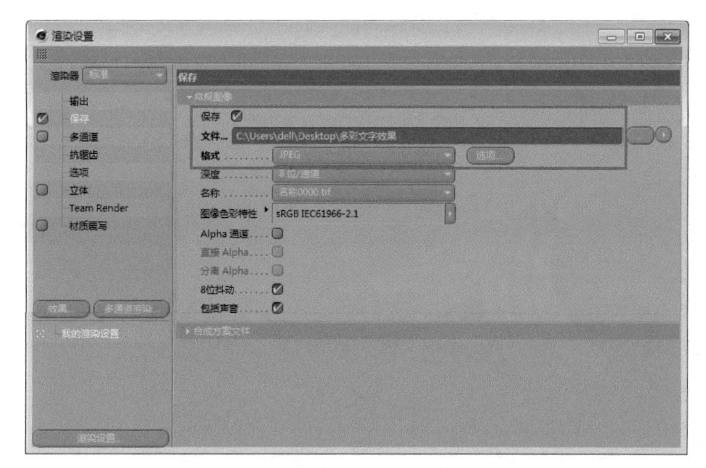

图 12-113

03 在“渲染设置”对话框的空白处右击，在弹出的快捷菜单中选择“全局光照”命令，如图 12-114 所示。

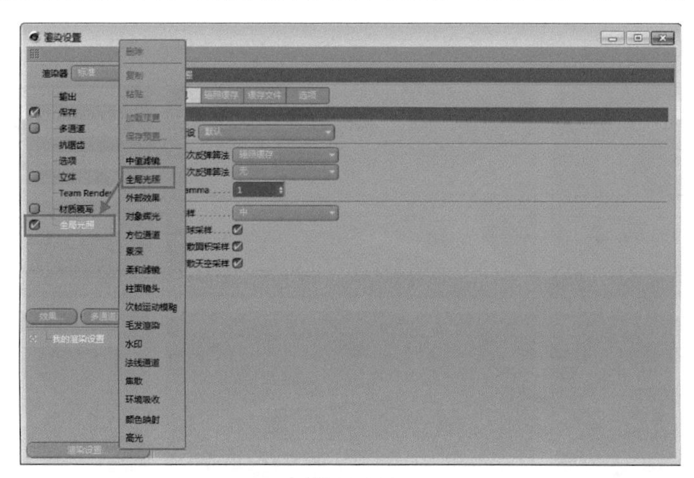

图 12-114

04 使用相同的方法，添加“环境吸收”选项，如图 12-115 所示。

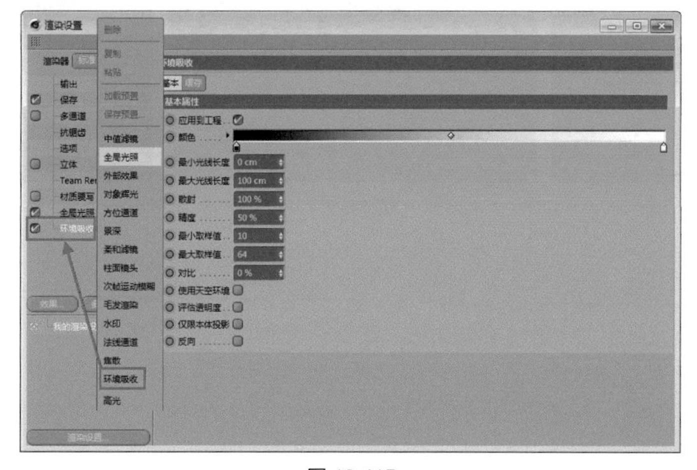

图 12-115

05 其他选项保持默认，单击工具栏中“渲染到图片查看器”按钮，打开“图片查看器”对话框，如图 12-116 所示，此时模型已进入渲染状态。

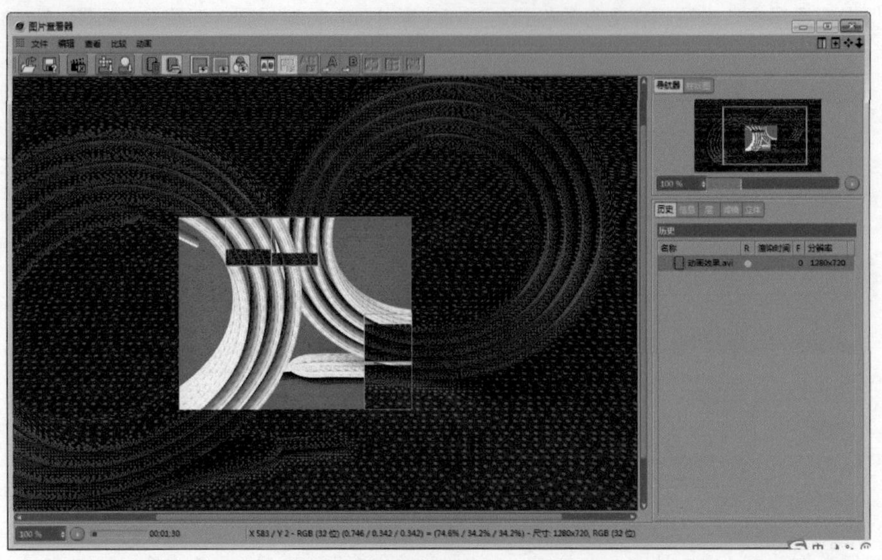

图 12-116

06 最后添加简单的地面和背景效果，并进行渲染，即可得到如图 12-117 所示的动画效果。

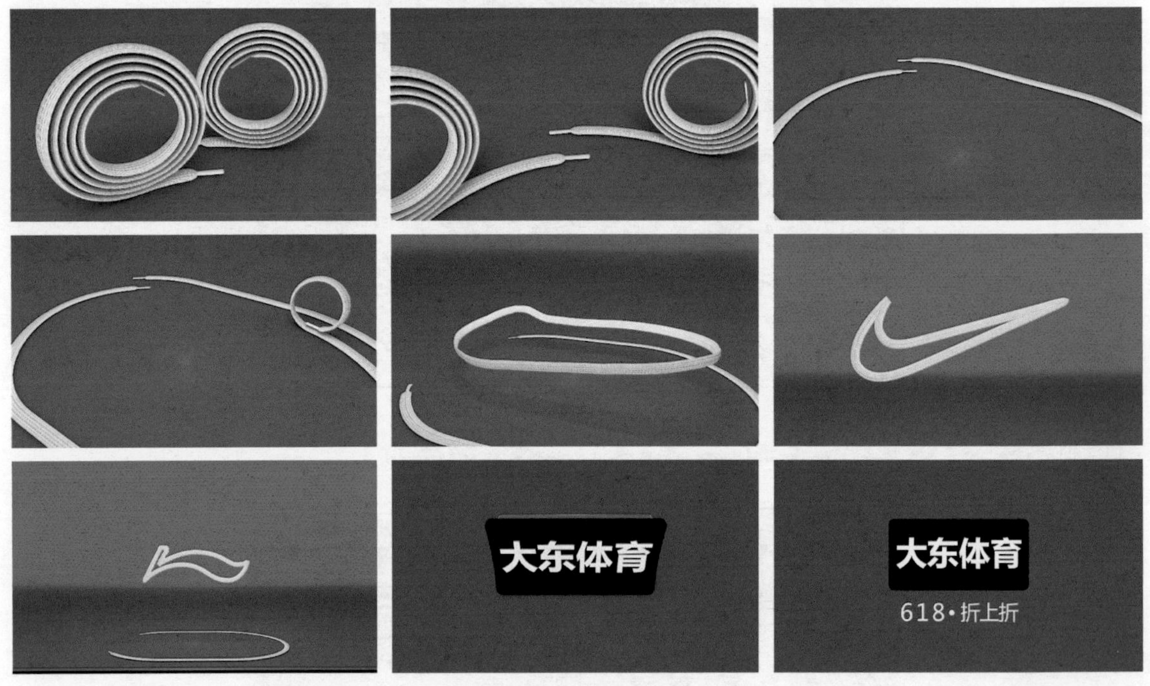

图 12-117

13.1 Low-Poly 风格概述

Low-Poly 风格的模型有着简约、抽象的特征，其棱角分明、结构激进的风格能产生强大的视觉冲击力。没有太复杂的细节，却又能表达物体最主要的特征。这种能降低设计开销，同时又能增强视觉效果的美术风格在游戏设计领域赢得了众多独立游戏开发者的青睐。如图 13-1 和图 13-2 所示为两款 Low-Poly 风格模型的海报。

图 13-1

图 13-2

在如今的电商领域，使用 Cinema 4D 创建出的 Low-Poly 风格的作品层出不穷，多适用于“店招”或宣传海报的背景填充，如图 13-3 所示。

图 13-3

第 13 章

创建 Low-Poly 风格模型

Low-Poly（低多面体）风格起源于 20 世纪 90 年代。在当时，由于计算机性能和设计软件等制作条件的限制，计算机三维建模做不到像如今这般精细，只能以减少模型面数来进行妥协。不过最近两年，复古之风盛行，这种低面体风格的建模又逐渐流行起来，人们发现这种美术风格能给视觉感官带来一种前所未有的刺激。本章便介绍如何使用 Cinema 4D 创建一个 Low-Poly 风格的模型。

13.2 创建主体模型

本例所创建的Low-Poly风格模型可以看成由浮岛、山体、树木和月亮等几部分组成，因此在创建模型时，可以先分成若干部分依次建模，最后再进行组合。

13.2.1 创建浮岛模型

浮岛是整个模型的主体，看似复杂，但是建立起来并不困难，这也是Low-Poly风格的一大特点。

1. 创建Low-Poly风格的球体

01 打开Cinema 4D，在工具栏中单击“球体”按钮，创建一个球体模型，如图13-4所示。

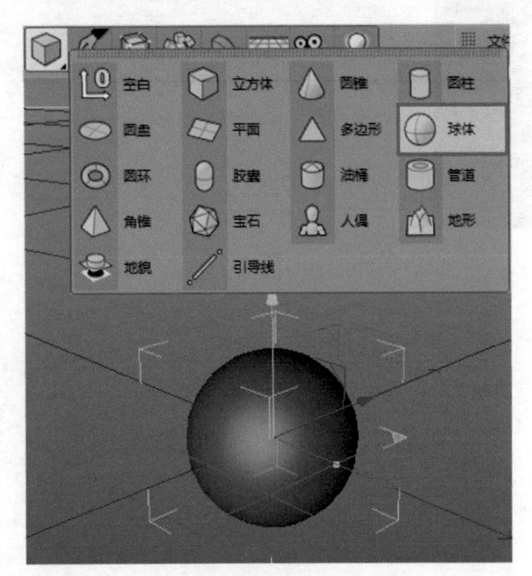

图 13-4

02 调整球体的“半径”为125cm，“分段”为100，“类型”选择“八面体”，取消选中“理想渲染”复选框，因为Low-Ploly风格的模型不需要太圆润的外形，如图13-5所示。

球体对象 [球体]
基本 坐标 对象 平滑着色(Phong)
对象属性
半径 125 cm
分段 100
类型 八面体
理想渲染

图 13-5

03 在建模窗口选择“显示”|“光影着色（线条）”命令，这样球体就能显示出分段效果，如图13-6所示。

04 在“对象”窗口中选中球体特征后的“平滑着色”标签，按Delete键将其删除，如图13-7所示。

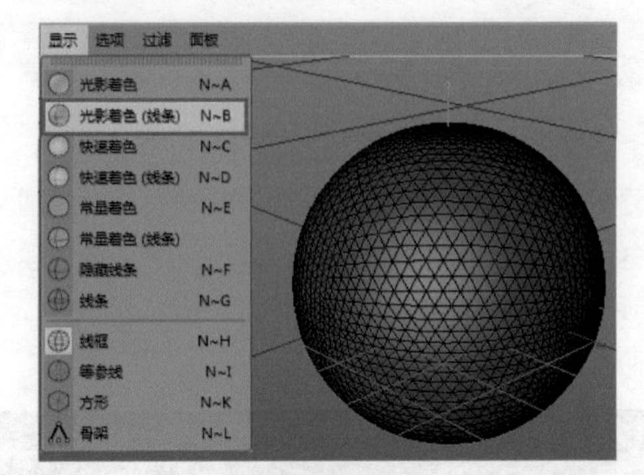

图 13-6

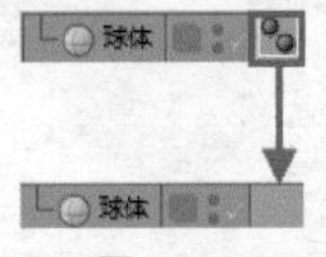

图 13-7

> **提示**
>
> 如果有“平滑着色”标签，那么，模型在渲染时就会保持平滑的过渡效果，这在其他风格的建模中是非常有用的标签，但对Low-Poly风格来说恰恰相反。

05 添加减面效果。单击变形工具栏中的“减面”按钮，在“对象”窗口中得到“减面”特征，如图13-8所示。

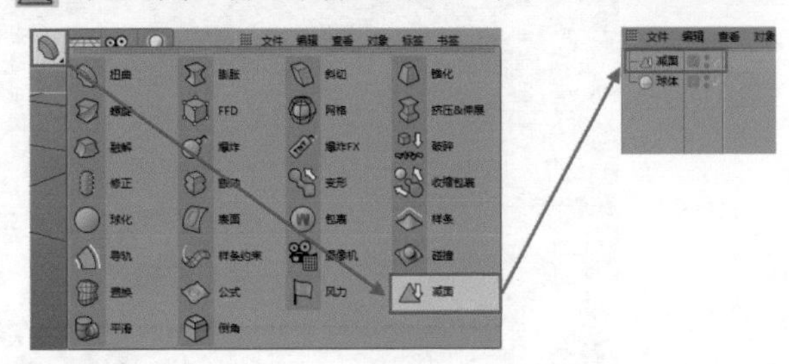

图 13-8

06 在“对象”窗口中选中新添的“减面”特征，将其拖至球体特征的下方，待鼠标指针变为符号时释放，“减面”特征便成为球体的子特征。在“属性”窗口中设置“减面”特征的“削减强度”为92%，此时球体已初步呈现低面体风格，如图13-9所示。

图 13-9

07 添加置换特征。同样单击变形工具栏中的“置换”按钮，在“对象”窗口中得到“置换”特征，然后选中该特征，参考上述方法将其移至“球体”特征下方，成为子特征，但位置应该排在“减面”之上，如图 13-10 所示。

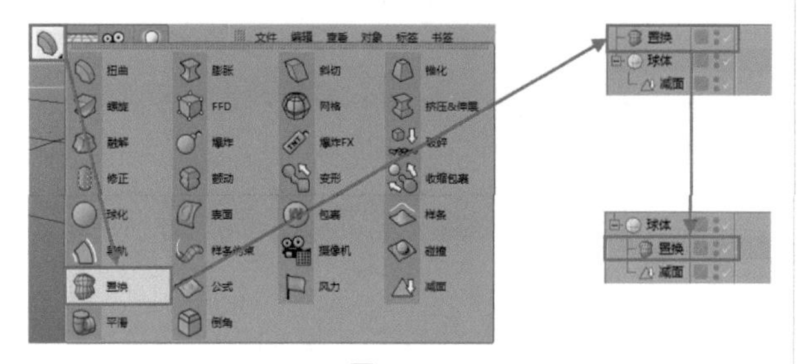

图 13-10

08 在“置换”特征的“属性”窗口中切换至“着色”选项卡，单击“着色器”右侧的按钮，在弹出的菜单中选择“噪波”命令，如图 13-11 所示。

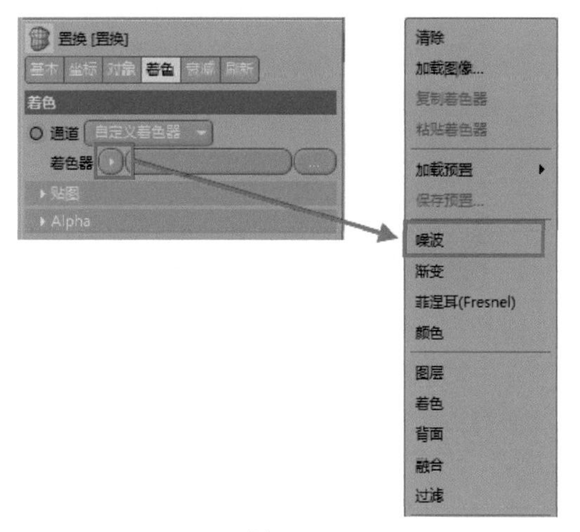

图 13-11

09 切换至“对象”选项卡，在“高度”文本框中输入 5cm，如图 13-12 所示。

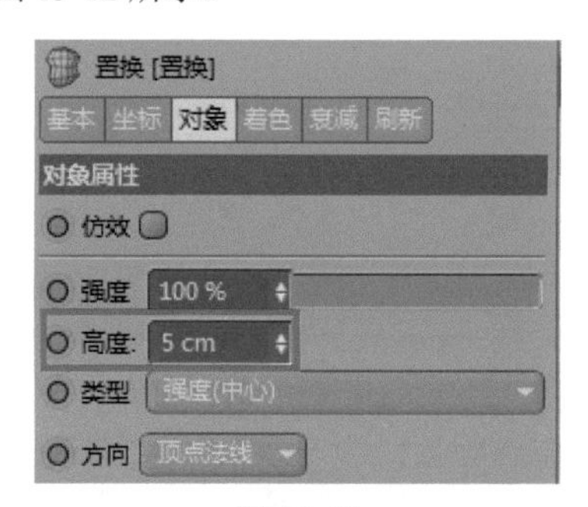

图 13-12

10 此时球体外观已经完全呈现出了 Low-Poly 的风格，选择“显示”|“光影着色”命令，可以看到很明显的效果，如图 13-13 所示。

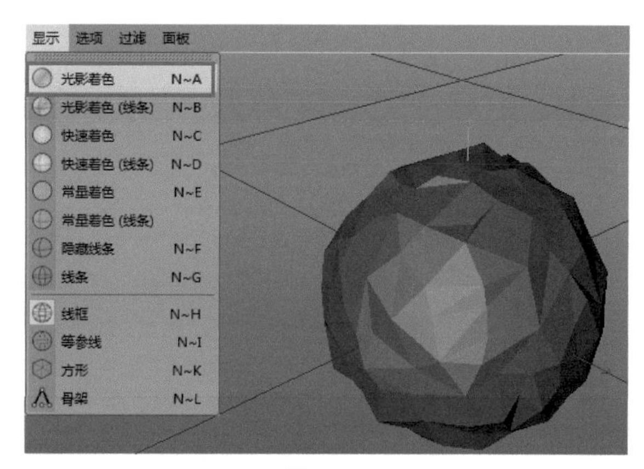

图 13-13

2. 修改球体成浮岛形状

此时球体已经有了 Low-Poly 风格的外观，但是离本例最终所要创建的浮岛效果还相差甚远。此时就需要将球体转换为可编辑对象，然后通过对应的命令进行调整，从而达到最佳效果。

01 选择球体模型，按 C 键或者单击工具栏中的“转为可编辑对象”按钮，将球体转为多边形对象，如图 13-14 所示。

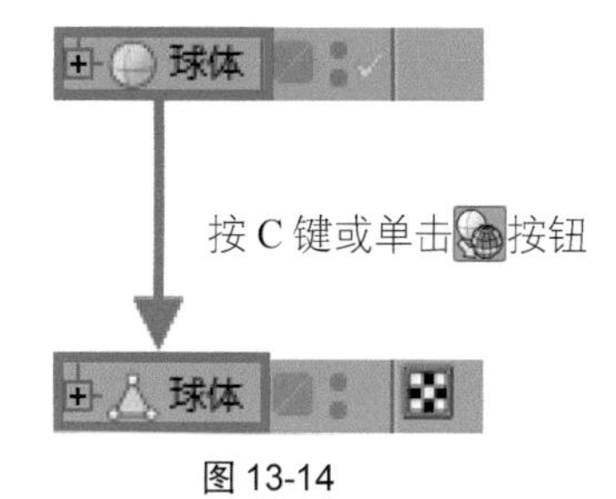

图 13-14

02 在侧边工具栏中单击“多边形”按钮，这样在选择模型时就能选择其中的面，而不是点与线，如图 13-15 所示。

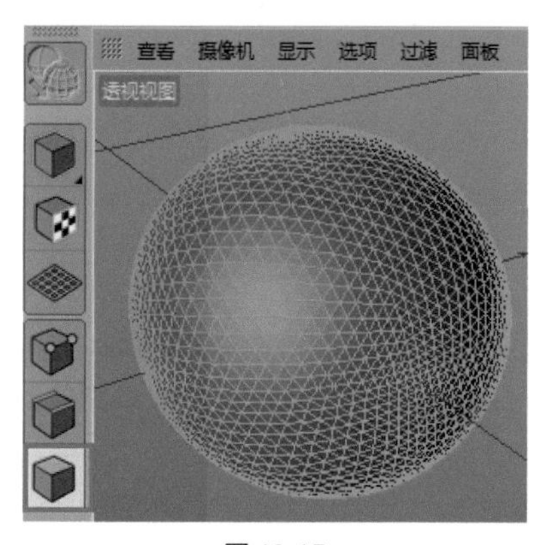

图 13-15

03 在选择工具组中单击“实时选择”按钮，此时光标变为选择模式。在模型窗口的空白处右击，在弹出的快捷菜单中选择“笔刷”命令，如图 13-16 所示。

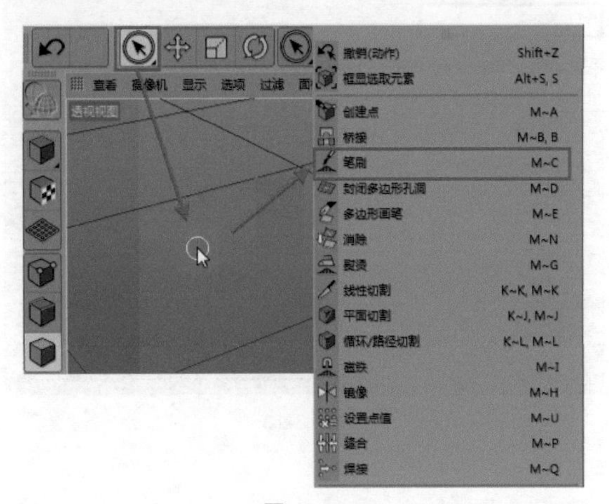

图 13-16

04 此时光标变为“笔刷选择”模式，在“属性”窗口中设置笔刷的“衰减”为“常数”，“模式”为“表面”，“强度”为 -25%，“半径”为 30cm，如图 13-17 所示。

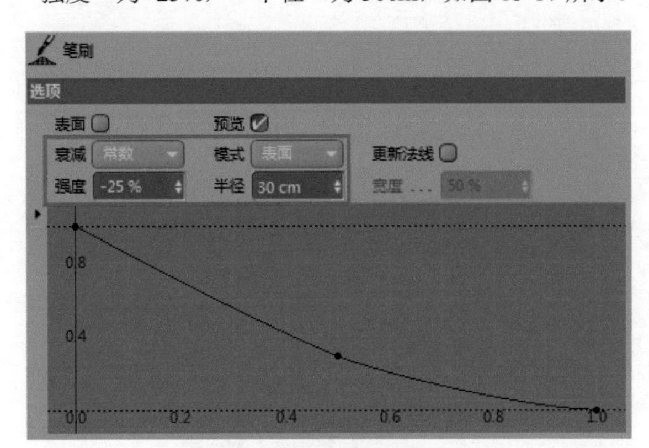

图 13-17

05 使用鼠标刷过球体对象，可见球体会随着光标的移动而进行变化，如图 13-18 所示。

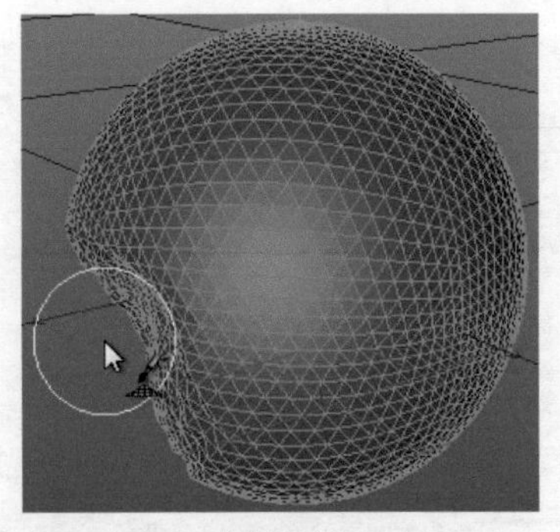

图 13-18

06 逐步将球体调整成合适的浮岛形状，效果如图 13-19 所示。

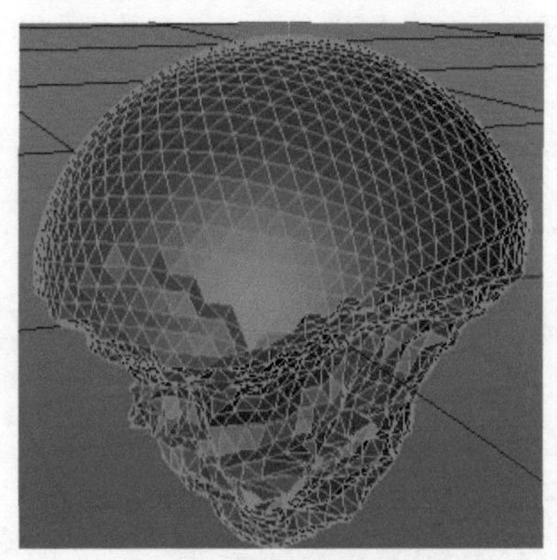

图 13-19

07 操作完成后退出选择模式，模型变成了如图 13-20 所示的低面体效果。

图 13-20

08 下面只需削去球体模型上方的球体部分，得到一个平面即可得到浮岛模型。我们可以使用布尔运算来得到这种效果。

3. 创建岛面

01 在工具栏中单击“立方体”按钮，创建一个立方体对象，并调整其大小与位置，如图 13-21 所示，只需立方体大过浮岛模型，能进行修剪操作即可。

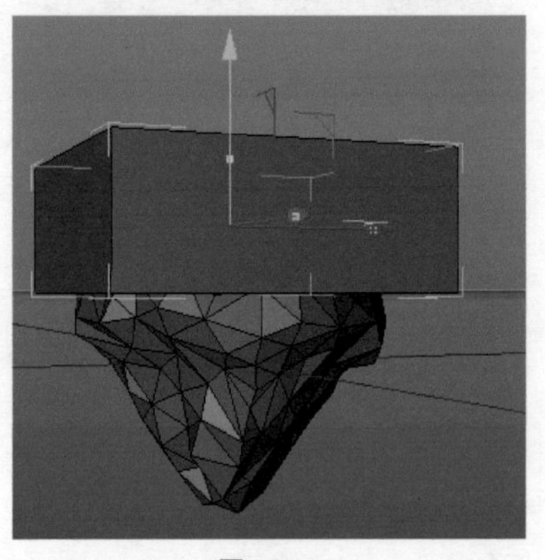

图 13-21

02 在工具栏中单击“布尔”按钮，在“对象”窗口中添加“布尔”特征。在“属性”窗口中选择“布尔类型”为“A 减 B”，如图 13-22 所示。

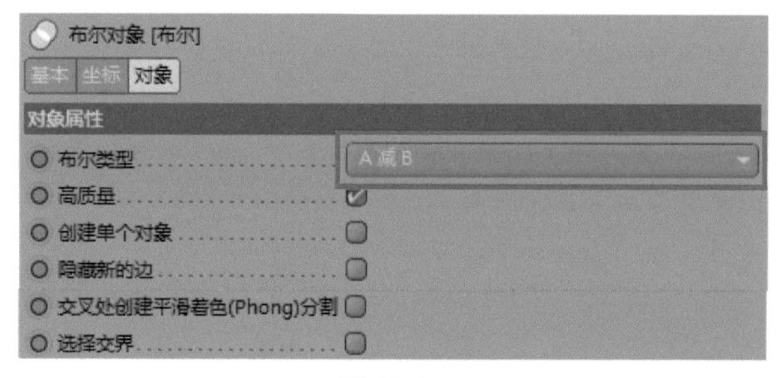

图 13-22

03 将“球体”和“立方体”特征拖至“布尔”特征下，成为其子特征，要注意“球体”和“立方体”的顺序，布尔运算后的浮岛模型如图 13-23 所示。

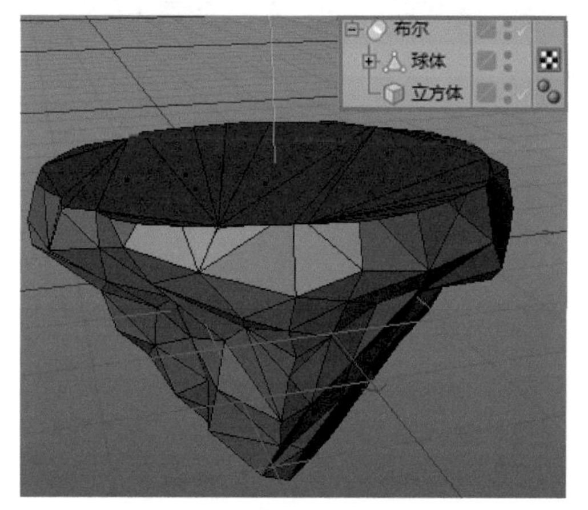

图 13-23

提示

通过布尔运算创建浮岛上的平面还有一个好处，这就是能通过调整立方体的高度改变浮岛平面的位置，如图 13-24 所示。

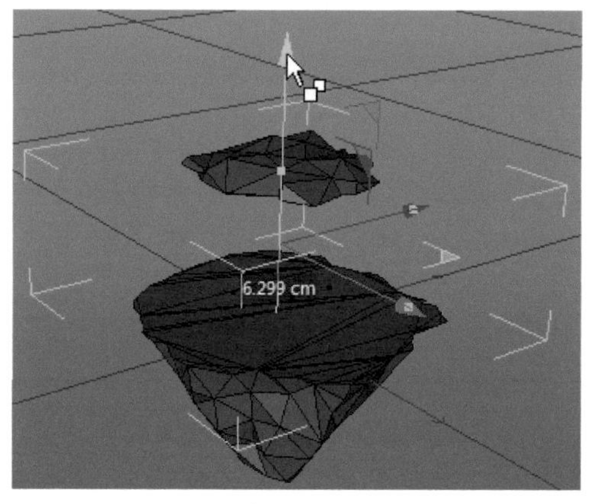

图 13-24

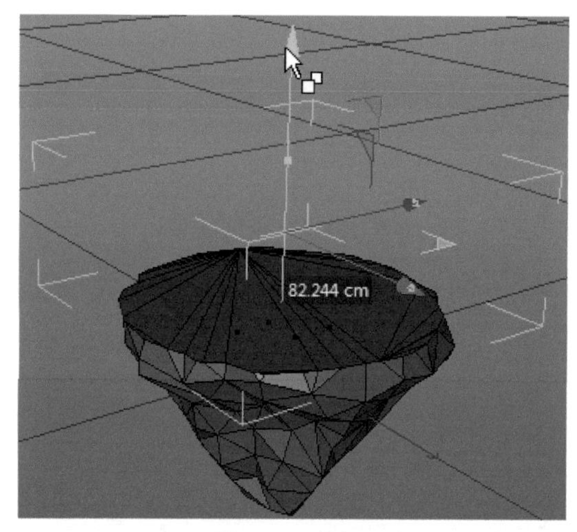

图 13-24（续）

04 在工具栏中单击“圆柱”按钮，创建一个圆柱对象，调整其大小，能覆盖住浮岛即可，同时修改其“高度分段”为 5，如图 13-25 所示。

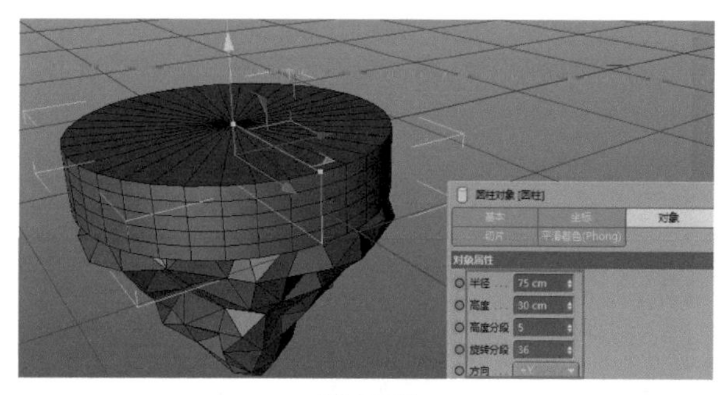

图 13-25

05 选择圆柱体模型，按 C 键或者单击工具栏中的“转为可编辑对象”按钮，圆柱体转换为一个多边形对象，单击“线模式”按钮，将模型切换为线显示状态，如图 13-26 所示。

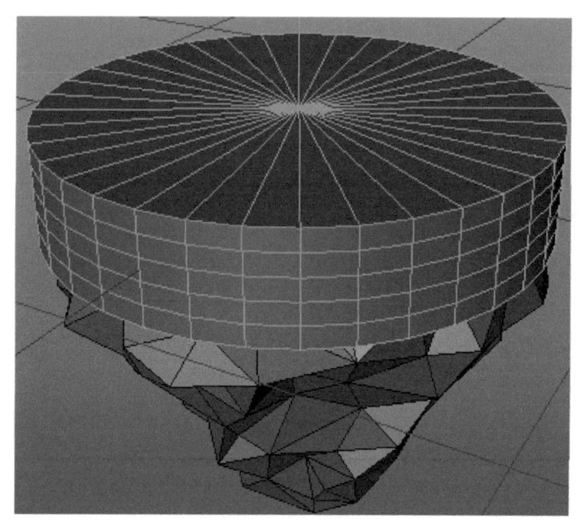

图 13-26

06 选择圆柱体上的高度边线，按 T 键，或者单击工具栏中的“缩放”按钮，向外拖曳图形，如图 13-27 所示。

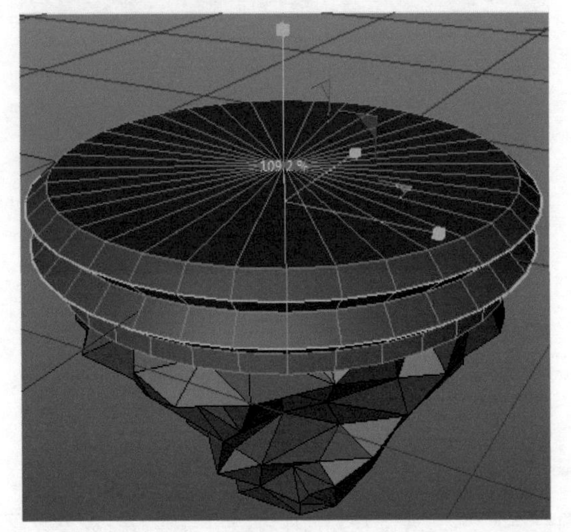

图 13-27

07 单击“点模式”按钮，将模型切换为点显示状态。右击，在弹出的快捷菜单中选择“优化”命令，为岛面模型进行一次优化处理，如图 13-28 所示。

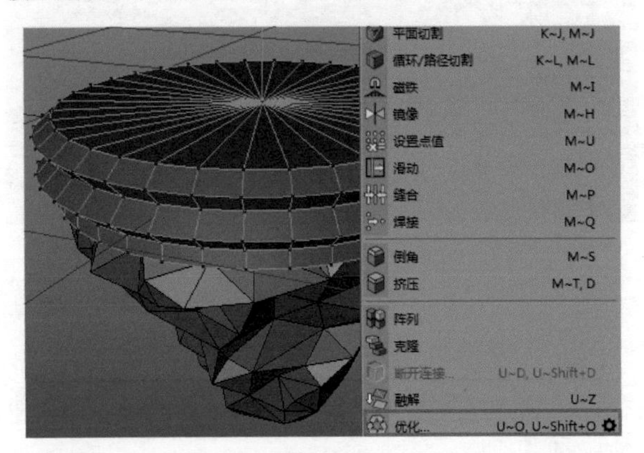

图 13-28

08 使用相同的方法，单击变形工具栏中的“减面”按钮，在“对象”窗口中将其拖至岛面特征下，设置“削减强度”为 77%，如图 13-29 所示。

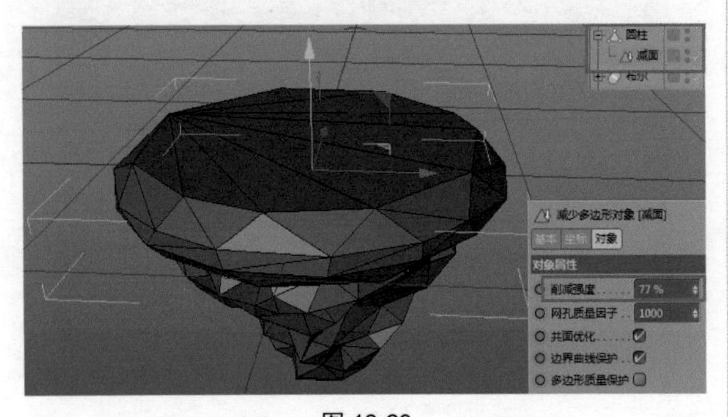

图 13-29

13.2.2 创建浮岛上的雪人

此时浮岛的本体模型已经创建完毕，接下来在浮岛顶面上创建雪人等其他装饰性特征，使模型的场景变得更加丰富。雪人可以看成是由若干个球体模型堆砌而成的，因此可以直接使用“球体”命令创建。

01 在工具栏中单击“球体”按钮，创建一个球体模型，调整球体的“半径”为 10cm，“分段”为 24，“类型”选择“二十面体”，取消选中“理想渲染”复选框，如图 13-30 所示。

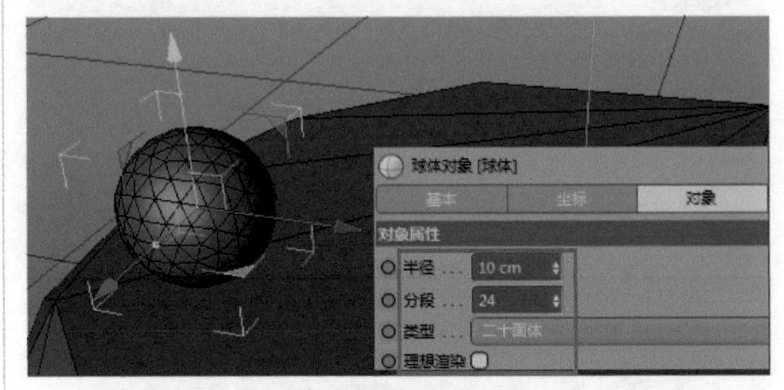

图 13-30

02 选择创建的球体，按 C 键将其转为可编辑对象，然后单击工具栏中的“缩放”按钮，将光标放置在 Y 轴处并拖曳，即可将模型在 Y 轴方向上进行缩放操作，向球体内部拖曳将球体压扁，如图 13-31 所示。

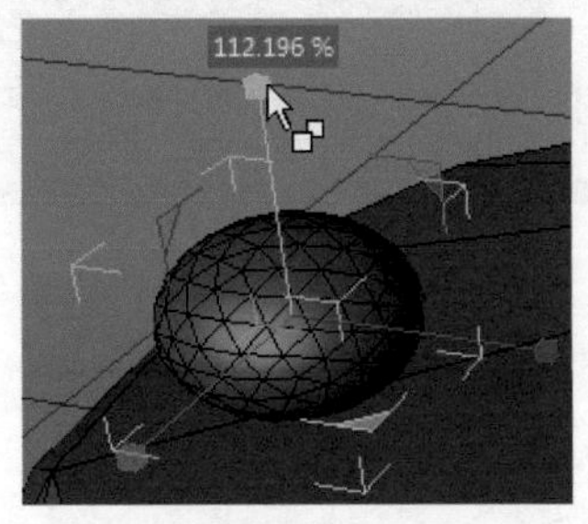

图 13-31

03 选中上一步创建的扁平球体，按住 Ctrl 键向上拖曳，复制出另外两个球体，如图 13-32 所示。

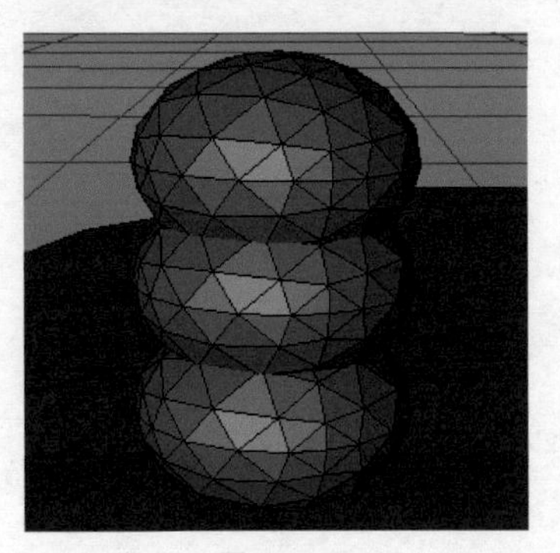

图 13-32

04 使用“缩放”工具调整复制出来的球体，使之呈现递减效果，同时调整其位置，如图 13-33 所示。

图 13-33

05 创建雪人的帽子。雪人的帽子可以看作圆柱体的变体，因此可以使用“圆柱体”工具来创建。在工具栏中单击“圆柱”按钮，创建一个“半径”为 4cm、“高度”为 7cm、“旋转分段”为 12 的圆柱体，如图 13-34 所示。

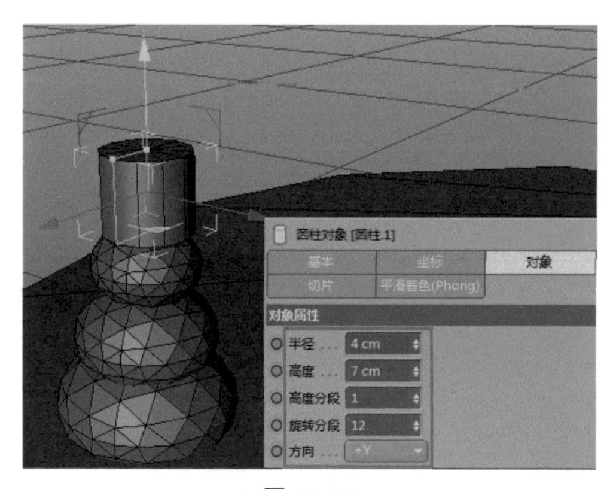

图 13-34

06 在工具栏中单击“锥化”按钮，并在对象“窗口”中将新增的“锥化”特征拖至“圆柱 1”下方，如图 13-35 所示。

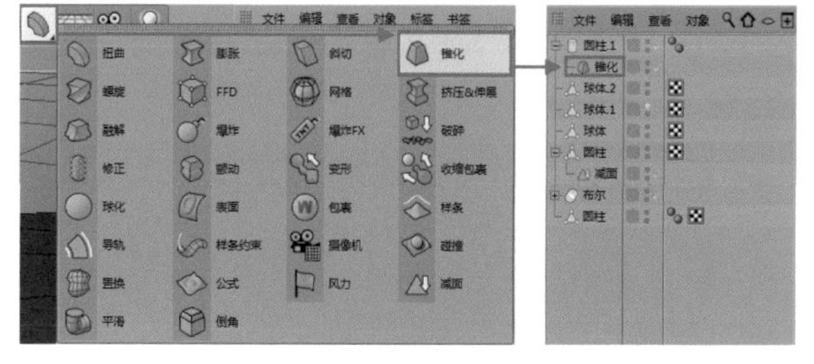

图 13-35

07 选中“锥化”特征，在“属性”窗口中单击“匹配到父级”按钮，“锥化”特征的蓝色范围边框便可以完全包裹住圆柱体了。调整其“强度”值，即可将圆柱上方收缩，最后使用“旋转”工具进行微调，效果如图 13-36 所示。

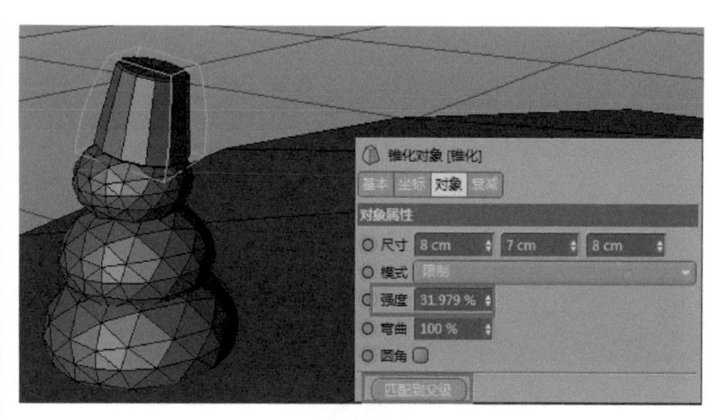

图 13-36

08 参考上述步骤，通过“球体”和“圆锥”工具为雪人创建眼睛和鼻子，效果如图 13-37 所示。

图 13-37

13.2.3　创建浮岛上的圣诞树

雪人创建完成后，还需要创建一些圣诞树模型来丰富浮岛模型。

01 创建树桩。在工具栏中单击“圆柱”按钮，在岛的顶面创建一个简单的圆柱体，设置“旋转分段”为 8，效果如图 13-38 所示。

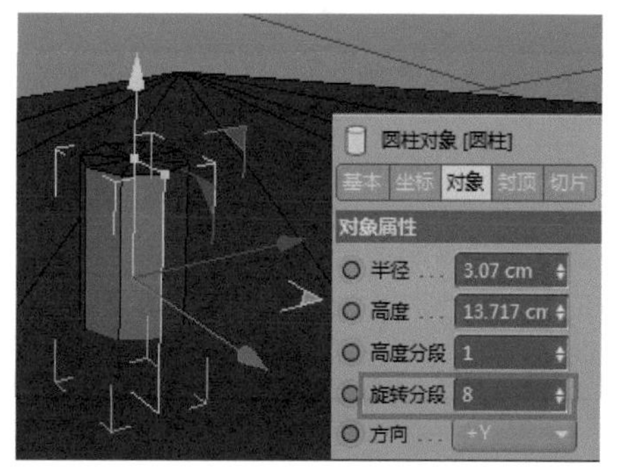

图 13-38

02 创建树叶。Low-Poly 风格的树叶可以直接使用“角锥”创建。在工具栏中单击“圆锥”按钮，创建一个圆锥，设置“旋转分段”为6，调整其大小，并将其移至树桩之上，如图 13-39 所示。

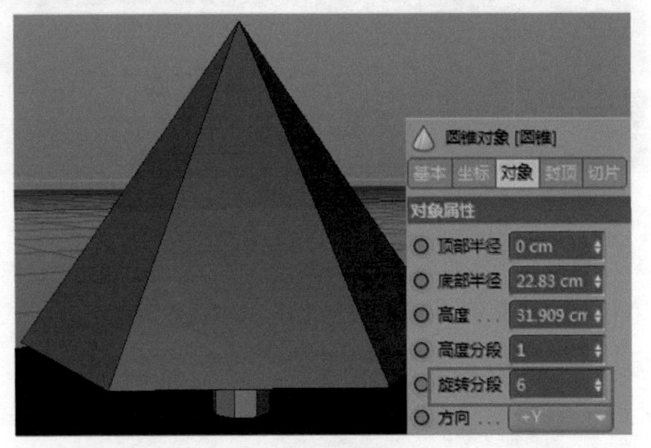

图 13-39

03 使用相同的方法创建其他圆锥，调整大小使每个圆锥均比前一个略小，然后再堆叠在前一个圆锥之上，即可创建 Low-Poly 风格的树木，效果如图 13-40 所示。

图 13-40

04 在“对象”窗口中选中创建树木用的立方体以及创建树叶用的圆锥，按快捷键 Alt+G 或者右击，在弹出的快捷菜单中选择“群组对象”命令，即可将创建树木用的模型添加至一个“空白”分组下，如图 13-41 所示。这样只需选择“空白”分组即可选中其内部的所有模型。

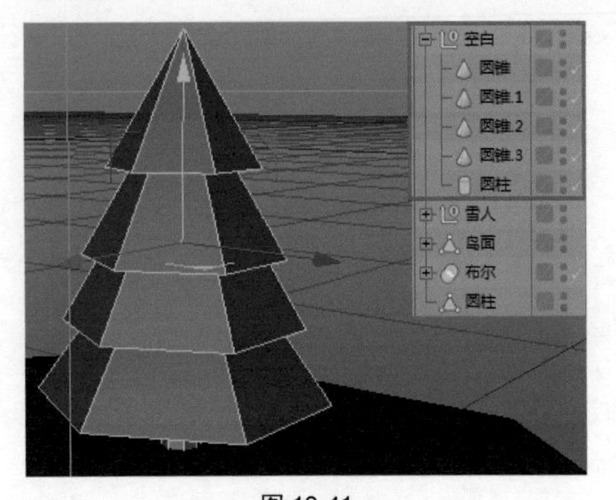

图 13-41

05 选择“空白”分组，按住 Ctrl 键拖曳，即可对树木模型进行复制，使用该方法在浮岛顶面的其他位置放置树木，效果如图 13-42 所示。

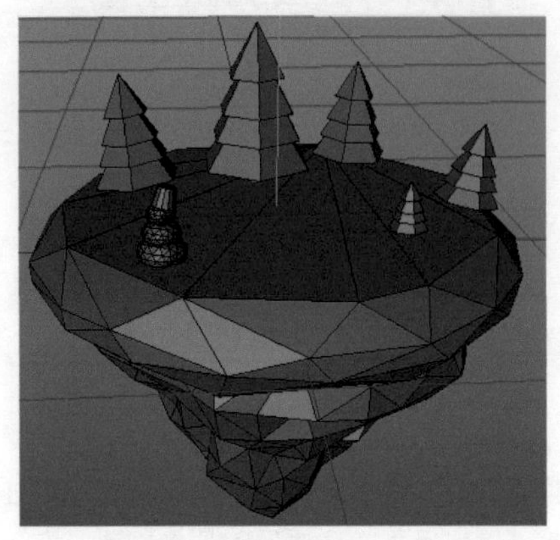

图 13-42

06 创建树上的装饰物。为了丰富树木的效果，还可以创建一些星星和彩灯作为点缀。在工具栏中单击“螺旋”按钮，创建一条螺旋状的样条曲线，调整参数使其可以围绕所创建的树木放置，如图 13-43 所示。

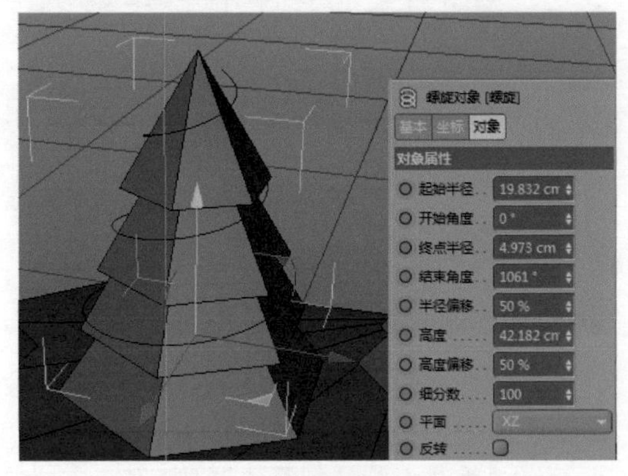

图 13-43

07 单击工具栏中的“胶囊”按钮，创建一个“半径”为 0.5cm，“高度”为 4cm 的胶囊，设置其“旋转分段”为 19，如图 13-44 所示。

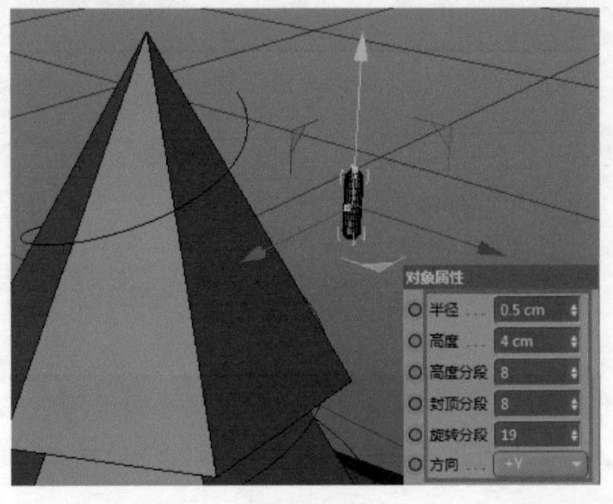

图 13-44

08 选择“运动图形”|“克隆”命令，在“对象”窗口中选择“胶囊”特征，将其拖至“克隆”特征的下方，使其成为克隆的子对象，如图 13-45 所示。

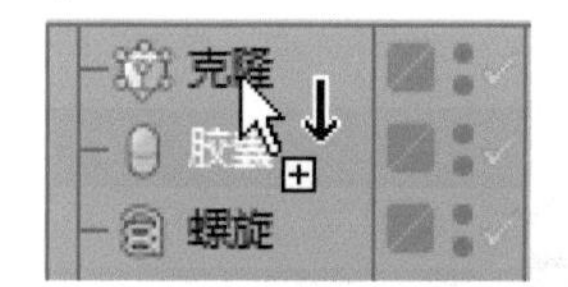

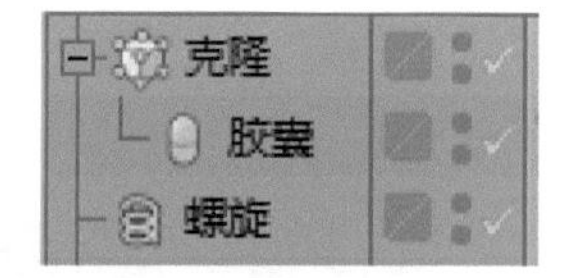

图 13-45

09 选中“克隆”特征，设置“模式”为“对象”，选择之前创建的螺旋线为克隆路径，输入“克隆”数量为 60，效果如图 13-46 所示。

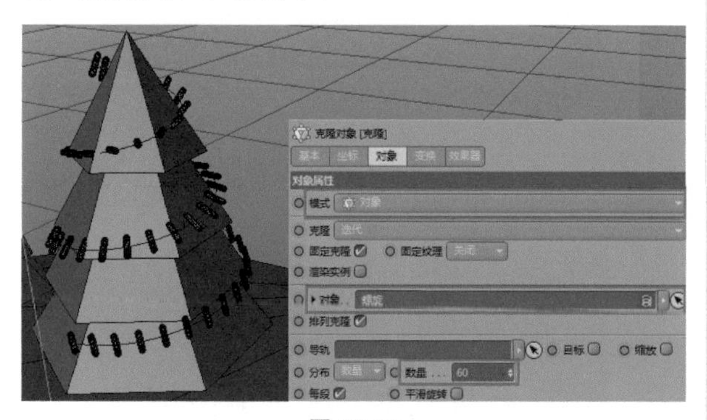

图 13-46

10 使用相同的方法，再创建一条彩灯带，位置正好与前面所创建的彩灯带相反，效果如图 13-47 所示。

图 13-47

11 创建圣诞树上的星星。单击工具栏中的“星形”按钮，在添加彩灯的圣诞树顶端绘制一个五角星图形，如图 13-48 所示。

12 使用“挤压”工具将其调整为一个具有厚度的实体，效果如图 13-49 所示。

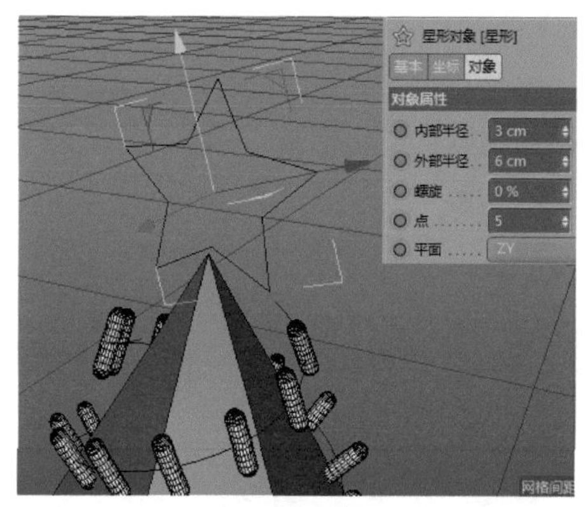

图 13-48

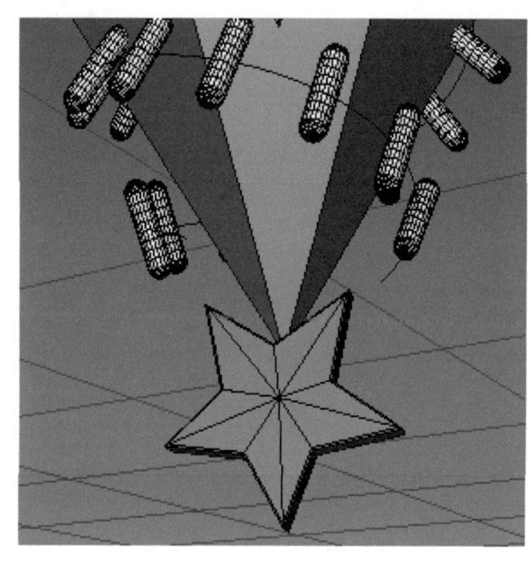

图 13-49

13.2.4　创建房子和礼物模型

01 在工具栏中单击“立方体”按钮，创建 4 个立方体，调整其合适大小与位置，如图 13-50 所示。

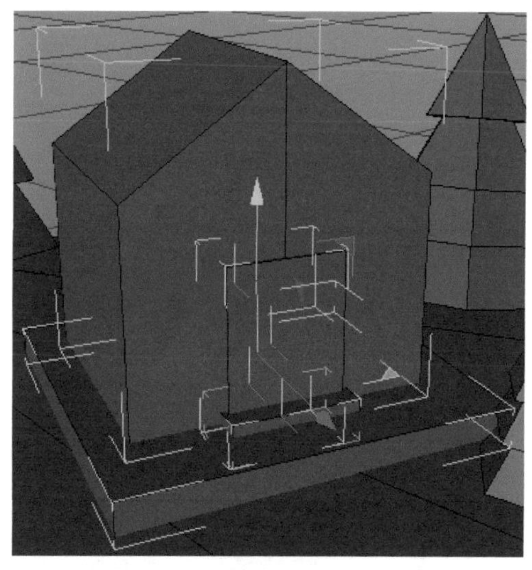

图 13-50

02 在工具栏中单击“圆柱”按钮，创建一个圆柱体，调整其位置至门上方，然后微调其尺寸，如图13-51所示。

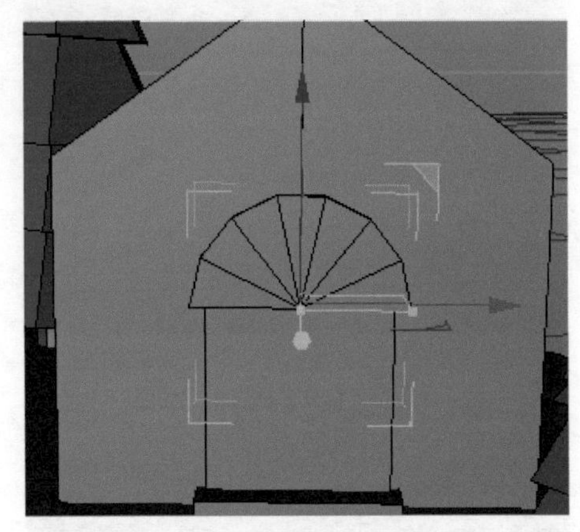

图 13-51

03 参考前文的复制方法，在屋顶上创建如图13-52所示的4个立方体，作为第一排的瓦片。

图 13-52

04 选中所建的4个立方体，按住Ctrl键向其他方向拖曳，得到新复制的4个立方体，然后调整其位置，作为第二排和第三排的瓦片，效果如图13-53所示。

图 13-53

05 使用相同的方法，选中创建好的三排瓦片，按Ctrl键拖曳并复制，再调整其位置，得到对面的瓦片，如图13-54所示。

图 13-54

06 在工具栏中单击“立方体”按钮，创建两个立方体，调整其大小与位置，如图13-55所示，作为房屋的烟囱。

图 13-55

07 选择“窗口”|“内容浏览器”命令，在打开的“内容浏览器”对话框中选择Celebration选项，选择其中的礼盒模型，如图13-56所示。

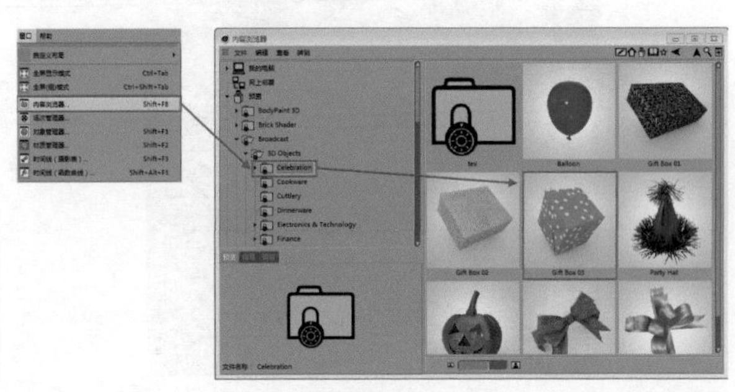

图 13-56

08 “内容浏览器”对话框中预置了许多模型，直接拖至模型空间即可调用。向浮岛模型中添加若干个礼盒模型，即可完成主体模型的创建，最终的模型效果如图13-57所示。

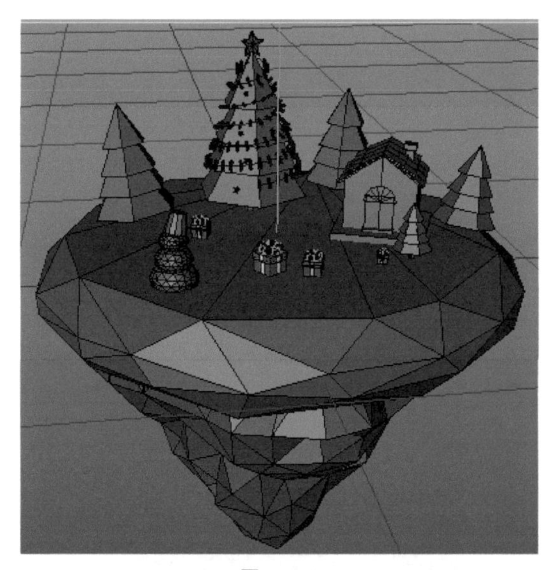

图 13-57

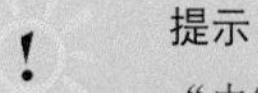

提示

“内容浏览器”中的预置模型已经添加好了材质，因此导入模型空间后会自带材质效果。

13.3　为模型添加材质

Low-Poly 风格的作品其实并不需要太过艳丽的色彩，而应该注重偏扁平化的效果。因此 Low-Poly 模型应用的材质相对比较简单，本例只需稍微更改颜色参数即可。

01 创建浮岛的材质。在“材质”窗口的空白处双击，新建一个材质球，再双击该材质球，打开对应的“材质编辑器”对话框，在其中选中“颜色”通道，并设置其颜色的 HSV 参数分别为 26°、89%、46%，如图 13-58 所示。

图 13-58

02 将该材质球拖至浮岛模型上，效果如图 13-59 所示。

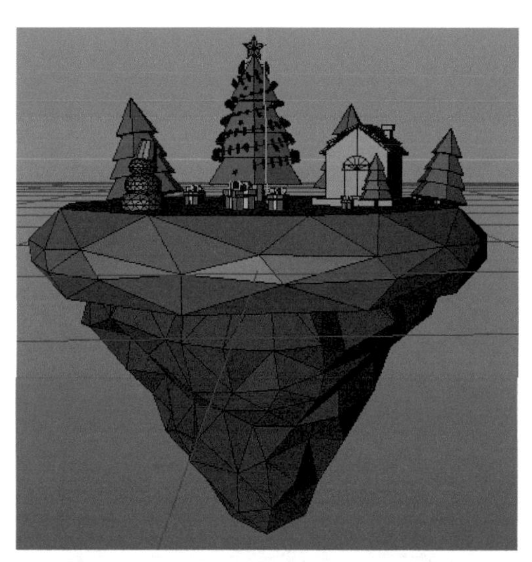

图 13-59

03 创建并添加岛面的材质。使用相同的方法，创建一个新的材质球，在“材质编辑器”对话框中同样选中“颜色”通道，并设置颜色的 HSV 参数分别为 26°、0%、87%，然后为岛面添加材质，效果如图 13-60 所示。

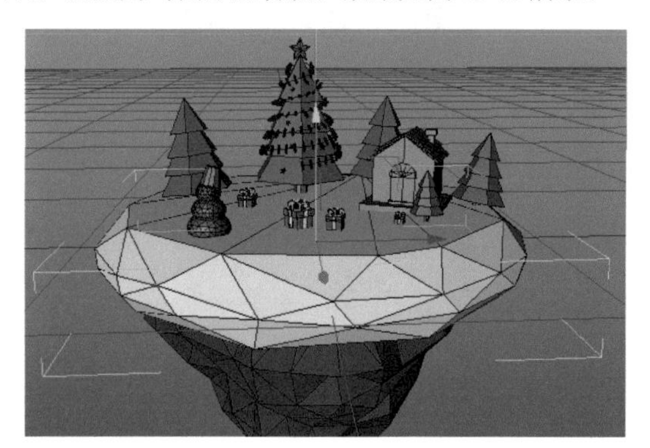

图 13-60

04 创建并添加树叶的材质。使用相同的方法，创建新的材质球，选中“颜色”通道，设置颜色的 HSV 参数分别为 17°、89%、53%，并为树叶添加材质，效果如图 13-61 所示。

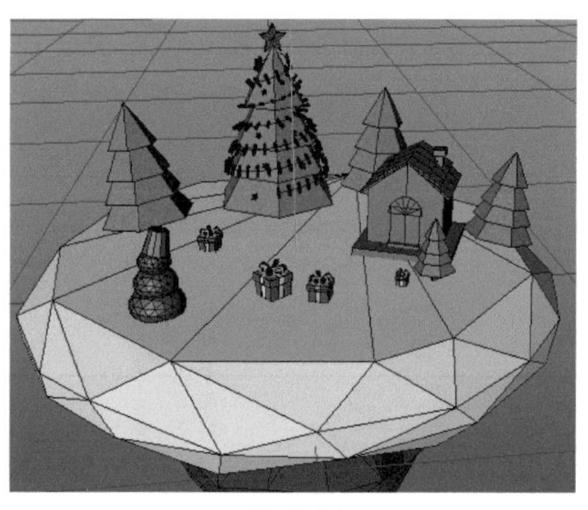

图 13-61

05 创建并添加树桩的材质。创建新的材质球，选中“颜色”通道，设置颜色的HSV参数分别为31°、99%、23%，并为树桩添加材质，效果如图13-62所示。

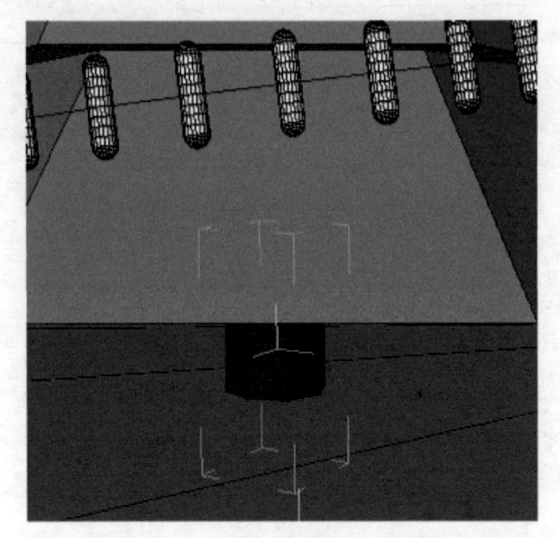

图 13-62

06 创建并添加雪人的材质。创建新的材质球，选中“颜色”通道，设置颜色的HSV参数分别为31°、0%、88%，并为雪人添加材质，效果如图13-63所示。

图 13-63

07 创建并添加雪人帽子的材质。创建新的材质球，选中“颜色”通道，设置颜色的HSV参数分别为0°、61%、92%，并为雪人的帽子添加材质，效果如图13-64所示。

图 13-64

08 创建并添加星星的材质。创建新的材质球，选中“颜色”和“发光”通道，设置颜色的HSV参数分别为51°、100%、88%，并为圣诞树顶的星星添加材质，效果如图13-65所示。

图 13-65

09 创建并添加彩灯带的材质。创建新的材质球，选中“颜色”和“发光”通道，设置颜色的HSV参数分别为115°、87%、89%，并为彩灯带添加材质，效果如图13-66所示。

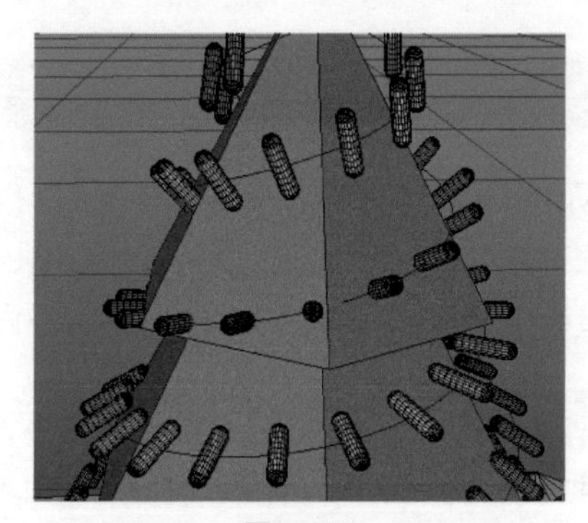

图 13-66

10 根据自己喜欢添加其他材质，最终效果如图13-67所示。此时所有模型均已添加材质，接下来只需设置好光线效果，即可进行渲染。

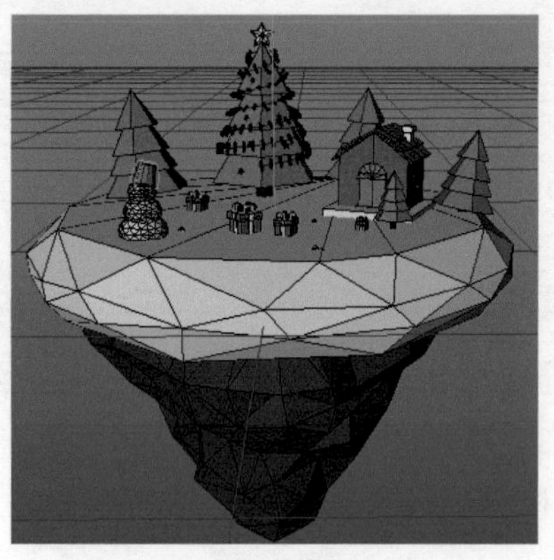

图 13-67

13.4　添加光照并渲染

模型被赋予材质后，还需要配合良好的光照才能达到最佳的观赏效果。在本例的 Low-Poly 风格模型中，其实并不需要太复杂的光照设置，只需通过简单的三点照明便能达到所需的效果。

1. 添加光照

01 在灯光工具栏中单击“远光灯”按钮，并在“属性”窗口中设置其“投影”为“光线跟踪（强烈）”，如图 13-68 所示。

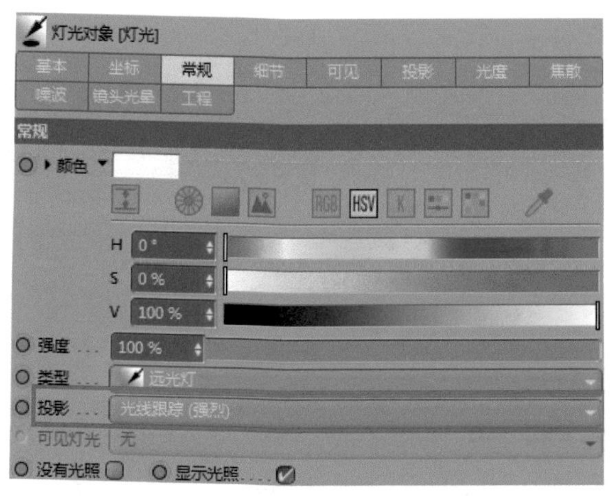

图 13-68

02 调整该远光灯的位置，使其从模型的斜上方照射，如图 13-69 所示。

图 13-69

03 单击灯光工具栏中的“区域光”按钮，创建一个区域光对象，将其放置在模型的前方。因为是正前方的辅助光源，所以强度不宜太大，如图 13-70 所示。

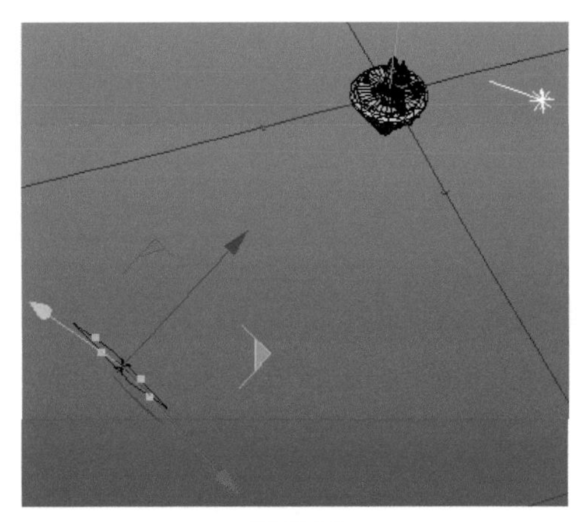

图 13-70

04 使用相同的方法创建第二个区域光，效果如图 13-71 所示。

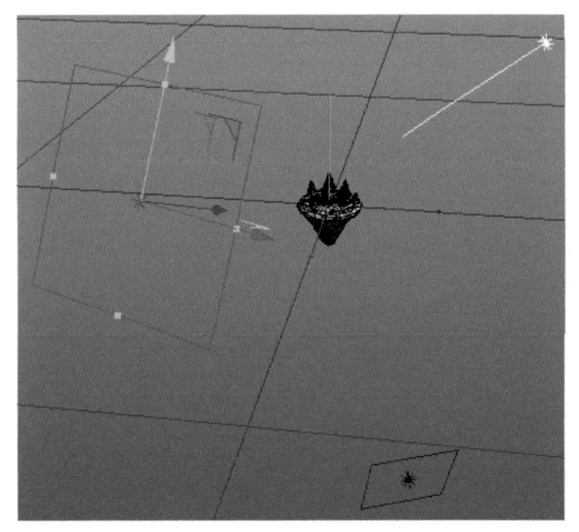

图 13-71

2. 进行渲染

01 按快捷键 Ctrl+B 或者单击工具栏中的“编辑渲染设置”按钮，打开“渲染设置”对话框，在“输出”选项组中设置输出文件的“宽度”和“高度”，如图 13-72 所示。

图 13-72

02 切换至“保存”选项组，设置保存文件的格式与路径，如图 13-73 所示。

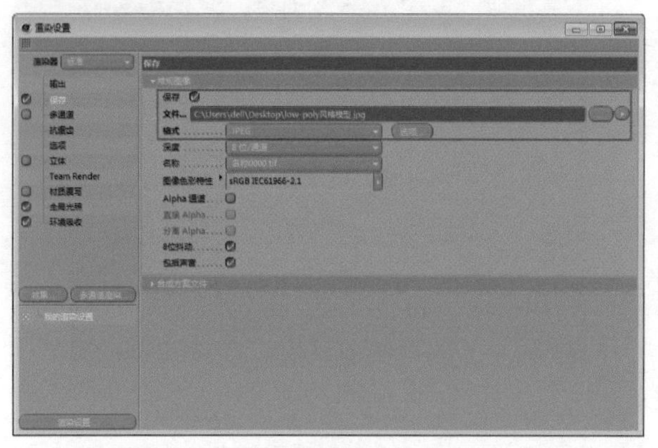

图 13-73

03 在“渲染设置”对话框的空白处右击，在弹出的快捷菜单中选择“全局光照”命令，如图 13-74 所示。

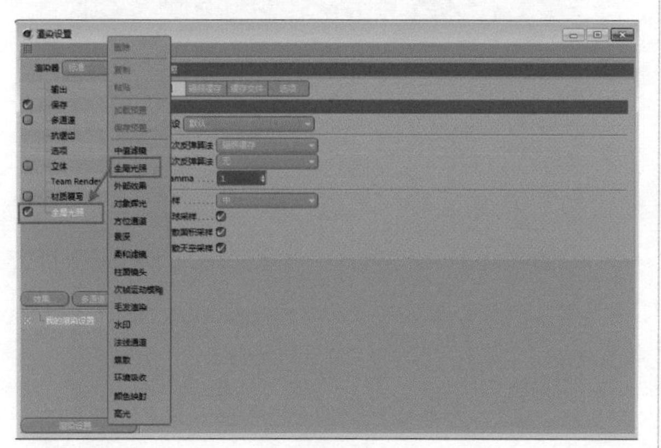

图 13-74

04 使用相同的方法，添加“环境吸收”选项，如图 13-75 所示

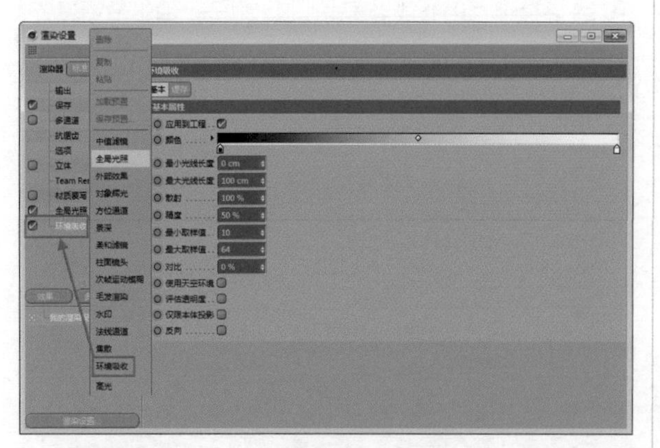

图 13-75

05 其他选项保持默认，单击工具栏中“渲染到图片查看器”按钮，打开“图片查看器”对话框，如图 13-76 所示，此时模型已进入渲染状态。

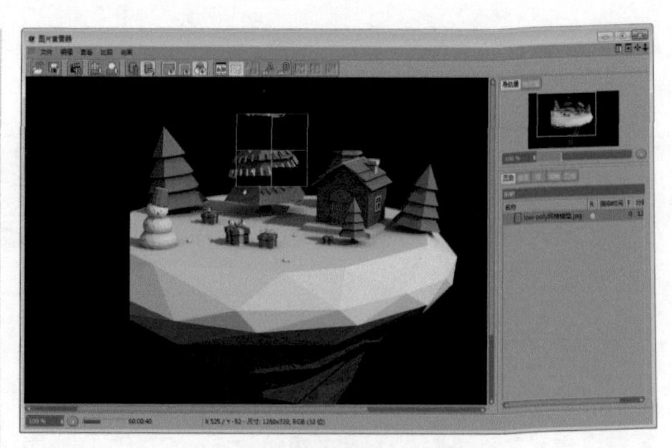

图 13-76

06 最终输出的图片效果如图 13-77 所示，Low-Poly 风格的海报模型已经创建完成。

图 13-77

13.5 在 Photoshop 中精修图片

Cinema 4D 虽然具备相当强大的渲染功能，但是在平面图形的微调上仍需要 Photoshop 的辅助。因此本例仅输出了 .PSD 文件，还需转到 Photoshop 中进行完善，添加背景后得到最终的效果图。

01 在“图片查看器”对话框中单击“另存为”按钮，打开“保存”对话框，确认格式为 Photoshop（PSD），单击“确定”按钮进行输出，如图 13-78 所示。

02 系统自动弹出“保存对话”对话框，设置文件名与路径，单击“保存”按钮即可，如图 13-79 所示。

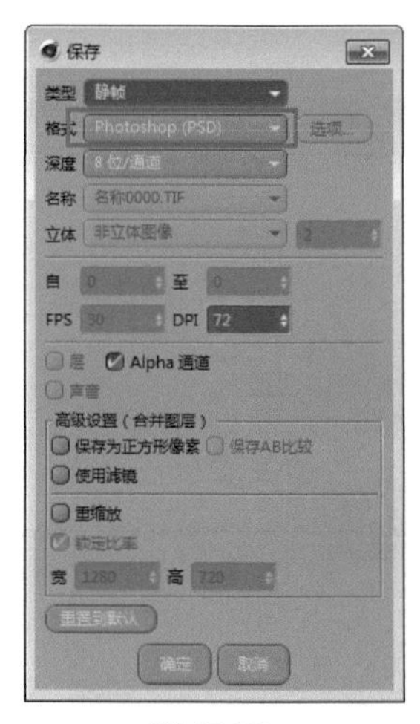

图 13-78

图 13-79

03 启动 Photoshop 软件，打开刚刚保存的 .PSD 文件，如图 13-80 所示。

图 13-80

04 使用抠图工具抠去图形黑色的背景部分，得到如图 13-81 所示的图形。

05 单击“新建图层”按钮，创建一个新的背景图层，如图 13-82 所示。

图 13-81

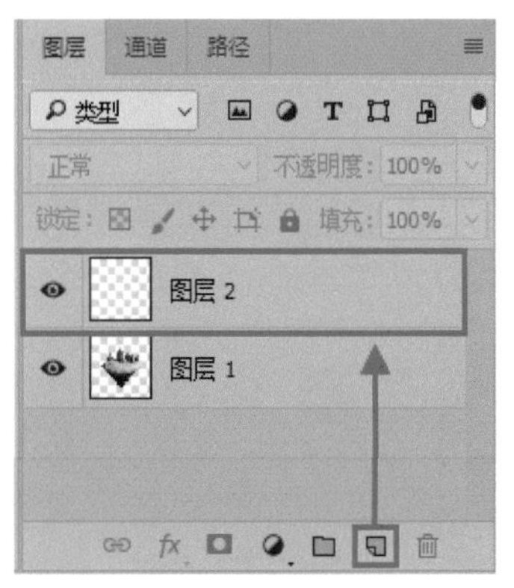

图 13-82

06 将光标放置在“图层 2”上，右击，在弹出的快捷菜单中选择“混合选项”命令，打开“图层样式”对话框，选中其中的“渐变叠加”复选框，选择渐变样式为“径向”，颜色从浅蓝色（RGB：36、43、100）向深蓝色（RGB：7、17、43）过渡，如图 13-83 所示。

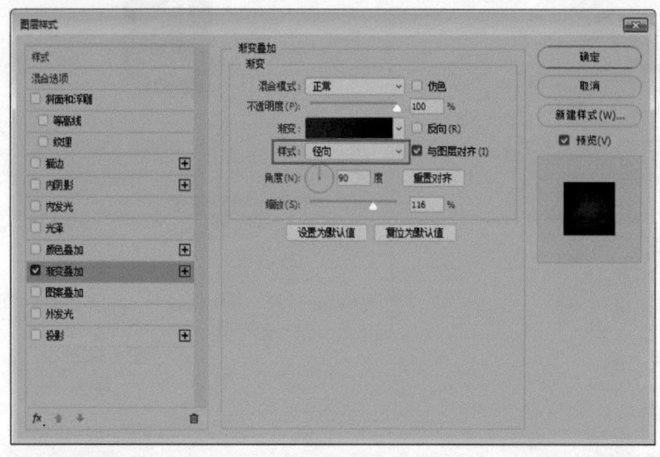

图 13-83

07 添加渐变效果后的图像如图 13-84 所示。

图 13-84

08 单击“图层”面板下方的按钮，在弹出的菜单中选择“曲线”命令，系统自动弹出曲线“属性”面板，根据需要调整图像的对比度，如图 13-85 所示。

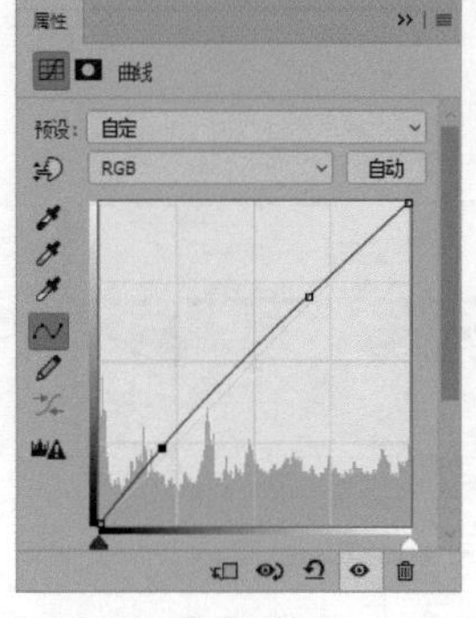

图 13-85

09 再次单击“图层”面板下方的按钮，在弹出的菜单中选择“色相 / 饱和度”命令，如图 13-86 所示。

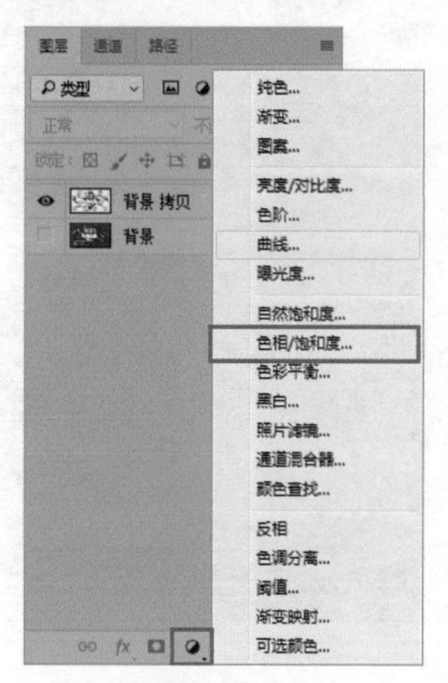

图 13-86

10 系统自动弹出色相 / 饱和度“属性”面板，根据需要调整图像的饱和度，如图 13-87 所示。

图 13-87

11 调整完毕后复制本书素材中提供的“雪花 .png”文件和“圣诞狂欢季 .psd”文件，如图 13-20 所示。

12 调整文字和图片的位置，即可得到最终的图像效果，如图 13-21 所示。

图 13-88

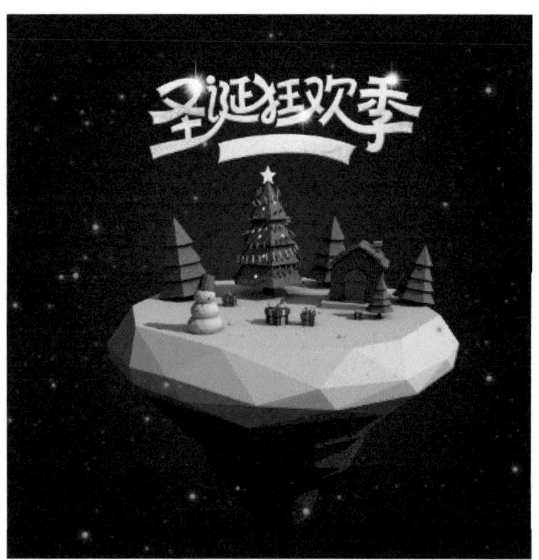

图 13-89